Lehrbuch der Algebra

Gerd Fischer

Lehrbuch der Algebra

Mit lebendigen Beispielen, ausführlichen
Erläuterungen und zahlreichen Bildern

4., wesentlich überarbeitete und erweiterte Auflage

Unter Mitarbeit von Matthias Lehner, Florian Quiring
und Reinhard Sacher

Gerd Fischer
Zentrum Mathematik
Technische Universität München
Garching, Deutschland

ISBN 978-3-658-19365-2 (Hardcopy)   ISBN 978-3-658-19218-1 (eBook)
ISBN 978-3-658-19217-4 (Softcopy)
https://doi.org/10.1007/978-3-658-19218-1

Die Deutsche Nationalbibliothek verzeichnet diese Publikation in der Deutschen Nationalbibliografie; detaillierte bibliografische Daten sind im Internet über http://dnb.d-nb.de abrufbar.

Planung: Ulrike Schmickler-Hirzebruch
Abbildungen: Avril Bader, Matthias Lehner und Brigitte Singhof

Gedruckt auf säurefreiem und chlorfrei gebleichtem Papier

Springer Spektrum ist Teil von Springer Nature
Die eingetragene Gesellschaft ist Springer Fachmedien Wiesbaden GmbH
Die Anschrift der Gesellschaft ist: Abraham-Lincoln-Str. 46, 65189 Wiesbaden, Germany

Dem Andenken
an meinen Lehrer
REINHOLD REMMERT
gewidmet

Vorwort zur vierten Auflage

Für die neue Auflage wurde der gesamte Text gründlich überarbeitet. Vor allem habe ich mannigfache Anregungen von Studierenden berücksichtigt, die sich weitergehende Motivationen, mehr Details in Begründungen, sowie zusätzliche Beispiele und Abbildungen gewünscht haben. Darüber hinaus ist die Klassifikation der endlichen abelschen Gruppen mit Hilfe der Elementarteiler im Rahmen der Theorie zyklischer Gruppen völlig neu gestaltet worden. Auch das verbesserte Layout soll dabei helfen, die Lektüre zu vereinfachen und Neulinge im Land der Algebra leichter mit den zahlreichen Begriffen, Methoden und grundlegenden Ergebnissen vertraut zu machen. Ich hoffe sehr, dass sie dabei auch die Präzision, Klarheit und Schönheit dieses Gebäudes der Mathematik schätzen lernen.

Mein Dank gilt all denen, die mich bei der Überarbeitung mit Rat und Tat unterstützt haben, vor allem ANDREAS ALPERS, AVRIL BADER, GEORG OBERMEIER, GREGOR KEMPER, REINHOLD REMMERT, WILHELM SINGHOF sowie MATTHIAS LEHNER, der die Arbeit während der ganzen Zeit konstruktiv kritisch und stets hilfreich begleitet hat. Weiter danke ich KRISTINA REISS und der TUM School of Education für die personelle Unterstützung mit Hilfe der Telekom-Stiftung und ULRIKE SCHMICKLER-HIRZEBRUCH vom Springer Verlag für die Erfüllung all meiner Wünsche zur neuen Gestaltung des Buches.

Wie immer bin ich allen Leserinnen und Lesern für Hinweise dankbar: `gfischer@ma.tum.de`

München und Garching, im Juli 2017   Gerd Fischer

Vorwort zur ersten Auflage

Der vorliegende Text ist ein einführendes „*Lese- und Lernbuch*" für Studierende, die sich nach dem Studium der Linearen Algebra erstmals mit grundlegenden Problemen, Methoden und Ergebnissen der „höheren" Algebra vertraut machen möchten. Der Titel steht beim Vieweg-Verlag in einer alten Tradition: ab 1896 erschien das dreibändige Werk *Lehrbuch der Algebra* von H. WEBER, 1924 folgten zwei Bände mit dem gleichen Titel von R. FRICKE, aber mit einer ganz anderen Intention. In den beiden klassischen Werken wurde versucht, möglichst umfassend den damaligen Stand der Algebra zu vermitteln.

Die Darstellung der Algebra hat sich seit WEBER und FRICKE stark verändert. Durch das Programm von HILBERT ist das axiomatische Gerüst ausgeprägt worden; die grundlegenden Vorlesungen in diesem Stil von EMIL ARTIN und EMMY NOETHER waren die Quellen für die 1930 erstmals veröffentlichte *Moderne Algebra* von VAN DER WAERDEN, sie haben alle seither erschienenen Bücher über Algebra geprägt. Durch die Axiomatik wird die Darstellung klarer, Beweise werden einfacher und durchsichtiger. Aber für Studierende besteht die Gefahr, die zahllosen hinter dem klaren Gerüst verborgenen konkreten Situationen nicht genügend kennen zu lernen. Dazu sei erinnert an die Arbeiten von C.F. GAUSS: Hier gab es keinen der abstrakten Begriffe wie Gruppe, Ring oder Körper; es wurden viele raffinierte Überlegungen und Berechnungen durchgeführt, deren Ergebnisse später elegante Formulierungen im abstrakten Rahmen gefunden haben.

In diesem Buch kann und soll die Zeit nicht zurückgedreht werden. Aber es wird versucht, durch sehr viele konkrete *Beispiele* die Bodenhaftung der Studierenden zu erhalten. In dieser Absicht beschreiben wir ausführlich die Symmetrien der *Platonischen Körper* als Illustration der Beziehungen zwischen Gruppen und Geometrie, *quadratische Zahlringe* zur Erläuterung der subtilen Teilbarkeitseigenschaften in Ringen und von GAUSS gefundene Formeln zur *Darstellung von Einheitswurzeln* aus der Sicht der Körpererweiterungen. In einer einführenden Vorlesung verbleibt kaum Zeit zur Behandlung all dieser Themen; die Studierenden erhalten die Möglichkeit, solche zur Vertiefung des Verständnisses wichtige Ergänzungen hier nachzulesen. Außerdem enthält dieser Text für ein Buch über Algebra ungewöhnlich viele Bilder. Dazu sei erinnert, dass die Algebra ein hervorragendes Werkzeug für die Geometrie ist, und dass vor der Entwicklung einer guten Symbolik für die „Buchstabenrechnung" viele algebraische Beweise geometrisch geführt wurden.

Die zahlreichen Veränderungen der letzten Jahre in den Studiengängen haben sich mittlerweile etwas stabilisiert; dieses Buch versucht, darauf Rücksicht zu nehmen. Der gesamte Inhalt ist für eine zweisemestrige einführende Vorlesung ausgelegt, die nur Kenntnisse aus der Linearen Algebra voraussetzt und ab dem dritten Studiensemester besucht werden kann. In vielen Studiengängen ist nur eine einsemestrige Einführung in die Algebra vorgesehen. Daher sind einige Paragraphen und Abschnitte mit einem *Stern** versehen: man kann sie beim ersten Durchgang weglassen, und eventuell im zweiten Semester nachholen. Insbesondere ist dadurch ein Minimalkanon für den *Bachelor* vorgeschlagen. Ganz besonders Studierende für das *Lehramt* können durch geeignete Auswahl aus dem Inhalt eine solide und nicht zu abstrakte Grundlage für die spätere Tätigkeit erhalten und das Buch dann als Nachschlagewerk nutzen.

In dieser Einführung soll nur die relativ „klassische" Algebra behandelt werden, Höhepunkte sind die Ergebnisse über die Lösbarkeit von Polynomgleichungen; dieser Teil der Algebra kam im 19. Jahrhundert - abgesehen von der Darstellung - zu einem Abschluss. Einen sehr guten Eindruck von dem langen Weg dorthin seit den Wurzeln in der Antike vermittelt der *historische Text* von VAN DER WAERDEN [W$_2$]. Die anschließende Entwicklung der Algebra im 20. Jahrhundert war rasant, vor allem in Richtung der algebraischen Geometrie und der Zahlentheorie; zwischen beiden wurden innige Zusammenhänge entdeckt, ein Höhepunkt war die Lösung des Problems von FERMAT im Jahr 1993. All das muss fortgeschrittenen Vorlesungen und weiterführenden Büchern vorbehalten bleiben; einen knappen historischen Abriss über das vergangene Jahrhundert findet man bei [Mi]. Wie überall in der Mathematik setzt das Studium der neueren Entwicklungen eine solide Kenntnis der klassischen Methoden voraus.

Die *Gliederung des Inhalts* folgt der üblichen Systematik „Gruppen, Ringe, Körper", dadurch wird das logische Gerüst deutlich und die Darstellung vereinfacht. Zur Erhöhung der Motivation beim Lernen kann man getrost davon abweichen: Man kann ganz hinten anfangen mit den *geometrischen Konstruktionen* und die zunehmend komplexeren algebraischen Hilfsmittel nach Bedarf nachlesen. Wenn man mit dem Paragraphen über die *Lösungen von Polynomgleichungen* anfängt, wird man feststellen, dass die wesentlichen zuvor entwickelten Techniken über Gruppen, Ringe und Körper benötigt werden. In den zahlreichen Beispielen sind nicht immer alle Einzelheiten ausgeführt; da verbleiben viele kleinere und größere *Übungsaufgaben*.

An der Darstellung der grundlegenden Ergebnisse der Algebra ist von vielen Autoren gefeilt worden. Es gibt zahllose Tricks, deren Urheber kaum noch festzustellen sind; man kann sie schon als „Folklore" bezeichnen. Im *Literaturverzeichnis* sind Bücher aufgeführt, aus denen ich gelernt habe, außerdem zahlreiche Texte für weiterführende Lektüre. Aus den Werken von C.F. GAUSS sind einige Stellen im Faksimile abgedruckt, in der Hoffnung, die Neugier des Lesers auf diese einmaligen Texte zu wecken.

Mein Dank gilt den Studierenden der TU-München für viele kritische Bemerkungen, und vor allem REINHARD SACHER, dem Coautor unseres gemeinsamen Buches „Einführung in die Algebra" [F-S]; aus diesem alten Text ist vieles übernommen worden. Sowie FLORIAN QUIRING, der vier Semester lang Übungen zur Vorlesung betreut und viele wertvolle Details beigesteuert hat. BRIGITTE SINGHOF hat mit großer Präzision und persönlichem Einsatz die druckfertige TEX-Vorlage erstellt, Ulrike Schmickler-Hirzebruch hat das Projekt vom Verlag begleitet und vorangetrieben.

Trotz sorgfältiger Suche nach Druckfehlern und mathematischen Irrtümern werden wohl einige verblieben sein. Daher möchte ich alle Leser bitten, mir Fundstellen mitzuteilen, am einfachsten an

`gfischer@ma.tum.de`

Wir haben unter

`http://www-m10.ma.tum.de/~GerdFischer`

eine Seite mit Kommentaren und Verbesserungen eingerichtet.

München, im November 2007 Gerd Fischer

Es ist der Fluch aller abstrakten Theorien,
dass sie sehr weit entwickelt werden müssen,
bis sie nützliche Ergebnisse bei konkreten Problemen liefern.
HERMANN WEYL

Inhaltsverzeichnis

Leitfaden

Die Algebra hat eine sehr lange Geschichte. Der Name ist von AL-HWARIZMI abgeleitet, der um 800 n. Chr. beim Kalifen von Bagdad tätig war, aber die Wurzeln der Algebra – das Rechnen mit Zahlen – reichen bis tief in die Frühzeit zurück. Bevor wir hier mit dem heute üblichen Standardprogramm **Gruppen-Ringe-Körper** beginnnen, soll anhand von einigen Jahrhundert-Problemen ein Vorgeschmack auf die Entwicklung algebraischer Methoden gegeben werden.

1. Geometrische Konstruktionen mit Zirkel und Lineal

Die Quadratur des Kreises

Dieses uralte Problem der Geometrie konnte erst 1882 gelöst werden, nachdem LINDEMANN bewiesen hatte, *dass die Kreiszahl π transzendent ist.* Das bedeutet, dass es keine Relation der Form

$$\pi^n + a_{n-1}\pi^{n-1} + \dots + a_1\pi + a_0 = 0$$

mit $n \geqslant 1$ und rationalen $a_0, \dots, a_{n-1}$ gibt (vgl. dazu 3.1.4 und 3.6.4).

Die Konstruktion regelmäßiger n-Ecke

Für $n = 3, 4, 5, 6$ sind die Konstruktionen seit ewigen Zeiten bekannt; für $n = 7$ war die Frage bis 1796 offen gewesen. Da zeigte GAUSS (im Alter von 19 Jahren), dass eine solche Konstruktion unmöglich ist. In seinem 1801 veröffentlichten *Disquisitiones arithmeticae* gab er ein Kriterium mit Hilfe der EULERschen φ-Funktion (vgl. 1.3.14) an: *Das n-Eck ist genau dann mit Zirkel und Lineal konstruierbar, wenn $\varphi(n)$ eine Potenz von 2 ist* (vgl. dazu 3.6.5).

2. Lösungen von Polynomgleichungen

Für ein Polynom $f = X^n + a_{n-1}X^{n-1} + \dots + a_1 X + a_0 = 0$ mit Koeffizienten $a_0, \dots, a_{n-1} \in \mathbb{C}$ gilt der

Fundamentalsatz der Algebra   *Es gibt $x_1, \dots, x_n \in \mathbb{C}$ derart, dass*

$$f = (X - x_1) \cdot \dots \cdot (X - x_n).$$

Ein strenger Beweis wurde von GAUSS in seiner Dissertation 1799 gegeben (vgl. 3.1.8 und 3.4.7). Der Fundamentalsatz liefert aber keine Methode zur Berechnung der Nullstellen x_i aus den Koeffizienten a_j. In der Praxis benutzt man dafür seit langer Zeit numerische Methoden zur approximativen Berechnung, aber klassisch war man auf der Suche nach Formeln mit geschachtelten Wurzeln, denn Wurzeln waren numerisch relativ einfach zu berechnen. Für $n = 2$ ist

$$f = X^2 + pX + q \quad \text{und} \quad x_{1,2} = \frac{1}{2}\left(-p \pm \sqrt{p^2 - 4q}\right).$$

Formeln dieser Art waren schon seit langer Zeit bekannt, erst 1525 und 1545 gelang es CARDANO und FERRARI [C] für $n = 3$ und 4 ähnliche, aber kompliziertere Formeln zu finden (vgl. 3.5.2 und 3.5.4). Alle Versuche das Problem für $n \geqslant 5$ zu lösen blieben erfolglos, bis ABEL [A] und GALOIS [G] in den Jahren 1826 und 1830 die ersten Beweise dafür fanden, dass es für $n \geqslant 5$ keine allgemein gültige Lösung geben kann.

3. Das FERMAT-Problem

Gesucht sind ganzzahlige Lösungen x, y, z einer Gleichung

$$x^n + y^n = z^n.$$

Für $n = 2$ gibt es unendlich viele *pythagoreische Tripel* (x, y, z): Für jede Primzahl $p \geqslant 3$ und $p^2 = 2k + 1$ ist $(p, k, k + 1)$ ein solches Tripel. Um 1670 glaubte FERMAT einen Beweis dafür zu haben, dass es für $n \geqslant 3$ keine Lösung gibt. Nach unzähligen Versuchen gelang es schließlich A. WILES im Jahr 1994 ein sehr komplizierter Beweis.

4. Das GOLDBACH-Problem

Im Jahr 1742 äußerte GOLDBACH in einem Brief an EULER die folgenden Vermutungen:

Starke Form: *Jede gerade Zahl $n \geqslant 6$ ist Summe von zwei ungeraden Primzahlen.*

Schwache Form: *Jede ungerade Zahl $n \geqslant 9$ ist Summe von drei ungeraden Primzahlen.*

Man kann sich leicht überlegen, dass die schwache Form aus der starken Form folgt. Weiter findet man durch einfache Rechnung für kleine n, dass es im allgemeinen mehrere solche Summandendarstellungen gibt. Erst im Jahr 2013 gelang es HELFGOTT die letzten Lücken im Beweis der schwachen Form zu schließen; die starke Form ist weiter offen.

5. Beweismethoden

Wie die Beispiele zeigen, hat es Jahrhunderte gedauert, bis relativ einfach zu formulierende Probleme gelöst werden konnten. Im folgenden soll versucht werden, das zu erklären.

Die GOLDBACH-Vermutung ist in unserer Liste insofern eine Ausnahme, als hier bewiesen werden soll, dass etwas geht. Die Tücke dabei ist, dass es bislang keine Methode gibt, für beliebig große n Summendarstellungen berechnen zu können. Als Ersatz werden für die schwache Form höchst komplizierte Hilfsmittel aus der Analysis, insbesondere der Verteilung von Primzahlen benutzt.

Bei den anderen Problemen muss gezeigt werden, dass etwas unmöglich ist. Dazu ist es nötig, irgendein nicht zu umgehendes Hindernis zu finden. Das liegt in den drei anderen Beispielen in einem passenden mehr oder weniger abstrakten theoretischen Rahmen. Besonders ausgeprägt ist das beim FERMAT-Problem. Hier benötigt man höchst diffizile im 20. Jahrhundert entwickelte Hilfsmittel der Algebraischen Geometrie, um aus der Annahme der Existenz einer Lösung einen Widerspruch zu produzieren. Das ist nur einem sehr kleinen Kreis von Experten zugänglich.

Einfacher ist die Situation bei den Problemen 1 und 2, hier kann der nötige theoretische Rahmen in einer Einführung zur Algebra aufgebaut werden. Wir erläutern das im Sinn einer Vorschau am Problem 2, der Lösung von Polynomgleichungen. Im einfachsten Fall sind die Koeffizienten a_j von f rationale Zahlen, die Nullstellen x_i komplexe Zahlen. Zwischen den Körpern $\mathbb{Q}$ und $\mathbb{C}$ wird nun ein weiterer Körper K eingeschoben:

$$\mathbb{Q} \subset K \subset \mathbb{C}.$$

K wird „Zerfällungskörper" von f genannt, er ist der kleinste Zwischenkörper, der alle Nullstellen x_i von f enthält. Nun wird das Hindernis gegen die Existenz der gesuchen Lösungsformeln in der „Struktur" von K gesucht. Genauer gesagt gehört zu K eine Gruppe G von Permutationen der Nullstellen $x_1, ..., x_n$, also eine Untergruppe der vollen Permutationsgruppe $\mathcal{S}_n$. Das Hindernis kann schließlich in der „Struktur" von G lokalisiert werden:

Es gibt genau dann eine Lösungsformel der gesuchten Art, wenn G „auflösbar" ist.

Die negative Antwort folgt dann aus dem folgenden Ergebnis:

Für ein „allgemeines" Polynom ist $G = \mathcal{S}_n$ und $\mathcal{S}_n$ ist für $n \geqslant 5$ nicht auflösbar.

Diese Methode wurde von ABEL und GALOIS skizziert, die Details in den Originalarbeiten sind schwer verständlich. Um die Schritte leichter nachvollzierbar zu machen, wurden im Lauf des 19. Jahrhunderts die Begriffe Gruppe und Körper zur Klärung des theoretischen Hindergrundes axiomatisch eingeführt und schließlich konnte E. ARTIN im Jahr 1948 die GALOIS-Theorie in dem legendären Büchlein [ArE] auf 86 Seiten recht elemetar darstellen; mehr als hundert Jahre nach GALOIS.

Der Weg zu den Resultaten der GALOIS-Theorie hat drei Etappen:
1. Die Grundlagen der Gruppentheorie, insbesondere die Eigenschaften der symmetrischen Gruppe $\mathcal{S}_n$.
2. Die Teilbarkeitseigenschaften im Ring der Polynome, analog zu denen der ganzen Zahlen.
3. Die Struktur von Körpererweiterungen.

Dem entsprechen die drei Kapitel des vorliegenden Buches. Sie sind aber nicht ausschließlich auf die GALOIS-Theorie ausgerichtet, denn diese ist wie das FERMAT-Problem nur eine von mehreren Triebfeldern zur Entwicklung der axiomatisch aufgebauten „modernen" Algebra gewesen. Ihre Anwendungen gehen weit über die Lösungen der klassischen Probleme hinaus.

Kapitel 1

Gruppen

In diesem Kapitel beschäftigen wir uns mit der einfachsten algebraischen Struktur, der Gruppe, deren Ursprung im Studium von Symmetrien verschiedenster Art liegt. Es ist bemerkenswert, dass der Name *Gruppe* erstmals bei GALOIS in einer relativ komplexen Situation auftrat: als Gruppe von Permutationen der Nullstellen eines Polynoms. Erst später betrachtete CAYLEY abstrakte endliche Gruppen, eine der ersten allgemeinen axiomatischen Definitionen gab WEBER [We$_1$]. Mehr zur Geschichte des Gruppenbegriffs findet man in Anhang 2 und bei [Wu].

1.1 Halbgruppen, Gruppen und Untergruppen

1.1.1 Innere Verknüpfungen und Halbgruppen

Eine *innere Verknüpfung* auf einer Menge M ist eine Abbildung

$$* : M \times M \to M, \quad (a,b) \mapsto a * b .$$

Da das Bild der Abbildung $*$ in M liegt, sagt man auch, dass M unter $*$ *abgeschlossen* ist. Die Verknüpfung $*$ heißt *assoziativ*, wenn

$$(a*b)*c = a*(b*c) \quad \text{für alle} \quad a,b,c \in M,$$

und *kommutativ*, wenn

$$a*b = b*a \quad \text{für alle} \quad a,b \in M .$$

Auf einer endlichen Menge $M = \{a_1, \ldots, a_n\}$ kann man eine Verknüpfung $*$ durch eine *Verknüpfungstafel* beschreiben:

$*$	a_1	$\cdots$	a_j	$\cdots$	a_n
a_1	$a_1 * a_1$	$\cdots$	$a_1 * a_j$	$\cdots$	$a_1 * a_n$
$\vdots$	$\vdots$		$\vdots$		$\vdots$
a_i	$a_i * a_1$	$\cdots$	$a_i * a_j$	$\cdots$	$a_i * a_n$
$\vdots$	$\vdots$		$\vdots$		$\vdots$
a_n	$a_n * a_1$	$\cdots$	$a_n * a_j$	$\cdots$	$a_n * a_n$

Ob $*$ kommutativ ist, kann man sofort an der Symmetrie der Tafel erkennen. Die Assoziativität ist an der Tafel nicht zu sehen, denn da sind drei Elemente beteiligt. Um nachzuweisen, dass eine Verknüpfung assoziativ ist, muss man genau genommen n^3 Gleichungen prüfen. Daher sind einfachere Methoden gefragt.

Definition *Eine Menge H zusammen mit einer assoziativen inneren Verknüpfung $*$ heißt Halbgruppe. Genauer sagt man auch: das Paar $(H, *)$ ist Halbgruppe.*

In einer Halbgruppe H nennt man ein Element $e \in H$

$$\begin{aligned}
\textit{linksneutral}, \quad &\text{wenn} \quad e * a = a \quad &&\text{für alle} \quad a \in H, \\
\textit{rechtsneutral}, \quad &\text{wenn} \quad a * e = a \quad &&\text{für alle} \quad a \in H, \\
\textit{neutral}, \quad &\text{wenn} \quad e * a = a * e = a \quad &&\text{für alle} \quad a \in H,
\end{aligned}$$

und ein Element $a \in H$ mit neutralem Element $e \in H$ heißt *invertierbar*, wenn es ein $b \in H$ gibt mit

$$b * a = e \quad \text{und} \quad a * b = e.$$

Ist $*$ kommutativ, so genügt eine der beiden Bedingungen, im allgemeinen nicht (Beispiel 2 in 1.1.2). Ein derartiges $b \in H$ heißt *Inverses* zu a.

Bemerkung *Ein neutrales Element und ein Inverses sind, falls sie existieren, eindeutig bestimmt.*

Beweis Sind e, e' neutral, so folgt

$$e' = e' * e = e.$$

Sind b, b' invers zu a, so folgt

$$b' = b' * e = b' * (a * b) = (b' * a) * b = e * b = b.$$

$\blacksquare$

1.1.2 Beispiele

Beispiel 1 Die Menge $\mathbb{N} = \{0, 1, 2, \ldots\}$ der natürlichen Zahlen ist zusammen mit der Addition $+$ eine kommutative Halbgruppe mit neutralem Element 0, nur 0 ist invertierbar. Erweitert man $\mathbb{N}$ zur Menge $\mathbb{Z} = \{\ldots, -2, -1, 0, 1, 2, \ldots\}$ der ganzen Zahlen, so hat jedes $n \in \mathbb{Z}$ ein Inverses $-n$.

Mit Hilfe der Addition ist in $\mathbb{N}$ auch eine Multiplikation erklärt durch

$$m \cdot n := \underbrace{n + \ldots + n}_{m\text{-mal}} \quad \text{und} \quad 0 \cdot n := 0.$$

$(\mathbb{N}, \cdot)$ ist eine kommutative Halbgruppe mit neutralem Element 1, nur 1 ist invertierbar. Durch geeignete Wahl der Vorzeichen wird die Multiplikation von $\mathbb{N}$ nach $\mathbb{Z}$ fortgesetzt, dann ist auch $(\mathbb{Z}, \cdot)$ eine kommutative Halbgruppe mit neutralem Element 1, nur 1 und -1 besitzen ein Inverses.

Beispiel 2   Ist M eine nicht leere Menge, so ist die Menge $\mathrm{Abb}(M,M)$ aller Abbildungen

$$f : M \to M$$

mit der Hintereinanderschaltung als Verknüpfung eine Halbgruppe, mit der identischen Abbildung id_M als neutrales Element. Hat M mehr als ein Element, so ist diese Verknüpfung nicht kommutativ. Ist etwa $M = \{1,2\}$, $f(x) = 1$ und $g(x) = 2$ für alle $x \in M$, so folgt $g \circ f \neq f \circ g$.

Eine Abbildung f ist genau dann invertierbar, wenn sie bijektiv ist. Mit der Umkehrabbildung f^{-1} gilt dann

$$f^{-1} \circ f = f \circ f^{-1} = \mathrm{id}_M.$$

Betrachten wir dagegen $f, g : \mathbb{N} \to \mathbb{N}$ mit

$$f(n) = n + 1 \quad \text{und} \quad g(n) = \begin{cases} n - 1 & \text{für } n \geq 1, \\ 0 & \text{für } n = 0, \end{cases}$$

so ist f injektiv, aber nicht surjektiv, und g surjektiv, aber nicht injektiv. g ist kein Inverses zu f, denn

$$g \circ f = \mathrm{id}_{\mathbb{N}}, \quad \text{aber} \quad f \circ g \neq \mathrm{id}_{\mathbb{N}}.$$

Beispiel 3   In der Menge $\mathrm{M}(n \times n; \mathbb{R})$ der n-reihigen quadratischen Matrizen mit reellen Einträgen kann man aus Addition und Multiplikation die neuen Verknüpfungen

$$\begin{aligned} (A,B) \quad &\mapsto \quad A * B \quad := \quad AB + BA \quad \text{und} \\ (A,B) \quad &\mapsto \quad A * B \quad := \quad AB - BA \end{aligned}$$

erklären. Für $n \geq 2$ sind sie nicht assoziativ.

Beispiel 4   Die Menge

$$H := \left\{ \begin{pmatrix} a & b \\ 0 & 0 \end{pmatrix} : a, b \in \mathbb{R} \right\} \subset \mathrm{M}(2 \times 2\,; \mathbb{R})$$

ist mit der Multiplikation von Matrizen eine nicht kommutative Halbgruppe. Geometrisch gesehen ist H die Menge der linearen Abbildungen von $\mathbb{R}^2$ nach $\mathbb{R}$. Offensichtlich ist

$$\begin{pmatrix} 1 & x \\ 0 & 0 \end{pmatrix}$$

für jedes $x \in \mathbb{R}$ ein linksneutrales Element von H. Dagegen gibt es in H kein rechtsneutrales Element: Aus

$$\begin{pmatrix} a & b \\ 0 & 0 \end{pmatrix} \begin{pmatrix} x & y \\ 0 & 0 \end{pmatrix} = \begin{pmatrix} a & b \\ 0 & 0 \end{pmatrix}$$

für alle $a, b \in \mathbb{R}$ folgt $ax = a$ und $ay = b$, also $x = 1$ und $y = \dfrac{b}{a}$ für alle $a, b \in \mathbb{R}$.

Die Beispiele 3 und 4 sind erste Hinweise darauf, welche Tücken in den Rechenregeln für Matrizen stecken.

Beispiel 5   Die Menge $H = \mathbb{R} \times \mathbb{R}$ mit der Verknüpfung

$$(a,b) * (c,d) := (ac, bd)$$

ist eine kommutative Halbgruppe mit neutralem Element $(1,1)$.

Beispiel 6   Häufig gebrauchte nicht assoziative Verknüpfungen sind die nicht kommutative Potenzierung

$$\mathbb{N} \times \mathbb{N} \to \mathbb{N}, \quad (m,n) \mapsto m^n$$

und in der Menge $\mathbb{Q}$ der rationalen Zahlen der kommutative Mittelwert

$$\mathbb{Q} \times \mathbb{Q} \to \mathbb{Q}, \quad (a,b) \mapsto \frac{1}{2}(a+b).$$

1.1.3   Definition einer Gruppe

In einer Halbgruppe kann vieles fehlen: Es muss weder ein neutrales Element noch Inverse geben. Dies wird nun zusätzlich gefordert (vgl. dazu Teil 7 im Anhang 2).

Definition   *Eine Menge G zusammen mit einer inneren Verknüpfung*

$$* : G \times G \to G , (a,b) \mapsto a * b ,$$

*heißt **Gruppe**, wenn folgendes gilt:*

G1   *$*$ ist **assoziativ**, d.h. $(a * b) * c = a * (b * c)$ für alle $a, b, c \in G$.*

G2   *a) Es gibt ein eindeutig bestimmtes $e \in G$ mit $e * a = a * e = a$ für alle $a \in G$*
           *(e heißt **neutrales Element** von G).*
       b) Zu jedem $a \in G$ gibt es ein eindeutig bestimmtes $a^{-1} \in G$ mit $a^{-1} * a = a * a^{-1} = e$
           *(a^{-1} heißt **Inverses** von a).*

*G heißt **kommutativ** (oder **abelsch**), wenn $a * b = b * a$ für alle $a, b \in G$.*

In den meisten Fällen schreibt man die Verknüpfung als ***Multiplikation***, also $a * b = a \cdot b$, oder noch einfacher ab. Die additive Schreibweise $a * b = a + b$ ist nur im abelschen Fall üblich. Das neutrale Element e bei einer ***Addition*** wird dann mit 0 (***Null***) bezeichnet, invers zu a ist das ***Negative*** $-a$. Bei einer Multiplikation setzt man oft $e = 1$.

Will man deutlich machen, welche Verknüpfung $*$ zugrunde gelegt wird, so kann man eine Gruppe als Paar $(G, *)$ schreiben.

Das ***Assoziativgesetz*** **G1** ist als Axiom nur für drei Faktoren gefordert. Durch wiederholte Anwendung kann man zeigen, dass bei beliebig vielen Faktoren $a_1, \ldots, a_n$ das Ergebnis unabhängig von allen möglichen Klammerungen ist, und einfach $a_1 \cdot \ldots \cdot a_n$ schreiben.

Man beachte, dass das Inverse eines Produktes $a \cdot b$ gleich $b^{-1} \cdot a^{-1}$ ist, denn

$$(a \cdot b) \cdot (b^{-1} \cdot a^{-1}) = a \cdot (b \cdot b^{-1}) \cdot a^{-1} = a \cdot a^{-1} = e \,.$$

1.1.4 Abschwächung der Gruppenaxiome

In der Axiomatik herrscht Purismus: Man versucht so wenig wie möglich in den Axiomen zu fordern und alles andere daraus abzuleiten. Auch kann dadurch der Nachweis, dass es sich um eine Gruppe handelt, oft vereinfacht werden. In diesem Sinne kann man das Axiom **G2** abschwächen zu

G2′ Es gibt ein $e \in G$ mit folgenden Eigenschaften:

    a) $e * a = a$ für alle $a \in G$ (e heißt *linksneutral*).

    b) Zu jedem $a \in G$ gibt es ein $b \in G$ mit $b * a = e$ (b heißt *linksinvers*).

Man beachte, dass wegen der nicht vorausgesetzten Eindeutigkeit von e die Bedingungen a) und b) an ein gemeinsames e gekoppelt werden müssen.

Lemma *Aus den Axiomen **G1** und **G2′** folgt **G2** .*

Beweis Der Beweis erfolgt in mehreren Schritten.

1. *Ein linksinverses Element ist auch rechtsinvers*:

Sei b linksinvers zu a. Wir wählen ein zu b linksinverses c, dann ist $ba = cb = e$. Es folgt

$$ab = (ea)b = ((cb)a)b = (c(ba))b = (ce)b = c(eb) = cb = e \,.$$

2. *Ein linksneutrales Element e ist auch rechtsneutral und damit eindeutig bestimmt:*

Zu $a \in G$ wählen wir ein linksinverses b, dann ist $ba = e$ und nach **1.** auch $ab = e$. Es folgt

$$ae = a(ba) = (ab)a = ea = a \,.$$

Die Eindeutigkeit von e folgt wie in 1.1.1 aus $e' = ee' = e$.

3. *Ein linksinverses (und damit nach **1.** auch rechtsinverses) b von a ist eindeutig bestimmt:*

Seien b, b' linksinvers zu a, also $ba = b'a = ab = ab' = e$, wobei e das nach **2.** eindeutig bestimmte neutrale Element ist. Es folgt

$$b = eb = (b'a)b = b'(ab) = b'e = b' \,. \qquad\qquad \blacksquare$$

1.1.5 Translationen und Kürzungsregeln

In einer Menge H mit innerer Verknüpfung $\cdot$ erhält man für jedes feste $a \in H$ Abbildungen

$$l_a : H \to H\,, \quad x \mapsto a \cdot x\,, \quad (\textit{Linkstranslation}) \quad \text{und}$$

$$r_a : H \to H\,, \quad x \mapsto x \cdot a\,, \quad (\textit{Rechtstranslation})\,.$$

In einer Verknüpfungstafel (vgl. 1.1.1) kann man die Bilder von H unter l_a bzw. r_a als Zeilen bzw. Spalten ablesen.

Bemerkung   *a) In einer Gruppe G sind alle Translationen l_a und r_a bijektiv.*

b) Sind in einer Halbgruppe $H \neq \emptyset$ die Translationen l_a und r_a für alle $a \in H$ surjektiv, so ist H eine Gruppe.

c) Sind in einer endlichen Halbgruppe $H \neq \emptyset$ die Translationen l_a und r_a für alle $a \in G$ injektiv, so ist H eine Gruppe.

Beweis a) Für $b \in G$ gilt

$$l_a(x) = b \Leftrightarrow ax = b \Leftrightarrow x = a^{-1}b \quad \text{und} \quad r_a(y) = b \Leftrightarrow ya = b \Leftrightarrow y = ba^{-1}\,.$$

b) Sei $b \in H$ fest gewählt und $a \in H$ beliebig. Da l_b und r_b surjektiv sind, gibt es a' und $e \in H$ mit

$$a = l_b(a') = ba' \quad \text{und} \quad b = r_b(e) = eb\,.$$

Daraus folgt

$$ea = e(ba') = (eb)a' = ba' = a\,.$$

Also ist e linksneutrales Element. Da r_a surjektiv ist, gibt es ein $c \in H$ mit $e = r_a(c) = ca$. Nach 1.1.4 folgt, dass G eine Gruppe ist.

c) In einer endlichen Menge H ist jede injektive Abbildung $H \to H$ auch surjektiv, damit ist H nach *b)* schon eine Gruppe. $\blacksquare$

Die gerade nachgewiesenen Eigenschaften der Translationen kann man auch so ausdrücken: In einer Gruppe G gelten die *Kürzungsregeln*

$$ax = ay \Rightarrow x = y \quad \text{und} \quad xa = ya \Rightarrow x = y.$$

Weiter sind die Gleichungen $ax = b$ und $ya = b$ stets eindeutig lösbar durch

$$x = a^{-1}b \quad \text{und} \quad y = ba^{-1}\,.$$

Korollar   *In einer endlichen abelschen Gruppe G mit n Elementen gilt für jedes $a \in G$*

$$a^n = e\,.$$

Beweis Ist $G = \{a_1, \ldots, a_n\}$, so ist auch $G = l_a(G) = \{aa_1, \ldots, aa_n\}$, also

$$\prod_{i=1}^{n} a_i = \prod_{i=1}^{n} aa_i = a^n \prod_{i=1}^{n} a_i, \quad \text{also} \quad a^n = e.$$

$\blacksquare$

In 1.2.4 werden wir zeigen, dass diese Aussage auch in nicht kommutativen Gruppen gilt.

1.1.6 Definition einer Untergruppe

Bevor wir eine Serie von Beispielen beschreiben, noch ein grundlegender Begriff.

Definition *Sei G eine Gruppe und $H \subset G$ eine Teilmenge. H heißt **Untergruppe** von G (in Zeichen $H < G$), wenn gilt:*

U1 *Mit $a, b \in H$ ist $a \cdot b \in H$ (H ist „abgeschlossen" unter $\cdot$).*

U2 *H zusammen mit der von G „vererbten" Verknüpfung*

$$H \times H \to H, \ (a,b) \mapsto a \cdot b,$$

ist wieder eine Gruppe.

Man beachte dabei, dass Bedingung **U2** nur dann formuliert werden kann, wenn **U1** erfüllt ist, d.h. wenn $a \cdot b$ für $a, b \in H$ nicht nur in G sondern sogar in H liegt.
Ganz analog kann man andere Unterstrukturen (etwa bei Ringen, Körpern, Vektorräumen, ...) erklären. Zur Kontrolle der Bedingungen in der Praxis hilft ein einfaches Kriterium.

Lemma *Eine Teilmenge H einer Gruppe G ist genau dann eine Untergruppe, wenn $H \neq \emptyset$ und wenn gilt:*

$$a, b \in H \Rightarrow ab^{-1} \in H.$$

Beweis Es ist klar, dass die angegebene Bedingung notwendig ist. Sie ist auch hinreichend: Das Assoziativgesetz gilt in G, also auch in H. Da $H \neq \emptyset$, gibt es ein $a \in H$, also ist $aa^{-1} = e \in H$. Zu $b \in H$ ist $eb^{-1} \in H$, also enthält H auch die Inversen. Schließlich ist H abgeschlossen unter der Multiplikation, denn mit $a, b \in H$ ist

$$ab = a(b^{-1})^{-1} \in H.$$

$\blacksquare$

Dass die Abgeschlossenheit unter der Verknüpfung, also Bedingung **U1**, im allgemeinen zur Definition einer Untergruppe nicht ausreicht, sieht man an der additiven Gruppen $G = \mathbb{Z}$ und der unendlichen Teilmenge $H = \mathbb{N}$. Dagegen gilt:

Bemerkung *Eine nicht leere endliche Teilmenge H einer Gruppe G ist schon dann Untergruppe, wenn* **U1** *gilt.*

Beweis Wegen **U1** ist H eine Halbgruppe. Daher lässt sich die Behauptung leicht aus den Teilen *a)* und *c)* aus 1.1.5 folgern.

Etwas direkter kann man es so sehen: Da $H \neq 0$ gibt es ein $a \in H$ und wegen **U1** gibt es in H eine Linkstranlation

$$l_a : H \to H, \quad x \mapsto ax.$$

Da $H \subset G$ gilt auch in H die Kürzungsregel $ax = ay \Rightarrow x = y$, somit ist l_a injektiv. Nun der entscheidende Punkt: Für endliches H ist l_a demnach auch surjektiv. Also gibt es zu a ein $x \in H$ mit $ax = a$ und es folgt nach den Regeln in G, dass $x = e \in H$.

Ist nun $b \in H$ beliebig, und $l_b : H \to H$ wieder die Linkstranslation, so gibt es ein $y \in H$ mit $by = e$, also $y = b^{-1} \in H$. Damit ist für H auch **U2** erfüllt. $\blacksquare$

In jeder Gruppe G gibt es die *trivialen Untergruppen* $\{e\}$ und G.

1.1.7 Erzeugung von Untergruppen

Wir geben ein Verfahren an, mit dem eine beliebige Teilmenge zu der kleinsten möglichen Untergruppe ausgebaut werden kann.

Bemerkung *Ist G eine Gruppe, I eine beliebige Indexmenge und sind $H_i < G$ für alle $i \in I$, so ist*

$$\bigcap_{i \in I} H_i < G\,.$$

Beweis Da $e \in H_i$ für alle $i \in I$ ist $\bigcap_{i \in I} H_i \neq \emptyset$. Sind $a, b \in \bigcap_{i \in I} H_i$, so sind $a, b \in H_i$ für alle i und somit $ab^{-1} \in H_i$ für alle i, also $ab^{-1} \in \bigcap_{i \in I} H_i$. $\blacksquare$

Ist G eine Gruppe und $M \subset G$ eine beliebige Teilmenge, so wird die von M *erzeugte Untergruppe* von G erklärt als Durchschnitt aller M umfassenden Untergruppen, in Zeichen

$$\mathrm{Erz}\,(M) := \bigcap_{M \subset H < G} H\,.$$

Nach der obigen Bemerkung ist $\mathrm{Erz}(M) < G$. Eine explizitere Beschreibung gibt der

Hilfssatz *Für eine Teilmenge $M \subset G$ ist*

$$\mathrm{Erz}\,(M) = \left\{ a_1^{\varepsilon_1} \cdot \ldots \cdot a_n^{\varepsilon_n} : n \in \mathbb{N},\ a_i \in M,\ \varepsilon_i = \pm 1 \right\}, \tag{$*$}$$

das ist in Worten die Menge aller endlichen Produkte von Elementen aus M und ihren Inversen. Dabei ist $\mathrm{Erz}\,(\emptyset) := \{e\}$.

Beweis Zunächst ist klar, dass $H^* := \left\{ a_1^{\varepsilon_1} \cdot \ldots \cdot a_n^{\varepsilon_n} : n \in \mathbb{N}, \, a_i \in M, \, \varepsilon_i = \pm 1 \right\} < G$ eine Untergruppe ist. Denn aus

$$a = a_1^{\varepsilon_1} \cdot \ldots \cdot a_n^{\varepsilon_n}, \quad b = b_1^{\delta_1} \cdot \ldots \cdot b_m^{\delta_m} \in H^* \quad \text{folgt} \quad ab^{-1} = a_1^{\varepsilon_1} \cdot \ldots \cdot a_n^{\varepsilon_n} b_m^{-\delta_m} \cdot \ldots \cdot b_1^{-\delta_1}.$$

Also folgt $\mathrm{Erz}\,(M) \subset H^*$, denn für $a \in M$ ist $a = a^1 \in H^*$ und somit $M \subset H^* < G$.

Da $M \subset \mathrm{Erz}\,(M) < G$, folgt durch wiederholte Anwendung des Lemmas aus 1.1.6, dass auch $H^* \subset \mathrm{Erz}\,(M)$ gilt. $\blacksquare$

Ist G abelsch und $M = \{a_1, \ldots, a_n\}$ endlich, so vereinfacht sich Gleichung $(*)$ zu

$$\mathrm{Erz}\,(M) = \{a_1^{k_1} \cdot \ldots \cdot a_n^{k_n} : k_i \in \mathbb{Z}\} \, ,$$

wobei $a^0 := e$, oder additiv geschrieben

$$\mathrm{Erz}\,(M) = \{k_1 a_1 + \ldots + k_n a_n : k_i \in \mathbb{Z}\} \, ,$$

das ist die Menge der Linearkombinationen von Elementen aus M mit Koeffizienten aus $\mathbb{Z}$.

Man nennt eine Gruppe G *endlich erzeugt*, wenn es eine endliche Teilmenge $M \subset G$ gibt, so dass

$$G = \mathrm{Erz}\,(M) \, .$$

Im Extremfall $M = \emptyset$ ist $\mathrm{Erz}\,(\emptyset) = \{e\}$ und für $M = \{a\}$ ist

$$\mathrm{Erz}\,(a) := \mathrm{Erz}(\{a\}) = \{a^{\varepsilon_1} \cdot \ldots \cdot a^{\varepsilon_n} : n \in \mathbb{N}, \varepsilon_i = \pm 1\} = \{a^k : k \in \mathbb{Z}\}$$

eine „zyklische" Untergruppe von G. Mehr dazu in den folgenden Abschnitten.

1.1.8 Untergruppen von $\mathbb{Z}$, Kongruenzen und Restklassen

Eine der wichtigsten Gruppen ist die additive Gruppe $\mathbb{Z}$ der *ganzen Zahlen* (oder genauer: der *ganzrationalen Zahlen*) mit dem neutralen Element 0 und dem Inversen (oder Negativen) $-m$ von m.

Für jedes $m \in \mathbb{N}$ sei nun

$$m\mathbb{Z} := \{m \cdot k \,:\, k \in \mathbb{Z}\} \subset \mathbb{Z}$$

die Menge der Vielfachen von m, oder, anders ausgedrückt, die Menge der durch m teilbaren ganzen Zahlen. Offensichtlich ist $m\mathbb{Z}$ eine Untergruppe von $\mathbb{Z}$.
Wir zeigen eine grundlegende Eigenschaft von $\mathbb{Z}$:

Satz über Untergruppen von $\mathbb{Z}$ *Ist $H < \mathbb{Z}$, so gibt es genau ein $m \in \mathbb{N}$, derart dass $H = m\mathbb{Z}$.*

Wir benutzen das folgende

Lemma über die Division mit Rest
Zu $m, n \in \mathbb{Z}$ mit $m \geq 1$ gibt es eindeutig bestimmte $k, r \in \mathbb{Z}$ derart, dass

$$n = k \cdot m + r \quad \text{und} \quad 0 \leq r < m.$$

*Die Zahl r wird **Rest** genannt.*

Beweis des Lemmas Die Aussage erscheint klar, wenn man n in $\mathbb{Q}$ durch m dividiert und $k := \lfloor \frac{n}{m} \rfloor$ als größte ganze Zahl $\leq \frac{n}{m} \in \mathbb{Q}$ erklärt. Dann gilt in $\mathbb{Q}$

$$\frac{n}{m} = k + \frac{r}{m} \quad \text{mit } r \in \mathbb{N} \text{ und } 0 \leq \frac{r}{m} < 1.$$

Durch Multiplikation mit m folgt die Existenz von k und r. Um das auf elementarem Niveau nur mit ganzen Zahlen zu begründen, betrachten wir die Menge

$$R := \{ x \in \mathbb{N} \text{ und es gibt ein } y \in \mathbb{Z} \text{ mit } x = n - ym \} \subset \mathbb{N}$$

der möglichen Reste x. Zunächst ist $R \neq \emptyset$, denn für $n \geq 0$ ist $n \in R$ und für $n < 0$ ist $n - nm \in R$. Nach dem elementaren Prinzip des kleinsten Elements enthält $R \subset \mathbb{N}$ ein kleinstes $r \in R$ und dazu gibt es ein $k \in \mathbb{Z}$ mit

$$r = n - km, \quad \text{also } n = km + r.$$

Es bleibt zu zeigen, dass $r < m$ gilt: Aus $r \geq m$ folgt

$$x := n - (k+1)m = n - km - m = r - m \geq 0, \quad \text{also} \quad 0 \leq x < r,$$

im Widerspruch zur Minimalität von r.

Sind zwei derartige Darstellungen

$$n = k \cdot m + r = k' \cdot m + r'$$

gegeben, so folgt

$$(k - k') \cdot m = r' - r, \quad \text{also} \quad m \text{ teilt } (r' - r).$$

Wegen $|r' - r| < m$ muss $r' - r = 0$ und somit auch $k - k' = 0$ sein.   ■

Man beachte die Vorzeichen: Für $m = 2$ ist $7 = 3 \cdot 2 + 1$, aber $-7 = -4 \cdot 2 + 1$.

Beweis des Satzes Ist $H = \{0\}$, so nehme man $m = 0$. Andernfalls wähle man das kleinste positive $m \in H$. Da H Untergruppe ist, folgt $m\mathbb{Z} \subset H$.

Um $H \subset m\mathbb{Z}$ zu beweisen, teilt man jedes $n \in H$ mit Rest durch m:

$$n = k \cdot m + r \quad \text{mit } 0 \leq r < m.$$

Wegen $n, m \in H$ folgt $r = n - km \in H$ und da m minimal gewählt war, muss $r = 0$ sein. Also ist $n = km \in m\mathbb{Z}$. Offensichtlich ist $m\mathbb{Z} = -m\mathbb{Z}$. Die Eindeutigkeit von m wird durch die Wahl des nicht negativen Wertes erreicht.   ■

Wir wollen noch eine andere Konstruktion in diesem einfachen Spezialfall „zu Fuß" durchführen. Ist $m \in \mathbb{N}$ gegeben, so kann man die Gleichheit von Zahlen $k, l \in \mathbb{Z}$ verallgemeinern zu einer *Kongruenz* modulo m

$$k \equiv l \pmod{m} \quad :\Leftrightarrow \quad k - l \in m\mathbb{Z}.$$

Der grundlegende Begriff der Kongruenz wurde von GAUSS eingeführt (vgl. dazu Teil 3 im Anhang 2). Für $m = 0$ stimmt die Kongruenz mit der Gleichheit überein, für $m = 1$ sind alle Paare ganzer Zahlen kongruent. Ganz einfach beweist man die folgende

Bemerkung *a) Für alle $m \in \mathbb{N}$ ist durch die Kongruenz modulo m auf $\mathbb{Z}$ eine Äquivalenzrelation erklärt.*

b) Für $m \geq 1$ ist $k \equiv l \pmod{m}$ äquivalent dazu, dass bei Division von k und l durch m der gleiche nichtnegative Rest bleibt.

Wegen der Eigenschaft *b)* nennt man die Äquivalenzklassen modulo m auch *Restklassen*, sie sind von der Form

$$k + m\mathbb{Z} := \{k + m \cdot n : n \in \mathbb{Z}\}, \quad \text{wobei} \quad k + m\mathbb{Z} = l + m\mathbb{Z} \Leftrightarrow k - l \in m\mathbb{Z}.$$

Die Gruppe $\mathbb{Z}$ wird durch die Kongruenz zerlegt in Äquivalenzklassen. Für $m = 0$ stimmen Kongruenz und Gleichheit überein, also ist $\mathbb{Z}/0\mathbb{Z} = \mathbb{Z}$. Für $m \geq 1$ hat man

$$\mathbb{Z}/m\mathbb{Z} := \{0 + m\mathbb{Z}, 1 + m\mathbb{Z}, \ldots, (m-1) + m\mathbb{Z}\}.$$

Wohlgemerkt: Ein Element von $\mathbb{Z}/m\mathbb{Z}$ ist eine Teilmenge von $\mathbb{Z}$. Ist klar, welches m der Kongruenz zugrunde liegt, so kann man auch

$$\bar{k} := k + m\mathbb{Z} \quad \text{und} \quad \mathbb{Z}/m\mathbb{Z} = \{\bar{0}, \bar{1}, \ldots, \overline{m-1}\}$$

schreiben.

Das Entstehen einer Restklasse modulo m kann man sich so vorstellen: Wird die Zahlengerade auf eine Spule vom Umfang m gewickelt, so fallen modulo m kongruente ganze Zahlen zusammen. Analytisch wird das in Beispiel 3 aus 1.2.2 beschrieben. Für $m = 3$ sieht das so aus:

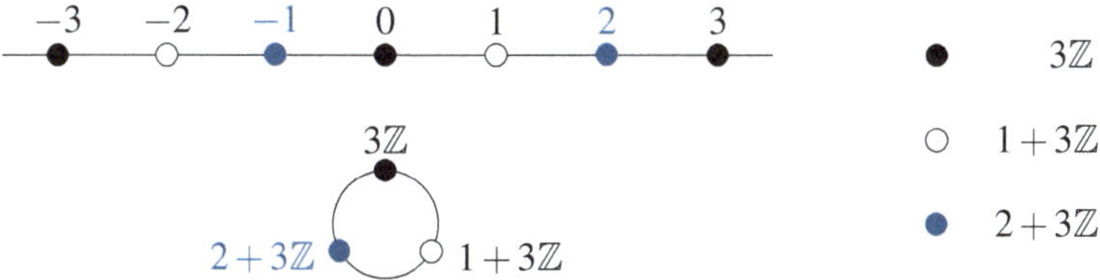

Wir wollen nun zeigen, wie man Addition und Multiplikation von $\mathbb{Z}$ nach $\mathbb{Z}/m\mathbb{Z}$ übertragen kann. Das ist ein Spezialfall allgemeiner Konstruktionen, die in 1.2.8 und 2.2.3 beschrieben werden.

Wir beginnen mit der Addition und versuchen die nächstliegende Definition

$$(k+m\mathbb{Z}) + (l+m\mathbb{Z}) := (k+l) + m\mathbb{Z}\,.$$

Zunächst ist zu zeigen, dass dadurch in $\mathbb{Z}/m\mathbb{Z}$ eine Addition **wohldefiniert** ist, d.h. die Definition ist unabhängig von der Wahl der Repräsentanten k und l der Restklassen. In Kongruenzen ausgedrückt ist dazu die

Rechenregel

$$k \equiv k' \,(\bmod\, m) \quad \text{und} \quad l \equiv l' \,(\bmod\, m) \;\Rightarrow\; k+l \equiv k'+l' \,(\bmod\, m)\,. \qquad (+)$$

zu zeigen. Das ist jedoch offensichtlich, denn

$$(k+l) - (k'+l') = (k-k') + (l-l') \in m\mathbb{Z}\,.$$

Nun gilt der

Satz über die Addition von Restklassen   *Für jedes $m \in \mathbb{N}$ ist $\mathbb{Z}/m\mathbb{Z}$ mit der oben erklärten Addition eine abelsche Gruppe.*

Der *Beweis* ist ganz einfach. Die Assoziativität und die Kommutativität übertragen sich von $\mathbb{Z}$ nach $\mathbb{Z}/m\mathbb{Z}$. Nullelement ist $0+m\mathbb{Z} = m\mathbb{Z}$ und das Negative ist gegeben durch

$$-(k+m\mathbb{Z}) = -k+m\mathbb{Z}\,. \qquad\qquad\blacksquare$$

$Z_m := \mathbb{Z}/m\mathbb{Z}$ heißt für $m \geq 1$ *zyklische Gruppe* der Ordnung m, für $m = 0$ ist $Z_0 = \mathbb{Z}$. Die besondere Bedeutung zyklischer Gruppen werden wir in 1.6 kennen lernen: Jede endliche abelsche Gruppe ist in bestimmter Weise aus zyklischen Gruppen zusammmgesetzt.

Die Multiplikation in $\mathbb{Z}/m\mathbb{Z}$ bereitet Probleme, denn $\mathbb{Z}$ ist mit der Multiplikation nur eine Halbgruppe. Zunächst können wir analog zur Addition durch

$$(k+m\mathbb{Z}) \cdot (l+m\mathbb{Z}) := k \cdot l + m\mathbb{Z}$$

eine Multiplikation in $\mathbb{Z}/m\mathbb{Z}$ definieren. Die Unabhängigkeit von den Repräsentanten folgt aus der

Rechenregel

$$k \equiv k' \,(\bmod\, m) \quad \text{und} \quad l \equiv l' \,(\bmod\, m) \;\Rightarrow\; kl \equiv k'l' \,(\bmod\, m) \qquad (\cdot)$$

für Kongruenzen, sie gilt wegen

$$kl - k'l' = (k-k')l' + k(l-l') \in m\mathbb{Z}$$

Da sich die Assoziativität und die Kommutativität von $\mathbb{Z}$ übertragen, ist $\mathbb{Z}/m\mathbb{Z}$ mit dieser Multiplikation eine kommutative Halbgruppe, $1+m\mathbb{Z}$ ist neutrales Element. Ein inverses Element $k+m\mathbb{Z}$ von $0+m\mathbb{Z}$ muss die Bedingung

$$(0+m\mathbb{Z})(k+m\mathbb{Z}) = 1+m\mathbb{Z}\,, \quad \text{also} \quad 0 \cdot k = 0 \equiv 1 \,(\bmod\, m)$$

erfüllen, das ist nur für $m = 1$, also $\mathbb{Z}/1\mathbb{Z} = \mathbb{Z}/\mathbb{Z} = \{\mathbb{Z}\} = \{\overline{0}\}$, möglich. Wir setzen nun $m \geq 2$ voraus und betrachten die Teilmenge

$$(\mathbb{Z}/m\mathbb{Z})^* := \{1 + m\mathbb{Z}, \ldots, (m-1) + m\mathbb{Z}\} = \mathbb{Z}/m\mathbb{Z} \smallsetminus m\mathbb{Z}.$$

Für $m = 3, 4$ und 5 sieht die Multiplikation in $(\mathbb{Z}/m\mathbb{Z})^*$ so aus:

$\cdot$	$\overline{1}$	$\overline{2}$
$\overline{1}$	$\overline{1}$	$\overline{2}$
$\overline{2}$	$\overline{2}$	$\overline{1}$

$\cdot$	$\overline{1}$	$\overline{2}$	$\overline{3}$
$\overline{1}$	$\overline{1}$	$\overline{2}$	$\overline{3}$
$\overline{2}$	$\overline{2}$	$\overline{0}$	$\overline{2}$
$\overline{3}$	$\overline{3}$	$\overline{2}$	$\overline{1}$

$\cdot$	$\overline{1}$	$\overline{2}$	$\overline{3}$	$\overline{4}$
$\overline{1}$	$\overline{1}$	$\overline{2}$	$\overline{3}$	$\overline{4}$
$\overline{2}$	$\overline{2}$	$\overline{4}$	$\overline{1}$	$\overline{3}$
$\overline{3}$	$\overline{3}$	$\overline{1}$	$\overline{4}$	$\overline{2}$
$\overline{4}$	$\overline{4}$	$\overline{3}$	$\overline{2}$	$\overline{1}$

$(\mathbb{Z}/4\mathbb{Z})^*$ ist unter der Multiplikation nicht abgeschlossen. Für $m = 3$ und 5 kommt in jeder Zeile und Spalte jedes Element genau einmal vor und außerdem ist die Multiplikation assoziativ. Also erhält man nach der Bemerkung in 1.1.5 eine Gruppe.

Die multiplikativen Inversen in $(\mathbb{Z}/5\mathbb{Z})^*$ kann man an der Tafel ablesen:

$$\overline{2} \cdot \overline{3} = \overline{1}, \quad \text{also} \quad \overline{2}^{-1} = \overline{3} \quad \text{und} \quad \overline{3}^{-1} = \overline{2}; \quad \overline{4} \cdot \overline{4} = \overline{1}, \quad \text{also} \quad \overline{4}^{-1} = \overline{4}.$$

Bemerkung $(\mathbb{Z}/m\mathbb{Z})^*$ *ist für $m \geq 2$ unter der Multiplikation genau dann abgeschlossen, wenn $m = p$ eine Primzahl ist.*

Beweis Wir benutzen die folgende Charakterisierung von Primzahlen: $p \in \mathbb{N}$ mit $p \geq 2$ ist genau dann Primzahl, wenn für alle $k, l \in \mathbb{Z}$ gilt

$$p \text{ teilt } k \cdot l \quad \Rightarrow \quad p \text{ teilt } k \text{ oder } p \text{ teilt } l \qquad (*)$$

(vgl. 2.3.4). Die Abgeschlossenheit von $(\mathbb{Z}/m\mathbb{Z})^*$ ist gleichbedeutend mit

$$k \notin m\mathbb{Z} \quad \text{und} \quad l \notin m\mathbb{Z} \quad \Rightarrow \quad k \cdot l \notin m\mathbb{Z}.$$

Diese Bedingung ist aber äquivalent zu $(*)$.   ∎

Damit sind die Vorbereitungen getroffen für den

Satz über die Multiplikation von Restklassen   *Für $m \geq 2$ ist die Teilmenge*

$$(\mathbb{Z}/m\mathbb{Z})^* = \mathbb{Z}/m\mathbb{Z} \smallsetminus m\mathbb{Z} \subset \mathbb{Z}/m\mathbb{Z}$$

mit der oben erklärten Multiplikation genau dann eine Gruppe, wenn m eine Primzahl ist.

Beweis Nach obiger Bemerkung genügt es zu zeigen, dass $(\mathbb{Z}/p\mathbb{Z})^*$ für jede Primzahl p eine multiplikative Gruppe ist.

Da die Multiplikation in $\mathbb{Z}$ assoziativ und kommutativ ist, wird $(\mathbb{Z}/p\mathbb{Z})^*$ zu einer kommutativen Halbgruppe. Nach Bemerkung $c)$ in 1.1.5 genügt es zu zeigen, dass alle Linkstranslationen injektiv sind. Seien also $k, x, y \in \mathbb{Z} \smallsetminus p\mathbb{Z}$, und sei

$$(k + p\mathbb{Z})(x + p\mathbb{Z}) = (k + p\mathbb{Z})(y + p\mathbb{Z}), \text{ d.h. } k(x - y) \in p\mathbb{Z}.$$

Da p nach Voraussetzung kein Teiler von k ist, muss p Teiler von $x - y$ sein, also ist die Translation injektiv (die benutzten Eigenschaften von Primzahlen werden ausführlich in 2.3.4 behandelt).   ∎

Nach den oben bewiesenen Eigenschaften von Addition und Multiplikation in der Menge $\mathbb{Z}/m\mathbb{Z}$ der Restklassen modulo m ist ein kleiner Ausblick auf die späteren Kapitel angebracht. Zwischen Addition und Multiplikation in $\mathbb{Z}$ gilt das Distributivgesetz

$$n \cdot (k + l) = n \cdot k + n \cdot l \quad \text{für alle } n, k, l \in \mathbb{Z}.$$

Wie in 2.1.1 ausgeführt, wird $\mathbb{Z}$ zusammen mit $+$ und $\cdot$ ein „Ring" genannt. $\mathbb{Z}^* := \mathbb{Z} \setminus \{0\}$ ist jedoch mit der Multiplikation keine Gruppe, da nur ± 1 ein Inverses besitzen. Für jedes $m \geq 1$ gelten die Rechenregeln aus $\mathbb{Z}$ auch in $\mathbb{Z}/m\mathbb{Z}$, da Addition und Multiplikation über die Repräsentanten aus $\mathbb{Z}$ erklärt sind. Daher wird $\mathbb{Z}/m\mathbb{Z}$ in 2.2.3 als „kommutativer Restklassenring" bezeichnet. Genau dann, wenn $m = p$ eine Primzahl ist, wird $(\mathbb{Z}/m\mathbb{Z})^*$ zu einer Gruppe und somit

$$\mathbb{F}_p := \mathbb{Z}/p\mathbb{Z}$$

zu einem „Körper" mit p Elementen. Eine solche Konstruktion wurde schon von GALOIS vorgeschlagen (vgl. Teil 4 von Anhang 2), es hat aber lange gedauert, bis diese endlichen Körper in der Algebra akzeptiert wurden. Dass es auch allgemeiner für $n \geq 2$ Körper mit p^n Elementen gibt, wird in 3.3.4 ausgeführt. Das erfordert stärkere Hilfsmittel.

1.1.9 Beispiele

Mit den wenigen bisher zur Verfügung stehenden Hilfsmitteln wollen wir nun neben den in 1.1.2 angegebenen Standardbeispielen noch einige weitere Gruppen konstruieren. Außerdem wird sich zeigen, dass mit einfachsten Mitteln der Gruppentheorie interessante Resultate über ganze Zahlen begründet werden können.

Beispiel 1   Für eine endliche Menge G mit n Elementen kann man versuchen, durch Ausprobieren eine Gruppentafel zu erhalten. Dabei ist zu bedenken, dass es ein neutrales Element e gibt und dass gemäß 1.1.5 in jeder Zeile und jeder Spalte jedes Element von G vorkommen muss. Ein großes Problem dabei ist die Gültigkeit des Assoziativgesetzes. Man kann sie nicht direkt an der Verknüpfungstafel erkennen, da hier nur zwei Faktoren auftreten.

Für $n = 1$ gibt es nur die ***triviale Gruppe*** $G = \{e\}$.

Für $n = 2$ gibt es nur die eine mögliche Verknüpfungstafel. Diese ist rechts dargestellt. Die Verknüpfung ist kommutativ, die $2^3 = 8$ Assoziativgleichungen sind erfüllt.

$\cdot$	e	a
e	e	a
a	a	e

Für $n = 3$ gibt es ebenfalls nur eine mögliche Verknüpfungstafel. Die Verknüpfung ist kommutativ, bei der Prüfung der
$3^3 = 27$ Assoziativgleichungen wird der Ruf nach theoretischen Hilfsmitteln lauter. Offensichtlich ist

$\cdot$	e	a	b
e	e	a	b
a	a	b	e
b	b	e	a

$$G = \{a, a^2 = b, a^3 = e\} \,.$$

Für $n = 4$ gibt es mehrere Möglichkeiten, zwei davon sind:

$\cdot$	e	a	b	c
e	e	a	b	c
a	a	b	c	e
b	b	c	e	a
c	c	e	a	b

$*$	e	a	b	c
e	e	a	b	c
a	a	e	c	b
b	b	c	e	a
c	c	b	a	e

„Zyklische Gruppe"   **„Kleinsche Vierergruppe $\mathcal{K}_4$"**

Es wird sich zeigen, dass es „bis auf Isomorphie" keine anderen Gruppen mit vier Elementen
gibt.

Wieder werden die Verknüpfungen kommutativ, die Tafeln sind wesentlich verschieden: Bei der
zyklischen Gruppe ist
$$G = \{a, a^2 = b, a^3 = c, a^4 = e\} \,,$$

bei der Kleinschen Vierergruppe ist das Quadrat jedes Elementes gleich e. Wie man die Assozia-
tivgesetze ohne Arbeit beweisen kann, sehen wir später (Beispiel 1 in 1.3.6).

Die Tafel für die zyklische Gruppe würde auch anders „aufgehen", nämlich mit $a * a = c$. Die
beiden Ergebnisse sind jedoch „isomorph". Dieser Begriff wird in 1.2.1 eingeführt.

Beispiel 2   Eine *Symmetrie* im allgemeinsten Sinn wird beschrieben durch eine bijektive
Abbildung einer beliebigen Menge M. Dementsprechend nennt man

$$\mathcal{S}(M) := \{f : M \to M \ : \ f \text{ bijektiv}\}$$

zusammen mit der Hintereinanderschaltung $\circ$ von Abbildungen die **symmetrische Gruppe**
von M.

Das Assoziativgesetz $(f \circ g) \circ h = f \circ (g \circ h)$ ist für Abbildungen trivial, neutrales Element ist die
identische Abbildung id_M, und das Inverse f^{-1} ist die Umkehrabbildung.

Für die endliche Menge $M = \{1, \ldots, n\}$ ist $\mathcal{S}_n := \mathcal{S}(\{1, \ldots, n\})$ die aus der linearen Algebra
bekannte **Permutationsgruppe** mit $n!$ Elementen. Ist $\sigma \in \mathcal{S}_n$ so kann man explizit

$$\sigma = \begin{pmatrix} 1 & 2 & \ldots & n \\ \sigma(1) & \sigma(2) & \ldots & \sigma(n) \end{pmatrix}$$

schreiben. Wie bei Abbildungen üblich, gilt „rechts vor links", also etwa

$$\begin{pmatrix} 1 & 2 & 3 \\ 3 & 1 & 2 \end{pmatrix} \cdot \begin{pmatrix} 1 & 2 & 3 \\ 2 & 1 & 3 \end{pmatrix} = \begin{pmatrix} 1 & 2 & 3 \\ 1 & 3 & 2 \end{pmatrix},$$

$$\begin{pmatrix} 1 & 2 & 3 \\ 2 & 1 & 3 \end{pmatrix} \cdot \begin{pmatrix} 1 & 2 & 3 \\ 3 & 1 & 2 \end{pmatrix} = \begin{pmatrix} 1 & 2 & 3 \\ 3 & 2 & 1 \end{pmatrix}.$$

Die Bestimmung des ersten Produkts verläuft dabei wie folgt:

$$1 \mapsto 2 \mapsto 1, \quad 2 \mapsto 1 \mapsto 3, \quad 3 \mapsto 3 \mapsto 2.$$

An diesem Beispiel sieht man, dass $\mathcal{S}_n$ für $n \geq 3$ nicht abelsch ist. Mehr dazu in Beispiel 3 aus 1.2.5. Dass $\mathcal{S}_3$ die kleinste nicht abelsche Gruppe ist, wird in Beispiel 4 aus 1.3.16 näher ausgeführt.

Beispiel 3   Hat die Menge M eine spezielle Struktur, so können die mit dieser Struktur verträglichen bijektiven Abbildungen eine Untergruppe von $\mathcal{S}(M)$ ergeben.

Ist etwa $M = V$ Vektorraum über einem Körper K, so ist

$$\mathrm{GL}(V) := \{f : V \to V \ : \ f \text{ Isomorphismus}\} < \mathcal{S}(V)$$

die ***allgemeine lineare Gruppe*** von V. Im Fall $V = K^n$ ist

$$\mathrm{GL}(n; K) := \mathrm{GL}(K^n)$$

gleich der ***Gruppe der invertierbaren $n \times n$-Matrizen*** mit Einträgen aus K.

Weiter ist

$$\mathrm{O}(n) := \{A \in \mathrm{GL}(n; \mathbb{R}) \ : \ {}^t A \cdot A = E_n\} < \mathrm{GL}(n; \mathbb{R})$$

die ***orthogonale Gruppe*** vom Rang n.

Die einfachen Nachweise, dass es sich um Untergruppen handelt, sind dem Leser zur Übung empfohlen.

Beispiel 4   In $\mathrm{GL}(2; \mathbb{C})$ betrachten wir die Matrizen

$$E := \begin{pmatrix} 1 & 0 \\ 0 & 1 \end{pmatrix}, I := \begin{pmatrix} \mathbf{i} & 0 \\ 0 & -\mathbf{i} \end{pmatrix}, J := \begin{pmatrix} 0 & 1 \\ -1 & 0 \end{pmatrix}, K := \begin{pmatrix} 0 & \mathbf{i} \\ \mathbf{i} & 0 \end{pmatrix}.$$

Die Ergebnisse der Multiplikation sind:

$\cdot$	E	I	J	K
E	E	I	J	K
I	I	$-E$	K	$-J$
J	J	$-K$	$-E$	I
K	K	J	$-I$	$-E$

Die von diesen vier Matrizen in $\mathrm{GL}(2;\mathbb{C})$ erzeugte Gruppe ist die **Quaternionengruppe**

$$Q := \mathrm{Erz}(E,I,J,K) = \{E,-E,I,-I,J,-J,K,-K\} < \mathrm{GL}(2;\mathbb{C})\,,$$

sie hat 8 Elemente. Die vollständige Multiplikationstafel ist leicht aus obiger Tafel zu erhalten.

Man beachte den Kniff: Würde man Q mit der Multiplikationstafel erklären, müsste man im Prinzip $8^3 = 512$ Gleichungen für das Assoziativgesetz nachprüfen. Für eine Untergruppe von $\mathrm{GL}(2;\mathbb{C})$ geht das gratis, denn die Assoziativität wird vererbt.

Bei der Klassifikation aller Gruppen mit 8 Elementen in Beispiel 3 aus 1.6.9 benötigen wir noch eine etwas andere Charakterisierung der Quaternionengruppe. Dazu bemerken wir zunächst, dass

$$Q = \mathrm{Erz}\,(J,K)\,,\quad \text{denn}\quad I = JK \quad \text{und}\quad -E = J^2 = K^2\,.$$

Hat man irgendeine Gruppe G mit a,b, derart dass

$$G = \mathrm{Erz}\,(a,b) \quad \text{mit}\quad a^4 = e\,,\ b^2 = a^2 \quad \text{und}\quad ba = a^{-1}b\,, \tag{$*$}$$

so ist dadurch die Multiplikation in G eindeutig festgelegt. Dass es tatsächlich eine Gruppe G mit diesen Eigenschaften gibt, sieht man durch einen Vergleich mit der Quaternionengruppe. Durch

$$\varphi : Q \to G \quad \text{mit}\quad \varphi(J) = a \quad \text{und}\quad \varphi(K) = b$$

wird ein „Isomorphismus" (vgl. 1.2.1) erklärt, für den

$$\varphi(I) = ab \quad \text{und}\quad \varphi(-E) = a^2 = b^2$$

gilt. Also ist die Quaternionengruppe durch die Eigenschaft $(*)$ bis auf Isomorphie eindeutig bestimmt.

Beispiel 5 Ist G eine Gruppe und M eine Menge, so wird die Menge $\mathrm{Abb}(M,G)$ der Abbildungen $f : M \to G$ mit der Verknüpfung

$$(f \cdot g)(x) := f(x) \cdot g(x)$$

eine Gruppe. Neutrales Element ist die Abbildung f_e mit $f_e(x) = e$ für alle $x \in M$ und inverses Element ist f^{-1} mit

$$f^{-1}(x) := (f(x))^{-1}\,.$$

Beispiel 6 In den schon aus der linearen Algebra bekannten Körpern $\mathbb{Q} \subset \mathbb{R} \subset \mathbb{C}$ gibt es zahlreiche interessante Untergruppen. Bezüglich der Addition ist $\mathbb{Z}$ Untergruppe von $\mathbb{Q}$. In $\mathbb{C}$ hat man die additive Untergruppe

$$\mathbb{Z} + \mathbb{Z}\mathbf{i} := \{m + n\mathbf{i} \ :\ m,n \in \mathbb{Z}\} < \mathbb{C}$$

der **ganzen Gaußschen Zahlen**, die man sich als **Punktgitter** in der Ebene vorstellen kann.

Bezüglich der Multiplikation sind $\mathbb{R}^* = \mathbb{R} \smallsetminus \{0\}$ und $\mathbb{C}^* = \mathbb{C} \smallsetminus \{0\}$ Gruppen. Beispiele für Untergruppen von $\mathbb{R}^*$ sind

$$\mathbb{R}_+^* = \{\alpha \in \mathbb{R} : \alpha > 0\} < \mathbb{R}^*\,,\qquad \mathbb{Q}^* = \mathbb{Q} \smallsetminus \{0\} < \mathbb{R}^*\,,\qquad \mathbb{Q}_+^* = \{\alpha \in \mathbb{Q} : \alpha > 0\} < \mathbb{Q}^*.$$

In $\mathbb{C}^*$ gibt es interessantere Untergruppen, etwa die Kreislinie

$$C := \{z \in \mathbb{C} \, : \, |z| = 1\} < \mathbb{C}^*.$$

Weiter ist für jedes $m \in \mathbb{N} \setminus \{0\}$ die endliche Teilmenge

$$C_m := \{z \in \mathbb{C} : z^m = 1\} < C$$

eine Untergruppe. Das ist die Menge der komplexen Lösungen der Gleichung $z^m - 1 = 0$, sie heißen ***m-te Einheitswurzeln***.

Man kann sie explizit berechnen mit Hilfe der ***primitiven m-ten Einheitswurzeln***

$$\zeta_m := \exp\left(\frac{2\pi\mathbf{i}}{m}\right) = \cos\frac{2\pi}{m} + \mathbf{i}\sin\frac{2\pi}{m} \in C_m.$$

So ist etwa $\zeta_1 = 1$, $\zeta_2 = -1$, $\zeta_4 = \mathbf{i}$, und allgemein

$$C_m = \left\{\zeta_m^0, \zeta_m, \zeta_m^2, ..., \zeta_m^{m-1}\right\}, \qquad \text{wobei } \zeta_m^k = \exp\left(\frac{2\pi\mathbf{i}k}{m}\right).$$

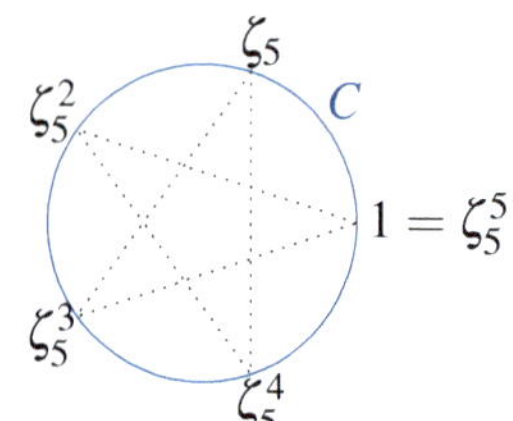

Die Gruppe C_m bildet die Ecken eines regulären m-Ecks. Für $m = 5$ erhält man das berühmte Pentagon.

Die durch ζ_m^k erklärte Abbildung

$$\mathbb{C} \to \mathbb{C}, \quad z \mapsto \zeta_m^k \cdot z$$

ist eine Drehung von $\mathbb{C}$ umd den Winkel $2\pi\frac{k}{m}$.

Beispiel 7   Die Gruppe $(\mathbb{Z}, +)$ ist erzeugt von dem einen Element 1, die Gruppe $(\mathbb{Q}, +)$ dagegen ist nicht endlich erzeugt. Das ist einfach zu sehen: Sind $q_1, \ldots, q_n \in \mathbb{Q}$ und

$$q_i = \frac{a_i}{b_i} \quad \text{mit} \quad a_i, b_i \in \mathbb{Z}, \; b_i \neq 0,$$

so betrachten wir alle in $b_1, \ldots, b_n$ enthaltenen Primfaktoren $p_1, \ldots, p_m$. Ist p eine davon verschiedene weitere Primzahl, so gilt

$$\frac{1}{p} \notin \mathrm{Erz}(q_1, \ldots, q_n).$$

Wir haben dabei benutzt, dass es unendlich viele Primzahlen gibt; das wird in 2.3.4 näher ausgeführt.

Beispiel 8   Teilbarkeit durch kleine Primzahlen

Ob eine natürliche Zahl n durch eine Primzahl p teilbar ist, kann man für einige kleine p einfach an der Dezimaldarstellung

$$n = \sum_{k=0}^{N} z_k \, 10^k \quad \text{mit} \quad z_k \in \{0, \ldots, 9\}$$

erkennen. Offensichtlich ist n genau dann durch 2 oder 5 teilbar, wenn dies für die letzte Stelle z_0 zutrifft. Der Grund dafür ist, dass 2 und 5 Teiler von 10 und damit auch von 10^k sind; also gilt

$$n \equiv z_0 \,(\mathrm{mod}\, 2) \quad \text{und} \quad n \equiv z_0 \,(\mathrm{mod}\, 5).$$

Wie aus der Schule mehr oder weniger bekannt ist, kann man die Teilbarkeit durch 3 und 11 an den **Quersummen**

$$Q(n) := \sum_{k=0}^{N} z_k \quad \text{und} \quad Q'(n) := \sum_{k=0}^{N} (-1)^k z_k$$

erkennen. Um das zu begründen, zeigen wir zunächst die

Bemerkung *Für jedes $n \in \mathbb{N}$ gilt:*

a) $n \equiv Q(n) \,(\mathrm{mod}\ 9)$, *also* $9 \mid n \Leftrightarrow 9 \mid Q(n)$,

b) $n \equiv Q'(n) \,(\mathrm{mod}\ 11)$, *also* $11 \mid n \Leftrightarrow 11 \mid Q'(n)$.

Beweis Für $k \geq 1$ gilt

$$10 = 9+1, \ \text{ also } \ 10^k = (9+1)^k = \sum_{l=0}^{k} \binom{k}{l} 9^{k-l} \cdot 1^l \equiv 1\,(\mathrm{mod}\ 9)\,,$$

denn die ersten k Summanden sind durch 9 teilbar, der letzte ist 1, und analog

$$10 = 11-1, \ \text{ also } \ 10^k = (11-1)^k = \sum_{l=0}^{k} \binom{k}{l} 11^{k-l}(-1)^l \equiv (-1)^k\,(\mathrm{mod}\ 11)\,.$$

Nach den Rechenregeln $(+)$ und $(\cdot)$ für Kongruenzen aus 1.1.8 folgt

$$n = \sum_{k=0}^{N} z_k\, 10^k \equiv \begin{cases} (\sum z_k)(\mathrm{mod}\ 9) & = \ Q(n)(\mathrm{mod}\ 9), \\[2mm] (\sum (-1)^k z_k)(\mathrm{mod}\ 11) & = \ Q'(n)(\mathrm{mod}\ 11). \end{cases}$$

$\blacksquare$

Da $n \equiv Q(n)(\mathrm{mod}\ 9)$ und $3 \mid 9$, folgt $n \equiv Q(n)(\mathrm{mod}\ 3)$.

Folgerung $3 \mid n \Leftrightarrow 3 \mid Q(n)$.

Bei größeren n kann $Q(n)$ recht groß werden, da hilft eine Iteration $Q(Q(n))$ u.s.w. Die alternierende Quersumme $Q'(n)$ bleibt dagegen im Allgemeinen recht klein.

Dass die Teilbarkeit einer Zahl durch $2, 3, 5, 9$ und 11 so leicht an der Dezimaldarstellung abzulesen ist, folgt im Grunde aus den besonders einfachen für $k \geq 1$ gültigen Kongruenzen

$$\begin{aligned} 10^k &\equiv 0\,(\mathrm{mod}\ m) \quad \text{für} \quad m = 2,5, \\ 10^k &\equiv 1\,(\mathrm{mod}\ m) \quad \text{für} \quad m = 3,9 \quad \text{und} \\ 10^k &\equiv (-1)^k\,(\mathrm{mod}\ 11). \end{aligned}$$

Für andere Zahlen m können die Reste r_k bei der Teilung von 10^k durch m wesentlich komplizierter ausfallen. Ein besonders interessanter Fall ist $m = 7$, da erhält man die Werte

k	0	1	2	3	4	5
r_k	1	3	2	6	4	5

und $r_{k+6l} = r_k$ für alle $l \in \mathbb{N}$.

Das kann man einfach sehen, indem man die periodische Dezimalbruchentwicklung

$$\frac{1}{7} = 0.\overline{142\,857}$$

berechnet, und die bei der Division verbleibenden Reste r_k festhält.

Offensichtlich ist $1 + 8 = 4 + 5 = 2 + 7 = 9$. Dass es sich dabei nicht um einen Zufall handelt, besagt der Satz von MIDY [Le].

Mit Hilfe dieser Werte von r_k kann man nun relativ leicht feststellen, ob eine gegebene Zahl $n \in \mathbb{N}$ durch 7 teilbar ist. Ist zum Beispiel

$$n = 3\,489\,327\,548$$

so erhält man durch Rechnung modulo 7

$$
\begin{aligned}
& 3\cdot 10^9 \;+\; 4\cdot 10^8 \;+\; 8\cdot 10^7 \;+\; 9\cdot 10^6 \;+\; 3\cdot 10^5 \;+\; 2\cdot 10^4 \\
& \;+\; 7\cdot 10^3 \;+\; 5\cdot 10^2 \;+\; 4\cdot 10^1 \;+\; 8\cdot 10^0 \\
\equiv\; & 3\cdot 6 \;+\; 4\cdot 2 \;+\; 1\cdot 3 \;+\; 2\cdot 1 \;+\; 3\cdot 5 \;+\; 2\cdot 4 \\
& \;+\; 0\cdot 6 \;+\; 5\cdot 2 \;+\; 4\cdot 3 \;+\; 1\cdot 1 \\
=\; & 77 \;=\; 7\cdot 10^1 \;+\; 7\cdot 10^0 \;\equiv\; 0\cdot 3 \;+\; 0\cdot 1 \;=\; 0
\end{aligned}
$$

Also folgt $n \equiv 0\,(\bmod\,7)$, d.h. n ist durch 7 teilbar.

Mit Hilfe von derartigen durch die Reste r_k „gewichteten" Quersummen kann man im Prinzip auch die Teilbarkeit durch andere Zahlen prüfen. Mehr zu diesem Thema findet man etwa bei [R-U, 5.1.3].

Beispiel 9   Mit Hilfe elementarer Gruppentheorie erhält man ein klassisches Resultat über ganze Zahlen:

Kleiner Satz von FERMAT   *Ist p eine Primzahl und $x \in \mathbb{Z}$ kein Vielfaches von p, so gilt*

$$x^{p-1} \equiv 1\,(\bmod\,p)\,.$$

Beweis Die Gruppe $(\mathbb{Z}/p\mathbb{Z})^{*}$ aus 1.1.8 hat $p - 1$ Elemente, also ist nach dem Korollar aus 1.1.5
$$(x + p\mathbb{Z})^{p-1} = 1 + p\mathbb{Z}\,. \qquad\blacksquare$$

GAUSS [Ga$_3$, Nr. 50] schreibt zu diesem von FERMAT gefundenen und von EULER bewiesenen Ergebnis: „Dieser Satz, welcher sowohl wegen seiner Eleganz als wegen seines hervorragenden Nutzens höchst bemerkenswert ist ...". Mit den elementaren Techniken der Gruppentheorie ist der Sachverhalt ganz offensichtlich geworden.

Man kann diesen Satz zum Beispiel dazu verwenden, um Potenzreste modulo Primzahlen zu berechnen. So ist etwa

$$5^{12} \equiv 1\,(\bmod\,13)\,, \text{ also}$$

$$5^{86} = 5^{7\cdot 12+2} = (5^{12})^7 \cdot 5^2 \equiv 5^2\,(\bmod\,13) \equiv 12\,(\bmod\,13)\,.$$

Dabei wird die Rechenregel für die Multiplikation von Kongruenzen verwendet.

Weitere Anwendungen findet man etwa bei [B-R-K]und [M-P].

Beispiel 10   ISBN-Prüfziffern

Um 1970 wurde weltweit von den Verlagen eine 10-stellige „International Standard Book Number" (***ISBN-10***) eingeführt, ab 2007 wurde sie abgelöst durch die 13-stellige ***ISBN-13***. Mathematisch interessant dabei ist die „Codierung" durch eine „Prüfziffer". Zum Beispiel hat die erste Auflage des Buches [F-S] die alte

$$\text{ISBN } 3 - 519 - 02053 - X\,.$$

Die allgemeine Form ist

$$a_1 - a_2 a_3 a_4 - a_5 a_6 a_7 a_8 a_9 - a_{10}\,,$$

wobei a_1 bis a_9 durch Ländergruppe-Verlag-Titel bestimmt sind, a_{10} ist die Prüfziffer. Im Prinzip können alle a_i der Ziffernmenge

$$Z := \{0, 1, \ldots, 9, X\} \quad \text{mit X} = 10$$

entnommen sein, in der Praxis werden für a_1 bis a_9 nur die Ziffern 0 bis 9 verwendet. Die ***Prüfziffer*** $a_{10} \in Z$ ist festgelegt durch die ***Prüfbedingung***

$$\sum_{k=1}^{10} (11 - k)a_k \equiv 0\,(\,\mathrm{mod}\,11)\,. \tag{$*$}$$

Sie ist offensichtlich äquvalent zu

$$\sum_{k=1}^{10} k a_k \equiv 0\,(\,\mathrm{mod}\,11)\,. \tag{$*'$}$$

In obigem Beispiel ist

$$s := \sum_{k=1}^{9} (11 - k)a_k = 177 \equiv 1\,(\,\mathrm{mod}\,11) \quad \text{und} \quad \sum_{k=1}^{10} (11 - k)a_k = 187 \equiv 0\,(\,\mathrm{mod}\,11)\,.$$

Daran erkennt man sofort, wie die Prüfziffer a_{10} berechnet werden kann: Es muss

$$a_{10} \equiv -s\,(\,\mathrm{mod}\,11)$$

sein, dadurch ist $a_{10} \in Z$ eindeutig bestimmt. Das Anfügen der Prüfziffer hat zwei Konsequenzen:

- Ist genau eine Ziffer $a_i \in Z$ falsch eingegeben, so ist die Prüfbedingung $(*)$ verletzt.

- Ist genau eine Ziffer a_i unlesbar, so kann sie aus den restlichen Ziffern rekonstruiert werden.

Beides folgt aus dem

Lemma   *Seien* $n \in \{1, \ldots, 10\}$ *und* $a_k \in Z$ *für alle* $k \neq n$ *vorgegeben. Dazu gibt es genau ein* $a_n \in Z$, *so dass*

$$\sum_{k=1}^{10} (11 - k)a_k \equiv 0\,(\,\mathrm{mod}\,11)\,. \tag{$*$}$$

Beweis Wir setzen

$$s := \sum_{\substack{k=1 \\ k \neq n}}^{10} (11 - k)a_k \,.$$

Dann ist die Prüfbedingung $(*)$ äquivalent zu

$$s + (11 - n)a_n \equiv 0 \,(\bmod\, 11)\,, \quad \text{d.h.} \quad na_n \equiv s \,(\bmod\, 11)\,.$$

Um eine eindeutige Lösung $a_n \in \mathbb{Z}$ zu bestimmen, benutzt man die multiplikative Gruppe $(\mathbb{Z}/11\,\mathbb{Z})^*$ aus 1.1.8 (hier wird benutzt, dass 11 eine Primzahl ist). Modulo 11 hat man die folgenden Inversen:

n	1	2	3	4	5	6	7	8	9	X
n^{-1}	1	6	4	3	9	2	8	7	5	X

Also ist a_n durch

$$a_n \equiv s \cdot n^{-1} \,(\bmod\, 11)$$

eindeutig festgelegt. Ist in obigem Beispiel $n = 2$ gewählt, so ist

$$s = 142, \ 2a_2 \equiv 142 \,(\bmod\, 11) \equiv 10 \,(\bmod\, 11) \quad \text{und}$$

$$a_2 \equiv 10 \cdot 6 \,(\bmod\, 11) \equiv 5 \,(\bmod\, 11)\,, \quad \text{also } a_2 = 5\,.$$

$\blacksquare$

Sind zwei Ziffern falsch eingegeben, so kann die Prüfbedingung $(*)$ trotzdem erfüllt sein. Aber alle **Dreher**, d.h. Vertauschungen von aufeinanderfolgenden Ziffern werden erkannt: Angenommen die Prüfbedingung $(*')$ ist erfüllt, und die k-te Ziffer a wird mit der $(k+1)$-ten Ziffer b vertauscht. Dann gilt:

$$ka + (k+1)b \equiv (kb + (k+1)a) \,(\bmod\, 11)\,,$$

und es folgt $b \equiv a \,(\bmod\, 11)$, also $b = a$.

Die neue **ISBN-13** enthält nur die Ziffern aus

$$Z' = \{0, 1, \ldots, 9\}\,.$$

Sie beginnt mit dem „Präfix" $a_1 a_2 a_3 = 978$, der anzeigt, dass es sich um ein Buch handelt. Die Ziffern $a_4, \ldots, a_{12}$ identifizieren das Buch, a_{13} ist die Prüfziffer. Die Gewichte für die Prüfbedingung sind ganz anders: Sie lautet

$$\sum_{k=1}^{13} g_k a_k \equiv 0 \,(\bmod\, 10)\,, \quad \text{wobei} \tag{$**$}$$

$$g_k := \begin{cases} 1 & \text{für } k \text{ ungerade}\,, \\ 3 & \text{für } k \text{ gerade}\,. \end{cases}$$

Die erste Auflage dieses Buches hatte die

$$\text{ISBN } 978 - 3 - 8348 - 0226 - 2 \,,$$

die Prüfsumme ist 120. Der Leser möge sich zur Übung vergewissern, dass auch der ISBN-13, wie der ISBN-10, einen einzigen Fehler erkennen und eine fehlende Ziffer ergänzen kann. Dazu muss man nur benutzen, dass 1 und 3 zu 10 teilerfremd sind.

Bei der Entdeckung von Drehern ist dieser Code jedoch schlechter. Es gilt für $a, b \in Z'$

$$a + 3b \equiv (3a + b)\,(\bmod 10) \;\Leftrightarrow\; 2b \equiv 2a\,(\bmod 10) \;\Leftrightarrow\; b \equiv a\,(\bmod 5)\,.$$

Von den $\binom{10}{2} = 45$ möglichen Drehern bleiben daher die fünf zu

$$(0,5),\; (1,6),\; (2,7),\; (3,8) \quad \text{und} \quad (4,9)$$

gehörenden durch die Prüfbedingung $(**)$ unerkannt.

1.2 Homomorphismen und Normalteiler

1.2.1 Definition eines Homomorphismus

Zur weiteren Untersuchung der Struktur von Gruppen benötigt man den Begriff einer mit der Struktur verträglichen Abbildung.

Definition   *Sind $(G, *)$ und $(G', *')$ Gruppen, so heißt eine Abbildung*

$$\varphi : G \to G'$$

Homomorphismus (oder Gruppen-Homomorphismus), wenn

$$\varphi(a * b) = \varphi(a) *' \varphi(b)$$

für alle $a, b \in G$.
Ein Homomorphismus heißt
   Monomorphismus, wenn er injektiv ist,
   Epimorphismus, wenn er surjektiv ist und
   Isomorphismus, wenn er bijektiv ist.
G und G' heißen isomorph (in Zeichen $G \cong G'$), wenn es einen Isomorphismus $\varphi : G \to G'$ gibt. Im Fall $G' = G$ nennt man einen Homomorphismus auch Endomorphismus und einen Isomorphismus auch Automorphismus .

Die Teilmenge $\operatorname{Im} \varphi := \varphi(G) \subset G'$ heißt *Bild* von φ, und, bezeichnet $e' \in G'$ das neutrale Element, so heißt

$$\operatorname{Ker} \varphi := \{ a \in G : \ \varphi(a) = e' \}$$

der *Kern* von φ.

Bevor wir die vielen Namen mit Beispielen beleben, einige ganz einfache Eigenschaften von Homomorphismen.

Bemerkung   *1) Sei $\varphi : G \to G'$ ein Homomorphismus und seien $e \in G$ sowie $e' \in G'$ die neutralen Elemente. Dann gilt:*
a) $\varphi(e) = e'$.

b) Für alle $a \in G$ gilt $\varphi(a)^{-1} = \varphi(a^{-1})$.

c) Ist $H < G$ Untergruppe, so ist $\varphi(H) < G'$ Untergruppe.
   Insbesondere ist $\varphi(G) < G'$ Untergruppe.

d) Ist $H' < G'$ Untergruppe, so ist $\varphi^{-1}(H') < G$ Untergruppe.
   Insbesondere ist $\operatorname{Ker} \varphi < G$ Untergruppe.

e) φ ist injektiv genau dann, wenn $\operatorname{Ker} \varphi = \{e\}$.

f) Ist φ Isomorphismus, so ist auch $\varphi^{-1} : G' \to G$ Isomorphismus.

g) Für $a \in G$ und $b \in G'$ mit $\varphi(a) = b$ gilt $\varphi^{-1}(b) = a \cdot \operatorname{Ker} \varphi$.

2) Sind $\varphi : G \to G'$ und $\psi : G' \to G''$ Homomorphismen, so ist auch

$$\psi \circ \varphi : G \to G''$$

Homomorphismus.

Beweis Wie üblich lassen wir die in der Definition benutzten Symbole für die Verknüpfungen weg.

1a) $\varphi(e) = \varphi(ee) = \varphi(e)\varphi(e) \Rightarrow \varphi(e) = e'$.

b) $e' = \varphi(e) = \varphi(aa^{-1}) = \varphi(a)\varphi(a^{-1})$.

c) Ist $a' = \varphi(a)$, $b' = \varphi(b) \in \varphi(H)$ mit $a, b \in H$, so ist

$$a'(b')^{-1} = \varphi(a)\varphi(b)^{-1} = \varphi(ab^{-1}) \in \varphi(H),$$

da $ab^{-1} \in H$.

d) $a, b \in \varphi^{-1}(H')$ bedeutet $\varphi(a), \varphi(b) \in H'$. Dann ist $\varphi(ab^{-1}) = \varphi(a)\varphi(b)^{-1} \in H'$, also $ab^{-1} \in \varphi^{-1}(H')$.

e) „$\Rightarrow$" $\varphi(e) = e'$ und $\varphi(a) = e' \Rightarrow a = e$.
„$\Leftarrow$" Seien $a, b \in G$ mit $\varphi(a) = \varphi(b)$. Dann folgt $\varphi(ab^{-1}) = \varphi(a)\varphi(b)^{-1} = e'$, also $ab^{-1} \in \mathrm{Ker}\,\varphi = \{e\}$, also $a = b$.

f) Es ist zu zeigen, dass φ^{-1} ein Homomorphismus ist:
Zu $a', b' \in G'$ gibt es $a, b \in G$ mit $\varphi(a) = a'$, $\varphi(b) = b'$ und $a = \varphi^{-1}(a')$, $b = \varphi^{-1}(b')$.
Also ist $\varphi^{-1}(a'b') = \varphi^{-1}(\varphi(a)\varphi(b)) = \varphi^{-1}(\varphi(ab)) = ab = \varphi^{-1}(a')\varphi^{-1}(b')$.

g) $x \in \varphi^{-1}(b) \;\Leftrightarrow\; \varphi(x) = \varphi(a) \;\Leftrightarrow\; \varphi(a)^{-1}\varphi(x) = e' \;\Leftrightarrow\; \varphi(a^{-1}x) = e' \;\Leftrightarrow\; a^{-1}x \in \mathrm{Ker}\,\varphi \;\Leftrightarrow\; x \in a \cdot \mathrm{Ker}\,\varphi$.

2) Für $a, b \in G$ gilt

$$(\psi \circ \varphi)(ab) = \psi(\varphi(ab)) = \psi(\varphi(a)\varphi(b)) = \psi(\varphi(a))\psi(\varphi(b)) = (\psi \circ \varphi)(a)(\psi \circ \varphi)(b).$$

∎

Korollar *Die Menge* $\mathrm{Aut}\,(G)$ *aller Automorphismen von* G *mit der Hintereinanderschaltung als Verknüpfung ist eine Gruppe.*

Vorsicht! Teil f) der obigen Bemerkung ist gar nicht selbstverständlich. Etwa bei stetigen Abbildungen ist das anders: Die Abbildung

$$f : [0, 2\pi[\to C := \{z \in \mathbb{C} : |z| = 1\}, \qquad t \mapsto \exp(\mathbf{i}\,t) = \cos t + \mathbf{i} \cdot \sin t$$

ist stetig und bijektiv, die Umkehrabbildung f^{-1} ist im Punkt 1 nicht mehr stetig!

1.2.2 Beispiele

Auch in den folgenden Beispielen für Homomorphismen überlassen wir die Prüfung der Einzelheiten dem Leser zur Übung.

Beispiel 1   Wir suchen nach Automorphismen der Gruppen aus Beispiel 1 in 1.1.9.

Für $G = \{e,a\}$ gibt es nur den Automorphismus φ mit $\varphi(e) = e$ und $\varphi(a) = a$, das ist id_G.

Für $G = \{e,a,b\}$ gibt es neben id_G auch einen Automorphismus φ mit $\varphi(a) = b$ und $\varphi(b) = a$.

In der zyklischen Gruppe $G = \{e,a,b,c\}$ gibt es neben id_G einen Automorphismus φ mit $\varphi(a) = c$, $\varphi(c) = a$ und $\varphi(b) = b$, aber keinen Automorphismus mit $\varphi(a) = b$.

In der Kleinschen Vierergruppe ergeben alle 6 Permutationen von a,b,c einen Automorphismus.

Die zyklische Gruppe mit 4 Elementen und die Kleinsche Vierergruppe sind nicht isomorph.

Weiter hat man Isomorphismen

$$G = \{e,a\} \to \mathbb{Z}/2\mathbb{Z} \,,\; e \mapsto \bar{0} \,,\; a \mapsto \bar{1} \quad \text{und}$$

$$\mathbb{Z}/2\mathbb{Z} \to \{+1,-1\} \subset \mathbb{Q}^* \quad \text{mit} \quad \bar{0} \mapsto +1 \,,\; \bar{1} \mapsto -1 \,,$$

$$G = \{e,a,b\} \to \mathbb{Z}/3\mathbb{Z} \,,\; e \mapsto \bar{0} \,,\; a \mapsto \bar{1} \,,\; b \mapsto \bar{2} \,,$$

und für die zyklische Gruppe mit 4 Elementen

$$G = \{e,a,b,c\} \to \mathbb{Z}/4\mathbb{Z} \,,\; e \mapsto \bar{0} \,,\; a \mapsto \bar{1} \,,\; b \mapsto \bar{2} \,,\; c \mapsto \bar{3} \,.$$

Beispiel 2   Sei $\varphi : \mathbb{Z} \to \mathbb{Z}$ ein Homomorphisms der additiven Gruppen. Dann gibt es ein $m \in \mathbb{Z}$ derart, dass

$$\varphi(k) = m \cdot k \quad \text{für alle} \;\; k \in \mathbb{Z}.$$

Um das zu begründen, setzen wir $m := \varphi(1)$. Für $k \in \mathbb{N}$ ist

$$\varphi(k) = \varphi \underbrace{(1 + ... + 1)}_{k\text{-mal}} = \underbrace{\varphi(1) + ... + \varphi(1)}_{k\text{-mal}} = m \cdot k$$

und für $k < 0$ ist $\varphi(k) = -\varphi(-k) = -m(-k) = mk$.

Die Abbildung

$$\varphi_m : \mathbb{Z} \to \mathbb{Z}, \quad k \mapsto mk,$$

mit $m \in \mathbb{Z}$ ist für $m \neq 0$ ein Monomorphismus mit $\varphi_m(\mathbb{Z}) = m\mathbb{Z}$ und die Abbildung

$$\rho : \mathbb{Z} \to \mathbb{Z}/m\mathbb{Z}, \quad k \mapsto k + m\mathbb{Z}$$

ist ein Epimorphismus mit $\mathrm{Ker}\, \rho = m\mathbb{Z}$.

Beispiel 3   Die Abbildung

$$\psi : (\mathbb{R},+) \to (\mathbb{C}^*,\cdot), \; t \mapsto \exp(\mathbf{i}t) = \cos t + \mathbf{i}\sin t,$$

ist ein Homomorphismus, denn

$$\exp(\mathbf{i}(t+t')) = \exp(\mathbf{i}t) \cdot \exp(\mathbf{i}t')$$

für $t, t' \in \mathbb{R}$. Weiter ist $|\exp(\mathbf{i}t)| = 1$ und wegen der 2π-Periodizität von $\sin$ und $\cos$ ist

$$\psi(\mathbb{R}) = C := \{z \in \mathbb{C} : |z| = 1\} < \mathbb{C}^* \quad \text{und} \quad \operatorname{Ker}\psi = 2\pi\mathbb{Z}.$$

Für ein $m \in \mathbb{N} \setminus \{0\}$ wird nun ψ modifiziert zum Homomorphismus

$$\varphi_m : \mathbb{Z} \mapsto C, \quad k \mapsto \exp\left(\frac{2\pi\mathbf{i}k}{m}\right) \quad \text{mit} \quad \varphi_m(1) = \zeta_m := \exp\left(\frac{2\pi\mathbf{i}}{m}\right).$$

Daher ist $\varphi_m(k) = \zeta_m^k$ und es gilt

$$\operatorname{Ker}\varphi_m = m\mathbb{Z}, \quad \text{denn} \quad \zeta_m^k = 1 \ \Leftrightarrow \ \frac{2\pi k}{m} \in 2\pi\mathbb{Z} \ \Leftrightarrow \ k \in m\mathbb{Z}.$$

Also folgt $\varphi_m(\mathbb{Z}) = \{1, \zeta_m, ..., \zeta_m^{m-1}\} =: C_m < C < \mathbb{C}^*$. Für die Gruppe $Z_m := \mathbb{Z}/m\mathbb{Z}$ hat man nun eine andere Darstellung, die den Namen „zyklisch" rechtfertigt, denn C_m ist in der Kreislinie C enthalten:

Satz *Die Abbildung*
$$\overline{\varphi}_m : (Z_m, +) \to (C_m, \cdot), \quad k + m\mathbb{Z} \mapsto \zeta_m^k,$$

ist wohldefiniert und ein Isomorphismus.

Beweis $\overline{\varphi}_m$ ist wohldefiniert, denn für

$$k + m\mathbb{Z} = k' + m\mathbb{Z} \quad \text{ist} \quad k - k' \in m\mathbb{Z}, \quad \text{also} \quad \zeta_m^k = \zeta_m^{k'}.$$

Offensichtlich ist $\overline{\varphi}_m$ ein surjektiver Homomorphismus. Er ist auch injektiv, denn aus

$$\overline{\varphi}_m(k + m\mathbb{Z}) = \zeta_m^k = 1 \quad \text{folgt} \quad k \in m\mathbb{Z} \quad \text{und} \quad k + m\mathbb{Z} = 0 + m\mathbb{Z}.$$

Beispiel 4   Die Abbildung
$$\exp : \mathbb{R} \to \mathbb{R}^*, \ x \mapsto e^x,$$

ist ein Monomorphismus von $(\mathbb{R}, +)$ nach $(\mathbb{R}^*, \cdot)$ mit Bild $\mathbb{R}_+^*$. Die Abbildung

$$\exp : \mathbb{C} \to \mathbb{C}^*, \ z \mapsto e^z,$$

ist ein Epimorphismus von $(\mathbb{C}, +)$ nach $(\mathbb{C}^*, \cdot)$ mit

$$\operatorname{Ker}(\exp) = 2\pi\mathbf{i}\mathbb{Z}.$$

Die Abbildung

$$\mathbb{Z} \to \operatorname{Ker}(\exp), \ n \mapsto 2\pi\mathbf{i}n,$$

ist ein Isomorphismus.

Beispiel 5   Die Determinante

$$\det : \mathrm{GL}(n;\mathbb{R}) \to \mathbb{R}^*,\ A \mapsto \det A\,,$$

ist ein Epimorphismus, ihr Kern ist

$$\{A \in \mathrm{GL}(n;\mathbb{R}) :\ \det A = 1\}\,.$$

Eingeschränkt auf die orthogonale Gruppe erhält man einen Homomorphismus

$$\det : \mathrm{O}(n) \to \{+1,-1\}$$

mit Kern $\mathrm{SO}(n)$, das ist die *spezielle orthogonale Gruppe*.

Beispiel 6   Schon in der Theorie der Determinanten benötigt man das „Signum" einer Permutation, das ist ein Homomorphismus

$$\mathrm{sign} : \mathcal{S}_n \to \{+1,-1\}\,,\ \sigma \mapsto \mathrm{sign}\,\sigma\,,$$

an den wir erinnern wollen. Elementar erklärt man das Signum mit Hilfe der *Fehlstände* in der Folge

$$\sigma(1)\,,\ \sigma(2)\,,\ldots,\ \sigma(n)\,.$$

Ein Fehlstand liegt vor, wenn $i < j$, aber $\sigma(i) > \sigma(j)$. Ist k die Gesamtzahl der Fehlstände, erstreckt über alle Paare i,j mit $i < j$, so ist offensichtlich $0 \le k \le \binom{n}{2}$, wobei das Maximum $k = \binom{n}{2}$ für

$$\sigma = \begin{pmatrix} 1 & 2 & \ldots & n-1 & n \\ n & n-1 & \ldots & 2 & 1 \end{pmatrix}$$

auftritt. Nun kann man das *Signum* erklären durch

$$\mathrm{sign}\,\sigma := (-1)^k\,.$$

Man nennt σ *gerade*, wenn $\mathrm{sign}\,\sigma = +1$ und *ungerade*, wenn $\mathrm{sign}\,\sigma = -1$.

Die Abbildung sign ist ein Homomorphismus, d.h. $\mathrm{sign}\,(\tau \circ \sigma) = \mathrm{sign}\,\tau \cdot \mathrm{sign}\,\sigma$ für alle $\sigma, \tau \in \mathcal{S}_n$. Um das zu beweisen, kann man eine schöne, aber etwas tückische Formel verwenden:

$$\mathrm{sign}\,\sigma = \prod_{i<j} \frac{\sigma(j) - \sigma(i)}{j - i}\,. \tag{$*$}$$

Die Faktoren im Nenner sind alle positiv, und im Zähler negativ bei jedem Fehlstand, sonst positiv. Zum Beispiel hat die Permutation

$$\sigma = \begin{pmatrix} 1 & 2 & 3 \\ 2 & 3 & 1 \end{pmatrix},$$

2 Fehlstände, also $\mathrm{sign}\,\sigma = +1$. Das Produkt ist gleich

$$\frac{3-2}{2-1} \cdot \frac{1-2}{3-1} \cdot \frac{1-3}{3-2} = \frac{1-2}{2-1} \cdot \frac{1-3}{3-1} \cdot \frac{3-2}{3-2} = (-1) \cdot (-1) \cdot 1 = 1\,.$$

In der Praxis genügt es, zur Bestimmung des Signums das Vorzeichen von

$$\prod_{i<j} \sigma(j) - \sigma(i)$$

anzusehen. Sehr nützlich ist die Formel $(*)$ beim Nachweis, dass sign ein Homomorphismus ist: Für Permutationen $\sigma, \tau \in \mathcal{S}_n$ ist

$$\operatorname{sign}(\tau \circ \sigma) = \prod_{i<j} \frac{\tau(\sigma(j)) - \tau(\sigma(i))}{j - i}$$

$$= \prod_{i<j} \frac{\tau(\sigma(j)) - \tau(\sigma(i))}{\sigma(j) - \sigma(i)} \cdot \prod_{i<j} \frac{\sigma(j) - \sigma(i)}{j - i}$$

$$= \operatorname{sign}\tau \cdot \operatorname{sign}\sigma ,$$

denn das erste Produkt ist bis auf die durch σ permutierte Reihenfolge der Faktoren gleich

$$\prod_{i<j} \frac{\tau(j) - \tau(i)}{j - i} = \operatorname{sign}\tau, \text{ da } \frac{\tau(\sigma(i)) - \tau(\sigma(j))}{\sigma(i) - \sigma(j)} = \frac{\tau(\sigma(j)) - \tau(\sigma(i))}{\sigma(j) - \sigma(i)} .$$

Da das Signum ein Homomorphismus ist, ist der Kern

$$\operatorname{Ker}(\operatorname{sign}) = \{\sigma \in \mathcal{S}_n : \operatorname{sign}\sigma = +1\} =: \mathcal{A}_n < \mathcal{S}_n$$

eine Untergruppe; man nennt $\mathcal{A}_n$ die ***alternierende Gruppe***.

Eine Permutation $\tau \in \mathcal{S}_n$ für $n \geq 2$ heißt ***Transposition***, wenn es $i, j \in \{1, \ldots, n\}$ gibt mit $i \neq j$ und

$$\tau(i) = j , \ \tau(j) = i , \ \tau(k) = k \text{ für } k \neq i, j .$$

Man schreibt dafür einfacher $\tau = (i, j)$.

Bemerkung   *Für jede Transposition $\tau \in \mathcal{S}_n$ gilt* $\operatorname{sign}\tau = -1$.

Beweis Die Transposition τ_0 mit $\tau_0 = (1, 2)$ hat genau einen Fehlstand, also ist $\operatorname{sign}\tau_0 = -1$.

Für ein beliebiges τ nehme man ein $\sigma \in \mathcal{S}_n$ mit

$$\sigma(1) = i \quad \text{und} \quad \sigma(2) = j .$$

Dann ist $\tau = \sigma \circ \tau_0 \circ \sigma^{-1}$ und

$$\operatorname{sign}\tau = \operatorname{sign}\sigma \cdot \operatorname{sign}\tau_0 \cdot (\operatorname{sign}\sigma)^{-1} = \operatorname{sign}\tau_0 = -1 .$$

Wie man leicht sieht, ist $\mathcal{A}_n$ für $n \geq 4$ nicht abelsch. Ist

$$\sigma = \begin{pmatrix} 1 & 2 & 3 \\ 2 & 3 & 1 \end{pmatrix} \in \mathcal{S}_3 \,,$$

so ist offensichtlich $\mathcal{A}_3 = \{\sigma, \sigma^2, \sigma^3 = \mathrm{id}\}$, also ist durch

$$\mathcal{A}_3 \to \mathbb{Z}/3\mathbb{Z} \,, \quad \sigma^k \mapsto k + 3\mathbb{Z} \,,$$

ein Isomorphismus erklärt.

Beispiel 7   Ist $H < G$ Untergruppe, so ist die ***Inklusion***

$$\iota : H \to G \,, \quad a \mapsto a \,,$$

ein Homomorphismus.

Ist $a \in G$ ein beliebiges Element einer Gruppe, so ist die ***Konjugation***

$$\kappa_a : G \to G \,, \quad x \mapsto axa^{-1} \,,$$

ein Automorphismus mit $\kappa_a^{-1} = \kappa_{a^{-1}}$. Sie heißt ***innerer Automorphismus***. Ist G abelsch, so ist $\kappa_a = \mathrm{id}_G$ für alle a.

Ist $G = \mathcal{S}(X)$ die symmetrische Gruppe von X, so kann man sich die Konjugation - wie in der linearen Algebra bei Automorphismen eines Vektorraumes - als „Koordinatentransformation" vorstellen:
Für $f, g \in \mathcal{S}(X)$ hat man ein Diagramm

$$\begin{array}{ccc} X & \xrightarrow{\ f\ } & X \\ {\scriptstyle g}\downarrow & & \downarrow{\scriptstyle g} \\ X & \xrightarrow{\ gfg^{-1}\ } & X \,. \end{array}$$

Die ursprüngliche Abbildung f wird nach der durch g bewirkten Transformation durch gfg^{-1} beschrieben.

Die ***Translationen***

$$l_a : G \to G \,, \quad x \mapsto ax \,, \text{und} \quad r_a : G \to G \,, \quad x \mapsto xa \,,$$

sind wegen $l_a(e) = r_a(e) = a$ nur für $a = e$ Homomorphismen, es ist $l_e = r_e = \mathrm{id}_G$. Die Abbildung

$$G \to \mathcal{S}(G) \,, \quad a \mapsto l_a \,,$$

ist wegen $(l_b \circ l_a)(x) = l_b(l_a(x)) = bax = l_{ba}(x)$ ein Gruppenhomomorphismus. Dagegen ist

$$r_a : G \to \mathcal{S}(G) \,, \quad a \mapsto r_a \,,$$

wegen $(r_b \circ r_a)(x) = r_b(r_a(x)) = xab = r_{ab}(x)$ genau dann ein Homomorphismus, wenn G abelsch ist ($ab = (r_b \circ r_a)(e) = r_{ba}(e) = ba$).

Die modifizierte Rechtstranslation

$$G \to \mathcal{S}(G)\,,\ a \mapsto r'_a \quad \text{mit} \quad r'_a : G \to G\,,\ x \mapsto xa^{-1}\,,$$

ist stets ein Homomorphismus und $\kappa_a = l_a \circ r'_a$.

Dass hier links vor rechts bevorzugt scheint, liegt nur an der Konvention, in welcher Reihenfolge Abbildungen angewandt werden!

Die *Inversion*

$$G \to G\,,\ a \mapsto a^{-1}\,,$$

ist wegen

$$(ab)^{-1} = a^{-1}b^{-1} \Leftrightarrow ab = (a^{-1}b^{-1})^{-1} = ba$$

genau dann ein Homomorphismus, wenn G abelsch ist.

Noch einmal zurück zur Linkstranlation

$$\varphi : G \to \mathcal{S}(G), \quad a \mapsto l_a.$$

Da $l_a = \mathrm{id}_G$ genau dann, wenn $a = e$, folgt $\mathrm{Ker}\,\varphi = \{e\}$, also ist φ injektiv. Daher ist durch φ ein Isomorphismus

$$G \to \varphi(G) < \mathcal{S}(G)$$

erklärt. Diese einfach Tatsache hat traditionell den Namen

Satz von **CAYLEY** *Jede Gruppe G ist isomorph zu einer Untergruppe der symmetrischen Gruppe $\mathcal{S}(G)$. Ist insbesondere G endlich und ord $G = n$, so ist G isomorph zu einer Untergruppe der Permutationsgruppe $\mathcal{S}_n$.*

Ist etwa $G = \mathcal{K}_4 = \{e, a, b, c\}$ die Kleinsche Vierergruppe (Beispiel 1 aus 1.1.9), so erhält man einen Monomorphismus $\varphi : \mathcal{K}_4 \to \mathcal{S}_4 \cong \mathcal{S}(e, a, b, c)$ durch

$$\varphi(e) = \mathrm{id}, \quad \varphi(a) = (e, a)(b, c), \quad \varphi(b) = (e, b)(a, c), \quad \varphi(c) = (e, c)(a, b).$$

Offensichtlich ist $\varphi(\mathcal{K}_4) < \mathcal{A}_4$.

Dieses Ergebnis zeigt die extreme Reichhaltigkeit der symmetrischen Gruppen. Es hilft aber leider sehr wenig beim schon von CAYLEY formulierten Problem der Klassifikation von Gruppen (vgl. Anhang 2, Teil 7). Wollte man mit Hilfe der $\mathcal{S}_n$ alle Gruppen der Ordnung n suchen, so müsste man etwas für $n = 15$ in $\mathcal{S}_{15}$ mit

$$\mathrm{ord}\,\mathcal{S}_{15} = 15! = 1\,307\,674\,368\,000$$

suchen. Wie in Beispiel 2 aus 1.6.9 gezeigt wird, gibt es für $n = 15$ als einzige Gruppe die zyklische Gruppe Z_{15}, diese ist erzeugt von der Permutation

$$\sigma = \begin{pmatrix} 1 & 2 & \ldots & 14 & 15 \\ 2 & 3 & \ldots & 15 & 1 \end{pmatrix}.$$

1.2.3　Nebenklassen

In den vorherigen Abschnitten hatten wir aus der Gruppe $\mathbb{Z}$ und einer Untergruppe $m\mathbb{Z}$ eine neue Gruppe $\mathbb{Z}/m\mathbb{Z}$ und einen surjektiven Homomorphismus

$$\rho : \mathbb{Z} \to \mathbb{Z}/m\mathbb{Z}, \quad k \mapsto k + m\mathbb{Z},$$

konstruiert. Für eine beliebige Gruppe G und eine Untergruppe $H < G$ stößt das auf Hindernisse; dieses Problem wird nun in Angriff genommen. Zunächst eine vorbereitende

Definition　*Gegeben sei eine Untergruppe $H < G$ und $a \in G$. Dann heißt*

$$aH := \{ax : x \in H\} \quad \text{die \textbf{linke Nebenklasse} von } a \text{ bezüglich } H,$$

$$Ha := \{xa : x \in H\} \quad \text{die \textbf{rechte Nebenklasse} von } a \text{ bezüglich } H.$$

Es ist klar, dass $aH = H$, und analog $Ha = a$ genau dann gilt, wenn $a \in H$.

Eine entscheidende Frage wird sein, wann $aH = Ha$ gilt. Man beachte, was diese Bedingung bedeutet:

Zu $x \in H$ gibt es genau ein $y \in H$ mit $ax = ya$, nämlich $y = axa^{-1}$.

Für abelsches G ist dies stets durch $y = x$ erfüllt.

Beispiel 1　Die kleinste nicht-abelsche Gruppe ist $\mathcal{S}_3$ (Beispiel 4 aus 1.3.16). Darin betrachten wird die Transpositionen $(1,2)$ und $(2,3)$. Mit $H := \{\mathrm{id}, (1,2)\}$ und $a := (2,3)$ ist dann

$$aH = \left\{ (2,3), \begin{pmatrix} 1 & 2 & 3 \\ 3 & 1 & 2 \end{pmatrix} \right\} \neq \left\{ (2,3), \begin{pmatrix} 1 & 2 & 3 \\ 2 & 3 & 1 \end{pmatrix} \right\} = Ha.$$

In der nicht abelschen Quaternionengruppe Q ist dagegen stets $aH = Ha$ (Beispiel 6 aus 1.2.9).

Beispiel 2　Ist $G = V$ ein Vektorraum, $W < V$ ein Untervektorraum und $v \in V$, so ist $v + W \subset V$ ein affiner Unterraum.

Im Falle $G = (\mathbb{Z}, +)$ und $H = m\mathbb{Z} < \mathbb{Z}$ ist entsprechend 1.1.8

$$k + m\mathbb{Z} = l + m\mathbb{Z} \quad \Leftrightarrow \quad l \in k + m\mathbb{Z} \quad \Leftrightarrow \quad k - l \in m\mathbb{Z}.$$

Allgemein gilt:

Lemma　*Für $H < G$ und $a, b \in G$ sind folgende Aussagen äquivalent:*

$$i)\ aH = bH, \quad ii)\ b \in aH, \quad iii)\ a^{-1}b \in H.$$

Ebenso sind folgende Aussagen äquivalent:

$$i')\ Ha = Hb, \quad ii')\ b \in Ha, \quad iii')\ ab^{-1} \in H.$$

Man beachte die „Eselsbrücke": In der dritten Bedingung steht das Inverse je nach Nebenklasse links oder rechts!

Beweis $i) \Rightarrow ii)$: $b = be \in bH = aH$.
$ii) \Rightarrow iii)$: $b = ax$ für ein $x \in H \Rightarrow a^{-1}b = x \in H$.
$iii) \Rightarrow i)$: $x \in aH \Rightarrow x = ay$ für ein $y \in H \Rightarrow x = ay = bb^{-1}ay = b(a^{-1}b)^{-1}y \in bH$

$$x \in bH \Rightarrow x = by \text{ für ein } y \in H \Rightarrow x = by = a(a^{-1}b)y \in aH .$$

Analoge Rechnungen ergeben die Äquivalenzen für die rechten Nebenklassen. ■

Die Aussage des obigen Lemmas kann man auch so lesen: Durch die linken und rechten Nebenklassen bezüglich $H < G$ sind zwei Äquivalenzrelationen auf G erklärt:

$$a \underset{l}{\equiv} b(\bmod H) \Leftrightarrow a^{-1}b \in H \quad \text{und}$$

$$a \underset{r}{\equiv} b(\bmod H) \Leftrightarrow ab^{-1} \in H .$$

Man sagt dafür *a kongruent b modulo H*. Das verallgemeinert die in 1.1.8 erklärte Kongruenz in $\mathbb{Z}$.

Für die Gruppe G hat man also zwei Zerlegungen, nämlich in linke und rechte Nebenklassen, modulo H. Die Mengen dieser Nebenklassen bezeichnet man mit

$$G/H := \{aH : a \in G\} \quad \text{und} \quad H\backslash G := \{Ha : a \in G\} .$$

Es gibt zwei Extremfälle: Ist $H = \{e\} < G$, so ist $a^{-1}b = e$ äquivalent zu $a = b$, und die Abbildungen

$$G \to G/\{e\}, \quad a \mapsto a \cdot \{e\} = \{a\}, \quad \text{sowie} \quad G \to \{e\}\backslash G, \quad a \mapsto \{e\} \cdot a = \{a\}$$

sind bijektiv. Insbesondere ist $\#(G/\{e\}) = \#(\{e\}\backslash G) = \#G$.

Ist dagegen $H = G$, so ist $a^{-1}b \in G$ und $ab^{-1} \in G$ stets erfüllt, und G/G sowie $G\backslash G$ bestehen nur aus dem einen Element G. Insbesondere ist $\#(G/G) = \#(G\backslash G) = 1$.

Zwischen linken und rechten Nebenklassen gibt es allgemein folgende Beziehung:

Bemerkung   *Durch*
$$G/H \to H\backslash G, \qquad aH \mapsto Ha^{-1},$$

ist eine bijektive Abbildung erklärt.

Beweis Die angegebene Vorschrift ergibt eine wohldefinierte und injektive Abbildung, denn

$$aH = bH \Leftrightarrow a^{-1}b = a^{-1}(b^{-1})^{-1} \in H \Leftrightarrow Ha^{-1} = Hb^{-1} .$$

Die Surjektivität ist trivial. ■

1.2.4 Ordnung und Index

Die Anzahl der Elemente einer Gruppe G bezeichnet man üblicherweise mit **Ordnung**, in Zeichen

$$\operatorname{ord}(G) := \#G$$

Hat G unendlich viele Elemente, so setzt man $\operatorname{ord}(G) = \infty$; andernfalls ist

$$\operatorname{ord}(G) \in \mathbb{N} \smallsetminus \{0\} \,.$$

Ist $H < G$, so nennt man die Anzahl der Nebenklassen, d.h. der Elemente in G/H oder $H\backslash G$, den **Index** von H in G, in Zeichen

$$\operatorname{ind}(G:H) := \#(G/H) \,.$$

Diese Notation ist motiviert durch den

Satz von LAGRANGE   *Ist H Untergruppe der endlichen Gruppe G, so gilt*

$$\operatorname{ord}(G) = \operatorname{ord}(H) \cdot \operatorname{ind}(G:H) \,.$$

Daraus folgt unmittelbar:

Korollar   *Eine Gruppe G von Primzahlordnung besitzt nur die trivialen Untergruppen $\{e\}$ und G.*

Beweis Für jedes $a \in G$ ist die Abbildung

$$H \to aH \,, \; x \mapsto ax,$$

bijektiv, also enthalten alle Nebenklassen $\operatorname{ord}(H)$ Elemente. G ist disjunkte Vereinigung von $\operatorname{ind}(G:H)$ Nebenklassen, daraus folgt die Behauptung. ∎

Für ein Element $a \in G$ definiert man die **Ordnung** als Anzahl der Elemente in der von a erzeugten Untergruppe, also

$$\operatorname{ord}(a) := \operatorname{ord} \operatorname{Erz}(a) \in \mathbb{N} \smallsetminus \{0\} \cup \{\infty\} \,.$$

Das kann man etwas schöner so beschreiben: Zu $a \in G$ gehört der surjektive Homomorphismus

$$\varphi : \mathbb{Z} \to \operatorname{Erz}(a) < G, \; k \mapsto a^k.$$

Nach 1.1.8 gibt es genau ein $m \in \mathbb{N}$ mit $\operatorname{Ker} \varphi = m\mathbb{Z}$. Für $m = 0$ ist φ injektiv, also Isomorphismus und $\operatorname{ord}(a) = \infty$. Für $m > 0$ ist $a^k = a^l$ genau dann, wenn $a^{k-l} = e$, also $k - l \in \operatorname{Ker} \varphi$, d.h. $k \equiv l \,(\operatorname{mod} m)$. Daher ist die Abbildung

$$\psi : \mathbb{Z}/m\mathbb{Z} \to \operatorname{Erz}(a), \quad k + m\mathbb{Z} \mapsto a^k,$$

wohldefiniert und ein Isomorphismus.

Insbesondere ist

$$\operatorname{ord}(a) = \min\{k \in \mathbb{N} \setminus \{0\} : a^k = e\} \quad \textit{falls } \operatorname{ord}(a) < \infty.$$

Nützlich sind die folgenden

Rechenregeln *Sei $a \in G$ mit $\operatorname{ord}(a) < \infty$.*

a) Für $n \in \mathbb{Z}$ gilt: $a^n = e \Leftrightarrow \operatorname{ord}(a)$ teilt n.

b) Für jedes $n \in \mathbb{N} \setminus \{0\}$ ist

$$\operatorname{ord}(a^n) = \frac{\operatorname{kgV}(\operatorname{ord}(a), n)}{n} = \frac{\operatorname{ord}(a)}{\operatorname{ggT}(\operatorname{ord}(a), n)}.$$

Ist insbesondere n ein Teiler von $\operatorname{ord}(a)$, so ist

$$\operatorname{ord}(a^n) = \frac{\operatorname{ord}(a)}{n}.$$

Ist dagegen n teilerfremd zu $\operatorname{ord}(a)$, so ist $\operatorname{ord}(a^n) = \operatorname{ord}(a)$.

Näheres zu kgV und ggT wird in 1.3.8 erläutert.

Beweis Sei $m := \operatorname{ord}(a)$.
a) $a^n = e \Leftrightarrow n \in \operatorname{Ker} \varphi \Leftrightarrow n \in m\mathbb{Z} \Leftrightarrow m \mid n$.
b) Sei $k := \operatorname{ord}(a^n)$. Dann ist k minimal mit $(a^n)^k = a^{n \cdot k} = e$, das heißt $n \cdot k \in m\mathbb{Z}$, also folgt $n \cdot k = \operatorname{kgV}(m, n)$. Das ergibt die erste Gleichung. Die zweite folgt aus (vgl. 2.3.6)

$$\operatorname{kgV}(m, n) \cdot \operatorname{ggT}(m, n) = m \cdot n.$$

Ist n Teiler von m, so ist $\operatorname{kgV}(m, n) = m$. $\qquad\blacksquare$

Beispiel Ist $\operatorname{ord}(a) = 6$ und $n = 4$, so ist $\operatorname{kgV}(6, 4) = 12$ und es folgt

$$a^4 \neq e, \quad \left(a^4\right)^2 = a^8 = a^2 \neq e \quad \text{und} \quad \left(a^4\right)^3 = a^{12} = e,$$

also $\operatorname{ord}(a^4) = \frac{12}{4} = 3$.

Da $\operatorname{ord}(a)$ für jedes $a \in G$ Teiler von $\operatorname{ord}(G)$ ist, ergibt sich als Verallgemeinerung des in 1.1.5 für abelsche Gruppen bewiesenen Ergebnisses das

Korollar *Ist G eine endliche Gruppe, so gilt für jedes $a \in G$*

$$a^{\operatorname{ord}(G)} = e.$$

Der Satz von LAGRANGE gibt eine notwendige Bedingung für die Ordnung einer Untergruppe und die Ordnung eines Elementes: Sie müssen Teiler der Gruppenordnung sein.

In den folgenden Paragraphen werden wir einige Ergebnisse zur Frage nach der Umkehrung dieser Aussage erhalten; hier eine kleine Vorschau:

- In einer zyklischen Gruppe gibt es zu jedem Teiler der Ordnung genau eine Untergruppe und mindestens ein Element dieser Ordnung (1.3.12).

- In der Gruppe $\mathcal{A}_4$ der Ordnung 12 gibt es keine Untergruppe der Ordnung 6 und damit auch kein Element der Ordnung 6 (Beispiel 4 in 1.4.6).

- Zu jedem Primteiler der Gruppenordnung gibt es ein Element dieser Ordnung (Satz von CAUCHY in 1.6.7).

Hat man in einer Gruppe G Elemente $a_1, \dots, a_n$ von endlicher Ordnung, so kann man im allgemeinen keine brauchbare Vorhersage über die Ordnung des Produkts machen (Beispiele 5 aus 1.2.5 und 3 aus 1.4.6). In einem Spezialfall kann man wenigstens eine Teilbarkeitsaussage machen.

Bemerkung *Sind die Elemente $a_1, \dots, a_n \in G$ vertauschbar (d. h. $a_i a_j = a_j a_i$ für alle $i, j = 1, \dots, n$) und ist $k_i := \mathrm{ord}\,(a_i) < \infty$, so folgt*

$$\mathrm{ord}\,(a_1 \cdot \dots \cdot a_n) \quad teilt \quad \mathrm{kgV}(k_1, \dots, k_n)\,.$$

Beweis Es gilt nach Voraussetzung

$$(a_1 \cdot \dots \cdot a_n)^k = a_1^k \cdot \dots \cdot a_n^k\,.$$

Für jedes Vielfache k von k_i ist $a_i^k = e$, also für jedes gemeinsame Vielfache k auch

$$(a_1 \cdot \dots \cdot a_n)^k = e\,. \qquad\blacksquare$$

In speziellen Situationen kann man bessere Aussagen über die Ordnung eines Produktes machen:

- in direkten Produkten (Lemma in 1.3.11)

- für $a_1 = \dots = a_n$ (obige Rechenregeln)

- für teilerfremde $k_1, \dots, k_n$ (Abschnitt 1.6.1)

- für elementfremde Zyklen (Rechenregeln aus 1.4.5)

1.2.5   Beispiele

Wir geben Beispiele für Zerlegungen einer Gruppe in Nebenklassen und Ordnungen von Elementen.

Beispiel 1   Ist G abelsch, so stimmen linke und rechte Nebenklassen überein. Das ist für $G = \mathbb{Z}$ und $H = m\mathbb{Z}$ der Fall; wie in 1.1.8 ausgeführt, ist

$$\mathbb{Z}/m\mathbb{Z} = \{\overline{0}, \dots, \overline{m-1}\} \quad \text{mit} \quad \overline{k} := k + m\mathbb{Z}\,.$$

Beispiel 2   Ist $G = \mathrm{GL}(n;\mathbb{R})$ und

$$H := \mathrm{GL}_+(n;\mathbb{R}) := \{A \in \mathrm{GL}(n;\mathbb{R}) : \det A > 0\} < \mathrm{GL}(n;\mathbb{R}) ,$$

so hat man für jede Matrix $A \in G$ mit $\det A < 0$ nach dem Determinanten-Multiplikations-Satz eine Zerlegung

$$\mathrm{GL}(n;\mathbb{R}) = H \cup AH = H \cup HA .$$

Das folgt ganz einfach aus

$$AH = HA = \{B \in \mathrm{GL}(n;\mathbb{R}) : \det B < 0\} , \text{ falls } \det A < 0 .$$

Es gibt also genau zwei Nebenklassen, linke und rechte stimmen überein (obwohl die Gruppe nicht abelsch ist, also im allgemeinen $AB \neq BA$ in $AH = HA$.)

Ganz analog ist die Situation bei $H := \mathcal{A}_n < \mathcal{S}_n =: G$. Hier ist

$$\mathcal{S}_n = \mathcal{A}_n \cup \sigma \mathcal{A}_n = \mathcal{A}_n \cup \mathcal{A}_n \sigma$$

für jedes $\sigma \in \mathcal{S}_n$ und $\mathrm{sign}\,\sigma = -1$. Mit $\mathrm{ord}\,\mathcal{S}_n = n!$ folgt daraus $\mathrm{ord}\,\mathcal{A}_n = \dfrac{n!}{2}$.

Beispiel 3   Die Gruppe $\mathcal{S}_3$ besteht aus den 6 Permutationen

$$\sigma_1 = \begin{pmatrix} 1 & 2 & 3 \\ 1 & 2 & 3 \end{pmatrix} \qquad \sigma_2 = \begin{pmatrix} 1 & 2 & 3 \\ 2 & 3 & 1 \end{pmatrix} \qquad \sigma_3 = \begin{pmatrix} 1 & 2 & 3 \\ 3 & 1 & 2 \end{pmatrix}$$

$$\tau_1 = \begin{pmatrix} 1 & 2 & 3 \\ 1 & 3 & 2 \end{pmatrix} \qquad \tau_2 = \begin{pmatrix} 1 & 2 & 3 \\ 3 & 2 & 1 \end{pmatrix} \qquad \tau_3 = \begin{pmatrix} 1 & 2 & 3 \\ 2 & 1 & 3 \end{pmatrix}$$

mit der Verknüpfungstafel

$\cdot$	σ_1	σ_2	σ_3	τ_1	τ_2	τ_3
σ_1	σ_1	σ_2	σ_3	τ_1	τ_2	τ_3
σ_2	σ_2	σ_3	σ_1	τ_3	τ_1	τ_2
σ_3	σ_3	σ_1	σ_2	τ_2	τ_3	τ_1
τ_1	τ_1	τ_2	τ_3	σ_1	σ_2	σ_3
τ_2	τ_2	τ_3	τ_1	σ_3	σ_1	σ_2
τ_3	τ_3	τ_1	τ_2	σ_2	σ_3	σ_1

Es ist $\mathrm{ord}\,\sigma_1 = 1$, $\mathrm{ord}\,\tau_1 = \mathrm{ord}\,\tau_2 = \mathrm{ord}\,\tau_3 = 2$ und $\mathrm{ord}\,\sigma_2 = \mathrm{ord}\,\sigma_3 = 3$.
Es gibt Untergruppen der Ordnungen 1, 2, 3 und 6, das sind, neben $H_1 = \mathrm{Erz}\,\sigma_1$ und $H_6 = \mathcal{S}_3$,

$$H_2 = \mathrm{Erz}\,\tau_1 = \{\sigma_1, \tau_1\}, \quad H_3 = \mathrm{Erz}\,\tau_2 = \{\sigma_1, \tau_2\}, \quad H_4 = \mathrm{Erz}\,\tau_3 = \{\sigma_1, \tau_3\}$$

$$\text{und } H_5 = \mathrm{Erz}\,\sigma_2 = \{\sigma_1, \sigma_2, \sigma_3\}.$$

Mit Ausnahme von $\mathcal{S}_3$ sind sie alle abelsch. Für die Ordnungen von einigen Produkten gilt:

$$\mathrm{ord}\,\sigma_2 = 3, \quad \mathrm{ord}\,\tau_1 = 2 \qquad \text{und} \qquad \mathrm{ord}\,(\sigma_2 \cdot \tau_1) = \mathrm{ord}\,(\tau_1 \cdot \sigma_2) = 2,$$

$$\mathrm{ord}\,\tau_1 = \mathrm{ord}\,\tau_2 = 2 \qquad \text{und} \qquad \mathrm{ord}\,(\tau_1 \cdot \tau_2) = \mathrm{ord}\,(\tau_2 \cdot \tau_1) = 3.$$

Für einige Nebenklassen gilt:

$$
\begin{aligned}
\tau_1 H_5 &= \{\tau_1\sigma_1, \tau_1\sigma_2, \tau_1\sigma_3\} = \{\tau_1, \tau_2, \tau_3\} = \{\tau_1, \tau_3, \tau_2\} = H_5\tau_1\,, \\
\sigma_2 H_2 &= \{\sigma_2, \sigma_2\tau_1\} = \{\sigma_2, \tau_3\}, \\
H_2\sigma_2 &= \{\sigma_2, \tau_1\sigma_2\} = \{\sigma_2, \tau_2\} \neq \sigma_2 H_2.
\end{aligned}
$$

Nun kann $\mathcal{S}_3$ auf verschiedene Weisen als disjunkte Vereinigung von linken oder rechten Neben-klassen dargestellt werden. Für die Untergruppen H_2 und H_5 sieht das so aus:

$$
\begin{aligned}
\mathcal{S}_3 &= H_2 \cup \sigma_2 H_2 \cup \sigma_3 H_2 = \{\sigma_1, \tau_1\} \cup \{\sigma_2, \tau_3\} \cup \{\sigma_3, \tau_2\} \\
&= H_2 \cup H_2\sigma_2 \cup H_2\sigma_3 = \{\sigma_1, \tau_1\} \cup \{\sigma_2, \tau_2\} \cup \{\sigma_3, \tau_3\} \\
&= H_5 \cup \tau_1 H_5 = \{\sigma_1, \sigma_2, \sigma_3\} \cup \{\tau_1, \tau_2, \tau_3\} \\
&= H_5 \cup H_5\tau_1 = \{\sigma_1, \sigma_2, \sigma_3\} \cup \{\tau_1, \tau_3, \tau_2\}
\end{aligned}
$$

Schließlich ist $\tau_1 H_5 \tau_1 = \{\sigma_1, \sigma_3, \sigma_2\} = H_5$.

Beispiel 4   Hat in einer Gruppe G jedes vom neutralen Element e verschiedene Element die Ordnung 2, so ist G abelsch: Aus $a^2 = e$ folgt $a^{-1} = a$ für alle $a \in G$, also ist

$$
(ab)(ab) = e, \text{ d.h. } ab = b^{-1}a^{-1} = ba\,.
$$

Ein Beispiel dafür ist die Kleinsche Vierergruppe (Beispiel 1 in 1.1.9).

Beispiel 5   Die Menge $\mathrm{M}(n \times n; \mathbb{Z})$ der quadratischen n-reihigen Matrizen mit Einträgen aus $\mathbb{Z}$ ist bezüglich der Multiplikation eine Halbgruppe, die Determinantenabbildung

$$
\det : \mathrm{M}(n \times n; \mathbb{Z}) \to \mathbb{Z}\,, \quad A \mapsto \det A\,,
$$

ist multiplikativ, d.h. $\det(A \cdot B) = (\det A) \cdot (\det B)$.

Sind $A, B \in \mathrm{M}(n \times n; \mathbb{Z})$ mit $A \cdot B = E_n$, so ist $\det(AB) = \det(A) \cdot \det(B) = 1$, also

$$
\det A = \det B = \pm 1.
$$

Umgekehrt gibt es nach der CRAMERschen Regel zu jedem $A \in \mathrm{M}(n \times n; \mathbb{Z})$ eine komplementäre Matrix $A^{\#} \in \mathrm{M}(n \times n; \mathbb{Z})$ mit

$$
A \cdot A^{\#} = A^{\#} \cdot A = (\det A) \cdot E_n
$$

(vgl. etwa [Fi$_1$, 3.3.2]). Also hat jede Matrix $A \in \mathrm{M}(n \times n; \mathbb{Z})$ mit $\det A = \pm 1$ ein Inverses $A^{-1} \in \mathrm{M}(n \times n; \mathbb{Z})$ und

$$
\mathrm{SL}(n; \mathbb{Z}) := \{A \in \mathrm{M}(n \times n; \mathbb{Z}) : \det A = 1\}
$$

ist eine Gruppe, sie heißt *spezielle lineare Gruppe*.

In $\mathrm{SL}(2; \mathbb{Z})$ gibt es Elemente endlicher und unendlicher Ordnung. Als Beispiele geben wir

$$
A_2 := \begin{pmatrix} -1 & 0 \\ 0 & -1 \end{pmatrix}, \quad A_3 := \begin{pmatrix} 0 & 1 \\ -1 & -1 \end{pmatrix},
$$
$$
A_4 := \begin{pmatrix} 0 & -1 \\ 1 & 0 \end{pmatrix}, \quad A_6 := \begin{pmatrix} 0 & 1 \\ -1 & 1 \end{pmatrix}, \quad A_\infty := \begin{pmatrix} 1 & 1 \\ 0 & 1 \end{pmatrix}.
$$

Wie man leicht nachrechnet, ist $\operatorname{ord} A_i = i$ und

$$A_4 \cdot A_3 = A_\infty \,.$$

Das Produkt von zwei Elementen endlicher Ordnung kann also unendliche Ordnung haben!

Die Ordnungen 1 und 2 werden durch E_2 und $-E_2$ realisiert. Wir zeigen nun, dass $1, 2, 3, 4, 6$ die einzigen möglichen endlichen Ordnungen sind. Angenommen

$$A = \begin{pmatrix} a & b \\ c & d \end{pmatrix} \quad \text{und} \quad A^n = E_2 \,.$$

Wir betrachten A als Endomorphismus des $\mathbb{C}^2$, als solcher hat er einen Eigenwert $\lambda \in \mathbb{C}$. Dazu gibt es einen Eigenvektor $0 \neq z \in \mathbb{C}^2$, also

$$A \cdot z = \lambda \cdot z \;\Rightarrow\; A^n \cdot z = \lambda^n \cdot z \;\Rightarrow\; \lambda^n = 1 \text{ da } A^n = E_2 \,.$$

Daraus folgt, dass jeder Eigenwert eine n-te Einheitswurzel ist. Außerdem ist λ Nullstelle des charakteristischen Polynoms

$$P_A(X) = X^2 - (a + d)X + \det A \,.$$

Sind $\lambda_1, \lambda_2 \in \mathbb{C}$ die beiden Nullstellen, so ist

$$\lambda_2 = \overline{\lambda_1} \quad \text{und} \quad \lambda_1 + \lambda_2 = a + d \in \mathbb{Z} \,.$$

Aus $|\lambda_1| = |\lambda_2| = 1$, $\lambda_2 = \overline{\lambda_1}$ und $\lambda_1 + \lambda_2 \in \mathbb{Z}$ folgt, dass es für $\lambda_1 + \lambda_2$ nur die möglichen Werte $-2, -1, 0, 1, 2$ gibt.

Im Bild sieht das so aus:

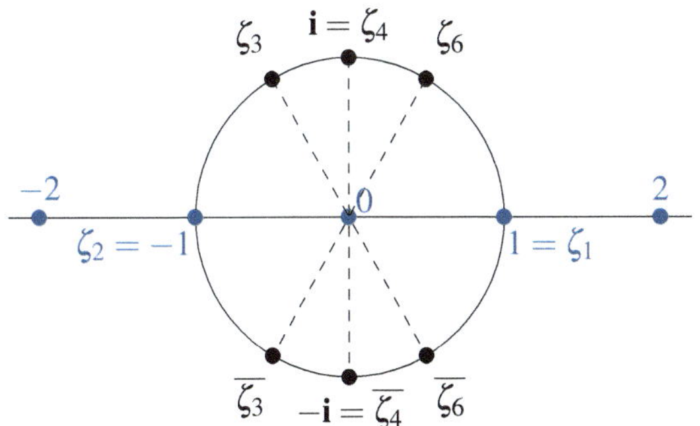

λ_1	λ_2	$P_A(X)$	$\operatorname{ord} A$
1	1	$X^2 - 2X + 1$	1
ζ_6	$\overline{\zeta_6}$	$X^2 - X + 1$	6
$\mathbf{i}$	$-\mathbf{i}$	$X^2 \;\;\; + 1$	4
ζ_3	$\overline{\zeta_3}$	$X^2 + X + 1$	3
-1	-1	$X^2 + 2X + 1$	2

Es gibt nur die Möglichkeiten in der Tabelle. Diese werden durch die oben angegebenen Matrizen realisiert.

1.2.6 Definition eines Normalteilers

In 1.1.8 hatten wir aus der Gruppe $G = \mathbb{Z}$ und der Untergruppe $H = m\mathbb{Z}$ die zyklische Gruppe $\mathbb{Z}/m\mathbb{Z}$ konstruiert. Für den Epimorphismus

$$\rho : \mathbb{Z} \to \mathbb{Z}/m\mathbb{Z}, \quad k \mapsto k + m\mathbb{Z}, \quad \text{ist} \quad \text{Ker}\,\rho = m\mathbb{Z}.$$

Es wird nun untersucht, wann zu einer beliebigen Gruppe G und einer Untergruppe $H < G$ eine derartige neue Gruppe G/H und ein Epimorphismus

$$\rho : G \to G/H \quad \text{mit} \quad \text{Ker}\,\rho = H$$

konstruiert werden kann. Probleme können auftreten, falls G nicht abelsch ist. Zunächst eine Vorbemerkung: Ist $\varphi : G \to G'$ ein Homomorphismus und $H := \text{Ker}\,\varphi$, so gilt für $x \in H$ und $a \in G$

$$\varphi(axa^{-1}) = \varphi(a)\varphi(x)\varphi(a)^{-1} = \varphi(a)e'\varphi(a)^{-1} = e'\,, \quad \text{also} \quad axa^{-1} \in H\,,$$

d.h. der Kern ist stabil unter allen Konjugationen. Wir untersuchen nun allgemein Untergruppen mit dieser besonderen Eigenschaft.

Definition *Eine Untergruppe $H < G$ heißt **Normalteiler** (in Zeichen $H \lhd G$), wenn für alle $a \in G$*

$$aH = Ha\,,$$

d.h. die linken und die rechten Nebenklassen stimmen überein.

Diese Bedingung kann man noch etwas variieren.

Bemerkung 1 *Für eine Untergruppe $H < G$ ist es gleichwertig, für jedes $a \in G$ folgendes zu fordern:*

i) $aH = Ha$,

ii) $aHa^{-1} \subset H$,

iii) $aHa^{-1} = H$.

Normalteiler sind also die unter allen Konjugationen von G stabilen Untergruppen.

Beweis i) $\Rightarrow$ ii): Ist $x \in aHa^{-1}$, so ist $x = aya^{-1}$ mit $y \in H$. Also ist $xa = ay \in aH \overset{i)}{=} Ha$, also $x \in H$.

ii) $\Rightarrow$ iii): Eigenschaft *ii)* bedeutet, dass H unter allen Konjugationen invariant ist. Aus $\kappa_a(H) \subset H$ und $\kappa_{a^{-1}}(H) \subset H$ folgt, dass $\kappa_a(\kappa_{a^{-1}}(H)) \subset H$. Da aber $\kappa_a \circ \kappa_{a^{-1}} = \text{id}_H$, folgt dass $\kappa_a \,|\, H$ surjektiv ist.

iii) $\Rightarrow$ i): Ist $x \in Ha$, so ist $x = ya$ mit $y \in H$. Also ist $xa^{-1} = y \in H \overset{iii)}{=} aHa^{-1}$, also $x \in aH$. Die umgekehrte Inklusion $aH \subset Ha$ zeigt man analog. ∎

Man beachte den entscheidenden Unterschied zwischen Untergruppen und Normalteilern: Untergruppe H in G zu sein ist eine innere Eigenschaft von H: zu $a, b \in H$ muss $ab^{-1} \in H$ sein. Normalteiler in G zu sein, wird von Elementen $a \in G \smallsetminus H$ kontrolliert: es muss $aHa^{-1} = H$ sein. Je größer $G \smallsetminus H$ ist, desto mehr Bedingungen für H.

Offensichtlich, aber wichtig ist die

Bemerkung 2   *In einer abelschen Gruppe ist jede Untergruppe ein Normalteiler.*   ■

Jede Gruppe G hat die trivialen Normalteiler $\{e\}$ und G. Man beachte, dass offensichtlich aus

$$H \triangleleft G < G' \quad \text{nicht } H \triangleleft G' \text{ folgt,}$$

(nehme etwa $H = G$) und aus

$$H \triangleleft G \triangleleft G' \quad \text{nicht } H \triangleleft G' \text{ folgt.}$$

(siehe Beispiel 8 in 1.3.6). Dagegen gilt offensichtlich

$$H < G < G' \quad \text{und} \quad H \triangleleft G' \quad \Rightarrow \quad H \triangleleft G.$$

1.2.7   Homomorphismen und Normalteiler

In jeder Gruppe G gibt es die trivialen Normalteiler $\{e\}$ und G; ist G abelsch, so ist jede Untergruppe Normalteiler. Weitere Beispiele erhält man aus dem

Lemma   *Sei $\varphi : G \to G'$ ein Homomorphismus von Gruppen.*

a) Ist $N' \triangleleft G'$ Normalteiler, so ist $\varphi^{-1}(N') \triangleleft G$ Normalteiler. Insbesondere ist $\operatorname{Ker} \varphi \triangleleft G$ Normalteiler.

b) Ist φ surjektiv und $N \triangleleft G$ Normalteiler, so ist $\varphi(N) \triangleleft G'$ Normalteiler.

Beweis   a) Nach der Bemerkung aus 1.2.1 ist $\varphi^{-1}(N') < G$. Sei $x \in \varphi^{-1}(N')$, also $x' = \varphi(x) \in N'$ und $a \in G$. Dann

$$\varphi(axa^{-1}) = \varphi(a)x'\varphi(a)^{-1} \in N' \text{, also } axa^{-1} \in \varphi^{-1}(N') \,.$$

Ist insbesondere $N' = \{e'\}$, so ist $\operatorname{Ker} \varphi = \varphi^{-1}(\{e'\})$.

b) Wieder nach 1.2.1 ist $\varphi(N) < G'$. Ist $x' = \varphi(x) \in \varphi(N)$ mit $x \in N$ und $a' = \varphi(a) \in G'$ mit $a \in G$, so ist

$$a'x'a'^{-1} = \varphi(axa^{-1}) \in \varphi(N) \,.$$

   ■

Auf die Voraussetzung surjektiv in $b)$ kann natürlich nicht verzichtet werden: Betrachte $G < G'$, nicht Normalteiler, und die Inklusion $\iota : G \to G'$.

1.2.8 Faktorgruppen

Nun kommen wir zu einer grundlegenden Konstruktion der Gruppentheorie. Ist $H < G$, so versucht man, die Menge G/H der linken Nebenklassen so zu einer Gruppe zu machen, dass die sogenannte *kanonische* (d.h. etwa „naheliegende" oder „zur Konstruktion passende") Abbildung

$$\rho : G \to G/H \,,\, a \mapsto aH \,,$$

zu einem Gruppenhomomorphismus wird. Da dann $\operatorname{Ker}\rho = \{a \in G : aH = H\} = H$ wird, muss dazu notwendig H ein Normalteiler sein. Diese Bedingung ist auch hinreichend:

> **Satz** *Sei G eine Gruppe und $N \lhd G$ ein Normalteiler. Dann gibt es genau eine Verknüpfung $*$ auf G/N mit folgenden Eigenschaften:*
> *a) G/N zusammen mit $*$ ist eine Gruppe.*
> *b) Die kanonische surjektive Abbildung*
>
> $$\rho : G \to G/N \,,\, a \mapsto aN = Na \,,$$
>
>   *ist ein Homomorphismus.*
>
> *Das neutrale Element von G/N ist $N \in G/N$, das Inverse von aN ist $a^{-1}N$ und $\operatorname{Ker}\rho = N \lhd G$.*

Man nennt G/N die *Faktorgruppe von G nach N.*

Zur Vereinfachung wird die Verknüpfung in G/N meist genauso bezeichnet wie in G, etwa

$$(aN)(bN) = (ab)N \quad \text{oder} \quad (a+N) + (b+N) = (a+b)+N \,.$$

Beweis Da $\rho(a) = aN$, ist notwendig für einen Homomorphismus

$$(ab)N = \rho(ab) = \rho(a) * \rho(b) = (aN) * (bN) \,.$$

Die einzige Möglichkeit $*$ zu definieren, ist also

$$(aN) * (bN) := (ab)N \,.$$

Die Verknüpfung muss wohldefiniert, d.h. unabhängig von der Wahl der Repräsentanten $a, b \in G$ sein. Seien also a' und b' gegeben mit

$$aN = a'N \,,\, \text{d.h. } a^{-1}a' \in N \quad \text{und} \quad bN = b'N \,,\, \text{d.h. } b^{-1}b' \in N \,.$$

Da N Normalteiler ist, ist $Nb' = b'N$, also gibt es zu $x \in N$ ein $y \in N$ mit $xb' = b'y$. Für $x = a^{-1}a'$ gilt dann

$$(ab)^{-1}(a'b') = b^{-1}a^{-1}a'b' = b^{-1}xb' = b^{-1}b'y \in N \,.$$

Also ist $(ab)N = (a'b')N$, wie zu zeigen war.

Für eine abelsche Gruppe G geht das natürlich einfacher:

$$(b^{-1}a^{-1})(a'b') = (b^{-1}b')(a^{-1}a') \in N \,.$$

Dass die Verknüpfung $*$ assoziativ ist, folgt aus

$$((aN)*(bN))*(cN) = ((ab)N)*(cN) = ((ab)c)*N = (a(bc))*N\,.$$

Ist e das neutrale Element von G, so ist $N = eN$ neutrales Element von G/N, denn

$$(eN)*(aN) = (aN)*(eN) = aN\,.$$

Da $(aN)*(a^{-1}N) = (aa^{-1})N = N$, ist $(aN)^{-1} = a^{-1}N$. ∎

1.2.9 Beispiele

Wir geben eine Serie von Beispielen für Normalteiler und Faktorgruppen.

Beispiel 1 Ist V ein Vektorraum über einem beliebigen Körper K und $W < V$ ein Untervektorraum, so ist $W \lhd V$ Normalteiler als Untergruppe der additiven abelschen Gruppe. Nebenklassen sind die affinen Räume $v + W$ mit $v \in V$ und die Addition in V/W ist erklärt durch

$$(v + W) + (v' + W) := (v + v') + W\,.$$

In der linearen Algebra zeigt man, dass auf diese Weise ein ***Quotientenvektorraum*** V/W entsteht (vgl.etwa [Fi$_1$, 2.2.7]).

Beispiel 2 In der abelschen Gruppe $\mathbb{Z}$ ist $m\mathbb{Z} \lhd \mathbb{Z}$ für alle $m \in \mathbb{N}$, die Faktorgruppe

$$Z_m := \mathbb{Z}/m\mathbb{Z}$$

ist die in 1.1.8 beschriebene ***zyklische Gruppe***.

Beispiel 3 In der symmetrischen Gruppe $\mathcal{S}_n$ hat man $\mathcal{A}_n \lhd \mathcal{S}_n$ als Kern des Signum-Homomorphismus. Für $n \geq 2$ sei τ die Transposition, die 1 und 2 vertauscht; es ist $\operatorname{sign}\tau = -1$. Ist $\sigma \in \mathcal{S}_n$ mit $\operatorname{sign}\sigma = -1$, so ist $\tau \circ \sigma \in \mathcal{A}_n$, also $\tau^2 \circ \sigma = \sigma$ und

$$\mathcal{S}_n = \mathcal{A}_n \cup \tau\mathcal{A}_n = \mathcal{A}_n \cup \mathcal{A}_n\tau\,.$$

Daher gibt es einen Isomorphismus

$$\mathcal{S}_n/\mathcal{A}_n \to \mathbb{Z}/2\mathbb{Z}\,.$$

Die ebenfalls zu $\mathbb{Z}/2\mathbb{Z}$ isomorphe Untergruppe $H := \{\mathrm{id}, \tau\} < \mathcal{S}_n$ ist für $n \geq 3$ kein Normalteiler (Beispiel 3 aus 1.2.5).

Beispiel 4   Ist K ein beliebiger Körper, so ist die *spezielle lineare Gruppe*

$$\mathrm{SL}(n;K) := \{A \in \mathrm{GL}(n;K) : \det A = 1\} \lhd \mathrm{GL}(n;K) ,$$

als Kern eines Homomorphismus ein Normalteiler. In Beispiel 5 aus 1.3.6 werden wir zeigen, dass es einen Isomorphismus

$$\mathrm{GL}(n;K)/\mathrm{SL}(n;K) \to K^* = K \smallsetminus \{0\}$$

gibt. In $\mathrm{GL}(n;\mathbb{R})$ hat man den Normalteiler

$$\mathrm{GL}_+(n;\mathbb{R}) := \{A \in \mathrm{GL}(n;\mathbb{R}) : \det A > 0\} \lhd \mathrm{GL}(n;\mathbb{R}) ,$$

denn $\det(BAB^{-1}) = \det A$. Er hat den Index 2; es gibt noch eine weitere Nebenklasse

$$\mathrm{GL}_-(n;\mathbb{R}) := \{A \in \mathrm{GL}(n;\mathbb{R}) : \det A < 0\} ,$$

und für jedes $S \in \mathrm{GL}_-(n;\mathbb{R})$ ist $\mathrm{GL}_-(n;\mathbb{R}) = S \cdot \mathrm{GL}_+(n;\mathbb{R})$ und $S^2 \in \mathrm{GL}_+(n;\mathbb{R})$. Die Faktorgruppe

$$\mathrm{GL}(n;\mathbb{R})/\mathrm{GL}_+(n;\mathbb{R})$$

hat die Ordnung 2, ist also isomorph zu $\mathbb{Z}/2\mathbb{Z}$.

Es gibt auch wichtige zu $\mathbb{Z}/2\mathbb{Z}$ isomorphe Untergruppen von $\mathrm{GL}(n;\mathbb{R})$, insbesondere solche von der Form

$$H = \{E_n, S\} \quad \text{mit} \quad S \in \mathrm{GL}_-(n;\mathbb{R}) \quad \text{und} \quad S^2 = E_n .$$

Für ungerades n können wir $S = -E_n$ wählen. Wegen $A(-E_n)A^{-1} = -E_n$ für alle $A \in \mathrm{GL}(n;\mathbb{R})$ ist $H_n := \{E_n, -E_n\} \lhd \mathrm{GL}(n;\mathbb{R})$ Normalteiler und es gibt einen Homomorphismus

$$\mathrm{GL}_+(n;\mathbb{R}) \to \mathrm{GL}(n;\mathbb{R})/H_n , \ A \mapsto \{A, -A\} .$$

Für gerades n wählen wir

$$S := \begin{pmatrix} 1 & & & \\ & \ddots & & 0 \\ & & \ddots & \\ & & & 1 \\ & 0 & & & -1 \end{pmatrix} \in \mathrm{GL}_-(n;\mathbb{R}) .$$

In diesem Fall ist $H_n := \{E_n, S\} < \mathrm{GL}(n;\mathbb{R})$ kein Normalteiler. Es genügt, das im Fall $n = 2$ zu zeigen: Etwa für

$$A = \begin{pmatrix} 0 & -1 \\ 1 & 0 \end{pmatrix} \quad \text{ist} \quad ASA^{-1} = -S \notin H_n .$$

Da die gerade verwendeten Matrizen S und A orthogonal sind, gilt analog für die *orthogonale* und die *spezielle orthogonale Gruppe* (vgl. Beispiel 3 in 1.1.9 und Beispiel 5 in 1.2.2)

$$\mathrm{O}(n)/\mathrm{SO}(n) \cong \mathbb{Z}/2\mathbb{Z} \quad \text{für alle } n ,$$
$$\mathrm{O}(n)/H_n \cong \mathrm{SO}(n) \qquad \text{für ungerades } n .$$

Dagegen ist $H_n < \mathrm{O}(n)$ für gerades n kein Normalteiler. Darauf werden wir in Beispiel 4 aus 1.3.6 zurückkommen.

Beispiel 5   Jede Untergruppe $H < G$ mit

$$\operatorname{ind}(G:H) = 2$$

ist Normalteiler. Man hat nämlich für jedes $a \in G \smallsetminus H$ disjunkte Vereinigungen

$$G = H \cup aH = H \cup Ha \,,$$

also ist $aH = G \smallsetminus H = Ha$.

Beispiel 6   Die Quaternionengruppe

$$Q = \{\pm E, \pm I, \pm J, \pm K\} < \operatorname{GL}(2;\mathbb{C})$$

der Ordnung 8 aus Beispiel 4 in 1.1.9 ist nicht abelsch. Wir zeigen:

Jede Untergruppe $H < Q$ ist Normalteiler.

Nach dem Satz von LAGRANGE aus 1.2.4 kommen für H die Ordnungen $1, 2, 4$ und 8 in Frage. Die Fälle 1 und 8 sind trivial, denn $\{E\}$ und Q sind Normalteiler. Ist $\operatorname{ord} H = 4$, so folgt die Aussage aus dem vorhergehenden Beispiel 5. Offensichtlich gilt die Aussage auch für $H = \{E, -E\}$. Es genügt also zu zeigen, dass es keine andere Untergruppe der Ordnung 2 gibt.

Das ist ganz einfach: Ist $A \in H$ und $A \neq \pm E$, so ist $A^2 = -E \in H$, also $\operatorname{ord} H > 2$.

1.3 Isomorphiesätze, Produkte von Gruppen und zyklische Gruppen

Es ist ein zentrales Problem der Gruppentheorie, eine gute Übersicht über alle möglichen Gruppen zu erhalten. Genauer gesagt versucht man eine *Klassifikation*, d.h. die Aufstellung einer Liste mit allen Klassen isomorpher Gruppen. In dieser Allgemeinheit ist das Problem aus prinzipiellen Gründen unlösbar; aber selbst für den Fall endlicher Gruppen gibt es bis heute keine abschließende Antwort. Ein positives Ergebnis sei angekündigt: Die endlich erzeugten abelschen Gruppen kann man klassifizieren (1.6.6).

Ein erster Schritt in diese Richtung ist die Konstruktion von Isomorphismen und Produkten von Gruppen. Mit Hilfe von Produkten kann man einerseits aus gegebenen Gruppen neue und im allgemeinen komplexere Gruppen konstruieren; andererseits kann man versuchen, gegebene Gruppen in einfachere Faktoren zu zerlegen. In diesem Paragraphen werden einige hierfür grundlegende Techniken beschrieben und durch Beispiele belebt.

1.3.1 Isomorphiesätze

Verschiedene klassische Isomorphiesätze helfen beim Umgang mit Faktorgruppen. Sie sind einfache Folgerungen aus dem

Faktorisierungssatz *Sei $\varphi : G \to G'$ ein Gruppenhomomorphismus, $N \lhd G$ ein Normalteiler und $\rho : G \to G/N$ der kanonische Homomorphismus. Ein Homomorphismus $\overline{\varphi} : G/N \to G'$ mit $\varphi = \overline{\varphi} \circ \rho$ existiert genau dann, wenn $N \subset \mathrm{Ker}\,\varphi$. Ist diese Bedingung erfüllt, so ist $\overline{\varphi}$ eindeutig bestimmt durch*

$$\overline{\varphi}(aN) = \varphi(a).$$

Weiter ist $\overline{\varphi}(G/N) = \varphi(G)$ und $\mathrm{Ker}\,\overline{\varphi} = (\mathrm{Ker}\,\varphi)/N$.

Die Bedingung $\varphi = \overline{\varphi} \circ \rho$ kann man auch illustrieren durch das kommutative Diagramm

$$
\begin{array}{ccc}
G & \xrightarrow{\ \varphi\ } & G' \\
{\scriptstyle \rho}\big\downarrow & \nearrow & \\
G/N & {\scriptstyle \overline{\varphi}} &
\end{array}
$$

Die Bedingung $N \subset \mathrm{Ker}\,\varphi$ bedeutet, dass bei φ mindestens so viel wegdividiert werden muss, wie bei ρ, wenn man von G/N wieder nach oben auf $\varphi(G)$ kommen will.

Beweis Die Bedingung $\varphi = \overline{\varphi} \circ \rho$ bedeutet für alle $a \in G$, dass

$$\varphi(a) = \overline{\varphi}(\rho(a)) = \overline{\varphi}(aN). \tag{$*$}$$

Ist $a \in N$, so ist $aN = N$, dies ist das neutrale Element von G/N, also muss $\overline{\varphi}(aN) = e' \in G'$ sein. Aus $(*)$ folgt $\varphi(a) = e'$, also $N \subset \mathrm{Ker}\,\varphi$.

Wegen ($*$) kann $\overline{\varphi}$ nur durch

$$\overline{\varphi}(aN) := \varphi(a)$$

erklärt werden.

Es bleibt zu zeigen, dass $\overline{\varphi}$ unter der notwendigen Bedingung $N \subset \mathrm{Ker}\,\varphi$ wohldefiniert ist. Sei dazu $aN = bN$, d. h. $a^{-1}b \in N \subset \mathrm{Ker}\,\varphi$. Dann folgt

$$\varphi(a)^{-1}\varphi(b) = \varphi(a^{-1}b) = e', \qquad \text{und somit } \varphi(a) = \varphi(b).$$

Die so definierte Abbildung $\overline{\varphi}$ ist ein Homomorphismus:

$$\overline{\varphi}((aN)(bN)) = \overline{\varphi}((ab)N) = \varphi(ab) = \varphi(a)\varphi(b) = \overline{\varphi}(aN)\overline{\varphi}(bN)\,.$$

Die Gleichung $\overline{\varphi}(G/N) = \varphi(G)$ folgt sofort aus der Definition von $\overline{\varphi}$. Zu $\mathrm{Ker}\,\overline{\varphi}$:

$$aN \in \mathrm{Ker}\,\overline{\varphi} \quad \Leftrightarrow \quad e' = \overline{\varphi}(aN) = \varphi(a) \quad \Leftrightarrow \quad a \in \mathrm{Ker}\,\varphi \quad \Leftrightarrow \quad aN \in (\mathrm{Ker}\,\varphi)/N.$$

$\blacksquare$

Beispiel 1 Sei $\varphi : \mathbb{Z} \to \mathbb{Z}/4\mathbb{Z}$, $\quad k \mapsto k+4\mathbb{Z}$, und $N = 2\mathbb{Z}$. Dann ist $2\mathbb{Z} = N \not\subset \mathrm{Ker}\,\varphi = 4\mathbb{Z}$ und es gibt kein

$$\overline{\varphi} : \mathbb{Z}/2\mathbb{Z} \to \mathbb{Z}/4\mathbb{Z} \quad \text{mit } \varphi = \overline{\varphi} \circ \rho.$$

Das kann man auch direkt sehen:

$$\varphi(2) = 2+4\mathbb{Z}, \text{ aber } \rho(2) = 0+2\mathbb{Z}, \text{ also müsste } \overline{\varphi}(\rho(2)) = 0+4\mathbb{Z} \neq 2+4\mathbb{Z} \text{ sein.}$$

Ist umgekehrt $\varphi : \mathbb{Z} \to \mathbb{Z}/2\mathbb{Z}$, $\quad k \mapsto k+2\mathbb{Z}$, und $N = 4\mathbb{Z}$, so ist $4\mathbb{Z} = N \subset \mathrm{Ker}\,\varphi = 2\mathbb{Z}$ und

$$\overline{\varphi} : \mathbb{Z}/4\mathbb{Z} \to \mathbb{Z}/2\mathbb{Z} \quad \text{ist gegeben durch } \overline{\varphi}(l+4\mathbb{Z}) = \varphi(l) = l+2\mathbb{Z}$$

mit $\mathrm{Ker}\,\overline{\varphi} = 2\mathbb{Z}/4\mathbb{Z} \cong \mathbb{Z}/2\mathbb{Z}$.

Noch einfacher sieht man den Unterschied an den beiden Richtungen so: φ ist in beiden Fällen surjektiv, also muss nach dem Faktorisierungssatz auch $\overline{\varphi}$ surjektiv sein, und

$$\mathrm{ord}(\mathbb{Z}/2\mathbb{Z}) = 2, \quad \text{aber } \mathrm{ord}(\mathbb{Z}/4\mathbb{Z}) = 4.$$

Setzt man im obigen Faktorisierungssatz $N = \mathrm{Ker}\,\varphi$, so ist $\overline{\varphi}(G/\mathrm{Ker}\,\varphi) = \varphi(G)$ und

$$\mathrm{Ker}\,\overline{\varphi} = N/N = \{eN\}$$

ist das neutrale Element von G/N, somit ist $\overline{\varphi} : G/N \to G'$ ein Monomorphismus und es folgt:

Erster Isomorphiesatz *Ist $\varphi : G \to G'$ ein Gruppenhomomorphismus, so ist die Abbildung*

$$\overline{\varphi} : G/\mathrm{Ker}\,\varphi \to \varphi(G)\,, \; a \cdot \mathrm{Ker}\,\varphi \mapsto \varphi(a)\,,$$

ein Isomorphismus. Ist φ surjektiv, so folgt $G' \cong G/\mathrm{Ker}\,\varphi$.

Beispiel 2   Sei $\varphi : \mathbb{R} \to \mathbb{C}^*$ gegeben durch

$$\varphi(t) = \exp(2\pi \mathbf{i} t).$$

Dann ist $\varphi(\mathbb{R}) = C = \{z \in C^* : |z| = 1\}$ die Kreislinie und Ker $\varphi = \mathbb{Z}$. Das ergibt den Isomorphismus

$$\overline{\varphi} : \mathbb{R}/\mathbb{Z} \to C, \quad t + \mathbb{Z} \mapsto \varphi(t).$$

Ist dagegen φ_m für $m \in \mathbb{N} \setminus \{0\}$ wie in Beispiel 3 aus 1.2.2 gegeben durch

$$\varphi_m : \mathbb{Z} \to C, \quad k \mapsto \exp\left(\frac{2\pi \mathbf{i} k}{m}\right) = \zeta_m^k,$$

so ist $\varphi_m(\mathbb{Z}) = C_m = \{1, \zeta_m, ..., \zeta_m^{m-1}\}$ und Ker $\varphi_m = m\mathbb{Z}$. Nach dem ersten Isomorphiesatz erhält man dann wieder den Isomorphismus

$$\overline{\varphi_m} : \mathbb{Z}/m\mathbb{Z} \to C_m, \quad k + m\mathbb{Z} \mapsto \zeta_m^k.$$

Beispiel 3   Ist $G = \mathcal{S}_n$ und $N = \mathcal{A}_n \triangleleft \mathcal{S}_n$, so ist der Homomorphismus

$$\text{sign} : \mathcal{S}_n \to Z_2 = \{+1, -1\}, \quad \sigma \mapsto \text{sign } \sigma,$$

für $m \geq 2$ surjektiv, also hat man einen Isomorphismus

$$\overline{\text{sign}} : \mathcal{S}_n/\mathcal{A}_n \to Z_2.$$

Den sogenannten „zweiten Isomorphiesatz" verschieben wir auf 1.3.5.

Dritter Isomorphiesatz   *Sind $H \triangleleft G$ und $N \triangleleft G$ Normalteiler mit $N \subset H$, so gilt:*

a) $N \triangleleft H$ und $H/N \triangleleft G/N$.

b) Die Abbildung

$$\varphi : (G/N)/(H/N) \to G/H, \ (aN)(H/N) \mapsto aH,$$

ist ein Isomorphismus.

Diese Aussage zeigt, dass man bei Faktorgruppen ähnlich wie bei Brüchen „kürzen" kann.

Beweis   Wir betrachten das nebenstehende kommutative Diagramm, wobei ρ und σ die kanonischen Epimorphismen sind, und $\overline{\sigma}$ nach dem Faktorisierungssatz erklärt ist, also $\overline{\sigma}(aN) = aH$.

Wegen Ker $\overline{\sigma} = $ Ker $\sigma/N = H/N$ ist $H/N \triangleleft G/N$ und die Behauptung folgt aus dem ersten Isomorphiesatz, angewandt auf $\overline{\sigma}$, denn φ ist erklärt durch

$$\varphi : (G/N)/\text{Ker}\,\overline{\sigma} \to \overline{\sigma}(G/N), \quad (aN)\text{Ker}\,\overline{\sigma} \mapsto \overline{\sigma}(aN).$$

1.3.2 Äußeres direktes Produkt

Die in 1.2.8 eingeführten Faktorgruppen kann man, wie schon die Bezeichnung G/N andeutet, als eine Art von „Division" ansehen. Auf diese Weise lassen sich Gruppen verkleinern. Nun beschreiben wir Gegenstücke dazu, nämlich verschiedene Arten von „Multiplikationen". Mit Hilfe dieser kann man neue und größere Gruppen konstruieren. Wir beginnen mit dem einfachsten Fall.

Sind G_1, G_2 Gruppen, so definieren wir auf der Menge $G_1 \times G_2$ eine Verknüpfung $*$ durch

$$(a_1, a_2) * (b_1, b_2) := (a_1 b_1, a_2 b_2) \,.$$

Diese „komponentenweise" Verknüpfung hat folgende Eigenschaften:

Satz über das äußere direkte Produkt   *Sind G_1, G_2 Gruppen, so gilt für $G_1 \times G_2$ mit der oben erklärten Verknüpfung $*$:*

a) $G_1 \times G_2$ ist eine Gruppe.

b) Für $i = 1, 2$ sind die Projektionen

$$\pi_i : G_1 \times G_2 \to G_i \,, \quad (a_1, a_2) \mapsto a_i \,,$$

Homomorphismen.

c) Ist H eine beliebige Gruppe mit Homomorphismus $\varphi_i : H \to G_i$ für $i = 1, 2$, so gibt es genau einen Homomorphismus $\varphi : H \to G_1 \times G_2$, so dass das Diagramm

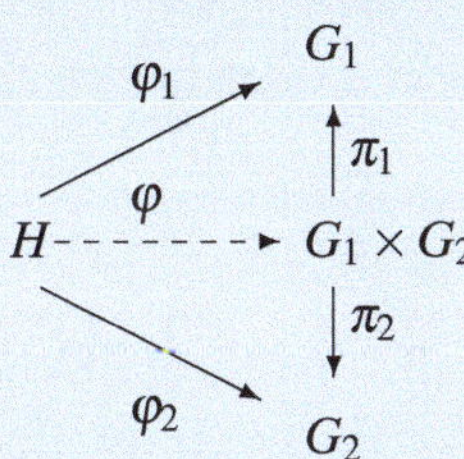

kommutiert, d.h. $\varphi_i = \pi_i \circ \varphi$.

d) $G_1 \times G_2$ ist genau dann abelsch, wenn G_1 und G_2 abelsch sind.

Die „" Eigenschaft c) bedeutet, dass man einen Homomorphismus nach $G_1 \times G_2$ in den Komponenten unabhängig voneinander erklären kann.

Man nennt $G_1 \times G_2$ mit der komponentenweisen Verknüpfung *(äußeres) direktes Produkt* von G_1 und G_2.

Beweis a) Das Assoziativgesetz in $G_1 \times G_2$ ist klar, da es in G_1 und G_2 gilt. Sind $e_i \in G_i$ die neutralen Elemente und $a_i^{-1} \in G_i$ die Inversen, so ist $(e_1, e_2) \in G_1 \times G_2$ neutrales Element und das Inverse ist gegeben durch

$$(a_1, a_2)^{-1} = (a_1^{-1}, a_2^{-1}) \, .$$

b) Für die Projektionen π_i gilt

$$\pi_i((a_1, a_2) * (b_1, b_2)) = \pi_i(a_1 b_1, a_2 b_2) = a_i b_i = \pi_i(a_1, a_2) \pi_i(b_1, b_2) \, .$$

c) Für ein $c \in H$ gibt es wegen der Forderung $\varphi_i = \pi_i \circ \varphi$ nur die Möglichkeit

$$\varphi(c) := (\varphi_1(c), \varphi_2(c)) \, ,$$

und diese Abbildung ist offensichtlich ein Homomorphismus. Aussage *d)* ist klar.   ∎

Wie man sich leicht überlegt, kann diese Konstruktion von Produkten analog auf eine beliebige Familie von Gruppen G_i, $i \in I$, übertragen werden. Das Ergebnis ist eine Gruppe

$$\prod_{i \in I} G_i = \{(a_i)_{i \in I} : a_i \in G_i\} \, .$$

Die beiden Faktoren G_i kann man im direkten Produkt $G_1 \times G_2$ wiederfinden:

Bemerkung   *Für Gruppen G_1, G_2 mit neutralen Elementen e_1, e_2 gilt:*

$$G_1' := G_1 \times \{e_2\} \triangleleft G_1 \times G_2 \, , \; G_2' := \{e_1\} \times G_2 \triangleleft G_1 \times G_2$$

und die Abbildungen

$$
\begin{array}{ll}
G_2 \to (G_1 \times G_2)/G_1', & \qquad\qquad G_1 \to (G_1 \times G_2)/G_2' \\
a_2 \mapsto (e_1, a_2) \cdot G_1' & \qquad\qquad a_1 \mapsto (a_1, e_2) \cdot G_2'
\end{array}
$$

sind Isomorphismen.

Der einfache *Beweis* wird dem Leser überlassen.

1.3.3   Inneres direktes Produkt

Nachdem aus zwei Gruppen G_1 und G_2 eine neue Gruppe $G = G_1 \times G_2$ konstruiert wurde, stellt sich die Frage, ob eine gegebene Gruppe G in ein Produkt $G = H_1 \times H_2$ von zwei Untergruppen $H_1, H_2 < G$ zerlegt werden kann. Da das für abelsches G besonders einfach ist, wollen wir diesen Fall vorweg behandeln.

Entscheidend ist das folgende

Lemma 1   *Für eine abelsche Gruppe G mit Untergruppen $H_1, H_2 < G$ gilt:*

1) Bezeichnet $H_1 \times H_2$ das äußere direkte Produkt, so ist die Abbildung

$$\varphi : H_1 \times H_2 \to G, \quad (a_1, a_2) \mapsto a_1 \cdot a_2,$$

ein Homomorphismus.

2) Folgende Bedingungen sind äquivalent:

   i) φ ist ein Isomorphismus

   ii) Jedes $a \in G$ ist eindeutig als $a = a_1 \cdot a_2$ mit $a_i \in H_i$ darstellbar.

   iii) $H_1 \cdot H_2 := \{a_1 \cdot a_2 : a_i \in H_i\} = G$ und $H_1 \cap H_2 = \{e\}$.

Beweis 1)   Für (a_1, a_2) und $(b_1, b_2) \in H_1 \times H_2$ gilt:

$$\varphi((a_1, a_2) \cdot (b_1, b_2)) = \varphi(a_1 b_1, a_2 b_2) = a_1 b_1 a_2 b_2 = a_1 a_2 b_1 b_2 = \varphi(a_1, a_2) \cdot \varphi(b_1, b_2),$$

denn $b_1 a_2 = a_2 b_1$.

2) i) $\Rightarrow$ ii)   Da φ surjektiv ist folgt die Darstellbarkeit und da φ injektiv ist die Eindeutigkeit.

ii) $\Rightarrow$ iii) $H_1 \cdot H_2$ folgt aus der Darstellbarkeit. Wäre $H_1 \cap H_2 \neq \{e\}$, so gäbe es ein $e \neq a \in H_1 \cap H_2$ und die verschiedenen Darstellungen $a = a \cdot e = e \cdot a$.

iii) $\Rightarrow$ i)   Da $H_1 \cdot H_2 = G$ ist φ surjektiv. Ist (a_1, a_2) in $\operatorname{Ker} \varphi$, so folgt

$$a_1 \cdot a_2 = e \quad \Rightarrow \quad a_2 = a_1^{-1} \quad \Rightarrow \quad a_1, a_2 \in H_1 \cap H_2 \quad \Rightarrow \quad a_1 = a_2 = e.$$

Also ist $\operatorname{Ker} \varphi = \{(e, e)\}$.   ■

Nun nennt man eine abelsche Gruppe G ein ***inneres direktes Produkt*** von Untergruppen $H_1, H_2 < G$ und schreibt zur Vereinfachung

$$G = H_1 \times H_2, \quad \text{wenn} \quad G = H_1 \cdot H_2 \quad \text{und} \quad H_1 \cap H_2 = \{e\}.$$

Für $G = \mathbb{Z}_6$ wird das in Beispiel 2 in 1.3.6 ausgeführt.

Nach dem abelschen Fall gehen wir nun über zum allgemeinen Fall. Dazu erst einmal ein

Beispiel   In der nicht-abelschen Gruppe $\mathcal{S}_3$ betrachten wir die beiden Untergruppen

$$H_1 := \operatorname{Erz}(\tau) \quad \text{und} \quad H_2 := \operatorname{Erz}(\sigma), \quad \text{wobei} \quad \operatorname{ord} \tau = 2 \quad \text{und} \quad \operatorname{ord} \sigma = 3.$$

Wie man leicht sieht, ist $H_1 \cdot H_2 = G$ und $H_1 \cap H_2 = \{e\}$, aber $H_1 \times H_2$ ist abelsch, also nicht isomorph zu $\mathcal{S}_3$. In Beispiel 6 aus 1.3.6 werden wir zeigen, wie $\mathcal{S}_3$ als „semidirektes" Produkt von H_1 und H_2 beschrieben werden kann. Weiter erzeugen die Transpositionen $\tau_1 = (2, 3)$ und $\tau_2 = (1, 3)$ die Untergruppen H_1' und H_2' mit

$$H_1' \cdot H_2' = \{\operatorname{id}, \tau_1, \tau_2, \tau_1 \circ \tau_2\}$$

und wegen $\#(H_1' \cdot H_2') = 4$ ist das keine Untergruppe von $\mathcal{S}_3$. Schließlich ist $H_1' \cdot H_2' \neq H_2' \cdot H_1'$, da $\tau_1 \circ \tau_2 \neq \tau_2 \circ \tau_1$.

Nach der Bemerkung in 1.3.2 sind die Faktoren eines äußeren direkten Produkts Normalteiler. Es wird sich nun zeigen, dass diese Bedingung auch bei inneren Produkten zum Ziel führt. Zunächst eine einfache

Bemerkung   *Ist $a_1 \cdot a_2 = a_2 \cdot a_1$ für alle $a_i \in H_i$, so ist $H_1 \cdot H_2 < G$ eine Untergruppe.*

Beweis Für $a_1 a_2, b_1 b_2 \in H_1 \cdot H_2$ ist

$$a_1 a_2 (b_1 b_2)^{-1} = a_1 a_2 b_2^{-1} b_1^{-1} = a_1 a_2 b_1^{-1} b_2^{-1} = (a_1 b_1^{-1})(a_2 b_2^{-1}) \in H_1 \cdot H_2.$$

∎

Sind die beiden Untergruppen $H_1, H_2 < G$ spezielle Normalteiler, so erhält man eine partielle Kommutativität:

Lemma 2   *Für Normalteiler $N_1, N_2 \triangleleft G$ einer Gruppe G mit $N_1 \cap N_2 = \{e\}$ gilt:*

1) $a_1 a_2 = a_2 a_1$ für $a_1 \in N_1$ und $a_2 \in N_2$.

2) $N_1 \cdot N_2 < G$ ist eine Untergruppe und $N_1 \cdot N_2 = N_2 \cdot N_1$.

Beweis 1)

$$(a_1 a_2) \cdot (a_2 a_1)^{-1} = \begin{Bmatrix} a_1 (a_2 a_1^{-1} a_2^{-1}) \in N_1 \\ (a_1 a_2 a_1^{-1}) a_2^{-1} \in N_2 \end{Bmatrix} \in N_1 \cap N_2 = \{e\}.$$

2) folgt wegen *1)* wie in der obigen Bemerkung.

∎

Definition   *Gegeben seien eine Gruppe G mit zwei Untergruppen $H_1, H_2 < G$. G heißt **inneres direktes Produkt** von H_1 und H_2, in Zeichen $G = H_1 \times H_2$, wenn folgendes gilt:*

a) H_1 und H_2 sind Normalteiler von G.

b) $H_1 \cdot H_2 = G$ und $H_1 \cap H_2 = \{e\}$.

Der Zusammenhang zwischen äußerem und innerem direkten Produkt ergibt sich aus dem folgenden

Satz   *Seien $N_1, N_2 \triangleleft G$ Normalteiler einer Gruppe G und bezeichne $N_1 \times N_2$ das äußere direkte Produkt. Dann gilt: G ist inneres direktes Produkt von N_1 und N_2 genau dann wenn die Abbildung*

$$\varphi : N_1 \times N_2 \to G, \quad (a_1, a_2) \mapsto a_1 \cdot a_2,$$

ein Isomorphismus ist.

Beweis Ist G inneres Produkt, so ist φ wegen Teil *1)* des obigen Lemmas 2 ein Homomorphismus, der wegen $N_1 \cdot N_2 = G$ auch surjektiv ist. Ist $\varphi(a_1, a_2) = a_1 a_2 = e$, so folgt $a_2 = a_1^{-1}$ und

$$a_1, a_2 \in N_1 \cap N_2 = \{e\}, \quad \text{also} \quad (a_1, a_2) = (e, e).$$

Somit ist φ auch injektiv, denn Ker $\varphi = (e, e)$.

Ist φ Isomorphismus, so muss $N_1 \cdot N_2 = G$ sein. Da

$$\varphi(N_1 \times \{e\}) = N_1 \quad \text{und} \quad \varphi(\{e\} \times N_2) = N_2 \quad \text{folgt} \quad N_1 \cap N_2 = \varphi(e,e) = \{e\}.$$

∎

Für die zyklische Gruppe Z_6 wird eine Zerlegung in zyklische Untergruppen der Ordnungen 2 und 3 in Beispiel 2 aus 1.3.6 beschrieben. In der symmetrischen Gruppe S_3 dagegen gibt es nur einen zu Z_3 isomorphen Normalteiler, aber keinen Normalteiler der Ordnung 2 (Beispiel 3 aus 1.2.5).

Aus der Bijektivität von $\varphi : N_1 \times N_2 \to G$ folgt sofort das

Korollar *Ist G inneres direktes Produkt von N_1 und N_2, so ist jedes a in eindeutiger Weise als $a = a_1 \cdot a_2$ mit $a_i \in N_i$ darstellbar.*

Im Spezialfall von abelschen Gruppen ist jede Untergruppe auch Normalteiler. Ist die Verknüpfung additiv geschriebenen, so bezeichnet man äußeres und inneres direktes Produkt auch äußere und innere *direkte Summe*, also

$$G_1 \oplus G_1 \text{ statt } G_1 \times G_2 \quad \text{und} \quad G = H_1 \oplus H_2 \text{ statt } G = H_1 \times H_2.$$

Durch kleine Modifikationen kann man die direkten Produkte von zwei Untergruppen auf endlich viele Faktoren verallgemeinern.

Definition *Eine Gruppe G heißt **inneres direktes Produkt** von Untergruppen $N_1, ..., N_k < G$, in Zeichen*

$$G = N_1 \times ... \times N_k,$$

wenn folgendes gilt:
a) $N_1, ..., N_k$ *sind Normalteiler in G.*
b) $N_1 \cdot ... \cdot N_k = G$ *und* $N_i \cap (N_1 \cdot ... \cdot N_{i-1} \cdot N_{i+1} \cdot ... \cdot N_k) = \{e\}$ *für alle* $i = 1, ..., k$.

Dabei ist $N_1 \cdot ... \cdot N_k := \{a_1 \cdot ... \cdot a_k \in G : a_i \in N_i\} \subset G$. Man beachte, dass die schwächere Bedingung $N_i \cap N_j = \{e\}$ für $i \neq j$ nicht angemessen ist:

Beispiel Sei $G = \{e, a, b, c\}$ die Kleinsche Vierergruppe aus 1.1.9 mit $a^2 = b^2 = c^2 = e$ sowie

$$N_1 = \{e, a\}, \quad N_2 = \{e, b\}, \quad N_3 = \{e, c\}.$$

Dann ist $N_i \cap N_j = \{e\}$ für $i \neq j$, aber das äußere direkte Produkt $N_1 \times N_2 \times N_3$ hat 8 Elemente, im Gegensatz zu $\text{ord}\, G = 4$. Das entspricht nicht den erwünschten Eigenschaften eines direkten Produkts.

Satz *Eine Gruppe G ist genau dann inneres direktes Produkt von Normalteilern $N_1, ..., N_k \triangleleft G$, wenn die Abbildung*

$$\varphi : N_1 \times ... \times N_k \to G, \quad (a_1, ..., a_k) \mapsto a_1 \cdot ... \cdot a_k,$$

vom äußeren direkten Produkt nach G ein Isomorphismus ist. Dann ist insbesondere jedes $a \in G$ in eindeutiger Weise als $a = a_1 \cdot ... \cdot a_k$ mit $a_i \in N_i$ darstellbar.

Beweis Ist G inneres direktes Produkt, so folgt aus Bedingung *b*), dass φ surjektiv ist, und dass $N_i \cap N_j = \{e\}$ für $i \neq j$. Daher gilt nach Teil *1)* des obigen Lemmas 2, dass $a_i a_j = a_j a_i$ für $a_i \in N_i$ und $a_j \in N_j$. Wie im Fall $k = 2$ folgt, dass φ ein Homomorphismus ist. Er ist auch injektiv: Aus

$$\varphi(a_1,...,a_k) = a_1 \cdot ... \cdot a_k = e \quad \text{folgt} \quad a_1 = (a_2 \cdot ... \cdot a_k)^{-1},$$

also $a_1 \in N_1 \cap (N_2 \cdot ... \cdot N_k)$ und $a_1 = e$. Ebenso sieht man, dass

$$a_i = e \quad \text{für alle } i, \quad \text{also} \quad (a_1,...,a_k) = (e,...,e).$$

Ist umgekehrt φ ein Isomorphismus, so ist $N_1 \cdot ... \cdot N_k = G$ und

$$\varphi(N_1 \times \{(e,...,e)\}) = N_1 \quad \text{sowie} \quad \varphi(\{e\} \times N_2 \times ... \times N_k) = N_2 \cdot ... \cdot N_k.$$

Daraus folgt $N_1 \cap (N_2 \cdot ... \cdot N_k) = \{e\}$ und analog mit i statt 1. $\blacksquare$

1.3.4 Äußeres semidirektes Produkt*

In Symmetriegruppen ist die Vertauschbarkeit eine Ausnahme, nur wenige Untergruppen sind Normalteiler. Daher benötigen wir eine Verallgemeinerung der direkten Produkte. Diese scheint zunächst durchsichtiger für äußere Produkte.

Zu den Gruppen G_1, G_2 sei zusätzlich ein Homomorphismus

$$\Phi : G_2 \to \text{Aut}(G_1) \, , \, a_2 \mapsto \Phi_{a_2} \, ,$$

d. h. $\Phi_{a_2 b_2} = \Phi_{a_2} \circ \Phi_{b_2}$, für $a_2, b_2 \in G_2$, gegeben. Eine Verknüpfung in der Menge $G_1 \times G_2$ wird nun definiert durch

$$(a_1, a_2) *_\Phi (b_1, b_2) := (a_1 \cdot \Phi_{a_2}(b_1), a_2 b_2) \, .$$

Abkürzend schreibt man

$$G_1 \times_\Phi G_2$$

für die Menge $G_1 \times G_2$ mit der Verknüpfung $*_\Phi$ (oder kürzer $*$), man nennt sie *(äußeres) semidirektes Produkt*.

Satz über das äußere semidirekte Produkt   *Für beliebige Gruppen G_1, G_2 und jeden Homomorphismus $\Phi : G_2 \to \text{Aut}(G_1)$ ist $G_1 \times_\Phi G_2$ eine Gruppe.*

Neutrales Element ist (e_1, e_2), das Inverse ist gegeben durch

$$(a_1, a_2)^{-1} = (\Phi_{a_2}^{-1}(a_1^{-1}), a_2^{-1}) \, .$$

Beweis Das Assoziativgesetz folgt mit etwas Rechnung aus

$$\begin{aligned}((a_1, a_2) * (b_1, b_2)) * (c_1, c_2) &= (a_1 \cdot \Phi_{a_2}(b_1) \cdot \Phi_{a_2 b_2}(c_1), a_2 b_2 c_2) \\ &= (a_1, a_2) * ((b_1, b_2) * (c_1, c_2)) \, .\end{aligned}$$

Da $\Phi_{e_2} = \mathrm{id}_{G_1}$, ist (e_1, e_2) neutral und

$$(a_1, a_2) * (\Phi_{a_2}^{-1}(a_1^{-1}), a_2^{-1}) = (a_1 \cdot \Phi_{a_2}(\Phi_{a_2}^{-1}(a_1^{-1})), a_2 a_2^{-1}) = (e_1, e_2) \,.$$

$\blacksquare$

Vorsicht! Wenn G_1 und G_2 abelsch sind, muss $G_1 \times_\Phi G_2$ nicht abelsch sein (vgl. die Beispiele in 1.3.6).

Ist speziell $\Phi_{a_2} = \mathrm{id}_{G_1}$ für alle $a_2 \in G_2$, so ist das semidirekte Produkt direkt. Im allgemeinen gilt aber im Vergleich zu 1.3.2 nur die schwächere

Bemerkung   *Für Gruppen G_1, G_2 mit neutralen Elementen e_1, e_2 und $\Phi : G_2 \to \mathrm{Aut}\,(G_1)$ gilt:*

$$G_1' := G_1 \times_\Phi \{e_2\} \lhd G_1 \times_\Phi G_2 \quad \text{ist Normalteiler} \,,$$

die Projektion

$$G_1 \times_\Phi G_2 \to G_2 \,, \ (a_1, a_2) \mapsto a_2 \,,$$

ist ein Homomorphismus mit Kern G_1' und

$$(G_1 \times_\Phi G_2)/G_1' \cong G_2 \,.$$

Dagegen ist

$$G_2' := \{e_1\} \times_\Phi G_2 < G_1 \times_\Phi G_2 \ \textit{Untergruppe} \,,$$

im Allgemeinen aber kein Normalteiler.

Beweis Aus der Definition der Multiplikation im semidirekten Produkt folgt sofort, dass G_2' Untergruppe und die Projektion auf den zweiten Faktor ein Homomorphismus ist. G_1' ist Kern dieser Projektion, also Normalteiler. Da die Projektion surjektiv ist, ergibt sich der Isomorphismus aus dem Ersten Isomorphiesatz (1.3.1). $\blacksquare$

Bevor wir das innere semidirekte Produkt beschreiben, wollen wir noch nachrechnen, wie $G = G_1 \times_\Phi G_2$ aus $G_1' \lhd G$ und $G_2' < G$ erhalten werden kann. Setzen wir

$$a_2' = (e_1, a_2) \quad \text{und} \quad b_1' = (b_1, e_2) \,,$$

so ergibt eine kleine Rechnung

$$a_2' * b_1' * a_2'^{-1} = (\Phi_{a_2}(b_1), e_2) \,.$$

Also kann die Wirkung von Φ_{a_2} auf b_1 durch die mit Hilfe von Φ konstruierte Verknüpfung in $G_1 \times_\Phi G_2$ als Konjugation von b_1' durch a_2' beschrieben werden. Das ist die Brücke zum nächsten Abschnitt.

1.3.5   Inneres semidirektes Produkt*

Nun wird versucht, eine Gruppe G als semidirektes Produkt von zwei Untergruppen G_1 und G_2 darzustellen. Für $a_2 \in G_2$ bietet sich als Automorphismus Φ_{a_2} von G_1 die Konjugation an:

$$\Phi_{a_2}(a_1) := a_2 a_1 a_2^{-1} \, .$$

Dazu muss sichergestellt sein, dass G_1 unter der Konjugation invariant ist.

Definition   *Ist $H < G$ Untergruppe, so heißt*

$$\mathrm{Nor}_G(H) := \{a \in G : aHa^{-1} = H\}$$

der Normalisator von H in G.

Offensichtlich ist $H \lhd \mathrm{Nor}_G(H) < G$ und der Normalisator ist die größte Untergruppe, in der H Normalteiler ist. $H \lhd G$ ist äquivalent zu $\mathrm{Nor}_G(H) = G$.

Bemerkung   *Seien $G_1, G_2 < G$ und $G_2 < \mathrm{Nor}_G(G_1)$. Dann gilt:*

a) $G_1 \cdot G_2 = \{a_1 a_2 : a_1 \in G_1, a_2 \in G_2\} < G.$

b) $G_1 \cdot G_2 = G_2 \cdot G_1.$

c) Ist $G_1 \cap G_2 = \{e\}$, so ist jedes $a \in G_1 G_2$ eindeutig als $a = a_1 a_2$ mit $a_i \in G_i$ darstellbar.

Vorsicht! Aussage *b)* ist eine schwache Kommutativität, es folgt jedoch im allgemeinen nicht $a_1 a_2 = a_2 a_1$ für $a_i \in G_i$. Nur wenn $G_i \lhd G$ und $G_1 \cap G_2 = \{e\}$, trifft das zu (Lemma aus 1.3.3).

Beweis a) Zunächst rechnen wir nach, dass $G_1 G_2$ unter der Multiplikation abgeschlossen ist. Sind $a_1 a_2, b_1 b_2 \in G_1 G_2$, so ist wegen $a_2 G_1 a_2^{-1} = G_1$

$$(a_1 a_2)(b_1 b_2) = a_1 a_2 b_1 (a_2^{-1} a_2) b_2 = a_1 (a_2 b_1 a_2^{-1}) a_2 b_2 \in G_1 G_2 \, .$$

Außerdem ist

$$(a_1 a_2)^{-1} = a_2^{-1} a_1^{-1} = (a_2^{-1} a_1^{-1} a_2) a_2^{-1} \in G_1 G_2 \, .$$

b) $G_1 G_2 \subset G_2 G_1$, denn $a_1 a_2 = a_2 (a_2^{-1} a_1 a_2) \in G_2 G_1$ und

$\quad G_2 G_1 \subset G_1 G_2$, denn $a_2 a_1 = (a_2 a_1 a_2^{-1}) a_2 \in G_1 G_2$.

c) Ist $a = a_1 a_2 = b_1 b_2$, so ist

$$b_1^{-1} a_1 = b_2 a_2^{-1} \in G_1 \cap G_2 = \{e\} \, ,$$

also $a_1 = b_1$ und $a_2 = b_2$.   ∎

Falls $G_2 < \mathrm{Nor}_G(G_1)$ und $G = G_1 G_2$, so ist $G_1 \vartriangleleft G$. Zusammengefasst erhält man das folgende Ergebnis über die Möglichkeit, eine gegebene Gruppe G als ein spezielles semidirektes Produkt von zwei Untergruppen G_1 und G_2 darzustellen:

Satz über das innere semidirekte Produkt

In einer Gruppe G seien Untergruppen $G_1, G_2 < G$ gegeben mit folgenden Eigenschaften:

a) $G_1 \vartriangleleft G$ *ist Normalteiler,*

b) $G_1 G_2 = G$ *und* $G_1 \cap G_2 = \{e\}$.

Dann ist die Abbildung

$$G_1 \times_\Phi G_2 \to G\,, \ (a_1, a_2) \mapsto a_1 \cdot a_2\,,$$

ein Isomorphismus, wenn Φ_{a_2} *für* $a_2 \in G_2$ *die Konjugation in* G_1 *bezeichnet, d.h.*

$$\Phi_{a_2}(a_1) = a_2 a_1 a_2^{-1}\,.$$

Außerdem ist die Abbildung

$$G_2 \to G/G_1\,, \ a_2 \mapsto a_2 G_1,$$

ein Isomorphismus.

Unter den Voraussetzungen des obigen Satzes nennt man G *(inneres) semidirektes Produkt* von G_1 und G_2, man schreibt dafür auch

$$G = G_1 \rtimes G_2\,.$$

Wir halten noch einmal die Gemeinsamkeiten und Unterschiede zwischen den beiden inneren Produkten einer Gruppe G aus Untergruppen G_1 und G_2 fest. In beiden Fällen muss gelten, dass

$$G_1 \cdot G_2 = G \quad \text{und} \quad G_1 \cap G_2 = \{e\}.$$

Beim inneren direkten Produkt $G = G_1 \times G_2$ müssen die beiden $G_i \vartriangleleft G$ Normalteiler sein, für $a_i \in G_i$ gilt dann

$$a_2 \cdot a_1 = a_1 \cdot a_2.$$

Beim inneren semidirekten Produkt $G = G_1 \rtimes G_2$ muss nur $G_1 \vartriangleleft G$ Normalteiler sein, für alle $a_i \in G_i$ folgt dann

$$a_2 \cdot a_1 = (a_2 a_1 a_2^{-1}) a_2 \quad \text{mit} \quad a_2 a_1 a_2^{-1} \in G_1.$$

Im semidirekten Fall gibt es also nur eine durch Konjugation modifizierte Vertauschbarkeit.

Wenn die beiden Bedingungen $G_1 G_2 = G$ und $G_1 \cap G_2 = \{e\}$ in obigem Satz nicht erfüllt sind, gibt es keinen Isomorphismus

$$G_2 \to G/G_1$$

mehr. In dieser komplizierten Situation gilt ein sogenannter

Zweiter Isomorphiesatz   *Sei G eine Gruppe mit Untergruppen $N, H < G$ und sei $H \subset \mathrm{Nor}_G N$ (was sicher erfüllt ist, falls $N \lhd G$). Dann gilt:*

a) $N \lhd NH$.

b) $N \cap H \lhd H$.

c) Durch $\varphi(a(N \cap H)) := aN$ für $a \in H$ wird ein Isomorphismus

$$\varphi : H/N \cap H \to NH/N$$

erklärt.

Die Situation wird hoffentlich klarer durch das Diagramm

$$
\begin{array}{ccccc}
H & < & NH & < & G \\
\triangledown & & \triangledown & & \\
N \cap H & < & N & &
\end{array}
$$

Beweis a) Für $a \in N$ und $b \in H$ ist

$$(ab)N(ab)^{-1} = a(bNb^{-1})a^{-1} = aNa^{-1} = N\,.$$

b) und *c)*. Wir betrachten das Diagramm

$$
\begin{array}{ccc}
NH & > & H \\
\;\;\downarrow \rho & & \swarrow \rho' \\
NH/N & &
\end{array}
$$

wobei ρ der kanonische Epimorphismus ist, und $\rho' := \rho|H$. Wegen

$$\mathrm{Ker}\,\rho' = \mathrm{Ker}\,\rho \cap H = N \cap H$$

ist $N \cap H \lhd H$.

Nach dem Ersten Isomorphiesatz aus 1.3.1 genügt es zu zeigen, dass ρ' surjektiv ist. Das ist klar, denn für ein Element $x \in NH/N$ gibt es $a \in N$ und $b \in H$ mit

$$x = (ab)N = N(ab) = (Na)b = Nb = bN = \rho'(b)\,.$$

$\blacksquare$

1.3.6 Beispiele*

Wir geben einige Beispiele zu den in den vorherigen Abschnitten beschriebenen Konstruktionen.

Beispiel 1   Ist $\mathcal{K}_4 = \{e, a, b, c\}$ die Kleinsche Vierergruppe aus Beispiel 1 in 1.1.9 und $Z_2 = \mathbb{Z}/2\mathbb{Z} = \{0, 1\}$ die zyklische Gruppe der Ordnung 2, so ist die Abbildung

$$Z_2 \times Z_2 \to \mathcal{K}_4\,,\ (0,0) \mapsto e\,,\ (1,0) \mapsto a\,,\ (0,1) \mapsto b\,,\ (1,1) \mapsto c\,,$$

ein Isomorphismus.

Beispiel 2   Wir wollen explizit aufschreiben, wie eine abelsche zyklische Gruppe G der Ordnung 6 als äußeres und inneres direktes Produkt von zyklischen Gruppen der Ordnungen 2 und 3 dargestellt werden kann. Dabei ist es von Vorteil die multiplikative Schreibweise zu benutzen, also

$$G = \{e, a, a^2, a^3, a^4, a^5\} \quad \text{mit } a^6 = e.$$

Als Faktoren benutzen wir die beiden zyklischen Gruppen

$$G_1 := \{e, b\} \text{ mit } b^2 = e \text{ und } G_2 = \{e, c, c^2\} \text{ mit } c^3 = e.$$

Dann erhält man einen Ismorphismus $\varphi : G_1 \times G_2 \to G$ durch

$$\begin{aligned}
\varphi(b,c)^0 &= \varphi(e,e) = e, & \varphi(b,c)^3 &= \varphi(b,e) = a^3, \\
\varphi(b,c)^1 &= \varphi(b,c) = a, & \varphi(b,c)^4 &= \varphi(e,c) = a^4, \\
\varphi(b,c)^2 &= \varphi(e,c^2) = a^2, & \varphi(b,c)^5 &= \varphi(b,c^2) = a^5, \\
& \varphi(b,c)^6 = \varphi(e,e) = e. &
\end{aligned}$$

Erklärt man andererseits in G die Normalteiler

$$H_1 = \{e, a^3\} \text{ und } H_2 = \{e, a^2, a^4\}$$

so ist offensichtlich $H_1 \cap H_2 = \{e\}$, und $G = H_1 \cdot H_2$ sieht man so:

$$\begin{aligned}
e &= e \cdot e, & a^3 &= a^3 \cdot e, \\
a &= a^3 \cdot a^4, & a^4 &= e \cdot a^4, \\
a^2 &= e \cdot a^2, & a^5 &= a^3 \cdot a^2.
\end{aligned}$$

Ein Vergleich von äußerem und innerem Produkt zeigt, dass

$$\varphi(G_1 \times \{e\}) = H_1 \text{ und } \varphi(\{e\} \times G_2) = H_2.$$

In Kurzform kann man diese Beziehungen zwischen den drei zyklischen Gruppen als Isomorphismus $Z_6 \cong Z_2 \times Z_3$ schreiben.

Beispiel 3   In der symmetrischen Gruppe S_n hat man den Normalteiler $A_n \triangleleft S_n$ und für $n \geq 2$ die Untergruppe $H = \{\mathrm{id}, \tau\}$ wobei τ die Transposition bezeichnet, die 1 und 2 vertauscht. Offensichtlich ist

$$H \cong Z_2 \quad \text{und} \quad A_n \cap H = \{\mathrm{id}\}.$$

Wie in Beispiel 3 aus 1.2.9 ausgeführt wird, ist

$$S_n = A_n \cup A_n \cdot \tau, \text{ also } S_n = A_n \cdot H.$$

Entsprechend 1.3.5 ist $S_n = A_n \rtimes H$ semidirektes Produkt und es gibt einen Isomorphismus

$$A_n \times_\Phi Z_2 \to S_n,$$

wobei $\Phi_\tau(\sigma) = \tau \sigma \tau$. Dieses semidirekte Produkt ist für kein $n \geq 3$ direkt, da $H < S_n$ kein Normalteiler ist.

Beispiel 4 Besonders wichtig für das Studium geometrischer Symmetrien sind die Gruppen

$$\mathrm{GL}_+(n;\mathbb{R}) = \{A \in \mathrm{GL}(n;\mathbb{R}) : \det A > 0\} \triangleleft \mathrm{GL}(n;\mathbb{R}) \,,$$

$$\mathrm{SO}(n) := \{A \in \mathrm{O}(n) : \det A = +1\} \triangleleft \mathrm{O}(n) < \mathrm{GL}(n;\mathbb{R}) \,.$$

Die positive Determinante der Matrix bedeutet, dass der entsprechende Isomorphismus des $\mathbb{R}^n$ orientierbar ist.

Um eine Produktzerlegung der großen Gruppe zu erhalten, wählen wir wie in Beispiel 4 aus 1.2.9 eine zu Z_2 isomorphe Untergruppe $H_n < \mathrm{O}(n)$. Dabei ist

$$H_n = \begin{cases} \{E_n, -E_n\} & \text{für ungerades } n, \\ \{E_n, S_n\} & \text{für gerades } n, \end{cases}$$

wobei

$$S_n := \begin{pmatrix} 1 & & & \\ & \ddots & & 0 \\ & & 1 & \\ & 0 & & -1 \end{pmatrix} \in \mathrm{O}(n) \,.$$

Nun ist $H_n \triangleleft \mathrm{O}(n)$ und $H_n \triangleleft \mathrm{GL}(n;\mathbb{R})$ falls n ungerade ist; für gerades n ist H_n kein Normalteiler (siehe Beispiel 4 aus 1.2.9). Dagegen gilt für alle n

$$\mathrm{SO}(n) \cap H_n = \mathrm{GL}_+(n;\mathbb{R}) \cap H_n = E_n \quad \text{und}$$

$$\mathrm{O}(n) = \mathrm{SO}(n) \cdot H_n \,,\ \mathrm{GL}(n;\mathbb{R}) = \mathrm{GL}_+(n;\mathbb{R}) \cdot H_n \,.$$

Entsprechend 1.3.3 bis 1.3.5 erhalten wir folgendes Ergebnis: Für ungerades n ist

$$\mathrm{O}(n) = \mathrm{SO}(n) \times H_n \,,\ \mathrm{GL}(n;\mathbb{R}) = \mathrm{GL}_+(n;\mathbb{R}) \times H_n$$

inneres direktes Produkt und es gibt Isomorphismen

$$\mathrm{SO}(n) \times Z_2 \to \mathrm{O}(n) \,,\ \mathrm{GL}_+(n;\mathbb{R}) \times Z_2 \to \mathrm{GL}(n;\mathbb{R}) \,.$$

Dagegen ist für gerades n

$$\mathrm{O}(n) = \mathrm{SO}(n) \rtimes H_n \,,\ \mathrm{GL}(n;\mathbb{R}) = \mathrm{GL}_+(n;\mathbb{R}) \rtimes H_n$$

inneres semidirektes (und nicht direktes) Produkt, es gibt Isomorphismen

$$\mathrm{SO}(n) \times_\Phi Z_2 \to \mathrm{O}(n) \,,\ \mathrm{GL}_+(n;\mathbb{R}) \times_\Phi Z_2 \to \mathrm{GL}(n;\mathbb{R}) \,.$$

Beispiel 5   In Beispiel 4 aus 1.2.9 hatten wir den Homomorphismus

$$\det : \mathrm{GL}(n;K) \to K$$

mit $\mathrm{Ker}\,(\det) = \mathrm{SL}(n;K)$ betrachtet. Ist $\lambda \in K^* = K \smallsetminus \{0\}$ und

$$B_\lambda := \begin{pmatrix} \lambda & & & 0 \\ & 1 & & \\ & & \ddots & \\ 0 & & & 1 \end{pmatrix} \in \mathrm{GL}(n;K)\,,$$

so ist $\det B_\lambda = \lambda$, also ist das Bild $\det\,(\mathrm{GL}(n;K)) = K^*$. Nach dem Ersten Isomorphiesatz in 1.3.1 ist die Abbildung

$$\mathrm{GL}(n;K)/\mathrm{SL}(n;K) \to K^*\,,\ A \cdot \mathrm{SL}(n;K) \mapsto \det A\,,$$

ein Isomorphismus. Weiter ist das Bild $H < \mathrm{GL}(n;K)$ des Monomorphismus

$$K^* \to \mathrm{GL}(n;K)\,,\ \lambda \mapsto B_\lambda\,,$$

eine zu K^* isomorphe Untergruppe von $\mathrm{GL}(n;K)$, aber für $n \geq 2$ kein Normalteiler, da etwa

$$\begin{pmatrix} 0 & 1 \\ -1 & 0 \end{pmatrix} \begin{pmatrix} \lambda & 0 \\ 0 & 1 \end{pmatrix} \begin{pmatrix} 0 & -1 \\ 1 & 0 \end{pmatrix} = \begin{pmatrix} 1 & 0 \\ 0 & \lambda \end{pmatrix} \notin H\,.$$

Offensichtlich ist $\mathrm{SL}(n;K) \cap H = \{E\}$ und es gilt

$$\mathrm{SL}(n;K) \cdot H = \mathrm{GL}(n;K)\,,$$

denn für $A \in \mathrm{GL}(n;K)$ und $\lambda = (\det A)^{-1}$ ist

$$A \cdot B_\lambda \in \mathrm{SL}(n;K)\,,\text{also } A = (A \cdot B_\lambda)B_\lambda^{-1} \in \mathrm{SL}(n;K) \cdot H\,.$$

Aus diesen Überlegungen folgt, dass

$$\mathrm{GL}(n;K) = \mathrm{SL}(n;K) \rtimes H$$

inneres semidirektes Produkt ist, und dass es einen Isomorphismus

$$\mathrm{SL}(n;K) \times_\Phi K^* \to \mathrm{GL}(n;K)$$

gibt, mit $\Phi_\lambda(A) := B_\lambda A B_\lambda^{-1}$ für $A \in \mathrm{SL}(n;K)$. Bei dieser Konjugation wird in A die erste Zeile mit λ und die erste Spalte mit λ^{-1} multipliziert.

Beispiel 6　　　　Diedergruppen

Unter einem **Dieder** (übersetzt „Zweiflächner") versteht man für $n \geq 3$ ein regelmäßiges n-Eck, bei dem neben der Vorderseite auch die Rückseite betrachtet wird. Es ist bestimmt durch seine n Ecken, sie können in der Ebene $\mathbb{R}^2 = \mathbb{C}$ beschrieben werden durch die n-ten Einheitswurzeln ζ_n^k für $k = 0, ..., n-1$. Dabei werden die Ecken nummeriert mit $k+1$, also $1, ..., n$.

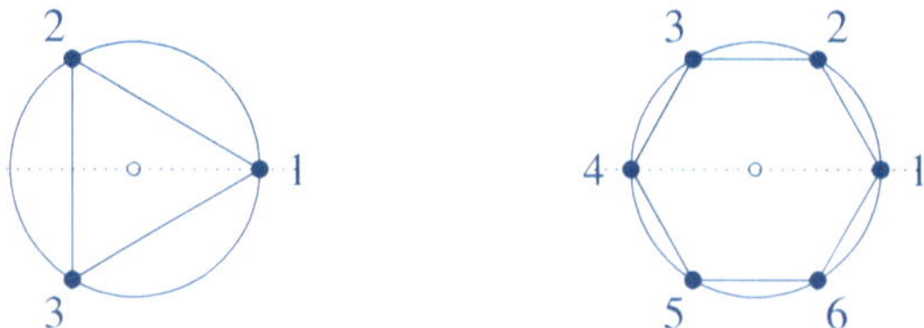

Eine „Symmetrie" ist eine orthogonale Transformation des $\mathbb{R}^2$, die das Dieder in sich überführt und die Gruppe D_n aller Symmetrien heißt **Diedergruppe**.

Da jede Symmetrie die Ecken eines regelmäßigen n-Ecks permutiert, kann D_n als Untergruppe von $\mathcal{S}_n$ beschrieben werden. Dazu verwenden wir

$$\sigma := \begin{pmatrix} 1 & 2 & ... & n-1 & n \\ 2 & 3 & ... & n & 1 \end{pmatrix} \quad \text{und} \quad \tau := \begin{pmatrix} 1 & 2 & 3 & ... & n \\ 1 & n & n-1 & ... & 2 \end{pmatrix} \in \mathcal{S}_n.$$

Durch σ wird eine Drehung um $\frac{2\pi}{n}$ und durch τ eine Spiegelung an der reellen Achse $\mathbb{R} \subset \mathbb{C}$ beschrieben. Diese Spiegelung kann man auch als Drehung im dreidimensionalen Raum betrachten, bei der die Rückseite des „Zweiflächners" zur Vorderseite wird.

Mit Hilfe der Symmetrien σ und τ kann die Diedergruppe dargestellt werden als

$$D_n = \text{Erz}\,(\sigma, \tau) < \mathcal{S}_n.$$

Weiter betrachten wir die zyklischen Untergruppen

$$H_1 := \text{Erz}\,(\sigma) < D_n \quad \text{und} \quad H_2 := \text{Erz}\,(\tau) < D_n \quad \text{mit} \quad \text{ord}\,(H_1) = n \quad \text{und} \quad \text{ord}\,(H_2) = 2.$$

Nun soll gezeigt werden, dass für $n \geq 3$ folgendes gilt:

1)　$D_n = \{\text{id}, \sigma, ..., \sigma^{n-1}, \sigma\tau, ..., \sigma^{n-1}\tau\}$ *und*　$\text{ord}\,(D_n) = 2n$.

2)　$D_n = H_1 \rtimes H_2 \cong Z_n \rtimes Z_2$, *also ist D_n inneres semidirektes Produkt von zyklischen Gruppen.*

Entscheidend ist das Ergebnis einer kleinen Rechnung mit Permutationen:

$$\sigma\tau\sigma = \sigma^{-1}, \quad \text{also} \quad \tau\sigma^k\tau = \sigma^{-k} \quad \text{und} \quad \tau\sigma^k = \sigma^{-k}\tau \qquad (*)$$

Daraus folgt zunächst, dass $\text{Erz}\,(\sigma, \tau)$ nur die in *1)* angegebenen Werte enthält. Diese sind aber alle verschieden: Da die Permutationen sowohl in H_1, als auch in $H_1 \cdot \tau$ untereinander verschieden sind, genügt es den Fall $\sigma^k = \sigma^l \cdot \tau$ auszuschließen. Dann aber wäre $\tau = \sigma^{k-l} = \sigma^m$ mit $m \in \{1, ..., n\}$. Wegen $\tau(2) = n$ folgt $m = n-2$, also $\sigma^{n-2}(3) = 1$. Das ist ein Widerspruch zu $\tau(3) = n-1$, denn für $n \geq 3$ ist $n-1 \neq 1$. Für $n = 2$ dagegen ist $\tau = \text{id}$.
smallskip
Nun ist *2)* ganz einfach: $D_n = H_1 \cdot H_2$ folgt aus *1)* und $H_1 \lhd D_n$ folgt aus $(*)$. Wäre $H_1 \cap H_2 \neq \{e\}$, so gäbe es ein m mit $\sigma^m = \tau$. Das wurde schon ausgeschlossen. ∎

Wie man leicht sieht, ist $D_3 \cong \mathcal{S}_3$. Weiter ist $D_6 \cong D_3 \times Z_2$, wobei

$$D_3 = \{\mathrm{id}, \sigma^2, \sigma^4, \tau, \sigma^2\tau, \sigma^4\tau\} \lhd D_6 = \{\mathrm{id}, \sigma, ..., \sigma^5, \sigma\tau, ..., \sigma^5\tau\}$$

und $Z_2 \cong \{\mathrm{id}, \sigma^3\} \lhd D_6$. Wie man leicht nachprüft ist

$$D_3 \cdot Z_2 = D_6 \quad \text{und} \quad D_3 \cap Z_2 = \{\mathrm{id}\}.$$

Beispiel 7 Wir konstruieren eine nicht abelsche Gruppe G der Ordnung 12 als semidirektes Produkt der zyklischen Gruppen Z_3 und Z_4, also

$$G = Z_3 \times_\Phi Z_4 \, .$$

Dazu schreiben wir

$$Z_3 = \{e, x, x^2\} \quad \text{und} \quad Z_4 = \{e, y, y^2, y^3\} \, .$$

Die Gruppe Z_3 hat nur einen nicht trivialen Automorphismus, diesen benutzen wir für die Definition von

$$\Phi_y : Z_3 \to Z_3 \, , \ \Phi_y(x) = x^2 = x^{-1} \, , \ \text{also} \ \Phi_{y^l}(x^k) = x^{(-1)^l k} \, .$$

Damit erhält man in der Menge $Z_3 \times Z_4$ die Multiplikation

$$(x^k, y^l) * (x^{k'}, y^{l'}) := (x^{k+(-1)^l k'}, y^{l+l'}) \, .$$

Betrachten wir nun in der Gruppe $G = Z_3 \times_\Phi Z_4$ die Elemente

$$a := (x, e) \quad \text{und} \quad b := (e, y), \ \text{so ist} \ G = \mathrm{Erz}\,(a, b) \, .$$

Eine einfache Rechnung ergibt $a^k = (x^k, e)$ und $b^l = (e, y^l)$, also

$$\mathrm{ord}\,a = 3 \qquad \text{und} \quad \mathrm{ord}\,b = 4 \, , \ \text{sowie}$$

$$bab^{-1} = a^2 \quad \text{und} \quad aba^{-1} = a^2 b \, .$$

Daran erkennt man unmittelbar: G ist nicht abelsch, $Z_3 \times \{e\} \lhd G$ ist Normalteiler, $\{e\} \times Z_4 < G$ ist kein Normalteiler.

Da $\Phi_{y^2} = \mathrm{id}$, kann man ganz einfach nachrechnen, dass

$$\mathrm{ord}\,c = 6 \quad \text{für} \quad c := (x^2, y^2) \, .$$

G enthält also eine zyklische Untergruppe der Ordnung 6 und es gilt $G = \mathrm{Erz}\,(b, c)$. Dabei gelten die Relationen

$$c^3 = b^2 = (bc)^2 \, ,$$

die direkt nachgerechnet werden können.

Man beachte, dass die Ordnungen von Elementen im direkten und semidirektem Produkt verschieden sein können:

$$\text{In} \ Z_3 \times Z_4 \quad \text{ist} \quad \mathrm{ord}\,(x, y) = 12 \, ,$$

$$\text{in} \ Z_3 \times_\Phi Z_4 \quad \text{ist} \quad \mathrm{ord}\,(x, y) = 4 \, .$$

Weiterhin ist einfach zu sehen, dass G isomorph ist zu der von

$$A := \begin{pmatrix} \zeta_3 & 0 \\ 0 & \zeta_3^2 \end{pmatrix} \quad \text{und} \quad B := \begin{pmatrix} 0 & \mathbf{i} \\ \mathbf{i} & 0 \end{pmatrix}$$

erzeugten Untergruppe $G' < \mathrm{GL}(2;\mathbb{C})$, wobei $\zeta_3 = \exp(\frac{2\pi\mathbf{i}}{3})$. Weiter ist

$$G' = \mathrm{Erz}\, A \rtimes \mathrm{Erz}\, B$$

inneres semidirektes Produkt.

Beispiel 8   Sei G eine Gruppe mit Teilmengen $H' \subset H \subset G$. Sind $H' < H$ und $H < G$ Untergruppen, so ist auch $H' < G$ eine Untergruppe, denn die Abgeschlossenheit gegenüber der Verknüpfung ist eine innere Eigenschaft. Normalteiler zu sein, hängt davon ab, in welcher größeren Gruppe man die Untergruppe betrachtet.

Vorsicht! Die Eigenschaft Normalteiler zu sein ist nicht transitiv:

$$\text{Aus} \quad H' \triangleleft H \quad \text{und} \quad H \triangleleft G \quad \text{folgt nicht} \quad H' \triangleleft G\,!$$

Ein einfaches Beispiel erhält man in der Diedergruppe $G = D_4$. Betrachtet man sie als Gruppe der Symmetrien eines Quadrates mit den Ecken $1, 2, 3, 4$, so kann sie als Untergruppe $D_4 < \mathcal{S}_4$ angesehen werden (Beispiel 6). In D_4 liegt die Kleinsche Vierergruppe

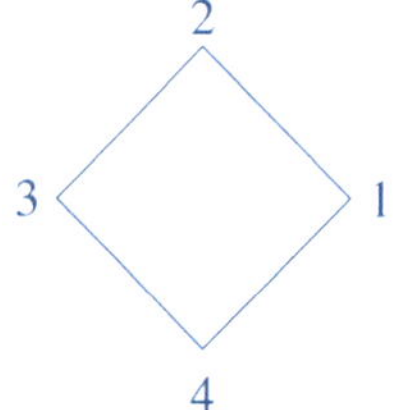

$$H := \{e, (1,3), (2,4), (1,3) \cdot (2,4)\} < D_4 \text{ und}$$

$$H' := \{e, (1,3)\} < H < D_4.$$

Dabei bezeichnen (i, j) die entsprechenden Transpositionen.

Als Untergruppe vom Index 2 sind $H' \triangleleft H$ und $H \triangleleft D_4$ Normalteiler (Beispiel 5 aus 1.2.9). In D_4 ist der Zyklus

$$\sigma := \begin{pmatrix} 1 & 2 & 3 & 4 \\ 2 & 3 & 4 & 1 \end{pmatrix}$$

als erzeugendes Element von Z_4 und als Drehung des Quadrates enthalten, es ist

$$\sigma \cdot (1,3) \cdot \sigma^{-1} = (2,4).$$

Daher ist $H' < D_4$ kein Normalteiler!

Beispiel 9   Den Unterschied zwischen direktem und semidirektem Produkt kann man an einem einfachen Beispiel auch geometrisch illustrieren. Wir betrachten die Gruppen $G_1 = G_2 = (\mathbb{R}, +)$ und die Teilmengen

$$H_1 := \mathbb{R} \times \{0\} \subset \mathbb{R} \times \mathbb{R}\,, \ H_2 := \{0\} \times \mathbb{R} \subset \mathbb{R} \times \mathbb{R}\,.$$

Im direkten Produkt $\mathbb{R} \times \mathbb{R}$ mit

$$(x_1, x_2) + (y_1, y_2) := (x_1 + y_1, x_2 + y_2)$$

sind die $H_i \triangleleft \mathbb{R} \times \mathbb{R}$ Normalteiler, die Nebenklassen sind achsenparallele Geraden.

Für jedes $a \in \mathbb{R}^*$ ist durch $x \mapsto ax$ ein Automorphismus von $(\mathbb{R}, +)$ gegeben, wir können also

$$\Phi : \mathbb{R} \to \mathrm{Aut}\,(\mathbb{R}) \quad \text{durch} \quad \Phi_x(y) := e^x \cdot y \quad \text{und}$$

$$(x_1, x_2) * (y_1, y_2) := (x_1 + e^{x_2} y_1, x_2 + y_2)$$

erklären. Bezüglich dieses semidirekten Produktes $\mathbb{R} \times_\Phi \mathbb{R}$ ist $H_1 \lhd \mathbb{R} \times_\Phi \mathbb{R}$, denn

$$(x_1, x_2) * H_1 = \{(x_1 + e^{x_2} y_1, x_2) : y_1 \in \mathbb{R}\} = \{(x_1 + y_1, x_2) : y_1 \in \mathbb{R}\} = H_1 * (x_1, x_2)\,.$$

Dagegen ist $H_2 < \mathbb{R} \times_\Phi \mathbb{R}$ kein Normalteiler, denn

$$(x_1, x_2) * H_2 = \{(x_1, x_2 + y_2) : y_2 \in \mathbb{R}\} \neq \{(e^{y_2} x_1, x_2 + y_2) : y_2 \in \mathbb{R}\} = H_2 * (x_1, x_2)\,.$$

Zum Schluss noch ein Bild der verschiedenen Nebenklassen:

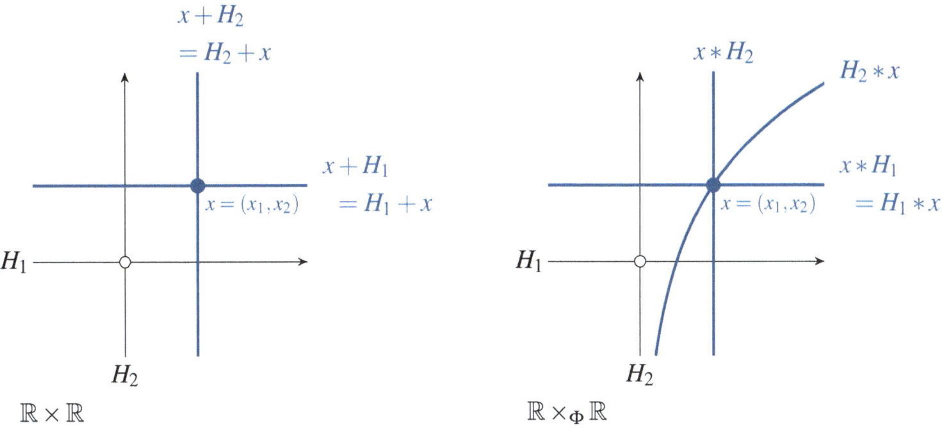

1.3.7 Zyklische Gruppen

In 1.1.7 hatten wir die von einer Teilmenge M erzeugte Untergruppe erklärt. Besonders einfach ist der Fall, dass M nur aus einem Element $a \in G$ besteht. Dann ist offensichtlich

$$\mathrm{Erz}\,(a) = \{a^k : k \in \mathbb{Z}\} < G\,.$$

Definition *Eine Gruppe G heißt* **zyklisch**, *wenn es ein $a \in G$ gibt, so dass*

$$G = \{a^k : k \in \mathbb{Z}\}\,.$$

Gleichbedeutend damit ist, dass der Homomorphismus

$$\varphi : \mathbb{Z} \to G\,, \ k \mapsto a^k\,,$$

surjektiv ist.

Bemerkung   *1) Eine zyklische Gruppe ist abelsch.*

2) Eine Gruppe von Primzahlordnung ist zyklisch und von jedem Element $a \neq e$ erzeugt.

Beweis   1) $a^k a^l = a^{k+l} = a^{l+k} = a^l a^k$.

2) Sei $\operatorname{ord} G = p \geq 2$ und $H := \operatorname{Erz}(a)$ für $a \neq e$. Dann ist $\operatorname{ord} H \geq 2$ und Teiler von p (1.2.4, Satz von LAGRANGE), also $\operatorname{ord} H = p$ und $H = G$.   ■

Nun kann man alle zyklischen Gruppen bis auf Isomorphie angeben:

Klassifikation zyklischer Gruppen   *Sei G eine zyklische Gruppe und $a \in G$ ein erzeugendes Element. Dann gibt es genau ein $m \in \mathbb{N}$ derart, dass*

$$\psi : \mathbb{Z}/m\mathbb{Z} \to G \,,\; k + m\mathbb{Z} \mapsto a^k \,,$$

ein Isomorphismus ist. Der Fall $m = 0$ tritt genau dann ein, wenn $\operatorname{ord} G = \infty$, dann ist $G \cong \mathbb{Z}$.

Beweis   Wir betrachten den Epimorphismus

$$\varphi : \mathbb{Z} \to G \,,\; k \mapsto a^k \,.$$

Nach dem Satz über Untergruppen aus 1.1.8 ist $\operatorname{Ker} \varphi = m\mathbb{Z}$ für genau ein $m \in \mathbb{N}$, nach dem Ersten Isomorphiesatz aus 1.3.1 ist $\psi = \overline{\varphi}$ ein Isomorphismus.   ■

Korollar   *Hat eine Gruppe $G \neq \{e\}$ nur die trivialen Untergruppen $\{e\}$ und G, so gibt es eine Primzahl p und einen Isomorphismus*

$$G \to \mathbb{Z}/p\mathbb{Z} \,.$$

Beweis   Für jedes $a \neq e$ in G ist $G = \operatorname{Erz}(a)$, also ist G zyklisch. Es muss $\operatorname{ord} G$ endlich sein, denn $\mathbb{Z}$ hat nicht triviale Untergruppen; also ist $G \cong \mathbb{Z}/m\mathbb{Z}$ mit $m \geq 2$.

Ist m keine Primzahl, so ist $m = k \cdot l$ mit $1 < k, l < m$. Daher sind $\operatorname{Erz}(a^k)$ und $\operatorname{Erz}(a^l)$ nicht triviale Untergruppen, im Widerspruch zur Voraussetzung.   ■

Die additive Gruppe $Z_m = \mathbb{Z}/m\mathbb{Z}$ kann als „Prototyp" einer endlichen zyklischen Gruppe angesehen werden.

Um möglichen Verwirrungen zwischen der additiven und der multiplikativen Schreibweise bei zyklischen Gruppen vorzubeugen, wollen wir sicherheitshalber die korrespondierenden *Rechenregeln* gegenüberstellen.

$$\text{\textit{additiv}} \qquad\qquad\qquad\qquad \text{\textit{multiplikativ}}$$

$$\operatorname{Ker}\varphi = m\mathbb{Z}, \qquad \mathbb{Z} \overset{\varphi}{\to} \qquad G = \{e, a, ..., a^{m-1}\}$$

$$k \quad \mapsto \quad a^k$$

Das ergibt einen Isomorphismus

$$\mathbb{Z}/m\mathbb{Z} = \{m\mathbb{Z}, 1+m\mathbb{Z}, \ldots, (m-1)+m\mathbb{Z}\} \overset{\overline{\varphi}}{\to} \qquad G = \{e, a, ..., a^{m-1}\}$$

Die Addition $+$ wird zur Multiplikation $\cdot$

$$(k+m\mathbb{Z}) + (l+m\mathbb{Z}) = (k+l)+m\mathbb{Z} \qquad \mapsto \qquad a^k \cdot a^l = a^{k+l} = a^{l+k} = a^l \cdot a^k$$

Die Multiplikation $\cdot$ wird zur Potenzierung $*$

$$(k+m\mathbb{Z}) \cdot (l+m\mathbb{Z}) = (k\cdot l)+m\mathbb{Z} \qquad \mapsto \qquad a^k * a^l = (a^k)^l = a^{k\cdot l} = a^{l\cdot k} = a^l * a^k$$

Ein Homomorphismus einer zyklischen Gruppe G in eine andere Gruppe G' ist festgelegt durch das Bild eines erzeugenden Elements von G. Aber dafür gibt es Einschränkungen:

Lemma *Seien $G = \operatorname{Erz}(a)$, G' und $b \in G'$ beliebig. Dann gelten:*

1) Ist $\operatorname{ord} G = \infty$, so gibt es einen Homomorphismus

$$\varphi : G \to G' \quad \text{\textit{mit}} \quad \varphi(a) = b.$$

2) Ist $\operatorname{ord} G = m < \infty$, so gibt es genau dann einen Homomorphismus $\varphi : G \to G'$ mit $\varphi(a) = b$, wenn

$$\operatorname{ord}(b) \text{ \textit{teilt} } m.$$

Insbesondere muss $\varphi(a) = 0$ sein, falls $G' = \mathbb{Z}$.

Beweis 1) ist klar, denn durch $\varphi(a^k) := b^k$ ist ein Homomorphismus erklärt.
2) Aus $\varphi(a) = b$ folgt $e' = \varphi(a^m) = b^m$, also ist $\operatorname{ord}(b)$ ein Teiler von m nach den Rechenregeln aus 1.2.4. Ist umgekehrt $n := \operatorname{ord}(b)$ ein Teiler von m, so ist φ durch

$$\varphi(a^k) := b^k$$

wohldefiniert: Ist $a^k = a^l$, so ist $k-l \in m\mathbb{Z}$ und wegen $m\mathbb{Z} < n\mathbb{Z}$ auch $b^k = b^l$. ∎

1.3.8 Teilbarkeit ganzer Zahlen

Zur Untersuchung der Struktur zyklischer Gruppen benötigt man einige grundlegende Eigenschaften über die Teilbarkeit ganzer Zahlen. Es erscheint bemerkenswert, dass dies ohne Benutzung der Zerlegung in Primfaktoren möglich ist. Stattdessen genügt es, elementare Eigenschaften zyklischer Gruppen zu verwenden.

Sind $m, n \in \mathbb{Z}$, so sagt man, m ist **Teiler** von n, in Zeichen

$$m\,|\,n :\Leftrightarrow \text{ es gibt } x \in \mathbb{Z} \quad \text{mit} \quad n = x\cdot m\,.$$

Anders ausgedrückt bedeutet das, n ist *Vielfaches* von m. Offenbar gilt

$$m \text{ teilt } n \quad \Leftrightarrow \quad n \text{ ist Vielfaches von } m \quad \Leftrightarrow \quad n\mathbb{Z} < m\mathbb{Z} \tag{$*$}$$

und falls $m,n > 0$ folgt $m \leq n$. Die einzigen Teiler von 1 sind $+1$ und -1.

m heißt *gemeinsamer Teiler* von $n_1, \ldots, n_r \in \mathbb{Z}$, wenn es $x_1, \ldots, x_r \in \mathbb{Z}$ gibt mit

$$n_1 = x_1 m, \ldots, n_r = x_r m,$$

und n heißt *gemeinsames Vielfaches* von $m_1, \ldots, m_r \in \mathbb{Z}$, wenn es $x_1, \ldots, x_r \in \mathbb{Z}$ gibt mit

$$n = x_1 m_1, \ldots, n = x_r m_r.$$

Um zu zeigen, dass es einen *größten gemeinsamen Teiler* $\mathrm{ggT}(n_1, \ldots, n_r)$ und ein *kleinstes gemeinsames Vielfaches* $\mathrm{kgV}(m_1, \ldots, m_r)$ gibt, benutzen wir die in 1.1.8 durch Teilung mit Rest bewiesene Tatsache, dass jede Untergruppe von $\mathbb{Z}$ von einem Element erzeugt wird. Besonders zu bemerken ist, dass dabei die Zerlegung in Primfaktoren (vgl. 2.3.4) nicht nötig ist.

Zur Bestimmung eines größten gemeinsamen Teilers von $n_1, \ldots, n_r$ betrachten wir den Summen-Homomorphismus

$$\sigma : \mathbb{Z} \times \ldots \times \mathbb{Z} \to \mathbb{Z}, \ (x_1, \ldots, x_r) \mapsto x_1 n_1 + \ldots + x_r n_r.$$

Nach Definition ist $\mathrm{Im}\,\sigma = \mathrm{Erz}(n_1, \ldots, n_r) < \mathbb{Z}$; nach 1.1.8 gibt es ein eindeutig bestimmtes $d \in \mathbb{N}$ mit $\mathrm{Im}\,\sigma = d\mathbb{Z}$. Da $n_i \in \mathrm{Im}\,\sigma$, ist d gemeinsamer Teiler von $n_1, \ldots n_r$, und da $d \in \mathrm{Im}\,\sigma$ gibt es $x_1, \ldots, x_r \in \mathbb{Z}$ mit

$$d = x_1 n_1 + \ldots + x_r n_r. \tag{$**$}$$

Wegen $n_i = 1 \cdot n_i \in \mathrm{Im}\,\sigma = d\mathbb{Z}$ für alle i, ist d gemeinsamer Teiler von $n_1, \ldots, n_r$. Ist $m \in \mathbb{N}$ ein beliebiger gemeinsamer Teiler, so folgt aus $(**)$, dass m auch Teiler von d ist, somit ist $d \geq m$. Also ist d der größte nicht negative Teiler von $n_1, \ldots, n_r$, in Zeichen

$$\mathrm{ggT}(n_1, \ldots, n_r) := d.$$

Offensichtlich ist $d = 0$ genau dann, wenn $n_1 = \ldots = n_r = 0$. Weiter haben wir gezeigt, dass es $x_1, \ldots, x_r \in \mathbb{Z}$ gibt, mit

$$d = \mathrm{ggT}(n_1, \ldots, n_r) = x_1 n_1 + \ldots + x_r n_r.$$

Dieses Ergebnis wird *Relation von* **BÉZOUT** genannt. Dabei ist zu bedenken, dass die Koeffizienten $x_1, \ldots, x_r$ keineswegs eindeutig bestimmt sind.

Beispiel Für $r = 2$, $n_1 = 8$ und $n_2 = 12$ ist $d = 4 = -1 \cdot 8 + 1 \cdot 12$. Außerdem ist $m = 2$ ein Teiler von 8 und 12, also folgt $2|4$, d.h. $4\mathbb{Z} < 2\mathbb{Z}$.

Zur Berechnung des ggT und der Koeffizienten im wichtigen Spezialfall $r = 2$ kann man den euklidischen Algorithmus aus 1.3.10 benutzen. All das geht ohne die im allgemeinen schwierige Zerlegung einer natürlichen Zahl in Primfaktoren. Mit Hilfe der in 2.3.6 bewiesenen Gleichung

$$\mathrm{ggT}(m,n) \cdot \mathrm{kgV}(m,n) = m \cdot n$$

kann man auf diese Weise auch das kleinste gemeinsame Vielfache berechnen.

*Man nennt $n_1, \ldots, n_r$ **teilerfremd**, wenn $\mathrm{ggT}(n_1, \ldots, n_r) = 1$. Offensichtlich ist das äquivalent zur Existenz von $x_1, \ldots, x_r \in \mathbb{Z}$ mit*

$$1 = x_1 n_1 + \ldots + x_r n_r.$$

Diese Regel ist besonders nützlich.

Ein kleinstes gemeinsames Vielfaches von $m_1, \ldots, m_r$ erhält man mit Hilfe des Diagonal-Homomorphismus

$$\delta : \mathbb{Z} \to Z_{m_1} \times \ldots \times Z_{m_r} \, , \; x \mapsto (x + m_1 \mathbb{Z}, \ldots, x + m_r \mathbb{Z}) \, .$$

Offenbar ist

$$\mathrm{Ker}\,\delta = \{x \in \mathbb{Z} : x \in m_1 \mathbb{Z}, \ldots, x \in m_r \mathbb{Z}\} = m_1 \mathbb{Z} \cap \ldots \cap m_r \mathbb{Z} \, ,$$

d.h. $\mathrm{Ker}\,\delta$ besteht aus allen gemeinsamen Vielfachen von $m_1, \ldots, m_r$. Nach 1.1.8 gibt es genau ein $k \in \mathbb{N}$ mit $\mathrm{Ker}\,\delta = k\mathbb{Z}$. Also ist

$$\mathrm{kgV}(m_1, \ldots, m_r) := k$$

das kleinste nicht negative gemeinsame Vielfache.

Sind zwei Zahlen $n_1, n_2 \in \mathbb{Z}$ teilerfremd, so sind nach Definition der Teilerfremdheit auch $n_1, n_2, n_3, \ldots, n_r$ für beliebige $n_3, \ldots, n_r$ teilerfremd. Daher ist es angebracht eine strengere Teilerfremdheit zu erklären:

*Man nennt $n_1, \ldots, n_r$ **paarweise teilerfremd** wenn für alle $i \neq j$ die Paare n_i, n_j teilerfremd sind, also $\mathrm{ggT}(n_i, n_j) = 1$ gilt.*

Die Bedeutung dieser Eigenschaft erkennt man an dem folgenden

Teilbarkeits-Lemma   *Sind $n_1, \ldots, n_r \in \mathbb{Z}$ paarweise teilerfremd, so gilt:*

1) Für jedes $i \in \{1, \ldots, r\}$ sind n_i und $n_1 \cdot \ldots \cdot n_{i-1} \cdot n_{i+1} \cdot \ldots \cdot n_r$ teilerfremd.

2) Ist $k \in \mathbb{Z}$ und $n_i | k$ für $i = 1, \ldots, r$, so folgt $n_1 \cdot \ldots \cdot n_r | k$.

Sind $n_1, \ldots, n_r$ für $r \geq 3$ nur teilerfremd, so sind die beiden Aussagen offensichtlich falsch!

Beweis Zu *1)* genügt es, den Fall $i = 1$ zu betrachten, da die Reihenfolge der Faktoren irrelevant ist. Da

$$\mathrm{ggT}(n_1, n_2) = \ldots = \mathrm{ggT}(n_1, n_r) = 1,$$

gibt es Darstellungen

$$1 = x_2 n_1 + y_2 n_2 = x_3 n_1 + y_3 n_3 = \ldots = x_r n_1 + y_r n_r \, .$$

Multipliziert man diese $r - 1$ Darstellungen miteinander, so erklärt man eine Darstellung der Form

$$1 = x n_1 + y(n_2 \cdot \ldots \cdot n_r) \, .$$

Damit ist *1)* bewiesen.

Teil *2)* beweisen wir in mehreren Schritten:

a) *Ist* $\mathrm{ggT}(m,n) = 1$, *so gilt:* $m|k \cdot n \Rightarrow m|k$:

   Ist $1 = xm + yn$, so folgt $k = (kx)m + y(kn)$. Wegen $m|kn$ folgt $m|k$.

b) *Ist* $\mathrm{ggT}(m,n) = 1$, *so gilt:* $m|k$ *und* $n|k \Rightarrow mn|k$:

   Wir setzen $k = x \cdot n$. Aus $m|k$ folgt nach *a)*, dass $m|x$, also $x = ym$ und $k = ymn$.

c) Nun kann man Teil *2)* durch Induktion über r beweisen. Angenommen man hat schon

$$n_1 \cdot \ldots \cdot n_{r-1} \big| k \ .$$

Nach Teil *1)* kann man auf die teilerfremden $m := n_1 \cdot \ldots \cdot n_{r-1}$ und $n = n_r$ Schritt *b)* anwenden.

                                                                   ■

Dieses Lemma hat wichtige Folgerungen:

Korollar 1   *Sind* $n_1, \ldots, n_r \in \mathbb{Z}$ *paarweise teilerfremd, so gilt:*

1) $n_1\mathbb{Z} \cap \ldots \cap n_r\mathbb{Z} = (n_1 \cdot \ldots \cdot n_r)\mathbb{Z}$.

2) *Die Diagonal-Abbildung* $\delta : \mathbb{Z} \to Z_{n_1} \times \ldots \times Z_{n_r}, x \mapsto (x + n_1\mathbb{Z}, \ldots, x + n_r\mathbb{Z})$, *induziert einen Isomorphismus*

$$\overline{\delta} : Z_{n_1 \cdot \ldots \cdot n_r} \to Z_{n_1} \times \ldots \times Z_{n_r}$$

Beweis Für beliebige $n_1, \ldots, n_r$ gilt nach Definition von δ und $(*)$

$$\mathrm{Ker}\, \delta = n_1\mathbb{Z} \cap \ldots \cap n_r\mathbb{Z} > (n_1 \cdot \ldots \cdot n_r)\mathbb{Z}.$$

Sind $n_1, \ldots, n_r$ paarweise teilerfremd, so folgt aus Teil *2)* des obigen Teilbarkeits-Lemmas und $(*)$

$$n_1\mathbb{Z} \cap \ldots \cap n_r\mathbb{Z} < (n_1 \cdot \ldots \cdot n_r)\mathbb{Z},$$

also gilt *1)*. Nach dem Ersten Isomorphiesatz aus 1.3.1 ist

$$\overline{\delta} : Z_{n_1 \cdot \ldots \cdot n_r} \to Z_{n_1} \times \ldots \times Z_{n_r}$$

injektiv. Da die beiden Gruppen die Ordnung $n_1 \cdot \ldots \cdot n_r$ haben, ist $\overline{\delta}$ auch surjektiv, also Isomorphismus.

                                                                   ■

Korollar 2   *Für* $n_1, \ldots, n_r \in \mathbb{Z}$ *sind folgende Bedingungen gleichwertig:*

i) $n_1, \ldots, n_r$ *sind paarweise teilerfremd.*

ii) $\mathrm{kgV}(n_1, \ldots, n_r) = n_1 \cdot \ldots \cdot n_r$.

Beweis *i)* $\Rightarrow$ *ii)*: Nach Definition ist $\mathrm{kgV}(n_1, \ldots, n_r) \in \mathbb{N}$ Erzeuger von $\mathrm{Ker}\, \delta$ und nach Teil *1)* von Korollar 1 ist

$$\mathrm{Ker}\, \delta = (n_1 \cdot \ldots \cdot n_r)\mathbb{Z}.$$

ii) $\Rightarrow$ *i)*: Angenommen es gibt einen gemeinsamen Teiler $d > 1$ von n_1 und n_2. Dann ist $n_1 = d \cdot n_1'$ und $n_2 = d \cdot n_2'$, und

$$n_1' \cdot n_2 \cdot \ldots \cdot n_r < n_1 \cdot \ldots \cdot n_r$$

ist ein gemeinsames Vielfaches. ∎

1.3.9 Der Chinesische Restsatz

Die Überlegungen zur Teilbarkeit aus Abschnitt 1.3.8 haben eine schöne Anwendung. Im Handbuch der Arithmetik des chinesischen Rechenmeisters Sun Tsu (etwa 400 n. Chr.) findet sich folgende Aufgabe:

Wir haben eine Anzahl von Dingen, wissen aber nicht genau wie viele. Wenn wir sie zu dreien zählen, bleiben zwei übrig. Wenn wir sie zu fünfen zählen, bleiben drei übrig. Wenn wir sie zu sieben zählen, bleiben zwei übrig. Wie viele Dinge sind es?

Bezeichnet x die Zahl der gesuchten Dinge, so lauten die Bedingungen

$$x \equiv 2 \,(\bmod\, 3), \quad x \equiv 3 \,(\bmod\, 5), \quad x \equiv 2 \,(\bmod\, 7).$$

In diesem Beispiel kann man die Lösungen leicht durch Probieren finden. Für die verschiedenen Kongruenzen gibt es die folgenden Kandidaten:

$$\begin{array}{lllllllllll} \text{mod } 3: & 2 & 5 & 8 & 11 & 14 & 17 & 20 & \mathbf{23} & 26 & 29 \\ \text{mod } 5: & 3 & 8 & 13 & 18 & \mathbf{23} & 28 & 33 \\ \text{mod } 7: & 2 & 9 & 16 & \mathbf{23} \end{array}$$

Also ist $x = 23$ eine Lösung und wegen $3 \cdot 5 \cdot 7 = 105$ sind auch alle $x = 23 + n \cdot 105$ für beliebiges $n \in \mathbb{Z}$ Lösungen.

Der allgemeine Hintergrund ist die Frage nach den Lösungen eines Systems von *simultanen Kongruenzen*. Zunächst ist klar, dass nicht alle derartigen Systeme eine Lösung besitzen.

Beispiel Ist $n_1 = 2$, $n_2 = 3$, $n_3 = 4$ und $r_1 = 0$, $r_2 = 2$, $r_3 = 1$, so gibt es für

$$x \equiv r_i \,(\bmod\, n_i)$$

Lösungen für $i = 1, 2$, aber nicht für $i = 1, 3$.

Eine positive Antwort gibt folgender

Chinesischer Restsatz *Gegeben seien paarweise teilerfremde Zahlen $n_1, \ldots, n_k \in \mathbb{Z}$ und beliebige Zahlen $r_1, \ldots, r_k \in \mathbb{Z}$. Dann hat das System von Kongruenzen*

$$x \equiv r_i \,(\bmod\, n_i) \quad \textit{für } i = 1, \ldots, k$$

stets Lösungen $x \in \mathbb{Z}$. Für eine Lösung x ist x' eine weiter Lösung genau dann, wenn $x - x'$ durch $n_1 \cdot \ldots \cdot n_k$ teilbar ist.

Beweis Die Existenz von Lösungen ist eine direkte Folgerung von Korollar 1 aus 1.3.8: Bezeichnen wir zur Abkürzung

$$r := (r_1 + n_1\mathbb{Z}, ..., r_k + n_k\mathbb{Z}) \in Z_{n_1} \times ... \times Z_{n_k},$$

so lautet die Bedingung für $x \in \mathbb{Z}$, dass $\delta(x) = r$ sein muss. Nach Korollar 1 aus 1.3.8 ist $\overline{\delta}$ surjektiv und nach dem Faktorisierungssatz aus 1.3.1 ist Im $\delta =$ Im $\overline{\delta}$, also ist auch δ surjektiv. Somit ist die Menge der Lösungen gleich

$$\delta^{-1}(r) = x + \text{Ker } \delta = x + (n_1 \cdot ... \cdot n_k)\mathbb{Z}$$

(Bemerkung *1g*) aus 1.2.1), wenn x irgend eine Lösung bezeichnet.
Etwas schwieriger ist es, die Lösungen explizit auszurechnen. Wir beginnen mit dem besonders einfachen Fall $k = 2$, also mit den Bedingungen

$$x \equiv r_1 \ (\text{mod } n_1) \text{ und } x \equiv r_2 \ (\text{mod } n_2), \text{ wobei ggT}(n_1, n_2) = 1.$$

Zunächst bestimmt man $l_1, l_2 \in \mathbb{Z}$ mit $1 = l_1 n_1 + l_2 n_2$. Das kann man mit Hilfe des in 1.3.10 beschriebenen euklidischen Algorithmus explizit durchführen. Dann ist

$$x := l_2 n_2 r_1 + l_1 n_1 r_2$$

eine Lösung, denn

$$x - r_1 = (l_2 n_2 - 1)r_1 + l_1 n_1 r_2 = -l_1 n_1 r_1 + l_1 n_1 r_2 = l_1 n_1 (r_2 - r_1) \in n_1\mathbb{Z},$$

und analog $x - r_2 \in n_2\mathbb{Z}$.
Für $k \geq 3$ wird die Rechnung komplizierter. Zunächst erklärt man für $i = 1, ..., k$ die Zahlen

$$m_i := n_1 \cdot ... \cdot n_{i-1} \cdot n_{i+1} \cdot ... \cdot n_k.$$

Nach dem Teilbarkeits-Lemma aus 1.3.8 ist ggT$(m_i, n_i) = 1$ für $i = 1, ..., k$, also gibt es $l_i, l_i' \in \mathbb{Z}$ derart, dass

$$l_i m_i + l_i' n_i = 1.$$

Mit Hilfe dieser aus $n_1, ..., n_k$ ermittelten Zahlen $m_1, ..., m_k$ und $l_1, ..., l_k$ erhält man für beliebige Reste $r_1, ..., r_k$ eine Lösung

$$x := \sum_{i=1}^{k} l_i m_i r_i.$$

Wir bestätigen das für die erste Kongruenz:

$$x - r_1 = (l_1 m_1 - 1)r_1 + \sum_{i=2}^{k} l_i m_i r_i.$$

Da $l_1 m_1 - 1 = -l_1' n_1$ und alle m_i für $i = 2, ..., k$ durch n_1 teilbar sind, folgt $x - r_1 \in n_1\mathbb{Z}$. Für die anderen Kongruenzen verläuft die Rechnung analog.   ∎

Nun zurück zur Aufgabe des Rechenmeisters Sun Tsu: Dort hat man

i	n_i	r_i	m_i	l_i	$l_i m_i$
1	3	2	35	2	70
2	5	3	21	1	21
3	7	2	15	1	15

wegen

$$1 = \mathbf{2} \cdot 35 - 23 \cdot 3 = \mathbf{1} \cdot 21 - 4 \cdot 5 = \mathbf{1} \cdot 15 - 2 \cdot 7.$$

Daraus erhält man eine Lösung

$$x = 70 r_1 + 21 r_2 + 15 r_3 = 233 = 23 + 2 \cdot (3 \cdot 5 \cdot 7) = 23 + 2 \cdot 105,$$

und somit ist die Menge aller Lösungen gleich der Restklasse $23 + 105\mathbb{Z} \subset \mathbb{Z}$.

Als Anwendung des Chinesischen Restsatzes könnte man sich folgende Situation vorstellen: Nach einem Ausflug einer Reisegruppe von 86 Personen soll festgestellt werden, ob alle zurück sind. Um eine langwierige Abzählung zu vermeiden, kann man sie bitten sich erst in Dreierblöcken und dann in Fünferblöcken aufzustellen. Sind alle 86 Personen angekommen, verbleiben die Reste 2 (mod 3) und 1 (mod 5). Umgekehrt: Stimmen die Reste, so könnten auch nur 71, 56, 41,... angekommen sein. Modulo 5 und 7 erhält man eine höhere Sichereheit: dann könnten es auch 51 oder 16 sein, Abweichungen die mit bloßem Auge zu erkennen wären. Schließich könnte man aus anderen verbliebenen Resten die möglichen Zahlen fehlender Personen rekonstruieren.

1.3.10 Der euklidische Algorithmus

Zur Berechnung des größten gemeinsamen Teilers d von zwei Zahlen $m, n \in \mathbb{N} \setminus \{0\}$ und von $x, y \in \mathbb{Z}$ mit $d = xm + yn$ gibt es den *euklidischen Algorithmus*, der ohne die Primfaktorzerlegung von m und n auskommt (vgl. [Eu, 7. Buch §2], in der Übersetzung steht gemeinsames „Maß"). Grundlage des Algorithmus ist die folgende

Rechenregel *Für beliebige $m, n, k \in \mathbb{Z}$ gilt*

$$\mathrm{ggT}(m, n) = \mathrm{ggT}(m, n - k).$$

Beweis Nach Definition des größten gemeinsamen Teilers $d - \mathrm{ggT}(m, n)$ ist $m\mathbb{Z} + n\mathbb{Z} - d\mathbb{Z} < \mathbb{Z}$. Also genügt es zu zeigen, dass

$$m\mathbb{Z} + n\mathbb{Z} = m\mathbb{Z} + (n - km)\mathbb{Z} < \mathbb{Z}.$$

Die Inklusion „$\subset$" folgt aus $n = (n - km + km)$, und „$\supset$" folgt aus $n - km \in m\mathbb{Z} + n\mathbb{Z}$. ∎

Zur Beschreibung des Algorithmus können wir $0 < m < n$ annehmen.
Teilung mit Rest entsprechend 1.1.8 ergibt

$$n = km + r \quad \text{mit } 0 \leq r = n - km < m,$$

und aus der obigen Rechenregel folgt $\mathrm{ggT}(m,n) = \mathrm{ggT}(m,r)$ mit $r < m$. Nun startet man mit

$$n_0 := n > n_1 := m > n_2 := r \geq 0, \text{ sowie } q_1 := k,$$

und eine Iteration ergibt:

$$
\begin{aligned}
n_0 &= q_1 n_1 + n_2, & 0 &\leq n_2 < n_1, & \mathrm{ggT}(n_0,n_1) &= \mathrm{ggT}(n_1,n_2) \\
n_1 &= q_2 n_2 + n_3, & 0 &\leq n_3 < n_2, & \mathrm{ggT}(n_1,n_2) &= \mathrm{ggT}(n_2,n_3) \\
&\;\;\vdots & &\;\;\vdots & &\;\;\vdots \\
n_{k-2} &= q_{k-1} n_{k-1} + n_k, & 0 &\leq n_k < n_{k-1}, & \mathrm{ggT}(n_{k-2},n_{k-1}) &= \mathrm{ggT}(n_{k-1},n_k) \\
n_{k-1} &= q_k n_k + n_{k+1}, & 0 &= n_{k+1} < n_k, & \mathrm{ggT}(n_{k-1},n_k) &= \mathrm{ggT}(n_k,0)
\end{aligned}
$$

Da die Folge der Reste $n_i \in \mathbb{N}$ streng monoton abnimmt, gibt es in der Tat ein $k \geq 1$ mit $n_{k+1} = 0$, also ist

$$n_k = \mathrm{ggT}(n_k,0) = \mathrm{ggT}(n_{k-1},n_k) = \ldots = \mathrm{ggT}(n_0,n_1) = \mathrm{ggT}(m,n).$$

Dass $n_k = \mathrm{ggT}(n_0,n_1)$ sein muss, lässt sich auch direkt an dem Iterationsschema ablesen:

Ist d ein Teiler von n_0 und n_1, so folgt aus $n_2 = n_0 - q_1 n_1$, dass $d\,|\,n_2$ und indem man nach unten durchgeht, schließlich $d\,|\,n_k$. Umgekehrt folgt von unten nach oben $n_k|n_{k-1}$ aus $n_{k-1} = q_k n_k$, dann $n_k|n_{k-2}$ aus $n_{k-2} = q_{k-1} n_{k-1} + n_k$ und schließlich $n_k|n_1$ und $n_k|n_0$.

Zur Berechnung einer Darstellung

$$\mathrm{ggT}(m,n) = xm + yn \quad \text{mit } x,y \in \mathbb{Z}$$

setzt man rekursiv ein:

$$
\begin{aligned}
n_k &= n_{k-2} - q_{k-1} n_{k-1} & n_{k-1} &= n_{k-3} - q_{k-2} n_{k-2} \\
&= -q_{k-1} n_{k-3} + (1 + q_{k-2} q_{k-1}) n_{k-2} & n_{k-2} &= n_{k-4} - q_{k-3} n_{k-3} \\
&\;\;\vdots & &\;\;\vdots \\
&= (\ldots) n_1 + (\ldots) n_2 & n_2 &= n_0 - q_1 n_1 \\
&= y \cdot n_0 + x \cdot n_1
\end{aligned}
$$

Die Koeffizienten x und y sind also aus $q_1, \ldots, q_{k-1}$ berechenbar.

In den folgenden Beispielen sind die Zahlen m und n relativ klein gewählt, daher ist die Zerlegung in Primfaktoren sehr einfach. Im Allgemeinen aber erfordert das enormen Rechenaufwand; dagegen ist es ein Kinderspiel den euklidischen Algorithmus zu programmieren.

Beispiel 1 Sei $m = 165 = 3 \cdot 5 \cdot 11$ und $n = 616 = 8 \cdot 7 \cdot 11$.

$$
\begin{aligned}
n = n_0 &= q_1 n_1 + n_2 & 616 &= 3 \cdot 165 + 121 \\
m = n_1 &= q_2 n_2 + n_3 & 165 &= 1 \cdot 121 + 44 \\
n_2 &= q_3 n_3 + n_4 & 121 &= 2 \cdot 44 + 33 \\
n_3 &= q_4 n_4 + n_5 & 44 &= 1 \cdot 33 + 11 \\
n_4 &= q_4 n_4 + n_6 & 33 &= 3 \cdot 11 + 0
\end{aligned}
$$

Also ist $\mathrm{ggT}(165, 616) = 11$, und durch rückwärts einsetzen erhält man

$$
\begin{aligned}
11 = n_5 &= n_3 - q_4 n_4 = n_3 - n_4 \\
&= n_3 - (n_2 - q_3 n_3) = -n_2 + 3n_3 \\
&= -n_2 + 3(n_1 - q_2 n_2) = 3n_1 - 4n_2 \\
&= 3n_1 - 4(n_0 - q_1 n_1) = -4n_0 + 15n_1 = 15 \cdot 165 - 4 \cdot 616.
\end{aligned}
$$

Weiter folgt (vgl. 2.3.6)

$$
\mathrm{kgV}(165, 616) = \frac{165 \cdot 616}{11} = 9240.
$$

Beispiel 2 $m = 220 = 4 \cdot 5 \cdot 11$ und $n = 819 = 7 \cdot 9 \cdot 13$.

$$
\begin{aligned}
819 &= 3 \cdot 220 + 159 & 24 &= 1 \cdot 13 + 11 \\
220 &= 1 \cdot 159 + 61 & 13 &= 1 \cdot 11 + 2 \\
159 &= 2 \cdot 61 + 37 & 11 &= 5 \cdot 2 + 1 \\
61 &= 1 \cdot 37 + 24 & 2 &= 2 \cdot 1 + 0 \\
37 &= 1 \cdot 24 + 13
\end{aligned}
$$

Also sind 819 und 220 teilerfremd und mit etwas Rechnung ergibt sich $1 = 376 \cdot 220 - 101 \cdot 819$.

Beispiel 3 Der euklidische Algorithmus für natürliche Zahlen m und n mit $m < n$ kann geometrisch interpretiert werden als Zerlegung eines Rechtecks mit den Seitenlängen m und n in kleiner werdende Quadrate. Das macht man so lange, bis ein Quadrat von der Größe entsteht, mit der das ganze Rechteck gepflastert werden kann. Wir illustrieren das am Beispiel $n = n_0 = 14$ und $m = n_1 = 10$. Dann ist

$$
\begin{aligned}
n_0 &= q_1 n_1 + n_0, & 14 &= 1 \cdot 10 + 4 & \\
n_1 &= q_2 n_2 + n_1, & 10 &= 2 \cdot 4 + 2 & \mathrm{ggT}(10, 14) = 2 \\
n_2 &= q_3 n_3 + n_2, & 4 &= 2 \cdot 2 + 0 &
\end{aligned}
$$

Die entsprechende iterative Zerlegung des Rechtecks ist im linken Bild zu sehen.

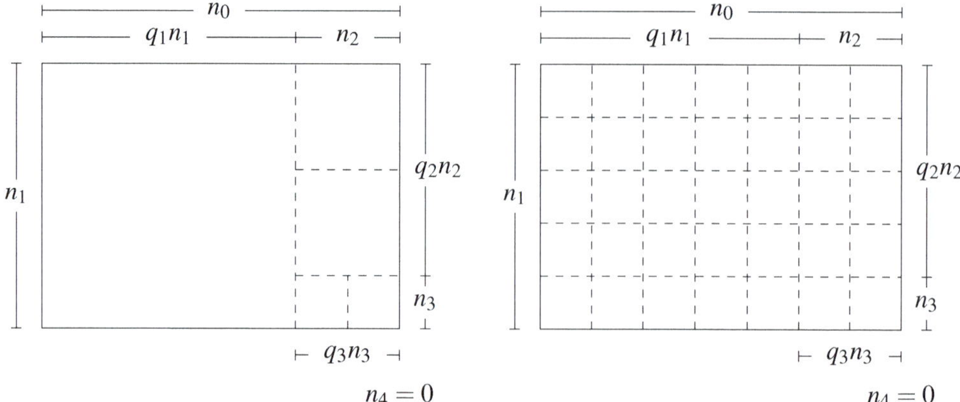

Mit Quadraten der Seitenlänge $2 = \mathrm{ggT}(m,n)$ kann dann das ganze Rechteck gepflastert werden (rechtes Bild).

Sind m und n teilerfremd, geht die Pflasterung nur noch mit den kleinst möglichen Quadraten, den Einheitsquadraten.

Beispiel 4   *(FIBONACCI-Folgen)*
Der euklidische Algorithmus führt in wenigen Schritten zum Ergebnis, wenn die Faktoren q_i groß sind. Extrem ungünstig ist hingegen der Fall, dass im i-ten Schritt $q_i = 1$ gilt ($i = 1,...,k-1$). Es gilt dann weiter:

$$
\begin{aligned}
n_0 &= n_1 + n_2 \\
n_1 &= n_2 + n_3 \\
&\;\;\vdots \\
n_{k-3} &= n_{k-2} + n_{k-1} \\
n_{k-2} &= n_{k-1} + n_k \\
n_{k-1} &= q_k n_k + 0
\end{aligned}
$$

Etwa für $k = 4$ ergibt sich mit $n_4 = 1$, $n_5 = 0$, $q_1 = q_2 = q_3 = 1$ und $q_4 = 2$ von unten aufgebaut:

$$
\begin{array}{lll}
n_0 = n_1 + n_2, & 8 = 1 \cdot 5 + 3, & x_5 = x_4 + x_3 \\
n_1 = n_2 + n_3, & 5 = 1 \cdot 3 + 2, & x_4 = x_3 + x_2 \\
n_2 = n_3 + n_4, & 3 = 1 \cdot 2 + 1, & x_3 = x_2 + x_1 \\
n_3 = 2 \cdot n_4 + n_5, & 2 = 2 \cdot 1 + 0, & x_2 = x_1 + x_0
\end{array}
$$

Dem entspricht der in der rechten Spalte eingetragenen Anfang der FIBONACCI-Folge (x_i), die nach LEONARD VON PISA (auch FIBONACCI) benannt ist. Sie ist erklärt durch

$$
x_0 = x_1 = 1 \qquad \text{und} \qquad x_i = x_{i-2} + x_{i-1} \quad \text{für } i \geqslant 2.
$$

Allgemeiner gilt die folgende

Bemerkung *a) Für $k \geqslant 2$ sind die* FIBONACCI-*Zahlen x_k und x_{k+1} teilerfremd. Um das feststellen, sind beim euklidischen Algorithmus k Schritte notwendig.*

b) Sind umgekehrt beim euklidischen Algorithmus k Schritte notwendig, so ist $n_0 \geq x_{k+1}$.

c) Ist $n_0 < x_{k+1}$, so erhält man mit Hilfe des euklidischen Algorithmus nach maximal $k-1$ Schritten den größten gemeinsamen Teiler von n_0 und n_1.

Da die FIBONACCI-Folge divergiert, kann mit Aussage *c)* für jedes Paar zweier natürlicher Zahlen die maximale Anzahl an Schritten angegeben werden, die für die Bestimmung des größten gemeinsamen Teilers mit Hilfe des euklidischen Algorithmus notwendig ist. Die FIBONACCI-Folge x_k wächst exponentiell mit k (vgl. [Kö, p. 57]). Daraus folgt, dass die Zahl der Schritte, die zur Berechnung des ggT mit Hilfe des euklidischen Algorithmus benötigt werden, höchstens logarithmisch mit n_0 wächst.

Beweis a) Man benutzt wie im Beispiel für $k = 4$ den euklidischen Algorithmus und beginnt dabei mit $n_0 = x_{k+1}$ und $n_1 = x_k$. Mit der Definition der FIBONACCI-Folge ergibt sich

$$n_2 = n_0 - n_1 = x_{k+1} - x_k = x_{k-1}.$$

Es ergeben sich schrittweise die weiteren Reste, bis man nach insgesamt $k-1$ Schritten den Rest

$$n_k = x_3 - x_2 = x_1$$

erhält. Der k-te Schritt ist schließlich

$$n_{k-1} = 2 \cdot x_1 + 0.$$

b) Nach Definition ist $n_{k+1} = 0$ und $n_k > n_{k+1}$, also $n_k \geq 1$. Weiter ist nach Definition $n_{k-1} > n_k$, also $n_{k-1} \geq 2$. Nach der Definition der FIBONACCI-Folge ist also $n_k \geqslant x_1$ und $n_{k-1} \geqslant x_2$. Es folgt $n_{k-2} \geqslant x_1 + x_2 = x_3$ und entsprechend $n_{k-3} \geqslant x_4$. Induktiv kann man zeigen, dass die Reste $n_1, ..., n_k$ die Bedingung $n_{k-l} \geqslant x_{l+1}$ erfüllen. Insbesondere gilt also $n_0 \geqslant x_{k+1}$.

c) ist die Kontraposition von *b)*.

■

1.3.11   Produkte zyklischer Gruppen

Mit den in 1.3.8 bereitgestellten Hilfsmitteln zur Teilbarkeit ganzer Zahlen können wir nun einfach klären, wann ein Produkt von zyklischen Gruppen wieder zyklisch ist. Zunächst zeigen wir, dass der Fall eines unendlichen zyklischen Faktors trivial ist. Allgemeiner gilt die

Bemerkung *Ist $G \neq \{e\}$ eine beliebige Gruppe, so ist $G \times \mathbb{Z}$ nicht zyklisch.*

Beweis Angenommen $(a, n) \in G \times \mathbb{Z}$ ist erzeugendes Element. Dann muss $a \neq e \in G$ und $n \neq 0 \in \mathbb{Z}$ sein. Da $(a, 0) \in G \times \mathbb{Z}$, muss es ein $k \in \mathbb{Z}$ geben mit

$$(a, 0) = (a, n)^k = (a^k, kn), \quad \text{also } k = 0 \quad \text{und } a = a^0 = e,$$

im Widerspruch zu $a \neq e$. ■

Bleibt die Frage, wann ein Produkt endlicher zyklischer Gruppen wieder zyklisch ist. Zur Vorbereitung betrachten wir ein einfaches

Beispiel   *a)*   Ist $\operatorname{ord} G = \operatorname{ord} H = 2$, also $G = \{e, a\}$ und $H = \{e, b\}$, so folgt $\operatorname{ord}(G \times H) = 4$, aber jedes Element von $G \times H$ hat die Ordnung 1 oder 2. Also kann $G \times H$ nicht zyklisch sein.
b)   Ist $\operatorname{ord} G = 2$, $\operatorname{ord} H = 3$, also $G = \{e, a\}$ und $H = \{e, b, b^2\}$, so sieht man wie in Beispiel 2 aus 1.3.6, dass $\operatorname{ord}(a, b) = 6$. Also ist $G \times H = \operatorname{Erz}(a, b)$ zyklisch.

Die Struktur eines Produkts von zyklischen Gruppen hängt demnach entscheidend ab von den Ordnungen der Faktoren. Zunächst ein

Lemma   *Seien $G_1, ..., G_r$ Gruppen und $a_i \in G_i$ für $i = 1, ..., r$ Elemente endlicher Ordnung. Dann gilt für $(a_1, ..., a_r) \in G_1 \times ... \times G_r$*

$$\operatorname{ord}(a_1, ..., a_r) = \operatorname{kgV}(\operatorname{ord} a_1, ..., \operatorname{ord} a_r).$$

Beweis Bezeichnen $e_i \in G_i$ die neutralen Elemente, so gilt nach der Rechenregel aus 1.2.4

$$(a_1, ..., a_r)^k = (e_1, ..., e_r) \iff a_i^k = e_i \iff \operatorname{ord} a_i | k \text{ für } i = 1, ..., r,$$

d.h. k muss gemeinsames Vielfaches von $\operatorname{ord} a_1, ..., \operatorname{ord} a_r$ sein. Die Ordnung von $(a_1, ..., a_r)$ ist das kleinste gemeinsame Vielfache. ∎

Zentrales Ergebnis dieses Abschnitts ist der

Satz über äußere direkte Produkte endlicher zyklischer Gruppen
Gegeben seien endliche zyklische Gruppen $G_1, ..., G_r$ mit $\operatorname{ord} G_i = n_i$. Dann gilt:

1) $G_1 \times ... \times G_r$ zyklisch $\iff n_1, ..., n_r$ paarweise teilerfremd.

2) Ist $G_1 \times ... \times G_r$ zyklisch und $(a_1, ..., a_r) \in G_1 \times ... \times G_r$, so gilt:

$$G_1 \times ... \times G_r = \operatorname{Erz}(a_1, ..., a_r) \iff G_i = \operatorname{Erz}(a_i) \quad \textit{für } i = 1, ..., r.$$

Beweis 1) „$\Rightarrow$"   Ist $G = G_1 \times ... \times G_r$ zyklisch, so gibt es $a_i \in G_i$ mit $G = \operatorname{Erz}(a_1, ..., a_r)$. Nach dem obigen Lemma ist

$$\operatorname{ord}(a_1, ..., a_r) = \operatorname{kgV}(n_1, ..., n_r).$$

Da $\operatorname{ord} G = n_1 \cdot ... \cdot n_r$ ist $\operatorname{kgV}(n_1, ..., n_r) = n_1 \cdot ... \cdot n_r$ und die Behauptung folgt aus Korollar 2 in 1.3.8.
„$\Leftarrow$"   Sind umgekehrt $n_1, ..., n_r$ paarweise teilerfremd, so wähle man $a_i \in G_i$ mit $G_i = \operatorname{Erz}(a_i)$. Nach dem obigen Lemma und Korollar 2 aus 1.3.8 ist

$$\operatorname{ord}(a_1, ..., a_r) = n_1 \cdot ... \cdot n_r = \operatorname{ord} G,$$

also ist G zyklisch.
2) „$\Leftarrow$"   wurde schon unter *1)* bewiesen.
„$\Rightarrow$"   Nach Voraussetzung gibt es zu einem beliebigen $(x_1, ..., x_r) \in G_1 \times ... \times G_r$ ein $k \in \mathbb{N}$ derart, dass

$$(x_1, ..., x_k) = (a_1, ..., a_r)^k = (a_1^k, ..., a_r^k).$$

Daraus folgt $x_i = a_i^k$ für alle $i = 1, ..., r$ und somit $G_i = \text{Erz}(a_i)$. Man beachte dabei, dass k für ein gegebenes i größer als n_i sein kann. Dann gibt es aber dazu ein $k_i \equiv k \,(\text{mod } n_i)$ mit $0 \leq k_i \leq n_i$ und $x_i = a_i^{k_i}$. ∎

Im obigen Beispiel *b)* ist $(a, b^2) \in G \times H$ und

$$(a, b^2) = (a, b)^5 = (a^5, b^5).$$

1.3.12 Untergruppen zyklischer Gruppen

Ziel dieses Abschnitts ist es, eine Übersicht über alle möglichen Untergruppen einer endlichen zyklischen Gruppe zu erhalten. Das wird erreicht durch den folgenden

Satz über die Untergruppen zyklischer Gruppen *Sei G eine zyklische Gruppe. Dann gilt:*

1) Jede Untergruppe $H < G$ ist zyklisch, und ord H *teilt* ord G, *wenn G endlich ist.*

2) Ist ord $G = m < \infty$, *so gibt es zu jedem Teiler n von m genau eine Untergruppe $H < G$ mit* ord $H = n$. *Ist $G = \text{Erz}(a)$, so ist $H = \text{Erz}\left(a^{\frac{m}{n}}\right)$.*

Beweis 1) Ist $G = \text{Erz}(a)$, so betrachten wir den Homomorphismus

$$\varphi : \mathbb{Z} \to G, \; k \mapsto a^k$$

und die Untergruppe $\varphi^{-1}(H) < \mathbb{Z}$. Nach 1.1.8 gibt es ein $d \in \mathbb{N}$ so dass $\varphi^{-1}(H) = d\mathbb{Z}$. Daraus folgt

$$\varphi(d\mathbb{Z}) = H \quad \text{und} \quad H = \text{Erz}(a^d),$$

also ist H wieder zyklisch.

Die Teilbarkeit der Ordnungen folgt aus dem Satz von LAGRANGE in 1.2.4.

2) Ist $G = \text{Erz}(a)$ und $d := \frac{m}{n}$, so definieren wir

$$H := \text{Erz}(a^d).$$

Es ist ord $H = n$, denn ord $H = \text{ord}(a^d) = \frac{m}{d} = n$ nach der Rechenregel aus 1.2.4. Ist $H' < G$ mit ord $H' = n$, so ist $H' = H$ zu beweisen. Da ord $H' = $ ord H genügt dafür $H' < H$. Nach Teil *1)* gibt es ein $l \in \mathbb{N}$ derart, dass

$$H' = \text{Erz}(a^l).$$

Verwenden wir wieder den Homomorphismus

$$\varphi : \mathbb{Z} \to G, \; k \mapsto a^k,$$

so ist $H = \varphi(d\mathbb{Z})$ und $H' = \varphi(l\mathbb{Z})$. Es genügt also, $l\mathbb{Z} < d\mathbb{Z}$, d. h. d teilt l, zu zeigen.

Da ord $(a^l) = n$, ist $a^{l \cdot n} = e$, also folgt nach der Rechenregel aus 1.2.4, dass $m = \text{ord}(a)$ ein Teiler von $l \cdot n$ ist. Daher ist aber $d = \frac{m}{n}$ ein Teiler von l. ∎

1.3.13 Zerlegung einer zyklischen Gruppe

Im Abschnitt 1.3.11 haben wir aus zyklischen Gruppen $G_1, ..., G_r$ mit paarweise teilerfremden Ordnungen eine neue zyklische Gruppe $G = G_1 \times ... \times G_r$ als äußeres Produkt konstruiert. Umgekehrt ist die Frage von Interesse, wie weit man eine gegebene zyklische Gruppe G in zyklische Faktoren $H_i < G$ mit möglicht kleinen Ordnungen zerlegen kann. Kandidaten für diese Faktoren sind die nach 1.3.12 zu jedem Teiler der Ordnung von G existierenden Untergruppen. Zwischen der Ordnung von G und den Ordnungen der Untergruppen H_i müssen jedoch passende Beziehungen bestehen.

Satz *Sei G eine endliche zyklische Gruppe der Ordnung n und $n = n_1 \cdot ... \cdot n_r$. Dann sind die folgenden Bedingungen gleichwertig:*
i) Es gibt für $i = 1, ..., r$ Untergruppen $H_i < G$ mit ord $H_i = n_i$ *derart, dass*

$$G = H_1 \times ... \times H_r$$

ein inneres direktes Produkt ist.
ii) $n_1, ..., n_r$ sind paarweise teilerfremd.
Insbesondere ist eine zyklische Gruppe der Ordnung p^n unzerlegbar, wenn p eine Primzahl ist.

Beispiel Für $G = Z_6$ mit $6 = 2 \cdot 3$ wurde die Zerlegung schon in Beispiel 2 aus 1.3.6 explizit ausgeführt. Aber etwa $G = Z_4$ mit $4 = 2 \cdot 2$ kann nicht in ein inneres direktes Produkt von Untergruppen der Ordnung 2 zerlegt werden, denn $Z_2 \times Z_2$ ist isomorph zur nicht zyklischen Kleinschen Vierergruppe.

Beweis i) $\Rightarrow$ *ii)*   folgt aus Teil *1)* des Satzes in 1.3.11.

ii) $\Rightarrow$ *i)*   Sei $H_i < G$ die nach 1.3.12 eindeutig bestimmte Untergruppe mit ord $H_i = n_i$. Bezeichnet $H_1 \times ... \times H_r$ zunächst das äußere direkte Produkt, so ist entsprechend 1.3.3 zu zeigen, dass der Homomorphismus

$$\varphi : H_1 \times ... \times H_r \to G, \ (a_1, ..., a_r) \mapsto a_1 \cdot ... \cdot a_r,$$

ein Isomorphismus ist. Da die beiden Gruppen die gleiche Ordnung n haben, genügt es die Injektivität von φ zu zeigen, also

$$a_1 \cdot ... \cdot a_r = e \ \Rightarrow \ a_1 = ... = a_r = e.$$

Aus $a_1 \cdot ... \cdot a_r = e$ folgt aber $a_1^{-1} = a_2 \cdot ... \cdot a_r$, also $a_1 \in H_1 \cap (H_2 \cdot ... \cdot H_r)$. Daraus folgt nach LAGRANGE

$$\text{ord } a_1 \text{ teilt } n_1 \qquad \text{und} \qquad \text{ord } a_1 \text{ teilt } n_2 \cdot ... \cdot n_r,$$

denn $\left(a_1^{-1}\right)^{n_2 \cdot ... \cdot n_r} = (a_2 \cdot ... \cdot a_r)^{n_2 \cdot ... \cdot n_r} = e$. Nach dem Teilbarkeits-Lemma aus 1.3.8 sind n_1 und $n_2 \cdot ... \cdot n_r$ teilerfremd, also folgt ord $a_1 = 1$ und $a_1 = e$. Analog zeigt man $a_2 = ... = a_r = e$. ∎

Zur Vereinfachung der Schreibweise in der anschließenden Folgerung schreiben wir

$$Z(n) := Z_n = \mathbb{Z}/n\mathbb{Z}$$

für die zyklische Gruppe der Ordnung n.

> **Korollar** *Ist G eine endliche zyklische Gruppe und*
>
> $$\operatorname{ord} G = p_1^{k_1} \cdot \ldots \cdot p_r^{k_r}$$
>
> *mit paarweise verschiedenen Primfaktoren $p_1,\ldots,p_r$, so gibt es einen Isomorphismus*
>
> $$G \to Z(p_1^{k_1}) \times \ldots \times Z(p_r^{k_r}).$$
>
> *Zudem kann keiner der Faktoren weiter zerlegt werden.*

1.3.14 Primrestklassengruppen

In 1.1.8 haben wir gesehen, dass $Z_p \smallsetminus \{0\}$ für jede Primzahl p zusammen mit der Multiplikation eine abelsche Gruppe ist. Für ein beliebiges $n \in \mathbb{N}$ ist die Situation in der Halbgruppe $(Z_n, \cdot)$ schwieriger.

Wir betrachten erst einmal den Fall $n = 4$ und schreiben $Z_4 = \{\bar{0}, \bar{1}, \bar{2}, \bar{3}\}$. Zunächst bestimmen wir für verschiedene Elemente $\bar{m} \in Z_4$ die davon erzeugten additiven Untergruppen:

$$\operatorname{Erz}(\bar{0}) = \{\bar{0}\}, \ \operatorname{Erz}(\bar{1}) = Z_4, \ \operatorname{Erz}(\bar{2}) = \{\bar{0}, \bar{2}\}, \ \operatorname{Erz}(\bar{3}) = \{\bar{0}, \bar{3}, \bar{2}, \bar{1}\} = Z_4.$$

Danach betrachten wir die Halbgruppe Z_4 mit der in 1.1.8 eingeführten Multiplikation. Diese ist in der Verknüpfungstafel rechts explizit aufgeführt.

Wie man sieht, haben nur $\bar{1}$ und $\bar{3}$ multiplikative Inverse, und $Z_4^\times := \{\bar{1}, \bar{3}\}$ ist eine multiplikative Gruppe, isomorph zu Z_2.

$\cdot$	$\bar{0}$	$\bar{1}$	$\bar{2}$	$\bar{3}$
$\bar{0}$	$\bar{0}$	$\bar{0}$	$\bar{0}$	$\bar{0}$
$\bar{1}$	$\bar{0}$	$\bar{1}$	$\bar{2}$	$\bar{3}$
$\bar{2}$	$\bar{0}$	$\bar{2}$	$\bar{0}$	$\bar{2}$
$\bar{3}$	$\bar{0}$	$\bar{3}$	$\bar{2}$	$\bar{1}$

Im Allgemeinen hat man folgende gleichwertige Bedingungen für ausgezeichnete Elemente in den zyklischen Gruppen Z_n:

> **Lemma** *Für $m, n \in \mathbb{N}$ sind folgende Bedingungen äquivalent:*
>
> *i) $m + n\mathbb{Z}$ erzeugt die additive Gruppe Z_n.*
>
> *ii) $m + n\mathbb{Z}$ hat in Z_n ein multiplikatives Inverses.*
>
> *iii) $\operatorname{ggT}(m, n) = 1$.*

Beweis Es genügt, diese drei Bedingungen in etwas expliziterer Weise aufzuschreiben. Jede der Bedingungen *i)* und *ii)* ist äquivalent dazu, dass es ein $k \in \mathbb{Z}$ gibt mit

$$km + n\mathbb{Z} = 1 + n\mathbb{Z}.$$

Das ist genau dann der Fall, wenn $1 - km \in n\mathbb{Z}$, d.h. wenn es ein $l \in \mathbb{Z}$ gibt mit $1 - km = ln$. Insgesamt also, wenn es $k, l \in \mathbb{Z}$ gibt mit

$$km + ln = 1.$$

Nach der Relation von BEZOUT aus 1.3.8 ist das gleichwertig mit *iii)*. ■

Statt der speziellen abelschen Halbgruppen $(Z_n, \cdot)$ betrachten wir erst einmal eine beliebige Halbgruppe $(H, \cdot)$ mit neutralem Element e. Ein Element $a \in H$ heißt **Einheit** in H, wenn es zu ihm ein Inverses $a' \in H$ gibt, d.h. wenn gilt

$$a \cdot a' = a' \cdot a = e.$$

Mit $H^\times \subset H$ bezeichnen wir die Menge der Einheiten in H.

Satz *Für jede Halbgruppe H mit Einselement e ist $H^\times$ eine Gruppe. Ist H abelsch, so auch $H^\times$.*

Beweis Es genügt zu zeigen, dass $H^\times$ unter der Multiplikation abgeschlossen ist. Seien also $a, b \in H$ und $a', b' \in H$ Inverse von a, b. Dann ist $b' \cdot a'$ Inverses zu $a \cdot b$, denn

$$(a \cdot b) \cdot (b' \cdot a') = a \cdot (b \cdot b') \cdot a' = (a \cdot e) \cdot a' = a \cdot a' = e \quad \text{und analog} \quad (b' \cdot a')(a \cdot b) = e.$$

Da $H^\times \subset H$ ist $H^\times$ bei abelschem H wieder abelsch.   ■

Nach dem obigen Lemma sind die additiven Erzeugenden gleich den multiplikativen Einheiten in $\mathbb{Z}/n\mathbb{Z}$, und weiter folgt:

Korollar   *Für jedes $n \geq 2$ ist*

$$(\mathbb{Z}/n\mathbb{Z})^\times = \{m + n\mathbb{Z} : \mathrm{ggT}(m, n) = 1\}$$

mit der Multiplikation eine abelsche Gruppe.

$Z_n^\times := (\mathbb{Z}/n\mathbb{Z})^\times$ wird **Primrestklassengruppe modulo n** (oder **Einheitengruppe**) genannt.

Wie im Beweis des Lemmas gezeigt, ist ein Inverses $k + n\mathbb{Z}$ von $m + n\mathbb{Z}$ in $Z_n^\times$ festgelegt durch die Bedingung $km + ln = 1$. Um ein derartiges k zu finden, kann man den euklidischen Algorithmus aus 1.3.10 verwenden.

Beispiel 1

a) Für eine Primzahl p ist $Z_p^\times = Z_p \smallsetminus \{0\}$, also ord $Z_p^\times = p - 1$. In 2.1.11 werden wir sehen, dass $Z_p^\times$ für jedes p zyklisch ist. Etwa für $p = 5$ ist

$$Z_5^\times = \{\overline{1}, \overline{2}, \overline{3}, \overline{4}\}, \quad \overline{2}^2 = \overline{4}, \quad \overline{2}^3 = \overline{8} = \overline{3}, \quad \overline{2}^4 = \overline{16} = \overline{1},$$

also ord $\overline{2} = 4$ und $Z_5^\times = \mathrm{Erz}(\overline{2})$.

b) $Z_n^\times$ ist für alle $n \leq 7$ zyklisch. Das zu überprüfen sei dem Leser überlassen.

c) $Z_8^\times = \{\overline{1}, \overline{3}, \overline{5}, \overline{7}\}$ und ord $\overline{3}$ = ord $\overline{5}$ = ord $\overline{7}$ = 2. Also ist $Z_8^\times$ nicht zyklisch und isomorph zur Kleinschen Vierergruppe.

d) In $Z_{35}^\times$ ist das Inverse von $3 + 35\mathbb{Z}$ gesucht. Da $12 \cdot 3 - 1 \cdot 35 = 1$, ist

$$(3 + 35\mathbb{Z})^{-1} = 12 + 35\mathbb{Z}.$$

Mehr über die Struktur von $Z_n^\times$ findet man etwa in [M-P, 7]. Insbesondere ist gilt der folgende

Struktursatz *Die Primrestklassengruppe $Z_n^\times$ ist genau dann zyklisch, wenn n die Werte*

$$1, 2, 4, p^r, 2p^r$$

mit einer ungeraden Primzahl p und einer beliebigen Potenz $r \geq 1$ hat.

Die Ordnungen der Gruppen $Z_n^\times$ sind gegeben durch die Werte der EULERschen φ-*Funktion*. Dabei ist

$$\varphi : \mathbb{N} \smallsetminus \{0\} \to \mathbb{N}, \; n \mapsto \varphi(n) := \#\{m \in \mathbb{N} : 1 \leq m \leq n, \; \mathrm{ggT}(m,n) = 1\} = \mathrm{ord}\, Z_n^\times.$$

Vorsicht! Der Buchstabe φ war bisher für Homomorphismen verwendet worden. Die traditionsgemäß auch mit φ bezeichnete EULERsche φ-Funktion ist dagegen kein Homomorphismus.

Für kleine n kann man $\varphi(n)$ durch direkte Inspektion leicht angeben:

n	$\varphi(n)$	$\{1,...,n\}$
1	1	$\{\mathbf{1}\}$
2	1	$\{\mathbf{1},2\}$
3	2	$\{\mathbf{1},\mathbf{2},3\}$
4	2	$\{\mathbf{1},2,\mathbf{3},4\}$
5	4	$\{\mathbf{1},\mathbf{2},\mathbf{3},\mathbf{4},5\}$
6	2	$\{\mathbf{1},2,3,4,\mathbf{5},6\}$

Für größere n benötigt man bessere Methoden. Nach dem obigen Lemma ist $\varphi(n)$ gleich der Anzahl von erzeugenden Elementen von Z_n. Daraus folgt die grundlegende

Produktregel *Für paarweise teilerfremde $n_1,...,n_r \in \mathbb{N} \smallsetminus \{0\}$ gilt*

$$\varphi(n_1 \cdot ... \cdot n_r) = \varphi(n_1) \cdot ... \cdot \varphi(n_r).$$

Beweis Sei $n := n_1 \cdot ... \cdot n_r$. Nach Korollar 1 aus 1.3.8 ist die Abbildung

$$Z_n \to Z_{n_1} \times ... \times Z_{n_r}, \quad x + n\mathbb{Z} \mapsto (x + n_1\mathbb{Z}, ..., x + n_r\mathbb{Z}),$$

ein Isomorphismus zyklischer Gruppen. Demnach haben Z_n und $Z_{n_1} \times ... \times Z_{n_r}$ die gleiche Anzahl von erzeugenden Elementen. Bei Z_n sind es $\varphi(n)$ Erzeugende, bei $Z_{n_1} \times ... \times Z_{n_r}$ sind es nach dem Satz aus 1.3.11, Teil 2), insgesamt $\varphi(n_1) \cdot ... \cdot \varphi(n_r)$ Erzeugende. Das ergibt die Produktregel. ∎

Zum Beispiel folgt $\varphi(30) = \varphi(5) \cdot \varphi(6) = 8$, $Z_{30}^\times = \{\overline{1}, \overline{7}, \overline{11}, \overline{13}, \overline{17}, \overline{19}, \overline{23}, \overline{29}\}$.

Mit Hilfe dieser Produktregel kann man nun leicht eine Formel für die Berechnung von $\varphi(n)$ aus der Primfaktorzerlegung von n (vgl. 2.3.4) herleiten.

Berechnungsformeln *a) Für eine Primzahl p gilt*

$$\varphi(p) = p - 1\,.$$

b) Ist p eine Primzahl und $k \in \mathbb{N} \setminus \{0\}$, so ist

$$\varphi(p^k) = p^{k-1}(p-1)\,.$$

c) Ist $n = p_1^{k_1} \cdot \ldots \cdot p_r^{k_r}$ mit paarweise verschiedenen Primzahlen, so ist

$$\varphi(n) = p_1^{k_1-1} \cdot \ldots \cdot p_r^{k_r-1}(p_1 - 1) \cdot \ldots \cdot (p_r - 1)\,.$$

Beweis a) Ist $1 \leq m < p$, so gilt $\mathrm{ggT}(m,p) = 1 \Leftrightarrow m = 1, 2, \ldots, p-1$.

b) Ist $1 \leq m \leq p^k$, so gilt $\mathrm{ggT}(m, p^k) \neq 1 \Leftrightarrow m = k \cdot p$ mit $k \in \{0, \ldots, p^{k-1}\}$.
Die teilerfremden m liegen also in den Lücken zwischen

$$0 \cdot p = 0, \ldots, p, \ldots, 2p, \ldots, k \cdot p, \ldots, p^{k-1} \cdot p = p^k.$$

Es gibt p^{k-1} Lücken mit jeweils $p-1$ Zahlen, daraus folgt die Behauptung.

c) folgt aus *b)* nach der obigen Produktregel. ∎

Aus der schon in 1.1.5 für jede endliche abelsche Gruppe bewiesenen Aussage

$$a^{\operatorname{ord} G} = e \text{ für alle } a \in G,$$

angewandt auf $G = Z_n^{\times}$ und $a = k + n\mathbb{Z}$, folgt sofort als Verallgemeinerung des kleinen Fermatschen Satzes (Beispiel 9 in 1.1.9) der

Satz von FERMAT-EULER *Für $n \in \mathbb{N}$ mit $n \geq 2$ und $k \in \mathbb{Z}$ mit $\mathrm{ggT}(k,n) = 1$ gilt*

$$k^{\varphi(n)} \equiv 1 \,(\bmod\ n)\,.$$

∎

Bemerkenswert dabei ist, dass der Beweis mit Hilfsmitteln der Gruppentheorie sehr einfach wird.
Andere, mehr klassische Beweise findet man etwa in [R-U].

Beispiel 2 Für $m = 15$ und $n = 4$ ist $\varphi(m) = 2 \cdot 4 = 8$ und $\varphi(n) = 2$. Also folgt

$$m^{\varphi(n)} = 15^2 = 225, \quad 225 - 1 = 224 = 4 \cdot 56.$$

$$n^{\varphi(m)} = 4^8 = 65\,536, \quad 65\,536 - 1 = 65\,535 = 15 \cdot 4\,369.$$

Man kann also in manchen Fällen Teiler großer Zahlen einfach feststellen.

Noch eine Zahlenspielerei: Wenn für teilerfremde $m, n \in \mathbb{Z}$ Lösungen x, y der Gleichung

$$x \cdot m + y \cdot n = 1$$

gesucht sind, so sind dafür offensichtlich

$$x := m^{\varphi(n)-1} \quad \text{und} \quad y := \frac{1 - m^{\varphi(n)}}{n}$$

passend, denn n teilt $1 - m^{\varphi(n)}$.

Ist etwa $m = 35$ und $n = 3$, so ist wegen $\varphi(3) = 2$

$$x = 35 \quad y = -408, \quad \text{also} \quad 35 \cdot 35 - 408 \cdot 3 = 1.$$

Die Faktoren x, y kann man verkleinern: Da $-408 \equiv 12 \,(\mathrm{mod}\,35)$ ist

$$x' \cdot 35 + 12 \cdot 3 = 1 \quad \text{für} \quad x' = \frac{1 - 12 \cdot 3}{35} = -1.$$

Also ist auch $-35 + 12 \cdot 3 = 1$.

Im Allgemeinen werden die Faktoren mit dieser Methode sehr groß. Das ist schon der Fall für $m = 3$ und $n = 35$, also $x = 3^{23}$.

Für eine spätere Anwendung in der Körpertheorie benötigen wir die von GAUSS [Ga$_3$, Nr. 39] angegebene

Teilersummen-Formel   *Für $n \in \mathbb{N} \setminus \{0\}$ gilt*

$$\sum_{d \mid n} \varphi(d) = n \,,$$

wobei d alle positiven Teiler von n durchläuft.

Beweis Für $1 \le d \le n$ betrachten wir die Menge

$$M_d(Z_n) := \{a \in Z_n : \mathrm{ord}\, a = d\} \subset Z_n \,.$$

Offensichtlich ist $M_d(Z_n) \ne \emptyset$ genau dann, wenn $d \mid n$ und man hat eine disjunkte Zerlegung

$$Z_n = \bigcup_{d \mid n} M_d(Z_n) \,. \tag{$*$}$$

Nach dem Satz aus 1.3.12 gibt es zu jedem Teiler d von n genau eine zyklische Untergruppe $H \subset Z_n$ mit $\mathrm{ord}\, H = d$, ihre Erzeugenden sind genau die Elemente von $M_d(Z_n)$. Also enthält $M_d(Z_n)$ genau $\varphi(d)$ Elemente, falls $d \mid n$. Somit folgt die Teilersummen-Formel aus $(*)$.   ∎

Beispiel 3   (aus [Ga$_3$, Nr. 39]). Für $n = 30$ hat man folgende Werte:

d	1	2	3	5	6	10	15	30	Σ
$\varphi(d)$	1	1	2	4	2	4	8	8	30

Wer Spaß daran hat, möge sich zu jedem d die dazu teilerfremden Zahlen darunter schreiben und abzählen! Daran ist zu sehen, dass die Formel keineswegs offensichtlich ist.

1.3.15 Automorphismen zyklischer Gruppen*

Für eine Gruppe G heißt eine Abbildung

$$\psi : G \to G$$

ein Automorphismus, wenn ψ ein Isomorphismus ist. Nach Teil *f)* der Bemerkung von 1.2.1 ist dann auch ψ^{-1} ein Isomorphismus, also auch Automorphismus.

Bemerkung *Für eine Gruppe G ist die Menge* $\mathrm{Aut}(G)$ *der Automorphismen zusammen mit der Komposition der Abbildungen eine Gruppe.*

Beweis Für $\psi_1, \psi_2 \in \mathrm{Aut}(G)$ ist $\psi_1 \circ \psi_1 \in \mathrm{Aut}(G)$, also hat man eine assoziative Verknüpfung

$$\mathrm{Aut}(G) \times \mathrm{Aut}(G) \to \mathrm{Aut}(G), \ (\psi_1, \psi_2) \mapsto \psi_2 \circ \psi_1.$$

Neutrales Element ist die identische Abbildung, inverses Element ist die Umkehrabbildung. ∎

Für zyklische Gruppen kann man die Automorphismengruppen leicht angeben.

Satz *Sei G eine zyklische Gruppe.*
1) Ist $\mathrm{ord}\, G = n$*, so gibt es einen Isomorphismus* $\mathrm{Aut}(G) \to Z_n^\times$*.*
2) ist $\mathrm{ord}\, G = \infty$*, so gibt es einen Isomorphismus* $\mathrm{Aut}(G) \to Z^\times \cong Z_2$*.*

Beweis 1)   Da G isomorph zu $\mathbb{Z}/n\mathbb{Z}$ ist, genügt es den Fall $G = \mathbb{Z}/n\mathbb{Z}$ zu betrachten. Dazu betrachten wir die Abbildung

$$\chi : \mathrm{Aut}(G) \to Z_n^\times, \quad \varphi \mapsto \chi(\varphi) := \varphi(1 + n\mathbb{Z}).$$

Da ein Automorphismus erzeugende Elemente von G ineinander überführt, ist

$$\varphi(1 + n\mathbb{Z}) = \chi(\varphi) \in Z_n^\times.$$

Die Abbildung χ ist bijektiv, denn jeder Erzeuger $k + n\mathbb{Z} \in Z_n^\times$ erklärt ein eindeutiges $\varphi \in \mathrm{Aut}(G)$ mit $\varphi(1 + n\mathbb{Z}) = k + n\mathbb{Z}$. Dass χ ein Homomorphismus ist, kann man so sehen: Ist $\varphi, \psi \in \mathrm{Aut}(G)$ und $\varphi(1 + n\mathbb{Z}) = k + n\mathbb{Z}$, $\psi(1 + n\mathbb{Z}) = l + n\mathbb{Z}$, so folgt

$$\varphi(\psi(1 + n\mathbb{Z})) = \varphi(l + n\mathbb{Z}) = k \cdot (l + n\mathbb{Z}) = k \cdot l + n\mathbb{Z} = (k + n\mathbb{Z}) \cdot (l + n\mathbb{Z}).$$

Im Fall *2)* können wir G durch $\mathbb{Z}$ ersetzen, dann ist

$$\mathrm{Aut}(\mathbb{Z}) \to \mathbb{Z}^\times = \{-1, 1\}, \quad \psi \mapsto \psi(1)$$

der gesuchte Isomorphismus, denn $\mathbb{Z}$ hat nur die erzeugenden Elemente ± 1. ∎

1.3.16   Beispiele

Beispiel 1   Ob ein Produkt $Z_m \times Z_n$ von zyklischen Gruppen wieder zyklisch ist, hängt davon ab, ob die diagonale Abbildung $\mathbb{Z} \to \mathbb{Z} \times \mathbb{Z}$, $x \mapsto (x,x)$ eine surjektive Abbildung

$$\delta : \mathbb{Z} \to Z_m \times Z_n, \quad x \mapsto (x + m\mathbb{Z}, x + n\mathbb{Z})$$

induziert (Korollar 1 in 1.3.8). Das kann man geometrisch beschreiben, indem man die Bildpunkte der diagonalen Abbildung in $\mathbb{Z} \times \mathbb{Z}$ mit Rest durch m und n teilt. Wir betrachten zwei besonders einfache Fälle:

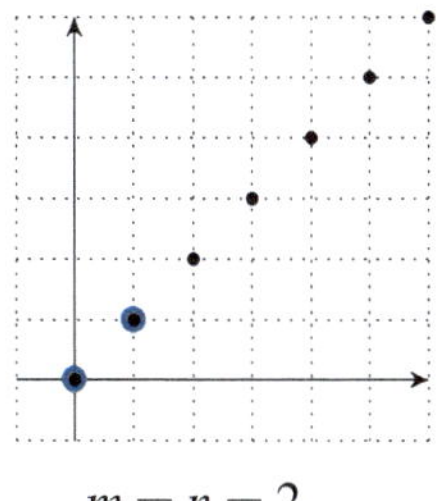

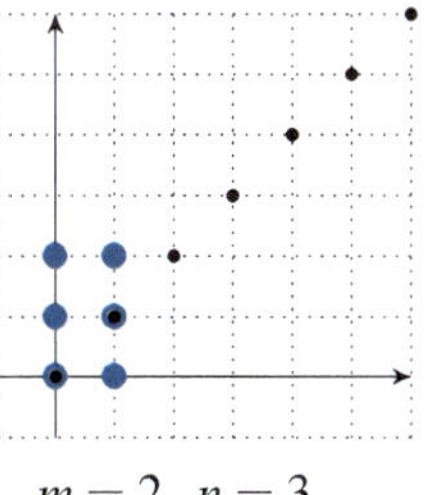

$$m = n = 2 \qquad\qquad m = 2,\ n = 3$$

Im ersten Fall $m = n = 2$ treten nur die 2 Paare von Resten $(0,0)$ und $(1,1)$ auf, im zweiten Fall $m = 2$, $n = 3$ alle 6 Paare von Resten (a,b) mit $a = 0,1$ und $b = 0,1,2$. Im Allgemeinen ist nach 1.3.8 der Index von $\delta(\mathbb{Z}) < Z_m \times Z_n$ gleich ggT(m,n).

Beispiel 2   Sind G_1, G_2 beliebige Gruppen mit Untergruppen $H_1 < G_1$, $H_2 < G_2$, so gibt es im direkten Produkt $G_1 \times G_2$ die „trivialen" Untergruppen

$$H_1 \times H_2 < G_1 \times G_2 \, .$$

Ob es weitere Untergruppen gibt, hängt ganz von G_1 und G_2 ab. Wir behandeln hier den besonders einfachen Fall der zyklischen Gruppen $G_1 = Z_m$ und $G_2 = Z_2$.
Mit Hilfe der beiden Projektionen

$$\pi_1 : \mathbb{Z}_m \times Z_2 \to Z_m, \quad (a,b) \mapsto a, \quad \text{und} \quad \pi_2 : \mathbb{Z}_m \times Z_2 \to Z_2, \quad (a,b) \mapsto b,$$

erhalten wir für ein beliebiges $H < Z_m \times Z_2$ die beiden Untergruppen

$$H_1 := \pi_1(H) < Z_m \quad \text{und} \quad H_2 := \pi_2(H) < Z_2.$$

Offensichtlich ist $H < H_1 \times H_2$. Falls $H_1 = \{\overline{0}\}$ oder $H_2 = \{\overline{0}\}$, ist H trivial. Auf der Suche nach nicht trivialen Untergruppen können wir also $H_1 \neq \{\overline{0}\}$ und $H_2 = Z_2$ voraussetzen. Dann gilt:

$$H = H_1 \times Z_2 \quad \Leftrightarrow \quad (\overline{0}, \overline{1}) \in H.$$

„$\Rightarrow$" ist klar. Zu „$\Leftarrow$": Ist $\overline{n} \in H_1$, so ist $(\overline{n}, \overline{0}) \in H$ oder $(\overline{n}, \overline{1}) \in H$. Da $(\overline{0}, \overline{1}) \in H$ ist dann auch $(\overline{n}, \overline{1}) \in H$ oder $(\overline{n}, \overline{0}) \in H$.
Nun betrachten wir für $m \geq 2$ und einen Teiler d von m die Untergruppe

$$H := \mathrm{Erz}(\overline{d}, \overline{1}) < Z_m \times Z_2 \quad \text{mit } \overline{d} \neq \overline{0} \quad \text{und} \quad k := \frac{m}{d} = \mathrm{ord}\,\overline{d}.$$

Sind m und k gerade, so ist $k \cdot (\bar{d},\bar{1}) = (\bar{0},\bar{0})$, also ord H = ord $(\bar{d},\bar{1}) = k$, und H ist nicht trivial.

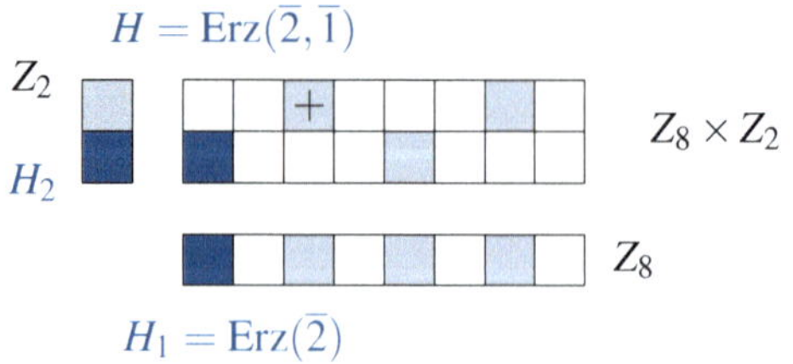

Ist m gerade und k ungerade, so ist $k \cdot (\bar{d},\bar{1}) = (\bar{0},\bar{1})$ und $2k \cdot (\bar{d},\bar{1}) = (\bar{0},\bar{0})$. Daraus folgt ord $H = 2k$. Wegen $H < H_1 \times Z_2$ und ord $H \leq$ ord $(H_1 \times Z_2) = 2k$ folgt $H = H_1 \times Z_2$, also ist H trivial.

$$H = \mathrm{Erz}(\bar{2},\bar{1}) \qquad Z_6 \times Z_2$$

Ist m ungerade, so ist auch k ungerade und $k \cdot (\bar{d},\bar{1}) = (\bar{0},\bar{1})$ und $2k \cdot (\bar{d},\bar{1}) = (\bar{0},\bar{0})$, also wieder ord $H = 2k$ und H ist trivial.

$$H = \mathrm{Erz}(\bar{3},\bar{1}) \qquad Z_9 \times Z_2$$

Nun zeigen wir folgendes:
Ist $H < Z_m \times Z_2$ mit $m \geq 2$ nicht trivial, so ist m gerade und es gibt ein $\bar{d} \in Z_m$ derart, dass $H = \mathrm{Erz}\,(\bar{d},\bar{1})$ und $k := \mathrm{ord}\,\bar{d}$ ist gerade. Insbesondere ist jede nicht triviale Untergruppe von $Z_m \times Z_2$ zyklisch.

Beweis Zu $H_1 < Z_m$ gibt es ein $d \in \mathbb{N}$ mit $H_1 = \mathrm{Erz}\,(\bar{d})$. Da H nicht trivial ist, gibt es ein $\bar{n} \neq \bar{0}$ in H_1 derart, dass $(\bar{n},\bar{1}) \in H$.
Weiter ist $(\bar{d},\bar{1}) \in H$. Denn wäre $(\bar{d},\bar{0}) \in H$, so wäre

$$(\bar{n},\bar{1}) + k \cdot (\bar{d},\bar{0}) = (\bar{0},\bar{1}) \in H.$$

Wie oben gezeigt, ist $\mathrm{Erz}\,(\bar{d},\bar{1})$ nur dann nicht trivial, wenn m und k gerade sind. Da $(\bar{d},\bar{1}) \in H$ ist $\mathrm{Erz}(\bar{d},\bar{1}) < H$. Um zu zeigen, dass $\mathrm{Erz}\,(\bar{d},\bar{1}) = H$, benutzen wir die explizite Beschreibung

$$\mathrm{Erz}(\bar{d},\bar{1}) = \{(\bar{0},\bar{0}),(\bar{d},\bar{1}),(\overline{2d},\bar{0}),...,(\overline{kd-1},\bar{1})\}.$$

Ein Element aus H, das nicht in $\mathrm{Erz}\,(\bar{d},\bar{1})$ liegt, müsste von der Form $(\overline{ld},\bar{0})$ mit l ungerade, oder $(\overline{ld},\bar{1})$ mit l gerade sein. Dann wäre aber

$$(\overline{ld},\bar{0}) + (\overline{(k-l)d},\bar{1}) = (\bar{0},\bar{1}) \in H, \quad \text{oder} \quad (\overline{ld},\bar{1}) + (\overline{(k-l)d},\bar{0}) = (\bar{0},\bar{1}) \in H$$

und somit wäre H trivial. ∎

Im obigen Beispiel $\mathrm{Erz}(\bar{2},\bar{1}) < Z_8 \times Z_2$ ist $(\bar{2},\bar{0}) + (\bar{6},\bar{1}) = (\bar{0},\bar{1})$ und $(\bar{4},\bar{1}) + (\bar{4},\bar{0}) = (\bar{0},\bar{1})$. Der Leser möge nun zur Übung alle nicht trivialen Untergruppen von $Z_{12} \times Z_2$ bestimmen.

Allgemeiner kann man versuchen, alle Untergruppen von $Z_m \times Z_n$ zu bestimmen. Sind m und n teilerfremd, so ist das Ergebnis nach den Sätzen aus 1.3.11 und 1.3.12 klar: Zu jedem Teiler von $m \cdot n$ gibt es genau eine Untergruppe. Dagegen hat etwa $Z_6 \times Z_6$ insgesamt 30 verschiedene Untergruppen, davon 16 trivial. Die Einzelheiten seien dem Leser überlassen; als Anleitung kann das folgende Bild dienen (die Zahl über der Spalte gibt die Ordnung an).

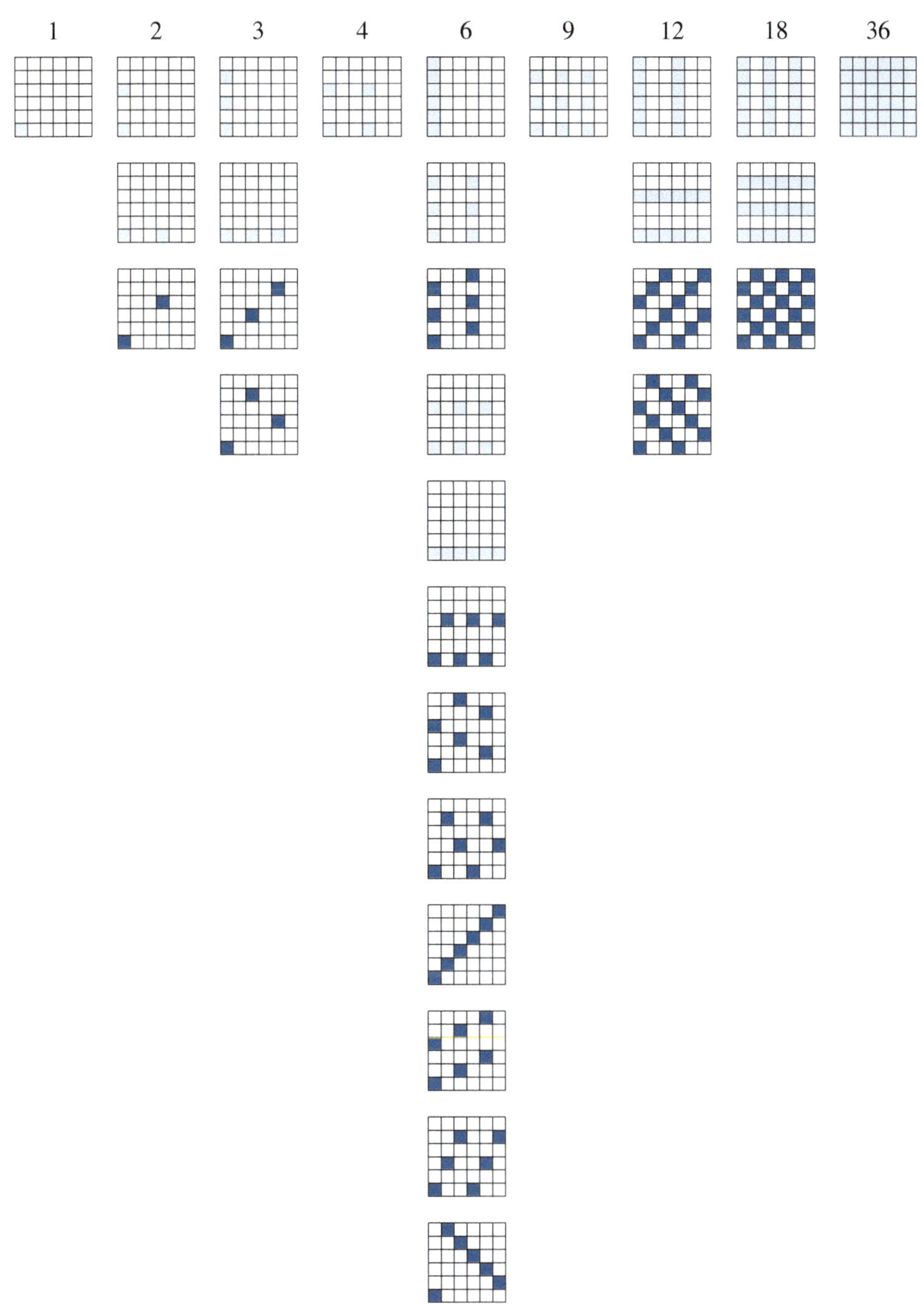

F. Q. pinxit

Beispiel 3 Bei einer viertägigen Tagung mit 9 Teilnehmern gibt es zum Abendessen drei Tische mit je drei Plätzen. Es soll eine Folge von Sitzordnungen gefunden werden, bei der jeder Teilnehmer mit jedem anderen Teilnehmer an genau einem Abend am gleichen Tisch sitzt. Der

Tagungsleiter will immer am gleichen Tisch sitzen.

Die Zahlen sind so gewählt, dass folgende Methode eine Lösung ergibt. Wir betrachten die Gruppe

$$G := \mathbb{Z}_3 \times \mathbb{Z}_3 = \{(i,j) : i,j \in \{0,1,2\}\} \,.$$

Jedes von $(0,0)$ verschiedene Element $a \in G$ hat die Ordnung 3, erzeugt also eine Untergruppe

$$H := \mathrm{Erz}(a) < G \quad \text{mit} \quad \mathrm{ord}\, H = 3 \,.$$

Es gibt 8 solcher Elemente $a \in G$, je zwei davon erzeugen die gleiche Untergruppe, also gibt es $\frac{8}{2} = 4$ verschiedene Untergruppen $H < G$ der Ordnung 3. Zu jeder gibt es 3 Nebenklassen, also insgesamt $3 \cdot 4 = 12$ Nebenklassen. Zu jedem der $\binom{9}{2} = 36$ Paare (a,b) mit $a \neq b$ gibt es genau eine Nebenklasse, die a und b enthält, nämlich $aH = bH$ für $H = \mathrm{Erz}(b-a)$. In einem Bild sieht das für die 4 verschiedenen Untergruppen $H < G$ zusammen mit ihren Nebenklassen so aus:

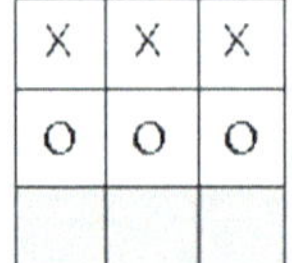 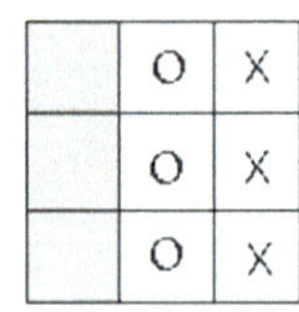 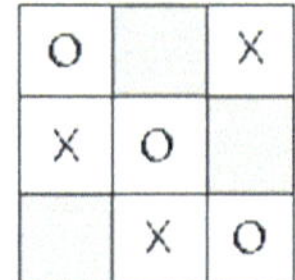

Damit kann man die Sitzordnungen festlegen. Jedem Teilnehmer wird ein Gruppenelement zugeordnet, dem Tagungsleiter das neutrale Element $(0,0)$, und zu jedem Tag gehört eine Untergruppe. Die Untergruppe sitzt am Tisch des Tagungsleiters, die zugehörigen Nebenklassen an den beiden anderen Tischen.

Für größere und längere Tagungen kann man andere Zahlenkombinationen finden: Ist p eine Primzahl, so kann man für p^2 Teilnehmer, $p+1$ Tage und p Tische mit jeweils p Plätzen eine entsprechende Sitzordnung konstruieren. Das sei dem Leser zur Übung empfohlen. Man benutze dabei

$$p^2 - 1 = (p+1)(p-1) \,.$$

Beispiel 4 Mit den nun zur Verfügung stehenden Hilfsmitteln über zyklische Gruppen kann man relativ einfach alle Gruppen der Ordnung ≤ 5 klassifizieren.

Ist $\mathrm{ord}\, G$ eine der Primzahlen $p = 2, 3, 5$, so ist G zyklisch, also $G \cong \mathbb{Z}_p$ (1.3.7).

Ist $\mathrm{ord}\, G = 4$, so gilt $G \cong \mathbb{Z}_4$ oder $G \cong \mathcal{K}_4 \cong \mathbb{Z}_2 \times \mathbb{Z}_2$. Das kann man ganz elementar wie in Beispiel 1 aus 1.1.9 zeigen, indem man die möglichen Multiplikationstafeln für $G = \{e,a,b,c\}$ mit dem Start $a \cdot a = e$, b oder c durchprobiert. Mit Hilfe allgemeiner Theorie folgt es aus Beispiel 2 in 1.6.3.

Von der Ordnung 6 gibt es die Gruppen

$$\mathbb{Z}_6 \quad \text{und} \quad \mathcal{S}_3 \,.$$

$\mathcal{S}_3$ ist also die kleinste nicht abelsche Gruppe.

Von der Ordnung 7 gibt es nur die zyklische Gruppe $\mathbb{Z}_7$.

Von der Ordnung 8 gibt es die Gruppen

$$Z_8 \,,\; Z_4 \times Z_2 \,,\; Z_2 \times Z_2 \times Z_2 \,,\; D_4 \;\text{ und }\; Q \,,$$

wobei Q die Quaternionengruppe aus Beispiel 4 in 1.1.9 bezeichnet.

Mit etwas mehr theoretischem Werkzeug kann man zeigen, dass es bis auf Isomorphie keine weiteren Gruppen der Ordnung 6 und 8 gibt. (Beispiele 1 und 3 in 1.6.9).

Beispiel 5   Sind in einer beliebigen Gruppe G zwei Elemente a,b vertauschbar (d.h. $ab = ba$), so gilt:

$$\operatorname{ord}(ab) = \operatorname{ord} a \cdot \operatorname{ord} b \Leftrightarrow \operatorname{ord} a \;\text{ und }\; \operatorname{ord} b \;\text{ teilerfremd} \,.$$

Zum *Beweis* betrachte man die zyklischen Untergruppen

$$G_1 := \operatorname{Erz}(a) < G \quad\text{und}\quad G_2 := \operatorname{Erz}(b) < G \,.$$

Wir setzen $m := \operatorname{ord} a = \operatorname{ord} G_1$, $n := \operatorname{ord} b = \operatorname{ord} G_2$ und $r := \operatorname{ord}(ab)$.

Haben m und n einen gemeinsamen Teiler $d > 1$, so ist $m = dm'$ und $n = dn'$ mit $m', n' \in \mathbb{N}$ und es folgt

$$(ab)^{dm'n'} = (a^m)^{n'} \cdot (b^n)^{m'} = e \,,\text{ also } r < mn \,.$$

Ist $\operatorname{ggT}(m,n) = 1$, so behaupten wir, dass $G_1 \times G_2 < G$ zyklisch von der Ordnung mn und von ab erzeugt ist. Da

$$G_1 \cap G_2 \subset G_i \;\text{ für }\; i = 1,2 \,,\; \text{gilt } \operatorname{ord}(G_1 \cap G_2)\,|\operatorname{ord} G_i \,,$$

also ist $G_1 \cap G_2 = \{e\}$. Daher ist das Produkt $G_1 \times G_2$ direkt (1.3.3) und die Behauptung folgt aus dem Satz in 1.3.11.

Beispiel 6   Das RSA-Kryptosystem
Im Jahr 1977 wurde von RIVES, SHAMIR, ADLEMAN eine sehr sichere Methode zur Verschlüsselung von Nachrichten entwickelt, die auf einfachen Eigenschaften von zyklischen Gruppen beruht. Der theoretische Hintergrund ist folgendes elementares Ergebnis, das durch geschickte Rechnung mit Kongruenzen nach verschiedenen Moduln bewiesen wurde.

__Satz__   Seien p,q zwei verschiedene Primzahlen, $n := p \cdot q$ und $Z_n = \mathbb{Z}/n\mathbb{Z}$ der Restklassenring modulo n. Weiter sei $k \in \mathbb{N}$ mit $1 < k < \varphi(n) = (p-1) \cdot (q-1)$ eine zu $\varphi(n)$ teilerfremde Zahl. Dann ist die Abbildung

$$\sigma : Z_n \to Z_n, \qquad x \mapsto x^k,$$

bijektiv. Genauer gilt: Ist $l \in \mathbb{N}$ mit $1 < l < \varphi(n)$ eine weitere zu $\varphi(n)$ teilerfremde Zahl mit

$$k \cdot l \equiv 1 (\operatorname{mod} \varphi(n))$$

so ist die Umkehrabbildung von σ gegeben durch

$$\tau : Z_n \to Z_n, \qquad y \mapsto y^l.$$

Beweis Da Z_n endlich ist, genügt es die Injektivität von σ zu zeigen; dazu genügt der Nachweis von

$$(x^k)^l = x \text{ für alle } x \in Z_n.$$

Da ord $Z_n^\times = \varphi(n)$ und k teilerfremd zu $\varphi(n)$ ist, folgt diese Gleichung für alle $x \in Z_n^\times$ aus der Rechenregel *a)* in 1.2.4. Um sie für alle $x \in Z_n$ zu beweisen, hat man die Kongruenz

$$(m^k)^l \equiv m(\bmod\ n) \text{ für alle } m \in \mathbb{Z} \qquad (*)$$

zu zeigen. Nach den Voraussetzungen über k ist die Restklasse $k + \varphi(n) \cdot \mathbb{Z}$ von k eine Einheit im Ring $Z_{\varphi(n)}$, also enthalten in $Z_{\varphi(n)}^\times$. Daher gibt es ein Inverses $l + \varphi(n) \cdot \mathbb{Z} \in Z_{\varphi(n)}^\times$, wobei man $1 < l < \varphi(n)$ annehmen kann. Also findet man schließlich ein $r \in \mathbb{N}$, so dass

$$k \cdot l = 1 + r \cdot \varphi(n).$$

Zum Beweis von $(*)$ genügt es nun zu zeigen, dass

$$m^{k \cdot l} \equiv m(\bmod\ p) \text{ und } m^{k \cdot l} \equiv m(\bmod\ q),$$

denn nach 1.3.8 ist $p\mathbb{Z} \cap q\mathbb{Z} = pq\mathbb{Z}$.

Da p und q gleichberechtigt sind, genügt es die erste Kongruenz zu beweisen. Im Fall $p|m$ ist sie offensichtlich. Falls $p \nmid m$ ist, können wir den kleinen Satz von FERMAT aus Beispiel 9 in 1.1.9 anwenden

$$m^{p-1} \equiv 1(\bmod\ p).$$

Da $\varphi(n) = (p-1) \cdot (q-1)$, folgt daraus

$$m^{k \cdot l} = m^{1 + r \cdot \varphi(n)} = m \cdot (m^{p-1})^{r \cdot (q-1)} \equiv m(\bmod\ p),$$

was noch zu beweisen blieb. ∎

Nun ein paar Worte zur praktischen Anwendung. Die Abbildung σ bewirkt eine Permutation der n Elemente von Z_n, die durch τ wieder rückgängig gemacht werden kann. Dazu muss man in der multiplikativen Gruppe $Z_{\varphi(n)}^\times$ zu $\bar{k}$ ein Inverses $\bar{l}$ bestimmen, das geht relativ einfach mit dem Euklidischen Algorithmus, wenn nicht nur n, sondern auch p und q und damit $\varphi(n)$ bekannt sind. Für sehr kleine p und q kann man das ganz schnell ausrechnen.

Ist etwa $p = 3$, $q = 5$, also $n = 15$ und $\varphi(n) = 8$, so kann man $k = l = 3$ wählen, denn $9 \equiv 1(\bmod\ 8)$. Die durch $\sigma(x) = x^3$ bestimmte Permutation ist dann modulo 15 beschrieben durch

x	0	1	2	3	4	5	6	7	8	9	10	11	12	13	14
$\sigma(x)$	0	1	8	12	4	5	6	13	2	9	10	11	3	7	14

Der Leser kann zur Übung prüfen, dass sie durch $y \mapsto y^3$ rückgängig gemacht wird. Das geht auch ohne Rechnung!

Nun soll eine Nachricht vom Absender zum Empfänger so übermittelt werden, dass sie jeder andere, der sie eventuell lesen konnte, nicht verstehen kann. Dazu wird ein genügend großes vorgegebenes $n = p \cdot q$ gewählt, wobei die Primfaktoren p und q geheim gehalten werden. Das ist der Clou dabei: Man kann aus bekannten Primzahlen p und q ein solches n ausrechnen; die Primfaktoren von n zu rekonstruieren, erfordert für genügend große n einen unüberwindlichen Rechenaufwand.

Wenn n groß ist, kann die zu übermittelnde Nachricht in längere Blöcke gleicher Länge zerlegt werden; jeder Block wird durch eine Zahl zwischen 2 und $n-1$ codiert. Der dabei verwendete Code kann allgemein bekannt sein. Die so aus der Nachricht entstandene Folge von Zahlen wird durch σ verschlüsselt und in dieser Form zusammen mit der Angabe der vom Absender gewählten Zahl k übermittelt. Der Empfänger kann die Nachricht nur dann entschlüsseln, wenn er einen zu k passenden Exponenten l und damit τ findet; dazu muss er aber $\varphi(n)$ und somit p und q kennen. Schließlich wird die entschlüsselte Nachricht wieder von der Zahlenfolge in die ursprüngliche Form decodiert.

Man beachte bei diesem Verfahren den grundlegenden Unterschied zwischen Codierung und Verschlüsselung: Die **Codierung** einer Nachricht – etwa die Übersetzung eines Textblockes in eine Zahl – soll in beiden Richtungen möglichst einfach und sicher sein. Eine **Verschlüsselung** dagegen soll besonders raffiniert sein, so dass sie nur mit besonderen geheim zu haltenden Hilfsmitteln entschlüsselt werden kann.

1.3.17 Unendlich zyklische und frei-abelsche Gruppen*

Zwischen endlichen und unendlichen zyklischen Gruppen gibt es einen entscheidenden Unterschied: In der endlichen Gruppe $\mathbb{Z}/m\mathbb{Z}$ mit $m > 1$ ist

$$m \cdot \overline{1} = \overline{0},$$

das ist eine nicht triviale **Relation**. In der unendlichen Gruppe $\mathbb{Z}$ dagegen ist

$$k \cdot 1 = k \neq 0 \quad \text{für alle} \quad k \in \mathbb{Z} \smallsetminus \{0\}.$$

Das hat eine wichtige Konsequenz. Ist $(G, \cdot)$ eine beliebige Gruppe, so gibt es zu einem beliebigen $a \in G$ genau einen Homomorphismus

$$\varphi : \mathbb{Z} \to G \quad \text{mit} \quad \varphi(1) = a.$$

Er ist erklärt durch $\varphi(k) = a^k$ und Homomorphismus, denn

$$\varphi(k+l) = a^{k+l} = a^k \cdot a^l = \varphi(k) \cdot \varphi(l).$$

Für $\mathbb{Z}/m\mathbb{Z}$ und $G = \mathbb{Z}$ dagegen gibt es nur den trivialen Homomorphismus

$$\varphi : \mathbb{Z}/m\mathbb{Z} \to \mathbb{Z} \quad \text{mit} \quad \varphi(\overline{1}) = 0,$$

denn aus $\varphi(\overline{1}) = k$ folgt $0 = \varphi(\overline{m}) = m \cdot \varphi(\overline{1}) = m \cdot k$, also $k = 0$, denn $m > 1$. Das erzeugende Element $\overline{1}$ von $\mathbb{Z}/m\mathbb{Z}$ ist also nicht „frei" in der Wahl seines Bildes in $\mathbb{Z}$. Grund dafür ist die Relation $m \cdot \overline{1} = \overline{0}$ mit $m \neq 0$.

Allgemeiner wird der Begriff der „Freiheit" in abelschen Gruppen, multiplikativ geschrieben, so erklärt:

Definition *Eine endliche Familie $(a_1, ..., a_n)$ von Elementen aus einer abelschen Gruppe $(G, \cdot)$ heißt frei, wenn aus einer Relation*

$$a_1^{k_1} \cdot ... \cdot a_n^{k_n} = e \quad mit \quad k_1, ..., k_n \in \mathbb{Z}$$

folgt, dass $k_1 = ... = k_n = 0$ sein muss.
Eine endlich erzeugte Gruppe G heißt frei-abelsch, wenn sie abelsch ist und ein freies Erzeugendensystem, d.h. eine freie erzeugende Familie, besitzt.
Zur Vereinfachung wird der Fall $n = 0$ nicht ausgeschlossen, dann ist auch $G = \{e\}$ frei-abelsch.

Die Analogie zur Theorie der Vektorräume über einem Körper wird offensichtlich, wenn man G additiv schreibt. Dann hat eine Relation die Form

$$k_1 a_1 + ... + k_n a_n = 0.$$

„Frei" entspricht also „linear unabhängig". Aber statt einem Körper hat man nur den Ring $\mathbb{Z}$. Auch bei nicht-abelschen Gruppen kann man einen Begriff von „Freiheit" erklären, das ist aber etwas komplizierter (vgl. dazu etwa [K-M, 12]). Statt „frei-abelsch" könnte man besser „abelsch-frei" sagen, weil die „Freiheit" nur in Bezug auf abelsche Gruppen gefordert ist. Jedoch ist „abelsch-frei" völlig unüblich.

Wir fassen einige elementare Eigenschaften frei-abelscher Gruppen zusammen:

Lemma 1
a) Die addive Gruppe $\mathbb{Z}^n = \mathbb{Z} \times ... \times \mathbb{Z}$ ist für alle $n \in \mathbb{N}$ frei-abelsch.
b) Eine endlich erzeugte abelsche Gruppe G ist genau dann frei-abelsch, wenn es ein $n \in \mathbb{N}$ und einen Isomorphismus

$$\varphi : \mathbb{Z}^n \to G$$

gibt.
c) Ist G frei-abelsch, $(a_1, ..., a_n)$ ein freies Erzeugendensystem von G und G' eine beliebige abelsche Gruppe, so gibt es zu beliebigen $b_1, ..., b_n \in G'$ genau einen Homomorphismus

$$\varphi : G \to G' \quad mit \quad \varphi(a_i) = b_i \quad für \quad i = 1, ..., n.$$

$\mathbb{Z}^n$ kann daher als „Prototyp" einer endlich erzeugten frei-abelschen Gruppe angesehen werden.

Beweis a) Sei $a_i := (0, ..., 0, 1, 0, ..., 0) \in \mathbb{Z}^n$ mit der 1 an der i-ten Stelle. Dann ist

$$\mathbb{Z}^n = \mathrm{Erz}(a_1, ..., a_n) \quad und\ aus \quad k_1 a_1 + ... + k_n a_n = (0, ..., 0) \quad folgt \quad k_1 = ... = k_n = 0.$$

b) Gibt es einen Isomorphismus $\varphi : \mathbb{Z}^n \to G$, so folgt aus *a)*, dass auch G frei abelsch ist. Ist umgekehrt $(a_1, ..., a_n)$ ein freies Erzeugendensystem von G, so betrachten wir die Abbildung

$$\varphi : \mathbb{Z}^n \to G, \quad (k_1, ..., k_n) \quad \mapsto \quad a_1^{k_1} \cdot ... \cdot a_n^{k_n}.$$

Sie ist ein Homomorphismus, denn G ist abelsch, also gilt

$$a_1^{k_1} \cdot ... \cdot a_n^{k_n} \cdot a_1^{l_1} \cdot ... \cdot a_n^{l_n} = a_1^{k_1 + l_1} \cdot ... \cdot a_n^{k_n + l_n}.$$

Sie ist surjektiv, denn $(a_1,...,a_n)$ ist ein Erzeugendensystem und sie ist injektiv, denn das Erzeugendensystem ist frei. Also ist φ ein Isomorphismus.

c) Nach *b)* können wir $G = \mathbb{Z}^n$ annehmen. Soll φ ein Homomorphismus sein, so muss

$$\varphi(k_1,...,k_n) = b_1^{k_1} \cdot ... \cdot b_n^{k_n} \qquad (*)$$

sein. Da G' nach Voraussetzung abelsch ist, wird durch $(*)$ auch ein Homomorphismus erklärt.
$\blacksquare$

Bei einem Vektorraum ist jedes unverkürzbare Erzeugendensystem eine Basis und seine Länge ist eindeutig bestimmt. Bei abelschen Gruppen ist das nicht so.

Beispiel 1   Die Gruppe $\mathbb{Z}/6\mathbb{Z} = \{\overline{0}, \overline{1}, ..., \overline{5}\}$ kann erzeugt werden von $\overline{1}$ oder von $(\overline{2}, \overline{3})$. Das Paar $(\overline{2}, \overline{3})$ kann dabei nicht verkürzt werden.

Aus Lemma 1 ergibt sich sofort das

Korollar   *Ist $(a_1,...,a_n)$ ein freies Erzeugendensystem der abelschen Gruppe G, so hat jedes $a \in G$ eine eindeutige Darstellung der Form*

$$a = a_1^{k_1} \cdot ... \cdot a_n^{k_n} \quad \text{mit } k_1,...,k_n \in \mathbb{Z}.$$

Bei frei-abelschen Gruppen gilt im Gegensatz zu Beispiel 1

Lemma 2   *Sind in einer frei-abelschen Gruppe G zwei freie Erzeugendensysteme $(a_1,...,a_n)$ und $(b_1,...,b_m)$ gegeben, so ist $m = n$.*

Beweis   Nach Lemma 1 gibt es Isomorphismen

$$\varphi : \mathbb{Z}^n \to G \quad \text{und} \quad \psi : \mathbb{Z}^m \to G,$$

also einen Isomorphismus $\chi : \mathbb{Z}^n \to \mathbb{Z}^m$. Indem man Urbilder und Bilder modulo 2 reduziert, folgt $m = n$.

Genauer geht das so: Man betrachtet das folgende Diagramm von Gruppenhomomorphismen:

$$
\begin{array}{ccc}
\mathbb{Z}^n & \xrightarrow{\;\;\chi\;\;} & \mathbb{Z}^m \\
\rho \downarrow & & \downarrow \sigma \\
(\mathbb{Z}/2\mathbb{Z})^n & \xrightarrow{\;\;\overline{\chi}\;\;} & (\mathbb{Z}/2\mathbb{Z})^m
\end{array}
$$

Dabei sind ρ und σ die kanonischen Abbildungen auf die Faktorgruppen mit $\operatorname{Ker} \rho = (2\mathbb{Z})^n$ und $\operatorname{Ker} \sigma = (2\mathbb{Z})^m$. Da

$$\chi(\operatorname{Ker} \rho) < \operatorname{Ker} \sigma \quad \text{ist} \quad \operatorname{Ker} \rho < \operatorname{Ker}(\sigma \circ \chi),$$

also gibt es nach dem Faktorisierungssatz aus 1.3.1 den surjektiven Homomorphismus $\overline{\chi}$. Da

$$\operatorname{ord}(\mathbb{Z}/2\mathbb{Z})^n = 2^n \quad \text{und} \quad \operatorname{ord}(\mathbb{Z}/2\mathbb{Z})^m = 2^m$$

muss $n \geq m$ sein. Da χ Isomorphismus ist, folgt analog $m \geq n$, also insgesamt $m = n$. ∎

Als Konsequenz von Lemma 2 kann man für eine endlich erzeugte frei-abelsche Gruppe G den *Rang*, in Zeichen

$$\text{rang } G,$$

erklären als Länge eines freien Erzeugendensystems. Ein freies Erzeugendensystem $(a_1,...,a_r)$ einer frei-abelschen Gruppe G wird auch *Basis* von G genannt. Dann ist $r = \text{rang } G$.

Nun kommen wir zu einem wichtigen, bei der Klassifikation endlich erzeugter abelschen Gruppen in 1.6.6 benötigten Ergebnis.

Satz *Ist G eine endlich erzeugte frei-abelsche Gruppe und $H < G$ eine Untergruppe, so ist auch H frei-abelsch und $\text{rang } H \leq \text{rang } G$.*

Beweis Es genügt, nach Teil *b)* von Lemma 1, den Satz für den Prototyp $G = \mathbb{Z}^n$ und $n \geqslant 1$ zu beweisen. Der Induktionsanfang $n = 1$ ist nach dem Satz über die Untergruppen von $\mathbb{Z}$ aus 1.1.8 klar: Zu $H < \mathbb{Z}$ gibt es genau ein $m \in \mathbb{N}$ mit $H = m\mathbb{Z}$. Also ist $\text{rang } H \leq 1$.
Ist nun $H < \mathbb{Z}^n$ mit $n \geqslant 2$, so betrachten wir die Projektion

$$\pi : H \to \mathbb{Z}, \quad x = (k_1,...,k_n) \mapsto k_n,$$

auf die letzte Komponente, sowie die beiden Untergruppen

$$\text{Ker } \pi < H \quad \text{und} \quad \pi(H) < \mathbb{Z}.$$

Ist $\pi(x) = 0$, so folgt $k_n = 0$, also $x \in \mathbb{Z}^{n-1} \times \{0\}$. Somit gilt

$$\text{Ker } \pi < \mathbb{Z}^{n-1} \times \{0\} \cong \mathbb{Z}^{n-1}.$$

Nach Induktionsannahme gibt es daher eine Basis $(a_1,...,a_r)$ von $\text{Ker } \pi$ mit $r \leq n-1$.
Ist $\pi(H) = 0$, so ist $H = \text{Ker } \pi$ und die Behauptung folgt aus der Induktionsannahme. Andernfalls ist $\pi(H) = m\mathbb{Z}$ mit $m > 0$. Dann können wir ein $b \in H$ wählen mit $\pi(b) = m \in \mathbb{Z}$, und wir setzen

$$b' := (0,...,0,m) \in \mathbb{Z}^n.$$

Es bleibt zu zeigen, dass $(a_1,...,a_r,b)$ eine Basis von H ist.
Für ein beliebiges $x \in H$ ist $\pi(x) = k \cdot b'$ mit $k \in \mathbb{Z}$, daraus folgt

$$x - k \cdot b \in \text{Ker } \pi \quad \text{und} \quad x = (x - k \cdot b) + k \cdot b \in \text{Ker } \pi + \text{Erz}(b).$$

Für $n = 2$ ergibt sich ein Bild folgender Art:

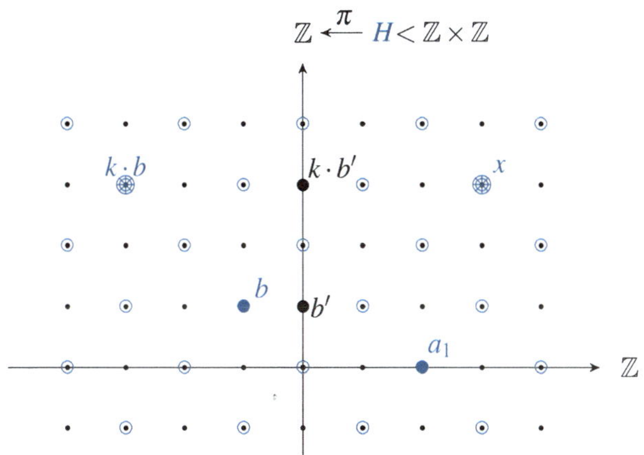

Ist $k_1 a_1 + \ldots + k_r a_r + kb = 0$ mit $k_1, \ldots, k_r, k \in \mathbb{Z}$, so folgt $kb \in \operatorname{Ker} \pi$ und $k = 0$, denn

$$\pi(kb) = kb' \in m\mathbb{Z}.$$

Da $(a_1, \ldots, a_r)$ frei ist, folgt $k_1 = \ldots = k_r = 0$. ∎

Man kann noch eine genauere Aussage über die Lage einer Untergruppe $H < \mathbb{Z}^n$ vom Rang r machen:

Zusatz *Es gibt eine Basis $(\omega_1, \ldots, \omega_n)$ von $\mathbb{Z}^n$ und $m_1, \ldots, m_r \in \mathbb{N} \setminus \{0\}$ derart, dass $m_1 | m_2 | \ldots | m_r$, und*

$$(m_1 \omega_1, \ldots, m_r \omega_r)$$

ist eine Basis von H.

Einen Beweis dieser Verschärfung des obigen Satzes findet man etwa in [Ku, 11.27] und [ArM, 12.4].

Beispiel 2 Im obigen Bild ist $H = \operatorname{Erz}(a_1, b)$ mit $a_1 = (2, 0)$ und $b = (-1, 1)$. Wählt man $\omega_1 = (-1, 1)$ und $\omega_2 = (1, 0)$, so ist (ω_1, ω_2) eine neue Basis von $\mathbb{Z} \times \mathbb{Z}$ und

$$H = \operatorname{Erz}(1 \cdot \omega_1, 2 \cdot \omega_2).$$

Wir notieren noch eine wichtige Folgerung aus obigem Satz, die nur für abelsche Gruppen zutrifft.

Korollar *Jede Untergruppe einer endlich erzeugten abelschen Gruppe G ist endlich erzeugt.*

Beweis Ist $G = \operatorname{Erz}(a_1, \ldots, a_n)$, so ist der Homomorphismus

$$\varphi : \mathbb{Z}^n \to G, \quad (k_1, \ldots, k_n) \mapsto a_1^{k_1} \cdot \ldots \cdot a_n^{k_n},$$

surjektiv. Für $H < G$ ist $\varphi^{-1}(H) < \mathbb{Z}^n$ nach dem Satz erzeugt von $b_1, \ldots, b_r \in \mathbb{Z}^n$ mit $r \leq n$. Daher wird H erzeugt von $\varphi(b_1), \ldots, \varphi(b_r)$. ∎

1.4 Operationen von Gruppen auf Mengen

1.4.1 Definition einer Operation

Die symmetrische Gruppe $\mathcal{S}(M)$ aller bijektiven Abbildungen einer Menge M auf sich „operiert" auf M. Es können aber auch Elemente einer anderen Gruppe G solche Abbildungen von M ergeben.

Definition   *Eine Operation einer Gruppe G auf einer nicht leeren Menge M ist eine Abbildung*

$$\tau : G \times M \to M \,, \ (a,x) \mapsto \tau_a(x) \,,$$

mit $\tau_{a \cdot b}(x) = \tau_a(\tau_b(x))$ und $\tau_e(x) = x$ für alle $a,b \in G$ und $x \in M$.

Anstelle von $\tau_a(x)$ schreibt man meist $a(x)$, dann lautet die obige Verträglichkeitsregel

$$(ab)(x) = a(b(x)) \quad \text{und} \quad e(x) = x \,.$$

Den Zusammenhang mit der symmetrischen Gruppe zeigt die

Bemerkung   *Sei G eine Gruppe und M eine nicht leere Menge.*

a) Ist τ eine Operation von G auf M, so ist für jedes $a \in G$ die Abbildung

$$\tau_a : M \to M \,, \ x \mapsto \tau_a(x) \,,$$

bijektiv und die Abbildung

$$G \to \mathcal{S}(M) \,, \ a \mapsto \tau_a \,,$$

ist ein Gruppenhomomorphismus.

b) Umgekehrt ist für jeden Gruppenhomomorphismus

$$\tau : G \to \mathcal{S}(M) \,, \ a \mapsto \tau_a \,,$$

die Abbildung

$$G \times M \to M \,, \ (a,x) \mapsto \tau_a(x) \,,$$

eine Operation.

Beweis Die einzige kleine Schwierigkeit im Beweis besteht darin zu zeigen, dass die Abbildung τ_a auf M bijektiv ist. Dazu benutzt man, dass $\tau_{a^{-1}}$ eine Umkehrabbildung ist, in Zeichen

$$(\tau_a)^{-1} = \tau_{a^{-1}} \,.$$

Dazu ist nachzuprüfen, dass $\tau_a \circ \tau_{a^{-1}} = \mathrm{id}_M = \tau_{a^{-1}} \circ \tau_a$. Das folgt aber sofort aus

$$\tau_{a^{-1}}(\tau_a(x)) = \tau_e(x) = \tau_a(\tau_{a^{-1}}(x))$$

für alle $a \in G$ und alle $x \in M$.   ∎

Es ist klar, dass die Bedingung $\tau_e = \mathrm{id}_M$ nicht überflüssig ist. Ist etwa $M = \{0,1\}$ und G beliebig, so ist durch $\tau_a(x) = 0$ für alle $a \in G$ und $x \in M$ keine Operation von G auf M erklärt.

Eine Operation von G auf M kann man also auch als Homomorphismus

$$\tau : G \to \mathcal{S}(M)$$

erklären. Dann ist $\tau(G) < \mathcal{S}(M)$, aber τ muss nicht injektiv sein. Man nennt die Operation *effektiv*, wenn τ injektiv ist.

Nach dem Ersten Isomorphiesatz (1.3.1) kann man jedes τ effektiv machen durch Übergang zu

$$\overline{\tau} : G/\mathrm{Ker}\,\tau \to \tau(G) < \mathcal{S}(M),$$

dann ist $\overline{\tau}$ injektiv.

Schließlich nennt man eine Operation von G auf M *transitiv*, wenn es zu $x, y \in M$ ein $a \in G$ gibt mit

$$a(x) = y \,,$$

und *einfach transitiv*, wenn $a \in G$ zu $x, y \in M$ eindeutig bestimmt ist.

1.4.2 Beispiele

Interessante geometrische Beispiele für Gruppenoperationen werden wir in 1.5 beschreiben. Zunächst einige elementare Situationen:

Beispiel 1   Ist K ein Körper, so ist durch jede invertierbare Matrix $A \in \mathrm{GL}(n;K)$ eine bijektive Abbildung

$$K^n \to K^n \,,\ x \mapsto Ax \,,$$

erklärt. In dieser Weise operiert $\mathrm{GL}(n;K)$ auf K^n; die Operation ist effektiv, aber nicht transitiv, da der Nullpunkt stets fest bleibt.

Beispiel 2   Eine Gruppe G operiert in verschiedener Weise auf sich selbst

$$G \times G \to G \,,\ (a,x) \mapsto a \cdot x \,,\ \textbf{\textit{Linkstranslation}} \,,$$

$$G \times G \to G \,,\ (a,x) \mapsto axa^{-1} \,,\ \textbf{\textit{Konjugation}} \,,$$

und falls G abelsch ist (Beispiel 7 aus 1.2.2)

$$G \times G \to G \,,\ (a,x) \mapsto x \cdot a \,,\ \textbf{\textit{Rechtstranslation}} \,.$$

Die Translationen sind effektiv und einfach transitiv, die Konjugation ist für $G \neq \{e\}$ nicht transitiv.

1.4.3 Bahnenraum und Standgruppe

Ist die Operation einer Gruppe auf einer Menge transitiv, so kann jeder Punkt in jeden anderen transportiert werden. Im Allgemeinen geht das nicht.

Operiert G auf M und ist $x \in M$, so heißt

$$G(x) := \{a(x) \in M : a \in G\} \subset M$$

die *Bahn* von x.

Aus der Definition einer Operation folgt, dass $G(x) = G(y)$ für $x, y \in M$, genau dann wenn $y \in G(x)$, denn

$$y \in G(x) \Leftrightarrow y = a(x) \text{ für ein } a \in G \Leftrightarrow G(y) = G(a(x)) = G(x).$$

Insbesondere folgt, dass durch

$$x \underset{G}{\sim} y := y \in G(x)$$

eine Äquivalenzrelation auf M erklärt wird. Die Menge $M/\underset{G}{\sim}$ heißt *Bahnenraum*.

Ist $N \subset M$, so heißt

$$\mathrm{Sta}_G(N) := \{a \in G : a(N) = N\} \subset G$$

die *Standgruppe* (oder *Isotropiegruppe*, oder *Stabilisator*) von N bezüglich der Operation von G auf M. Es ist $\mathrm{Sta}_G(N) < G$, denn für $a, b \in \mathrm{Sta}_G(N)$ ist

$$(ab^{-1})(N) = a(b^{-1}(N)) = a(N) = N \,.$$

Man beachte, dass $\mathrm{Sta}_G(x) < G$ im allgemeinen kein Normalteiler ist: Für $G = \mathcal{S}_n$ und $x = n$ ist $\mathrm{Sta}_G(n) = \mathcal{S}_{n-1} < \mathcal{S}_n$.

Beispiel   Ist etwa $M = \{1, ..., 6\}$

$$\sigma := \begin{pmatrix} 1 & 2 & 3 & 4 & 5 & 6 \\ 3 & 6 & 5 & 4 & 1 & 2 \end{pmatrix} \in \mathcal{S}_6 \quad \text{und} \quad G := \mathrm{Erz}(\sigma) < \mathcal{S}_6,$$

so hat man in $\{1, ..., 6\}$ als Bahnen von G die Teilmengen

$$G(1) = \{1, 3, 5\} = G(3) = G(5), \; G(2) = \{2, 6\} = G(6) \text{ und } G(4) = \{4\}.$$

Weiter findet man für die Stabilisatoren

$$\mathrm{Sta}_G(1) = \{\mathrm{id}, \sigma^3\}, \; \mathrm{Sta}_G(2) = \{\mathrm{id}, \sigma^2, \sigma^4\} \text{ und } \mathrm{Sta}_G(4) = G.$$

Mit etwas Rechnung findet man $\mathrm{ord}\, G = 6$.

Allgemein gibt es folgenden Zusammenhang zwischen den verschiedenen Anzahlen:

Bahn-Lemma   *Operiert G auf M und ist $x \in M$, so gilt*

$$\mathrm{ord}\,(G) \;=\; \#G(x) \cdot \mathrm{ord}\,\mathrm{Sta}_G(x), \qquad \textit{d.h.}$$

$$\#G(x) \;=\; \mathrm{ind}\,(G : \mathrm{Sta}_G(x)).$$

Beweis Wir setzen $H := \mathrm{Sta}_G(x)$ und zeigen, dass für jedes $x \in M$ die Abbildung

$$\overline{\mu} : G/H \to G(x), \; aH \mapsto a(x),$$

wohldefiniert und bijektiv ist. Dann folgt die Behauptung aus dem Satz von LAGRANGE (1.2.4). Zunächst hat man die surjektive Abbildung

$$\mu : G \to G(x), \; a \mapsto a(x).$$

Dabei ist $\mu^{-1}(a(x)) = aH$, denn $a(x) = b(x)$ für $a,b \in G$ ist gleichbedeutend mit $a^{-1}b \in H$, also $aH = bH$ (vgl. 1.2.3). Also ist $\overline{\mu}$ wohldefiniert und bijektiv.

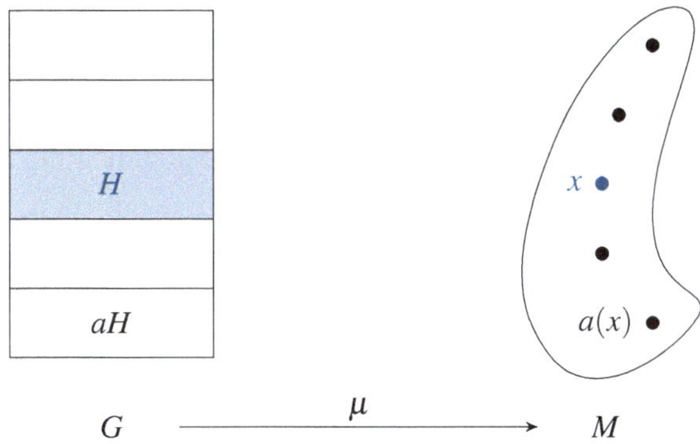

Operiert G transitiv auf M, so ist $G(x) = M$ für jedes $x \in M$ und ist die Operation einfach transitiv, so gilt $\mathrm{Sta}_G(x) = \{\mathrm{id}_G\}$. Daraus folgt:

Korollar   *Sei M eine endliche Menge, $x \in M$ beliebig und operiere G auf M. Dann gilt:*

Ist die Operation transitiv, so folgt $\mathrm{ord}\,G = \#M \cdot \mathrm{ord}\,\mathrm{Sta}_G(x)$.

Ist die Operation einfach transitiv, so folgt $\mathrm{ord}\,G = \#M$.

Unter einem *Vertretersystem* der Bahnen versteht man, wie allgemein bei Äquivalenzrelationen und Äquivalenzklassen, eine Teilmenge $V \subset M$, die aus jeder Bahn genau ein Element enthält. Durch Addition der im Bahn-Lemma berechneten Ordnungen der Bahnen erhält man unmittelbar die

Bahnengleichung   *Operiert die Gruppe G auf der endlichen Menge M und ist $V \subset M$ ein Vertretersystem der Bahnen, so gilt*

$$\#M = \sum_{x \in V} \#G(x) = \sum_{x \in V} \mathrm{ind}\,(G : \mathrm{Sta}_G(x)).$$

1.4.4 Die Klassengleichung[*]

Die elementare Bahnengleichung hat wichtige Konsequenzen, wenn man spezielle Operationen einer Gruppe G betrachtet. Für $a \in G$ hat man die Konjugation

$$\kappa_a : G \to G, \ x \mapsto axa^{-1},$$

sie heißt auch ein *innerer Automorphismus* von G. Die Abbildung

$$\kappa : G \to \mathcal{S}(G), \quad a \mapsto \kappa_a,$$

ist ein Homomorphismus, denn

$$\kappa_{a \cdot b}(x) = (ab)x(ab)^{-1} = a(bxb^{-1})a^{-1} = (\kappa_a \circ \kappa_b)(x).$$

Daher erklärt κ eine Operation von G auf sich. Wir definieren

$$Z(G) := \mathrm{Ker}\ \kappa = \{a \in G : axa^{-1} = x \text{ für alle } x \in G\}.$$

Als Kern eines Homomorphismus ist $Z(G)$ *Normalteiler*, in Zeichen $Z(G) \lhd G$. Man nennt $Z(G)$ das *Zentrum* von G. Da $axa^{-1} = x$ äquivalent ist zu $ax = xa$, besteht das Zentrum aus den Elementen $a \in G$, die mit allen $x \in G$ vertauschbar sind. Insbesondere ist $Z(G)$ *abelsch*.

Weiter erklärt man für jedes $x \in G$ den *Zentralisator* von x in G als

$$\mathrm{Zen}_G(x) := \mathrm{Sta}_G(x) = \{a \in G : axa^{-1} = x\}.$$

Das ist die Menge all der $a \in G$, die mit dem festen Element x vertauschbar sind. Als Standgruppe ist $\mathrm{Zen}_G(x) < G$ Untergruppe und nach den Definitionen gilt

$$Z(G) < \mathrm{Zen}_G(x) < G \quad \text{und} \quad Z(G) = \bigcap_{x \in G} \mathrm{Zen}_G(x).$$

Im Beispiel 6 aus 1.4.6 werden für einige Gruppen die Zentren bestimmt.

Die Gruppe $\mathrm{Aut}_i(G)$ der inneren Automorphismen ist das Bild von κ, in Zeichen

$$\kappa(G) = \mathrm{Aut}_i(G) < \mathrm{Aut}(G) < \mathcal{S}(G).$$

Aus dem ersten Isomorphiesatz folgt die

Bemerkung *Der Homomorphismus* $\kappa : G \to \mathcal{S}(G)$, $a \mapsto \kappa_a$ *ergibt einen Isomorphismus*

$$\overline{\kappa} : G/Z(G) \to \mathrm{Aut}_i(G).$$

∎

Nun betrachten wir in G die Bahnen $G(x)$ bei der Konjugation. $G(x) = \{x\}$ ist gleichbedeutend mit $x \in Z(G)$, die Elemente des Zentrums sind also die einelementigen Bahnen. Ist $x \notin Z(G)$, so ist $\mathrm{Zen}_G(x) \neq G$, also ist

$$\# G(x) = \mathrm{ind}\,(G : \mathrm{Zen}_G(x)) > 1$$

und ein Teiler von $\mathrm{ord}\,G$.

Aus der allgemeinen Bahngleichung ergibt sich unmittelbar die

Klassengleichung *Ist G eine endliche Gruppe, und sind $x_1,\ldots,x_k$ Vertreter der mehrelementigen Bahnen bei der Konjugation, so gilt*

$$\operatorname{ord} G = \operatorname{ord} Z(G) + \sum_{i=1}^{k} \operatorname{ind}(G : \operatorname{Zen}_G(x_i)) \,.$$

Für $\mathcal{S}_3$ und $\mathcal{S}_4$ werden die Klassengleichungen in Beispiel 4 aus 1.4.6 explizit bestimmt, für die Ikosaedergruppe $\mathcal{A}_5$ in 1.5.6.

Diese Gleichung ist ein entscheidendes Werkzeug beim Beweis von Sätzen über die Struktur endlicher Gruppen in 1.6. Hier nur ein kleiner Vorgeschmack:

Korollar *Ist p eine Primzahl und G eine Gruppe mit* $\operatorname{ord} G = p^2$, *so ist G abelsch.*

Wir benutzen den folgenden

Hilfssatz *Ist $G/Z(G)$ zyklisch, so ist G abelsch, also $Z(G) = G$.*

Beweis des Hilfssatzes Wir setzen $Z = Z(G)$ und wählen ein erzeugendes Element xZ von G/Z, wobei $x \in G$.

Zu $a,b \in G$ gibt es dann $k,l \in \mathbb{Z}$ und $z,w \in Z$ mit

$$aZ = x^k Z, \quad bZ = x^l Z \quad \text{und} \quad a = x^k z, \quad b = x^l w \,.$$

Daraus folgt

$$ab = x^k z x^l w = x^{k+l} zw = x^{k+l} wz = x^l w x^k z = ba \,.$$

Beweis des Korollars Nach dem Satz von Lagrange aus 1.2.4 kommen für $\operatorname{ord} Z(G)$ nur die Werte 1, p und p^2 in Frage.

Ist $\operatorname{ord} Z(G) = p^2$, so ist $Z(G) = G$ und G abelsch. Es genügt also, die Werte 1 und p auszuschließen.

Um $\operatorname{ord} Z(G) = 1$ auszuschließen, zeigen wir mit Hilfe der Klassengleichung, dass p ein Teiler von $\operatorname{ord} Z(G)$ sein muss. Ist x Vertreter einer mehrelementigen Bahn, so ist $\operatorname{ord} \operatorname{Zen}_G(x)$ gleich 1 oder p, also $\operatorname{ind}(G : \operatorname{Zen}_G(x))$ gleich p oder p^2. Somit muss p auch $\operatorname{ord} Z(G)$ teilen.

Aus $\operatorname{ord} Z(G) = p$ folgt $\operatorname{ord}(G/Z(G)) = p$. Dann ist $G/Z(G)$ zyklisch und aus dem Hilfssatz folgt $Z(G) = G$, im Widerspruch zur Annahme $Z(G) \neq G$.

1.4.5 Zyklenzerlegung einer Permutation

Wir wenden nun die in 1.4.3 erhaltene Zerlegung einer Menge in Bahnen auf eine Permutation $\sigma \in \mathcal{S}_n$ an. Damit wird die „Struktur" von σ klarer erkennbar und man kann dann einfacher mit Permutationen rechnen.

Zunächst erklären wir besonders einfache Permutationen. Ist M eine beliebige nicht leere Menge, so heißt ein $\xi \in \mathcal{S}(M)$ ein *Zyklus der Länge* m (oder m-*Zyklus*), wenn es paarweise verschiedene $x_1, \ldots, x_m \in M$ gibt, so dass

$$\xi(x_i) = x_{i+1} \quad \text{für} \quad i = 1, \ldots, m-1 \,, \ \xi(x_m) = x_1 \ \text{und}$$

$$\xi(x) = x \qquad \text{für alle} \quad x \in M \smallsetminus \{x_1, \ldots, x_m\} \,.$$

Man schreibt dafür $\xi := (x_1, \ldots, x_m)$. Man beachte, dass

$$(x_1, x_2, \ldots, x_m) = (x_2, x_3, \ldots, x_m, x_1) = \ldots = (x_m, x_1, \ldots, x_{m-1}) \,,$$

$$(x_1, x_2, \ldots, x_m)^{-1} = (x_m, x_{m-1}, \ldots, x_1) \,.$$

Ein 1-Zyklus ist die Identität; ein 2-Zyklus $\tau = (x_1, x_2)$ ist eine Transposition, er vertauscht x_1 und x_2.

Bemerkung   *a) Sind* $\xi = (x_1, \ldots, x_m)$ *und* $\eta = (y_1, \ldots, y_n)$ *elementfremde Zyklen (d.h.* $\{x_1, \ldots, x_m\} \cap \{y_1, \ldots, y_n\} = \emptyset$*), so ist*

$$\xi \circ \eta = \eta \circ \xi \,,$$

die Zyklen sind also vertauschbar.

b) Jeder m-Zyklus ist Produkt von $m-1$ Transpositionen.

c) $\mathrm{sign}\,(x_1, \ldots, x_m) = (-1)^{m-1}$.

d) $\mathrm{ord}\,(x_1, \ldots, x_m) = m$ *(vgl. 1.2.4).*

Beweis *a*) ist klar, da die beiden Zyklen unabhängig voneinander wirken.

b) folgt aus $(x_1, \ldots, x_m) = (x_1, x_m) \circ (x_1, x_{m-1}) \circ \ldots \circ (x_1, x_2)$.

c) folgt aus *b*) und $\mathrm{sign}\,(x_1, x_j) = -1$. (Bemerkung in Beispiel 6 aus 1.2.2)

d) Ist $\xi = (x_1, \ldots, x_m)$, so gilt offenbar $\xi^m = \mathrm{id}$, also $\mathrm{ord}\,\xi \leq m$. Andererseits ist für $k < m$

$$\xi^k(x_1) = x_{k+1} \neq x_1 \,.$$

∎

Die wichtigste Eigenschaft der Zyklen ergibt sich aus dem

Satz über die Zyklenzerlegung einer Permutation   *Für $n \geq 2$ ist jedes $\sigma \in \mathcal{S}_n$ Produkt elementfremder Zyklen, und die Faktoren sind bis auf die Reihenfolge eindeutig bestimmt.*

Beweis Wir betrachten die Gruppe

$$G := \mathrm{Erz}\,\sigma = \{\sigma^r : r \in \mathbb{Z}\} < \mathcal{S}_n$$

und ihre Operation auf $M = \{1,\ldots,n\}$. Nach 1.4.3 hat man eine disjunkte Zerlegung

$$M = G(i_1) \cup \ldots \cup G(i_m)$$

in $m \leq n$ Bahnen, wobei $i_j \in G(i_j)$ für $j = 1,\ldots,m$ ein beliebiger Repräsentant ist. Ist $G(i)$ eine dieser endlichen Bahnen, so gibt es dazu $r,k \in \mathbb{N} \smallsetminus \{0\}$ mit

$$\sigma^r(i) = \sigma^{r+k}(i)\,, \text{ also } i = \sigma^k(i)\,.$$

Ist k minimal gewählt, so folgt

$$G(i) = \{i, \sigma(i),\ldots,\sigma^{k-1}(i)\}\,,\ \#G(i) = k\,.$$

Zu dieser Bahn gehört der k-Zyklus

$$\xi = (i, \sigma(i),\ldots,\sigma^{k-1}(i))\,.$$

Auf diese Weise erhält man elementfremde Zyklen $\xi_1,\ldots,\xi_m$ der Längen $k_1,\ldots,k_m$ mit $k_1 + \ldots + k_m = n$, und es ist nach Konstruktion

$$\sigma = \xi_1 \circ \ldots \circ \xi_m\,.$$

Hat man umgekehrt eine solche Darstellung, so muss sie zu den Bahnen passen; daraus folgt die Eindeutigkeit (vgl. dazu das Beispiel in 1.4.3). $\blacksquare$

Korollar *Ist $n \geq 3$, so gilt:*

a) Jede Permutation $\sigma \in \mathcal{S}_n$ ist Produkt von Transpositionen.

b) Jede Permutation $\sigma \in \mathcal{A}_n$ ist Produkt von 3-Zyklen.

Beweis a) Nach dem obigen Satz ist σ Produkt von Zyklen, nach der Bemerkung ist jeder Zyklus Produkt von Transpositionen.

b) Wegen $\mathrm{sign}\,\sigma = +1$ und $\mathrm{sign}\,\tau = -1$ für jede Transposition τ, ist σ Produkt einer geraden Zahl von Transpositionen. Also genügt es jedes Produkt von zwei Transpositionen als Produkt von 3-Zyklen darzustellen. Hierbei muss man unterscheiden, ob die beiden Transpositionen elementfremd sind oder nicht: Sind i,j,k,l im Fall $n \geq 4$ paarweise verschieden, so folgt

$$(k,l) \circ (i,j) = (i,l,k) \circ (i,j,k)\,.$$

Andernfalls ist

$$(i,k) \circ (i,j) = (i,j,k) \text{ für } n \geq 3\,.$$

Besonders nützlich für den Umgang mit Permutationen sind die folgenden

Rechenregeln   *Ist $\sigma = \xi_1 \circ \ldots \circ \xi_m \in S_n$ mit elementfremden Zyklen der Längen $k_1, \ldots, k_m$, so gilt*

a) $\operatorname{sign} \sigma = (-1)^{k_1 - 1} \cdot \ldots \cdot (-1)^{k_m - 1}$.

b) $\operatorname{ord} \sigma = \operatorname{kgV}(k_1, \ldots, k_m)$.

Beweis Regel *a*) gilt, da das Signum multiplikativ ist.

Zum Beweis von *b*) setzen wir $k := \operatorname{ord} \sigma$. Da die ξ_i vertauschbar sind, folgt $k \,|\, \operatorname{kgV}(k_1, \ldots, k_m)$ aus der Bemerkung in 1.2.4.

Aus $\sigma^k = \operatorname{id}$ folgt in diesem Fall auch $\xi_i^k = \operatorname{id}$ für alle i, da die Faktoren elementfremde Zyklen sind. Das ergibt $k_i \,|\, k$ und $\operatorname{kgV}(k_1, \ldots, k_m) \,|\, k$.

∎

Vorsicht!   Über die Ordnung eines Produktes von nicht elementfremden Zyklen kann man keine brauchbare Vorhersage machen (Beispiel 3 in 1.4.6).

1.4.6 Beispiele

Wir geben einige Beispiele für das Rechnen mit Zyklen.

Beispiel 1   Sei

$$\sigma = \begin{pmatrix} 1 & 2 & 3 & 4 & 5 & 6 & 7 & 8 & 9 & 10 \\ 9 & 4 & 8 & 10 & 1 & 2 & 7 & 3 & 5 & 6 \end{pmatrix} \in S_{10}\,.$$

Dann ist $\sigma = (1, 9, 5)(2, 4, 10, 6)(3, 8)(7)$, also

$$\operatorname{sign} \sigma = (+1)(-1)(-1)(+1) = +1 \quad \text{und}$$

$$\operatorname{ord} \sigma = \operatorname{kgV}(3, 4, 2, 1) = 12\,.$$

Beispiel 2   Die Potenz eines Zyklus muss kein Zyklus sein, zerfällt aber in ein Produkt von Zyklen gleicher Länge. Es ist etwa für $\xi = (1, 2, 3, 4, 5, 6)$

$$\begin{aligned} \xi^2 &= (1, 3, 5)(2, 4, 6) \\ \xi^3 &= (1, 4)(2, 5)(3, 6) \\ \xi^4 &= (1, 5, 3)(2, 6, 4) \\ \xi^5 &= (1, 6, 5, 4, 3, 2) \\ \xi^6 &= (1)(2)(3)(4)(5)(6) = \operatorname{id}\,. \end{aligned}$$

Allgemein zerfällt für einen m-Zyklus ξ die Potenz ξ^n in ein Produkt von $\operatorname{ggT}(m, n)$ elementfremden Zyklen gleicher Länge $m/\operatorname{ggT}(m, n)$. Der Beweis sei dem Leser überlassen.

Beispiel 3 Wir illustrieren mögliche Ordnungen des Produkts von zwei nicht vertauschbaren Permutationen.

Bei Transpositionen mit einem gemeinsamen Element ist

$$(1,2)(2,3) = (1,2,3) \,,$$

also hat das Produkt die Ordnung 3. Nun betrachten wir Transpositionen und 3-Zyklen.

Ist $\tau = (1,2)$ und $\xi = (2,3,4) \in S_4$, so ist $\tau\xi = (1,2,3,4)$, also ist

$$\operatorname{ord}\tau = 2 \,, \quad \operatorname{ord}\xi = 3 \,, \quad \operatorname{ord}(\tau\xi) = 4 \,.$$

Ist $\tau_1 = (1,5)$, $\tau_2 = (3,2)$, $\xi = (1,3,4) \in S_5$, so ist $\tau_1\tau_2\xi = (1,2,3,4,5)$, also

$$\operatorname{ord}(\tau_1\tau_2) = 2 \,, \quad \operatorname{ord}\xi = 3 \,, \quad \operatorname{ord}((\tau_1\tau_2)\cdot\xi) = 5 \,.$$

Ist $\tau_1 = (1,5)$, $\tau_2 = (3,2)$, $\xi_1 = (1,3,4)$, $\xi_2 = (5,6,7) \in S_7$, so ist $\tau_1\tau_2\xi_1\xi_2 = (1,2,3,4,5,6,7)$, also

$$\operatorname{ord}(\tau_1\tau_2) = 2 \,, \quad \operatorname{ord}(\xi_1\xi_2) = 3 \,, \quad \operatorname{ord}((\tau_1\tau_2)(\xi_1\xi_2)) = 7 \,.$$

Beispiel 4 Mit Hilfe der Zyklenzerlegung von Permutationen erhält man wichtige Informationen über die Struktur der Gruppen S_n. Wir führen das für S_3 und S_4 aus.

Elemente von S_3	Anzahl	Ordnung	Signum
id	1	1	$+$
$(1,2), (1,3), (2,3)$	3	2	$-$
$(1,2,3), (3,2,1)$	2	3	$+$
Summe	6		

Elemente von S_4	Anzahl	Ordnung	Signum
id	1	1	$+$
$(1,2), (1,3), (1,4), (2,3), (2,4), (3,4)$	6	2	$-$
$(1,2,3), (1,2,4), (1,3,4), (2,3,4)$ $(3,2,1), (4,2,1), (4,3,1), (4,3,2)$	8	3	$+$
$(1,2,3,4), (1,3,2,4), (1,4,2,3)$ $(1,2,4,3), (1,3,4,2), (1,4,3,2)$	6	4	$-$
$(1,2)\cdot(3,4), (1,3)\cdot(2,4), (2,3)\cdot(1,4)$	3	2	$+$
Summe	24		

Folgende Informationen seien notiert:

Ordnungen von Elementen In $\mathcal{S}_3$ gibt es Elemente der Ordnung $1, 2$ und 3, aber kein Element der Ordnung 6.

In $\mathcal{S}_4$ gibt es Elemente der Ordnung $1, 2, 3$ und 4, aber keine der weiteren Teiler $6, 8, 12$ und 24 von 24.

Ordnungen von Untergruppen In $\mathcal{S}_3$ gibt es echte Untergruppen der Ordnungen 2 und 3.

In $\mathcal{S}_4$ gibt es neben den von Elementen erzeugten zyklischen Untergruppen der Ordnungen $2, 3$ und 4 auch Untergruppen der
  Ordnung 6, etwa $\mathcal{S}_3$,
  Ordnung 8, etwa D_4 erzeugt von $(1,2,3,4)$ und $(2,3)$,
  Ordnung 12, nämlich $\mathcal{A}_4$.

In $\mathcal{A}_4$ gibt es keine zu $\mathcal{S}_3$ isomorphe Untergruppe: Beide enthalten 3 Elemente der Ordnung 2. Aber in $\mathcal{A}_4$ bilden sie zusammen mit id eine Untergruppe, isomorph zur Kleinschen Vierergruppe. Dagegen erzeugen die drei Transpositionen von $\mathcal{S}_3$ die ganze Gruppe $\mathcal{S}_3$. Da nicht einmal $\mathcal{S}_4$ ein Element der Ordnung 6 enthält, kann $\mathcal{A}_4$ keine zyklische Untergruppe der Ordnung 6 enthalten. In Beispiel 1 aus 1.6.9 werden wir sehen, dass jede Gruppe der Ordnung 6 entweder zyklisch oder isomorph zu $\mathcal{S}_3$ ist. Daraus folgt dann:

$$\mathcal{A}_4 \ \textit{enthält keine Untergruppe der Ordnung} \ 6\,,$$

obwohl 6 ein Teiler von 12 ist. Also gilt keine Umkehrung des Satzes von Lagrange.

Wirkung der Konjugation Die in 1.4.4 untersuchten Bahnen bei der Konjugation nennt man auch ***Konjugationsklassen***. Zwei Permutationen $\sigma, \sigma' \in \mathcal{S}_n$ liegen in der gleichen Konjugationsklasse, wenn es ein $\tau \in \mathcal{S}_n$ gibt mit

$$\sigma' = \tau \circ \sigma \circ \tau^{-1}\,.$$

Es ist einfach zu sehen, dass dies gleichbedeutend damit ist, dass σ und σ' die gleiche ***Zyklenstruktur*** besitzen, denn eine Konjugation bedeutet nicht mehr als eine Umverteilung der Nummern. Da der allgemeine Fall nur mit einigem formalen Aufwand beschrieben werden kann, geben wir ein typisches Beispiel in $\mathcal{S}_5$.

Ist $\sigma = (1,2,3) \cdot (4,5)$ und $\tau = (1,4)$, so folgt

$$\tau \cdot \sigma \cdot \tau^{-1} = (1,5)(2,3,4)\,.$$

Das ist die gleiche „Zyklenstruktur", nämlich das Produkt von einem 2-Zyklus mit einem 3-Zyklus. Umgekehrt erhält man zu σ und σ' ein τ, indem man σ und σ' übereinanderschreibt:

$$\begin{aligned}\sigma &:= (1,2,3)(4,5) \\ \sigma' &:= (2,3,4)(1,5)\end{aligned} \quad \text{und} \quad \tau := \begin{pmatrix} 1 & 2 & 3 & 4 & 5 \\ 2 & 3 & 4 & 1 & 5 \end{pmatrix} = (1,2,3,4)\,.$$

Dann ist $\tau \cdot \sigma \cdot \tau^{-1} = \sigma'$. Daran sieht man auch, dass τ nicht eindeutig bestimmt ist.

Die Klassengleichungen in $\mathcal{S}_3$ und $\mathcal{S}_4$ kann man damit aus den obigen Tabellen ablesen, wobei das Zentrum nur aus dem neutralen Element besteht.

$$\mathcal{S}_3: \quad 6 = 1 + 3 + 2\,,$$
$$\mathcal{S}_4: \quad 24 = 1 + 6 + 8 + 6 + 3\,.$$

Beispiel 5   Zu jedem beliebigen Körper K gibt es einen kanonischen Monomorphismus

$$\psi : \mathcal{S}_n \longrightarrow \mathrm{GL}\,(n; K)\,,$$

der wie folgt erklärt ist. Bezeichnen $e_1, \ldots, e_n \in K^n$ die kanonischen Basisvektoren, so gibt es zu jedem $\sigma \in \mathcal{S}_n$ eine eindeutig bestimmte **Permutationsmatrix** A_σ mit

$$A_\sigma \cdot e_i = e_{\sigma(i)} \quad \text{und} \quad \psi(\sigma) := A_\sigma\,.$$

A_σ entsteht aus E_n, indem man mit σ die Spalten permutiert.

Da ψ injektiv ist, kann $\mathcal{S}_n$ als Untergruppe von $\mathrm{GL}\,(n; K)$ angesehen werden. Andererseits ist nach dem Satz von CAYLEY aus Beispiel 7 in 1.2.2 jede Gruppe G isomorph zu einer Untergruppe von $\mathcal{S}(G)$. Damit ist jede endliche Gruppe G der Ordnung n auch isomorph zu einer Untergruppe von $\mathrm{GL}\,(n; K)$. Das zeigt, dass alle möglichen Verknüpfungen in endlichen Gruppen durch die Multiplikation von Matrizen beschrieben werden können. Allerdings geht das im Allgemeinen mit einem n, das wesentlich kleiner als die Gruppenordnung ist (vgl. etwa die Quaternionengruppe der Ordnung 8 als Untergruppe von $\mathrm{GL}\,(2; \mathbb{C})$ in Beispiel 4 aus 1.1.9).

Die Einträge in A_σ sind nur 0 und 1. Daher kann man sich auf den kleinsten Körper $K = \mathbb{F}_2 = \{0, 1\}$ beschränken. Dass die Abbildung ψ nie surjektiv sein kann, folgt aus dem

Hilfssatz   *Für $n \geq 2$ gilt* $\mathrm{ord}\,\mathrm{GL}\,(n; \mathbb{F}_2) > n!$

Beweis Man muss die invertierbaren Matrizen mit Einträgen $\{0, 1\}$ abzählen. In $\mathbb{F}_2^n$ gibt es 2^n Vektoren. In der ersten Spalte ist nur der Nullvektor ausgeschlossen; für $1 \leq k \leq n$ sind in der Spalte k alle Linearkombinationen der Spalten $1, \ldots, k-1$ ausgeschlossen. Also hat man $2^n - 2^{k-1}$ Möglichkeiten und

$$\mathrm{ord}\,\mathrm{GL}\,(n; \mathbb{F}_2) = \prod_{k=1}^{n} (2^n - 2^{k-1})\,.$$

Nach der Formel für die geometrische Reihe ist

$$2^n - 2^{k-1} = 2^{k-1}(2^{n-k+1} - 1) = 2^{k-1} \sum_{r=0}^{n-k} 2^r \geq 2^{k-1}(n - k + 1) \geq n - k + 1\,,$$

daraus folgt die behauptete Ungleichung.   ∎

Für $n = 2$ und $G := \mathrm{GL}(2; \mathbb{F}_2)$ ist $\mathrm{ord}\,G = (4 - 1)(4 - 2) = 6$ und

$$G = \left\{ \begin{pmatrix} 1 & 0 \\ 0 & 1 \end{pmatrix}, \begin{pmatrix} 1 & 1 \\ 0 & 1 \end{pmatrix}, \begin{pmatrix} 0 & 1 \\ 1 & 0 \end{pmatrix}, \begin{pmatrix} 0 & 1 \\ 1 & 1 \end{pmatrix}, \begin{pmatrix} 1 & 1 \\ 1 & 0 \end{pmatrix}, \begin{pmatrix} 1 & 0 \\ 1 & 1 \end{pmatrix} \right\}\,.$$

Wie man etwa durch Berechnung der Ordnungen der Elemente sehen kann, ist G isomorph zu $\mathcal{S}_3$. Einfacher ist es mit Hilfe von Beispiel 1 aus 1.6.9.

Ist allgemeiner K ein endlicher Körper mit $q = p^r$ Elementen (vgl. 3.3.4), so kann man ganz analog beweisen, dass

$$\operatorname{ord}\operatorname{GL}(n;K) = \prod_{k=1}^{n}(q^n - q^{k-1})\,.$$

Insbesondere folgt wegen $q \geq 2$, dass $\operatorname{ord}\operatorname{GL}(n;K) \geq \operatorname{ord}\operatorname{GL}(n;\mathbb{F}_2)$.

Beispiel 6   Wir bestimmen das Zentrum für die Gruppen $\mathcal{S}_n$, $\mathcal{A}_n$ und $\operatorname{GL}(n;K)$. Zunächst ist

$$Z(\mathcal{S}_n) = \begin{cases} \mathcal{S}_2 & \text{für} \quad n = 2\,, \\ \{e\} & \text{für} \quad n \neq 2\,. \end{cases}$$

$\mathcal{S}_1 = \{e\}$ und $\mathcal{S}_2$ ist abelsch. Also bleibt der Fall $n \geq 3$ zu behandeln. Dazu zeigen wir, dass es zu jedem $\sigma \in \mathcal{S}_n$ mit $\sigma \neq e$ ein $\tau \in \mathcal{S}_n$ gibt, so dass

$$\sigma\tau \neq \tau\sigma\,.$$

Es gibt $i, j \in \{1, \ldots, n\}$ mit $\sigma(i) \neq i$ und $i \neq j \neq \sigma(i)$. Ist dann $\tau := (i, j)$, so ist

$$(\sigma \circ \tau)(i) = \sigma(j) \neq \sigma(i) = (\tau \circ \sigma)(i)\,.$$

Weiter ist

$$Z(\mathcal{A}_n) = \begin{cases} \mathcal{A}_n & \text{für} \quad n \leq 3\,, \\ \{e\} & \text{für} \quad n \geq 4\,. \end{cases}$$

Für $n \leq 3$ ist die Aussage klar, da $\mathcal{A}_n$ abelsch ist. Sei also $n \geq 4$ und $\sigma \in \mathcal{A}_4$ mit $\sigma \neq \mathrm{id}$. Wir können annehmen, dass $\sigma(1) = 2$. Da $n \geq 4$, gibt es ein i mit $i \neq 2$ und $i \neq \sigma(2)$. Daher gilt

$$((1,2,i) \circ \sigma)(1) = i \neq \sigma(2) = (\sigma \circ (1,2,i))(1)\,.$$

Etwas schwieriger ist der Beweis von

$$Z(\operatorname{GL}(n;K)) = \{\lambda E_n : \lambda \in K^{\times}\}$$

für jeden Körper K. Die Inklusion „$\supset$" ist klar; zum Beweis von „$\subset$" zeigen wir zuerst, dass eine Matrix $A = (a_{ij})$ aus dem Zentrum keinen Eintrag außerhalb der Diagonalen besitzt, d.h. für $i \neq j$ muss $a_{ij} = 0$ sein. Dazu verwenden wir die aus der linearen Algebra bekannte ***Elementarmatrix*** B_{ji} mit Einsen in der Diagonalen und an der Stelle (j, i), sonst Nullen. Dann ist für $a_{ij} \neq 0$

$$B_{ji} \cdot A \neq A \cdot B_{ji}, \quad \text{denn} \quad a_{ii} \neq a_{ii} + a_{ij}\,,$$

das sind die Einträge an der i-ten Stelle der Diagonalen der Produktmatrizen.

Angenommen A ist eine Diagonalmatrix mit $a_{ii} \neq a_{jj}$ für $i \neq j$. Ist P_{ij} die zur Transposition (i, j) gehörende Permutationsmatrix, so ist

$$P_{ij} \cdot A \neq A \cdot P_{ij}\,,$$

weil die Einträge in den Zeilen i und j der Produktmatrizen verschieden sind.

1.5 Symmetriegruppen*

Mit den nun zur Verfügung stehenden Techniken der Gruppentheorie können wir die Struktur der Symmetriegruppen einiger geometrischer Figuren aufklären. Wir beginnen mit den regelmäßigen n-Ecken in der Ebene, dann folgen die Platonischen Körper. Viele weitere Untersuchungen dazu findet man etwa bei [N-S-T] und [Kn].

1.5.1 Regelmäßige n-Ecke und die Diedergruppe

Zur Beschreibung *regelmäßiger n-Ecke* $P_n \subset \mathbb{R}^2$ benutzen wir für $n \in \mathbb{N} \setminus \{0\}$ die primitive komplexe n-te Einheitswurzel

$$\zeta_n := \exp \frac{2\pi \mathbf{i}}{n} \in \mathbb{C} = \mathbb{R}^2$$

Ihre Potenzen $\zeta_n^0 = 1$, ζ_n, $\zeta_n^2, \ldots, \zeta_n^{n-1}$ bilden die n Ecken von P_n.

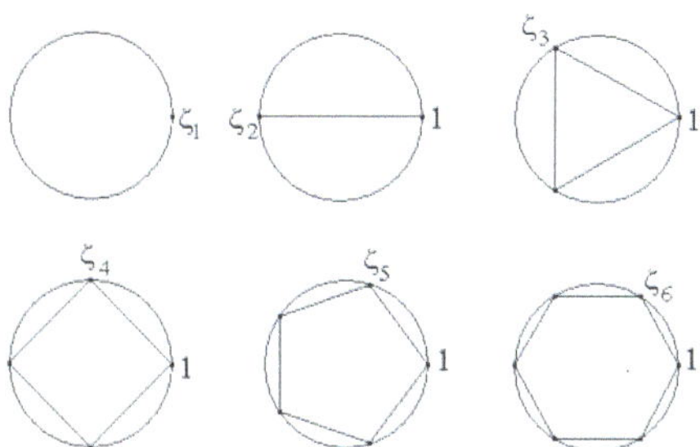

Unter einer *Symmetrie* von P_n versteht man eine Isometrie des $\mathbb{R}^2$, die P_n auf sich abbildet. Für $n \geq 2$ muss sie den Ursprung fest lassen, und wird durch eine orthogonale Matrix beschrieben. Um Fallunterscheidungen zu vermeiden, setzen wir das auch für $n = 1$ beim armen „Eineck" voraus. Bei der Symmetrie ist noch zu beachten, ob die Orientierung erhalten wird. Nach diesen Vorbemerkungen erklären wir für $n \geq 1$ die *Symmetriegruppen*

$$\mathrm{Sym}\,(P_n) := \{A \in \mathrm{O}(2) : A(P_n) = P_n\} < \mathrm{O}(2) \ \text{ und}$$

$$\mathrm{Sym}_+(P_n) := \{A \in \mathrm{Sym}\,(P_n) : \det A = +1\} < \mathrm{SO}(2)\,.$$

Zur Beschreibung der Struktur dieser Gruppen bezeichnen wir zur Abkürzung mit $Z_n = \mathbb{Z}/n\mathbb{Z}$ die zyklische Gruppe der Ordnung n und mit

$$D_n = Z_n \rtimes Z_2$$

die in Beispiel 6 aus 1.3.6 erklärte Diedergruppe der Ordnung $2n$, wobei Z_n und Z_2 als Untergruppen von D_n betrachtet werden, und $Z_n \triangleleft D_n$.

Satz   *Für ein regelmäßiges n-Eck $P_n \subset \mathbb{R}^2$ mit $n \geq 1$ gibt es Isomorphismen*

$$
\begin{array}{ccc}
\mathrm{Sym}\,(P_n) & \xrightarrow{\;\cong\;} & D_n \\
\cup & & \cup \\
\mathrm{Sym}_+(P_n) & \xrightarrow{\;\cong\;} & Z_n \,.
\end{array}
$$

Man beachte, dass Z_n abelsch, aber D_n für $n \geq 3$ nicht abelsch ist.

Beweis Wir behandeln zunächst den orientierbaren Fall und wir zeigen, dass alle orientierungserhaltenden Symmetrien Drehungen um ein ganzzahliges Vielfaches des Winkels $2\pi/n$ sind. Dazu erinnern wir, dass es zu jeder Matrix $A \in \mathrm{SO}\,(2)$ einen Winkel $\varphi \in [0, 2\pi[$ gibt mit

$$
A = A_\varphi = \begin{pmatrix} \cos\varphi & -\sin\varphi \\ \sin\varphi & \cos\varphi \end{pmatrix}.
$$

Ist nun A eine Symmetrie, also $A(P_n) = P_n$, so muss die Ecke 1 auf eine Ecke

$$
\zeta_n^k = \exp\left(\frac{2\pi \mathrm{i}k}{n}\right) = e^{\mathrm{i}\varphi} \quad \text{mit} \quad \varphi = k\frac{2\pi}{n}
$$

abgebildet werden, also ist $A = A_\varphi$. Da $A_\psi \circ A_\varphi = A_{\varphi+\psi}$ erhält man einen Homomorphismus

$$
\alpha : \mathrm{Sym}_+(P_n) \to Z_n \,, \; A \mapsto k + n\mathbb{Z} \,.
$$

Umgekehrt gehört zu jedem Winkel $\varphi = k\frac{2\pi}{n}$ mit $0 \leq k \leq n-1$ genau eine Symmetrie A_φ, also ist α ein Isomorphismus.

Für den allgemeinen Fall erinnern wir zunächst daran, dass $\mathrm{SO}(2)$ abelsch, aber $\mathrm{O}(2)$ nicht abelsch ist. Die Matrix

$$
S := \begin{pmatrix} 1 & 0 \\ 0 & -1 \end{pmatrix} \quad \text{mit} \quad \det S = -1
$$

beschreibt die Spiegelung an der x-Achse, komplex gesehen die Konjugation $z \mapsto \bar{z}$. Da

$$
\overline{\zeta_n^k} = \zeta_n^{-k} \quad \text{ist} \quad S(P_n) = P_n \,, \text{also} \; S \in \mathrm{Sym}\,(P_n) \setminus \mathrm{Sym}_+(P_n) \,.
$$

Der Normalteiler $\mathrm{Sym}_+(P_n) \lhd \mathrm{Sym}\,(P_n)$ (als Kern der Determinante) hat demnach den Index 2, also hat man eine disjunkte Vereinigung

$$
\mathrm{Sym}\,(P_n) = \mathrm{Sym}_+(P_n) \cup \mathrm{Sym}_+(P_n) \cdot S \,.
$$

Bezeichnet $H := \{E, S\} < \mathrm{Sym}\,(P_n)$ die zu Z_2 isomorphe Untergruppe, so folgt

$$
\mathrm{Sym}\,(P_n) = \mathrm{Sym}_+(P_n) \cdot H \,.
$$

Da $\mathrm{Sym}_+(P_n) \cap H = \{E\}$, ist $\mathrm{Sym}\,(P_n)$ Produkt der beiden Untergruppen. Um zu prüfen, ob H ein Normalteiler ist, und um den geometrischen Hintergrund aufzuhellen, benutzen wir die Beziehung

$$
A_\varphi \cdot S = S \cdot A_\varphi^{-1} \quad \text{für alle} \; \varphi \in \mathbb{R} \,. \tag{$*$}
$$

Offensichtlich sind die beiden Matrizen links und rechts gleich

$$\begin{pmatrix} \cos\varphi & \sin\varphi \\ \sin\varphi & -\cos\varphi \end{pmatrix} = SA_{-\varphi} \, ,$$

und diese Abbildung beschreibt eine Spiegelung an der Geraden mit dem Winkel $\varphi/2$.

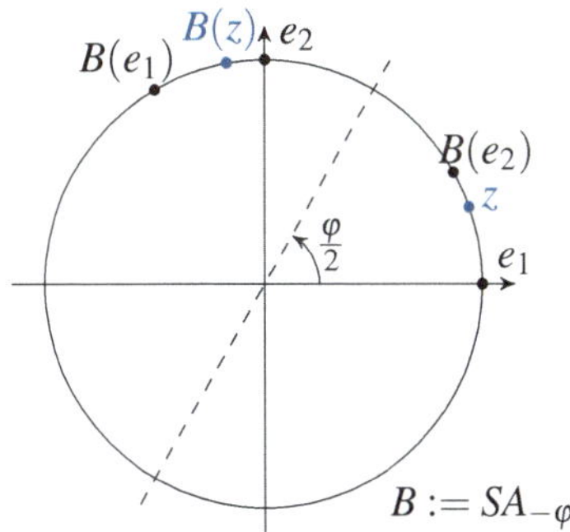

Aus (∗) folgt sofort $A_\varphi S A_\varphi^{-1} = A_{2\varphi} S$. Also ist H genau dann Normalteiler, wenn mit $\varphi = \frac{2\pi}{n}$

$$A_{2\varphi} = E \text{ gilt}, \text{ d.h. } n = 1 \text{ oder } 2 \, .$$

Daher ist für $n \geq 3$

$$\mathrm{Sym}\,(P_n) = \mathrm{Sym}_+(P_n) \rtimes H$$

semidirektes Produkt.

Die Isomorphie zur Diedergruppe erkennt man an den typischen Relationen

$$A_\varphi^n = E \, , \ S^2 = E \quad \text{und} \quad A_\varphi S = SA_\varphi^{-1} \, .$$

Für $n = 1$ ist $Z_1 = \{E\}$ und $D_1 = \{E, S\} \cong Z_2$, für $n = 2$ ist $D_2 \cong Z_2 \times Z_2$ die abelsche Kleinsche Vierergruppe. ■

1.5.2   Endliche Untergruppen von $O(2)$

Wie wir gerade gesehen haben, gibt es die endlichen Untergruppen

$$Z_n < \mathrm{SO}(2) \quad \text{und} \quad D_n < \mathrm{O}(2)$$

als Symmetriegruppen eines regulären n-Ecks. Wir wollen nun zeigen, dass dies in $\mathrm{SO}(2)$ alle und in $\mathrm{O}(2)$ „im Wesentlichen" alle endlichen Untergruppen sind. Dies ist ein weiterer Hinweis auf die engen Beziehungen zwischen Gruppentheorie und Geometrie.

Was bedeutet „im Wesentlichen"? Das reguläre n-Eck P_n war so gewählt, dass $(1,0)$ ein Eckpunkt war, durch die spezielle Spiegelung S an der x-Achse bleibt er fest. Verwendet man ein um den Winkel φ gedrehtes n-Eck $P_n' = A_\varphi(P_n)$, so ist

$$\mathrm{Sym}\,(P_n') = A_\varphi \cdot \mathrm{Sym}\,(P_n) \cdot A_\varphi^{-1} \, ,$$

also eine konjugierte Untergruppe. Da $\mathrm{Sym}_+(P_n)$ abelsch ist, hat die Konjugation im orientierbaren Fall keine Wirkung.

Nach diesen Vorbemerkungen der

Satz über die endlichen Untergruppen von $O(2)$

a) Ist $G < SO(2)$ endlich, $\operatorname{ord} G = n$, so ist $G = \operatorname{Sym}_+(P_n)$.
Insbesondere ist G zyklisch und erzeugt von einer Drehung.

b) Ist $G < O(2)$ endlich, $G \not\subset SO(2)$, so ist G konjugiert zu einer Gruppe $\operatorname{Sym}(P_n)$, d.h. es gibt ein $A \in SO(2)$ derart, dass

$$G = A \cdot \operatorname{Sym}(P_n) \cdot A^{-1}\,.$$

Insbesondere ist G isomorph zur Diedergruppe D_n und $\operatorname{ord} G = 2n$.

Beweis $a)$ Jedes $A \in SO(2)$ ist von der Form

$$A_\alpha = \begin{pmatrix} \cos\alpha & -\sin\alpha \\ \sin\alpha & \cos\alpha \end{pmatrix}$$

mit $\alpha \in [0,2\pi[$. Ist $G \neq \{E\}$, so gibt es ein $A_\alpha \in G$ mit $\alpha > 0$; wir setzen

$$\varphi := \min\{\alpha : 0 < \alpha < 2\pi\,,\ A_\alpha \in G\}\,.$$

Da G endlich ist, folgt $0 < \varphi < 2\pi$.

Wir zeigen, dass es ein $n \in \mathbb{N}$ mit $n \geq 2$ und $n\varphi = 2\pi$ gibt. Dazu nehmen wir das minimale $n \in \mathbb{N}$ mit $(n+1)\varphi > 2\pi$; insbesondere ist $n\varphi \leq 2\pi$.

Angenommen es wäre $n\varphi < 2\pi$. Dann ist $\psi := (n+1)\varphi - 2\pi < \varphi$ und $A_\psi \in G$ im Widerspruch zur Minimalität von φ.

Es folgt, dass die zu Z_n isomorphe Gruppe

$$G' = \operatorname{Erz}(A_\varphi) = \{A_{k\varphi} : k = 0,\ldots,n-1\}$$

in G enthalten ist. Aus $\operatorname{ord} G' = n = \operatorname{ord} G$ folgt $G' = G$.

$b)$ Ist $G \not\subset SO(2)$, so setzen wir

$$G_+ := G \cap SO(2) = \{A \in G : \det A = 1\} \triangleleft G\,.$$

Ist $n := \operatorname{ord} G_+$, so ist $G_+ = \operatorname{Sym}_+(P_n)$ nach Teil $a)$ und $\operatorname{ord} G = 2n$.

Ist $B \in G \smallsetminus G_+$, so ist

$$B = \begin{pmatrix} \cos\psi & \sin\psi \\ \sin\psi & -\cos\psi \end{pmatrix} \quad \text{für ein} \quad \psi \in [0,2\pi[\,,$$

also $B^2 = E$ und $H := \{E,B\} < G$. Da $G_+ \triangleleft G$ vom Index 2 ist, hat man ein semidirektes Produkt

$$G = G_+ \rtimes H = G_+ \cup G_+ \cdot B\,.$$

Ist $\varphi = \frac{\psi}{2}$, so ist $B = A_\varphi S A_\varphi^{-1}$ und somit

$$G_+B = G_+(A_\varphi S A_\varphi^{-1}) = A_\varphi(G_+S)A_\varphi^{-1}\,,$$

also insgesamt $G = A_\varphi \cdot \operatorname{Sym}(P_n) \cdot A_\varphi^{-1}$. ∎

1.5.3   Symmetrien des Tetraeders

Die fünf Platonischen Körper werden im Anhang beschrieben. Grundlegend für die Bestimmung ihrer Symmetriegruppen ist das Ergebnis der linearen Algebra, dass jede Matrix $A \in \mathrm{SO}\,(3)$ einen Eigenwert $+1$ hat, d.h. eine Drehung um eine Achse im $\mathbb{R}^3$ beschreibt [Fi$_1$, 5.5.4]. Außerdem sei daran erinnert, dass

$$\mathrm{O}(3) \cong \mathrm{SO}(3) \times Z_2$$

ein direktes Produkt ist (Beispiel 4 aus 1.3.6).

Bei der Untersuchung der Symmetriegruppen beginnen wir mit dem Tetraeder T. Es wird so in den $\mathbb{R}^3$ gelegt, dass die Ecken $p_1, \dots, p_4$ auf der Einheitskugel liegen. Dann ist

$$\mathrm{Sym}\,(T) := \{A \in \mathrm{O}\,(3) : A(T) = T\} \ \text{ und}$$

$$\mathrm{Sym}_+(T) := \mathrm{Sym}\,(T) \cap \mathrm{SO}\,(3) \ ;$$

man nennt diese Gruppen *Tetraedergruppen*.

Die Ordnung von $\mathrm{Sym}_+(T)$ kann man leicht angeben: Man zeichnet sich ein Dreieck auf und überlegt, wie viele Möglichkeiten es gibt, das Tetraeder darauf zu stellen: T besteht aus 4 Dreiecken, jedes kann man auf 3 Arten darauf stellen. Also ist

$$\mathrm{ord}\,\mathrm{Sym}_+(T) = 4 \cdot 3 = 12$$

plausibel. Formaler geht diese Rechnung mit dem Bahn-Lemma aus 1.4.3. Ist $G := \mathrm{Sym}_+(T)$ und $p \in T$ eine Ecke, so gilt $\#G(p) = 4$, denn G operiert transitiv auf den vier Ecken. Weiter ist $\mathrm{ord}\,\mathrm{Sta}_G(p) = 3$, denn es gibt drei Drehungen, die p fest lassen. Daraus folgt

$$\mathrm{ord}\,G = \#G(p) \cdot \mathrm{ord}\,\mathrm{Sta}_G(p) = 4 \cdot 3 = 12 \ .$$

Durch die Operation von G auf den 4 Ecken wird eine Permutationsdarstellung

$$\chi : \mathrm{Sym}\,(T) \to \mathcal{S}_4$$

erklärt. Damit lässt sich das Ergebnis so formulieren.

Satz   *Für das Tetraeder T ist χ ein Isomorphismus und man hat ein Diagramm*

$$
\begin{array}{ccc}
\mathrm{Sym}\,(T) & \overset{\cong}{\longrightarrow} & \mathcal{S}_4 \\
\vee & & \vee \\
\mathrm{Sym}_+(T) & \overset{\cong}{\longrightarrow} & \mathcal{A}_4 \ .
\end{array}
$$

Beweis Da nur $E \in \mathrm{O}(2)$ alle Ecken von T fest lässt, ist χ injektiv. Um nachzuweisen, dass χ surjektiv ist, genügt es jede Transposition $\tau \in \mathcal{S}_4$ der Ecken durch ein $B \in \mathrm{Sym}\,(T)$ darzustellen. Ist etwa $\tau = (1,2)$, so tut es die Spiegelung B an der Ebene durch p_3, p_4 und den Ursprung.

Nach dem Korollar aus 1.4.5 wird $\mathcal{A}_4$ erzeugt von allen Dreierzyklen. Ist etwa $\sigma = (1,2,3) \in \mathcal{A}_4$, so nehme man für $A \in \mathrm{Sym}_+(T)$ die Drehung mit der Achse durch p_4 und den Ursprung um den Winkel $\frac{2\pi}{3}$. Alle anderen Dreierzyklen erhält man durch analoge Drehungen.

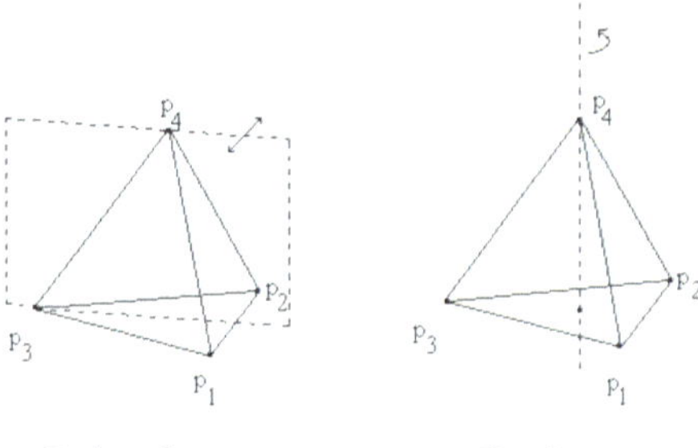

Aus der oben benutzten Ebenenspiegelung B erhält man eine zu Z_2 isomorphe Untergruppe

$$H := \{E, B\} < \operatorname{Sym}(T),$$

die kein Normalteiler ist, und man sieht ganz einfach, dass

$$\operatorname{Sym}(T) = \operatorname{Sym}_+(T) \rtimes H$$

ein nicht direktes semidirektes Produkt ist. Der geometrische Grund dafür ist, dass die durch $-E_3$ beschriebene Punktspiegelung keine Symmetrie des Tetraeders ist. Bei den vier anderen Platonischen Körpern ist das der Fall; das sieht man ganz deutlich an den im Anhang beschriebenen Konstruktionen.

Eine explizite Beschreibung der 24 Symmetrien des Tetraeders kann man der Liste der Elemente von S_4 in Beispiel 4 aus 1.4.6 entnehmen.

1.5.4   Symmetrien von Würfel und Oktaeder

Oktaeder und Würfel sind dual, haben also die gleichen Symmetriegruppen. Wir betrachten den Würfel W mit den 8 Ecken

$$p_1 = (1,1,1)\,,\ p_1' = -p_1\,,\ p_2 = (-1,1,1)\,,\ p_2' = -p_2\,,$$

$$p_3 = (-1,-1,1)\,,\ p_3' = -p_3\,,\ p_4 = (1,-1,1)\,,\ p_4' = -p_4\,.$$

Er hat die Symmetriegruppen

$$\operatorname{Sym}(W) := \{A \in \operatorname{O}(3) : A(W) = W\} \ \text{und}$$

$$\operatorname{Sym}_+(W) := \operatorname{Sym}(W) \cap \operatorname{SO}(3)\,,$$

man nennt sie die ***Würfelgruppen***.

Die orientierbaren Symmetrien operieren wieder transitiv auf den 8 Ecken und der Stabilisator einer Ecke hat die Ordnung 3, also ist

$$\operatorname{ord} \operatorname{Sym}_+(W) = 8 \cdot 3 = 24 \,.$$

Durch die geometrische Überlegung, wie viele Möglichkeiten es gibt, den Würfel auf ein Quadrat zu stellen, erhält man $6 \cdot 4 = 24$.

Im Gegensatz zum Tetraeder sind die Paare von Ecken des Würfels nicht mehr gleichberechtigt: Nicht alle Paare sind durch eine gemeinsame Kante verbunden. Daher ist es nicht Erfolg versprechend, die Symmetriegruppe mit der Gruppe $\mathcal{S}_8$ der Permutationen zu vergleichen. Der Kniff ist nun, die vier Diagonalen

$$p_i p_i' \quad i = 1, \dots, 4 \,,$$

zu betrachten. Bei jeder Symmetrie werden die Diagonalen permutiert, das ergibt eine Permutationsdarstellung

$$\chi : \operatorname{Sym}(W) \to \mathcal{S}_4 \,.$$

Das Ergebnis ist der

Satz *Für den Würfel W ist die Darstellung χ surjektiv, $\operatorname{Ker}\chi = \{E_3, -E_3\} \cong Z_2$ und χ induziert Isomorphismen*

$$
\begin{array}{ccc}
\operatorname{Sym}(W) & \xrightarrow{\ \cong\ } & \mathcal{S}_4 \times Z_2 \\
\cup & & \cup \\
\operatorname{Sym}_+(W) & \xrightarrow{\ \cong\ } & \mathcal{S}_4 \,.
\end{array}
$$

Man beachte, dass das Produkt $\mathcal{S}_4 \times Z_2$ direkt und nicht nur semidirekt ist!

Beweis Es genügt zu zeigen, dass die Einschränkung von χ

$$\chi_+ : \operatorname{Sym}_+(W) \to \mathcal{S}_4$$

surjektiv ist. Da $\operatorname{ord}\mathcal{S}_4 = 24 = \operatorname{ord}\operatorname{Sym}_+(W)$, ist dann χ_+ ein Isomorphismus. Wie wir in Beispiel 4 aus 1.3.6 gesehen haben, ist

$$O(3) = SO(3) \cup SO(3) \cdot (-E_3) \cong SO(3) \times Z_2 \,,$$

da 3 ungerade ist. Daher ist

$$\operatorname{Sym}(W) = \operatorname{Sym}_+(W) \cup \operatorname{Sym}_+(W) \cdot (-E_3) \cong \operatorname{Sym}_+(W) \times Z_2 \,.$$

Die Matrix $-E_3$ beschreibt die Spiegelung am Ursprung, bei der alle Diagonalen fest bleiben; also ist $-E_3 \in \operatorname{Ker}\chi = \{E_3, -E_3\}$.

Für die Surjektivität von χ_+ geben wir einen geometrischen Beweis. Jedes $A \in \operatorname{Sym}_+(W)$ ist eine Drehung, je nach der Lage der Drehachse zum Würfel unterscheiden wir drei Typen:

Typ a: Die Achse geht durch die Mittelpunkte gegenüberliegender
         Quadrate.

Typ b: Die Achse geht durch die Mittelpunkte gegenüberliegender Kanten.

Typ c: Die Achse geht durch gegenüberliegende Ecken, d.h. sie enthält
         eine Diagonale.

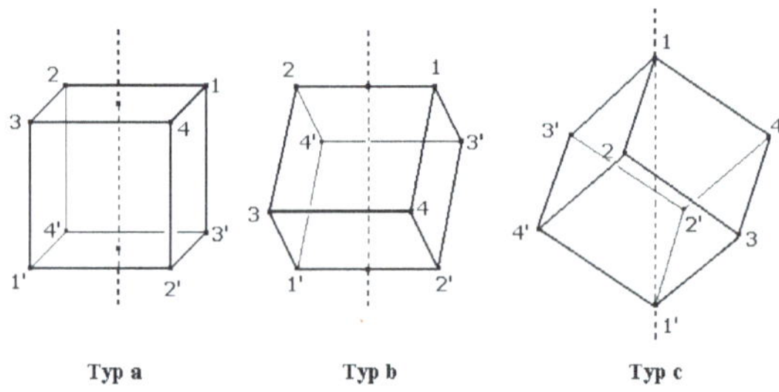

Sind die Achsen so wie im Bild gelegt, ergeben Drehungen folgende Permutationen der Diagonalen:

Typ	Drehwinkel	Permutation	Signum
a	$\frac{\pi}{2}$	$(1,2,3,4)$	$-$
a	π	$(1,3)(2,4)$	$+$
a	$\frac{3\pi}{2}$	$(1,4,3,2)$	$-$
b	π	$(1,2)$	$-$
c	$\frac{2\pi}{3}$	$(2,4,3)$	$+$
c	$\frac{4\pi}{3}$	$(2,3,4)$	$+$

Wenn wir alle Möglichkeiten für die Lagen der Achsen zusammennehmen, erhalten wir die folgende Bilanz der dargestellten Permutationen:

Typ	Anzahl der Achsen	Anzahl der Drehungen	insgesamt	in $\mathcal{A}_4$	in $\mathcal{S}_4 \setminus \mathcal{A}_4$
a	3	3	9	3	6
b	6	1	6		6
c	4	2	8	8	
Identität			1	1	
		Summe	24	12	12

Man kann sich auch auf Drehungen vom Typ b beschränken: Alle $\binom{4}{2} = 6$ Transpositionen werden dargestellt, damit ganz $\mathcal{S}_4$. Die obige Tabelle gibt aber zusätzliche Informationen, z.B. über die Anzahl von Elementen verschiedener Ordnung in $\mathrm{Sym}_+(W)$:

Ordnung	Typ a	Typ b	Typ c	Insgesamt
1				1
2	3	6		9
3			8	8
4	6			6
			Summe	24

Das entspricht der Bilanz bei der Gruppe $\mathcal{S}_4$ in Beispiel 4 aus 1.4.6. ■

Dass die Tetraedergruppe Untergruppe der Würfelgruppe ist, hat den geometrische Hintergrund, dass man aus den acht Ecken des Würfels vier passende auswählen und daraus ein Tetraeder bauen kann.

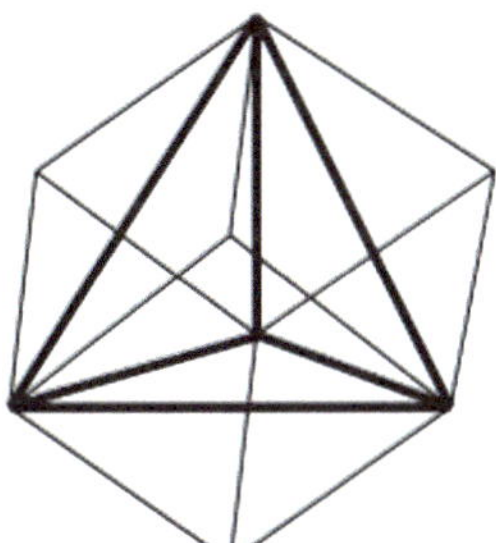

1.5.5 Symmetrien von Ikosaeder und Dodekaeder

Im dritten und letzten Streich bestimmen wir nun die gemeinsamen Symmetriegruppen vom Dodekaeder D und Ikosaeder, also

$$\mathrm{Sym}(D) = \{A \in \mathrm{O}(3) : A(D) = D\} \text{ und}$$
$$\mathrm{Sym}_+(D) = \mathrm{Sym}(D) \cap \mathrm{SO}(3).$$

Üblicherweise werden diese beiden Gruppen *Ikosaedergruppen* genannt. Die Ordnung kann man wie in den beiden vorhergehenden Fällen berechnen, es ist

$$\mathrm{ord}\,\mathrm{Sym}_+(D) = 12 \cdot 5 = 20 \cdot 3 = 60.$$

Eine Permutationsdarstellung dieser Gruppen ergibt sich aus der geometrischen Beobachtung, dass es im Ikosaeder fünf Oktaeder und im Dodekaeder fünf Würfel gibt, die bei jeder Symmetrie des umgebenden Platonischen Körpers permutiert werden.

Im Bild ist jeweils nur einer davon eingezeichnet:

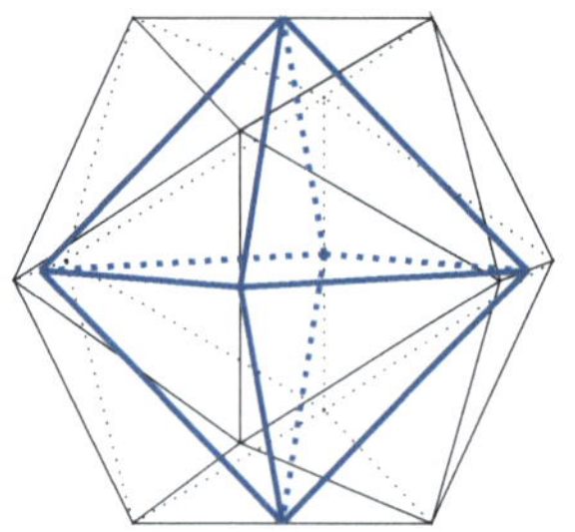 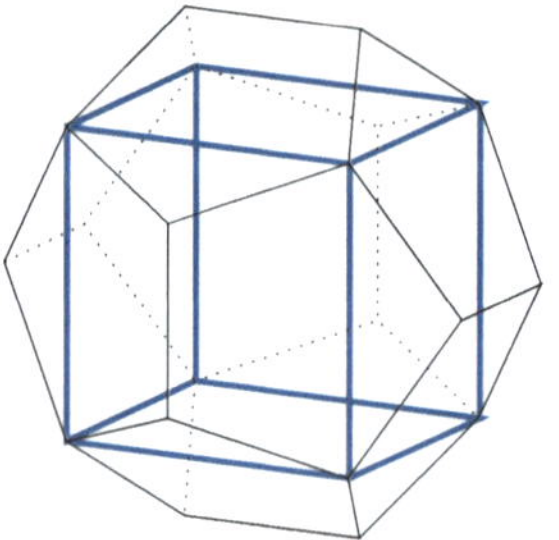

Wir haben dem Dodekaeder den Vorzug gegeben, weil sich dieser Fall leichter zeichnen lässt. In jedem Fünfeck des Dodekaeders liegt genau eine Kante von jedem der Würfel. Die Nummern gehören zum entsprechenden Würfel.

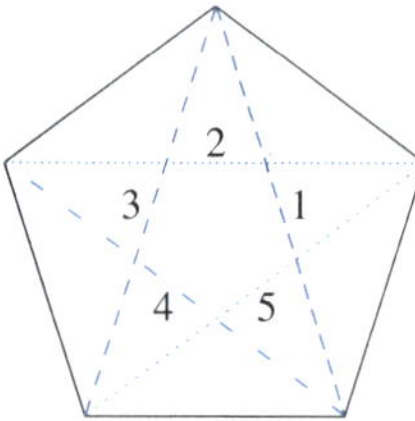

Wir betrachten nun die Darstellung

$$\chi : \mathrm{Sym}\,(D) \to \mathcal{S}_5 \,,$$

die durch die Permutation der Würfel entsteht.

Satz *Für das Dodekaeder D ist* $\mathrm{Im}\,\chi = \mathcal{A}_5$ *und* $\mathrm{Ker}\,\chi = \{E_3, -E_3\}$. *Weiter induziert* χ *Isomorphismen*

$$
\begin{array}{ccc}
\mathrm{Sym}\,(D) & \longrightarrow & \mathcal{A}_5 \times Z_2 \\
\cup & & \cup \\
\mathrm{Sym}_+(D) & \longrightarrow & \mathcal{A}_5 \,.
\end{array}
$$

Beweis Entscheidend ist die durch $-E_3$ beschriebene Punktspiegelung am Ursprung. Ist

$$H := \{E_3, -E_3\} < \mathrm{Sym}\,(D),$$

so hat man ein direktes Produkt

$$\mathrm{Sym}\,(D) = \mathrm{Sym}_+(D) \times H = \mathrm{Sym}_+(D) \cup \mathrm{Sym}_+(D) \cdot (-E_3) \,.$$

Da die Punktspiegelung $-E_3$ alle 5 Würfel invariant lässt, ist $H \subset \mathrm{Ker}\,\chi$. Da

$$\mathrm{ord}\,\mathcal{S}_5 = 120 \quad \text{und} \quad \mathrm{ord}\,\mathcal{A}_5 = 60 \,,$$

bleibt nur noch $\chi(\mathrm{Sym}_+(D)) = \mathcal{A}_5$ zu zeigen.

Wir unterscheiden wieder drei Typen von Drehungen

> Typ a: Die Achse geht durch die Mittelpunkte gegenüberliegender
> Fünfecke.
>
> Typ b: Die Achse geht durch die Mittelpunkte gegenüberliegender Kanten.
>
> Typ c: Die Achse geht durch gegenüberliegende Ecken.

Typ a

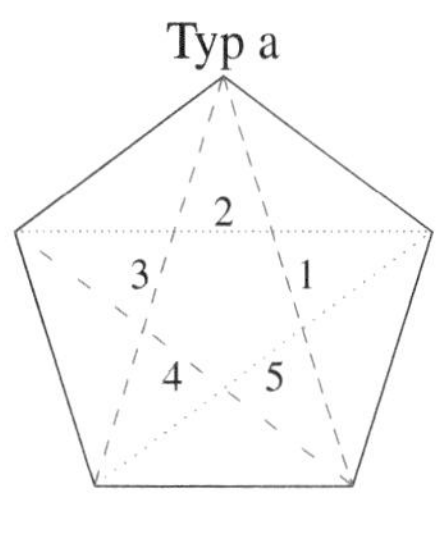

Drehung um	Permutation
$72°$	$(1,2,3,4,5)$
$144°$	$(1,3,5,2,4)$
$216°$	$(1,4,2,5,3)$
$288°$	$(1,5,4,3,2)$

Typ b

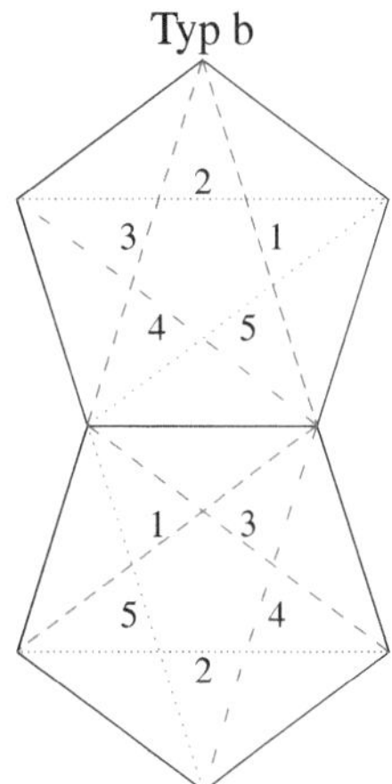

Drehung um	Permutation
$180°$	$(1,5)\cdot(3,4)$

Typ c

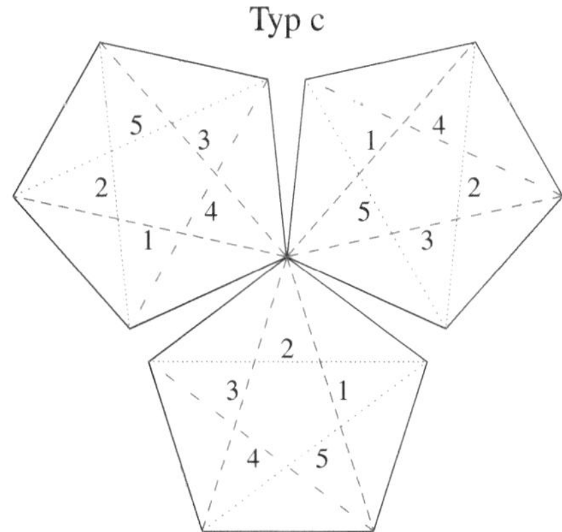

Drehung um	Permutation
$120°$	$(2,5,4)$
$240°$	$(4,5,2)$

Dass die angegebenen Permutationen auftreten, liegt an der speziellen Wahl der Achsen; bei festem Typ ist aber die Zyklenstruktur unabhängig von der gewählten Achse. Da $\mathcal{A}_5$ von den Dreierzyklen erzeugt wird, konzentrieren wir uns zunächst auf Typ c.

Da ein Dodekaeder 20 Ecken hat, gibt es 10 verschiedene Achsen durch gegenüberliegende Ecken. Zu jeder Achse gehören zwei Dreierzyklen, die zwei Würfel fest lassen. In obigem Beispiel sind das die Würfel 1 und 3, die beide auf der Drehachse liegenden Ecken des Dodekaeders als gemeinsame Ecken haben. In der Skizze zu Typ c sind 10 Ecken des Dodekaeders enthalten, jede enthält nur einen Punkt einer Drehachse. Wie man sofort sieht, gehören zu verschiedenen Ecken verschiedene Paare von Würfeln. Daher sind alle 20 Dreierzyklen von $\mathcal{A}_5$ im Bild von χ enthalten und nach dem Korollar aus 1.4.5 folgt

$$\chi(\mathrm{Sym}_+(D)) = \mathcal{A}_5 \,.$$

Indem man sich analog die Typen a und b genauer ansieht, erhält man schließlich die folgende Bilanz:

Typ	Anzahl der Achsen	Anzahl der Drehungen	Ordnung	Insgesamt
a	6	4	5	24
b	15	1	2	15
c	10	2	3	20
Identität			1	1
			Summe	60

1.5.6 Die Klassengleichung der Ikosaedergruppe

Mit Hilfe der Bilanz der Ordnungen der Elemente aus $\mathcal{A}_5$ kann man nun die Klassengleichung

$$60 = \mathrm{ord}\,(\mathcal{A}_5) = \mathrm{ord}\,Z(\mathcal{A}_5) + \sum_{i=1}^{k} \#\mathcal{A}_5(\sigma_i)$$

(vgl. 1.4.4) explizit berechnen. Dabei operiert $\mathcal{A}_5$ auf sich selbst durch Konjugation; die Elemente σ_i sind Vertreter der mehrelementigen Bahnen.

Der erste Summand ist klar, denn nach Beispiel 6 aus 1.4.6 ist

$$\mathrm{ord}\,Z(\mathcal{A}_5) = 1 \,.$$

Für die Ordnungen der Bahnen hat man zwei wichtige Vorinformationen:
1) In jeder Bahn liegen Elemente der gleichen Ordnung.
2) Die Ordnung jeder Bahn teilt $60 = \mathrm{ord}\,\mathcal{A}_5$ (Bahn-Lemma aus 1.4.3).
Vergleicht man das mit der Bilanz der Ordnungen aus 1.5.5

$$60 = 1 + 15 + 20 + 24 \,,$$

so sieht man, dass die Menge der 24 Elemente der Ordnung 5 in mindestens zwei Bahnen der Ordnung 12 zerfallen muss; demnach ist $k \geq 4$.

Die drei Klassen von Elementen der Ordnungen $2, 3$ und 5 aus $\mathcal{A}_5$ entsprechen den drei Typen b, c, und a von Symmetrien des Ikosaeders. Da sie jeweils die gleiche Zyklenstruktur besitzen, sind sie unter der Wirkung von $\mathcal{S}_5$ konjugiert (vgl. Beispiel 4 aus 1.4.6). Es bleibt zu prüfen, ob und wie sich die Bahnen verkleinern, wenn man nur noch mit Elementen aus $\mathcal{A}_5$ konjugiert. Wir benutzen den allgemeineren

Hilfssatz *Gegeben sei die Operation einer endlichen Gruppe G auf einer Menge M und $N \vartriangleleft G$. Dann gibt es zu jedem $x \in M$ einen Teiler d von $\operatorname{ind}(G : N)$, $x_1, \ldots, x_d \in M$ und eine disjunkte Zerlegung*

$$G(x) = N(x_1) \cup \ldots \cup N(x_d)$$

in gleich große Bahnen von N. Insbesondere muss d auch Teiler von $\#G(x)$ sein. Genauer gilt

$$\operatorname{ind}(G : N) = d \cdot \operatorname{ind}(\operatorname{Sta}_G(x) : \operatorname{Sta}_N(x)) \, .$$

In unserem Fall ist $\operatorname{ind}(\mathcal{S}_5 : \mathcal{A}_5) = 2$, also muss $d = 1$ oder 2 sein. Ist $\sigma_1 \in \mathcal{A}_5$ mit $\operatorname{ord}\sigma_1 = 2$, so muss

$$\mathcal{S}_5(\sigma_1) = \mathcal{A}_5(\sigma_1) \, , \quad \text{also} \quad \#\mathcal{A}_5(\sigma_1) = 15$$

sein, da 15 ungerade ist. Ist $\sigma_3 \in \mathcal{A}_5$ mit $\operatorname{ord}\sigma_3 = 5$, so muss

$$\mathcal{S}_5(\sigma_3) = \mathcal{A}_5(\sigma_3) \cup \mathcal{A}_5(\sigma_4)$$

disjunkte Vereinigung mit $\sigma_4 \in \mathcal{A}_5$ sein, da 24 kein Teiler von 60 ist.

Ist schließlich $\sigma_2 = (1, 2, 3) \in \mathcal{A}_5$ mit $\operatorname{ord}\sigma_2 = 3$, so sieht man leicht, dass

$$\operatorname{Sta}_{\mathcal{A}_5}(1, 2, 3) = \{\operatorname{id}, (1, 2, 3), (1, 3, 2)\} \, .$$

Aus dem Bahn-Lemma folgt $\operatorname{ord}\mathcal{A}_5(\sigma_2) = \frac{60}{3} = 20$.

Insgesamt lautet also die ***Klassengleichung der Ikosaedergruppe*** $\mathcal{A}_5$

$$60 = 1 + 15 + 20 + 12 + 12 \, .$$

Beweis des Hilfssatzes   Da $N < G$ hat man eine disjunkte Zerlegung

$$G(x) = N(x_1) \cup \ldots \cup N(x_d) \, ,$$

wobei $x_1 = x$ und $x_i = g_i(x)$ mit $g_i \in G$. Da $N \vartriangleleft G$ Normalteiler ist, folgt

$$N(g(x)) = g(N(x)) \, , \quad \text{also} \quad \#N(x_i) = \#N(x) \, .$$

Daraus folgt $\#G(x) = d \cdot \#N(x)$. Aus dem Bahn-Lemma, angewandt auf G und N, erhält man

$$\begin{aligned} \operatorname{ord} G &= \#G(x) \cdot \operatorname{ord}\operatorname{Sta}_G(x) \quad \text{und} \\ \operatorname{ord} N &= \#N(x) \cdot \operatorname{ord}\operatorname{Sta}_N(x) \, . \end{aligned}$$

Durch Einsetzen ergibt sich schließlich

$$d \cdot \frac{\operatorname{ord} \operatorname{Sta}_G(x)}{\operatorname{ord} \operatorname{Sta}_N(x)} = \frac{\operatorname{ord} G}{\operatorname{ord} N} \ .$$

Daraus folgen die Behauptungen. ∎

1.5.7 Endliche Untergruppen von $\operatorname{SO}(3)$

Auf der Suche nach endlichen Untergruppen von $\operatorname{SO}(3)$ sammeln wir zunächst die Beispiele aus den vorliegenden Abschnitten.

1) Ein reguläres n-Eck $P_n \subset \mathbb{R}^2$ kann auch als Teil von $\mathbb{R}^3$ angesehen werden. Also ist

$$Z_n \cong \operatorname{Sym}_+(P_n) < \operatorname{SO}(3)\ .$$

2) Die Spiegelung $S \in \operatorname{O}(2)$ an der x-Achse im $\mathbb{R}^2$ kann im $\mathbb{R}^3$ als Drehung $S' \in \operatorname{SO}(3)$ um die x-Achse angesehen werden und wird dadurch orientierbar. Also ist

$$D_n \cong \operatorname{Sym}(P_n) < \operatorname{SO}(3)\ .$$

3) Die Tetraedergruppe $\mathcal{A}_4 \cong \operatorname{Sym}_+(T) < \operatorname{SO}(3)$.
4) Die Würfelgruppe $\mathcal{S}_4 \cong \operatorname{Sym}_+(W) < \operatorname{SO}(3)$.
5) Die Ikosaedergruppe $\mathcal{A}_5 \cong \operatorname{Sym}_+(D) < \operatorname{SO}(3)$.

Durch eine beliebige orthogonale Transformation im $\mathbb{R}^3$ erhält man aus jeder dieser Gruppen eine konjugierte und damit isomorphe Untergruppe. Dass die Suche damit beendet werden kann, zeigt das

Klassifikations-Theorem   *Jede endliche Untergruppe von* $\operatorname{SO}(3)$ *ist konjugiert zu einer Untergruppe aus der obigen Liste.*

Der *Beweis* ist ziemlich umfangreich, wir verweisen etwa auf [N-S-T, Ch. 15] oder [ArM, 5.9].

1.5.8 Symmetrien von Fußbällen

„Der Ball ist rund" wird oft gesagt, trifft aber nur annähernd zu. Die meisten Bälle sind aus mehreren verschiedenartigen Flecken zusammengesetzt, im Lauf der Zeit hat sich die Form verändert. Wir geben drei markante Beispiele

1 „Wunder von Bern"   2 Telestar   3 Teamgeist

Der mit „Wunder von Bern" bezeichnete Ball ist der Klassiker; er wurde zur WM 1974 abgelöst vom „Telestar", zur WM 2006 folgte der „Teamgeist". Über die unterschiedlichen Eigenschaften der Bälle wird viel spekuliert; wir wollen uns hier darauf beschränken, die Symmetrien zu bestimmen.

Alle drei Arten von Bällen sind abgeleitet von Platonischen Körpern: 1 und 3 vom Würfel und 2 vom Ikosaeder.

Beim „Wunder von Bern" werden die Quadrate des Würfels ersetzt durch drei längliche Flecken, dadurch wird die Symmetrie des Quadrates reduziert von 4 auf 2 Drehungen. Beim „Teamgeist" sitzt an der Stelle jedes Quadrates ein Fleck, dessen Form einer Schuhsohle ähnlich ist; in den Positionen der 8 Ecken des Würfels sitzen Flecken von der Form eines Propellers mit 3 Flügeln. Beide Bälle haben also die Symmetrie eines modifizierten Würfels W', bei dem jedes der 6 Quadrate nur noch 2 orientierbare Symmetrien hat; also ist

$$\operatorname{ord}\operatorname{Sym}_+(W') = 6 \cdot 2 = 12\,.$$

Die Symmetrien von W' sind genau die Symmetrien des Würfels W, die das in 1.5.4 markierte Tetraeder im Würfel invariant lassen. Also ist

$$\operatorname{Sym}_+(W') \cong \operatorname{Sym}_+(T) \cong \mathcal{A}_4\,.$$

Der „Telestar" hat deutlich mehr Symmetrien. Er entsteht durch Aufblasen eines gestutzten Ikosaeders I' mit 20 Sechsecken und 12 Fünfecken (siehe Anhang). Dabei bleibt die Symmetrie des Ikosaeders I erhalten, also ist

$$\operatorname{Sym}_+(I') = \operatorname{Sym}_+(I) \cong \operatorname{Sym}_+(D) \cong \mathcal{A}_5\,.$$

Dass $\operatorname{ord}\operatorname{Sym}_+(I') = 60$ kann man auch ganz elementar sehen: Stellt man den Ball auf eine fünfeckige Unterlage, so kann man dafür 12 Fünfecke aussuchen, bei jedem gibt es 5 Möglichkeiten, also ist

$$\operatorname{ord}\operatorname{Sym}_+(I') = 12 \cdot 5 = 60\,.$$

Bei den 20 Sechsecken muss man bedenken, dass es wegen der Anordnung von Fünfecken für jedes nur 3 Möglichkeiten gibt, also ist

$$\operatorname{ord}\operatorname{Sym}_+(I') = 20 \cdot 3 = 60\,.$$

Für die 60 Ecken von I' gibt es dagegen jeweils nur eine Möglichkeit.

Fazit Vom „Wunder von Bern" zum Telestar wurde die Symmetrie von 12 auf 60 erhöht, zum Teamgeist wieder auf 12 reduziert. Aber die Eigenschaften des Balles sind nicht allein durch die Symmetrien bestimmt, sondern auch durch das Material und die Verarbeitung.
Mehr zu diesem Thema findet man bei [Ho].

1.6   Strukturstätze

1.6.1   Elemente zu vorgegebener Ordnung

Ist G eine endliche Gruppe und $a \in G$ so ist nach dem Satz von LAGRANGE aus 1.2.4 die Ordnung von a ein Teiler der Ordnung von G. Umgekehrt muss es nicht zu jedem Teiler m von ord G ein a mit ord $a = m$ geben: Ist etwa $m = $ ord G, dann muss G zyklisch sein. Eine erste positive Antwort auf die Frage nach der Existenz von Elementen vorgegebener Ordnung gibt der folgende Spezialfall eines Satzes von CAUCHY (vgl. 1.6.7).

Lemma 1   *Ist G eine endliche abelsche Gruppe und p eine Primzahl, die ord G teilt, so gibt es ein $a \in G$ mit* ord$(a) = p$.

Beweis Wir führen Induktion über $n := $ ord G. Für $n = 1$ ist nichts zu beweisen, da gibt es keine Primteiler. Ist $n \geq 2$, so gibt es ein $a \in G$ mit $a \neq e$. Falls $p \,|\, ord(a)$ ist ord$(a) = n \cdot p$ und ord$(a^n) = p$ nach der Rechenregel aus 1.2.4. Ist $p \nmid$ ord a, so können wir die Faktorgruppe

$$\overline{G} := G/\mathrm{Erz}(a)$$

betrachten, denn für abelsches G ist $\mathrm{Erz}(a) \lhd G$ Normalteiler. Da

$$n = \mathrm{ord}(G) = \mathrm{ord}(\overline{G}) \cdot \mathrm{ord}(a), \;\; p|n \text{ und } p \nmid \mathrm{ord}(a), \;\; \text{folgt } p|\mathrm{ord}(\overline{G}).$$

Wegen ord$(\overline{G}) < n$ gibt es nach Induktionsvoraussetzung ein

$$\overline{b} := b \cdot \mathrm{Erz}(a) \in \overline{G} \;\; \text{mit } b \in G \;\; \text{und ord}(\overline{b}) = p.$$

Ist $k := \mathrm{ord}(b)$, so folgt $\overline{b}^k = \overline{e} = \mathrm{Erz}(a)$, also $k = m \cdot p$. Das ergibt schließlich ord$(b^m) = p$.   ∎

Beispiel 1   In $G = Z_2 \times Z_2 \times Z_3$ ist ord$(G) = 12$. Es gibt Elemente der Ordnungen 2, 3, und 6, aber kein Element der Ordnung 4, obwohl 4 ein Teiler von 12 ist. Dagegen gibt es eine Untergruppe $Z_2 \times Z_2 < G$ mit ord$(Z_2 \times Z_2) = 4$ (vgl. dazu das Korollar in 1.6.2).

Aus den verschiedenen auftretenden Ordnungen der Elemente einer endlichen Gruppe kann man eine neue charakteristische Zahl erklären:

Definition   *Ist G eine endliche Gruppe, so heißt*

$$\exp(G) := \mathrm{kgV}\{\mathrm{ord}(a) : a \in G\}$$

*der **Exponent** von G.*

Offensichtlich ist $\exp(G)$ die kleinste natürliche Zahl k derart, dass $a^k = e$ für alle $a \in G$. Daraus folgt sofort

$$a^{\exp(G)} = e \quad \text{für alle } a \in G.$$

Nach dem Korollar aus 1.2.4 ist $a^{\mathrm{ord}\,G} = e$ für alle $a \in G$. Daher ist

$$\exp(G) \;\; \text{ein Teiler von} \;\; \mathrm{ord}(G).$$

Außerdem sieht man sofort, dass $\exp(H)$ für jede Untergruppe $H < G$ ein Teiler von $\exp(G)$ ist.

Beispiel 2   Für die zyklische Gruppe Z_n ist $\exp(Z_n) = \mathrm{ord}(Z_n) = n$ (vgl. 1.3.7).
Nach dem Lemma in 1.3.11 ist $\exp(Z_m \times Z_n) = \mathrm{kgV}(m,n)$.
Es gilt $\mathrm{ord}(\mathcal{S}_3) = \exp(\mathcal{S}_3) = 6$, $\mathrm{ord}(\mathcal{A}_3) = \exp(\mathcal{A}_3) = 3$, $\mathrm{ord}(\mathcal{S}_4) = 24$ und $\exp(\mathcal{S}_4) = 12$,
$\mathrm{ord}(\mathcal{A}_4) = 12$ und $\exp(\mathcal{A}_4) = 6$ (Beispiel 4 in 1.4.6).

In den Gruppen $G = \mathcal{S}_3, \mathcal{S}_4, \mathcal{A}_4$ gibt es kein Element $a \in G$ mit $\mathrm{ord}\, a = \exp G$. In der abelschen
Gruppe $\mathcal{A}_3$ gibt es ein Element der Ordnung 3, es ist $\exp \mathcal{A}_3 = 3$.

Entscheidend für die Klassifikation der endlichen abelschen Gruppen ist der folgende

Satz   *Ist G eine endliche abelsche Gruppe, so gibt es ein $a \in G$ mit*

$$\mathrm{ord}(a) = \exp(G).$$

Daraus folgt sofort, dass $\mathrm{ord}(b) \mid \mathrm{ord}(a)$ für alle $b \in G$, und zu jedem Teiler d von $\exp(G)$ gibt es
ein $b \in G$ mit $\mathrm{ord}(b) = d$. Insbesondere ist a ein Element maximaler Ordnung in G.

Zum Beweis des Satzes benutzen wir das folgende

Lemma 2   *Sind in einer abelschen Gruppe G Elemente $a_1, ..., a_r$ mit paarweise teilerfremden
Ordnungen gegeben, so ist*

$$\mathrm{ord}(a_1 \cdot ... \cdot a_r) = \mathrm{ord}(a_1) \cdot ... \cdot \mathrm{ord}(a_r).$$

Beweis von Lemma 2   Wir benutzen die zyklischen Untergruppen

$$H_i := \mathrm{Erz}(a_i) \quad \text{mit } n_i := \mathrm{ord}(a_i) = \mathrm{ord}\, H_i \quad \text{für } i = 1, ..., r.$$

Im äußeren direkten Produkt $H_1 \times ... \times H_r$ gilt nach Lemma aus 1.3.11 und dem Korollar 2 aus
1.3.8

$$\mathrm{ord}(a_1, ..., a_r) = \mathrm{kgV}(n_1, ..., n_r) = n_1 \cdot ... \cdot n_r.$$

Wie im Beweis des Satzes aus 1.3.13 sieht man weiter, dass der Homomorphismus

$$\varphi : H_1 \times ... \times H_r \to G, \quad (x_1, ..., x_r) \mapsto x_1 \cdot ... \cdot x_r$$

injektiv ist. Da $\varphi(a_1, ..., a_r) = a_1 \cdot ... \cdot a_r$ folgt

$$\mathrm{ord}(a_1 \cdot ... \cdot a_r) = \mathrm{ord}(a_1, ..., a_r).$$

$\blacksquare$

Beweis des Satzes   Wir benutzen die Primfaktorzerlegung

$$\exp(G) = p_1^{k_1} \cdot ... \cdot p_r^{k_r}.$$

Nach Definition des Exponenten gibt es zu jedem $i \in \{1, ..., r\}$ ein $a_i \in G$ mit

$$p_i^{k_i} \mid \mathrm{ord}(a_i), \text{ also } \mathrm{ord}(a_i) = m_i \cdot p_i^{k_i}.$$

Nach der Rechenregel aus 1.2.4 und Lemma 2 folgt

$$\mathrm{ord}(a_i^{m_i}) = \frac{\mathrm{ord}(a_i)}{m_i} = p_i^{k_i} \quad \text{und } \mathrm{ord}(a_1^{m_1} \cdot ... \cdot a_r^{m_r}) = p_1^{k_1} \cdot ... \cdot p_r^{k_r} = \exp(G).$$

$\blacksquare$

1.6.2 Struktursatz für endliche abelsche Gruppen

Um die Indizes zu entlasten, schreiben wir im Folgenden

$$Z(n) := Z_n = \mathbb{Z}/n\mathbb{Z}$$

für die zyklische Gruppe der Ordnung n. Bei der Darstellung einer Gruppe G als direktes Produkt

$$G \cong Z(n_1) \times \ldots \times Z(n_r) \qquad\qquad (*)$$

gilt $\mathrm{ord}(G) = n_1 \cdot \ldots \cdot n_r$, aber die Zahlen r und $n_1, \ldots, n_r$ sind durch G nicht eindeutig bestimmt. Der Grund dafür sind die Isomorphismen (vgl. 1.3.11)

$$Z(n_i) \times Z(n_j) \cong Z(n_i \cdot n_j), \ \text{ falls } \mathrm{ggT}(n_i, n_j) = 1.$$

Wir beginnen mit einer besonders nützlichen Form einer Zerlegung:

Struktursatz in Elementarteiler-Form *Ist G eine endliche abelsche Gruppe, so gibt es Zahlen $t \in \mathbb{N}$ und $d_1, \ldots, d_t \in \mathbb{N}$ mit den Teilbarkeiten*

$$1 < d_1 | d_2 | \ldots | d_{t-1} | d_t = \exp(G),$$

sowie einen Isomorphismus
$$G \cong Z(d_1) \times \ldots \times Z(d_t).$$

Die Zahlen $d_1, \ldots, d_t$ heißen *Elementarteiler* von G. Im Fall $t = 0$, ist $G = \{e\}$.

In 1.6.4 werden wir zeigen, dass die Elementarteiler $d_1, \ldots, d_t$ durch die endliche abelsche Gruppe G eindeutig bestimmt sind. Sie werden daher *Invarianten* von G genannt. Mit Hilfe dieses Ergebnisses kann man dann endliche abelsche Gruppen klassifizieren, d. h. bis auf Isomorphie alle Möglichkeiten angeben. Beispiele dafür folgen am Ende dieses Abschnitts.

Wir notieren eine erste wichtige Folgerung des Struktursatzes:

Korollar *Ist G eine endliche abelsche Gruppe und k ein Teiler von $\mathrm{ord}(G)$, so gibt es eine Untergruppe $H < G$ mit $\mathrm{ord}(H) = k$.*

Beweis Ist $G \cong Z(d_1) \times \ldots \times Z(d_t)$, so gibt es Teiler k_i von d_i derart, dass $k = k_1 \cdot \ldots \cdot k_t$. Dann erhält man H aus
$$Z(k_1) \times \ldots \times Z(k_t) < Z(d_1) \times \ldots \times Z(d_t).$$

$\blacksquare$

Vorsicht! Die Voraussetzung „abelsch" im Korollar ist wichtig: Die Gruppe $\mathcal{A}_4$ mit $\mathrm{ord}\,A_4 = 12$ enthält keine Untergruppe der Ordnung 6 (Beispiel 4 aus 1.4.6). Man beachte weiter, dass H im Gegensatz zu einer zyklischen Gruppe nicht eindeutig sein muss! Ein Beispiel ist $G = Z(3) \times Z(6)$ und $k = 3$.

Beim Beweis des Struktursatzes folgen wir der sehr direkten Methode aus [K-S, 2.1] in Anlehnung an [Ke, §7]. Um eine Induktion über $\mathrm{ord}(G)$ zum Laufen zu bringen, schicken wir zwei Lemmata voraus.

Lemma 1   *Sei G eine endliche abelsche Gruppe und $G_1 < G$ eine zyklische Untergruppe mit* $\operatorname{ord}(G_1) = \exp(G)$. *Ist dann $G_1 \neq G$ und $b \in G \smallsetminus G_1$ ein Element minimaler Ordnung, so ist* $p := \operatorname{ord}(b)$ *eine Primzahl.*

Beweis von Lemma 1   Sei $G_1 = \operatorname{Erz}(a)$ mit $\operatorname{ord}(a) = \exp(G)$ und p ein Primfaktor von $\operatorname{ord}(b)$. Da nach der Rechenregel aus 1.2.4

$$\operatorname{ord}(b^p) = \frac{\operatorname{ord}(b)}{p} < \operatorname{ord}(b),$$

folgt aus der Minimalität von $\operatorname{ord}(b)$, dass $b^p \in G_1$. Es gilt

$$p \mid \operatorname{ord}(b), \ \ \operatorname{ord}(b) \mid \operatorname{ord}(a), \ \text{also } p \mid \operatorname{ord}(a).$$

Wieder nach der Rechenregel aus 1.2.4 gilt

$$\operatorname{ord}(a^p) = \frac{\operatorname{ord}(a)}{p}, \ \ \text{also } \operatorname{ord}(b^p) \mid \operatorname{ord}(a^p).$$

Nach dem Satz über Untergruppen zyklischer Gruppen aus 1.3.12 folgt

$$\operatorname{Erz}(b^p) < \operatorname{Erz}(a^p), \ \ \text{also } b^p = a^{mp} \ \text{mit } m \geq 1.$$

Nun ist $ba^{-m} \notin G_1$, denn wäre $ba^{-m} = a^k$ für ein $k \in \mathbb{N}$, so würde $b = a^{k+m} \in G_1$ folgen. Aus

$$(ba^{-m})^p = b^p \cdot a^{-mp} = e$$

folgt $\operatorname{ord}(ba^{-m}) = p$, und wegen der Minimalität von $\operatorname{ord}(b)$ folgt weiter, dass $\operatorname{ord}(b) = p$.   ∎

Mit Hilfe von Lemma 1 erhält man

Lemma 2   *Sei G wie in Lemma 1 eine endliche abelsche Gruppe und $G_1 < G$ zyklisch mit* $\operatorname{ord}(G_1) = \exp(G)$. *Dann gibt es eine Untergruppe $H < G$ derart, dass*

$$G = G_1 \times H$$

inneres direktes Produkt ist.

Beweis von Lemma 2   Entsprechend 1.3.3 muss im abelschen Fall gezeigt werden, dass $H < G$ die Eigenschaften

$$(1) \ \ G = G_1 \cdot H \ \ \text{und} \ \ (2) \ \ G_1 \cap H = \{e\}$$

hat. Die Existenz einer solchen Untergruppe $H < G$ zeigen wir nun durch Induktion über $\operatorname{ord}(G)$. Für $\operatorname{ord}(G) = 1$ ist nichts zu beweisen. Ist $\operatorname{ord}(G) > 1$, so betrachten wir $G_1 = \operatorname{Erz}(a) < G$ mit $\operatorname{ord}(a) = \exp(G)$ und $N := \operatorname{Erz}(b) < G$, wobei $b \in G_1 \smallsetminus G$ mit $\operatorname{ord}(b) = p$ entsprechend Lemma 1 gewählt ist. Jedes von e verschiedene Element aus N erzeugt die zyklische Gruppe N, also ist wegen $b \notin G_1$

$$G_1 \cap N = \{e\}.$$

N erfüllt also die Bedingung (2), ist aber im allgemeinen noch zu klein, um auch Bedingung (1) zu erfüllen.

Um N genügend zu vergrößern, benutzen wir den kanonischen Epimorphismus

$$\rho : G \to G/N =: G' \quad \text{mit } G_1' := \rho(G_1) < G'.$$

Da $G_1 \cap \operatorname{Ker} \rho = G_1 \cap N = \{e\}$, ist die Einschränkung

$$\rho|G_1 : G_1 \to G_1'$$

ein Isomorphismus. Da somit ein erzeugendes Element von G_1 beim Übergang nach $G_1' < G'$ seine Ordnung behält, in Zeichen

$$\operatorname{ord}(\rho(a)) = \operatorname{ord}(a) = \exp(G),$$

und beim Übergang zu einer Faktorgruppe der Exponent nicht größer werden kann, ist

$$\exp(G') = \exp(G).$$

Wegen $\operatorname{ord}(G) = p \cdot \operatorname{ord}(G')$ ist $\operatorname{ord}(G') < \operatorname{ord} G$. Da $\rho|G_1$ ein Isomorphismus ist, folgt daraus, dass

$$G_1' < G \quad \text{wie} \quad G_1 < G$$

eine zyklische Untergruppe von maximaler Ordnung ist.

Nun kann man die Induktionsvoraussetzung anwenden: Danach gibt es ein $H' < G'$ derart, dass

$$G' = G_1' \times H', \quad \text{also} \quad (1')\ G' = G_1' \cdot H' \quad \text{und} \quad (2')\ G_1' \cap H' = \{e'\}.$$

Nun behaupten wir, dass

$$H := \rho^{-1}(H') = \{x \in G : \rho(x) \in H'\} < G$$

die gewünschten Eigenschaften hat. (2) ist klar, denn aus $x \in G_1 \cap H$ folgt

$$\rho(x) \in G_1' \cap H' = \{e'\}, \quad \text{also } x \in G_1 \cap N \text{ und somit } x = e.$$

Um auch (1) zu zeigen, benutzen wir den kanonischen Epimorphismus

$$\sigma : G \to G/H \quad \text{mit } G_1 \cap \operatorname{Ker} \sigma = G_1 \cap H = \{e\}.$$

Wegen $\sigma(G) = \sigma(G_1)$ gibt es zu jedem $x \in G$ ein $x_1 \in G_1$ mit $\sigma(x) = \sigma(x_1)$, d. h. $x \cdot H = x_1 \cdot H$, also $y := x \cdot x_1^{-1} \in H$. Daraus folgt schließlich

$$x = x_1 \cdot y \in G_1 \cdot H.$$

$\blacksquare$

Beweis des Struktursatzes in Elementarteilerform   Mit Hilfe von Lemma 2 können wir den Satz durch Induktion über $\operatorname{ord}(G)$ beweisen. Für $\operatorname{ord}(G) = 1$ ist $G \cong Z(1)$.
Für $\operatorname{ord}(G) > 1$ gibt es eine Zerlegung

$$G = H \times G_1 \quad \text{mit } G_1 \cong Z(d), \quad \text{wobei } d = \exp(G) > 1.$$

Da $\operatorname{ord}(H) < \operatorname{ord}(G)$ gibt es nach Induktionsannahme einen Isomorphismus

$$H \to Z(d_1) \times \ldots \times Z(d_{t-1})$$

mit $t \geq 1$ und $d_i | d_{i+1}$. Daher ist $\exp(H) = d_{t-1}$, und wegen $H < G$ gilt

$$d_{t-1} = \exp(H) \text{ teilt } \exp(G) = d =: d_t.$$

Das ergibt die Behauptung des Struktursatzes.   ■

Die hinter der Induktion stehende schrittweise Zerlegung von G in zyklische Faktoren kann man auch etwas direkter beschreiben (siehe dazu Beispiel 1 unten):

$$
\begin{aligned}
G = H_0 &= G_1 \times H_1, & G_1 &\cong Z(\exp H_0), & \exp H_1 &\,|\, \exp H_0 \\
H_1 &= G_2 \times H_2, & G_2 &\cong Z(\exp H_1), & \exp H_2 &\,|\, \exp H_1 \\
&\;\;\vdots & &\;\;\vdots & &\;\;\vdots \\
H_{t-1} &= G_t \times H_t, & G_t &\cong Z(\exp H_{t-1}), & \exp H_t &\,|\, \exp H_{t-1} \\
H_t &= \{e\}, & \multicolumn{2}{l}{t \text{ minimal mit } \exp H_t = 1.}
\end{aligned}
$$

Daraus erklärt man die Elementarteiler

$$1 < d_1 = \exp H_{t-1}, \quad d_2 = \exp H_{t-2}, \quad \ldots, \quad d_t = \exp H_0 = \exp G.$$

Da es bei den Wahlen der Untergruppen G_i und H_i verschiedene Möglichkeiten gibt, ist die Eindeutigkeit der Zerlegung nicht direkt zu erkennen.

Aus dem Struktursatz in Elementarteiler-Form ergibt sich eine andere oft benutzte Art der Darstellung einer endlichen abelschen Gruppe als Produkt spezieller zyklischer Gruppen. Dabei werden zyklische Faktoren entsprechend dem Korollar aus 1.3.13 soweit wie möglich weiter zerlegt.

Beispiel 1   In Elementarteiler-Form sei

$$G \cong Z(2) \times Z(12) \times Z(2\,160), \quad \text{also ord } G = 51\,840.$$

Da $12 = 2^2 \cdot 3$ und $2\,160 = 2^4 \cdot 3^3 \cdot 5$ ergibt eine Zerlegung der beiden letzten Gruppen

$$Z(12) \cong Z(2^2) \times Z(3) \quad \text{und} \quad Z(2160) \cong Z(2^4) \times Z(3^3) \times Z(5).$$

Daraus erhält man für G die Zerlegung in Faktoren von Primzahlpotenzordnung

$$G \cong Z(2) \times Z(2^2) \times Z(2^4) \times Z(3) \times Z(3^3) \times Z(5).$$

An Beispiel 1 ist klar zu erkennen, nach welchen Regeln die Umrechnung der Elementarteiler-Form in die Primzahlpotenz-Form abläuft. Wir notieren nur das Ergebnis:

Strukturfsatz in Primzahlpotenz-Form   *Ist G eine endliche abelsche Gruppe, so gibt es nicht notwendig verschiedene Primzahlen $q_1,...,q_s$, Exponenten $l_1,...,l_s \in \mathbb{N} \smallsetminus \{0\}$ und einen Isomorphismus*

$$G \cong Z(q_1^{l_1}) \times ... \times Z(q_s^{l_s}).$$

Wie wir in obigem Beispiel 1 gesehen haben, kann man die Primzahlpotenz-Form leicht aus der Elementarteiler-Form durch Aufspaltung bestimmen. Umgekehrt kann man durch Zusammenfassung die Elementarteiler-Form ermitteln. Dabei beginnt man wie beim Beweis des Struktursatzes mit dem größten Faktor $Z(d)$, wobei $d = \exp(G)$. Dann ist

$$G \cong Z(d) \times H.$$

Im nächsten Schritt zerlegt man $H \cong Z(d') \times H'$ mit $d' = \exp(H')$. Da $\exp(H)\,|\,\exp(G)$ ist $d'|d$. Nach endlich vielen Schritten ergibt das die Elementarteiler-Form.

Beispiel 2   Ist die Gruppe G aus Beispiel 1 gegeben in der Form

$$G := Z(2) \times Z(2^2) \times Z(2^4) \times Z(3) \times Z(3^3) \times Z(5),$$

so ist $\exp(G) = 2^4 \cdot 3^3 \cdot 5 = 2\,160$, also $G = G_1 \times H_1$ mit

$$G_1 = Z(2^4) \times Z(3^3) \times Z(5) \cong Z(2\,160) \quad \text{und} \quad H_1 = Z(2) \times Z(2^2) \times Z(3).$$

Da $\exp(H_1) = 2^2 \cdot 3 = 12$, ist $H_1 = G_2 \times H_2$ mit

$$G_2 = Z(2^2) \times Z(3) \cong Z(12) \quad \text{und} \quad H_2 = Z(2) = G_3,$$

also insgesamt

$$G \cong G_3 \times G_2 \times G_1 = Z(2) \times Z(12) \times Z(2\,160).$$

Beispiel 3   Ist $\operatorname{ord} G = 108 = 2^2 \cdot 3^3$, so gibt es sechs Möglichkeiten der Zerlegung. In der linken Spalte steht die Elementarteiler-Form, in der rechten die Primzahlpotenz-Form:

1) $G \cong Z(108)$ $\qquad\qquad\qquad \cong Z(4) \times Z(27)$
2) $G \cong Z(2) \times Z(54)$ $\qquad\quad \cong Z(2) \times Z(2) \times Z(27)$
3) $G \cong Z(3) \times Z(36)$ $\qquad\quad \cong Z(4) \times Z(3) \times Z(9)$
4) $G \cong Z(6) \times Z(18)$ $\qquad\quad \cong Z(2) \times Z(2) \times Z(3) \times Z(9)$
5) $G \cong Z(3) \times Z(3) \times Z(12) \cong Z(4) \times Z(3) \times Z(3) \times Z(3)$
6) $G \cong Z(3) \times Z(6) \times Z(6) \ \cong Z(2) \times Z(2) \times Z(3) \times Z(3) \times Z(3)$

In 1.6.4 wird gezeigt, dass es keine anderen Möglichkeiten gibt, und dass sie paarweise nicht isomorph sind.

1.6.3 Endliche abelsche p-Gruppen*

Es gibt noch eine weitere Möglichkeit, endliche abelsche Gruppen in übersichtlicher Weise zu zerlegen. Dabei werden in der Primzahlpotenz-Form alle Faktoren die zur gleichen Primzahl gehören zusammengefasst. Das führt zu der folgenden

Definition *Sei p eine Primzahl. Eine Gruppe G heißt* **p-Gruppe***, wenn es für jedes $a \in G$ einen Exponenten $l(a) \in \mathbb{N}$ gibt, so dass* $\mathrm{ord}(a) = p^{l(a)}$.

Bemerkung *Eine endliche abelsche Gruppe ist genau dann eine p-Gruppe, wenn* $\mathrm{ord}(G) = p^k$ *für ein* $k \in \mathbb{N}$.

Beweis Aus $\mathrm{ord}(G) = p^k$ folgt sofort, dass G eine p-Gruppe ist.
Sei umgekehrt G eine p-Gruppe, und q ein Primfaktor von $\mathrm{ord}(G)$. Nach dem Spezialfall des Satzes von CAUCHY (Lemma 1 aus 1.6.1) gibt es ein $a \in G$ mit $\mathrm{ord}(a) = q$. Also muss $p = q$ sein. ∎

Aus dem Struktursatz in Elementarteiler-Form aus 1.6.2 ergibt sich der

Struktursatz für endliche abelsche p-Gruppen   *Ist G endlich und abelsch mit* $\mathrm{ord}(G) = p^k$, *so gibt es eine* **Partition**

$$k = l_1 + \ldots + l_t \quad mit\ 1 \leq l_1 \leq l_2 \leq \ldots \leq l_t \leq k$$

und einen Isomorphismus

$$G \cong Z(p^{l_1}) \times \ldots \times Z(p^{l_t}).$$

Beweis In Elementarteiler-Form ist

$$G \cong Z(d_1) \times \ldots \times Z(d_t) \quad \mathrm{mit}\ d_1 | d_2 \ldots d_{t-1} | d_t \quad \mathrm{und\ ord}(G) = d_1 \cdot \ldots \cdot d_t.$$

Da $d_i = p^{l_i}$ sein muss, folgt die Behauptung. ∎

Nun wollen wir zeigen, dass sich jede endliche abelsche Gruppen in ein Produkt von p-Gruppen zerlegen lässt. Dazu eine

Definition *Ist G eine abelsche Gruppe und p eine Primzahl, so heißt*

$$G_p := \{a \in G : \mathrm{ord}\ a = p^{l(a)}\} < G$$

die **Primärkomponente** *von G zur Primzahl p.*

Dass G_p für jedes p Untergruppe ist, kann man schnell sehen: Ist $a \in G$ und $a^k = e$ für $k \in \mathbb{N}$, so ist auch $a^{-k} = e$, denn $a^k \cdot (a^{-1})^k = e$. Also ist mit $a \in G_p$ auch $a^{-1} \in G_p$. Sind $a, b \in G_p$, so ist nach der Bemerkung aus 1.2.4 auch $a \cdot b \in G_p$, denn $\mathrm{ord}(a \cdot b) = \mathrm{kgV}(\mathrm{ord}(a), \mathrm{ord}(b))$. Man beachte, dass dabei $a \cdot b = b \cdot a$ benutzt wurde.

Satz über die Zerlegung in Primärkomponenten   *Ist G eine endliche abelsche Gruppe und*

$$\mathrm{ord}(G) = p_1^{k_1} \cdot \ldots \cdot p_r^{k_r}$$

mit paarweise verschiedenen Primzahlen $p_1, \ldots, p_r$ so ist

$$G = G_{p_1} \times \ldots \times G_{p_r}$$

ein inneres direktes Produkt. Insbesondere ist $\mathrm{ord}(G_{p_i}) = p_i^{k_i}$ für $i = 1, \ldots, r$.

Beweis Es genügt, im Struktursatz in Primzahlpotenz-Form aus 1.6.2 Faktoren zur gleichen Primzahl zusammenzufassen. Ist etwa $p = q_1 = \ldots = q_n$ und $p \neq q_j$ für $j = n+1, \ldots, s$, so ist

$$G_p := Z(p^{l_1}) \times \ldots \times Z(p^{l_n})$$

die Primärkomponente von G zu p und $\mathrm{ord}(G_p) = p^k$ mit $k = l_1 + \ldots + l_n$.   ∎

Dieses Ergebnis ist auch eine einfache Konsequenz aus den Sylow-Sätzen (vgl. 1.6.8).

Beispiel 1   Ist wie in Beispiel 2 aus 1.6.2

$$G := Z(2) \times Z(2^2) \times Z(2^4) \times Z(3) \times Z(3^3) \times Z(5),$$

so gilt $G_2 = Z(2) \times Z(2^2) \times Z(2^4)$, $G_3 = Z(3) \times Z(3^2)$, $G_5 = Z(5)$ und $G = G_2 \times G_3 \times G_5$.

Beispiel 2   Ist ord $G = p^2$ mit einer Primzahl p, so ist G nach dem Korollar aus 1.4.4 abelsch, also ist

$$G \cong Z_{p^2} \quad \text{oder} \quad G \cong Z_p \times Z_p.$$

1.6.4   Klassifikation der endlichen abelschen Gruppen*

Wir wollen nun den Beweis dafür nachholen, dass die in den verschiedenen Struktursätzen angegebenen Zerlegungen einer endlichen abelschen Gruppen in ein Produkt von zyklischen Gruppen bis auf die Reihenfolge der Faktoren eindeutig sind. Als Folgerung davon kann man dann die endlichen abelschen Gruppen klassifizieren, d.h. sie bis auf Isomorphie alle angeben. Damit ist das schon 1877 von CAYLEY formulierte Problem unter dieser zusätzlichen Voraussetzung gelöst (vgl. Anhang 2, Nr. 7).

Am einfachsten erscheint es, zunächst die abelschen p-Gruppen zu klassifzieren, und anschließend daraus mit Hilfe des Satzes über die Zerlegung in Primärkomponenten aus 1.6.3 auf beliebige endliche abelsche Gruppen zu schließen. Grundlegend ist der folgende

Eindeutigkeitssatz für endliche abelsche p-Gruppen
Sei G eine endliche abelsche p-Gruppe mit $\mathrm{ord}(G) = p^k$, und G sei zerlegt in

$$G \cong Z(p^{l_1}) \times \ldots \times Z(p^{l_r}) \quad \text{mit } 1 \leq l_1 \leq \ldots \leq l_r \leq k.$$

Dann ist $k = l_1 + \ldots + l_r$ und diese Zerlegung von k ist durch G eindeutig bestimmt.

Die Zerlegung $k = l_1 + ... + l_r$ wird auch ***Partition*** von k genannt.

Zur Vorbereitung des Beweises betrachten wir zunächst eine beliebige abelsche Gruppe und ein $n \in \mathbb{Z}$. Dann ist

$$G^n := \{a^n : a \in G\} < G$$

eine Untergruppe, denn $a^n \cdot b^n = (a \cdot b)^n$. Für spezielle G und n kann man über G^n genauere Aussagen machen.

Lemma *Für jede Primzahl p gilt:*

a) Ist $l \geq 1$, so ist $Z(p^l)^p \cong Z(p^{l-1})$.

b) Für $G = Z(p^{l_1}) \times ... \times Z(p^{l_r})$ ist $G^p \cong Z(p^{l_1-1}) \times ... \times Z(p^{l_r-1})$ und $\mathrm{ord}(G/G^p) = p^r$.

Insbesondere folgt aus Teil b), dass die Anzahl r der zyklischen Faktoren eine Invariante der p-Gruppe G ist.

Beweis des Lemmas a)   Wird $Z(p^l)$ von a erzeugt, so ist $\mathrm{ord}(a) = p^l$ und $Z(p^l)^p = \mathrm{Erz}(a^p)$. Nach der Rechenregel aus 1.2.4 gilt

$$\mathrm{ord}(a^p) = \frac{\mathrm{ord}(a)}{p} = p^{l-1}.$$

b)   Da $G^p \cong Z(p^{l_1})^p \times ... \times Z(p^{l_r})^p$, folgt aus aus Teil a), dass $\mathrm{ord}(G^p) = p^{k-r}$ wobei $k = l_1 + ... + l_r$, also $\mathrm{ord}\, G = p^k$. Daraus folgt

$$\mathrm{ord}(G/G^p) = \frac{\mathrm{ord}(G)}{\mathrm{ord}(G^p)} = \frac{p^k}{p^{k-r}} = p^r.$$

∎

Um nun zu beweisen, dass nicht nur die Zahl r der zyklischen Faktoren von G, sondern auch die Partition von k eindeutig bestimmt ist, benutzen wir die iterierten Potenzen von G mit

$$G^{p^{n+1}} := (G^{p^n})^p.$$

Den Nutzen davon illustrieren wir zunächst an einem

Beispiel 1   Sei p eine beliebige Primzahl und

$$G := Z(p) \times Z(p^2) \times Z(p^2) \times Z(p^4).$$

Dann ist $\mathrm{ord}(G) = p^9$, $\exp(G) = p^4$, $r = 4$ und die Partition ist

$$k = 9 = 1 + 2 + 2 + 4 = l_1 + l_2 + l_3 + l_4.$$

Für $0 \leq l \leq 4$ bestimmen wir schrittweise G^{p^l} mit Hilfe der Rechenverfahren aus obigem Lemma und

$$r_l := \text{Anzahl der nicht trivialen zyklischen Faktoren von } G^{p^l}.$$

Die triviale Gruppe $Z(p^0)$ wird dabei zur Abkürzung mit 1 bezeichnet.

$$\begin{aligned}
G &= Z(p) &\times&\ Z(p^2) &\times&\ Z(p^2) &\times&\ Z(p^4), &\quad r_0 &= 4,\\
G^p &= 1 &\times&\ Z(p) &\times&\ Z(p) &\times&\ Z(p^3), &\quad r_1 &= 3,\\
G^{p^2} &= 1 &\times&\ 1 &\times&\ 1 &\times&\ Z(p^2), &\quad r_2 &= 1,\\
G^{p^3} &= 1 &\times&\ 1 &\times&\ 1 &\times&\ Z(p), &\quad r_3 &= 1,\\
G^{p^4} &= 1 &\times&\ 1 &\times&\ 1 &\times&\ 1, &\quad r_4 &= 0.
\end{aligned}$$

Vergleicht man nun die Zahlen r_l mit der Anzahl s_l der Faktoren $Z(p^l)$ in G, so sieht man, dass

$$s_l = r_{l-1} - r_l.$$

l	s_l	$r_{l-1} - r_l$
1	1	$4 - 3$
2	2	$3 - 1$
3	0	$1 - 1$
4	1	$1 - 0$

An diesem Beispiel orientiert sich der

Beweis des Eindeutigkeitssatzes   Für $0 \leq l \leq \exp(G)$ betrachten wir die Zahlen

$$r_l := \text{Anzahl der nicht trivialen zyklischen Faktoren in } G^{p^l}, \text{ und}$$

$$s_l := \text{Anzahl der Faktoren } Z(p^l) \text{ in } G.$$

Nach dem Lemma ist r_l eine Invariante von G^{p^l} und damit auch von G. Es genügt also zu zeigen, dass

$$s_l = r_{l-1} - r_l \quad \text{für } 1 \leq l \leq \exp(G) \tag{$*$}$$

Dazu muss man nur den Weg eines Faktors $Z(p^l)$ durch die Potenzen von G verfolgen. In $G^{p^{l-1}}$ ist er noch mit $Z(p)$ vorhanden, in G^{p^l} wird er zu $Z(p^0) = 1$, also trivial. Faktoren $Z(p^{l'})$ mit $l' < l$ sind schon vorher trivial geworden, für $l' > l$ sind sie in G^{p^l} noch vorhanden. Daraus folgt $(*)$ und die Eindeutigkeit der Partition.   ■

Wir notieren noch die entscheidende Folgerung aus dem Eindeutigkeitssatz:

Korollar   *Ist p eine Primzahl und $k \in \mathbb{N}$, so ist die Anzahl der Isomorphieklassen abelscher Gruppen der Ordnung p^k gleich*

$$P(k) := \textit{Anzahl der Partitionen von } k.$$

■

Beispiel 2   Abelsche Gruppen der Ordnung 2^k

Im Fall $p = 2$ wollen wir die Isomorphieklassen abelscher Gruppen entsprechend dem obigen Korollar für $k \leq 5$ explizit ausgeben. Dabei schreiben wir einfacher wieder Z_n für $Z(n)$.

$k = 1$: Z_2
$k = 2$: $Z_2 \times Z_2,\ Z_4$
$k = 3$: $Z_2 \times Z_2 \times Z_2,\ Z_2 \times Z_4,\ Z_8$

$k = 4$: $Z_2 \times Z_2 \times Z_2 \times Z_2, \; Z_2 \times Z_2 \times Z_4, \; Z_2 \times Z_8, \; Z_4 \times Z_4, \; Z_{16}$

$k = 5$: Hier geben wir nur noch die 7 Partitionen von 5 in lexikographischer Ordnung an.

$$\begin{aligned}
5 &= 1+1+1+1+1 \\
&= 1+1+1+2 \\
&= 1+1+3 \\
&= 1+2+2 \\
&= 1+4 \\
&= 2+3 \\
&= 5
\end{aligned}$$

Für $1 \leq k \leq 15$ hat $\mathrm{P}(k)$ folgende Werte:

k	1	2	3	4	5	6	7	8	9	10	11	12	13	14	15
$\mathrm{P}(k)$	1	2	3	5	7	11	15	22	30	42	56	77	101	135	176

Es gibt mehrere asymptotische Formeln für $\mathrm{P}(k)$, und aktuell eine sehr komplizierte algebraische Formel (vgl. [B-0]).

Als Endergebnis über die Struktur endlicher abelscher Gruppen erhalten wir nun das

Klassifikations-Theorem *Sei $n \in \mathbb{N}$ und*

$$n = p_1^{k_1} \cdot \ldots \cdot p_r^{k_r}$$

die Primfaktorzerlegung. Dann gibt es genau

$$\mathrm{P}(k_1) \cdot \ldots \cdot \mathrm{P}(k_r)$$

Isomorphieklassen abelscher Gruppen der Ordnung n.

Beweis Ist G eine endliche abelsche Gruppe mit $\mathrm{ord}(G) = n$, so hat man nach 1.6.4 eine eindeutige Zerlegung

$$G = G_{p_1} \times \ldots \times G_{p_r}$$

in die Primärkomponenten mit $\mathrm{ord}(G_{p_i}) = p_i^{k_i}$ für $i = 1, \ldots r$. Für jedes $p \in \{p_1, \ldots, p_r\}$ gibt es für die p- Gruppe G_p mit $\mathrm{ord}(G_p) = p^k$ genau eine Partition

$$k = l_1 + \ldots + l_r \quad \text{derart dass } G_p \cong Z(l_1) \times \ldots \times Z(l_r).$$

Also gibt es für jedes $i \in \{1, \ldots, r\}$ genau $\mathrm{P}(k_i)$ mögliche Isomorphieklassen für G_{p_i}. Da diese von einander unabhängig sind, folgt die Behauptung. ∎

An den Beispielen 2 und 3 aus 1.6.2 ist der Zusammenhang zwischen den Partitionen und den Elementarteilern zu erkennen.

Beispiel 3   Abelsche Gruppen der Ordnung 432

Da $432 = 16 \cdot 27 = 2^4 \cdot 3^3$ hat jede abelsche Gruppe G der Ordnung 432 eine Zerlegung in Primärkomponenten

$$G = G_2 \times G_3 \quad \text{mit ord}(G_2) = 2^4 \text{ und ord}(G_3) = 3^3.$$

Für G_2 gibt es die in Beispiel 2 angegebenen 5 Möglichkeiten, für G_3 die 3 Möglichkeiten

$$Z_3 \times Z_3 \times Z_3, \ Z_3 \times Z_9, \ Z_{27}.$$

Also gibt es insgesamt $5 \cdot 3 = 15$ Isomorphieklassen abelscher Gruppen der Ordnung 432.

Noch eine letzte Folgerung aus den Eindeutigkeits-Aussagen:

Korollar 2   *Für jede endliche abelsche Gruppe G sind die Elementarteiler $d_1, ..., d_t$ eindeutig bestimmt.*

Beweis   Aus der eindeutigen Zerlegung von G in ein Produkt zyklischer Faktoren von Primzahlpotenz-Ordnung ergeben sich nach der am Ende von 1.6.2 angegebenen Methode in eindeutiger Weise die Elementarteiler. ∎

1.6.5   Endlich erzeugte abelsche Gruppen*

Entsprechend 1.1.7 heißt eine abelsche Gruppe G endlich erzeugt, wenn es ein $n \in \mathbb{N}$ und $a_1, ..., a_n \in G$ gibt, so dass

$$G = \text{Erz}(a_1, ..., a_n) = \{a_1^{k_1} \cdot ... \cdot a_n^{k_n} : k_i \in \mathbb{Z}\}.$$

Offensichtlich haben endliche Produkte von zyklischen Gruppen $Z(n)$ endlicher Ordnung und zyklischen Gruppen Z von unendlicher Ordnung, also Gruppen der Form

$$G = Z(n_1) \times ... \times Z(n_s) \times Z \times ... \times Z,$$

diese Eigenschaft.

Nach dem am Ende von 1.6.6 präzise formulierten Struktursatz ist jede endliche erzeugte abelsche Gruppe von dieser Form. Dabei ist $Z(n_1) \times ... \times Z(n_s)$ der endliche und $Z^r = Z \times ... \times Z$ der frei-abelsche Anteil vom Rang r (vgl. dazu 1.3.17).

Der Beweis dieses Struktursatzes wird aus zwei Teilen bestehen: Im ersten Teil wird eine endliche Untergruppe

$$T(G) < G$$

bestimmt, die nach den Sätzen über endliche abelsche Gruppen in zyklische Faktoren zerlegbar ist. Im zweiten Teil müssen zusätzliche unendlich zyklische Faktoren bestimmt werden. Das ist deutlich schwieriger, weil sie nicht eindeutig bestimmt sind. Das sieht man schon an dem einfachsten

Beispiel Sei $Z_2 = \mathrm{Erz}(a)$ mit $\mathrm{ord}(a) = 2$, $Z = \mathrm{Erz}(b)$ mit $\mathrm{ord}(b) = \infty$ und

$$G = Z_2 \times Z = \{(a^k, b^l) : k, l \in \mathbb{Z}\}.$$

Wir können Z_2 und Z als Untergruppen von G ansehen. Ist $|l| \geq 1$ so ist $\mathrm{ord}(a^k, b^l) = \infty$ für alle k. Daher liegen die einzigen Elemente endlicher Ordnung von G in $Z_2 = \{(e,e), (a,e)\}$.

Nun betrachten wir statt der Untergruppe $Z = \{(e, b^l) : l \in \mathbb{Z}\} < G$ die Untergruppe

$$Z' := \{(a^l, b^l) : l \in \mathbb{Z}\} < G.$$

$$
\begin{array}{ccccccc}
(a, b^{-3}) & (a, b^{-2}) & (a, b^{-1}) & (a, e) & (a, b) & (a, b^2) & (a, b^3) \\
\bullet & \cdot & \bullet & \cdot & \bullet & \cdot & \bullet
\end{array}
$$

$$
\cdots \qquad\qquad\qquad\qquad\qquad\qquad Z' \qquad \cdots
$$

$$
\begin{array}{ccccccc}
\cdot & \bullet & \cdot & \bullet & \cdot & \bullet & \cdot \\
(e, b^{-3}) & (e, b^{-2}) & (e, b^{-1}) & (e, e) & (e, b) & (e, b^2) & (e, b^3)
\end{array}
$$

G ist auch direktes Produkt von Z_2 und Z':
$G = Z_2 \cdot Z'$, denn für $(a^k, b^l) \in G$ mit $k \equiv l \,(\mathrm{mod}\ 2)$ ist $(a^k, b^l) \in Z'$. Andernfalls ist

$$(a^k, b^l) = (a, e) \cdot (a^{k-1}, b^l).$$

$Z_2 \cap Z' = \{e, e\}$, denn $(a, e) \notin Z'$.

Als ersten Schritt zur Konstruktion einer möglichst großen endlichen Untergruppe einer abelschen Gruppe fassen wir die Elemente endlicher Ordnung zusammen.

Bemerkung *In einer abelschen Gruppe G ist die Teilmenge*

$$\mathrm{T}(G) := \{a \in G : \mathrm{ord}(a) < \infty\} \subset G$$

eine Untergruppe und für jede endliche Untergruppe $H < G$ gilt $H < \mathrm{T}(G)$.

*Man nennt $\mathrm{T}(G)$ die **Torsionsuntergruppe** von G.*

Beweis Für $a, b \in G$ ist $\mathrm{ord}(a^{-1}) = \mathrm{ord}(a)$ und nach der Bemerkung aus 1.2.4 gilt

$$\mathrm{ord}(a \cdot b) \ \text{teilt} \ \mathrm{ord}(a) \cdot \mathrm{ord}(b).$$

Ist $H < G$ endlich und $a \in H$ so ist $\mathrm{ord}\, a < \infty$, also $a \in \mathrm{T}(G)$. ∎

Man beachte, dass die Voraussetzung „abelsch" wichtig ist (Beispiel 5 aus 1.2.5). Weiterhin ist die Teilmenge

$$\{a \in G : \mathrm{ord}(a) = \infty\}$$

nie eine Untergruppe, denn $\mathrm{ord}(e) = 1$. Man kann aber, wie wir sehen werden, eine Faktorgruppe mit Elementen unendlicher Ordnung bilden.

Eine Gruppe G heißt **torsionsfrei**, wenn $\mathrm{T}(G) = \{e\}$, d.h. für jedes von e verschiedene $a \in G$ ist $\mathrm{ord}(a) = \infty$.

Lemma *Für jede abelsche Gruppe G ist die Faktorgruppe $G/\mathrm{T}(G)$ torsionsfrei.*

Beweis Angenommen für $a \cdot \mathrm{T}(G) \in G/\mathrm{T}(G)$ und $n \in \mathbb{Z}$ gilt

$$e \cdot \mathrm{T}(G) = (a \cdot \mathrm{T}(G))^n = a^n \cdot \mathrm{T}(G).$$

Dann ist $a^n \in \mathrm{T}(G)$ und somit $a \in \mathrm{T}(G)$, also $a = \{e\}$. ∎

Die Untergruppe $\mathrm{T}(G)$ und die Faktorgruppe $G/\mathrm{T}(G)$ sind nun der Ausgangspunkt für die weitere Zerlegung von G. Dabei werden wir im Folgenden voraussetzen, dass G endlich erzeugt ist.

1.6.6 Spaltung in Torsion und freien Anteil *

Zum Beweis des in 1.6.5 angekündigten Struktursatzes für eine endlich erzeugte abelsche Gruppe G ist noch folgendes zu zeigen.

- Die Torsionsuntergruppe $\mathrm{T}(G) < G$ ist endlich.

- Die torsionsfreie Gruppe $G/\mathrm{T}(G)$ ist frei-abelsch.

- Es gibt eine zu $G/\mathrm{T}(G)$ isomorphe frei-abelsche Untergruppe $F < G$ derart, dass $G = \mathrm{T}(G) \times F$.

Wir beginnen mit dem ersten Schritt:

Lemma 1   *Die Torsionsuntergruppe einer endlich erzeugten abelschen Gruppe ist endlich. Sie ist somit die maximale endliche Untergruppe.*

Beweis Ist G endlich erzeugt, so ist $\mathrm{T}(G) < G$ nach dem Korollar aus 1.3.17 endlich erzeugt. Es gibt also $a_1, ..., a_r \in G$ derart, dass

$$\varphi : \mathbb{Z}^r :\to \mathrm{T}(G), \quad (k_1, ..., k_r) \mapsto a_1^{k_1} \cdot ... \cdot a_r^{k_r},$$

ein Epimorphismus ist. Setzt man $l_i := \operatorname{ord} a_i$ für $i = 1, ..., r$, so induziert φ einen Epimorphismus

$$Z(l_1) \times ... \times Z(l_r) \to \mathrm{T}(G).$$

Also ist $\operatorname{ord} \mathrm{T}(G) \leq l_1 \cdot ... \cdot l_r$. ∎

Ein einfaches Beispiel einer nicht endlich erzeugten Torsionsgruppe folgt am Ende dieses Abschnitts. Im nächsten Schritt betrachten wir die torsionsfreie Gruppe $G/\mathrm{T}(G)$.

Lemma 2   **Freiheit torsionsfreier Gruppen**   *Eine endlich erzeugte torsionsfreie abelsche Gruppe H ist frei-abelsch.*

Beweis Ist $H = \mathrm{Erz}(a_1, ..., a_n)$, so zeigen wir zunächst, dass man bei geeigneter Nummerierung eine Teilfamilie $(a_1, ..., a_r)$ mit $r \leq n$ und folgenden Eigenschaften auswählen kann: Aus

$$a_1^{k_1} \cdot ... \cdot a_r^{k_r} = e \quad \text{mit } k_1, ..., k_r \in \mathbb{Z} \text{ folgt } k_1 = ... = k_r = 0, \tag{$*$}$$

und für jedes $i \in \{r+1, ..., n\}$ gibt es eine Darstellung

$$a_1^{k_1} \cdot ... \cdot a_r^{k_r} \cdot a_i^{k_i} = \{e\} \tag{$**$}$$

mit von i abhängigen $k_1, ..., k_r, k_i \in \mathbb{Z}$ und $k_i \neq 0$.

Ist $H \neq \{e\}$, so können wir $a_1 \neq e$ annehmen. Da H torsionsfrei ist, folgt aus $a_1^{k_1} = e$, dass $k_1 = 0$. Nun nimmt man, wenn möglich, zu a_1 schrittweise so lange weitere a_i dazu, mit denen die Bedingung $(*)$ erfüllt bleibt. Bei geeigneter Nummerierung erhält man so die gesuchten maximalen $a_1, ..., a_r$ mit $1 \leq r \leq n$.

Aus der so gewonnenen freien Familie $(a_1, ..., a_r)$ erhält man die frei-abelsche Untergruppe

$$H' := \mathrm{Erz}(a_1, ..., a_r) < H.$$

Für $r = n$ ist die Aussage bewiesen. Andernfalls folgt aus $(**)$, dass $a_i^{k_i} \in H'$ für $i \in \{r+1, ..., n\}$. Setzt man daher $m := k_{r+1} \cdot ... \cdot k_n$, so ist auch $a_i^m \in H'$ für $i = 1, ..., n$ und somit $H^m < H'$. Nach dem Satz aus 1.3.17 ist daher auch H^m frei-abelsch.

Schließlich betrachten wir den surjektiven Homomorphismus

$$H \to H^m < H', \quad a \mapsto a^m.$$

Er ist auch injektiv, denn H ist torsionfrei. Also ist H isomorph zur frei-abelschen Gruppe H^m. ∎

Nun ist geklärt, dass es zu einer endlich erzeugten abelschen Gruppe G eine eindeutig bestimmte maximale endliche Untergruppe $\mathrm{T}(G)$ und eine frei-abelsche Faktorgruppe $G/\mathrm{T}(G)$ gibt. Gesucht ist eine Zerlegung

$$G = \mathrm{T}(G) \times F$$

als inneres direktes Produkt mit einer zu $G/\mathrm{T}(G)$ isomorphen Untergruppe $F < G$. Ein solches, leider nicht eindeutig bestimmtes, F erhält man mit dem folgenden

Spaltungslemma *Gibt es zu einer abelschen Gruppe G und einer endlich erzeugten frei-abelschen Gruppe F' einen Epimorphismus*

$$\varphi : G \to F',$$

so existiert eine frei-abelsche Untergruppe $F < G$ derart, dass

$$G = \mathrm{Ker}\,\varphi \times F \quad \text{und} \quad \varphi|F : F \to F'$$

ein Isomorphismus ist.

Beweis Zu einer Basis $(b_1, ..., b_r)$ von F' wählen wir $a_1, ..., a_r \in G$ derart, dass $b_i = \varphi(a_i)$ für $i = 1, ..., r$. Dann hat

$$F := \mathrm{Erz}(a_1, ..., a_r) < G$$

die gewünschten Eigenschaften: Zunächst ist F frei-abelsch. Denn aus einer Relation

$$a_1^{k_1} \cdot ... \cdot a_r^{k_r} = e \ \text{ folgt } \ \varphi(a_1^{k_1} \cdot ... \cdot a_r^{k_r}) = b_1^{k_1} \cdot ... \cdot b_r^{k_r} = e,$$

also $k_1 = ... = k_r = 0$. Insbesondere folgt die Injektivität von

$$\varphi | F : F \to F'.$$

Also ist $\varphi | F$ ein Isomorphismus und

$$\mathrm{Ker}\, \varphi \cap F = \{e\}.$$

Schließlich gilt $G = (\mathrm{Ker}\, \varphi) \cdot F$. Denn ist für $a \in G$

$$\varphi(a) = b_1^{l_1} \cdot ... \cdot b_r^{l_r}, \ \text{ so folgt } \ a' := a \cdot a_1^{-l_1} \cdot ... \cdot a_r^{-l_r} \in \mathrm{Ker}\, \varphi$$

und $a = a' \cdot a_1^{l_1} \cdot ... \cdot a_r^{l_r}$. ∎

Nach all diesen Vorbereitungen ergibt sich nun das folgende abschließende Ergebnis:

Struktursatz für endlich erzeugte abelsche Gruppen
Jede endlich erzeugte abelsche Gruppe G gestattet eine Zerlegung

$$G = H \times F$$

als inneres direktes Produkt in eine endliche abelsche Gruppe $H < G$ und eine frei-abelsche Gruppe $F < G$.

Dabei ist $H = \mathrm{T}(G)$ als Torsionsuntergruppe eindeutig bestimmt. Sie kann nach den Struktursätzen für endliche abelsche Gruppen in ein Produkt von endlichen zyklischen Gruppen zerlegt werden. Bei der frei-abelschen Gruppe F ist der Rang r eindeutig bestimmt, es gibt also einen Isomorphismus $F \cong \mathbb{Z}^r$.

Beispiel   Wir betrachten den Homomorphismus

$$\varphi : \mathbb{R} \to S := \{z \in \mathbb{C} : |z| = 1\}, \quad t \mapsto \exp(2\pi \mathrm{i}\, t),$$

von der additiven Gruppe $\mathbb{R}$ in die multiplikative Untergruppe $S < \mathbb{C}$ der Kreislinie mit $\mathrm{Ker}\varphi = \mathbb{Z}$. Das ergibt nach 1.3.1 einen Isomorphismus

$$\overline{\varphi} : \mathbb{R}/\mathbb{Z} \to S.$$

Da $\mathbb{Z} < \mathbb{Q} < \mathbb{R}$, ist auch $\mathbb{Q}/\mathbb{Z} < \mathbb{R}/\mathbb{Z}$ und wir behaupten, dass

$$\mathrm{T}(\mathbb{R}/\mathbb{Z}) = \mathbb{Q}/\mathbb{Z} \quad \text{und} \quad \mathrm{T}(\mathbb{Q}/\mathbb{Z}) = \mathbb{Q}/\mathbb{Z}. \tag{$*$}$$

Ist nämlich $t \in \mathbb{R}$, so gilt

$$t + \mathbb{Z} \in \mathrm{T}(\mathbb{R}/\mathbb{Z}) \quad \Leftrightarrow \quad \text{es gibt ein } n \in \mathbb{Z} \smallsetminus \{0\}, \text{ so dass } nt = m \in \mathbb{Z}.$$

Das bedeutet aber $t = \frac{m}{n} \in \mathbb{Q}$ und es folgt $(*)$ aus

$$\mathrm{ord}(t + \mathbb{Z}) < \infty \quad \Leftrightarrow \quad t \in \mathbb{Q}.$$

Nun ist einfach zu sehen, dass die *Torsionsgruppe $\mathbb{Q}/\mathbb{Z}$ nicht endlich erzeugt* ist: Angenommen $\mathbb{Q}/\mathbb{Z} = \mathrm{Erz}(a_1, ..., a_k)$. Jedes $a_i \in \mathbb{Q}/\mathbb{Z}$ hat endliche Ordnung; nach der Bemerkung aus 1.2.4 gäbe es daher eine obere Schranke für die Ordnungen der Elemente aus $\mathrm{Erz}(a_1, ... a_k)$. Da aber

$$\mathrm{ord}\left(\frac{1}{n} + \mathbb{Z}\right) = n$$

für alle $n \in \mathbb{N} \smallsetminus \{0\}$, gibt es in $\mathbb{Q}/\mathbb{Z}$ Elemente beliebig großer Ordnung.

1.6.7 Endliche p-Gruppen*

Endliche abelsche Gruppen kann man klassifizieren, das wurde in 1.6.4 ausgeführt. Lässt man die Voraussetzung „abelsch" fallen, so wird alles viel komplizierter. Eine vollständige Klassifikation ist bis heute nicht gelungen, es gibt lediglich einige Teilergebnisse. Wir beschränken uns hier auf Aussagen, die sich mit Hilfe von Sätzen erhalten lassen, die der norwegische Mathematiker MEJDELL LUDWIG SYLOW [Sy] im Jahr 1872 bewiesen hat. Wir beginnen mit einem viel älteren Ergebnis, es hat den Namen

Satz von CAUCHY *Ist G eine endliche Gruppe und p eine Primzahl, die $\mathrm{ord}\,G$ teilt, so gibt es ein $a \in G$ mit $\mathrm{ord}\,a = p$.*

Ist G abelsch, so hatten wir diesen Satz schon in 1.6.1 bewiesen, den allgemeinen Fall kann man aus den Sätzen von SYLOW folgern. Wir beschreiben trotzdem einen einfachen Beweis, der den Spezialfall für abelsche Gruppen benutzt.

Beweis durch Induktion über $n = \mathrm{ord}\,G$.
Nach der Klassengleichung aus 1.4.4 gibt es Vertreter $a_1, \ldots, a_m \in G \smallsetminus Z(G)$, so dass

$$\mathrm{ord}\,G = \mathrm{ord}\,Z(G) + \sum_{i=1}^{m} \mathrm{ind}\,(G : \mathrm{Zen}_G(a_i)). \qquad (*)$$

Andererseits gilt für jedes einzelne a_i

$$\mathrm{ord}\,G = \mathrm{ord}\,\mathrm{Zen}_G(a_i) \cdot \mathrm{ind}\,(G : \mathrm{Zen}_G(a_i)), \qquad (**)$$

wobei $\mathrm{ord}\,\mathrm{Zen}_G(a_i) < \mathrm{ord}\,G$, denn $a_i \notin Z(G)$. Aus $p \mid \mathrm{ord}\,G$ folgt, dass p einen der Faktoren rechts in $(**)$ teilt. Gibt es ein i, so dass

$$p \mid \mathrm{ord}\,\mathrm{Zen}_G(a_i),$$

so folgt die Behauptung aus der Induktionsannahme, denn $\operatorname{ord}\operatorname{Zen}_G(a_i) < \operatorname{ord}G$. Also bleibt der Fall

$$p \nmid \operatorname{ord}\operatorname{Zen}_G(a_i) \quad \text{und somit} \quad p \mid \operatorname{ind}(G : \operatorname{Zen}_G(a_i))$$

für alle $i = 1,\dots,m$ zu betrachten. Dann folgt aber aus $(*)$

$$p \mid \operatorname{ord}Z(G) \,,$$

und die Behauptung folgt aus dem schon bewiesenen Fall für abelsche Gruppen, denn $Z(G)$ ist abelsch. ∎

Wir erinnern an die Definition einer **p-Gruppe** G für eine Primzahl p: Das bedeutet, dass es für jedes a ein $k(a) \in \mathbb{N}$ gibt, so dass

$$\operatorname{ord}a = p^{k(a)} \,.$$

Mit Hilfe des Satzes von CAUCHY lässt sich diese Bedingung vereinfachen:

Korollar *Eine endliche Gruppe G ist genau dann eine p-Gruppe, wenn es ein $k \in \mathbb{N}$ gibt, so dass*

$$\operatorname{ord}G = p^k \,.$$

Beweis Nach dem Satz von LAGRANGE (1.2.4) ist jede Gruppe der Ordnung p^k eine p-Gruppe. Die Umkehrung folgt wie in Lemma 1 aus 1.6.1 aus dem Satz von CAUCHY. ∎

Für eine Anwendung in der Körpertheorie benötigen wir das folgende

Lemma *Ist G eine p-Gruppe mit $\operatorname{ord}G = p^k$, so gibt es für $l = 0,1,\dots,k$ eine Untergruppe $H < G$ mit $\operatorname{ord}H = p^l$.*

Beweis Um eine Induktion über k zum Laufen zu bringen, benötigen wir ein $a \in G$ mit $\operatorname{ord}a = p$ derart, dass $\operatorname{Erz}(a) \triangleleft G$ Normalteiler ist.

Dazu benutzen wir wie im Beweis des Satzes von CAUCHY die Klassengleichung

$$\operatorname{ord}G = \operatorname{ord}Z(G) + \sum_{i=1}^{m} \operatorname{ind}(G : \operatorname{Zen}_G(a_i)) \,.$$

Da $\operatorname{ord}G = p^k$, sind alle Indizes durch p teilbar, also folgt

$$p \mid \operatorname{ord}Z(G) \,.$$

Nach dem Satz von CAUCHY gibt es ein $a \in Z(G)$ mit $\operatorname{ord}a = p$; aus der Definition des Zentrums folgt, dass $\operatorname{Erz}(a) \triangleleft G$.

Für $k = 0$ und 1 ist die Aussage trivial, für $l = 1$ folgt sie aus dem Satz von CAUCHY. Für den Induktionsschluss betrachten wir die kanonische Abbildung

$$\rho : G \to G/\mathrm{Erz}(a) =: \overline{G}.$$

Da nach LAGRANGE (1.2.4) $\mathrm{ord}\,\overline{G} = p^{k-1}$, gibt es eine Untergruppe $\overline{H} < \overline{G}$ mit $\mathrm{ord}\,\overline{H} = p^{l-1}$. Ist

$$H := \rho^{-1}(\overline{H}) < G, \quad \text{so folgt} \quad \mathrm{ord}\,H = p \cdot \mathrm{ord}\,\overline{H} = p^{l}.$$

■

Für eine abelsche Gruppe G hatten wir in 1.6.3 die Primärkomponente

$$G_p := \{a \in G : \mathrm{ord}\,a = p^{k(a)} \text{ für ein } k(a)\} < G$$

eingeführt. Ist G nicht abelsch, so ist das im Allgemeinen keine Untergruppe mehr. Etwa für $G = \mathcal{S}_3$ und $p = 2$ sind die Elemente der Ordnung 2 die Transpositionen, sie bilden keine Untergruppe. Aber jede einzelne Transposition erzeugt eine Untergruppe der Ordnung 2. Es ist also angebracht, im allgemeinen Fall für eine Primzahl p mehrere p-Gruppen in einer gegebenen Gruppe zu betrachten:

Definition *Sei G eine endliche Gruppe und p eine Primzahl. Ist*

$$\mathrm{ord}\,G = p^{l} \cdot m \quad \textit{mit} \quad p \nmid m,$$

so nennt man eine Untergruppe $H < G$ eine

*p-**Untergruppe**, wenn $\mathrm{ord}\,H = p^{k}$ mit $k \leq l$ und*

*p-**Sylowgruppe**, wenn $\mathrm{ord}\,H = p^{l}$.*

Die p-Sylowgruppen sind also die p-Untergruppen maximaler Ordnung. Sind p und q verschiedene Primzahlen, so gilt für eine p-Untergruppe H und eine q-Untergruppe H' offensichtlich $H \cap H' = \{e\}$.

Vorsicht! Man beachte, dass p-Gruppen für $k \geq 2$ nicht abelsch sein müssen. Etwa die Quaternionengruppe der Ordnung 8 ist eine 2-Gruppe. Immerhin werden wir in 1.7.5 beweisen, dass jede endliche p-Gruppe auflösbar ist.

1.6.8 Die Sätze von SYLOW*

Wir geben nun Beweise der Sätze von SYLOW, die Aussagen über die Existenz, die gegenseitigen Beziehungen und die Zahl von Sylowgruppen machen. An dem klassischen Beweis von SYLOW aus dem Jahr 1872 [Sy] ist lange gefeilt worden. Wir folgen hier dem Beweis von H. WIELANDT [Wi]. Er ist recht kurz und benutzt einige Tricks, die darauf beruhen, geeignete Mengen geschickt abzuzählen.

Sätze von SYLOW   *Sei G eine endliche Gruppe und p eine Primzahl, so dass*

$$\operatorname{ord} G = p^l \cdot m \ \text{ mit } \ l \geq 1 \ \text{ und } \ p \nmid m \,.$$

Dann gilt
1) Es gibt mindestens eine p-Sylowgruppe $S < G$.

2) a) Ist $H < G$ eine p-Gruppe, so gibt es eine p-Sylowgruppe S mit

$$H < S < G \,.$$

* b) Ist $S < G$ eine p-Sylowgruppe, so ist jede konjugierte Untergruppe*

$$S' := a S a^{-1} \quad \text{mit} \quad a \in G$$

* eine p-Sylowgruppe, und jede andere p-Sylowgruppe $S' < G$ ist von dieser Form.*

3) Bezeichnet s die Anzahl der p-Sylowgruppen, so gilt

$$s \mid m \quad \text{und} \quad s \equiv 1 (\operatorname{mod} p) \,.$$

Wenn mehrere Primfaktoren p von $\operatorname{ord} G$ eine Rolle spielen, schreibt man S_p und s_p statt S und s.

Die Bedingung $s \equiv 1 (\operatorname{mod} p)$ kann man auch in der Form $s \in \{1, 1+p, 1+2p, ...\}$ schreiben.

Beweis von Aussage 1)   Eine p-Sylowgruppe $S < G$ hat p^l Elemente. Ist $n = \operatorname{ord} G$, so gibt es in G insgesamt

$$\binom{n}{p^l} = \frac{n (n-1) \cdot \ldots \cdot (n-r) \cdot \ldots \cdot (n-p^l+1)}{p^l (p^l-1) \cdot \ldots \cdot (p^l-r) \cdot \ldots \cdot \ 1}$$

Teilmengen mit p^l Elementen. Ein Kniff ist nun der

Hilfssatz   *p ist kein Teiler von* $\binom{n}{p^l}$.

Wir betrachten dazu einen der Faktoren

$$\frac{n-r}{p^l-r}, \ \text{ wobei } 0 \leq r \leq p^l - 1 \,.$$

und schreiben $r = p^k \cdot s$ mit $p \nmid s$. Dann ist $k \leq l-1$ die höchste in $n-r$ enthaltene Potenz von p und $p^k \mid (p^l - r)$. Das bedeutet, dass jede Potenz von p im Zähler auch im Nenner enthalten ist, und beweist den Hilfssatz.

Nun bezeichnen wir mit $\mathcal{M}$ die Menge der Teilmengen $M \subset G$ mit p^l Elementen. Darauf hat man eine Operation

$$G \times \mathcal{M} \to \mathcal{M} \,, \ (a, M) \mapsto aM \,,$$

von G durch die Linkstranslation in G. Sind $M_1,\ldots,M_r \in \mathcal{M}$ Vertreter der Bahnen $G(M)$, so folgt aus der Bahnengleichung in 1.4.3

$$\binom{n}{p^l} = \#\mathcal{M} = \sum_{i=1}^{r} \#G(M_i)\,.$$

Da $p \nmid \binom{n}{p^l}$, gibt es mindestens ein $M \in \mathcal{M}$ mit $p \nmid (\#G(M))$, wir definieren

$$S := \mathrm{Sta}_G(M) < G\,.$$

Zur Berechnung von $\mathrm{ord}\,S$ benutzen wir einerseits, dass S als Standgruppe von $M \in \mathcal{M}$ auf der Menge M durch Linkstranslation operiert. Für ein $x \in M \subset G$ ist die Bahn gleich $Sx \subset M$, es ist

$$\#Sx = \mathrm{ord}\,S\,.$$

Da M in endlich viele disjunkte Bahnen zerfällt, folgt

$$\mathrm{ord}\,S \quad \text{teilt} \quad \#M\,, \quad \text{also} \quad \mathrm{ord}\,S = p^k \quad \text{mit} \quad k \le l\,.$$

Andererseits erhält man aus der Operation von G auf $\mathcal{M}$ nach dem Bahn-Lemma

$$\mathrm{ord}\,G = p^l m = \#G(M) \cdot \mathrm{ord}\,S\,;$$

da $p \nmid \#G(M)$, folgt $\mathrm{ord}\,S = p^l$ und S ist eine p-Sylowgruppe.

Beweis von Aussage 2) Zunächst ist klar, dass jede konjugierte Untergruppe $S' = aSa^{-1}$ wieder Sylowgruppe ist, denn $\mathrm{ord}\,S' = \mathrm{ord}\,S$. Wir benutzen das folgende

Lemma *Sei $S < G$ eine p-Sylowgruppe und $H < G$ eine Untergruppe mit $p \mid \mathrm{ord}\,H$. Dann gibt es eine zu S konjugierte p-Sylowgruppe $S' = aSa^{-1}$, so dass*

$$H \cap S' < H \quad \text{eine } p\text{-Sylowgruppe in } H \text{ ist}\,.$$

Zum *Beweis des Lemmas* betrachten wir die Menge

$$M := G/S$$

der linken Nebenklassen, nach 1.2.4 gilt $p \nmid \#M$. Auf M operiert G durch

$$G \times M \to M\,, \quad (b, aS) \mapsto baS\,.$$

Diese Operation ist offensichtlich transitiv, für die Standgruppe gilt

$$\mathrm{Sta}_G(S) = S\,, \quad \mathrm{Sta}_G(aS) = aSa^{-1} =: S'$$

für alle $a \in G$. Lässt man nur die Untergruppe H operieren, so erhält man die Standgruppe

$$\mathrm{Sta}_H(aS) = H \cap S'\,.$$

Wir betrachten die Bahnen bei der Operation von H auf M. Da $p \nmid \#M$, gibt es nach der Bahnengleichung mindestens eine Bahn $H(aS) \subset M$ mit $p \nmid \#H(aS)$. Da

$$\#H(aS) = \operatorname{ind}(H : \operatorname{Sta}_H(aS)) = \operatorname{ind}(H : H \cap S'),$$

ist $H \cap S' < H$ für das so gewählte $a \in G$ eine p-Sylowgruppe. Damit ist das Lemma bewiesen.

Zu Aussage 2a) Sei S' so gewählt, dass $H \cap S' < H$ eine p-Sylowgruppe ist. Weil H eine p-Gruppe ist, folgt

$$H \cap S' = H, \ \text{ also } \ H < S'.$$

Zu Aussage 2b) Dass Konjugation p-Sylowgruppen erhält, hatten wir schon oben bemerkt. Sind S und $\tilde{S}$ zwei p-Sylowgruppen in G, so können wir im Lemma $H := \tilde{S}$ setzen und erhalten wie im Beweis von *2a)* ein $S' = aSa^{-1}$, so dass $\tilde{S} < S'$. Aus

$$\operatorname{ord}\tilde{S} = \operatorname{ord}S' \quad \text{folgt} \quad \tilde{S} = S'.$$

Beweis von Aussage 3) Wir bezeichnen mit

$$M := \{S_1, \ldots, S_s\}$$

die Menge der p-Sylowgruppen von G. Nach Aussage *2)* ergibt die Konjugation in G eine Operation

$$G \times M \to M, \ (a, S) \mapsto aSa^{-1}.$$

Sie ist nach *2)* transitiv, also ist $G(S) = M$ für jedes $S \in M$ und es folgt $G(S_1) = \ldots = G(S_s)$. Die Bahnengleichung ergibt für jedes $S \in M$

$$s = \#M = \#G(S) = \operatorname{ind}(G : \operatorname{Sta}_G(S)).$$

Die Standgruppe bei der Konjugation von Untergruppen ist der Normalisator (vgl. 1.3.5), also gilt $S \vartriangleleft \operatorname{Sta}_G(S) = \operatorname{Nor}_G(S) < G$ für alle $S \in M$ und mit Hilfe von LAGRANGE (1.2.4) ergibt sich

$$m = \operatorname{ind}(G : S) = \operatorname{ind}(G : \operatorname{Nor}_G(S)) \cdot \operatorname{ind}(\operatorname{Nor}_G(S) : S) = s \cdot \operatorname{ord}(\operatorname{Nor}_G(S)/S),$$

daraus folgt $s \mid m$.

Zum Beweis von $s \equiv 1(\bmod\ p)$ lassen wir statt G nur ein $S \in M$, etwa S_1, auf M operieren:

$$S_1 \times M \to M, \ (a, S) \mapsto aSa^{-1}.$$

Die Nummerierung sei so gewählt, dass $S_1, \ldots, S_r$ mit $r \leq s$ ein Vertretersystem der Bahnen unter der Operation von S_1 ist. Dann ist

$$s = \#M = \sum_{i=1}^{r} \#S_1(S_i) = \sum_{i=1}^{r} \operatorname{ind}(S_1 : \operatorname{Sta}_{S_1}(S_i)) . \tag{$*$}$$

Da $\operatorname{ord}S_1 = p^l$, haben die Indizes nur die Teiler 1 und p^k mit $1 \leq k \leq l$. Es genügt also wegen $(*)$ zu zeigen, dass

$$\#S_1(S_i) = 1 \Leftrightarrow i = 1 .$$

$S_1(S_1) = \{S_1\}$ ist klar. Ist $\#S_1(S_i) = 1$, so folgt

$$\mathrm{Sta}_{S_1}(S_i) = S_1 \,, \quad \text{also} \ \ S_1 < \mathrm{Nor}_G(S_i) \,.$$

Da $S_i \triangleleft \mathrm{Nor}_G(S_i)$, sind S_1 und S_i zwei p-Sylowgruppen in $\mathrm{Nor}_G(S_i)$, nach Aussage *2)* folgt

$$S_1 = bS_ib^{-1} \quad \text{mit} \quad b \in \mathrm{Nor}_G(S_i) \,.$$

Da S_i Normalteiler im Normalisator ist, folgt $S_1 = S_i$ und $i = 1$. ∎

Korollar *Sei G eine endliche Gruppe und $S_p < G$ eine p-Sylowgruppe. Dann gilt: S_p ist genau dann Normalteiler in G, wenn es nur eine p-Sylowgruppe in G gibt. Kurz ausgedrückt:*

$$S_p \triangleleft G \qquad \Leftrightarrow \qquad s_p = 1.$$

Beweis S_p ist genau dann ein Normalteiler, wenn $aS_pa^{-1} = S_p$ für alle $a \in G$. Nach Teil *2b)* des Satzes von SYLOW ist das äquivalent zu $s_p = 1$. ∎

In einem Spezialfall kann man noch mehr sagen (siehe dazu Beispiel 6 in 1.6.9):

Normalteiler-Satz *Sei G eine endliche Gruppe und*

$$\mathrm{ord}\, G = p_1^{k_1} \cdot \ldots \cdot p_r^{k_r}$$

mit paarweise verschiedenen Primzahlen $p_1, \ldots, p_r$. Sind alle Sylowgruppen $S_{p_1}, \ldots, S_{p_r} < G$ Normalteiler, so ist

$$G = S_{p_1} \times \ldots \times S_{p_r}$$

inneres direktes Produkt.

Beweis Da $\mathrm{ord}\, S_{p_i} = p_i^{k_i}$, haben die Sylowgruppen paarweise teilerfremde Ordnungen. Aus dem Lemma 2 in 1.3.3 folgt, dass

$$S := S_{p_1} \cdot \ldots \cdot S_{p_r} < G$$

eine Untergruppe ist. Sei

$$\varphi : S_{p_1} \times \ldots \times S_{p_r} \to S, \quad (a_1, \ldots, a_r) \mapsto a_1 \cdot \ldots \cdot a_r,$$

der Epimorphismus des äußeren direkten Produkts auf S. Für jedes i ist $S_{p_i} < S$ Untergruppe, also folgt $p_i^{k_i} | \mathrm{ord}\, S$ und somit $\mathrm{ord}\, G | \mathrm{ord}\, S$, also $S = G$. Da auch

$$\mathrm{ord}\, (S_{p_1} \times \ldots \times S_{p_r}) = \mathrm{ord}\, G$$

folgt, dass der Epimorphismus

$$\varphi : S_{p_1} \times \ldots \times S_{p_r} \to G$$

auch injektiv, also ein Isomorphismus ist. ∎

Nach diesem Ergebnis ein Blick zurück zu den endlichen abelschen Gruppen. Dort sind alle Sylowgruppen Normalteiler, also ist eine endliche abelsche Gruppe direktes Produkt ihrer Sylowgruppen. Die Sylowgruppen sind aber gleich den in 1.6.3 betrachteten Primärkomponenten. Der dort bewiesene Satz über die Zerlegung in Primärkomponenten folgt daher auch aus den Sylow-Sätzen. Über die weitere Zerlegung der Primärkomponenten abelscher Gruppen erhält man aus den Sylow-Sätzen jedoch keine Informationen.

1.6.9 Beispiele*

Beispiel 1　　Gruppen der Ordnung $2p$

Ist $p \geq 3$ Primzahl, so ist eine Gruppe G der Ordnung $2p$ isomorph zur zyklischen Gruppe $Z(2p)$ oder zur Diedergruppe D_p.

Nach dem Satz von Cauchy gibt es Elemente $a, b \in G$ mit $\operatorname{ord} a = p$ und $\operatorname{ord} b = 2$. Es ist zu zeigen, dass

$$bab^{-1} = bab = \begin{cases} a & \text{oder} \\ a^{-1} \,. \end{cases}$$

Im ersten Fall ist G abelsch, also nach 1.6.3 zyklisch, im zweiten Fall isomorph zu D_p (siehe 1.3.6, Beispiel 6).

Die Untergruppe $\operatorname{Erz}(a) < G$ ist vom Index 2, also Normalteiler. Daher gibt es ein $k \in \mathbb{N}$ mit

$$bab = a^k \,, \quad \text{also} \quad a = b^2 ab^2 = b(bab)b = a^{k^2} \,.$$

Da $\operatorname{ord} a = p$ folgt $k^2 \equiv 1 \,(\bmod\, p)$, also ist nach den Rechenregeln für Kongruenzen

$$k \equiv \pm 1 \,(\bmod\, p) \quad \text{und somit} \quad bab = a^{\pm 1} \,.$$

∎

Als Folgerung erhält man:

Die Gruppe $\mathcal{A}_4$ der Ordnung 12 enthält keine Untergruppe $G < \mathcal{A}_4$ mit $\operatorname{ord} G = 6$.

$G \cong Z_6$ ist unmöglich, da $\mathcal{A}_4$ kein Element der Ordnung 6 enthält.

$G \cong D_3 \cong \mathcal{S}_3$ ist ebenfalls unmöglich (vgl. Beispiel 4 aus 1.4.6). $\mathcal{A}_4$ und $\mathcal{S}_3$ enthalten genau drei Elemente der Ordnung 2, aber in $\mathcal{A}_4$ erzeugen sie eine zur Kleinschen Vierergruppe isomorphe Untergruppe, in $\mathcal{S}_3$ erzeugen sie ganz $\mathcal{S}_3$. ∎

Beispiel 2　　Gruppen der Ordnung pq

Wir betrachten zwei Primzahlen p, q mit $p < q$ und eine Gruppe G mit $\operatorname{ord} G = pq$.

1. Fall: G ist zyklisch, wenn $p \nmid (q-1)$.

Beweis Wir bezeichnen mit s_p und s_q die Anzahlen der p- bzw. q-Sylowgruppen in G. Es genügt

$$s_p = s_q = 1$$

zu zeigen: Dann sind die einzigen Sylowgruppen $S_p, S_q \lhd G$ Normalteiler, also ist nach dem Normalteiler-Satz aus 1.6.8

$$G = S_p \times S_q \cong Z_p \times Z_q \cong Z_{pq} .$$

Nach Sylow gilt

$$s_p \mid q \quad \text{und} \quad s_p = 1 + kp , \; s_q \mid p \quad \text{und} \quad s_q = 1 + lq .$$

Aus $s_p = q$ würde $q - 1 = kp$ folgen, das widerspricht der Voraussetzung $p \nmid (q - 1)$. Da $p < q$, ist auch $p - 1 = lq$ und damit $s_q = p$ unmöglich. Also folgt $s_p = s_q = 1$.   ∎

Im Fall $p \mid (q - 1)$ ist die Situation komplizierter. Da $p < q$, folgt wie oben $s_q = 1$, also ist

$$G = S_q \rtimes S_p \cong Z_q \times_\Phi Z_p .$$

Ist G abelsch, so ist das semidirekte Produkt direkt und $G \cong Z_{pq}$. Andernfalls muss man die möglichen nicht trivialen Operationen von Z_p auf Z_q, d.h. die nicht trivialen Homomorphismen

$$\Phi : Z_p \to \mathrm{Aut}\,(Z_q) \cong Z_q^\times$$

bestimmen. Dabei ist $Z_q^\times$ die in 1.3.14 beschriebene Primrestklassengruppe der Ordnung $q - 1$. Zur Vereinfachung des Beweises benutzen wir schon hier die erst in 2.1.11 bewiesene Aussage, dass $Z_q^\times$ zyklisch ist. Daher gibt es zum Teiler p von $q - 1$ genau eine Untergruppe der Ordnung p von $\mathrm{Aut}\,(Z_q)$, also bis auf Isomorphie nur eine nicht triviale Operation Φ. Also gilt:

2. Fall: Falls $p \mid (q - 1)$ ist $G \cong Z_{pq}$ oder $Z_q \times_\Phi Z_p$, wobei Φ die oben beschriebene Operation ist.   ∎

Damit ist der Fall $2p$ aus Beispiel 1 noch einmal in allgemeinerem Rahmen behandelt.

Beispiel 3   Gruppen der Ordnung 8

Die Gruppen

$$Z_8 , \; Z_4 \times Z_2 , \; Z_2 \times Z_2 \times Z_2 \quad \text{und}$$

$$D_4 \; (\text{Diedergruppe}) , \; Q \; (\text{Quaternionengruppe})$$

haben die Ordnung 8. Nach dem Struktursatz für endliche abelsche Gruppen aus 1.6.4 gibt es nur die in der ersten Zeile angegebenen abelschen Gruppen der Ordnung 8 (wie immer bis auf Isomorphie). Es genügt also Folgendes zu zeigen:

Lemma   *Ist G nicht abelsch und $\mathrm{ord}\,G = 8$, so ist*

$$G \cong D_4 \quad \text{oder} \quad G \cong Q .$$

Beweis Die möglichen Ordnungen eines Elementes $a \in G$ sind $1, 2, 4, 8$. Die 8 kann nicht auftreten, denn dann wäre G zyklisch. Hätten alle Elemente $a \neq e$ die Ordnung 2, wäre G nach Beispiel 4 aus 1.2.5 abelsch; also gibt es ein $a \in G$ mit $\mathrm{ord}\,a = 4$. Dann ist

$$N := \{e, a, a^2, a^3\} \lhd G , \; a^4 = e \quad \text{und} \quad a^{-1} = a^3 .$$

Ist $b \in G \smallsetminus N$, so folgt

$$G = \{e, a, a^2, a^3\} \cup \{b, ba, ba^2, ba^3\},$$

und da N Normalteiler ist, sind folgende Fälle möglich:

$$bab^{-1} = \begin{cases} e & \Rightarrow & \operatorname{ord} a = 1 & \lightning \\ a & \Rightarrow & G \text{ abelsch} & \lightning \\ a^2 & \Rightarrow & \operatorname{ord} a = \operatorname{ord} a^2 = 2 & \lightning \\ a^3 \end{cases}$$

Also verbleibt nur die Möglichkeit

$$bab^{-1} = a^{-1}, \text{ d.h. } ba = a^{-1}b.$$

Da $G/N \cong Z_2$ ist $b^2 \in N$, also gibt es die Möglichkeiten

$$b^2 = \begin{cases} e \\ a & \Rightarrow & \operatorname{ord} b = 8 & \lightning \\ a^2 \\ a^3 = a^{-1} & \Rightarrow & \operatorname{ord} b = 8 & \lightning \end{cases}$$

Zusammenfassend bleiben zwei Möglichkeiten:

$$a^4 = e, \ ba = a^{-1}b, \ \begin{cases} b^2 = a^2 & \Rightarrow & G \cong Q \\ b^2 = e & \Rightarrow & G \cong D_4 \end{cases}$$

Dabei haben wir die Beschreibungen durch Erzeugende und Relationen von Q aus Beispiel 4 in 1.1.9 und von D_n aus Beispiel 6 in 1.3.6 benutzt. ∎

Beispiel 4   Gruppen der Ordnung 12

Ist $\operatorname{ord} G = 12$, *so ist* G *isomorph zu einer der folgenden 5 Gruppen:*

$$Z_{12}, \ Z_2 \times Z_6, \ \mathcal{A}_4, \ D_6, \ Z_3 \times_\Phi Z_4.$$

Die beiden ersten sind abelsch, die letzte ist in Beispiel 7 aus 1.3.6 beschrieben.

Beweis Da $12 = 2^2 \cdot 3$, gibt es 2- und 3-Sylowgruppen S und T. Für ihre Anzahlen gilt

$$s_2 \equiv 1 \,(\operatorname{mod} 2) \quad \text{und} \quad s_2 \mid 3, \quad \text{also} \quad s_2 = 1 \text{ oder } 3,$$
$$s_3 \equiv 1 \,(\operatorname{mod} 3) \quad \text{und} \quad s_3 \mid 4, \quad \text{also} \quad s_3 = 1 \text{ oder } 4.$$

In jedem der möglichen Fälle hat man Isomorphismen

$$S \cong Z_4 \quad \text{oder} \quad S \cong Z_2 \times Z_2 \quad \text{und} \quad T \cong Z_3.$$

$\mathbf{s_2 = s_3 = 1}$: In diesem Fall sind S und T Normalteiler, also ist G abelsch und isomorph zu $Z_4 \times Z_3 \cong Z_{12}$ oder $Z_2 \times Z_2 \times Z_3 \cong Z_2 \times Z_6$.

$s_2 = 3$ **und** $s_3 = 4$: Dieser Fall kann nicht auftreten. Vier verschiedene zu Z_3 isomorphe Untergruppen enthalten zusammen $1 + 4 \cdot 2 = 9$ Elemente. Da bleibt nur noch Platz für eine Untergruppe der Ordnung 4, also ist $s_2 = 3$ unmöglich.

$s_2 = 1$ **und** $s_3 = 4$: Wir zeigen, dass in diesem Fall G isomorph zu $\mathcal{A}_4$ ist. Dazu betrachten wir die Menge

$$M := \{T_1, T_2, T_3, T_4\}$$

der 3-Sylowgruppen $T_i < G$. Nach dem Satz von Sylow ist die Operation

$$G \times M \to M \,, \ (a, T_i) \mapsto a T_i a^{-1} \,,$$

transitiv, also ist $\#G(T) = 4$ für jedes $T \in M$. Aus

$$\operatorname{ord} G = \#G(T) \cdot \operatorname{ord} \operatorname{Sta}_G(T) \quad \text{folgt} \quad \operatorname{ord} \operatorname{Sta}_G(T) = 3 \,.$$

Da $T \subset \operatorname{Sta}_G(T)$ und $\operatorname{ord} T = 3$, folgt $\operatorname{Sta}_G(T) = T$. Durch die Operation von G auf M ist ein Homomorphismus

$$\kappa : G \to \mathcal{S}_4$$

gegeben (Bemerkung aus 1.4.1). Da $\operatorname{Sta}_G(T) = T$ für alle $T \in M$ ist

$$\operatorname{Ker} \kappa = \{a \in G : a T_i a^{-1} = T_i \text{ für } i = 1, \ldots, 4\} = \bigcap_{i=1}^{4} \operatorname{Sta}_G(T_i) = \bigcap_{i=1}^{4} T_i = \{e\} \,,$$

also ist κ injektiv. Wie wir schon oben gesehen hatten, gibt es in G insgesamt 8 Elemente der Ordnung 3, ihre Bilder in $\mathcal{S}_4$ sind 3-Zyklen. Da $\mathcal{A}_4$ nach dem Korollar aus 1.4.5 von den 3-Zyklen erzeugt wird, ist $\kappa(G) = \mathcal{A}_4$.

$s_2 = 3$, $s_3 = 1$: Für die Sylowgruppen $S, T < G$ gilt

$$S \cong Z_4 \quad \text{oder} \quad S \cong Z_2 \times Z_2 \quad \text{und} \quad Z_3 = \{e, y, y^2\} = T \lhd G$$

nach dem Korollar in 1.6.8. Die Bedingungen aus dem Satz in 1.3.5 sind erfüllt, also ist

$$G = T \rtimes S \,.$$

Das führen wir noch einmal explizit aus. S operiert auf T durch Konjugation, das ergibt einen Homomorphismus

$$\Phi : S \to \operatorname{Aut}(T) \cong Z_2 \,, \ a \mapsto \Phi_a \quad \text{mit} \quad \Phi_a(y) = a y a^{-1} = \begin{cases} y & \text{oder} \\ y^2 = y^{-1} \end{cases} .$$

Nun sind zwei Fälle zu unterscheiden:

1. $S = \{e, x, x^2, x^3\} \cong Z_4$: Wegen $s_2 = 3$ ist G nicht abelsch, also muss $\Phi_x = \kappa$ die Inversion sein. Da $G = \operatorname{Erz}(x, y)$, $x^4 = y^3 = e$ und $xyx = y^{-1}$, ist $G = T \rtimes S \cong Z_3 \times_\Phi Z_4$.

2. $S = \{e, x, z, xz\} \cong Z_2 \times Z_2$: Da Φ nicht trivial ist, und $\operatorname{Aut}(T) \cong Z_2$, können wir

$$\Phi(e) = \Phi(x) = \operatorname{id}_T \quad \text{und} \quad \Phi(z) = \Phi(xz) = \kappa$$

annehmen. Nun ist es einfach zu sehen, dass G isomorph ist zur Diedergruppe D_6, an die wir kurz erinnern (Beispiel 6 aus 1.3.6). Es ist

$$D_6 = \{e, a, \ldots, a^5, b, ab, \ldots, a^5 b\} = \mathrm{Erz}\,(a, b) \ \text{ mit } \ a^6 = b^2 = e \text{ und } ba = a^{-1}b.$$

2- und 3-Sylowgruppen in D_6 sind

$$S' := \{e, a^3, b, a^3 b\} < D_6 \quad \text{und} \quad T' = \{e, a^2, a^4\} \lhd D_6.$$

S' operiert auf T' durch Konjugation, e und a^3 trivial, b und $a^3 b$ als Inversion. Daher sieht man durch die „Identifikationen"

$$y = a^2, \ x = a^3, \ z = b, \ \text{ dass } \ D_6 \cong T \rtimes S \cong Z_3 \times_\Phi (Z_2 \times Z_2).$$

Da Φ auf einem Faktor von Z_2 trivial operiert, ist

$$G \cong Z_3 \times_\Phi (Z_2 \times Z_2) \cong (Z_3 \times Z_2) \times_\Phi Z_2 \cong Z_6 \times_\Phi Z_2.$$

Wie schon in Beispiel 6 aus 1.3.6 gezeigt, ist $D_6 \cong D_3 \times Z_2$.

Beispiel 5   Gruppen der Ordnung ≤ 15

Unter Benutzung der bisher behandelten Spezialfälle können wir nun alle Isomorphieklassen von Gruppen bis zur Ordnung 15 auflisten:

Ordnung	Anzahl	Abelsch	Nicht abelsch	Begründung
2	1	Z_2		1.3.7
3	1	Z_3		1.3.7
4	2	$Z_4, Z_2 \times Z_2$		1.4.4, 1.6.4
5	1	Z_5		1.3.7
6	2	Z_6	$\mathcal{S}_3 \cong D_3$	1.6.9, Beispiel 1
7	1	Z_7		I 3.7
8	5	$Z_8, Z_4 \times Z_2,$ $Z_2 \times Z_2 \times Z_2$	D_4, Q	1.6.9, Beispiel 3
9	2	$Z_9, Z_3 \times Z_3$		1.6.3, Beispiel 2
10	2	Z_{10}	D_5	1.6.9, Beispiel 1
11	1	Z_{11}		1.3.7
12	5	$Z_{12}, Z_2 \times Z_6,$	$\mathcal{A}_4, D_6, Z_3 \times_\Phi Z_4$	1.6.9, Beispiel 4
13	1	Z_{13}		1.3.7
14	2	Z_{14}	D_7	1.6.9, Beispiel 1
15	1	Z_{15}		1.6.9, Beispiel 2

Von der Ordnung 16 gibt es neben den 5 in Beispiel 2 aus 1.6.4 aufgeführten abelschen Gruppen noch 9 weitere Isomorphieklassen nicht abelscher Gruppen. Das zu begründen würde den Rahmen dieses Kapitels sprengen. Eine allgemeine Formel für die Anzahl der Isomorphieklassen in Abhängigkeit von der Ordnung ist bisher nicht bekannt.

Beispiel 6   Gruppen der Ordnung 45

Ist ord $G = 45$, *so ist G isomorph zu Z_{45} oder $Z_3 \times Z_{15}$, insbesondere ist G abelsch.*

Beweis Da $45 = 3^2 \cdot 5$, gibt es 3-Sylowgruppen S und 5-Sylowgruppen T. Für ihre Anzahlen gilt
$$s_3 \equiv 1 \,(\mathrm{mod}\ 3) \text{ und } s_3 \mid 5, \text{ also } s_3 = 1,$$
$$s_5 \equiv 1 \,(\mathrm{mod}\ 5) \text{ und } s_5 \mid 9, \text{ also } s_5 = 1.$$
Nach dem Normalteiler-Satz ist $G = S \times T$. Da ord $S = 9$, ist S nach Beispiel 5 isomorph zu Z_9 oder $Z_3 \times Z_3$. Da ord $T = 5$, ist T isomorph zu Z_5. Also ist G isomorph zu

$$Z_9 \times Z_6 \cong Z_{45}, \text{ oder zu } Z_3 \times Z_3 \times Z_5 \cong Z_3 \times Z_{15}.$$

$\blacksquare$

Beispiel 7   Don Giovanni Gruppen

> Madamina, il catalogo è questo
> Delle belle che amò il padron mio;
> Un catalogo egli è che ho fatt'io;
> Osservate, leggete con me.
> In Italia **seicento e quaranta**;
> In Almagna **duecento e trentuna**;
> **Cento** in Francia, in Turchia **novantuna**;
> Ma in Ispagna son già **mille e tre**.

(Beginn der Arie des Leporello aus „Don Giovanni" von W.A. Mozart, Libretto von Lorenzo da Ponte.)

Zur Übung wollen wir versuchen, die möglichen Strukturen von Gruppen der Ordnungen $640, 231, 100, 91$ und 1003 zu bestimmen.

$640 = 2^7 \cdot 5$ Italien ist der komplizierteste Fall, es gibt insgesamt 21 541 Isomorphieklassen. Einfach wird es, wenn wir abelsch voraussetzen: Nach Beispiel 2 aus 1.6.4 gibt es 15 Typen der Ordnung $2^7 = 128$, die direkten Produkte mit Z_5 ergeben die 15 Typen der Ordnung 640.

$231 = 3 \cdot 7 \cdot 11$ In Deutschland gilt für die Gruppe G und die Anzahlen s_p der p-Sylowgruppen von G:
$$s_3 \equiv 1 \,(\mathrm{mod}\ 3) \text{ und } s_3 \mid 7 \cdot 11, \text{ also } s_3 = 1 \text{ oder } 7,$$
$$s_7 \equiv 1 \,(\mathrm{mod}\ 7) \text{ und } s_7 \mid 3 \cdot 11, \text{ also } s_7 = 1 \text{ und,}$$
$$s_{11} \equiv 1 \,(\mathrm{mod}\ 11) \text{ und } s_{11} \mid 3 \cdot 7, \text{ also } s_{11} = 1.$$
Im Fall $s_3 = s_7 = s_{11} = 1$ sind die p-Sylowgruppen S_3, S_7, S_{11} Normalteiler, also ist

$$G = S_3 \times S_7 \times S_{11} \cong Z_3 \times Z_7 \times Z_{11} \cong Z_{231} \ .$$

Im Fall $s_3 = 7, s_7 = s_{11} = 1$ sind S_7 und S_{11} Normalteiler. Ist S_3 eine der 3-Sylowgruppen, so folgt

$$(S_7 \times S_{11}) \lhd G \quad \text{und} \quad G = (S_7 \times S_{11}) \rtimes S_3 \cong Z_{77} \times_\Phi Z_3 \,.$$

Es bleiben die nicht-trivialen Homomorphismen (vgl. 1.3.15)

$$\Phi : Z_3 \to \mathrm{Aut}\,(Z_{77}) \cong \mathrm{Aut}\,(Z_7) \times \mathrm{Aut}\,(Z_{11}) \cong Z_7^\times \times Z_{11}^\times$$

zu bestimmen (vgl. Fall 2 aus Beispiel 2). Da

$$\mathrm{ord}\,Z_7^\times = 6 \quad \text{und} \quad \mathrm{ord}\,Z_{11}^\times = 10 \,,$$

ergibt das Bild von Z_3 eine eindeutige Untergruppe von $\mathrm{Aut}\,(Z_7) \cong Z_7^\times$. Ein Element der Ordnung 3 in $Z_7^\times$ ist $2 + 7\mathbb{Z}$, also kann man explizit

$$Z_7 = \{e, a, \dots, a^6\} \,, \ Z_3 = \{e, b, b^2\} \quad \text{und} \quad \Phi_b(a) = a^2$$

schreiben. Schließlich erhält man

$$G \cong Z_{11} \times (Z_7 \times_\Phi Z_3) \,.$$

$100 = 2^2 \cdot 5^2$ In Frankreich gibt es zunächst vier abelsche Gruppen:

$$Z_4 \times Z_{25} \cong Z_{100} \,, \ Z_4 \times Z_5 \times Z_5 \cong Z_5 \times Z_{20} \,, \ Z_2 \times Z_2 \times Z_{25} \cong Z_2 \times Z_{50} \,,$$

$$Z_2 \times Z_2 \times Z_5 \times Z_5 \cong Z_{10} \times Z_{10} \,.$$

Für die Anzahlen s_p der p-Sylowgruppen ergeben sich die notwendigen Bedingungen
$s_2 \equiv 1 \,(\bmod\ 2)$ und $s_2 \mid 25$, also $s_2 = 1$ oder 5 oder 25,
$s_5 \equiv 1 \,(\bmod\ 5)$ und $s_5 \mid 4$, also $s_5 = 1$.
Damit hat man einen Normalteiler $S_5 \lhd G$ und für jede 2-Sylowgruppe $S_2 < G$ ist

$$G = S_5 \rtimes S_2 \,.$$

Nun gibt es die Möglichkeiten $S_5 \cong Z_{25}$ oder $S_5 \cong Z_5 \times Z_5$ und $S_2 \cong Z_4$ oder $S_2 \cong Z_2 \times Z_2$. Wenn man alle Möglichkeiten durchspielt, erhält man folgende Anzahlen von Isomorphieklassen zu den vorgegebenen Faktoren:

	Z_4	$Z_2 \times Z_2$
Z_{25}	3	2
$Z_5 \times Z_5$	7	4

Dabei wird benutzt, dass

$$\mathrm{Aut}\,(Z_{25}) \cong Z_{25}^\times = Z_{20} \quad \text{und} \quad \mathrm{Aut}\,(Z_5 \times Z_5) \cong \mathrm{GL}\,(2; \mathbb{F}_5) \,.$$

Ein erzeugendes Element von $Z_{25}^\times$ ist etwa $2 + 25\mathbb{Z}$.

Das sind 16 Klassen, die oben angegebenen 4 abelschen sind darin enthalten.

91 = 7 · 13   In der Türkei ist G zyklisch, denn 7 ist kein Teiler von 12 (Beispiel 2).

1003 = 17 · 59   Auch in Spanien ist G zyklisch: $17 \nmid 58$.

Beispiel 8   Gruppen der Ordnung p^n

Ist die Ordnung Potenz einer Primzahl, so gibt es besonders viele Klassen nicht-isomorpher
Gruppen. Nach 1.6.4 gibt es schon zu jeder Partition des Exponenten n eine Isomorphieklasse
abelscher Gruppen, für die Zahl der Isomorphieklassen nicht-abelscher Gruppen gibt es bisher
keine genaue Formel. Für kleine p und n hat man die Anzahlen der Isomorphieklassen berechnet,
hier ein Ausschnitt aus [B-E-O'B]:

$p \diagdown n$	1	2	3	4	5	6	7	8	9
2	1	2	5	14	51	267	2 328	56 092	10 494 213
3	1	2	5	15	67	504	9 310		
5	1	2	5	15	77	684	34 297		
7	1	2	5	15	83	860	113 147		
11	1	2	5	15	87	1 192	750 735		

1.7 Einfache und auflösbare Gruppen*

In diesem letzten Paragraphen zur Gruppentheorie werden noch einige Hilfsmittel bereitgestellt, die bei der Frage der Lösbarkeit von Polynomgleichungen in 3.5 entscheidend sind. Sie sind auch grundlegende Werkzeuge bei der weitergehenden Untersuchung der Struktur von Gruppen.

1.7.1 Einfache Gruppen

In 1.3.7 hatten wir als Korollar gezeigt, dass eine Gruppe mit nur den trivialen Untergruppen zyklisch von Primzahlordnung ist. Interessanter ist der folgende Begriff:

Eine Gruppe G heißt *einfach*, wenn $\{e\}$ und G die einzigen Normalteiler von G sind. Beispiele sind die abelschen Gruppen Z_p. Es ist nicht trivial, dass es nicht abelsche einfache Gruppen gibt. An der Klassifikation aller endlichen einfachen Gruppen wurde lange gearbeitet (vgl. [Mi]), wir geben hier nur die „einfachste" Klasse an.

Satz *Die alternierende Gruppe $\mathcal{A}_n$ ist für $n \neq 4$ einfach.*

Beweis Für $n = 1, 2, 3$ ist die Aussage klar, denn $\mathcal{A}_1 = \mathcal{A}_2 = \{\mathrm{id}\}$ und $\mathcal{A}_3 \cong Z_3$. In $\mathcal{A}_4$ gibt es den zur Kleinschen Vierergruppe isomorphen Normalteiler

$$N = \{\mathrm{id}, (1,2)(3,4), (1,3)(2,4), (1,4)(3,2)\} .$$

Für $n = 5$ haben wir die Ikosaedergruppe $\mathcal{A}_5$ der Ordnung 60. Dafür hatten wir in 1.5.6 die Klassengleichung

$$60 = 1 + 15 + 20 + 12 + 12$$

bewiesen. Die Summanden rechts sind die Ordnungen der Konjugationsklassen. Ist $N \triangleleft \mathcal{A}_5$ ein Normalteiler, so gilt $\mathrm{id} \in N$ und ist $\sigma \in N$, so enthält N auch die ganze Konjugationsklasse $\mathcal{A}_5(\sigma)$. Also ist

$$\mathrm{ord}\, N = 1 + \text{ Summe der Ordnungen von Konjugationsklassen}$$

und $\mathrm{ord}\, N$ teilt 60. Das ist offensichtlich nur für $\mathrm{ord}\, N = 1$ und $\mathrm{ord}\, N = 60$, also $N = \{\mathrm{id}\}$ und $N = \mathcal{A}_5$ möglich.

Für $n \geq 6$ genügt es zu zeigen, dass ein Normalteiler $N \triangleleft \mathcal{A}_n$ alle Dreierzyklen enthält. Dafür verweisen wir etwa auf $[W_1, \S 55]$ oder $[Ro, 3.15]$. ∎

Es ist eine beliebte aber knifflige Übungsaufgabe folgende Eigenschaften der Ikosaedergruppe zu zeigen:

Bemerkung *a) Für jede nicht-abelsche einfache Gruppe G gilt $\mathrm{ord}\,(G) \geq 60$.*

b) Jede einfache Gruppe G mit $\mathrm{ord}\,(G) = 60$ ist isomorph zu $\mathcal{A}_5$.

Zum *Beweis* von Teil *a)* bleibt es nicht erspart, in allen nicht abelschen Gruppen G mit $\mathrm{ord}\, G \leq 59$ einen echten Normalteiler zu suchen. Entsprechend der Primfaktorzerlegung von $\mathrm{ord}\, G$ erhält man fünf verschiedene Typen A, B, C, D, E:

n	Typ	n	Typ	n	Typ
		$20 = 2^2 \cdot 5$ — D		$40 = 2^3 \cdot 5$ — E	
		$21 = 3 \cdot 7$ — B		$41 = 41$ — A	
$2 = 2$ — A		$22 = 2 \cdot 11$ — B		$42 = 2 \cdot 3 \cdot 7$ — E	
$3 = 3$ — A		$23 = 23$ — A		$43 = 43$ — A	
$4 = 2^2$ — A		$24 = 2^3 \cdot 3$ — E		$44 = 2^2 \cdot 11$ — D	
$5 = 5$ — A		$25 = 5^2$ — A		$45 = 3^2 \cdot 5$ — E	
$6 = 2 \cdot 3$ — B		$26 = 2 \cdot 13$ — B		$46 = 2 \cdot 23$ — B	
$7 = 7$ — A		$27 = 3^3$ — A		$47 = 47$ — A	
$8 = 2^3$ — A		$28 = 2^2 \cdot 7$ — D		$48 = 2^4 \cdot 3$ — E	
$9 = 3^2$ — A		$29 = 29$ — A		$49 = 7^2$ — A	
$10 = 2 \cdot 5$ — B		$30 = 2 \cdot 3 \cdot 5$ — E		$50 = 2 \cdot 5^2$ — C	
$11 = 11$ — A		$31 = 31$ — A		$51 = 3 \cdot 17$ — B	
$12 = 2^2 \cdot 3$ — E		$32 = 2^5$ — A		$52 = 2^2 \cdot 13$ — D	
$13 = 13$ — A		$33 = 3 \cdot 11$ — B		$53 = 53$ — A	
$14 = 2 \cdot 7$ — B		$34 = 2 \cdot 17$ — B		$54 = 2 \cdot 3^3$ — C	
$15 = 3 \cdot 5$ — B		$35 = 5 \cdot 7$ — B		$55 = 5 \cdot 11$ — B	
$16 = 2^4$ — A		$36 = 2^2 \cdot 3^2$ — E		$56 = 2^3 \cdot 7$ — E	
$17 = 17$ — A		$37 = 37$ — A		$57 = 3 \cdot 19$ — B	
$18 = 2 \cdot 3^2$ — C		$38 = 2 \cdot 19$ — B		$58 = 2 \cdot 29$ — B	
$19 = 19$ — A		$39 = 3 \cdot 13$ — B		$59 = 59$ — A	

Typ A $\operatorname{ord} G = p^n$ *mit einer Primzahl p und $n \in \mathbb{N}$.*
Ist G nicht abelsch, so ist das Zentrum $Z(G) \lhd G$ ein nicht-trivialer Normalteiler, denn $Z(G) = \{e\}$ ergäbe einen Widerspruch zur Klassengleichung (1.4.4).

Typ B $\operatorname{ord} G = p \cdot q$, *mit Primzahlen p, q, $p < q$.*
In diesem Fall ist $s_q = 1$ (Beispiel 2 aus 1.6.9), also ist die Sylowgruppe $S_q \lhd G$ ein nicht-trivialer Normalteiler.

Typ C $\operatorname{ord} G = 2 \cdot p^n$ *mit einer Primzahl $p \neq 2$ und $n \in \mathbb{N}$.*
Aus den Sylow-Sätzen folgt $s_p = 1$, also ist $S_p \lhd G$ ein nicht-trivialer Normalteiler.

Typ D $\operatorname{ord} G = p^2 \cdot q$, *mit Primzahlen p, q, $p^2 < q$.*
Aus den Sylow-Sätzen folgt $s_q = 1$, also ist $S_q \lhd G$ ein nicht-trivialer Normalteiler.

Typ E $\operatorname{ord} G \in \{12, 24, 30, 36, 40, 42, 45, 48, 56\}$
Diese restlichen Fälle müssen individuell mit Hilfe der Sylow-Sätze erledigt werden. Das sei dem Leser zur Übung empfohlen.

Eine Anleitung zum Beweis von Aussage $b)$ findet man etwa in [N-S-T, Exercise 8.13].

1.7.2 Kommutatorgruppen

Auf der Suche nach Normalteilern mit abelscher Faktorgruppe sind die Kommutatorgruppen als kleinste Normalteiler mit dieser Eigenschaft hilfreich. Zunächst die grundlegenden Begriffe:

Ist G eine Gruppe, so heißt zu $a, b \in G$ das Element

$$[a,b] := aba^{-1}b^{-1} \in G$$

der *Kommutator* von a und b. Offensichtlich ist

$$ab = ba \iff [a,b] = e \, .$$

Die von der Menge $\{[a,b] \in G : a,b \in G\}$ aller Kommutatoren erzeugte Untergruppe

$$\mathrm{Kom}\,(G) < G$$

(auch die Bezeichnungen G' und $[G,G]$ sind üblich) heißt *Kommutatorgruppe* von G. Man beachte, dass

$$[a,b]^{-1} = [b,a] \, , \quad \text{aber} \quad [a,b] \cdot [c,d] \in \mathrm{Kom}\,(G)$$

muss kein Kommutator sein (Beispiel 1 in 1.7.3). Daher ist nach dem Hilfssatz aus 1.1.7

$$\mathrm{Kom}\,(G) = \{[a_1,b_1] \cdot \ldots \cdot [a_n,b_n] \in G : n \in \mathbb{N} \setminus \{0\}, a_i, b_i \in G\} \, .$$

Offensichtlich ist G genau dann abelsch, wenn $\mathrm{Kom}\,(G) = \{e\}$. Die Größe von $\mathrm{Kom}\,(G)$ kann als ein Maß dafür angesehen werden, wie „unabelsch" eine Gruppe ist.

Lemma *Für jede Gruppe G hat die Kommutatorgruppe $\mathrm{Kom}\,(G) < G$ folgende Eigenschaften:*

a) $\mathrm{Kom}\,(G) \triangleleft G$ ist Normalteiler

b) $G/\mathrm{Kom}\,(G)$ ist abelsch

c) Ist $N \triangleleft G$, so gilt: G/N abelsch $\iff \mathrm{Kom}\,(G) < N$.

Beweis a) Ist $x \in G$ und $\kappa : G \to G$, $a \mapsto xax^{-1}$ die Konjugation mit x (Beispiel 7 in 1.2.2), so gilt für $a, b \in G$

$$\kappa([a,b]) = \kappa(a)\kappa(b)\kappa(a)^{-1}\kappa(b)^{-1} = [\kappa(a), \kappa(b)] \in \mathrm{Kom}\,(G).$$

Also ist auch für $i = 1, \ldots, n$ und $a_i, b_i \in G$

$$\kappa([a_1,b_1] \cdot \ldots \cdot [a_n,b_n]) = \kappa([a_1,b_1]) \cdot \ldots \cdot \kappa([a_n,b_n]) \in \mathrm{Kom}\,(G).$$

c) „$\Leftarrow$" Für $a, b \in G$ gilt in G/N wegen $[b^{-1}, a^{-1}] \in \mathrm{Kom}(G) < N$

$$(aN)(bN) = (ab)N = (ab\,[b^{-1}, a^{-1}])N = (ba)N = (bN)(aN) \, .$$

„$\Rightarrow$" Ist $\rho : G \to G/N$ der kanonische Epimorphismus, so muss $[a,b] \in \mathrm{Ker}\,\rho = N$ sein, denn

$$\rho([a,b]) = [\rho(a), \rho(b)] = [aN, bN] = eN = N \, ,$$

weil G/N abelsch ist. *b)* folgt aus *c)*. ■

1.7.3 Beispiele

Zur Vorbereitung der Anwendungen in der Galois-Theorie betrachten wir die Kommutatoren in der symmetrischen Gruppe.

Beispiel 1   Die Suche nach einem Produkt von Kommutatoren, das kein Kommutator ist, erfordert unerwartete Geduld. In [Ca, p. 39] findet man ein explizites Beispiel

$$G < \mathcal{S}_{16} \quad \text{mit} \quad \operatorname{ord} G = 256 \quad \text{und} \quad \operatorname{ord} \operatorname{Kom}(G) = 16$$

(vgl. auch [Ro, Exercise 2.43]). Dazu definiert man in $\mathcal{S}_{16}$

$$\sigma_1 = (1,3)(2,4)\,,\ \sigma_2 = (5,7)(6,8)\,,\ \sigma_3 = (9,11)(10,12)\,,\ \sigma_4 = (13,15)(14,16)$$

$$\sigma_5 = (1,3)(5,7)(9,11)\,,\ \sigma_6 = (1,2)(3,4)(13,15)$$

$$\sigma_7 = (5,6)(7,8)(13,14)(15,16)\,,\ \sigma_8 = (9,10)(11,12)\,.$$

Dann ist $G := \operatorname{Erz}(\sigma_1,\ldots,\sigma_8)$. Wie man leicht nachrechnet, ist

$$[\sigma_5,\sigma_8] = \sigma_3 \quad \text{und} \quad [\sigma_6,\sigma_7] = \sigma_4\,.$$

Mutige Leser mögen versuchen zu zeigen, dass

$$\operatorname{Kom}(G) = \operatorname{Erz}(\sigma_1,\ldots,\sigma_4) \quad \text{und} \quad \sigma_3 \cdot \sigma_4 \in \operatorname{Kom}(G)$$

das einzige Element von $\operatorname{Kom}(G)$ ist, das kein Kommutator ist.

Beispiel 2
$$\operatorname{Kom}(\mathcal{S}_n) = \mathcal{A}_n \ \text{für}\, n \geq 1\,.$$

Für $n = 1$ ist $\mathcal{S}_1 = \mathcal{A}_1 = \operatorname{Kom}(\mathcal{S}_1) = \{\operatorname{id}\}$, sei also $n \geq 2$. Da $\operatorname{ord}(\mathcal{S}_n/\mathcal{A}_n) = 2$, ist $\mathcal{S}_n/\mathcal{A}_n$ abelsch; also folgt $\operatorname{Kom}(\mathcal{S}_n) < \mathcal{A}_n$ aus dem Lemma.

Da $\mathcal{A}_2 = \{\operatorname{id}\} < \operatorname{Kom}(\mathcal{S}_2)$, ist auch der Fall $n = 2$ klar. Für $n \geq 3$ benutzen wir für den Nachweis von $\mathcal{A}_n < \operatorname{Kom}(\mathcal{S}_n)$, dass jedes Element von $\mathcal{A}_n$ nach dem Korollar aus 1.4.5 ein Produkt von 3-Zyklen ist. Für paarweise verschiedene $i,j,k \in \{1,\ldots,n\}$ gilt aber

$$(i,j,k) = (i,k) \cdot (j,k) \cdot (i,k) \cdot (j,k) \ \in \operatorname{Kom}(\mathcal{S}_n).$$

■

Beispiel 3
$$\operatorname{Kom}(\mathcal{A}_n) = \begin{cases} \{\operatorname{id}\} & \text{für} \quad n \leq 3\,, \\ \mathcal{K}_4 & \text{für} \quad n = 4\,, \\ \mathcal{A}_n & \text{für} \quad n \geq 5\,. \end{cases}$$

Dabei bezeichnet $\mathcal{K}_4 = \{\operatorname{id}, (1,2) \cdot (3,4)\,, (1,3) \cdot (2,4)\,, (1,4) \cdot (2,3)\} < \mathcal{A}_4$ eine Kleinsche Vierergruppe.

Für $n \leq 3$ ist $\mathcal{A}_n$ abelsch.

Im Fall $n = 4$ ist $\mathcal{K}_4$ auch Normalteiler in $\mathcal{A}_4$. Da $\mathcal{A}_4$ von Dreierzyklen erzeugt wird, folgt aus Beziehungen der Form

$$(i,j,k)(i,j)(k,l)(k,j,l) = (i,l)(j,k)$$

für paarweise verschiedene $i,j,k,l \in \{1,2,3,4\}$. Wegen $\mathrm{ord}\,(\mathcal{A}_4/\mathcal{K}_4) = 3$ ist $\mathcal{A}_4/\mathcal{K}_4$ abelsch, also $\mathrm{Kom}\,(\mathcal{A}_4) < \mathcal{K}_4$. Andererseits ist für paarweise verschiedene $i,j,k,l \in \{1,2,3,4\}$

$$(i,j) \cdot (k,l) = (i,j,k) \cdot (i,j,l) \cdot (k,j,i) \cdot (l,j,i) \; ;$$

daraus folgt $\mathcal{K}_4 < \mathrm{Kom}\,(\mathcal{A}_4)$.

Für $n \geq 5$ genügt es nach dem Korollar aus 1.4.5 zu zeigen, dass jeder Dreierzyklus ein Kommutator von Dreierzyklen ist. Das folgt aber für paarweise verschiedene $i,j,k,l,m \in \{1,\ldots,n\}$ aus

$$(i,j,k) = (i,j,l) \cdot (i,k,m) \cdot (l,j,i) \cdot (m,k,i) \; . \qquad \blacksquare$$

Natürlich kann man die Behauptung für $n \geq 5$ auch daraus folgern, dass $\mathcal{A}_n$ einfach ist.

1.7.4 Auflösbare Gruppen

Die Bedingung der Auflösbarkeit einer Gruppe hängt eng zusammen mit Körpererweiterungen. Es gibt zwei etwas unterschiedliche Möglichkeiten, diesen Begriff zu definieren; wir beschreiben beide.

Zunächst kann man die Bildung der Kommutatorgruppe iterieren: Man definiert für eine Gruppe G induktiv die *höheren Kommutatorgruppen*

$$\mathrm{Kom}^0(G) := G \, , \; \mathrm{Kom}^1(G) := \mathrm{Kom}\,(G) \; \text{und} \; \mathrm{Kom}^{k+1}(G) = \mathrm{Kom}\,(\mathrm{Kom}^k(G)) \, .$$

Auf diese Weise erhält man eine absteigende Kette

$$G \rhd \mathrm{Kom}^1(G) \rhd \mathrm{Kom}^2(G) \rhd \ldots$$

von Normalteilern, nach dem Lemma aus 1.7.2 ist

$$\mathrm{Kom}^k(G)/\mathrm{Kom}^{k+1}(G) \quad \text{abelsch für} \quad k \geq 0 \, .$$

Es hängt von G ab, wie weit die Folge $\mathrm{Kom}^k(G)$ in G absteigt. Nach Beispiel 2 und 3 aus 1.7.3 ist

$$\mathrm{Kom}^k(\mathcal{S}_n) = \mathcal{A}_n \quad \text{für} \quad n \geq 5 \quad \text{und alle} \quad k \geq 1 \, .$$

Besonders ausgezeichnet ist der Fall, dass $\mathrm{Kom}^k(G) = \{e\}$ für irgend ein k. Das führt zu folgendem Begriff.

Ein $(k+1)$-tupel von Untergruppen $(N_0, N_1, \ldots, N_k)$ einer Gruppe G heißt *Normalreihe* in G, wenn

$$G = N_0 \rhd N_1 \rhd \ldots \rhd N_k = \{e\} \, .$$

Die Faktorgruppen N_i/N_{i+1} heißen *Faktoren* der Normalreihe.

Entscheidend ist das folgende

Lemma *Für eine Gruppe G sind folgende Bedingungen äquivalent:*

i) Es gibt ein $k \in \mathbb{N}$ mit $\mathrm{Kom}^k(G) = \{e\}$.

ii) Es gibt in G eine Normalreihe mit abelschen Faktoren.

Man nennt eine Gruppe G ***auflösbar***, wenn sie eine der (und damit beide) Bedingungen des Lemmas erfüllt. Offensichtlich ist jede abelsche Gruppe auflösbar.

Beweis des Lemmas i) $\Rightarrow$ *ii)* ist klar. Zum Nachweis von *ii)* $\Rightarrow$ *i)* genügt es wegen $N_k = \{e\}$ zu zeigen, dass

$$\mathrm{Kom}^i(G) < N_i \quad \text{für} \quad i = 0,\ldots,k. \tag{$*$}$$

Für $i = 0$ ist das klar. Angenommen $(*)$ sei schon für i bewiesen. Da N_i/N_{i+1} abelsch ist, folgt $\mathrm{Kom}\,(N_i) < N_{i+1}$ und somit

$$\mathrm{Kom}^{i+1}(G) = \mathrm{Kom}\,(\mathrm{Kom}^i(G)) < \mathrm{Kom}\,(N_i) < N_{i+1}.$$

∎

Mit Hilfe der Berechnungen in den Beispielen 2 und 3 aus 1.7.3 erhält man das für die Lösbarkeit von Polynomgleichungen (vgl. 3.5.11) entscheidende Ergebnis:

Satz *Für die symmetrische Gruppe $\mathcal{S}_n$ gilt:*

$$\mathcal{S}_n \text{ auflösbar} \quad \Leftrightarrow \quad n \leq 4.$$

Beweis Für $n = 1, 2$ ist $\mathcal{S}_n$ abelsch. Für $n = 3, 4$ hat man die Normalreihen mit abelschen Faktoren

$$\mathcal{S}_3 \rhd \mathcal{A}_3 \rhd \{\mathrm{id}\} \quad \text{und} \quad \mathcal{S}_4 \rhd \mathcal{A}_4 \rhd \mathcal{K}_4 \rhd \{\mathrm{id}\}.$$

Für $n \geq 5$ dagegen ist $\mathrm{Kom}\,(\mathcal{A}_n) = \mathcal{A}_n$, also $\mathrm{Kom}^k(\mathcal{A}_n) = \mathcal{A}_n \neq \{\mathrm{id}\}$ für alle k. Somit ist $\mathcal{S}_n$ nicht auflösbar.

∎

In einer endlichen auflösbaren Gruppe kann man eine Normalreihe optimal verfeinern:

Satz *Ist G endlich und auflösbar, so gibt es eine Normalreihe, deren Faktoren zyklisch von Primzahlordnung sind.*

Beweis Eine gegebene Normalreihe $(N_0,\ldots,N_k)$ von G kann man verfeinern durch wiederholte Anwendung folgender

Hilfsaussage *Ist $N \lhd G$ ein echter Normalteiler derart, dass G/N abelsch und endlich ist, so gibt es einen weiteren Normalteiler H mit*

$$N \lhd H \lhd G, \text{ so dass } \mathrm{ord}\,(H/N) \text{ eine Primzahl ist}.$$

Beweis der Hilfsaussage Da $\operatorname{ord}(G/N) > 1$, gibt es ein $a \in G/N$ mit $a \neq \bar{e}$. Die Gruppe $\operatorname{Erz}(a) < G/N$ ist zyklisch; zu einem Primteiler p von $\operatorname{ord} a$ gibt es nach 1.3.12 eine Untergruppe $H' < \operatorname{Erz}(a) < G/N$ mit $\operatorname{ord} H' = p$. Da G/N abelsch ist, gilt $H' \triangleleft G/N$. Nun betrachten wir das Diagramm

$$
\begin{array}{ccccc}
G & \triangleright & H & \triangleright & N \\
\downarrow\rho & & \downarrow & & \downarrow \\
G/N & \triangleright & H' & \triangleright & \{\bar{e}\}
\end{array}
$$

mit dem kanonischen Epimorphismus ρ und $H := \rho^{-1}(H')$. Nach dem Lemma in 1.2.7 ist $H \triangleleft G$ und nach dem Faktorisierungssatz in 1.3.1 ist $H/N \cong H'$. ∎

Für eine spätere Anwendung in der Galois-Theorie benötigen wir noch eine Aussage über die Auflösbarkeit von Untergruppen und Faktorgruppen. Dazu benutzen wir die

Bemerkung *Ist $\varphi : G \to G'$ ein Gruppenhomomorphismus, so gilt für alle $k \in \mathbb{N}$*

$$\varphi(\operatorname{Kom}^k(G)) = \operatorname{Kom}^k(\varphi(G)) \subset \operatorname{Kom}^k(G') \,.$$

Beweis Entscheidend ist die Gleichung

$$\varphi([a,b]) = [\varphi(a), \varphi(b)] \in G' \tag{$*$}$$

für alle $a, b \in G$. Da $\varphi(G) < G'$, genügt es die erste Gleichung zu beweisen. Für $k = 0$ gilt sie nach der Definition von Kom^0, für $k = 1$ folgt sie aus $(*)$. Der allgemeine Fall ergibt sich durch Induktion, denn

$$\varphi(\operatorname{Kom}^{k+1}(G)) = \varphi(\operatorname{Kom}(\operatorname{Kom}^k(G)) = \operatorname{Kom}(\varphi(\operatorname{Kom}^k(G)) = \operatorname{Kom}(\operatorname{Kom}^k(\varphi(G))$$

$$= \operatorname{Kom}^{k+1}(\varphi(G)) \,.$$

∎

Korollar *a) Jede Untergruppe einer auflösbaren Gruppe ist auflösbar.*

b) Ist $N \triangleleft G$ Normalteiler, so gilt:

$$G \quad \textit{auflösbar} \Leftrightarrow N \textit{ und } G/N \textit{ auflösbar} \,.$$

Beweis a) Ist $H < G$ und $\iota : H \to G$ der durch die Inklusion gegebene Homomorphismus, so folgt aus der Bemerkung

$$\operatorname{Kom}^k(H) = \iota(\operatorname{Kom}^k(H)) < \operatorname{Kom}^k(G) \,.$$

Also ist mit $\operatorname{Kom}^k(G) = \{e\}$ auch $\operatorname{Kom}^k(H) = \{e\}$.

b) „$\Rightarrow$" N ist nach Teil *a)* auflösbar. Bezeichnet $\rho : G \to G/N$ den kanonischen Homomorphismus, so folgt aus der Bemerkung

$$\operatorname{Kom}^k(G/N) = \operatorname{Kom}^k(\rho(G)) = \rho(\operatorname{Kom}^k(G)) \,.$$

Daher ist auch G/N auflösbar.

„$\Leftarrow$" Wir wählen ein $k \in \mathbb{N}$ mit $\mathrm{Kom}^k(N) = \{e\}$ und $\mathrm{Kom}^k(G/N) = \{\bar{e}\}$, wobei $\bar{e} = N \in G/N$ das neutrale Element bezeichnet. Wieder nach der Bemerkung folgt

$$\rho(\mathrm{Kom}^k(G)) = \mathrm{Kom}^k(G/N) = \{\bar{e}\}\,, \quad \text{also } \mathrm{Kom}^k(G) < N\,.$$

Damit erhält man $\mathrm{Kom}^{2k}(G) = \mathrm{Kom}^k(\mathrm{Kom}^k(G)) < \mathrm{Kom}^k(N) = \{e\}$. $\qquad\blacksquare$

1.7.5 Auflösbarkeit von p-Gruppen

In 1.4.4 hatten wir gesehen, dass jede Gruppe der Ordnung p^2 abelsch ist. Für eine Anwendung in der Körpertheorie notieren wir den folgenden allgemeineren

Satz *Ist p eine Primzahl und $n \in \mathbb{N}$, so ist jede Gruppe der Ordnung p^n auflösbar.*

Beweis durch Induktion über n. Der Fall $n = 0$ ist trivial. Falls $n \geq 1$, betrachten wir das Zentrum $Z(G) \lhd G$, es ist $\mathrm{ord}\,Z(G) = p^m$ mit $m \leq n$. Nach der Klassengleichung aus 1.4.4 ist der Fall $m = 0$ ausgeschlossen, also ist

$$\mathrm{ord}\,(G/Z(G)) = p^{n-m} < p^n\,.$$

Nach Induktionsannahme ist $G/Z(G)$ auflösbar, $Z(G)$ ist abelsch; also folgt die Behauptung nach dem Korollar aus 1.7.4. $\qquad\blacksquare$

Wir vermerken noch ein spektakuläres Ergebnis aus dem Jahr 1963 [F-T]:

Theorem von FEIT und THOMPSON
Jede endliche Gruppe von ungerader Ordnung ist auflösbar.

Der Originalbeweis ist 255 Seiten lang.

Kapitel 2

Ringe

Eine zentrale Aufgabe der Algebra ist es, Aussagen über die Nullstellen von Polynomen zu machen. Für den Umgang mit Polynomen ist es nützlich, die abstrakten Hintergründe der Addition und Multiplikation zu formalisieren und die Analogien zu den entsprechenden Operationen mit ganzen Zahlen zu nutzen. Das ist der Ursprung der Theorie der Ringe. Als Hilfsmittel in der Körpertheorie sind vor allem die Kriterien für die Irreduzibilität aus 2.3.8 wichtig. Weitergehende Ergebnisse der Idealtheorie stellen die Grundlage für die algebraische Geometrie dar.

2.1 Grundbegriffe

2.1.1 Definition eines Rings

Im Gegensatz zu Gruppen gibt es in einem Ring R zwei Verknüpfungen: Eine Addition, mit der R zu einer abelschen Gruppe wird, und eine Multiplikation mit der R nur eine Halbgruppe sein muss. Die beiden Verknüpfungen sind durch Distributivgesetze gekoppelt. Ausführlich aufgeschrieben hat man folgende

Definition *Ein **Ring** ist eine Menge R zusammen mit zwei inneren Verknüpfungen $+$ und $\cdot$, die folgende Bedingungen erfüllen:*

R1 *R zusammen mit der Addition $+$ ist eine abelsche Gruppe.*

R2 *Die Multiplikation $\cdot$ ist assoziativ.*

R3 *Es gelten die **Distributivgesetze**, d.h. für alle $a, b, c \in R$ ist*

$$a \cdot (b + c) = a \cdot b + a \cdot c \quad und \quad (b + c) \cdot a = b \cdot a + c \cdot a.$$

Das neutrale Element $0 \in R$ der Addition heißt *Nullelement* von R.

Wenn deutlich gemacht werden soll, um welche Verknüpfungen es sich handelt, kann man einen Ring als Tripel $(R, +, \cdot)$ schreiben. Um Klammern zu sparen, gilt die übliche Regel „Punkt vor Strich", zudem lässt man den Malpunkt meist weg.

Offensichtlich ist die Bedingung für die Multiplikation weit schwächer als für die Addition. Für zusätzliche Eigenschaften der Multiplikation gibt es Namen:

Ein Ring heißt *kommutativ*, wenn die Multiplikation kommutativ ist, d. h.

$$a \cdot b = b \cdot a \quad \text{für alle } a, b \in R.$$

Ein Element $1 \in R$ heißt *Einselement*, wenn $1 \cdot a = a \cdot 1 = a$ für alle $a \in R$. Dass beide Bedingungen nötig sind, sieht man am Beispiel 2 aus 1.1.2.

Aus den Distributivgesetzen folgen weitere elementare Regeln über den Zusammenhang von Addition und Multiplikation:

Bemerkung 1 *In einem Ring R gilt:*

a) $a0 = 0a = 0$, $(-a)b = a(-b) = -(ab)$, $(-a)(-b) = ab$.

b) *Hat R ein Einselement 1, so gilt $1 = 0$ genau dann, wenn $R = \{0\}$ der Nullring ist.*

Beweis a) $a0 = a(0+0) = a0 + a0$, $0a = (0+0)a = 0a + 0a$,
$ab + (-a)b = (a-a)b = 0$, $ab + a(-b) = a(b-b) = 0$,
$(-a)(-b) = a(-(-b)) = ab$.

b) Ist $R = \{0\}$, so hat offensichtlich 0 die Eigenschaft eines Einselements. Ist umgekehrt $1 = 0$, so folgt $a = 1a = 0a = 0$ für jedes $a \in R$. ■

Ein $a \in R$ heißt *rechter* bzw. *linker Nullteiler*, wenn es ein $x \in R$ mit $x \neq 0$ gibt, so dass

$$x \cdot a = 0 \quad \text{bzw.} \quad a \cdot x = 0.$$

Nach der obigen Bemerkung ist 0 sowohl rechter als auch linker Nullteiler. R heißt *nullteilerfrei*, wenn es keine rechten oder linken Nullteiler außer 0 gibt, d. h. wenn aus $a \cdot b = 0$ stets $a = 0$ oder $b = 0$ folgt.

Die Beziehung von einem $a \in R$ zu den Abbildungen

$$r_a : R \to R, \; x \mapsto x \cdot a, \quad \text{und} \quad l_a : R \to R, \; x \mapsto a \cdot x,$$

ist einfach: *a ist genau dann rechter bzw. linker Nullteiler, wenn r_a bzw. l_a nicht injektiv ist.*

Denn gibt es ein $x \neq 0$ mit $x \cdot a = 0$ bzw. $a \cdot x = 0$, so ist $r_a(x) = r_a(0) = 0$ bzw. $l_a(x) = l_a(0) = 0$.

Gibt es umgekehrt $x, y \in R$ mit $x \neq y$ derart, dass

$$r_a(x) = r_a(y), \quad \text{d. h. } x \cdot a = y \cdot a, \quad \text{so folgt } (x-y) \cdot a = 0,$$

analog für l_a.

Damit ergibt sich die folgende

Bemerkung 2 *Für einen Ring R sind folgende Bedingungen gleichwertig:*

i) R ist nullteilerfrei.

ii) $R \smallsetminus \{0\}$ ist multiplikativ abgeschlossen.

iii) Für $a, x, y \in R$ und $a \neq 0$ gelten die Kürzungsregeln

$$x \cdot a = y \cdot a \;\Rightarrow\; x = y \quad und \quad a \cdot x = a \cdot y \;\Rightarrow\; x = y.$$

Schließlich nennt man einen Ring ***Integritätsring***, wenn er folgende Bedingungen erfüllt:

1) R hat ein Einselement $1 \neq 0$.

2) R ist kommutativ.

3) R ist nullteilerfrei.

2.1.2 Einheiten, Körper, Unterringe

Im Gegensatz zur Addition haben Ringelemente im Allgemeinen kein Inverses bezüglich der Multiplikation. Das führt zu einer neuen

Definition *Ist R ein Ring mit 1, so heißt ein $a \in R$ **Einheit**, wenn es ein $\tilde{a} \in R$ gibt mit*

$$a\tilde{a} = \tilde{a}a = 1\,.$$

Ist R nicht kommutativ, so sind in der Tat beide Bedingungen nötig (Beispiel 5 in 2.1.4).

Bemerkung *In einem Ring R mit 1 ist die Menge*

$$R^{\times} := \{a \in R : a \text{ ist Einheit}\} \subset R$$

*bezüglich der Multiplikation eine Gruppe. $R^{\times}$ heißt **Einheitengruppe** von R.*

Beweis $R^{\times}$ ist multiplikativ abgeschlossen, denn sind $a, b \in R^{\times}$, so gibt es $\tilde{a}, \tilde{b} \in R$ mit

$$a\tilde{a} = \tilde{a}a = b\tilde{b} = \tilde{b}b = 1\,, \text{ also } (ab)(\tilde{b}\tilde{a}) = (\tilde{b}\tilde{a})(ab) = 1\,.$$

Außerdem ist $1 \in R^{\times}$ und zu $a \in R^{\times}$ ist $\tilde{a}$ ein Inverses. ∎

Ist $1 \neq 0$, so gilt $R^{\times} \subset R^{*} := R \smallsetminus \{0\}$. Besonders wichtig ist der Extremfall $R^{\times} = R^{*}$, d.h. jedes $a \neq 0$ hat als Element der Gruppe $R^{\times}$ nach 1.1.3 ein eindeutiges Inverses $a^{-1} \in R^{\times}$. Das führt zur folgenden

Definition *Ein **Körper** ist eine Menge K zusammen mit zwei inneren Verknüpfungen $+$ und $\cdot$, die folgende Bedingungen erfüllen:*

K1   *K zusammen mit der Addition ist eine abelsche Gruppe mit neutralem Element 0 und Inversem $-a$ von a.*

K2   *$K \smallsetminus \{0\}$ zusammen mit der Multiplikation ist eine abelsche Gruppe mit neutralem Element 1 und Inversem a^{-1} von a.*

K3   *Für $a, b, c \in K$ gilt das Distributivgesetz*

$$a \cdot (b+c) = a \cdot b + a \cdot c \,.$$

Sind diese Bedingungen mit Ausnahme der Kommutativität der Multiplikation in **K2** erfüllt, so spricht man von einem *Schiefkörper* (in diesem Fall muss man das Distributivgesetz **K3** auch in der anderen Reihenfolge fordern).

In 2.1.13 werden wir zeigen, dass man jeden Integritätsring R zu einem Körper $Q(R)$, dem Quotientenkörper, erweitern kann. Ist R endlich, so ist die Erweiterung gar nicht nötig:

Lemma   *Ein endlicher Integritätsring ist ein Körper.*

Beweis Ist $a \in R$ mit $a \neq 0$ gegeben, so betrachten wir die Abbildung

$$l_a : R \to R \,,\; x \mapsto ax \,.$$

In einem Integritätsring ist l_a injektiv, ist R endlich auch surjektiv. Also gibt es ein $b \in R$ mit $ab = 1$.   ■

Nun zum nächsten grundlegenden Begriff:

Definition   *Ist R ein Ring und $S \subset R$ eine Teilmenge, so heißt S **Unterring** von R, wenn gilt:*
1) Für $a, b \in S$ ist auch $a + b \in S$ und $a \cdot b \in S$.
2) S mit den von R geerbten Verknüpfungen $+$ und $\cdot$ ist wieder ein Ring.

Diese Definition folgt dem allgemeinen Schema für eine Unterstruktur. Für die Praxis verwendet man wieder ein der speziellen Situation angepasstes handlicheres Kriterium:

Bemerkung   *Eine Teilmenge $S \subset R$ ist genau dann Unterring, wenn folgendes gilt:*
a) $S \neq \emptyset$.
b) $a, b \in S \Rightarrow a - b \in S$ und $a \cdot b \in S$.

Der *Beweis* folgt sofort aus dem entsprechenden Kriterium für Untergruppen in 1.1.6.

Ist schließlich K ein Körper, so heißt $L \subset K$ ein *Unterkörper* , wenn L ein Körper und ein Unterring ist. K heißt dann *Oberkörper* von L. Man nennt $K \supset L$ auch *Körpererweiterung*. Damit beschäftigen wir uns ausführlich in Kapitel 3.

Wie bei Gruppen sieht man, dass der Durchschnitt beliebig vieler Unterringe S eines Ringes R wieder ein Unterring ist. Also kann man für eine Teilmenge $M \subset R$ den von M *erzeugten Unterring*

$$\mathrm{Erz}\,(M) := \bigcap_{M \subset S \subset R} S$$

erklären. Ist $S \subset R$ Unterring und $a \in R$, so ist die Notation

$$S[a] := \mathrm{Erz}\,(S \cup \{a\})$$

üblich. Man sagt dafür, a wird zu S *adjungiert*. Wie $S[a]$ mit Hilfe von Polynomen genauer beschrieben werden kann, zeigen wir in 3.1.3.

2.1.3 Ringhomomorphismen

Die mit Addition und Multiplikation verträglichen Abbildungen zwischen Ringen nennt man wieder „Homomorphismen":

Definition *Sind* $(R, +, \cdot)$ *und* $(R', +', \cdot')$ *Ringe, so heißt eine Abbildung*

$$\varphi : R \to R'$$

Ringhomomorphismus, wenn für alle $a, b \in R$ *gilt:*

$$\varphi(a+b) = \varphi(a) +' \varphi(b) \quad und \quad \varphi(a \cdot b) = \varphi(a) \cdot' \varphi(b)\,.$$

Die Begriffe *Monomorphismus, Epimorphismus, Isomorphismus, Endomorphismus* und *Automorphismus* erklärt man wie bei Gruppen (1.2.1).

Ist $\varphi : R \to R'$ ein Ringhomomorphismus, so heißt

$$\mathrm{Ker}\,\varphi = \{a \in R : \varphi(a) = 0\} \subset R$$

der *Kern* von φ und $\mathrm{Im}\,\varphi = \varphi(R) \subset R'$ das *Bild* von φ. Man beachte, dass bei der Definition des Kerns nur das neutrale Element der Addition vorkommt.

Wir notieren einige elementare Eigenschaften von Ringhomomorphismen:

Bemerkung *a) Ist* $\varphi : R \to R'$ *ein Ringhomomorphismus, so sind* $\mathrm{Ker}\,\varphi \subset R$ *und* $\mathrm{Im}\,\varphi \subset R'$ *Unterringe.*

b) Sind $\varphi : R \to R'$ *und* $\psi : R' \to R''$ *Ringhomomorphismen, so ist auch* $\psi \circ \varphi : R \to R''$ *Ringhomomorphismus.*

c) Ist $\varphi : R \to R'$ *Ringisomorphismus (d.h. bijektiver Homomorphismus), so ist* $\varphi^{-1} : R' \to R$ *Ringisomorphismus.*

d) Ist $S \subset R$ *Unterring, so ist die Inklusion* $\iota : S \to R$ *Ringhomomorphismus.*

e) Ein Ringhomomorphismus $\varphi : R \to R'$ *ist genau dann injektiv, wenn* $\mathrm{Ker}\,\varphi = \{0\}$.

Die *Beweise* sind ganz einfach.

Dass $\operatorname{Ker}\varphi \subset R$ ein Unterring ist, sieht man so: Ist $\varphi(a) = \varphi(b) = 0$, so folgt

$$\varphi(a - b) = \varphi(a) - \varphi(b) = 0 - 0 = 0 \quad \text{und} \quad \varphi(a \cdot b) = \varphi(a) \cdot \varphi(b) = 0 \cdot 0 = 0. \qquad \blacksquare$$

Da Ringe mit der Addition abelsche Gruppen sind, müssen Ringhomomorphismen die Null-elemente ineinander überführen. Existieren zusätzlich Einselemente, so muss das nicht der Fall sein. Etwa für

$$\varphi : \mathbb{Z} \to \mathbb{Z} \quad \text{mit} \quad \varphi(n) = 0 \quad \text{für alle } n \in \mathbb{Z}$$

ist $\varphi(1) = 0 \neq 1$. Unter einer zusätzlichen Voraussetzung kann man mehr sagen:

Lemma 1 *Ist $\varphi : R \to R'$ ein surjektiver Ringhomomorphismus, und $1 \in R$ ein Einselement, so ist $\varphi(1) \in R'$ ein Einselement in R'. Gibt es insbesondere ein Einselement $1' \in R'$, so folgt $\varphi(1) = 1'$.*

Beweis Zu $b \in R'$ gibt es ein $a \in R$ mit $b = \varphi(a)$. Dann folgt

$$\varphi(1) \cdot b = \varphi(1) \cdot \varphi(a) = \varphi(1 \cdot a) = \varphi(a) = b$$

und analog $b \cdot \varphi(1) = b$. Da neutrale Elemente in Halbgruppen nach der Bemerkung in 1.1.1 eindeutig sind, folgt $\varphi(1) = 1'$. Im extremen Fall eines Nullrings $R' = \{0'\}$ ist $\varphi(1) = 0'$. $\qquad \blacksquare$

Ringhomomorphismen haben für Körper zusätzliche Eigenschaften:

Lemma 2 *Sei K ein Körper, R ein Ring und $\varphi : K \to R$ ein Ringhomomorphismus. Dann ist entweder $\varphi(a) = 0$ für alle $a \in K$ oder φ ist injektiv und $\varphi(K)$ ist ein Körper mit Einselement $\varphi(1)$.*

Ist auch R ein Körper, so ist $\varphi(K) \subset R$ ein Unterkörper und $\varphi(1) = 1$.

Beweis Angenommen φ ist nicht injektiv. Dann gibt es nach Teil *e)* der obigen Bemerkung ein $a \in K \smallsetminus \{0\} = K^{\times}$ mit $\varphi(a) = 0$. Daraus folgt

$$\varphi(1) = \varphi(a \cdot a^{-1}) = \varphi(a) \cdot \varphi(a^{-1}) = 0 \quad \text{und} \quad \varphi(b) = \varphi(1 \cdot b) = \varphi(1) \cdot \varphi(b) = 0$$

für alle $b \in K$. Ist φ injektiv, so ergibt sich ein Isomorphismus $K \to \varphi(K)$, also ist $\varphi(K)$ ein Körper. Ist auch R ein Körper, so ist die Beschränkung

$$\varphi^{\times} : K^{\times} \to R^{\times}$$

ein Homomorphismus von multiplikativen Gruppen, also $\varphi^{\times}(1) = 1$. $\qquad \blacksquare$

2.1.4 Beispiele

Das für die späteren Untersuchungen wichtigste Beispiel eines Ringes ist der Polynomring, dafür ist Abschnitt 2.1.5 reserviert. Wir geben zunächst einige andere Beispiele.

Beispiel 1 Die ganzen Zahlen $\mathbb{Z}$ mit Addition und Multiplikation bilden einen Integritätsring. Ein formaler Beweis dieser Eigenschaften stützt sich auf die PEANO-Axiome. Die dazu nötigen „Peano-Spielereien" findet man etwa bei [ArM, 10.2] oder [Eb, Kap. 1].

Der Restklassenring $\mathbb{Z}/m\mathbb{Z}$ aus 1.1.8 ist kommutativ mit Einselement $1 + m\mathbb{Z}$, und genau dann nullteilerfrei, wenn m eine Primzahl ist. Die Einheitengruppe $(\mathbb{Z}/m\mathbb{Z})^{\times}$ ist die Primrestklassengruppe aus 1.3.14.

Beispiel 2 $\mathbb{Z}$ ist ein Unterring des Körpers

$$\mathbb{Q} = \left\{ \frac{m}{n} : m, n \in \mathbb{Z}, \; n \neq 0 \right\}$$

der rationalen Zahlen. In 2.1.13 werden wir in Analogie zu $\mathbb{Z} \subset \mathbb{Q}$ für jeden Integritätsring R einen Quotientenkörper $Q(R)$ konstruieren.

Mit Hilfsmitteln der Analysis (etwa Cauchy-Folgen oder Dedekindschen Schnitten) erhält man den Körper $\mathbb{R}$ der reellen Zahlen als Oberkörper von $\mathbb{Q}$ (siehe dazu etwa [Fi$_4$, 1.3.4]). Wir werden in Kapitel 3 sehen, dass es noch viele Körper K mit $\mathbb{Q} \subset K \subset \mathbb{R}$ gibt, man nennt sie **Zwischenkörper**.

Die wichtigste Körpererweiterung von $\mathbb{R}$ sind die komplexen Zahlen $\mathbb{C} \supset \mathbb{R}$. Ihre geometrische Beschreibung als **Zahlenebene** $\mathbb{R}^2$ mit der „lateralen" Einheit $\mathbf{i} = \sqrt{-1}$ wurde von GAUSS in [Ga$_4$, Nr. 30-32] ausgeführt, vgl. auch [W$_2$].

Der Vektorraum $\mathbb{R}^2$ hat über $\mathbb{R}$ die Basis $(1,0)$ und $(0,1)$, wir setzen $1 := (1,0)$ als „reelle Einheit" und $\mathbf{i} := (0,1)$ als „imaginäre Einheit". Dann ist als Vektorraum

$$\mathbb{C} = \mathbb{R}^2 = \{a + b\mathbf{i} : a, b \in \mathbb{R}\}$$

bezüglich der Addition eine abelsche Gruppe. Die Multiplikation ist dadurch festgelegt, dass $\mathbf{i}^2 = -1$ sein soll, also

$$(a + b\mathbf{i})(c + d\mathbf{i}) := (ac - bd) + (ad + bc)\mathbf{i}.$$

Damit ist $1 = 1 + 0\mathbf{i}$ Einselement. Das Inverse erhält man aus der Rechnung

$$\frac{1}{a + b\mathbf{i}} = \frac{a - b\mathbf{i}}{(a + b\mathbf{i})(a - b\mathbf{i})} = \frac{a}{a^2 + b^2} - \frac{b}{a^2 + b^2} \mathbf{i}.$$

Die Gültigkeit der Körperaxiome lässt sich durch elementare Rechnungen überprüfen. Diese lassen sich vereinfachen durch Benutzung des aus der linearen Algebra bekannten Rings $\mathrm{M}(2 \times 2, \mathbb{R})$ der reellen 2×2-Matrizen und der injektiven Abbildung

$$\varphi : \mathbb{C} \to \mathrm{M}(2 \times 2, \mathbb{R}), \quad a + b\mathbf{i} \mapsto \begin{pmatrix} a & -b \\ b & a \end{pmatrix}.$$

Für $z = a + b\mathbf{i}$ und $z' = c + d\mathbf{i}$ gilt offensichtlich

$$\varphi(z + z') = \varphi(z) + \varphi(z') \quad \text{und} \quad \varphi(z \cdot z') = \varphi(z) \cdot \varphi(z').$$

Daraus folgt, dass $\varphi(\mathbb{C}) \subset \mathrm{M}(2 \times 2, \mathbb{R})$ ein Unterring und somit $\mathbb{C}$ ein Ring ist.

Diese Beziehung hat auch einen geometrischen Hintergrund. Der Körper $\mathbb{C}$ operiert auf $\mathbb{R}^2 = \mathbb{C}$ durch Multiplikation, das wird durch die entsprechende Matrix beschrieben:

$$\begin{pmatrix} a & -b \\ b & a \end{pmatrix} \begin{pmatrix} c \\ d \end{pmatrix} = \begin{pmatrix} ac - bd \\ bc + ad \end{pmatrix}.$$

Wie wir in Kapitel 3 sehen werden, gibt es zwischen $\mathbb{R}$ und $\mathbb{C}$ keinen echten Zwischenkörper. Dagegen gibt es zwischen $\mathbb{Z}$ und $\mathbb{C}$ viele interessante Zwischenringe, etwa den Ring

$$\mathbb{Z} + \mathbb{Z}\mathbf{i} := \{m + n\mathbf{i} : m, n \in \mathbb{Z}\} \subset \mathbb{C}$$

der *ganzen Gaußschen Zahlen* (mehr dazu in 2.4.2).

Zu $z = a + b\mathbf{i} \in \mathbb{C}$ heißt $\bar{z} := a - b\mathbf{i} \in \mathbb{C}$ die *komplex konjugierte* Zahl. Und weiter heißt

$$N(z) := z \cdot \bar{z} = a^2 + b^2 \in \mathbb{R}$$

die *Norm* von z. Es gelten die Rechenregeln

$$\overline{z + z'} = \bar{z} + \bar{z}' \ , \ \overline{z \cdot z'} = \bar{z} \cdot \bar{z}' \ , \ N(z \cdot z') = N(z) \cdot N(z'), \quad z^{-1} = \frac{\bar{z}}{N(z)}.$$

Aus der Norm erhält man den *Absolutbetrag*

$$|z| = \sqrt{z \cdot \bar{z}} = \sqrt{a^2 + b^2}.$$

Man kann die Multiplikation auch schön mit Polarkoordinaten in $\mathbb{R}^2$ beschreiben, das findet man z.B. in [Fi$_1$, 1.3.4].

Natürlich kann man $\mathbb{R}^2$ auch durch die Multiplikation

$$(a, b) \cdot (c, d) := (a \cdot c, b \cdot d)$$

zu einem kommutativen Ring mit Einselement $(1, 1)$ machen. Allerdings wimmelt es dann von Nullteilern, etwa

$$(1, 0) \cdot (0, 1) = (0, 0).$$

Beispiel 3   Es ist naheliegend eine zur Körpererweiterung $\mathbb{R} \subset \mathbb{R}^2 = \mathbb{C}$ analoge Konstruktion $\mathbb{R} \subset \mathbb{R}^n$ mit $n \geq 3$ zu versuchen. In 3.1.8 werden wir mit Hilfe des „Fundamentalsatzes der Algebra" zeigen, dass dies unmöglich ist. Dass es für ungerades n nicht geht, kann man schon daraus folgern, dass ein reelles Polynom ungeraden Grades eine reelle Nullstelle hat. Es gilt (vgl. [Eb, Kap. 6]):

Ist $\mathbb{R} \subset \mathbb{R}^n = K$ eine Körpererweiterung mit ungeradem n, so ist $n = 1$.

Beweis $\mathbb{R}^n = K$ bedeutet, dass K sowohl ein Körper, als auch ein $\mathbb{R}$-Vektorraum der Dimension n ist. Für jedes $a \in K$ ist daher die Abbildung

$$F : \mathbb{R}^n \to \mathbb{R}^n \ , \ x \mapsto a \cdot x,$$

ein Vektorraum-Endomorphismus, denn für $x, y \in \mathbb{R}^n$ und $\rho \in \mathbb{R}$ ist

$$a \cdot (x+y) = a \cdot x + a \cdot y \quad \text{und} \quad a \cdot (\rho \cdot x) = \rho \cdot (a \cdot x).$$

Da n ungerade ist, hat das charakteristische Polynom von F eine reelle Nullstelle λ, es gibt also einen Eigenvektor $0 \neq x \in \mathbb{R}^n$. Aus $ax = \lambda x$ folgt $(a - \lambda \cdot 1)x = 0$. Da K nullteilerfrei ist, muss $a = \lambda \cdot 1 \in \mathbb{R}$ sein. ∎

In Beispiel 6 zeigen wir, wie $\mathbb{R}^4$ zum Schiefkörper der Quaternionen gemacht werden kann.

Für größeres n hat es nur noch Sinn im $\mathbb{R}^n$ nach sogenannten *Divisionsalgebren* zu suchen. Man kann zeigen, dass dafür n eine Potenz von 2 sein muss, noch genauer: Es geht höchstens für $n = 1, 2, 4$ oder 8. Im $\mathbb{R}^8$ hat man die Struktur der *Oktaven* von CAYLEY, sie ist nicht mehr assoziativ. All das findet man sehr schön ausgeführt in [Eb, Kap. 7 und Kap. 10].

Beispiel 4 Ist M eine nicht leere Menge und R ein Ring, so kann man in der Menge $\mathrm{Abb}\,(M, R)$ der Abbildungen $f : M \to R$ durch

$$(f + g)(x) := f(x) + g(x) \quad \text{und} \quad (f \cdot g)(x) := f(x) \cdot g(x)$$

für alle $x \in R$ eine Addition und eine Multiplikation erklären; wie man leicht sieht, wird $\mathrm{Abb}\,(M, R)$ dadurch zu einem Ring.

Ist $M = \{1, \ldots, n\}$, so ist

$$\mathrm{Abb}\,(M, R) = R \times \ldots \times R =: R^n$$

ein direktes Produkt; man nennt R^n den *Produktring*.

Ist $M \subset \mathbb{R}^n$ offen und $R = \mathbb{R}$, so ist

$$\mathcal{C}(M, \mathbb{R}) := \{f \in \mathrm{Abb}\,(M, \mathbb{R}) : f \text{ stetig}\} \subset \mathrm{Abb}\,(M, \mathbb{R})$$

ein Unterring. Ein $f \in \mathcal{C}(M, \mathbb{R})$ ist genau dann Einheit, wenn $f(x) \neq 0$ für alle $x \in M$.

In $\mathcal{C}(M, \mathbb{R})$ gibt es viele Nullteiler. Ist etwa $M = \mathbb{R}$ und

$$f(x) = \begin{cases} 0 & \text{für } x \leq 0 \\ x & \text{für } x > 0 \end{cases}, \qquad g(x) = \begin{cases} x & \text{für } x \leq 0 \\ 0 & \text{für } x > 0 \end{cases},$$

so ist $(f \cdot g)(x) = 0$ für alle $x \in \mathbb{R}$, also folgt $f \cdot g = 0$.

Ist $M \subset \mathbb{C}$ offen und zusammenhängend (in der komplexen Funktionentheorie sagt man dafür *Gebiet*), so ist

$$\mathcal{O}(M) := \{f \in \mathrm{Abb}\,(M, \mathbb{C}) : f \text{ holomorph}\} \subset \mathrm{Abb}\,(M, \mathbb{C})$$

ein Unterring, weil Summen und Produkte holomorpher Funktionen wieder holomorph sind. Wie bei den stetigen Funktionen ist $f \in \mathcal{O}(M)$ genau dann Einheit, wenn f in M keine Nullstelle hat. Im Gegensatz zu $\mathcal{C}(M, \mathbb{R})$ ist $\mathcal{O}(M)$ ein Integritätsring, denn ist $0 \neq f \in \mathcal{O}(M)$, so hat f höchstens isolierte Nullstellen (wie man in der Funktionentheorie mit Hilfe des Identitätssatzes beweist).

Beispiel 5 Sei G eine abelsche Gruppe, die Verknüpfung wird als Addition geschrieben. Mit

$$\mathrm{End}(G) := \{\varphi : G \to G : \varphi \text{ Homomorphismus}\}$$

bezeichnen wir die Menge der Endomorphismen von G. Eine Addition in $\mathrm{End}(G)$ ist erklärt durch

$$(\varphi + \psi)(a) := \varphi(a) + \psi(a) \, ,$$

als Multiplikation dient die Hintereinanderschaltung $\varphi \circ \psi$. Bezüglich der Addition ist $\mathrm{End}(G)$ eine abelsche Gruppe, die Hintereinanderschaltung ist assoziativ und

$$\begin{aligned}
(\varphi \circ (\psi_1 + \psi_2))(a) \quad &= \varphi(\psi_1(a) + \psi_2(a)) = (\varphi \circ \psi_1)(a) + (\varphi \circ \psi_2)(a) \\
&= (\varphi \circ \psi_1 + \varphi \circ \psi_2)(a) \, .
\end{aligned}$$

Analog zeigt man das andere Distributivgesetz, also ist $\mathrm{End}(G)$ ein Ring; er heißt ***Endomorphismenring*** von G. Einselement ist die identische Abbildung, Einheiten sind die Automorphismen.

Ist V ein Vektorraum über einem Körper K, so hat man analog den ***Endomorphismenring*** $\mathrm{End}(V)$. Als Beispiel betrachten wir den $\mathbb{R}$-Vektorraum $V = \mathbb{R}[X]$ der Polynome mit reellen Koeffizienten (vgl. 2.1.5). Er hat die abzählbare Basis $(1, X, X^2, \ldots, X^k, \ldots)$. Wir geben zwei wichtige Endomorphismen an:

Die Differentiation ergibt:

$$D : \mathbb{R}[X] \to \mathbb{R}[X] \, , \, a_n X^n + \ldots + a_1 X + a_0 \mapsto n a_n X^{n-1} + \ldots + a_1 \, ,$$

durch Integration erhält man

$$I : \mathbb{R}[X] \to \mathbb{R}[X] \, , \, b_m X^m + \ldots + b_1 X + b_0 \mapsto \frac{b_m}{m+1} X^{m+1} + \ldots + \frac{b_1}{2} X^2 + b_0 X \, .$$

Der Endomorphismus D ist nicht injektiv (den Kern bilden die konstanten Polynome) und I ist nicht surjektiv (die konstanten Polynome liegen nicht im Bild). Offensichtlich ist

$$D \circ I = \mathrm{id}_{\mathbb{R}[X]}, \quad \text{aber} \quad I \circ D \neq \mathrm{id}_{\mathbb{R}[X]},$$

also ist D Linksinverses von I und I Rechtsinverses von D, aber D und I sind keine Einheiten im Ring $\mathrm{End}(\mathbb{R}[X])$!

In einem beliebigen Körper K kann man Probleme mit den ganzzahligen Faktoren bekommen (vgl. 3.1.1). Ein analoges Beispiel erhält man allgemein, indem man D und I auf der Basis $(1, X, \ldots, X^k, \ldots)$ von $K[X]$ durch

$$D(X^k) := X^{k-1} \, , \, D(1) := 0 \quad \text{und} \quad I(X^k) := X^{k+1}$$

erklärt. In einem endlich-dimensionalen Vektorraum geht das nicht:

Ist $\dim_K V < \infty$ und sind $F, G \in \mathrm{End}(V)$ gegeben mit $F \circ G = \mathrm{id}_V$, so sind F, G Isomorphismen, also Einheiten im Endomorphismenring.

Das weiß man aus der linearen Algebra, denn aus $F \circ G = \mathrm{id}_V$ folgt durch Betrachtung der Dimensionen, dass F surjektiv und G injektiv ist (vgl. etwa [Fi$_1$, 2.2.4]).

Beispiel 6   Im vorhergehenden Beispiel hatten wir den Endomorphismenring einer abelschen Gruppe betrachtet, ein Spezialfall sind Vektorräume V über einem Körper K. Ist $\dim_K V = n < \infty$, so wird nach Wahl einer Basis jeder Endomorphismus durch eine $n \times n$-Matrix beschrieben, das ergibt nach den Regeln der linearen Algebra [Fi$_1$, 2.6.4] einen Ringisomorphismus

$$\mathrm{End}_K(V) \overset{\cong}{\longrightarrow} \mathrm{M}(n \times n; K) .$$

Der *Matrizenring* $\mathrm{M}(n \times n; K)$ hat als Einselement die Einheitsmatrix E_n, für $n \geq 2$ ist er nicht kommutativ und hat Nullteiler. Man kennt die Einheiten:

$$(\mathrm{M}(n \times n; K))^\times = \mathrm{GL}(n; K) = \{A \in \mathrm{M}(n \times n; K) : \det A \neq 0\} .$$

Der Matrizenring ist sehr nützlich, weil man viele Ringe als Unterringe realisieren kann, das nennt man *Matrixdarstellung* (in Analogie zur Permutationsdarstellung von Gruppen in 1.4.6). Wir wollen den Nutzen einer solchen Darstellung am Beispiel der Konstruktion der von HAMILTON im Jahre 1843 erfundenen *Quaternionen* $\mathbb{H}$ als Erweiterung des Körpers der komplexen Zahlen vorführen (vgl. dazu auch [Eb, Kap. 7]).

Es ist naheliegend, die Konstruktion folgendermaßen zu beginnen: Die Addition in $\mathbb{H} = \mathbb{R}^4$ ist die Addition im Vektorraum. Zur Definition der Multiplikation betrachten wir zunächst die kanonische Basis

$$\mathbf{e} := e_1 \,,\; \mathbf{i} := e_2 \,,\; \mathbf{j} := e_3 \,,\; \mathbf{k} := e_4 \,.$$

Darauf wird die Multiplikation erklärt wie in der Quaternionengruppe (Beispiel 4 aus 1.1.9) durch die Tafel

$\cdot$	$\mathbf{e}$	$\mathbf{i}$	$\mathbf{j}$	$\mathbf{k}$
$\mathbf{e}$	$\mathbf{e}$	$\mathbf{i}$	$\mathbf{j}$	$\mathbf{k}$
$\mathbf{i}$	$\mathbf{i}$	$-\mathbf{e}$	$\mathbf{k}$	$-\mathbf{j}$
$\mathbf{j}$	$\mathbf{j}$	$-\mathbf{k}$	$-\mathbf{e}$	$\mathbf{i}$
$\mathbf{k}$	$\mathbf{k}$	$\mathbf{j}$	$-\mathbf{i}$	$-\mathbf{e}$

Das Produkt beliebiger Elemente aus $\mathbb{H}$ erhält man daraus, indem man nach dem Distributivgesetz ausmultipliziert:

$$\begin{aligned}
(a\mathbf{e} + b\mathbf{i} + c\mathbf{j} + d\mathbf{k}) \cdot (a'\mathbf{e} + b'\mathbf{i} + c'\mathbf{j} + d'\mathbf{k}) = \\
(aa' - bb' - cc' - dd')\mathbf{e} + (ab' + ba' + cd' - dc')\mathbf{i} \\
+ (ac' - bd' + ca' + db')\mathbf{j} + (ad' + bc' - cb' + da')\mathbf{k} \,.
\end{aligned} \qquad (*)$$

Aber nun beginnt der Ärger mit dem Nachweis der Axiome. Schon um das Inverse zu finden, muss man ein Gleichungssystem für die vier Unbekannten a', b', c', d' lösen. Der Leser möge das zur Übung in Angriff nehmen.

Wir kommen zurück auf den Trick von CAYLEY, der schon in Beispiel 4 aus 1.1.9 bei der Definition der Quaternionengruppe verwendet wurde, nämlich die Benutzung des Rings $\mathrm{M}(2 \times 2; \mathbb{C})$. Dazu betrachten wir die Abbildung

$$\mathbb{C} \times \mathbb{C} \overset{\varphi}{\longrightarrow} \mathrm{M}(2 \times 2; \mathbb{C}) \,,\; (z, w) \mapsto \begin{pmatrix} z & w \\ -\bar{w} & \bar{z} \end{pmatrix} .$$

Da komplex konjugiert wird, ist die injektive Abbildung φ nicht $\mathbb{C}$-linear, sondern nur $\mathbb{R}$-linear. Somit ist

$$\mathbb{H}' := \varphi(\mathbb{C} \times \mathbb{C}) \subset \mathrm{M}(2 \times 2; \mathbb{C})$$

ein 4-dimensionaler reeller Untervektorraum. Wir verwenden noch den $\mathbb{R}$-Isomorphismus

$$\mathbb{R}^4 \to \mathbb{C} \times \mathbb{C}, \ (a,b,c,d) \mapsto (a+b\mathbf{i}, c+d\mathbf{i}),$$

und seine Komposition mit φ

$$\mathbb{R}^4 \to \mathrm{M}(2 \times 2; \mathbb{C}), \ (a,b,c,d) \mapsto \begin{pmatrix} a+b\mathbf{i} & c+d\mathbf{i} \\ -c+d\mathbf{i} & a-b\mathbf{i} \end{pmatrix}.$$

Das ergibt einen $\mathbb{R}$-Vektorraum-Isomorphismus $\psi : \mathbb{R}^4 \to \mathbb{H}'$, als Bild der kanonischen Basis in $\mathbb{R}^4$ erhält man die $\mathbb{R}$-Basis

$$E = \psi(e_1) = \begin{pmatrix} 1 & 0 \\ 0 & 1 \end{pmatrix}, \ I = \psi(e_2) = \begin{pmatrix} \mathbf{i} & 0 \\ 0 & -\mathbf{i} \end{pmatrix}$$

$$J = \psi(e_3) = \begin{pmatrix} 0 & 1 \\ -1 & 0 \end{pmatrix}, \ K = \psi(e_4) = \begin{pmatrix} 0 & \mathbf{i} \\ \mathbf{i} & 0 \end{pmatrix}$$

von $\mathbb{H}'$. Damit ist gewonnen: Unsere ins Auge gefasste Multiplikation in $\mathbb{R}^4$ wird realisiert durch die Multiplikation von Matrizen. $\mathbb{H}' \subset \mathrm{M}(2 \times 2; \mathbb{C})$ ist ein Unterring, denn

$$\begin{pmatrix} z & w \\ -\bar{w} & \bar{z} \end{pmatrix} \begin{pmatrix} z' & w' \\ -\bar{w}' & \bar{z}' \end{pmatrix} = \begin{pmatrix} zz' - w\bar{w}' & zw' + w\bar{z}' \\ -(\bar{z}\bar{w}' + \bar{w}z') & \bar{z}\bar{z}' - \bar{w}w' \end{pmatrix}.$$

In $\mathbb{C} \times \mathbb{C}$ ergibt das via φ^{-1} die Multiplikation

$$(z,w) \cdot (z',w') = (zz' - w\bar{w}', zw' + w\bar{z}'),$$

in $\mathbb{R}^4$ entspricht das via ψ^{-1} der Formel $(*)$ von oben.

Insbesondere ist die Multiplikation in $\mathbb{H}'$ assoziativ und auch das Distributivgesetz ist erfüllt, da diese Regeln für Matrizen in der Linearen Algebra bewiesen wurden. Weiter ist für $(z,w) \in \mathbb{C} \times \mathbb{C}$

$$\det \begin{pmatrix} z & w \\ -\bar{w} & \bar{z} \end{pmatrix} = z\bar{z} + w\bar{w} \geq 0$$

und für $(z,w) \neq (0,0)$ ist $z\bar{z} + w\bar{w} > 0$, also

$$\begin{pmatrix} z & w \\ -\bar{w} & \bar{z} \end{pmatrix}^{-1} = \frac{1}{z\bar{z} + w\bar{w}} \begin{pmatrix} \bar{z} & -w \\ \bar{w} & z \end{pmatrix} \in \mathbb{H}'.$$

Damit ist gezeigt, dass $\mathbb{H}'$ ein Schiefkörper ist. Er ist nicht kommutativ, denn die Multiplikation von 2×2-Matrizen ist nicht kommutativ. Da

$$\psi : \mathbb{R}^4 \to \mathbb{H}'$$

ein $\mathbb{R}$-Vektorraum-Isomorphismus ist, überträgt sich die Struktur des Schiefkörpers $\mathbb{H}'$ auf $\mathbb{H} = \mathbb{R}^4$, derart dass die Regel $(*)$ gilt. Damit wird ψ zu einem Ringisomorphismus. Wie man sofort sieht, gilt damit in $\mathbb{H}$

$$(a\mathbf{e} + b\mathbf{i} + c\mathbf{j} + d\mathbf{k})^{-1} = \frac{1}{a^2 + b^2 + c^2 + d^2}\,(a\mathbf{e} - b\mathbf{i} - c\mathbf{j} - d\mathbf{k})\,.$$

Man nennt $\mathbb{H}$ den *Schiefkörper der Quaternionen*. Die Quaternionengruppe Q ist eine Untergruppe der Ordnung 8 von $\mathbb{H}^{\times}$.

2.1.5 Polynomringe

Vom naiven Standpunkt ist ein *Polynom* ein formaler Ausdruck

$$f(X) = a_n X^n + a_{n-1} X^{n-1} + \ldots + a_1 X + a_0\,.$$

Damit man wie gewohnt damit rechnen kann, sollen die *Koeffizienten* $a_0, \ldots, a_n$ Elemente eines Ringes R sein. Die nur aus einem Summanden bestehenden Ausdrücke $a_k X^k$ nennt man *Monome*. Damit die sogenannten *primitiven Monome* X^k Polynome sind, soll der Ring eine 1 besitzen. Wie wir später sehen werden, ist es nützlich, wenn R kommutativ ist.

Von der *Unbestimmten* X erwartet man, ihrem Namen entsprechend, dass man dafür einsetzen kann, was man will – oder zumindest alles was sinnvoll ist. Das ist von einem formalen Standpunkt keine befriedigende Erklärung. Um es besser zu machen, nutzt man die Beobachtung, dass ein Polynom eindeutig festgelegt ist durch eine Verteilung einer endlichen Zahl von Ringelementen auf vorgegebene „Positionen", nämlich als Faktoren der primitiven Monome

$$X^0, X^1, \ldots, X^k, \ldots\,.$$

Damit sind wir startklar.

Sei R ein kommutativer Ring mit 1. Dann ist $R[X]$ erklärt als Menge aller Folgen

$$(a_0, a_1, \ldots, a_k, \ldots)\ \text{mit}\ a_k \subset R\ \text{und}\ a_k = 0\ \text{für fast alle}\ k \subset \mathbb{N}\,.$$

Eine Addition in $R[X]$ ist komponentenweise erklärt, also

$$(a_0, a_1, \ldots, a_k, \ldots) + (b_0, b_1, \ldots, b_k, \ldots) := (a_0 + b_0, a_1 + b_1, \ldots, a_k + b_k, \ldots)\,.$$

Die komponentenweise Multiplikation ist nicht angemessen; dem üblichen Rechnen mit Polynomen entspricht das *Cauchy-Produkt* (oder die *Faltung*)

$$(a_0, a_1, \ldots, a_k, \ldots) \cdot (b_0, b_1, \ldots, b_k, \ldots) = (c_0, c_1, \ldots, c_k, \ldots)\ \text{mit}$$

$$c_k := \sum_{l=0}^{k} a_l b_{k-l}\,, \quad \text{denn}\quad a_l X^l b_{k-l} X^{k-l} = a_l b_{k-l} X^k\,.$$

Der Name „Faltung" rührt daher, dass bei einer Faltung der Zahlengeraden im Punkt $\frac{k}{2}$ die Indizes l und $k-l$ zusammentreffen.

Mit Hilfe der Ringaxiome in R weist man ohne jede Mühe nach, dass $R[X]$ mit der oben erklärten Addition und Multiplikation ein kommutativer Ring mit Einselement

$$1 = (1, 0, \ldots, 0, \ldots)$$

ist. Durch den Monomorphismus

$$R \to R[X] \,, \ a \mapsto (a, 0, \ldots, 0, \ldots),$$

kann man R als Unterring von $R[X]$ auffassen. Nun kommt die Katze aus dem Sack: Wir erklären

$$X := (0, 1, 0, \ldots, 0, \ldots) \in R[X] \,.$$

Nach Definition der Multiplikation in $R[X]$ folgt

$$X^k = (0, \ldots, 0, 1, 0, \ldots) \quad \text{für } k \in \mathbb{N} \,,$$

wobei die 1 an der $(k+1)$-ten Stelle steht. Damit sind wir wieder am Ausgangspunkt angelangt: Ist

$$f = (a_0, a_1, \ldots, a_n, 0, \ldots) \in R[X] \ \text{mit } a_k = 0 \ \text{für } k > n \,,$$

so folgt aus den Rechenregeln in $R[X]$

$$f = a_0 + a_1 X + \ldots + a_n X^n \,.$$

Die Unbestimmte X kann alle möglichen Werte annehmen. Das kann man so formulieren:

Universelle Eigenschaft des Polynomrings *Ist R ein kommutativer Ring mit 1, so hat der Polynomring $R[X]$ folgende Eigenschaft:*
Gegeben ein Ring S (kommutativ mit 1), ein Ringhomomorphismus $\varphi : R \to S$ und ein $x \in S$. Dann gibt es genau einen Homomorphismus $\Phi : R[X] \to S$ mit $\Phi(X) = x$, so dass das Diagramm

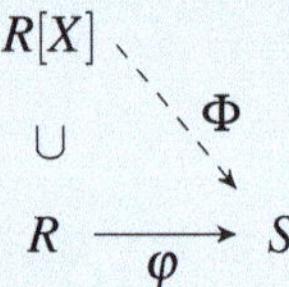

kommutiert, d.h. Φ eine Fortsetzung von φ ist.

Beweis Da Φ ein Homomorphismus sein soll, muss

$$\Phi\left(\sum_k a_k X^k \right) = \sum_k \varphi(a_k) x^k \tag{$*$}$$

sein. Also gibt es höchstens ein solches Φ. Verwendet man die Gleichung $(*)$ als Definition von Φ, so zeigen elementare Rechnungen, dass Φ ein Homomorphismus ist. Man beachte, dass beim Nachweis von $\Phi(f \cdot g) = \Phi(f) \cdot \Phi(g)$ die Kommutativität von S benötigt wird. Am einfachsten sieht man das schon für

$$f = aX \,, \ g = b \,, \ f \cdot g = abX \ \text{und}$$

$$\Phi(f \cdot g) = \Phi(abX) = \varphi(ab)x = \varphi(a)\varphi(b)x \overset{!}{=} \varphi(a)x\varphi(b) = \Phi(f) \cdot \Phi(g) \,.$$

Ist etwa $R = \mathbb{R}$, $S = \mathbb{C}$, φ die Inklusion und $x = \mathbf{i}$, so ist $\Phi : \mathbb{R}[X] \to \mathbb{C}$ surjektiv und $X^2 + 1 \in \mathrm{Ker}\,\Phi$.

Ursprünglich ist ein Polynom eine Funktion, dieser Zusammenhang lässt sich schön mit der universellen Eigenschaft beschreiben. Ist R ein Ring (kommutativ mit 1), so ist auch die Menge $\mathrm{Abb}(R,R)$ der Abbildungen von R in sich ein Ring (Beispiel 4 aus 2.1.4). Spezielle Elemente sind die konstanten Abbildungen

$$\varphi_a : R \to R \ \text{ mit } \ \varphi_a(x) = a \ \text{ für alle } \ x \in R$$

und die identische Abbildung

$$\mathrm{id}_R : R \to R \ \text{ mit } \ \mathrm{id}_R(x) = x \ \text{ für alle } \ x \in R\,.$$

Offensichtlich ist die Abbildung

$$\varphi : R \to \mathrm{Abb}(R,R)\,, \ a \mapsto \varphi_a,$$

ein Homomorphismus. Nach der universellen Eigenschaft von $R[X]$ gibt es genau einen Homomorphismus

$$\Phi : R[X] \to \mathrm{Abb}(R,R) \ \text{ mit } \ \Phi(a) = \varphi_a \ \text{ und } \ \Phi(X) = \mathrm{id}_R\,.$$

Schreiben wir $\bar{f} = \Phi(f)$, so ist

$$f = a_n X^n + \ldots + a_1 X + a_0 \ \text{ und } \ \bar{f}(x) = a_n x^n + \ldots + a_1 x + a_0 \ \text{ für } \ x \in R\,.$$

Aus dem abstrakten Polynom f entsteht also die reale *Polynomfunktion* $\bar{f}$.

Wir fassen das Ergebnis zusammen:

Satz über die Polynomfunktion *Ist R ein kommutativer Ring mit 1, so ist die Abbildung*

$$R[X] \to \mathrm{Abb}(R,R)\,, \ f \mapsto \bar{f}\,,$$

ein Homomorphismus.

Vorsicht! Die Unterscheidung von f und $\bar{f}$ ist wichtig, weil die Abbildung $f \mapsto \bar{f}$ im Allgemeinen nicht injektiv ist. Als Beispiel nehme man den Ring $R = \{0,1\}$ und $f = X^2 + X$; da ist $f \neq 0$, aber $\bar{f} = 0$. Wann die Abbildung $f \mapsto \bar{f}$ injektiv ist, wird in der Bemerkung aus 2.1.8 geklärt.

Abbildungen eines Rings in sich kann man hintereinanderschalten, bei Polynomfunktionen bedeutet das, dass man sie „ineinander einsetzt", d.h. man betrachtet die Funktion $f(g(x))$. Genauer bedeutet das Folgendes:

Ist $g \in R[X]$ ein festes Polynom, so gibt es nach der universellen Eigenschaft des Polynomrings genau einen Homomorphismus

$$\sigma_g : R[X] \to R[X] \ \text{ mit } \ \sigma_g(a) = a \ \text{ für } \ a \in R \ \text{ und } \ \sigma_g(X) = g\,.$$

Man nennt σ_g den *Einsetzungshomomorphismus* (oder *Substitutionshomomorphismus*) und schreibt $f(g) := \sigma_g(f)$. Dabei wird, kurz gesagt, in f statt X das Polynom g eingesetzt und das Ganze wieder als Polynom in X ausgerechnet.

Insbesondere gilt $f(X) = f$, d.h. wenn man $g = X$ einsetzt, ändert sich nichts. Für ein $a \in R$ heißt $f(a) = \sigma_a(f) \in R$ der **Wert** von f an der Stelle a, und a heißt *Nullstelle* von f, wenn $f(a) = 0$.

Beispiel Für $f = X^2 + X + 1$ und $g = X + 1$ ist

$$\sigma_g(f) = f(X+1) = (X+1)^2 + (X+1) + 1 = X^2 + 3X + 3.$$

Bei der Definition von Polynomen war vorausgesetzt worden, dass nur endlich viele der Koeffizienten $a_k \in R$ von Null verschieden sind. Lässt man diese Bedingung fallen, so erhält man formale unendliche Summen

$$f := \sum_{k=0}^{\infty} a_k X^k \,,$$

das ist eine *formale Potenzreihe*. Man kann solche Reihen addieren und multiplizieren wie Polynome, und erhält damit eine neue Erweiterung

$$R[X] \subset R[[X]] = \Big\{ \sum_{k=0}^{\infty} a_k X^k : a_k \in R \Big\}$$

des Polynomrings zum *Ring der formalen Potenzreihen*. Im Gegensatz zu Polynomen ergibt eine formale Potenzreihe im Allgemeinen keine Abbildung von R nach R; etwa für $R = \mathbb{R}$ oder $\mathbb{C}$ kann man Konvergenzbereiche von Potenzreihen studieren.

2.1.6 Grad eines Polynoms

Besondere Bedeutung in einem Polynom $f = a_n X^n + \ldots + a_0$ mit $a_n \neq 0$ haben der *Leitterm* $a_n X^n$ und der *Leitkoeffizient* a_n. Diese höchste auftretende Potenz n von X heißt *Grad* von f. In Zeichen: Ist

$$f = a_n X^n + \ldots + a_1 X + a_0 \ \text{ mit } \ a_n \neq 0, \ \text{ so ist } \ \deg f := n \,.$$

Demnach hat ein konstantes Polynom $a_0 \neq 0$ den Grad 0. Das Nullpolynom soll noch kleineren Grad haben, wir setzen $\deg 0 := -\infty$.

Gradformel *Ist R kommutativ mit 1, so gilt für alle $f, g \in R[X]$*

$$\deg(f \cdot g) \leq \deg f + \deg g \,.$$

Ist der Leitkoeffizient von f oder g kein Nullteiler, so hat man Gleichheit. Das ist insbesondere dann der Fall, wenn R ein Integritätsring ist.

Beweis Ist $f = 0$ oder $g = 0$, so ist $f \cdot g = 0$, also

$$\deg(fg) = -\infty = \deg f + \deg g \,,$$

denn für alle $n \in \mathbb{N}$ ist $n - \infty = -\infty$. Gilt $f \neq 0$ und $g \neq 0$, also

$$f = \sum_{k=0}^{m} a_k X^k \ \text{ mit } \ a_m \neq 0 \ \text{ und } \ g = \sum_{k=0}^{n} b_k X^k \ \text{ mit } \ b_n \neq 0 \,,$$

so ist $\deg f = m$ und $\deg g = n$. Der höchstmögliche Koeffizient von $f \cdot g$ ist $c_{m+n} = a_m b_n$, also $\deg(fg) \leq m+n$. Ist a_m oder b_n kein Nullteiler, so ist $c_{m+n} \neq 0$. $\blacksquare$

Man beachte, dass sich für die Summe nur die triviale Vorhersage

$$\deg(f+g) \leq \max\{\deg f, \deg g\}$$

machen lässt (es kann $g = -f$ sein!).

Besonders angenehm sind Polynome, bei denen der Leitkoeffizient a_n eine Einheit ist. Durch Multiplikation mit a_n^{-1} erhält man

$$\tilde{f} = X^n + \tilde{a}_{n-1}X^{n-1} + \ldots + \tilde{a}_1 X + \tilde{a}_0 \ \text{ mit } \ \tilde{a}_i = a_i a_n^{-1} \ .$$

Ein solches Polynom mit dem Leitkoeffizienten 1 heißt ***normiert***.

Nullteiler und Einheiten im Polynomring $R[X]$ sind durch R bestimmt:

Bemerkung *Im Polynomring $R[X]$ gilt:*

a) $R[X]$ nullteilerfrei $\Leftrightarrow$ R nullteilerfrei.

b) R nullteilerfrei $\Rightarrow$ $(R[X])^\times = R^\times$.

c) R Integritätsring $\Rightarrow$ $R[X]$ Integitätsring.

Beweis a) „$\Rightarrow$" ist klar, da $R \subset R[X]$ und „$\Leftarrow$" folgt aus der Gradformel.
b) „$\supset$" ist klar. Zum Nachweis von „$\subset$" sei $f \in (R[X])^\times$. Dann gibt es ein $g \in R[X]$ mit $f \cdot g = 1$, also folgt aus der Gradformel

$$\deg f + \deg g = \deg(fg) = 0 \ \text{ und } \ \deg f = \deg g = 0 \ .$$

Somit sind $f, g \in R$ konstante Polynome, aus $fg = 1$ folgt $f, g \in R^\times$.
c) folgt aus *a)*. $\blacksquare$

Wir kommen noch einmal zurück auf den Einsetzungshomomorphismus. Für Polynomfunktionen ist $f(g)$ die Hintereinanderschaltung. Daraus kann man jedes f zurückerhalten, wenn g eine Umkehrung h besitzt: Ist $g(h) = \mathrm{id}_R$, so ist die Komposition

$$R \xrightarrow{h} R \xrightarrow{g} R \xrightarrow{f} R$$

gleich f: Wir zeigen nun, dass dies im Allgemeinen genau dann geht, wenn g linear ist.

Lemma *Ist R Integritätsring und $g \in R[X]$, so ist der Einsetzungshomomorphismus*

$$\sigma_g : R[X] \to R[X] \, , \ f \mapsto f(g) \, ,$$

genau dann ein Isomorphismus, wenn $g = aX + b$ mit $a \in R^\times$.

Beweis Ist $g = aX + b$ mit $a \in R^\times$, so definieren wir

$$h := a^{-1}(X - b)$$

und offensichtlich ist $\sigma_g(\sigma_h(X)) = X = \sigma_h(\sigma_g(X))$.
Nach der universellen Eigenschaft des Polynomrings ist σ_h invers zu σ_g.

Ist σ_g surjektiv, so gibt es ein $f \in R[X]$ mit $X = f(g)$. Da R Integritätsring ist, gilt

$$\deg(f(g)) = (\deg f) \cdot (\deg g),$$

also im Fall $X = f(g)$

$$(\deg f) \cdot (\deg g) = 1 \quad \text{und} \quad \deg f = \deg g = 1 .$$

Daher ist $f = cX + d, g = aX + b$ mit $a, c \in R \smallsetminus \{0\}$ und

$$f(g) = caX + cb + d = 1 \cdot X, \quad \text{also} \quad c, a \in R^\times .$$

∎

2.1.7 Division mit Rest

So wie ganze Zahlen kann man auch Polynome mit Rest dividieren. Wir behandeln zunächst den einfachsten Fall, dass die Koeffizienten aus einem Körper stammen.

Satz über die Division mit Rest   *Sei K ein Körper und seien $f, g \in K[X]$ gegeben, wobei $g \neq 0$. Dann gibt es eindeutig bestimmte $q, r \in K[X]$, derart dass*

$$f = qg + r \quad \text{und} \quad \deg r < \deg g . \tag{$*$}$$

Im Quotientenkörper $K(X)$ von $K[X]$ (Beispiel 2 in 2.1.14) kann man die Beziehung $(*)$ auch als

$$\frac{f}{g} = q + \frac{r}{g}$$

schreiben. Das Polynom q ist der Anteil des ***Quotienten***, der „aufgeht“, r verbleibt als ***Rest***.

Beweis Wir zeigen zunächst die Eindeutigkeit. Ist

$$qg + r = \tilde{q}g + \tilde{r} \quad \text{so folgt} \quad r - \tilde{r} = (\tilde{q} - q)g .$$

Nun ist einerseits $\deg(r - \tilde{r}) < \deg g$, wenn $\deg r, \deg \tilde{r} < \deg g$. Andererseits folgt aus der Grad-formel

$$\deg(r - \tilde{r}) = \deg(\tilde{q} - q) + \deg g .$$

Das kann nur dann gehen, wenn $\tilde{q} - q = 0$ ist, also $\tilde{q} = q$ und $\tilde{r} = r$.

Um die Existenz von q und r zu zeigen, sei

$$f = a_n X^n + \ldots + a_0 \quad \text{und} \quad g = b_m X^m + \ldots + b_0 \quad \text{mit} \quad n = \deg f, \ m = \deg g \geq 0 .$$

Ist $n < m$, so kann man $q = 0$ und $r = f$ setzen,

$$f = 0 \cdot g + f$$

ist eine Lösung. Für $n \geq m$ konstruieren wir schrittweise $q_1, \ldots, q_k \in K[X]$ mit $k \leq n - m + 1$, so dass

$$q = q_1 + \ldots + q_k$$

eine Lösung wird. Im ersten Schritt setzen wir $f_0 := f$

$$q_1 := \frac{a_n}{b_m} X^{n-m} .$$

Wir erhalten

$$f_1 := f_0 - q_1 g \quad \text{mit} \quad \deg f_1 < \deg f_0 .$$

Ist $\deg f_1 < \deg g$, so ist $q = q_1$ und $r = f_1$ eine Lösung. Andernfalls fahren wir mit f_1 fort wie oben mit f_0 und erhalten aus q_2

$$f_2 := f_1 - q_2 g \quad \text{mit} \quad \deg f_2 < \deg f_1 .$$

Das Verfahren wird so lange fortgesetzt, bis

$$f_k := f_{k-1} - q_k g \quad \text{mit} \quad \deg f_k < \deg g$$

erreicht wird. Das ist spätestens bei $k = n - m + 1$ der Fall. Insgesamt erhält man

$$f = (q_1 + \ldots + q_k) g + f_k ,$$

man hat also eine Lösung $q = q_1 + \ldots + q_k$, $r = f_k$. ∎

Als Beispiel für eine konkrete Rechnung setzen wir $f = X^n - 1$ und $g = X - 1$:

$$
\begin{array}{rlr}
(X^n & & -1 \quad) : (X-1) = X^{n-1} + X^{n-2} + \ldots + X + 1 \\
\underline{-X^n} & \underline{+X^{n-1}} & \\
& X^{n-1} & -1 \\
& \ddots & \\
& X-1 & \\
& \underline{-X+1} & \\
& 0 &
\end{array}
$$

Also ist $q = X^{n-1} + \ldots + X + 1$ und $r = 0$.

Sind Polynome $f, g \in R[X]$ gegeben und ist R kein Körper, sondern nur ein Ring, so muss die Division mit Rest modifiziert werden. Betrachtet man den Beweis für Körper, so sieht man, dass nur durch den Leitkoeffizienten $b = b_m$ von g dividiert werden muss. Ist $b \in R^\times$, so geht alles analog. Im allgemeinen Fall wird in der Iteration statt f_i das Polynom bf_i bearbeitet. Das Ergebnis sieht so aus:

$$\begin{aligned}
f_1 &= bf_0 - q_1 g\,, & \deg f_1 &< \deg f_0\,, \\
f_2 &= bf_1 - q_2 g\,, & \deg f_2 &< \deg f_1\,, \\
&\ \,\vdots \\
f_k &= bf_{k-1} - q_k g\,, & \deg f_k &< \deg g\,.
\end{aligned}$$

Dann ist mit $f_0 = f$

$$\begin{aligned}
bf &= f_1 + q_1 g, \\
b^2 f &= bf_1 + bq_1 g = f_2 + (q_2 + bq_1)g, \\
&\ \,\vdots \\
b^k f &= f_k + (q_k + bq_{k-1} + \ldots + b^{k-1}q_1)g =: r + qg.
\end{aligned}$$

Insgesamt erhält man eine

Variante der Division mit Rest   *Sei R ein Integritätsring, seien $f, g \in R[X]$ mit $g \neq 0$, $b \in R$ sei der Leitkoeffizient von g. Dann gibt es $q, r \in R[X]$ und $k \in \mathbb{N}$, so dass*

$$b^k f = qg + r \quad und \quad \deg r < \deg g\,.$$

Ähnlich wie bei Körpern kann man sagen, dass q und r bis auf eine Potenz von b eindeutig bestimmt sind.

2.1.8   Nullstellen und Werte von Polynomen

Es ist ein zentrales Problem der Algebra, Aussagen über Nullstellen von Polynomen zu machen. Mit Hilfe von Divisionen mit Rest lässt sich vorweg die Anzahl der möglichen Nullstellen abschätzen. Grundlegend dafür ist das folgende

Lemma   *Ist R ein Integritätsring, $f \in R[X]$ mit $\deg f \geq 1$ und gilt $f(a) = 0$ für ein $a \in R$, so gibt es genau ein $q \in R[X]$ mit*

$$f = (X - a) \cdot q \quad und \quad \deg q = \deg f - 1\,.$$

Beweis   Wir dividieren f mit Rest durch $g = X - a$, das ergibt

$$f = q(X - a) + r \quad \text{mit} \quad \deg r < 1\,.$$

Aus $f(a) = 0$ folgt $r(a) = 0$, also $r = 0$.

Indem man wiederholt aus einem Polynom vorhandene Linearfaktoren herausdividiert, ergibt sich der folgende

Satz 1 *Ist R ein Integritätsring, so hat ein Polynom $f \in R[X]$ vom Grad $n \geq 0$ höchstens n verschiedene Nullstellen.*

Man beachte dabei, dass das Nullpolynom vom Grad $-\infty$ für alle $a \in R$ eine Nullstelle hat.

Dass R keine Nullteiler haben darf, ist wesentlich. Ist $R = \mathbb{Z}/6\mathbb{Z}$ (vgl. 1.1.8), so hat $f = X^2 + X$ als Nullstellen die vier Restklassen $\overline{k} = k + 6\mathbb{Z}$ für $k = 0, 2, 3, 5$ und die Zerlegungen

$$f = (X - \overline{0})(X - \overline{5}) = (X - \overline{2})(X - \overline{3}).$$

Beweis durch Induktion über n. Für $n = 0$ ist $f = a \neq 0$, also hat es keine Nullstelle. Ist $n \geq 1$ und $f(a) = 0$ für ein $a \in R$, so ist nach dem Lemma

$$f = (X - a) \cdot q \quad \text{mit} \quad \deg q = n - 1.$$

Ist $b \neq a$ eine weitere Nullstelle von f, so muss b wegen $f(b) = (b - a) \cdot q(b)$ Nullstelle von q sein, denn R ist nullteilerfrei. Da q nach Induktionsannahme höchstens $n - 1$ verschiedene Nullstellen hat, folgt die Behauptung. $\blacksquare$

Bei der Zerlegung $f = (X - a) \cdot q$ kann auch $q(a) = 0$ sein, dann ist $q = (X - a) \cdot q_1$, und allgemein

$$f = (X - a)^k \cdot g \quad \text{mit } k \geq 1,\ g(a) \neq 0 \text{ und } \deg g = n - k.$$

Man nennt k die ***Vielfachheit der Nullstelle*** a in R (mehr dazu in 3.3.1). Auf diese Weise ergibt sich

Satz 2 *Sei R ein Integritätsring, $f \in R[X]$ mit $\deg f = n \geq 0$ und den verschiedenen Nullstellen $a_1, \ldots, a_r$. Dann gibt es Exponenten $k_1, \ldots, k_r \in \mathbb{N} \setminus \{0\}$ und ein $g \in R[X]$ ohne Nullstellen in R derart, dass*

$$f = (X - a_1)^{k_1} \cdot \ldots \cdot (X - a_r)^{k_r} \cdot g.$$

Insbesondere ist $\deg g = \deg f - (k_1 + \ldots + k_r)$. $\blacksquare$

In 2.1.5 hatten wir den Homomorphismus

$$\Phi : R[X] \to \mathrm{Abb}(R, R)\ ,\quad f \mapsto \overline{f}\ ,$$

betrachtet, der jedem abstrakten Polynom f die Polynomfunktion $\overline{f}$ zuordnet, und wir hatten gesehen, dass Φ nicht injektiv sein muss.

Bemerkung *Ist R ein Integritätsring mit unendlich vielen Elementen, so ist*

$$\Phi : R[X] \to \mathrm{Abb}(R, R)$$

injektiv.

Beweis $\overline{f} = 0$ bedeutet, dass f unendlich viele Nullstellen hat. Nach dem obigen Satz 1 muss dann $f = 0$ das Nullpolynom sein. ∎

Sind in einem Ring R paarweise verschiedene Elemente $a_1, \ldots, a_n$ gegeben, so ist

$$f := (X - a_1) \cdot \ldots \cdot (X - a_n)$$

ein Polynom vom Grad n mit Nullstellen in $a_1, \ldots, a_n$. Über einem Körper kann man nicht nur die Nullstellen, sondern auch die Werte eines Polynoms vorschreiben:

Interpolationsformel von LAGRANGE   *In einem Körper K seien paarweise verschiedene $a_1, \ldots, a_n \in K$ und beliebige $b_1, \ldots, b_n$ vorgegeben. Dazu gibt es genau ein $f \in K[X]$ mit*

$$f(a_i) = b_i \quad \text{für} \quad i = 1, \ldots, n \quad \text{und} \quad \deg f \leq n - 1 .$$

Beweis Zunächst sieht man, das für jedes i das Polynom

$$g_i := \frac{(X - a_1) \cdot \ldots \cdot (X - a_{i-1}) \cdot (X - a_{i+1}) \cdot \ldots \cdot (X - a_n)}{(a_i - a_1) \cdot \ldots \cdot (a_i - a_{i-1}) \cdot (a_i - a_{i+1}) \cdot \ldots \cdot (a_i - a_n)} \in K[X]$$

die Eigenschaften

$$g_i(a_j) = \begin{cases} 1 & \text{für} \quad i = j, \\ 0 & \text{für} \quad i \neq j, \end{cases} \quad \text{und} \quad \deg g_i = n - 1$$

hat. Daher ist durch

$$f := b_1 g_1 + \ldots + b_n g_n$$

eine Lösung der Interpolationsaufgabe gefunden. Man nennt f ein *Interpolationspolynom*.

Die Eindeutigkeit ist klar: Aus

$$f(a_i) = \tilde{f}(a_i) \quad \text{folgt} \quad (f - \tilde{f})(a_i) = 0 \quad \text{für} \quad i = 1, \ldots, n .$$

Da $\deg(f - \tilde{f}) \leq \deg g_i = n - 1$, folgt $f = \tilde{f}$ aus obigem Satz 1. ∎

2.1.9   Einheitswurzeln in $\mathbb{C}$

Die Nullstellen des Polynoms $X^n - 1$ sind die Grundlage für Fragen der „Kreisteilung", mit denen wir uns in Kapitel 3 näher beschäftigen.

Zunächst nennt man $z \in \mathbb{C}$ eine *n-te Einheitswurzel*, wenn

$$z^n = 1 , \quad \text{d.h.} \ z \ \text{ist Nullstelle von} \ X^n - 1 .$$

Weiter sei

$$C_n := \{ z \in \mathbb{C} : z^n = 1 \} \subset \mathbb{C}$$

die Menge aller komplexen n-ten Einheitswurzeln. Man kann C_n explizit angeben mit Hilfe einer primitiven n-ten Einheitswurzel

$$\zeta_n := \exp\left(\frac{2\pi\mathbf{i}}{n}\right).$$

Lemma *Für jedes $n \in \mathbb{N} \setminus \{0\}$ ist*

$$C_n = \{1, \zeta_n, \ldots, \zeta_n^{n-1}\} \quad \text{und}$$

$$X^n - 1 = (X - 1) \cdot (X - \zeta_n) \cdot \ldots \cdot (X - \zeta_n^{n-1}).$$

Weiter induziert der Homomorphismus

$$\varphi_n : \mathbb{Z} \to C_n, \quad r \mapsto \zeta_n^r = \exp\left(\frac{2\pi\mathbf{i}r}{n}\right),$$

einen Isomorphismus

$$\overline{\varphi}_n : \mathbb{Z}/n\mathbb{Z} \to C_n, \quad r + n\mathbb{Z} \mapsto \zeta_n^r,$$

von der additiven zyklischen Gruppe $\mathbb{Z}/n\mathbb{Z} = Z_n$ auf die multiplikative Gruppe C_n.

Beweis Für jedes $r \in \mathbb{Z}$ ist $\zeta_n^r \in C_n$, denn

$$\left(\zeta_n^r\right)^n = \zeta_n^{r \cdot n} = \left(\zeta_n^n\right)^r = 1^r = 1.$$

Ebenfalls nach den Rechenregeln für Potenzen ist φ_n ein Homomorphismus. Das erzeugende Element ζ_n von C_n hat die Ordnung n, daraus folgt

$$\operatorname{Ker}\varphi_n = n\mathbb{Z},$$

nach dem Ersten Isomorphiesatz aus 1.3.1 ist $\overline{\varphi}_n$ ein Isomorphismus.

Insbesondere folgt, dass $X^n - 1$ die n Nullstellen $1, \zeta_n, \ldots, \zeta_n^{n-1}$ hat; aus 2.1.8 erhält man die angegebene Zerlegung von $X^n - 1$ in Linearfaktoren. ∎

In 2.1.7 haben wir gesehen, dass

$$X^n - 1 = (X - 1) \cdot q \quad \text{mit} \quad q = X^{n-1} + \ldots + X + 1 \text{ ist.}$$

Da $\zeta_n^n = 1$ und $\zeta_n \neq 1$ für $n > 1$, folgt $q(\zeta_n) = 0$, d.h. es gilt die oft benutzte Formel

$$\zeta^{n-1} + \ldots + \zeta^2 + \zeta + 1 = 0 \quad \textit{für} \ \zeta = \zeta_n \text{ und } n > 1. \tag{$*$}$$

Man kann sie auch noch etwas anders begründen: Angenommen $\zeta^{n-1} + \ldots + \zeta + 1 \neq 0$. Dann ist

$$\zeta^{n-1} + \ldots + \zeta + \zeta^n = \zeta(\zeta^{n-1} + \ldots + \zeta + 1),$$

also $\zeta = \zeta_n = 1$, was für $n > 1$ nicht der Fall ist.

Die Formel (∗) bedeutet, dass 0 der „Schwerpunkt" von C_n ist. Für $n = 7$ ergibt sich das folgende Bild:

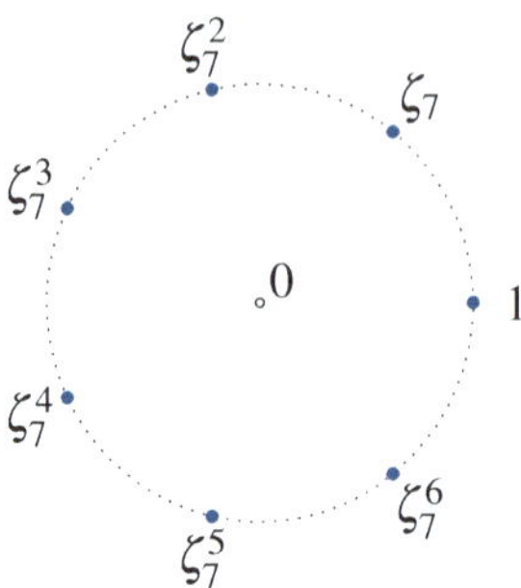

Aus dem Lemma ergibt sich sehr einfach die

Bemerkung   *Für $m, n \in \mathbb{N} \setminus \{0\}$ sei $d := \mathrm{ggT}(m, n)$. Dann gilt*

$$C_m \cap C_n = C_d \,.$$

Beweis „$\subset$" Ist $z \in C_m \cap C_n$, so ist $z^m = z^n = 1$. Nach BÉZOUT gibt es $x, y \in \mathbb{Z}$ mit $d = xm + yn$. Also ist

$$z^d = z^{xm+yn} = (z^m)^x \cdot (z^n)^y = 1 \quad \text{und} \quad z \in C_d \,.$$

„$\supset$" Ist $z \in C_d$, so ist $z^d = 1$. Da $d \mid m$ und $d \mid n$, folgt $z^m = z^n = 1$, also $z \in C_m \cap C_n$.   ■

2.1.10 Polynome in mehreren Veränderlichen*

Betrachtet man statt einer einzigen Unbestimmten X eine endliche Anzahl von Unbestimmten $X_1, \ldots, X_n$, so kann man damit ein *Polynom* als formalen Ausdruck

$$f = \sideset{}{'}\sum_{(k_1, \ldots, k_n) \in \mathbb{N}^n} a_{k_1 \ldots k_n} X_1^{k_1} \cdot \ldots \cdot X_n^{k_n}$$

betrachten. Der Strich an der Summe soll bedeuten, dass nur endlich viele der *Koeffizienten* $a_{k_1 \ldots k_n}$ mit dem *Multiindex* $k_1 \ldots k_n$ von Null verschieden sind. Lässt man diese Einschränkung fallen, so spricht man von einer *formalen Potenzreihe*.

Zwei Fragen stellen sich unmittelbar:

- Das praktische Problem, wie man mit solchen Polynomen rechnet.

- Eine theoretische Erklärung des Begriffs von mehreren „unabhängigen" Unbestimmten.

Da Polynome von mehreren Veränderlichen in diesem einführenden Buch nur gelegentlich auftauchen, begnügen wir uns damit, die Antworten zu skizzieren.

Zur ersten Frage ist zunächst zu bemerken, dass die Reihenfolge, in der die *Monome* $a_{k_1 \ldots k_n} X_1^{k_1} \cdot \ldots \cdot X_n^{k_n}$ zu summieren sind, im Gegensatz zum Fall $n = 1$ nicht eindeutig festgelegt ist.

Daher ist es von Vorteil zu festem $k \in \mathbb{N}$ all die Monome mit $k_1 + \ldots + k_n = k$ zusammenzufassen zum *homogenen Anteil*

$$f_k := \sum_{k_1 + \ldots + k_n = k} a_{k_1 \ldots k_n} X_1^{k_1} \cdot \ldots \cdot X_n^{k_n} \, ,$$

vom *Grad* k, dann ist

$$f = \sum_{k=0}^{N} f_k \, ,$$

wobei N maximal mit $f_N \neq 0$ gewählt ist. Die Menge aller Polynome in $X_1, \ldots, X_n$ mit Koeffizienten aus einem kommutativen Ring R mit 1 bezeichnet man mit

$$R[X_1, \ldots, X_n] \, .$$

Daraus wird ein Ring, indem man die formalen Ausdrücke nach den offensichtlichen Regeln addiert und multipliziert. Das kann man mit etwas Theorie untermauern.

Zunächst betrachten wir die *primitiven Monome*

$$X_1^{k_1} \cdot \ldots \cdot X_n^{k_n} \, ,$$

sie sind durch ihre Exponenten $(k_1, \ldots, k_n) \in \mathbb{N}^n$ eindeutig bestimmt. Also wird die Menge $\mathfrak{X}$ der primitiven Monome zu einer kommutativen Halbgruppe, wenn eine Multiplikation in $\mathfrak{X}$ durch die Addition in $\mathbb{N}^n$ beschrieben wird:

$$(X_1^{k_1} \cdot \ldots \cdot X_n^{k_n}) \cdot (X_1^{l_1} \cdot \ldots \cdot X_n^{l_n}) := X_1^{k_1 + l_1} \cdot \ldots \cdot X_n^{k_n + l_n} \, .$$

Das ergibt genau genommen einen Isomorphismus

$$\mathbb{N}^n \to \mathfrak{X} \, , \quad (k_1, \ldots, k_n) \mapsto X_1^{k_1} \cdot \ldots \cdot X_n^{k_n} \, ,$$

von Halbgruppen. Links wird addiert, rechts multipliziert.

Neutrales Element in $\mathfrak{X}$ ist $e := X_1^0 \cdot \ldots \cdot X_n^0$.

Nun erklären wir den Polynomring als sogenannten *Halbgruppenring* von $\mathfrak{X}$, d.h.

$$R[X_1, \ldots, X_n] := R[\mathfrak{X}] := \{ f : \mathfrak{X} \to R \, , \text{ wobei } f(\boldsymbol{x}) = 0 \text{ für fast alle } \boldsymbol{x} \in \mathfrak{X} \} \, .$$

Ist $\boldsymbol{x} = X_1^{k_1} \cdot \ldots \cdot X_n^{k_n}$, so setzt man $a_{k_1 \ldots k_n} := f(\boldsymbol{x})$. Die Elemente von $R[\mathfrak{X}]$ heißen *Polynome*. In $R[\mathfrak{X}]$ kann man addieren und multiplizieren:

$$(f + g)(\boldsymbol{x}) := f(\boldsymbol{x}) + g(\boldsymbol{x}) \, , \quad (f \cdot g)(\boldsymbol{x}) := \sum_{\substack{\boldsymbol{y}, \boldsymbol{z} \in \mathfrak{X} \\ \boldsymbol{y} \cdot \boldsymbol{z} = \boldsymbol{x}}} f(\boldsymbol{y}) \cdot g(\boldsymbol{z}) \, ;$$

das sind Verallgemeinerungen der Formeln aus 2.1.5, wo $n = 1$ und $\mathfrak{X} = \{ X^0, X^1, X^2, \ldots \}$ war. Schließlich erklären wir für jedes $a \in R$ das konstante Polynom c_a durch

$$c_a(\boldsymbol{x}) = \begin{cases} a & \text{für} \quad \boldsymbol{x} = e \, , \\ 0 & \text{sonst.} \end{cases}$$

Es ist nun Routinearbeit nachzuprüfen, dass $R[\mathfrak{X}]$ zusammen mit der oben erklärten Addition und Multiplikation ein kommutativer Ring mit Einselement c_1 ist, und dass die Abbildung

$$R \to R[\mathfrak{X}] \,,\; a \mapsto c_a \,,$$

ein Monomorphismus von Ringen ist. Man kann also

$$R \subset R[\mathfrak{X}] = R[X_1,\dots,X_n]$$

als Unterring des Polynomrings in n Unbestimmten auffassen.

Schließlich hat jedes $f \in R[X_1,\dots,X_n]$ eine eindeutige Darstellung

$$f = \sideset{}{'}\sum_{(k_1,\dots,k_n)\in\mathbb{N}^n} a_{k_1\dots k_n} X_1^{k_1} \cdot \dots \cdot X_n^{k_n} \quad \text{mit} \quad a_{k_1\dots k_n} := f(X_1^{k_1} \cdot \dots \cdot X_n^{k_n})$$

als endliche Summe von **_Monomen_**, wobei die Additionen und Multiplikationen nach den Regeln in $R[\mathfrak{X}]$ ausgeführt werden. Damit ist der zu Beginn angegebene „formale Ausdruck" theoretisch abgesichert.

Da f nach Definition eine endliche Summe von Monomen

$$a_{k_1\dots k_n} X_1^{k_1} \cdot \dots \cdot X_n^{k_n}$$

ist, gibt es im Fall $f \neq 0$ mindestens eines davon, bei dem $a_{k_1\dots k_n} \neq 0$ und die Summe

$$d := k_1 + \dots + k_n$$

der Exponenten maximal ist. Dieses d heißt **_(totaler) Grad_** von f, in Zeichen

$$\deg f := \max\{k_1 + \dots + k_n : a_{k_1\dots k_n} \neq 0\} \,.$$

Man setzt wieder $\deg 0 := -\infty$.

Anschaulich ausgedrückt entsteht ein Element des Halbgruppenrings $R[X_1,\dots,X_n]$, indem man endlich viele Ringelemente in $\mathbb{N}^n$ verteilt. Für $n = 2$ kann man das einfach grafisch beschreiben, wir geben ein Beispiel mit $R = \mathbb{Z}$ und setzen $X = X_1, Y = X_2$:

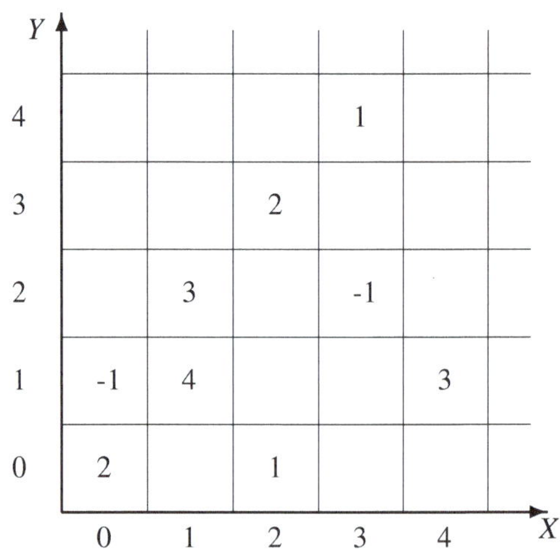

Die Monome von f kann man in verschiedener Reihenfolge summieren: In *lexikografischer Anordnung* ist

$$f = 2 - Y + 4XY + 3XY^2 + X^2 + 2X^2Y^3 - X^3Y^2 + X^3Y^4 + 3X^4Y \,.$$

Nach homogenen Anteilen zerlegt ist

$$f = 2 + (-Y) + (4XY + X^2) + (3XY^2) + (2X^2Y^3 - X^3Y^2 + 3X^4Y) + (X^3Y^4) \,.$$

Schließlich kann man nach Potenzen von Y sortieren:

$$f = (2 + X^2) + (-1 + 4X + 3X^4)Y + (3X - X^3)Y^2 + (2X^2)Y^3 + (X^3)Y^4 \,.$$

Also ist f auch ein Polynom in Y mit Koeffizienten im Ring $\mathbb{Z}[X]$. Daran erkennt man, dass sich allgemeiner Polynomringe in mehreren Unbestimmten auch rekursiv definieren lassen durch

$$R[X_1,\ldots,X_n] := (R[X_1,\ldots,X_{n-1}])[X_n] \,.$$

Das ist vor allem für Induktionsbeweise nützlich.

Für spätere Anwendungen benötigen wir elementare Eigenschaften „homogener" Polynome. Dabei nennt man $f \in R[X_1,\ldots,X_n]$ *homogen* vom *Grad* k, in Zeichen $\deg f = k$, wenn

$$f = \sum_{k_1+\ldots+k_n=k} a_{k_1\ldots k_n} X_1^{k_1} \cdot \ldots \cdot X_n^{k_n} \,.$$

Das bedeutet, dass f gleich seinem homogenen Anteil vom Grad k ist.

Eine nützliche Charakterisierung erhält man durch Multiplikation aller Variablen mit einem Faktor. Um Probleme mit den Elementen des Rings R zu vermeiden, nehmen wir als Faktor eine weitere Unbestimmte T dazu.

Lemma   *Ein Polynom $f \in R[X_1,\ldots,X_n]$ ist genau dann homogen vom Grad k, wenn in $R[X_1,\ldots,X_n][T]$ gilt:*
$$f(TX_1,\ldots,TX_n) = T^k f(X_1,\ldots,X_n) \,.$$

Beweis   Ist $f = f_0 + \ldots + f_N$ die Zerlegung in homogene Anteile, so ist

$$f(TX_1,\ldots,TX_n) = \sum_{l=0}^{N} f_l(TX_1,\ldots,TX_n) = \sum_{l=0}^{N} T^l f_l(X_1,\ldots,X_n) \,.$$

Daraus folgt die Behauptung durch Koeffizientenvergleich.   ∎

Schließlich notieren wir noch eine Aussage über

Produkte homogener Polynome   *Gegeben seien ein Integritätsring R und $f,g,h \in R[X]$ mit $f = g \cdot h$. Dann gilt*
$$f \text{ homogen} \quad \Leftrightarrow \quad g \text{ und } h \text{ homogen} \,.$$

Beweis „$\Leftarrow$" ist offensichtlich, die Grade addieren sich. Zum Nachweis von „$\Rightarrow$" zerlegen wir g und h in die nicht verschwindenden homogenen Anteile

$$g = g_{k_1} + \ldots + g_{k_r} \quad \text{und} \quad h = h_{l_1} + \ldots + h_{l_s}$$

mit $k_1 < \ldots < k_r$ und $l_1 < \ldots < l_s$. Angenommen g ist nicht homogen, dann ist $r \geq 2$ und

$$f = g_{k_1} h_{l_1} + \ldots + g_{k_r} h_{l_s} \quad \text{mit} \quad k_1 + l_1 < k_r + l_s \,.$$

Also ist f nicht homogen. ∎

2.1.11 Endliche Untergruppen der multiplikativen Gruppe eines Körpers

Mit den nun zur Verfügung stehenden Hilfsmitteln können wir ein überraschendes Ergebnis beweisen, das entscheidend sein wird bei der Untersuchung der Struktur endlicher Körper in 3.3.4.

Satz *Jede endliche Untergruppe G der multiplikativen Gruppe $K^\times$ eines Körpers K ist zyklisch.*

Beweis Verwendet man die Ergebnisse aus 1.6.1 über endliche abelsche Gruppen, so geht es ganz schnell: Ist $n := \exp(G)$, so ist $a^n = 1$ für alle $a \in G$ und somit ist jedes $a \in G$ Nullstelle des Polynoms

$$f := X^n - 1.$$

Da f nach Satz 1 aus 2.1.8 höchstens n Nullstellen haben kann, folgt $\operatorname{ord}(G) \leqslant n$. Da aber $\exp(G)$ nach 1.6.1 ein Teiler von $\operatorname{ord}(G)$ ist, folgt $\operatorname{ord}(G) = n$. Als Untergruppe von K ist G abelsch, also gibt es nach dem Satz aus 1.6.1 ein $a \in G$ mit $\operatorname{ord}(a) = n$; somit ist $G = \operatorname{Erz}(a)$. ∎

Viel elementarer, aber etwas länger, ist der Beweis nach einer Methode von GAUSS mit Hilfe der Teilersummen-Formel aus 1.3.14 [Ga$_3$, Nr. 53, 54]. Ist $n := \operatorname{ord}(G)$, so vergleichen wir G mit Z_n. In 1.3.14 hatten wir gesehen, dass für $d \mid n$

$$\varphi(d) = \#\{x \in Z_n : \operatorname{ord} x = d\}, \quad \text{also} \quad \sum_{d \mid n} \varphi(d) = n.$$

Analog dazu erklären wir

$$\psi(d) := \#\{x \in G : \operatorname{ord} x = d\}, \quad \text{zu zeigen ist} \quad \psi(n) \geq 1.$$

Zerlegt man G nach den Ordnungen seiner Elemente, so erhält man wie in 1.3.14

$$\sum_{d \mid n} \psi(d) = n \quad \text{und somit} \quad \sum_{d \mid n} \psi(d) = \sum_{d \mid n} \varphi(d). \tag{$*$}$$

Um $\psi(n) \geq 1$ zu zeigen, genügt es zu zeigen, dass $\psi(d) = \varphi(d)$ falls $\psi(d) \geq 1$. Denn dann kann $\psi(d)$ für jeden Teiler d von n nur die Werte 0 oder $\varphi(d)$ annehmen; insbesondere ist $\psi(d) \leq \varphi(d)$ für alle d. Aus $(*)$ folgt somit, dass $\psi(n) = \varphi(n) \geq 1$ sein muss.

Sei also $\psi(d) \geq 1$. Dann gibt es ein $a \in G$ mit $\operatorname{ord} a = d$, also ist

$$H := \operatorname{Erz}(a) \cong Z_d \quad \text{und somit} \quad \#\{y \in H : \operatorname{ord} y = d\} = \varphi(d).$$

Nun verwenden wir die Voraussetzung, dass G in einem Körper liegt: Ist $f := X^d - 1 \in K[X]$, so gilt $f(y) = 0$ für alle $y \in H$. Da f nach 2.1.8 höchstens d Nullstellen haben kann, folgt

$$f = (X - 1)(X - a) \cdot \ldots \cdot (X - a^{d-1}).$$

Ist nun $x \in G$ mit $\operatorname{ord} x = d$, so folgt $f(x) = 0$ und $x \in H$, da $\deg f = d$. Also gibt es außerhalb von H kein Element der Ordnung d und da H zyklisch ist, folgt $\psi(d) = \varphi(d)$. $\blacksquare$

Beispiel 1   Wir vergleichen die nicht zyklische Kleinsche Vierergruppe $G = Z_2 \times Z_2$ mit Z_4. Die Funktionen ψ und φ wie im obigen Beweis haben dann die folgenden Werte:

d	1	2	4
$\psi(d)$	1	3	0
$\varphi(d)$	1	1	2

Da die drei Elemente der Ordnung zwei in G nicht Nullstellen des Polynoms $X^2 - 1$ vom Grad 2 sein können, kann die Kleinsche Vierergruppe nicht Untergruppe der multiplikativen Gruppe eines Körpers sein.

Beispiel 2   In $\mathbb{C}^\times$ gibt es für jedes $n \in \mathbb{N} \setminus \{0\}$ die von

$$\zeta_n := \exp\left(\frac{2\pi\mathbf{i}}{n}\right)$$

erzeugte zyklische Untergruppe C_n (vgl. Beispiel 6 aus 1.1.9).

Beispiel 3   Für jede Primzahl p hatten wir schon in 1.1.8 den Körper

$$\mathbb{F}_p := \mathbb{Z}/p\mathbb{Z} = \{\bar{0}, \bar{1}, \ldots, \overline{p-1}\} \quad \text{mit} \quad \bar{k} := k + p\mathbb{Z}$$

und der Multiplikation $(k + p\mathbb{Z}) \cdot (l + p\mathbb{Z}) := k \cdot l + p\mathbb{Z}$ betrachtet. Nach dem obigen Satz ist

$$\mathbb{F}_p^\times = \{\bar{1}, \ldots, \overline{p-1}\}$$

zyklisch von der Ordnung $p - 1$. Das ist gar nicht offensichtlich, und es ist auch nicht klar, von welchen Restklassen $\bar{k}$ die Gruppe $\mathbb{F}_p^\times$ erzeugt wird; derartige Restklassen werden ***primitiv*** genannt. Für kleine p kann man das durch Ausprobieren klären:

$p = 2$: $\mathbb{F}_2^\times = \{\bar{1}\}$, erzeugt von $\bar{1}$.

$p = 3$: $\mathbb{F}_3^\times = \{\bar{1}, \bar{2}\}$, erzeugt von $\bar{2}$.

$p = 5$: $\mathbb{F}_5^\times = \{\overline{1}, \overline{2}, \overline{3}, \overline{4}\}$. Die Elemente haben die folgenden Ordnungen:

$$
\begin{array}{c|cccc}
 & \overline{1} & \overline{2} & \overline{3} & \overline{4} \\
\hline
 & 1 & 4 & 4 & 2
\end{array}
$$

Also sind $\overline{2}$ und $\overline{3}$ erzeugende Elemente von $\mathbb{F}_5^\times$.

$p = 7$: $\mathbb{F}_7^\times = \{\overline{1}, \overline{2}, \overline{3}, \overline{4}, \overline{5}, \overline{6}\}$. Wir berechnen wieder die Ordnungen:

$$
\begin{array}{c|cccccc}
 & \overline{1} & \overline{2} & \overline{3} & \overline{4} & \overline{5} & \overline{6} \\
\hline
 & 1 & 3 & 6 & 3 & 6 & 2
\end{array}
$$

Also sind $\overline{3}$ und $\overline{5}$ erzeugende Elemente von $\mathbb{F}_7^\times$.

Weiter sieht man, dass $\psi(1) = 1$, $\psi(2) = 1$, $\psi(3) = 2$ und $\psi(6) = 2$, also $\psi(d) = \varphi(d)$ für alle Teiler d von 6.

Beispiel 4   (aus [Ga$_3$, Nr. 53]).
In $Z_{19}^\times = \{\overline{1}, \overline{2}, ..., \overline{18}\}$ hat man für alle Teiler d von 18 folgende Werte:

d	Elemente der Ordnung d	$\psi(d)$
1	$\overline{1}$	1
2	$\overline{18}$	1
3	$\overline{7}, \overline{11}$	2
6	$\overline{8}, \overline{12}$	2
9	$\overline{4}, \overline{5}, \overline{6}, \overline{9}, \overline{16}, \overline{17}$	6
18	$\overline{2}, \overline{3}, \overline{10}, \overline{13}, \overline{14}, \overline{15}$	6

Das nachzuprüfen ist gar nicht so einfach; GAUSS gibt keinen Hinweis darauf, mit welcher Methode er gerechnet hat. Der kleine Satz von FERMAT ergibt lediglich

$$
x^{18} \equiv 1 \,(\bmod\, 19) \quad \text{für } 1 \leq x \leq 18.
$$

Dagegen ist es ganz einfach zu sehen, dass $\psi(d) = \varphi(d)$ für alle d.

Eine allgemeine Regel zur Bestimmung der erzeugenden Elemente scheint nicht bekannt zu sein.

2.1.12   Einbettung einer Halbgruppe in eine Gruppe

Die ganzen Zahlen $\mathbb{Z}$ erhält man aus den natürlichen Zahlen $\mathbb{N}$, indem man „Negative" dazunimmt, die rationalen Zahlen $\mathbb{Q}$ aus $\mathbb{Z}$, indem man Brüche bildet. Man muss sich nicht allzu sehr den Kopf zerbrechen, was eine negative Zahl an sich ist, es genügt zu wissen, wie man damit rechnet. Der formale Hintergrund einer solchen **_Erweiterung eines Zahlbereichs_** ist die Ergänzung einer Halbgruppe H zu einer Gruppe G. Das geht nicht ohne Voraussetzungen an H.

Satz über die Einbettung von Halbgruppen *Sei $(H, \cdot)$ eine Halbgruppe, die folgende Bedingungen erfüllt:*

1) H ist nicht leer und kommutativ.

2) In H gilt die Kürzungsregel $a \cdot x = b \cdot x \Rightarrow a = b$, falls $a, b, x \in H$.

Dann gibt es eine abelsche Gruppe $(G, *)$, so dass $H \subset G$ und $a * b = a \cdot b$ für $a, b \in H$.

Man nennt $H \subset G$ eine ***Einbettung*** von H in G. Eine kommutative Halbgruppe, in der die Kürzungsregel *2)* nicht gilt, findet man in Beispiel 5 aus 1.1.2.

Beweis Schulden entstehen dann, wenn man für einen Betrag b einkauft, aber nur einen kleineren Betrag a auf dem Konto hat. Der gleiche Schuldenstand kann auch durch eine andere Kombination a', b' entstehen, nämlich dann, wenn $a - b = a' - b'$, oder, ohne Minuszeichen ausgedrückt, $a + b' = b + a'$. Dem entsprechend definieren wir in $H \times H$ die multiplikative Relation

$$(a, b) \sim (a', b') :\Leftrightarrow a \cdot b' = b \cdot a' \, .$$

Um zu zeigen, dass es sich um eine Äquivalenzrelation handelt, benötigt man die angegebenen Voraussetzungen:

$(a, b) \sim (a, b)$, denn $ab = ba$.

$(a, b) \sim (a', b') \Rightarrow ab' = ba' \Rightarrow b'a = a'b \Rightarrow (a', b') \sim (a, b)$.

$(a, b) \sim (a', b') \sim (a'', b'') \Rightarrow ab' = ba'$ und $a'b'' = b'a'' \Rightarrow ab'a'b'' = ba'b'a''$

$\quad \Rightarrow ab''(a'b') = ba''(a'b') \Rightarrow ab'' = ba'' \Rightarrow (a, b) \sim (a'', b'')$.

Die Äquivalenzklasse von (a, b) bezeichnen wir mit $[a, b]$, die Menge aller Äquivalenzklassen mit G. In G wird eine Verknüpfung erklärt durch

$$[a, b] * [c, d] := [a \cdot c, b \cdot d] \, .$$

Diese ist wohldefiniert, denn aus $[a, b] = [a', b']$ und $[c, d] = [c', d']$ folgt

$$ab' = ba' \text{ und } cd' = dc', \text{ also } acb'd' = bda'c', \text{ d.h. } [ac, bd] = [a'c', b'd'] \, ,$$

da H kommutativ ist. Außerdem ist $*$ assoziativ und kommutativ, da in H diese Regeln gelten.

Ein neutrales Element $e \in G$ ist $e = [a, a]$ für beliebiges $a \in H$. Da

$$[a, b] * [b, a] = [ab, ba] = e \, , \text{ ist } [a, b]^{-1} = [b, a] \, .$$

Also ist $(G, *)$ eine abelsche Gruppe. Um H als Teilmenge von G wiederzufinden, betrachten wir die Abbildung

$$H \to G \, , \ a \mapsto [a \cdot a, a] \, .$$

Sie ist injektiv, denn aus

$$[aa, a] = [bb, b] \text{ folgt } aab = abb \text{ und } a = b$$

nach der Kürzungsregel in H. Weiter ist

$$[aa,a] * [bb,b] = [aabb,ab] = [(ab)(ab),ab] \,,$$

also kann man $a \in H$ mit $[aa,a] \in G$ identifizieren und es folgt $a \cdot b = a * b$ für $a,b \in H$.　■

Im Fall einer multiplikativen oder additiven Verknüpfung kann man auch

$$\frac{a}{b} = [a,b] \quad \text{oder} \quad a - b = [a,b]$$

als formalen Quotienten oder formale Differenz schreiben. Als Beispiel im additiven Fall erhält man die Einbettung $\mathbb{N} \subset \mathbb{Z}$. Den multiplikativen Fall werden wir im nächsten Abschnitt bei Ringen weiter verfolgen.

2.1.13　Quotientenkörper

Ein Integritätsring R ist bezüglich der Addition eine abelschen Gruppe und bezüglich der Multiplikation ist $R \smallsetminus \{0\}$ eine kommutative Halbgruppe mit Kürzungsregel. Also kann man $R \smallsetminus \{0\}$ nach dem Satz über die Einbettung von Halbgruppen zu einer multiplikativen Gruppe erweitern. Wir zeigen nun, dass R auf diese Weise zu einem Körper $Q(R)$ wird. Es sei daran erinnert, dass jeder nicht triviale Homomorphismus von einem Körper in einen Ring injektiv ist (Lemma 2 in 2.1.3).

Satz über den Quotientenkörper　*Ist R ein Integritätsring, so gibt es einen Körper $Q(R)$ und einen Monomorphismus $\iota : R \to Q(R)$ mit folgender universellen Eigenschaft: Ist K irgend ein Körper zusammen mit einem Monomorphismus $\varphi : R \to K$, so gibt es genau einen Monomorphismus $\Phi : Q(R) \to K$, so dass das Diagramm*

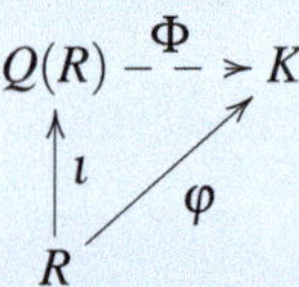

kommutiert.
*Kurz gesagt: Bis auf Isomorphie ist der **Quotientenkörper** $Q(R)$ der kleinste Körper, in den R als Unterring eingebettet werden kann.*

Beweis　Wir übernehmen die Konstruktion des vorhergehenden Abschnitts mit einer kleinen Modifikation: $R \smallsetminus \{0\}$ ist mit der Multiplikation eine kommutative Halbgruppe mit Kürzungsregel, aber in $Q(R)$ muss auch die Null enthalten sein. Wie in 2.1.12 gezeigt wurde, ist in $(R \smallsetminus \{0\}) \times (R \smallsetminus \{0\})$ durch

$$(a,b) \sim (a',b') \Leftrightarrow ab' = ba'$$

eine Äquivalenzrelation erklärt. Diese Relation kann durch die gleiche Regel erweitert werden auf $R \times (R \smallsetminus \{0\})$. Dann ist

$$(0,b) \sim (a',b') \Leftrightarrow a' = 0 \,.$$

Die Äquivalenzklasse von (a,b) bezeichnen wir nun mit $\frac{a}{b}$, das ist ein „formaler Quotient" mit Nenner $b \neq 0$. Nach Definition gilt

$$\frac{a}{b} = \frac{a'}{b'} \Leftrightarrow ab' = ba' \,.$$

Wie in 2.1.12 zeigt man, dass die Multiplikation der formalen Quotienten durch

$$\frac{a}{b} \cdot \frac{c}{d} = \frac{a \cdot c}{b \cdot d}$$

wohldefiniert ist. Die Addition wird (in Erinnerung an das Elend mit den Brüchen) erklärt durch

$$\frac{a}{b} + \frac{c}{d} = \frac{ad + cb}{bd} \,.$$

Um zu zeigen, dass sie wohldefiniert ist, muss man etwas rechnen: Aus $ab' = ba'$ und $cd' = dc'$ folgt

$$bd(a'd' + b'c') = bda'd' + bdb'c' = adb'd' + bcb'd' = (ad + bc)b'd' \,.$$

Nun ist die Menge

$$Q(R) := \left\{ \frac{a}{b} : a \in R, b \in R \smallsetminus \{0\} \right\}$$

der Äquivalenzklassen zusammen mit der Addition eine abelsche Gruppe: Die Rechnung für das Assoziativgesetz überlassen wir dem Leser, kommutativ ist klar. Nullelement ist

$$0 = \frac{0}{1} \quad \text{und} \quad -\left(\frac{a}{b}\right) = \frac{-a}{b} \,.$$

Weiter ist $Q(R) \smallsetminus \{0\}$ eine abelsche Gruppe mit Einselement

$$1 = \frac{1}{1} \quad \text{und} \quad \left(\frac{a}{b}\right)^{-1} = \frac{b}{a} \,.$$

Das Distributivgesetz folgt mit den Regeln der Bruchrechnung, damit ist der Körper $Q(R)$ konstruiert.

Die Abbildung

$$\iota : R \to Q(R) \,, \ a \mapsto \frac{a}{1} \,,$$

ist nach der Definition von Addition und Multiplikation in $Q(R)$ ein Homomorphismus, und injektiv, da aus $\frac{a}{1} = \frac{b}{1}$ folgt, dass $a = b$.

Ist nun $\varphi : R \to K$ ein beliebiger Monomorphismus, so zeigen wir zunächst, dass es höchstens ein $\Phi : Q(R) \to K$ mit $\varphi = \Phi \circ \iota$ gibt: Für jedes $\frac{a}{b} \in Q(R)$ muss

$$\Phi\left(\frac{a}{b}\right) = \Phi\left(\frac{a}{1} \cdot \left(\frac{b}{1}\right)^{-1}\right) = \Phi\left(\frac{a}{1}\right) \cdot \Phi\left(\frac{b}{1}\right)^{-1} \overset{!}{=} \varphi(a) \cdot \varphi(b)^{-1}$$

sein. Umgekehrt ist Φ durch

$$\Phi\left(\frac{a}{b}\right) := \varphi(a)\cdot\varphi(b)^{-1}$$

wohldefiniert, denn ist $ab' = ba'$, so folgt

$$\varphi(a)\cdot\varphi(b') = \varphi(b)\cdot\varphi(a'),\ \text{ also }\ \varphi(a)\cdot\varphi(b)^{-1} = \varphi(a')\cdot\varphi(b')^{-1}\,.$$

Als nicht trivialer Homomorphismus von Körpern ist Φ injektiv.   ■

2.1.14   Beispiele

Wir beschreiben einige Beispiele für Quotientenkörper.

Beispiel 1   Das Standardbeispiel ist

$$\mathbb{Z}\subset\mathbb{Q} = Q(\mathbb{Z}) = \left\{\frac{m}{n} : m,n\in\mathbb{Z}, n\neq 0\right\}\ \text{ mit }\ \frac{m}{n} = \frac{m'}{n'} \Leftrightarrow mn' = nm'\,.$$

Wegen der Minimalität von $Q(\mathbb{Z})$ ist $\mathbb{Q}$ auch der kleinste Körper, der die additive Halbgruppe $\mathbb{N}$ enthält.

Beispiel 2   Ist K ein Körper, so ist $K[X]$ ein Integritätsring. Man nennt

$$K(X) := Q(K[X]) = \left\{\frac{f}{g} : f,g\in K[X], g\neq 0\right\}$$

den ***Körper der rationalen Funktionen***. Ist die Abbildung $f\mapsto\bar{f}$ auf die Polynomfunktionen injektiv, so bedeutet $g\neq 0$, dass $\bar{g}$ nicht die Nullfunktion ist; $\bar{g}$ kann dennoch Nullstellen haben. Ist $\bar{g}(p) = 0$ für $p\in K$, so nimmt die „Funktion" $\bar{f}/\bar{g}$ in p keinen Wert in K an!

Für $K = \mathbb{R}$ kann man mehr sagen: Es ist $\bar{f} = f$ und $\bar{g} = g$. Ist $g(p) = 0$ und $f(p)\neq 0$, so geht $\frac{f(x)}{g(x)}$ bei Annäherung von x an p gegen $\pm\infty$. Ist $f(p) = g(p) = 0$, so kann man über den Wert von $\frac{f}{g}$ bei Annäherung an p zunächst keine Aussage machen. Wir werden später in 2.3.6 sehen, wie man in diesem Fall einen gemeinsamen Faktor von f und g wegkürzen kann, so dass $\frac{f}{g} = \frac{f^*}{g^*}$ und f^* mit g^* in p keine gemeinsame Nullstelle mehr hat.

Beispiel 3   Ist $D\subset\mathbb{C}$ ein Gebiet, so ist der Ring $\mathcal{O}(D)$ der in G holomorphen Funktionen ein Integritätsring (Beispiel 4 in 2.1.4). Man nennt

$$\mathcal{M}(D) := Q(\mathcal{O}(D)) = \left\{\frac{f}{g} : f,g\in\mathcal{O}(D), g\neq 0\right\}$$

den ***Körper der meromorphen Funktionen***. Im Gegensatz zu Polynomen kann der Nenner $g\neq 0$ unendlich viele Nullstellen besitzen, diese liegen allerdings isoliert.

Beispiel 4   Der Ring $\mathbb{Z}[\mathbf{i}] = \mathbb{Z} + \mathbb{Z}\mathbf{i}\subset\mathbb{C}$ der ganzen Gaußschen Zahlen ist ein Integritätsring. Er ist Bild von $\mathbb{Z}[X]$ unter dem Homomorphismus

$$\sigma : \mathbb{Z}[X]\to\mathbb{C}\,,\ \sigma(f) = f(\mathbf{i}),\ \text{ also }\ \sigma(X) = \mathbf{i}\,.$$

Wir behaupten

$$Q(\mathbb{Z}[\mathbf{i}]) = \mathbb{Q}[\mathbf{i}] := \{a + b\mathbf{i} : a, b \in \mathbb{Q}\} \,.$$

„$\subset$": Es gilt $\mathbb{Z}[\mathbf{i}] \subset \mathbb{Q}[\mathbf{i}]$ und $\mathbb{Q}[\mathbf{i}]$ ist ein Körper, denn

$$\frac{1}{a + b\mathbf{i}} = \frac{1}{a^2 + b^2}(a - b\mathbf{i}) \in \mathbb{Q}[\mathbf{i}] \,.$$

Da $Q(\mathbb{Z}[\mathbf{i}])$ der kleinste Körper ist, der $\mathbb{Z}[\mathbf{i}]$ enthält, folgt $Q(\mathbb{Z}[\mathbf{i}]) \subset \mathbb{Q}[\mathbf{i}]$.

„$\supset$": Ist $a = \frac{m}{n}$ und $b = \frac{m'}{n}$ mit $m, m', n \in \mathbb{Z}$, so folgt

$$a + b\mathbf{i} = \frac{m + m'\mathbf{i}}{n} \in Q(\mathbb{Z}[\mathbf{i}]) \,.$$

Man nennt $\mathbb{Q}[\mathbf{i}]$ einen imaginär-quadratischen Zahlkörper. Mehr darüber in 2.4.1.

2.2   Ideale und Restklassenringe

In der Gruppentheorie haben wir gesehen, dass der Kern eines Homomorphismus ein Normalteiler ist, nach dem eine Faktorgruppe gebildet werden kann. Ein Analogon in der Ringtheorie sind „Ideale". Der Name entstand in der Zahlentheorie, wo man gewöhnliche Zahlen durch „ideale Zahlen" ersetzt hat, um die Teilbarkeitseigenschaften zu verbessern (vgl. 2.4.6).

2.2.1   Definition von Idealen

Ist $\varphi : R \to R'$ ein Ringhomomorphismus, so ist $\operatorname{Ker}\varphi \subset R$ ein Unterring, d.h.

$$a,b \in \operatorname{Ker}\varphi \;\Rightarrow\; a-b,\, a\cdot b \in \operatorname{Ker}\varphi \,.$$

Der Kern hat aber noch die weitere Eigenschaft

$$a \in \operatorname{Ker}\varphi,\, x \in R \;\Rightarrow\; x\cdot a \in \operatorname{Ker}\varphi \;\text{ und }\; a\cdot x \in \operatorname{Ker}\varphi \,,$$

denn $\varphi(x\cdot a) = \varphi(x)\cdot\varphi(a) = \varphi(x)\cdot 0 = 0$, analog $\varphi(a\cdot x) = 0$. Das ist Grundlage für die

Definition   *Ist R ein Ring, so heißt eine Teilmenge $\mathfrak{a} \subset R$ ein Ideal, wenn Folgendes gilt:*

I 1   *$\mathfrak{a} \subset R$ ist bezüglich der Addition eine Untergruppe.*

I 2   *Ist $a \in \mathfrak{a}$ und $x \in R$, so folgt $x\cdot a \in \mathfrak{a}$ und $a\cdot x \in \mathfrak{a}$.*

Insbesondere ist jedes Ideal ein Unterring, aber nicht umgekehrt (Beispiel 1 in 2.2.5).

Ist R kommutativ, so kann man die Bedingungen **I 1** und **I 2** offensichtlich zusammenfassen zu

I $0 \in \mathfrak{a}$ und für jedes $n \in \mathbb{N}$, $a_1,\dots,a_n \in \mathfrak{a}$ und $x_1,\dots,x_n \in R$ ist $x_1 a_1 + \dots + x_n a_n \in \mathfrak{a}$.

Ein Ideal ist also abgeschlossen unter der Bildung von Linearkombinationen mit Koeffizienten aus R. In jedem Ring gibt es die *trivialen Ideale* $\{0\}$ und R. Ist R kommutativ und $a \in R$, so nennt man

$$(a) := Ra := \{xa : x \in R\}$$

das von a erzeugte *Hauptideal*. Es ist tatsächlich ein Ideal, denn für $xa, ya \in Ra$ ist

$$xa - ya = (x-y)a \in Ra$$

und für $y \in R$ ist $y(xa) = (yx)a$.

Zunächst zeigen wir, wie sich Ideale unter Homomorphismen verhalten. Genaueres dazu in 2.2.4.

Bemerkung   *Ist $\varphi : R \to R'$ ein Ringhomomorphismus, so gilt:*

a) Ist $\mathfrak{a}' \subset R'$ ein Ideal, so ist $\varphi^{-1}(\mathfrak{a}') \subset R$ ein Ideal.

b) Ist $\mathfrak{a} \subset R$ ein Ideal und φ surjektiv, so ist $\varphi(\mathfrak{a}) \subset R'$ ein Ideal.

Beweis a) Nach 1.2.1 ist $\varphi^{-1}(\mathfrak{a}') \subset R$ Untergruppe. Ist $a \in \varphi^{-1}(\mathfrak{a}')$ und $x \in R$, so folgt aus $\varphi(a) \in \mathfrak{a}'$, *dass*

$$\varphi(xa) = \varphi(x)\varphi(a) \in \mathfrak{a}' \quad \text{und} \quad \varphi(ax) = \varphi(a)\varphi(x) \in \mathfrak{a}' \,,$$

also $xa \in \varphi^{-1}(\mathfrak{a}')$ und $ax \in \varphi^{-1}(\mathfrak{a}')$.

b) Wieder nach 1.2.1 ist $\varphi(\mathfrak{a})$ Untergruppe. Ist $b \in \varphi(\mathfrak{a})$ und $y \in R'$, so gibt es $a \in \mathfrak{a}$ und $x \in R$ mit

$$b = \varphi(a), y = \varphi(x), \quad \text{also} \quad yb = \varphi(xa) \in \varphi(\mathfrak{a}) \quad \text{und} \quad by \in \varphi(\mathfrak{a}) \,.$$

∎

Vorsicht! Die Voraussetzung der Surjektivität von φ in *b)* ist wesentlich, denn bei Vergrößerung eines Ringes muss ein Ideal kein Ideal bleiben! (Beispiel 1 in 2.2.5).

2.2.2 Ideale und Einheiten

Das Verhältnis von Idealen zu Einheiten ist sehr sensibel:

Satz *a) Ist R ein Ring mit 1 und $\mathfrak{a} \subset R$ ein Ideal mit $\mathfrak{a} \cap R^{\times} \neq \emptyset$, so ist $\mathfrak{a} = R$.*

b) Ein Körper K hat nur die trivialen Ideale $\{0\}$ und K.

c) Ist R ein kommutativer Ring mit nicht trivialer Multiplikation (d.h. es ist nicht $ab = 0$ für alle $a, b \in R$), und hat R nur die trivialen Ideale $\{0\}$ und R, so ist R ein Körper.

Beweis a) Ist $a \in \mathfrak{a} \cap R^{\times}$, so gibt es ein $b \in R^{\times}$ mit $ab = ba = 1$, also ist $1 \in \mathfrak{a}$ und damit $\mathfrak{a} = R$.

b) folgt sofort aus $K^{\times} = K \smallsetminus \{0\}$.

c) Wir zeigen zunächst, dass R ein Einselement $1 \neq 0$ enthält. Es gibt nach Voraussetzung $a, b \in R$ mit $ab \neq 0$. Wir betrachten das Hauptideal Rb. Da $0 \neq ab \in Rb$, folgt $Rb = R$, denn R enthält nur die trivialen Ideale. Wegen $b \in R$, muss es ein $1 \in R$ geben mit $1b = b$. Ist $y \in R$ beliebig, so gibt es ein $x \in R$ mit $xb = y$. Also ist

$$1y = 1xb = x1b = xb = y \,.$$

Also ist 1 ein Einselement, aus $b \neq 0$ folgt $1 \neq 0$.

Es bleibt zu zeigen, dass $R \smallsetminus \{0\} = R^{\times}$. Ist $c \in R \smallsetminus \{0\}$, so ist $Rc = R$, also gibt es ein $x \in R$ mit $xc = 1$ und es folgt $c \in R^{\times}$. ∎

Ist die Multiplikation in R trivial, so sind die Ideale gleich den Untergruppen; eine Gruppe mit nur trivialen Untergruppen ist nach 1.3.7 isomorph zu einer zyklischen Gruppe von Primzahlordnung.

Korollar *Die Menge $R^{\times} \subset R$ der Einheiten ist der Durchschnitt aller $R \smallsetminus \mathfrak{a}$, wobei $\mathfrak{a}$ alle Ideale $\mathfrak{a} \neq R$ durchläuft.*

Beweis Ist $a \in R^{\times}$ und $\mathfrak{a} \neq R$, so ist $a \in R \smallsetminus \mathfrak{a}$, denn sonst wäre $a \in \mathfrak{a} \cap R^{\times}$ und somit $\mathfrak{a} = R$. Ist umgekehrt $a \notin R^{\times}$, so ist $\mathfrak{a} := (a) \neq R$ und $a \notin R \smallsetminus \mathfrak{a}$. ∎

2.2.3 Restklassenringe

Da die additive Gruppe eines Ringes R abelsch ist, ist jedes Ideal $\mathfrak{a} \subset R$ als Untergruppe auch Normalteiler. Daher kann man entsprechend 1.2.8 die Faktorgruppe

$$R/\mathfrak{a} := \{x + \mathfrak{a} : x \in R\}$$

mit der Addition $(x + \mathfrak{a}) + (y + \mathfrak{a}) = (x + y) + \mathfrak{a}$ bilden, sie ist wieder abelsch. Mit

$$\rho : R \to R/\mathfrak{a}, \; x \mapsto x + \mathfrak{a},$$

wird der kanonische Gruppenhomomorphismus mit $\operatorname{Ker}\rho = \mathfrak{a}$ bezeichnet. Es ist nun naheliegend, in $R/\mathfrak{a}$ durch

$$(x + \mathfrak{a}) \cdot (y + \mathfrak{a}) := (x \cdot y) + \mathfrak{a} \tag{$*$}$$

eine Multiplikation zu erklären; dass dies gut geht, zeigt der

Satz *Sei R ein Ring, $\mathfrak{a} \subset R$ ein Ideal und $\rho : R \to R/\mathfrak{a}$ der kanonische Gruppenepimorphismus. Dann gibt es genau eine Multiplikation $\cdot$ in $R/\mathfrak{a}$, so dass $R/\mathfrak{a}$ zu einem Ring und ρ zu einem Ringepimorphismus wird. Es ist $\operatorname{Ker}\rho = \mathfrak{a}$.*

Ist R kommutativ, so auch $R/\mathfrak{a}$; hat R ein Einselement 1, so ist $1 + \mathfrak{a}$ ein Einselement von $R/\mathfrak{a}$.

Man nennt $R/\mathfrak{a}$ den **Restklassenring** von R modulo $\mathfrak{a}$ (oder von R nach $\mathfrak{a}$).

Beweis Soll ρ ein Ringhomomorphismus werden, so muss

$$(x + \mathfrak{a}) \cdot (y + \mathfrak{a}) = \rho(x) \cdot \rho(y) \overset{!}{=} \rho(x \cdot y) = (x \cdot y) + \mathfrak{a}$$

sein, also gibt es für die Definition der Multiplikation nur die oben angegebene Möglichkeit $(*)$. Es bleibt zu zeigen, dass sie wohldefiniert ist. Sei also

$$x + \mathfrak{a} = x' + \mathfrak{a} \; \text{ und } \; y + \mathfrak{a} = y' + \mathfrak{a}, \; \text{d.h. } \; x - x' \in \mathfrak{a} \; \text{ und } \; y - y' \in \mathfrak{a}.$$

Daraus folgt

$$xy - x'y' = (x - x')y' + x(y - y') \in \mathfrak{a}.$$

Das Assoziativgesetz und die Distributivgesetze übertragen sich von R auf $R/\mathfrak{a}$, also wird $R/\mathfrak{a}$ auf diese Weise zu einem Ring. ∎

Nach diesem Satz kann man Ideale auch als Teilmengen charakterisieren, die als Kern eines Ringhomomorphismus auftreten.

Die Rechenregeln im Restklassenring $R/\mathfrak{a}$ kann man auch durch **Kongruenzen** modulo $\mathfrak{a}$ in R ausdrücken (vgl. 1.1.8): Für $x, x' \in R$ erklärt man

$$x \equiv x' (\operatorname{mod} \mathfrak{a}) :\Leftrightarrow x + \mathfrak{a} = x' + \mathfrak{a} \Leftrightarrow x - x' \in \mathfrak{a}.$$

Aus $x \equiv x' (\operatorname{mod} \mathfrak{a})$ und $y \equiv y' (\operatorname{mod} \mathfrak{a})$ folgt dann

$$x + y \equiv x' + y' (\operatorname{mod} \mathfrak{a}) \; \text{ und } \; x \cdot y \equiv x' \cdot y' (\operatorname{mod} \mathfrak{a}).$$

2.2.4 Isomorphiesätze

Die in 1.3.1 bewiesenen Aussagen über Gruppenhomomorphismen übertragen sich mühelos auf Ringhomomorphismen, denn die kanonischen Abbildungen sind auch mit der Multiplikation verträglich. Wir notieren nur die wichtigsten Ergebnisse.

Faktorisierungssatz *Sei* $\varphi : R \to R'$ *ein Ringhomomorphismus,* $\mathfrak{a} \subset R$ *ein Ideal und* $\rho : R \to R/\mathfrak{a}$ *der kanonische Epimorphismus. Dann gibt es genau dann einen Ringhomomorphismus* $\overline{\varphi} : R/\mathfrak{a} \to R'$, *so dass das Diagramm*

$$
\begin{array}{ccc}
R & \xrightarrow{\ \varphi\ } & R' \\
{\scriptstyle\rho}\downarrow & \nearrow_{\overline{\varphi}} & \\
R/\mathfrak{a} & &
\end{array}
$$

kommutiert, wenn $\mathfrak{a} \subset \operatorname{Ker}\varphi$. *Es ist* $\overline{\varphi}(R/\mathfrak{a}) = \varphi(R)$ *und* $\operatorname{Ker}\overline{\varphi} = (\operatorname{Ker}\varphi)/\mathfrak{a}$. ∎

Erster Isomorphiesatz *Ist* $\varphi : R \to R'$ *ein Ringhomomorphismus, so ist die Abbildung*

$$
\overline{\varphi} : R/\operatorname{Ker}\varphi \to \varphi(R) \,, \quad x + \operatorname{Ker}\varphi \mapsto \varphi(x) \,,
$$

ein Isomorphismus. Ist φ *surjektiv, so folgt* $R' \cong R/\operatorname{Ker}\varphi$. ∎

Das Analogon zum sogenannten „Dritten Isomorphiesatz" der Gruppentheorie beschreiben wir etwas ausführlicher.

Korrespondenzsatz für Ideale *Gegeben sei ein Ringepimorphismus* $\varphi : R \to R'$ *mit dem Kern* $\mathfrak{a} := \operatorname{Ker}\varphi$. *Es sei*
  I *die Menge aller Ideale* $\mathfrak{b} \subset R$ *mit* $\mathfrak{a} \subset \mathfrak{b}$,
  I' *die Menge aller Ideale* $\mathfrak{b}' \subset R'$.
Dann sind die Abbildungen

$$
\begin{array}{ccc}
F : I \to I' & \quad und \quad & G : I' \to I \\
\mathfrak{b} \mapsto \varphi(\mathfrak{b}) = \mathfrak{b}/\mathfrak{a} & & \mathfrak{b}' \mapsto \varphi^{-1}(\mathfrak{b}')
\end{array}
$$

bijektiv und zueinander invers. Weiter ist für jedes $\mathfrak{b} \in I$ *die Abbildung*

$$
\psi : (R/\mathfrak{a})/(\mathfrak{b}/\mathfrak{a}) \to R/\mathfrak{b}, \quad (x + \mathfrak{a}) + \mathfrak{b}/\mathfrak{a} \mapsto x + \mathfrak{b} \,,
$$

ein Ringisomorphismus.

Beweis Dass ψ ein Isomorphismus ist, zeigt man wie bei Gruppen in 1.3.1.

Zum Beweis der ersten Behauptung ist zu zeigen, dass

$$
\begin{aligned}
F \circ G &= \operatorname{id}_{I'} \,, \quad \text{d.h.} \quad \varphi(\varphi^{-1}(\mathfrak{b}')) = \mathfrak{b}' \quad \text{für alle} \quad \mathfrak{b}' \in I' \text{ und} \\
G \circ F &= \operatorname{id}_{I} \,, \quad \text{d.h.} \quad \varphi^{-1}(\varphi(\mathfrak{b})) = \mathfrak{b} \quad \text{für alle} \quad \mathfrak{b} \in I \,.
\end{aligned}
$$

Die Inklusionen $\varphi(\varphi^{-1}(\mathfrak{b}')) \subset \mathfrak{b}'$ und $\varphi^{-1}(\varphi(\mathfrak{b})) \supset \mathfrak{b}$ gelten ganz allgemein für Abbildungen. Da φ surjektiv ist, gilt außerdem $\varphi(\varphi^{-1}(\mathfrak{b}')) = \mathfrak{b}'$. Es bleibt zu zeigen, dass $\varphi^{-1}(\varphi(\mathfrak{b})) \subset \mathfrak{b}$.

Sei also $x \in R$ und $x \in \varphi^{-1}(\varphi(\mathfrak{b}))$. Dann ist

$$\varphi(x) \in \varphi(\mathfrak{b}) \,, \quad \text{also} \quad \varphi(x) = \varphi(y) \ \text{für ein} \ y \in \mathfrak{b} \,.$$

Daraus folgt $\varphi(x - y) = 0$, also $x - y \in \mathrm{Ker}\,\varphi = \mathfrak{a} \subset \mathfrak{b}$. Da $y \in \mathfrak{b}$, folgt $x = (x - y) + y \in \mathfrak{b}$. $\blacksquare$

Vorsicht! Ist $\mathfrak{a} \subset B \subset R$, aber B kein Ideal, so kann $B \subsetneqq \varphi^{-1}(\varphi(B))$ sein. In der folgenden schematischen Skizze ist φ die senkrechte Projektion:

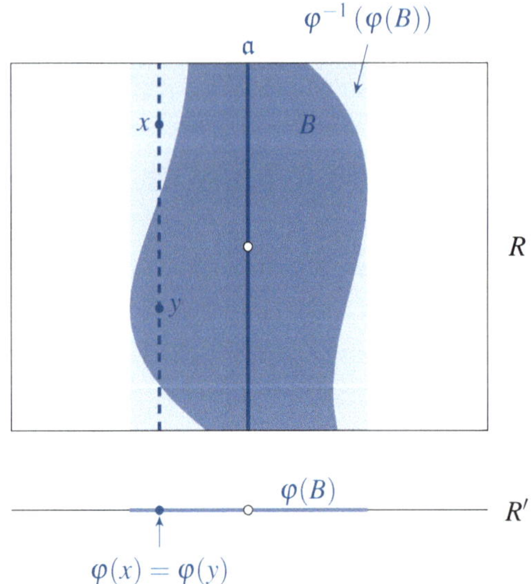

2.2.5 Beispiele

Beispiel 1   Der Unterring $\mathbb{Z}$ von $\mathbb{Q}$ ist kein Ideal. Ist K ein Körper, so sind im Ring $R := \mathrm{M}(2 \times 2; K)$ die Teilmengen

$$H_1 := \left\{ \begin{pmatrix} a & 0 \\ 0 & 0 \end{pmatrix} : a \in K \right\} \quad \text{und} \quad H_2 := \left\{ \begin{pmatrix} a & c \\ b & 0 \end{pmatrix} : a, b, c \in K \right\}$$

Untergruppen der additiven Gruppe, aber keine Ideale. H_1 ist im Gegensatz zu H_2 noch ein Unterring. Um das zu begründen, betrachtet man am einfachsten die Produkte

$$\begin{pmatrix} 0 & 1 \\ 1 & 0 \end{pmatrix} \cdot \begin{pmatrix} a & c \\ b & 0 \end{pmatrix} = \begin{pmatrix} b & 0 \\ a & c \end{pmatrix} \quad \text{und} \quad \begin{pmatrix} a & c \\ b & 0 \end{pmatrix} \cdot \begin{pmatrix} 0 & 1 \\ 1 & 0 \end{pmatrix} = \begin{pmatrix} c & a \\ 0 & b \end{pmatrix}$$

Im Unterring

$$R' := \left\{ \begin{pmatrix} a & 0 \\ b & 0 \end{pmatrix} \right\} \subset R$$

ist H_1 ein Ideal. Wie oben zu erkennen, ist H_1 im größeren Ring R jedoch kein Ideal mehr.

Beispiel 2   Die Restklassenringe von $\mathbb{Z}$ haben wir schon weitgehend im Rahmen der Gruppentheorie behandelt, ohne den Begriff des Ringes explizit zu verwenden. Von dem neuen Standpunkt sei noch einmal daran erinnert.

Nach 1.1.8 hat jede Untergruppe von $\mathbb{Z}$ die Form $m\mathbb{Z}$ mit $m \in \mathbb{N}$; diese Untergruppen sind auch Ideale, also ist jedes Ideal von der Form $m\mathbb{Z}$ und es gibt nur die Restklassenringe

$$Z_m = \mathbb{Z}/m\mathbb{Z} \quad \text{für} \quad m \in \mathbb{N}\,.$$

Sie sind kommutativ und mit den Argumenten aus 1.1.8 folgt

$$Z_m \text{ nullteilerfrei } \Leftrightarrow m \geq 2 \text{ Primzahl.} \qquad (*)$$

Für die Einheiten gilt

$$Z_m^\times = \{k + m\mathbb{Z} \in Z_m : \mathrm{ggT}\,(k,m) = 1\} \subset Z_m\,,$$

denn zu $k + m\mathbb{Z}$ gibt es genau dann ein $l + m\mathbb{Z}$ mit

$$(k + m\mathbb{Z})(l + m\mathbb{Z}) = 1 + m\mathbb{Z}\,, \quad \text{wenn} \quad 1 = kl + xm \text{ mit einem } x \in \mathbb{Z}\,.$$

Die Gruppe $Z_m^\times$ ist die Primrestklassengruppe der Ordnung $\varphi(m)$ aus 1.3.14.
Insbesondere folgt, dass der Restklassenring

$$\mathbb{F}_p := \mathbb{Z}/p\mathbb{Z}$$

für jede Primzahl p ein Körper ist; in Kapitel 3 wird er „Primkörper der Charakteristik p" genannt. Aus 2.1.11 folgt, dass die Einheitengruppe $\mathbb{F}_p^\times = Z_p^\times$ der Ordnung $p - 1$ zyklisch ist.

Beispiel 3   Wir betrachten den Ringhomomorphismus

$$\sigma : \mathbb{R}[X] \to \mathbb{C}, \ f \mapsto \sigma(f) := f(\mathbf{i}).$$

Da $\sigma(a + bX) = a + b\mathbf{i}$ ist σ surjektiv. Um zu zeigen, dass $\mathrm{Ker}\ \sigma = (X^2 + 1)$, teilen wir jedes f mit Rest durch $X^2 + 1$:

$$f = (X^2 + 1) \cdot q + r \quad \text{mit deg } r \leq 1, \quad \text{also } r = a + bX \text{ mit } a, b \in R.$$

Wegen $\mathbf{i}^2 + 1 = 0$ ist $f(\mathbf{i}) = r(\mathbf{i}) = a + b\mathbf{i}$. Da $r(\mathbf{i}) = 0$ äquivalent ist zu $r = 0$ folgt

$$\sigma(f) = 0 \Leftrightarrow f = (X^2 + 1)q.$$

Nach dem ersten Isomorphiessatz folgt, dass

$$\overline{\sigma} : \mathbb{R}[X]/(X^2 + 1) \to \mathbb{C}, \ f + (X^2 + 1) \mapsto \sigma(f) = f(\mathbf{i}) = r(\mathbf{i}),$$

ein Isomorphismus von Ringen ist. Insbesondere kann man $\mathbf{i} \in \mathbb{C}$ erhalten als

$$\mathbf{i} = \overline{\sigma}\left(X + (X^2 + 1)\right).$$

Dass Addition und Multiplikation im Restklassenring und in $\mathbb{C}$ zusammenpassen, folgt daraus, dass $\overline{\sigma}$ ein Isomorphismus ist. Für die Multiplikation wollen wir das auch explizit nachrechnen. Zunächst gilt $\sigma(X) = \mathbf{i}$ und $\mathbf{i}^2 = -1$ in $\mathbb{C}$. In $\mathbb{R}[X]/(X^2+1)$ ist

$$(X+(X^2+1))^2 = X^2 + (X^2+1) = -1 + (X^2+1), \text{ denn } X^2 = -1 + (X^2+1) \equiv -1 \bmod (X^2+1).$$

Allgemeiner hat man zu $a+b\mathbf{i}$, $c+d\mathbf{i} \in \mathbb{C}$:

$$\begin{aligned}
(a+bX)(c+dX) &= ac + (ad+bc)X + bdX^2 \\
&= (ac-bd) + (ad+bc)X + bd(X^2+1).
\end{aligned}$$

Das entspricht modulo (X^2+1) dem Produkt

$$(a+b\mathbf{i})(c+d\mathbf{i}) = (ac-bd) + (ad+bc)\mathbf{i}$$

in der Gaußschen Zahlenebene.

Was hat man durch diese Konstruktion gewonnen? Das Polynom X^2+1 hat keine reelle Nullstelle. Durch die Erweiterung von $\mathbb{R}$ zu $\mathbb{C}$ erhält es die Nullstelle $\mathbf{i}$. Diese Erweiterung kann man, wie oben ausgeführt, auch durch den Restklassenring $\mathbb{R}[X]/(X^2+1)$ bewerkstelligen. Das wird in Kapitel 3 die Grundlage für Körpererweiterungen darstellen, welche Polynomen neue Nullstellen verschaffen. In den folgenden Abschnitten wird dazu überlegt, unter welchen Bedingungen ein derartiger Restklassenring $K[X]/\mathfrak{a}$ ein Körper ist.

Beispiel 4   Der Gaußsche Ring

$$R := \mathbb{Z} + \mathbb{Z}\mathbf{i} = \{m + n\mathbf{i} : m, n \in \mathbb{Z}\} \subset \mathbb{C}$$

ist das Bild des Homomorphismus

$$\sigma : \mathbb{Z}[X] \to \mathbb{C}, \quad f \mapsto \sigma(f) := f(\mathbf{i}), \quad \text{also } \sigma(X) = \mathbf{i}.$$

Das motiviert die Bezeichnung $R = \mathbb{Z}[\mathbf{i}]$ (sprich $\mathbb{Z}$ adjungiert $\mathbf{i}$). Wie in obigem Beispiel 3 ergibt sich ein Isomorphismus
$$\overline{\sigma} : \mathbb{Z}[X]/(X^2+1) \to \mathbb{Z}[\mathbf{i}].$$

In R betrachten wir nun das Hauptideal

$$\mathfrak{a} := R \cdot (1+2\mathbf{i}).$$

Als Untergruppe von R ist $\mathfrak{a}$ erzeugt durch

$$1+2\mathbf{i} \quad \text{und} \quad \mathbf{i}(1+2\mathbf{i}) = -2+\mathbf{i}.$$

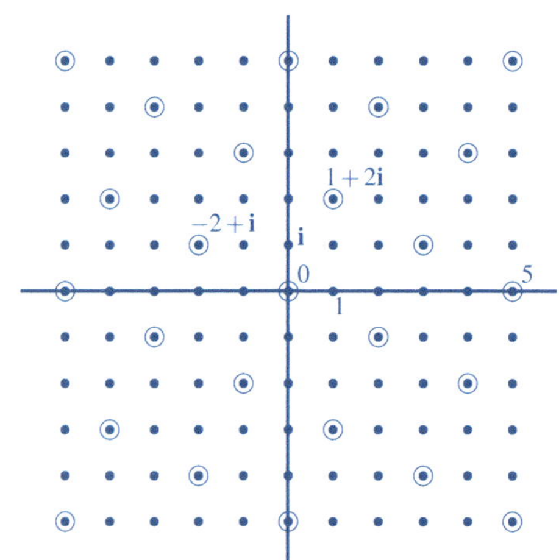

Um die Struktur des Restklassenrings $R/\mathfrak{a}$ aufzuklären, bemerken wir zunächst, dass

$$5 = (1 - 2\mathbf{i})(1 + 2\mathbf{i}) \in \mathfrak{a}.$$

Durch Beschränkung der kanonischen Abbildung $\rho : R \to R/\mathfrak{a}$ auf den Unterring

$$\mathbb{Z} = \{m + n\mathbf{i} \in \mathbb{Z} + \mathbb{Z}\mathbf{i} : n = 0\}$$

erhält man einen Homomorphismus $\rho' : \mathbb{Z} \to R/\mathfrak{a}$ mit $5 \in \operatorname{Ker}\rho'$.

Ist $k \in \operatorname{Ker}\rho' = \mathfrak{a} \cap \mathbb{Z}$, so gibt es $m, n \in \mathbb{Z}$ mit

$$k = (m + n\mathbf{i})(1 + 2\mathbf{i}) = (m - 2n) + (2m + n)\mathbf{i} \Rightarrow 2m + n = 0 \,,\; k = m - 2n = 5m.$$

Also ist $k \in 5\mathbb{Z}$ und es folgt $\operatorname{Ker}\rho' = 5\mathbb{Z}$.

Es ist einfach zu sehen, dass ρ' surjektiv ist: Für $m + n\mathbf{i} \in \mathbb{Z} + \mathbb{Z}\mathbf{i}$ ist

$$(m + n\mathbf{i}) + \mathfrak{a} = (m + 2n) + \mathfrak{a},$$

denn

$$(m + n\mathbf{i}) - (m + 2n) = n\mathbf{i}(1 + 2\mathbf{i}) \in \mathfrak{a},$$

also hat jede Äquivalenzklasse einen Repräsentanten in $\mathbb{Z}$. Nach dem Ersten Isomorphiesatz aus 2.2.4 folgt schließlich, dass

$$\overline{\rho} : \mathbb{Z}/5\mathbb{Z} \to R/\mathfrak{a}, \quad k + 5\mathbb{Z} \mapsto k + \mathfrak{a},$$

ein Isomorphismus ist.

2.2.6   Hauptidealringe und noethersche Ringe

Um eine beliebige Teilmenge eines Ringes zu einem Ideal auszubauen, benutzt man die

Bemerkung   *Ist R ein Ring und $(\mathfrak{a}_i)_{i \in I}$ eine beliebige Familie von Idealen $\mathfrak{a}_i \subset R$, so ist*

$$\bigcap_{i \in I} \mathfrak{a}_i \subset R$$

ein Ideal.

Beweis   Sind $a, b \in \bigcap_{i \in I} \mathfrak{a}_i$ und ist $x \in R$, so sind $a, b \in \mathfrak{a}_i$ für alle $i \in I$, somit folgt

$$a - b \,,\; xa \,,\; ax \in \mathfrak{a}_i \text{ für alle } i \text{ und } a - b \,,\; xa \,,\; ax \in \bigcap_{i \in I} \mathfrak{a}_i \,.$$

Ist $A \subset R$ Teilmenge eines Ringes, so wird das von A *erzeugte Ideal* $(A) \subset R$ erklärt als der Durchschnitt aller A umfassenden Ideale $\mathfrak{a} \subset R$, in Zeichen

$$(A) := \bigcap_{A \subset \mathfrak{a} \subset R} \mathfrak{a} \, .$$

Ist R kommutativ, so ist

$$(A) = \{ x_1 a_1 + \ldots + x_n a_n : n \in \mathbb{N} \, , \, a_i \in A \, , \, x_i \in R \} \, ,$$

das ist die Menge aller endlichen Linearkombinationen von Elementen aus A mit Koeffizienten in R. Ist $A = \{a_1, \ldots, a_n\}$ endlich, so schreibt man

$$(A) = (a_1, \ldots, a_n) = Ra_1 + \ldots + Ra_n = \{ x_1 a_1 + \ldots + x_n a_n : x_i \in R \}$$

und im Fall $A = \{a\}$ ist

$$(a) = Ra = \{ xa : x \in R \}$$

das von a erzeugte Hauptideal.

Definition *Ein Ring R heißt* **Hauptidealring**, *wenn er ein Integritätsring ist, und wenn jedes Ideal $\mathfrak{a} \subset R$ Hauptideal ist.*

Ein Ring R heißt **noethersch**, *wenn jedes Ideal $\mathfrak{a} \subset R$ endlich erzeugt ist, d.h. wenn es Elemente $a_1, \ldots, a_n \in R$ gibt, so dass $\mathfrak{a} = (a_1, \ldots, a_n)$.*

Insbesondere für die Teilbarkeitstheorie sind alternative Charakterisierungen von noetherschen Ringen wichtig.

Satz* *Für einen Ring R sind folgende Bedingungen gleichwertig:*
i) R ist noethersch.
ii) Jede aufsteigende Kette von Idealen

$$\mathfrak{a}_0 \subset \mathfrak{a}_1 \subset \ldots \subset \mathfrak{a}_k \subset \ldots \subset R$$

wird **stationär**, *d.h. es gibt ein $n \in \mathbb{N}$, so dass $\mathfrak{a}_n = \mathfrak{a}_{n+k}$ für alle $k \in \mathbb{N}$.*
iii) Jede nichtleere Menge I von Idealen $\mathfrak{a} \subset R$ besitzt ein maximales Element, d.h. es gibt ein $\mathfrak{b} \in I$, so dass $\mathfrak{b} \subsetneq \mathfrak{a}$ für kein $\mathfrak{a} \in I$ gilt.

Beweis i) $\Rightarrow$ ii): Da die gegebene Kette aufsteigend ist, ist die Vereinigung

$$\mathfrak{a} := \bigcup_{k \in \mathbb{N}} \mathfrak{a}_k \subset R$$

wieder ein Ideal. Da R noethersch ist, gibt es $a_1, \ldots, a_m \in R$, so dass

$$\mathfrak{a} = (a_1, \ldots, a_m) \, .$$

Zu jedem a_i gibt es ein $n_i \in \mathbb{N}$, so dass $a_i \in \mathfrak{a}_{n_i}$. Ist $n := \max \{n_1, \ldots, n_m\}$, so folgt

$$a_i \in \mathfrak{a}_n \text{ für alle } i, \text{ also } \mathfrak{a} = \mathfrak{a}_n \text{ und } \mathfrak{a}_{n+k} = \mathfrak{a}_n \, .$$

ii) $\Rightarrow$ *iii)*: Gäbe es eine nichtleere Menge I von Idealen ohne maximales Element, so könnte man damit eine unendliche echt aufsteigende Kette

$$\mathfrak{a}_0 \subsetneqq \mathfrak{a}_1 \subsetneqq \ldots \subsetneqq \mathfrak{a}_k \subsetneqq \ldots \subset R$$

von Idealen in R aufbauen.

iii) $\Rightarrow$ *i)*: Sei $\mathfrak{a} \subset R$ ein beliebiges Ideal und

$$I := \{\mathfrak{b} \subset R : \mathfrak{b} \text{ endlich erzeugtes Ideal und } \mathfrak{b} \subset \mathfrak{a}\}\,.$$

Da $\{0\} \in I$, ist $I \neq \emptyset$; sei $\mathfrak{c} = (a_1, \ldots, a_m) \subset \mathfrak{a}$ maximal in I. Angenommen $\mathfrak{c} \subsetneqq \mathfrak{a}$, dann gibt es ein $a \in \mathfrak{a} \smallsetminus \mathfrak{c}$ und

$$\mathfrak{c} \subsetneqq (a_1, \ldots, a_m, a) \subset \mathfrak{a}\,,$$

im Widerspruch zur Maximalität von $\mathfrak{c}$. ∎

2.2.7 Euklidische Ringe

Die wichtigsten Beispiele für Hauptidealringe sind der Ring $\mathbb{Z}$ der ganzen Zahlen und der Polynomring $K[X]$ über einem Körper K. Das kann man in beiden Fällen durch eine Division mit Rest beweisen. Daher ist ein allgemeiner Begriff nützlich.

Definition *Ein Integritätsring R heißt **euklidischer Ring**, wenn es eine Abbildung*

$$\delta : R \smallsetminus \{0\} \to \mathbb{N}$$

mit folgender Eigenschaft gibt: Zu $a, b \in R \smallsetminus \{0\}$ gibt es $q, r \in R$, so dass

$$a = qb + r \ \text{ und } \ \delta(r) < \delta(b) \ \text{ oder } \ r = 0\,. \tag{$*$}$$

Im Quotientenkörper $Q(R)$ lautet die Gleichung $(*)$

$$\frac{a}{b} = q + \frac{r}{b} \quad \text{und} \quad \frac{\delta(r)}{\delta(b)} < 1 \ \text{falls } r \neq 0\,.$$

q steht für „Quotient", r für „Rest".

Die beiden Standardbeispiele für euklidische Ringe sind $\mathbb{Z}$ mit $\delta(n) := |n|$ (1.1.8) und der Polynomring $K[X]$ über einem Körper K mit $\delta(f) := \deg f$ (vgl. 2.1.7). Man beachte einen wesentlichen Unterschied zwischen Betrag und Grad:

$$|m \cdot n| = |m| \cdot |n|\,, \ \deg(f \cdot g) = \deg f + \deg g\,.$$

Im Ring $K[X]$ sind q und r eindeutig bestimmt (vgl. 2.1.7), in $\mathbb{Z}$ muss das nach obiger Definition nicht der Fall sein, etwa

$$7 = 2 \cdot 3 + 1 = 3 \cdot 3 - 2\,.$$

Man kann q und r in $\mathbb{Z}$ aber eindeutig machen, indem man zusätzlich $r \geq 0$ verlangt.

Auch ein Körper K ist trivialerweise ein euklidischer Ring. Hier kann man eine beliebige Abbildung δ verwenden, denn es ist stets $r = 0$.

Kompliziertere Beispiele für euklidische Ringe finden sich in 2.2.8 und 2.4.4.

Satz *Ein euklidischer Ring ist Hauptidealring.*

Beweis In 1.1.8 wurde gezeigt, dass jede Untergruppe von $\mathbb{Z}$ von der Form $m\mathbb{Z}$ ist. Es genügt, die dort verwendeten Argumente auf einem abstrakteren Niveau zu wiederholen.

Sei R euklidisch und $\mathfrak{a} \subset R$ ein Ideal. $\mathfrak{a} = \{0\}$ ist Hauptideal, wir können also $\mathfrak{a} \neq \{0\}$ annehmen. Wir betrachten die Menge

$$\delta(\mathfrak{a}) := \{n \in \mathbb{N} : \text{ es gibt ein } a \in \mathfrak{a} \setminus \{0\} \text{ mit } n = \delta(a)\} \subset \mathbb{N}.$$

Da $\mathfrak{a} \neq \{0\}$, ist $\delta(\mathfrak{a}) \neq \emptyset$, also enthält $\delta(\mathfrak{a})$ ein kleinstes Element $k = \delta(a)$ für ein $a \in \mathfrak{a} \setminus \{0\}$. Offensichtlich ist $(a) \subset \mathfrak{a}$, wir behaupten $\mathfrak{a} = (a)$.

Angenommen es gäbe ein $b \in \mathfrak{a} \setminus (a)$. Dann teilen wir b mit Rest durch a:

$$b = qa + r \text{ mit } \delta(r) < \delta(a) = k \text{ falls } r \neq 0.$$

Da $b \notin (a)$, ist $r \neq 0$ und aus $r = b - qa$ folgt $r \in \mathfrak{a}$; das ist ein Widerspruch zur Minimalität von k. $\blacksquare$

Korollar *Der Ring $\mathbb{Z}$ der ganzen Zahlen und der Polynomring $K[X]$ über einem Körper K sind Hauptidealringe.* $\blacksquare$

2.2.8 Beispiele

Beispiel 1 *Die Ringe $\mathbb{Z}[X]$ und $K[X,Y]$ (für einen Körper K) sind keine Hauptidealringe.* In $\mathbb{Z}[X]$ betrachten wir das von zwei Elementen erzeugte Ideal

$$\mathfrak{a} := (2, X) = \{f \cdot 2 + g \cdot X : f, g \in \mathbb{Z}[X]\} \subset \mathbb{Z}[X].$$

Zunächst sieht man, dass $\mathfrak{a} \neq \mathbb{Z}[X]$. Denn wäre $1 \in \mathfrak{a}$, so gäbe es

$$f = a_0 + a_1 X + .. \quad \text{und } g = b_0 + b_1 X + ... \quad \text{mit } 1 = f \cdot 2 + g \cdot X.$$

Daraus folgt, $2a_0 = 1$ im Widerspruch zu $a_0 \in \mathbb{Z}$.

Nun wird angenommen, es existiere ein

$$h = c_0 + c_1 X + ... \in \mathbb{Z}[X] \quad \text{mit } \mathfrak{a} = (h).$$

Dann gäbe es $f, g \in \mathbb{Z}[X]$ mit $2 = f \cdot h$ und $X = g \cdot h$. Aus der ersten Gleichung folgt mit der Gradformel $c_i = 0$ für $i \geq 1$, und in die zweite Gleichung eingesetzt erhält man

$$X = g \cdot c_0, \quad \text{also} \quad g = b_1 X \quad \text{und} \quad c_0 b_1 = 1.$$

Daraus folgt $c_0 = \pm 1$ im Widerspruch zu $\mathfrak{a} \neq \mathbb{Z}[X]$.

Ganz analog behandelt man den Fall $K[X,Y]$. Angenommen

$$(X,Y) = (f) \quad \text{mit} \quad f = a_{00} + a_{10}X + a_{01}Y + \dots ,$$

so folgt aus $X = gf$ und $Y = hf$, dass $f = a_{00} \in K^\times$ und $(f) = K[X,Y]$.

Beispiel 2   Für die Zahlentheorie wichtig ist der Ring

$$\mathbb{Z}[\mathbf{i}] := \mathbb{Z} + \mathbf{i}\mathbb{Z} = \{m + n\mathbf{i} : m, n \in \mathbb{Z}\} \subset \mathbb{C}$$

der *ganzen* GAUSS*schen Zahlen* (Beispiel 4 aus 2.2.5). In $\mathbb{Z}$ hilft der Absolutbetrag zur Kontrolle der Teilbarkeit. In $\mathbb{Z}[\mathbf{i}]$ kann man die *Norm*

$$\mathrm{N} : \mathbb{Z}[\mathbf{i}] \to \mathbb{N}, \ m + n\mathbf{i} \mapsto m^2 + n^2 = (m + \mathbf{i})(m - \mathbf{i})$$

verwenden, denn es gilt $\mathrm{N}(\alpha \cdot \beta) = \mathrm{N}(\alpha) \cdot \mathrm{N}(\beta)$ für $\alpha, \beta \in \mathbb{Z}[\mathbf{i}]$. Man benutzt dabei das Quadrat des Absolutbetrages der komplexen Zahlen, um einem ganzzahligen Wert zu erhalten. Aus der Multiplikativität folgt sofort, dass $\alpha \in \mathbb{Z}[\mathbf{i}]$ genau dann eine Einheit ist, wenn $\mathrm{N}(\alpha) = 1$. Deshalb gilt

$$(\mathbb{Z}[\mathbf{i}])^\times = \{1, -1, \mathbf{i}, -\mathbf{i}\}.$$

Diese Einheitengruppe ist isomorph zur zyklischen Gruppe Z_4.

$\mathbb{Z}[\mathbf{i}]$ ist ein *euklidischer Ring*: Dazu genügt es zu zeigen, dass es zu $\alpha, \beta \in \mathbb{Z}[\mathbf{i}]$ mit $\beta \neq 0$ stets $q, r \in \mathbb{Z}[\mathbf{i}]$ gibt mit

$$\alpha = q\beta + r \quad \text{und } \mathrm{N}(r) < \mathrm{N}(\beta).$$

Wir dividieren zunächst in $\mathbb{C}$, betrachten also den Wert $\frac{\alpha}{\beta} \in \mathbb{C}$ und suchen dazu einen möglichst nahe gelegenen „Gitterpunkt" $q \in \mathbb{Z}[\mathbf{i}]$. Wie man sieht, gibt es immer mindestens ein solches q mit

$$\mathrm{N}\left(\frac{\alpha}{\beta} - q\right) \leq \left(\frac{1}{2}\right)^2 + \left(\frac{1}{2}\right)^2 = \frac{1}{2}.$$

Erklärt man dazu $r := \alpha - q\beta \in \mathbb{Z}[\mathbf{i}]$, so ist

$$\alpha = q\beta - r \quad \text{und } \mathrm{N}(r) = \mathrm{N}\left(\frac{\alpha}{\beta} - q\right) \cdot \mathrm{N}(\beta) \leq \frac{1}{2}\mathrm{N}(\beta).$$

Ist etwa $\alpha = 3$ und $\beta = 1 + \mathbf{i}$, so folgt

$$\frac{\alpha}{\beta} = \frac{3}{2}(1 - \mathbf{i}).$$

Also kann man $q := 1 - \mathbf{i}$ wählen und es wird $r = 1$. Das Ergebnis kann man in $\mathbb{C}$ folgendermaßen schreiben:

$$\frac{\alpha}{\beta} = q + \frac{r}{\beta}, \qquad \frac{3}{2}(1 - \mathbf{i}) = (1 - \mathbf{i}) + \frac{1}{2}(1 - \mathbf{i}).$$

Wie dieses Bild zeigt, müssen q und r nicht eindeutig bestimmt sein, was in der Definition von euklidischen Ringen auch nicht gefordert wird.

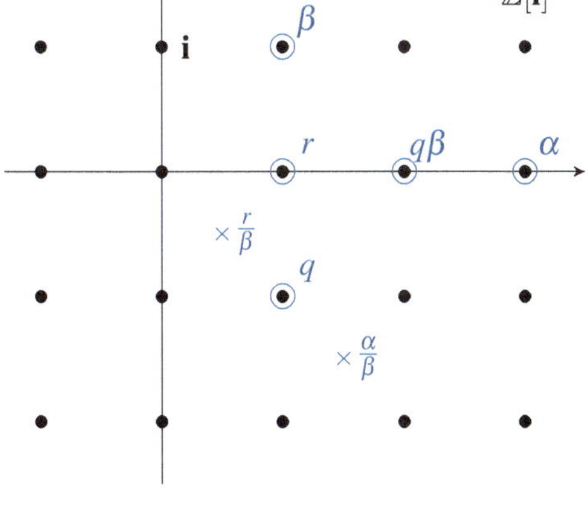

Es folgt insbesondere, dass $\mathbb{Z}[\mathbf{i}]$ ein Hauptidealring ist. Ein Bild des Ideals

$$\mathfrak{a} = (1 + 2\mathbf{i})$$

ist in Beispiel 4 aus 2.2.5 enthalten. Wie man dort sieht, sind die Zahlen aus dem Ideal die Ecken von gleich großen Quadraten. Wie man leicht nachrechnet, ist allgemein für $a \in \mathbb{Z}[\mathbf{i}]$

$$(a) = \{ka + l\mathbf{i}a : k, l \in \mathbb{Z}\},$$

das ist die von a und $\mathbf{i}a$ erzeugte Untergruppe.

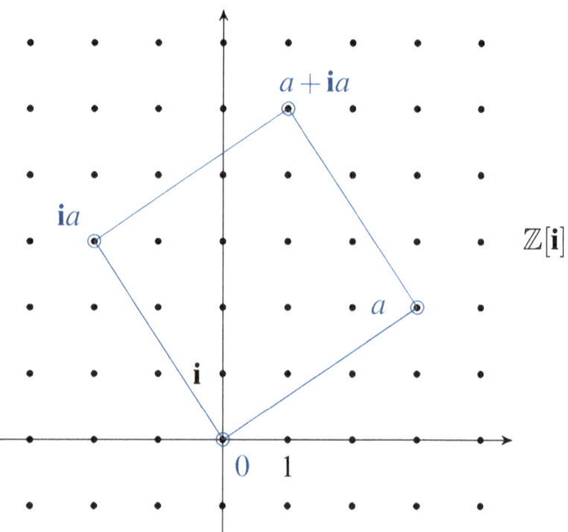

Beispiel 3[*] Viele für die Algebra interessante Ringe treten in der Analysis auf, besonders wichtig sind Potenzreihenringe. Wie in 2.1.5 bezeichnen wir für einen Ring R mit

$$R[[X]] = \left\{ f = \sum_{k=0}^{\infty} a_k X^k : a_k \in R \right\}$$

den ***Ring der formalen Potenzreihen*** mit Koeffizienten in R. Im Gegensatz zu Polynomen haben Potenzreihen keinen höchsten Koeffizienten und damit keinen Grad; ein Ersatz ist der niedrigste Koeffizient und die ***Ordnung***:
Ist $f := \sum\limits_{k=0}^{\infty} a_k X^k \neq 0$, so ist

$$\operatorname{ord} f := \min\{k : a_k \neq 0\}$$

und $\operatorname{ord} 0 := \infty$. Ist R Integritätsring, so gilt offensichtlich

$$\operatorname{ord}(f \cdot g) = \operatorname{ord} f + \operatorname{ord} g.$$

Erstes Ziel unserer Überlegungen ist der

Satz *Ist K ein Körper, so ist $K[[X]]$ ein Hauptidealring.*

Um diesen Satz zu beweisen, werden die folgenden Lemmata benötigt. Mit dem ersten Lemma werden zunächst die Einheiten bestimmt.

Lemma 1 $f \in (K[[X]])^{\times} \Leftrightarrow \operatorname{ord} f = 0.$

Beweis „$\Rightarrow$" Ist $\operatorname{ord} f > 0$, so ist $\operatorname{ord}(f \cdot g) \geq \operatorname{ord} f > 0$, also kann f wegen $\operatorname{ord}(1) = 0$ keine Einheit sein.

„$\Leftarrow$" Ist $f = \sum a_k X^k$, so können wir $a_0 = 1$ annehmen. Dann erklären wir

$$g := 1 - f \in K[[X]] \quad \text{mit} \quad \operatorname{ord} g > 0 \quad \text{und}$$

$$h := 1 + g + g^2 + \ldots \in K[[X]],$$

denn bei dieser unendlichen Summation ist jeder Koeffizient von h eine endliche Summe. Nach der Formel für die geometrische Reihe ist

$$(1-g)(1+g+g^2+\ldots) = 1 \;,\;\text{ also }\; f \cdot h = 1 \;.$$

$\blacksquare$

Die Aussage des Satzes folgt nun aus

Lemma 2 *Die Menge der Nicht-Einheiten*

$$\mathfrak{m} := \{f \in K[[X]] : \operatorname{ord} f > 0\} \subset K[[X]]$$

ist ein Ideal. Es gilt $\mathfrak{m} = (X)$ *und für jedes weitere Ideal* $0 \neq \mathfrak{a} \subset K[[X]]$ *gibt es ein* $n \in \mathbb{N}$, *so dass*

$$\mathfrak{a} = \mathfrak{m}^n = (X^n) \;.$$

Beweis Wir betrachten den Homomorphismus

$$\rho : K[[X]] \to K \;,\; f = \sum_{k=0}^{\infty} a_k X^k \mapsto a_0 \;.$$

Er ist surjektiv und $\operatorname{Ker} \rho = \mathfrak{m}$, also ist $\mathfrak{m}$ ein Ideal und es ist $K[[X]]/\mathfrak{m} \cong K$.

Ist $\mathfrak{a} \subset K[[X]]$ ein beliebiges Ideal, so sei

$$n := \min\{k \in \mathbb{N} : \text{ es gibt ein } f \in \mathfrak{a} \text{ mit } \operatorname{ord} f = k\} \;.$$

Ist $n = \infty$, so ist $\mathfrak{a} = 0$. Andernfalls sei

$$f = a_n X^n + a_{n+1} X^{n+1} + \ldots \in \mathfrak{a} \text{ mit } a_n \neq 0 \;.$$

Dann ist $f \in \mathfrak{m}^n$, also $f = g \cdot X^n$ mit $g \in K[[X]]$. Da $\operatorname{ord} g = 0$ sein muss, ist g Einheit; also ist auch $\mathfrak{m}^n \subset \mathfrak{a}$. $\blacksquare$

Beispiel 4[*] Nach dem Satz aus 2.2.6 ist ein Ring nicht noethersch, wenn es eine nicht stationäre aufsteigende Kette von Idealen gibt. Dafür kann man leicht Beispiele finden.

Im Ring $\mathcal{C}(\mathbb{R})$ der stetigen Funktionen $f : \mathbb{R} \to \mathbb{R}$ hat man für jedes $n \in \mathbb{N}$ das Ideal

$$\mathfrak{a}_n := \{f \in \mathcal{C}(\mathbb{R}) : f(x) = 0 \text{ für } x \geq n\} \;,$$

es gilt $\mathfrak{a}_0 \subsetneqq \mathfrak{a}_1 \subsetneqq \ldots \subsetneqq \mathfrak{a}_n \subsetneqq \ldots$. *Also ist* $\mathcal{C}(\mathbb{R})$ *nicht noethersch.*

Beispiel 5[*] Wie wir in Beispiel 3 gesehen haben, ist der Ring $\mathbb{C}[[X]]$ der formalen Potenzreihen mit komplexen Koeffizienten ein Hauptidealring. In der komplexen Funktionentheorie beweist man, dass der Ring

$$\mathcal{O}(\mathbb{C}) := \{f : \mathbb{C} \to \mathbb{C} : f \text{ holomorph}\}$$

gleich dem Unterring von $\mathbb{C}[[X]]$ der Potenzreihen mit unendlichem Konvergenzradius ist.

Im Ring $\mathcal{O}(\mathbb{C})$ betrachten wir für $n > 0$ die Funktion

$$f_n(z) := \pi z \prod_{k=n}^{\infty} (1 + \frac{z}{k})(1 - \frac{z}{k}) \,.$$

Sie hat in $\mathbb{C}$ die Nullstellen $0, \pm n, \pm(n+1), \ldots$ und $f_1(z) = \sin \pi z$ ist die klassische Produktentwicklung des Sinus [F-L, VII, § 3]. Offensichtlich ist

$$(f_1) \subsetneq (f_2) \subsetneq \ldots \subsetneq (f_n) \subsetneq \ldots$$

eine nicht stationäre Idealkette. Als Ergebnis halten wir fest:

Der Unterring $\mathcal{O}(\mathbb{C})$ des Hauptidealrings $\mathbb{C}[[X]]$ ist nicht noethersch.

2.2.9 Der Hilbertsche Basissatz[*]

Die Ringe $\mathbb{Z}$ und $K[X]$ für einen Körper K sind nach 2.2.7 als euklidische Ringe auch Hauptidealringe, die Ringe $\mathbb{Z}[X]$ und $K[X,Y]$ nach Beispiel 1 aus 2.2.8 dagegen nicht mehr. Wie HILBERT im Jahr 1888 zeigte, sind diese Ringe jedoch noethersch, d.h. alle Ideale sind endlich erzeugt. Allgemeiner gilt der

Basissatz von HILBERT   *Ist R ein kommutativer noetherscher Ring mit Einselement, so ist auch der Polynomring $R[X]$ noethersch.*

Im Jahr 1888 war EMMY NOETHER 6 Jahre alt! Der Basissatz wurde erst viel später so formuliert, der folgende sehr kurze *Beweis* stammt aus dem Jahr 1976 (vgl. [S]).

Angenommen, $R[X]$ wäre nicht noethersch: Dann gäbe es ein nicht endlich erzeugtes Ideal

$$0 \neq \mathfrak{a} \subset R[X] \,.$$

Wir konstruieren daraus eine nicht stationäre Idealkette

$$(a_1) \subsetneq (a_1, a_2) \subsetneq \ldots \subsetneq (a_1, \ldots, a_k) \subsetneq \ldots \subset R \,.$$

Im ersten Schritt wählen wir ein Polynom $f_1 \in \mathfrak{a}$ mit minimalem Grad $n_1 \geq 0$, $0 \neq a_1 \in R$ sei der Leitkoeffizient von f_1, also

$$f_1 = a_1 X^{n_1} + \ldots \,.$$

Da $\mathfrak{a}$ nicht endlich erzeugt ist, folgt $\mathfrak{a} \smallsetminus (f_1) \neq \emptyset$, wir wählen in dieser Menge ein Polynom f_2 mit minimalem Grad n_2 und Leitkoeffizienten a_2. Allgemein erhalten wir

$$f_{k+1} \in \mathfrak{a} \smallsetminus (f_1, \ldots, f_k) \,, \quad f_{k+1} = a_{k+1} X^{n_{k+1}} + \ldots$$

mit minimalem n_{k+1}: Aus der Konstruktion folgt sofort

$$n_1 \leq n_2 \leq \ldots \leq n_k \leq \ldots \quad \text{und} \quad (a_1) \subset (a_1, a_2) \subset \ldots \subset (a_1, \ldots, a_k) \subset \ldots \subset R$$

und es bleibt zu zeigen, dass diese Idealkette in jedem Schritt echt aufsteigt. Angenommen, es wäre

$$(a_1, \ldots, a_k) = (a_1, \ldots a_k, a_{k+1}) \quad \text{für ein} \quad k \in \mathbb{N}.$$

Dann gäbe es $b_1, \ldots, b_k \in R$ mit $a_{k+1} = b_1 a_1 + \ldots + b_k a_k$. Nun kommt der Kniff: Das Polynom

$$g := \sum_{i=1}^{k} b_i X^{n_{k+1} - n_i} f_i$$

hat den Grad n_{k+1}, den Leitkoeffizienten a_{k+1} und liegt im Ideal $(f_1, \ldots, f_k)$. Das ergibt den Widerspruch

$$\deg(f_{k+1} - g) < n_{k+1} \quad \text{und} \quad f_{k+1} - g \in \mathfrak{a} \smallsetminus (f_1, \ldots, f_k). \qquad \blacksquare$$

Nach 2.1.10 ist $K[X_1, \ldots, X_n] = (K[X_1, \ldots, X_{n-1}])[X_n]$, also folgt das

Korollar *Ist K ein Körper, so sind die Polynomringe $K[X_1, \ldots, X_n]$ für alle $n \in \mathbb{N}$ noethersch.*

$\blacksquare$

Für konkrete Rechnungen mit einem Ideal ist eine sogenannte *Gröbnerbasis* hilfreich (vgl. dazu etwa [C-L-O'S]).

Der Hilbertsche Basissatz ist das Portal zur algebraischen Geometrie, in der die Nullstellenmengen in K^n von Polynomen aus $K[X_1, \ldots, X_n]$ studiert werden. Im beinahe trivialen Fall $n = 1$ und $K = \mathbb{C}$ wird das in Beispiel 2 aus 2.2.12 durchgespielt. Für $n = 2$ studiert man ebene algebraische Kurven, eine Einführung hierzu findet man in [Fi$_3$]. Höhere Dimensionen werden zum Beispiel bei [Hu] behandelt.

In $K[X]$ wird jedes Ideal nach 2.2.7 von einem Element erzeugt, in $K[X_1, \ldots, X_n]$ von endlich vielen Elementen. Dass es für $n \geq 2$ keine obere Schranke für die minimale Anzahl der erzeugenden Elemente eines Ideals gibt, zeigt der folgende

Satz *Sei K ein Körper und $\mathfrak{m} = (X, Y) \subset K[X, Y]$. In der Terminologie von 2.2.13 ist $\mathfrak{m}$ ein maximales Ideal. Für $k \geq 1$ sei*

$$\mathfrak{m}^k := (X^k, X^{k-1}Y, \ldots, XY^{k-1}, Y^k) \subset K[X, Y]$$

das von diesen $k+1$ primitiven Monomen erzeugte Ideal. Dann gilt:

a) Als K-Vektorraum hat $\mathfrak{m}^k$ die unendliche Basis

$$B := \{X^r Y^s : r, s \in \mathbb{N}, r + s \geq k\}.$$

b) Ist $f_1, \ldots, f_m \in K[X, Y]$ ein Erzeugendensystem des Ideals $\mathfrak{m}^k$, so folgt $m \geq k + 1$.

Beweis Teil *a)* ist eine einfache Übungsaufgabe.

Zu *b)* betrachten wir den K-Vektorraum

$$V \subset \mathfrak{m}^k \subset K[X,Y]$$

der homogenen Polynome vom Grad k; er hat $A := \{X^r Y^s : r,s \in \mathbb{N}, r+s = k\}$ als Basis, also ist $\dim V = k+1$. Weiter hat man einen Vektorraum-Epimorphismus

$$\rho : \mathfrak{m}^k \to V \,,\; f \mapsto \tilde{f},$$

wobei $\tilde{f}$ den homogenen Anteil vom Grad k von f bezeichnet (vgl. 2.1.10). Es genügt nun zu zeigen, dass $\tilde{f}_1, \ldots, \tilde{f}_m$ den Vektorraum V erzeugen. Dazu genügt es, für jedes $X^r Y^s \in A$ Skalare $a_1, \ldots, a_m \in K$ zu finden, so dass

$$X^r Y^s = \sum_{i=1}^{m} a_i \tilde{f}_i \,. \tag{$*$}$$

Da $X^r Y^s \in \mathfrak{m}^k$, gibt es zunächst $g_1, \ldots g_m \in K[X,Y]$ mit

$$X^r Y^s = \sum_{i=1}^{m} g_i f_i \,. \tag{$**$}$$

Da die Polynome $f_i \in \mathfrak{m}^k$ keine homogenen Anteile vom Grad kleiner als k haben, kann man $\deg g_i = 0$, also $g_i = a_i \in K$ annnehmen. Durch Anwendung von ρ auf $(**)$ erhält man schließlich $(*)$. $\blacksquare$

Die oben betrachteten Ideale $\mathfrak{m}^k \subset K[X,Y]$ sind für $k \geq 2$ nicht prim (vgl. 2.2.13). In $\mathbb{C}[X,Y]$ benötigt man zur Erzeugung eines Primideals höchstens zwei Polynome, denn die Nullstellenmenge ist eine irreduzible Kurve oder ein einzelner Punkt (vgl. etwa [Fi₃]). Dagegen hat MACAULAY zu jeder Schranke $m > 1$ Primideale

$$\mathfrak{p}_m \subset \mathbb{C}[X,Y,Z]$$

angegeben, die nicht von m Polynomen erzeugt werden können. Die Ideale $\mathfrak{p}_m$ gehören zu Kurven im $\mathbb{C}^3$, die durch eine genügend große Zahl von Punkten im $\mathbb{C}^3$ gehen (vgl. [M], [Ab]).

2.2.10　Operationen mit Idealen*

Aus zwei Idealen $\mathfrak{a}, \mathfrak{b}$ eines Ringes R kann man auf verschiedene Arten ein neues Ideal konstruieren. Neben dem Durchschnitt $\mathfrak{a} \cap \mathfrak{b}$ hat man noch die ***Summe***

$$\mathfrak{a} + \mathfrak{b} := (\mathfrak{a} \cup \mathfrak{b}) = \{a + b \in R : a \in \mathfrak{a}\,,\; b \in \mathfrak{b}\}$$

und das ***Produkt***

$$\mathfrak{a} \cdot \mathfrak{b} := (\{ab : a \in \mathfrak{a}\,,\; b \in \mathfrak{b}\}) = \left\{ \sum_{i=1}^{n} a_i b_i : n \in \mathbb{N}\,,\; a_i \in \mathfrak{a}\,,\; b_i \in \mathfrak{b} \right\},$$

in Worten das von allen Produkten erzeugte Ideal. Beispiele dazu findet man in 2.2.12.

Offensichtlich gelten die folgenden

Rechenregeln Für Ideale $\mathfrak{a}, \mathfrak{b}, \mathfrak{c}$ eines Ringes R gilt:

1) $\mathfrak{a} \cdot \mathfrak{b} \subset \mathfrak{a} \cap \mathfrak{b}$.

2) $\mathfrak{a} \cdot (\mathfrak{b} + \mathfrak{c}) = \mathfrak{a} \cdot \mathfrak{b} + \mathfrak{a} \cdot \mathfrak{c}$, $(\mathfrak{b} + \mathfrak{c}) \cdot \mathfrak{a} = \mathfrak{b} \cdot \mathfrak{a} + \mathfrak{c} \cdot \mathfrak{a}$.

3) $(\mathfrak{a} \cdot \mathfrak{b}) \cdot \mathfrak{c} = \mathfrak{a} \cdot (\mathfrak{b} \cdot \mathfrak{c})$.

Allgemein nennt man Ideale $\mathfrak{a}, \mathfrak{b} \subset R$ *coprim*, wenn $\mathfrak{a} + \mathfrak{b} = R$.

Bemerkung *Sind die Ideale $\mathfrak{a}, \mathfrak{b} \subset R$ coprim, und ist R kommutativ mit* 1*, so ist $\mathfrak{a}\mathfrak{b} = \mathfrak{a} \cap \mathfrak{b}$.*

Beweis $\mathfrak{a} \cdot \mathfrak{b} \subset \mathfrak{a} \cap \mathfrak{b}$ gilt nach obiger Rechenregel *1)*. Sei umgekehrt $x \in \mathfrak{a} \cap \mathfrak{b}$ und $1 = a + b$ mit $a \in \mathfrak{a}$ und $b \in \mathfrak{b}$. Dann ist

$$x = 1 \cdot x = (a + b)x = ax + bx \in \mathfrak{a} \cdot \mathfrak{b} \, . \qquad\blacksquare$$

Analog zur Gruppentheorie (1.3.5) gilt ein sogenannter

Zweiter Isomorphiesatz *Sind $\mathfrak{a}, \mathfrak{b}$ Ideale eines kommutativen Ringes, so gilt:*

1) $\mathfrak{a} \cap \mathfrak{b} \subset \mathfrak{a}$ *und* $\mathfrak{a} \subset \mathfrak{a} + \mathfrak{b}$ *sind Ideale.*

2) Durch

$$\varphi : \mathfrak{a}/\mathfrak{a} \cap \mathfrak{b} \to (\mathfrak{a} + \mathfrak{b})/\mathfrak{b} \, , \; a + (\mathfrak{a} \cap \mathfrak{b}) \mapsto a + \mathfrak{b} \, ,$$

ist ein Ringisomorphismus gegeben.

Dies kann man durch das rechts stehende Diagramm illustrieren. Zum *Beweis* des Satzes genügt es zu bemerken, dass der Isomorphismus φ von Gruppen offensichtlich die Multiplikation respektiert und damit auch Isomorphismus von Ringen ist.

$$
\begin{array}{ccc}
\mathfrak{a} & \subset & \mathfrak{a} + \mathfrak{b} \\
\cup & & \cup \\
\mathfrak{a} \cap \mathfrak{b} & \subset & \mathfrak{b}.
\end{array}
$$

2.2.11 Der Chinesische Restsatz*

In 1.3.9 haben wir simultane Kongruenzen schon im Ring $\mathbb{Z}$ betrachtet. In der allgemeineren Ringtheorie liest sich das Ergebnis so:

Chinesischer Restsatz *In einem Ring R (kommutativ mit* 1*) seien paarweise coprime Ideale $\mathfrak{a}_1, \ldots, \mathfrak{a}_k$ gegeben (d.h. $\mathfrak{a}_i + \mathfrak{a}_j = R$ für $i \neq j$). Dann ist der Homomorphismus*

$$\delta : R \to R/\mathfrak{a}_1 \times \ldots \times R/\mathfrak{a}_k \, ,$$

$$x \mapsto (x + \mathfrak{a}_1, \ldots, x + \mathfrak{a}_k) \, ,$$

surjektiv und $\mathrm{Ker}\, \delta = \mathfrak{a}_1 \cdot \ldots \cdot \mathfrak{a}_k$.

Insbesondere gilt $\delta(x) = \delta(x') \Leftrightarrow x - x' \in \mathfrak{a}_1 \cdot \ldots \cdot \mathfrak{a}_k$ und

$$R/(\mathfrak{a}_1 \cdot \ldots \cdot \mathfrak{a}_k) \cong R/\mathfrak{a}_1 \times \ldots \times R/\mathfrak{a}_k \, .$$

Wir benutzen eine Verallgemeinerung des Teilbarkeits-Lemmas im Ring $\mathbb{Z}$ aus 1.3.8:

Lemma *Für paarweise coprime Ideale* $\mathfrak{a}_1, ..., \mathfrak{a}_k \subset R$ *gilt:*

1) Zu festem $i \in \{1, ..., k\}$ *sei* $\mathfrak{b}_i := \bigcap_{j \neq i} \mathfrak{a}_j \subset R$. *Dann sind* $\mathfrak{a}_i$ *und* $\mathfrak{b}_i$ *coprim.*

2) $\mathfrak{a}_1 \cap ... \cap \mathfrak{a}_k = \mathfrak{a}_1 \cdot ... \cdot \mathfrak{a}_k$.

Beweis des Lemmas   1)   Zu $\mathfrak{a}_i$ sind alle $\mathfrak{a}_j$ mit $j \neq i$ coprim, also gibt es $a_j' \in \mathfrak{a}_i$ und $a_j \in \mathfrak{a}_j$ mit $a_j' + a_j = 1$. Daraus folgt

$$1 = \prod_{j \neq i}(a_j' + a_j) \in \prod_{j \neq i}(\mathfrak{a}_i + \mathfrak{a}_j) = \mathfrak{a}_i + \prod_{j \neq i} \mathfrak{a}_j \subset \mathfrak{a}_i + \bigcap_{j \neq i} \mathfrak{a}_j = \mathfrak{a}_i + \mathfrak{b}_i.$$

Also ist $1 \in \mathfrak{a}_i + \mathfrak{b}_i$ und es gibt $a_i \in \mathfrak{a}_i$ und $b_i \in \mathfrak{b}_i$ mit $a_i + b_i = 1$.

2)   folgt aus der Bemerkung in 2.2.10 und Teil *1)* durch Induktion über $k \geq 2$, denn

$$\mathfrak{a}_1 \cap ... \cap \mathfrak{a}_k = (\mathfrak{a}_1 \cap ... \cap \mathfrak{a}_{k-1}) \cap \mathfrak{a}_k = \mathfrak{b}_k \cap \mathfrak{a}_k.$$

$\blacksquare$

Beweis des Satzes   Um zu zeigen, dass δ surjektiv ist, muss man zu beliebigen $r_1, ..., r_k \in R$ ein $x \in R$ finden, so dass

$$\delta(x) = (r_1 + \mathfrak{a}_1, ..., r_k + \mathfrak{a}_k), \quad \text{d. h. } x - r_i \in \mathfrak{a}_i \text{ für alle } i.$$

Entsprechend dem Lemma wählen wir für jedes i Elemente $a_i \in \mathfrak{a}_i$ und $b_i \in \mathfrak{b}_i$ mit $a_i + b_i = 1$; insbesondere ist $b_i \in \mathfrak{a}_j$ für alle $j \neq i$ und $b_i - 1 \in \mathfrak{a}_i$. Also folgt

$$b_i \equiv \begin{cases} 0 \ (\mathrm{mod}\,\mathfrak{a}_j) \text{ für } j \neq i, \\ 1 \ (\mathrm{mod}\,\mathfrak{a}_i). \end{cases}$$

Daher ist $x := \sum_{i=1}^{k} r_i b_i \in R$ ein gesuchtes Urbild von $(x + \mathfrak{a}_1, ..., x + \mathfrak{a}_k)$ unter δ.

Offensichtlich ist $\mathrm{Ker}\,\delta = \mathfrak{a}_1 \cap ... \cap \mathfrak{a}_k$. Aus Teil *2)* des Lemmas folgt $\mathrm{Ker}\,\delta = \mathfrak{a}_1 \cdot ... \cdot \mathfrak{a}_k$. $\blacksquare$

Für $R = \mathbb{Z}$ erhalten wir noch einmal das Ergebnis aus 1.3.9:

Korollar *Sind paarweise teilerfremde Zahlen* $m_1, ..., m_k \in \mathbb{Z}$ *und beliebige* $r_1, ..., r_k \in \mathbb{Z}$ *gegeben, so gibt es stets eine Lösung* $x \in \mathbb{Z}$ *der simultanen Kongruenzen*

$$x \equiv r_i (\mathrm{mod}\, m_i) \text{ für } i = 1, ..., k,$$

und ein $x' \in \mathbb{Z}$ *ist ebenfalls eine Lösung genau dann, wenn*

$$x \equiv x' (\mathrm{mod}\, m_1 \cdot ... \cdot m_k).$$

$\blacksquare$

2.2.12 Beispiele*

Beispiel 1 Wir wollen die Operationen Summe und Produkt von Idealen etwas erläutern und den Unterschied von Produkt und Durchschnitt aufklären.

a) Sind die Ideale $\mathfrak{a}, \mathfrak{b} \subset R$ endlich erzeugt, etwa

$$\mathfrak{a} = (a_1, \ldots, a_m), \ \mathfrak{b} = (b_1, \ldots, b_n), \ \text{ so ist } \ \mathfrak{a} + \mathfrak{b} = (a_1, \ldots, a_m, b_1, \ldots, b_n).$$

Insbesondere ist für Hauptideale $\mathfrak{a} = (a)$ und $\mathfrak{b} = (b)$ die Summe $\mathfrak{a} + \mathfrak{b} = (a, b)$. In einem Hauptidealring ist die Situation noch einfacher. Ist $R = \mathbb{Z}$, so haben wir in 1.3.8 gesehen, dass

$$(m) + (n) = (d) \ \text{ mit } \ d = \mathrm{ggT}(m, n).$$

b) Zunächst bemerken wir, dass im Allgemeinen

$$\mathfrak{a} \cdot \mathfrak{b} \supsetneq \{a \cdot b : a \in \mathfrak{a}, b \in \mathfrak{b}\}.$$

Die Menge auf der rechten Seite ist im Allgemeinen kein Ideal. Ist etwa $R = K[X, Y]$, $\mathfrak{a} = (X)$ und $\mathfrak{b} = (Y)$, so ist

$$X^2 Y + XY^2 \in \mathfrak{a} \cdot \mathfrak{b}, \ \text{ aber } \ X^2 Y + XY^2 \neq f \cdot g \ \text{ mit } \ f \in \mathfrak{a} \ \text{ und } \ g \in \mathfrak{b}.$$

Ist R Hauptidealring und $\mathfrak{a} = (a)$, $\mathfrak{b} = (b)$, so ist

$$\mathfrak{a} \cdot \mathfrak{b} = (a \cdot b).$$

c) Im Allgemeinen ist

$$\mathfrak{a} \cdot \mathfrak{b} \subsetneq \mathfrak{a} \cap \mathfrak{b}.$$

Das sieht man einfachsten im Fall $\mathfrak{a} = \mathfrak{b}$, denn dann ist $\mathfrak{a} \cdot \mathfrak{b} = \mathfrak{a}^2$ und $\mathfrak{a} \cap \mathfrak{b} = \mathfrak{a}$. Ist etwa $\mathfrak{a} = (m) \subset \mathbb{Z}$, so ist $(m^2) \subsetneq (m)$ für $|m| \geq 2$.

Im Fall $R = \mathbb{Z}$ ist nach 1.3.8

$$(m) \cap (n) = (k) \ \text{ mit } \ k = \mathrm{kgV}(m, n), \ \text{ also}$$

$$(m) \cdot (n) = (m) \cap (n) \ \Leftrightarrow \ \mathrm{ggT}(m, n) = 1 \ \Leftrightarrow \ (m) + (n) = \mathbb{Z}.$$

Beispiel 2 Ist K ein Körper, so kann man auch im Polynomring $K[X]$ die Operationen mit Idealen analog beschreiben wie oben im Ring $\mathbb{Z}$, denn $K[X]$ hat die gleich guten Teilbarkeitseigenschaften wie $\mathbb{Z}$ (vgl. dazu 2.3.3). Außerdem gibt es eine schöne geometrische Illustration der Operationen mit Idealen. Wir beschränken uns hier auf den einfachsten Fall $K = \mathbb{C}$ und benutzen die in 2.2.7 bewiesene Tatsache, dass $K[X]$ ein Hauptidealring ist.

Wir stellen eine Beziehung her zwischen folgenden beiden Mengen:

$\mathcal{I} :=$ Menge der Ideale $\mathfrak{a} \subset \mathbb{C}[X]$,

$\mathcal{M} :=$ Menge der endlichen Teilmengen $A \subset \mathbb{C}$, vereinigt mit $A = \emptyset$ und $A = \mathbb{C}$.

Einerseits hat man die Abbildung

$$\mathfrak{I} \to \mathfrak{M} \, , \ \mathfrak{a} \mapsto N(\mathfrak{a}) := \{x \in \mathbb{C} : f(x) = 0 \ \text{für alle} \ f \in \mathfrak{a}\} \, .$$

$N(\mathfrak{a})$ heißt **Nullstellenmenge** von $\mathfrak{a}$; ist $\mathfrak{a} = (f)$, so ist

$$N(\mathfrak{a}) = N(f) := \{x \in \mathbb{C} : f(x) = 0\} \, .$$

In der umgekehrten Richtung hat man die Abbildung

$$\mathfrak{M} \to \mathfrak{I} \, , \ A \mapsto I(A) := \{f \in \mathbb{C}[X] : f|A = 0\} \, .$$

$I(A)$ heißt das **Ideal** von A.

Es wäre zu optimistisch zu hoffen, diese beiden Abbildungen wären bijektiv und zueinander invers. Ein schöner Vergleich sind zwei Sprachen und ein Wörterbuch: Übersetzt man ein Wort von einer Sprache in die andere und dann wieder zurück, so kann etwas anderes aber immerhin Ähnliches herauskommen. Dieser Effekt wird umso deutlicher, je reichhaltiger die eine Sprache ist. In unserem Fall wird sich zeigen, dass die algebraische Sprache der Ideale subtiler ist als die plumpere Sprache der Teilmengen.

Erst einmal schreiben wir eine ganze Liste von Übersetzungsregeln auf. Dabei sind jeweils $\mathfrak{a}, \mathfrak{b} \in \mathfrak{I}$ und $A, B \in \mathfrak{M}$.

$$
\begin{array}{llll}
1) & \mathfrak{a} \subset \mathfrak{b} \Rightarrow N(\mathfrak{a}) \supset N(\mathfrak{b}) \, , & A \subset B \Rightarrow I(A) \supset I(B) \, , \\
2) & N(\mathfrak{a} + \mathfrak{b}) = N(\mathfrak{a}) \cap N(\mathfrak{b}) \, , & I(A \cap B) = I(A) + I(B) \, , \\
3) & N(\mathfrak{a} \cap \mathfrak{b}) = N(\mathfrak{a}) \cup N(\mathfrak{b}) & I(A \cup B) = I(A) \cap I(B) \, , \\
4) & N(I(A)) = A \, , & I(N(\mathfrak{a})) \supset \mathfrak{a} \, , \\
5) & N(\mathfrak{a} \cdot \mathfrak{b}) = N(\mathfrak{a} \cap \mathfrak{b}) \, , & \mathfrak{a} \cdot \mathfrak{b} = \mathfrak{a} \cap \mathfrak{b} \Leftrightarrow N(\mathfrak{a}) \cap N(\mathfrak{b}) = \emptyset \, .
\end{array}
$$

Da der Körper $\mathbb{C}$ zugrunde gelegt wurde, kann man all diese Regeln nach folgendem Schema ganz einfach beweisen:

Ist $\{0\} \neq \mathfrak{a} \in \mathfrak{I}$, so gibt es genau ein normiertes $f \in \mathbb{C}[X]$ mit $\mathfrak{a} = (f)$. Aus

$$f = (X - x_1) \cdot \ldots \cdot (X - x_n)$$

folgt $N(\mathfrak{a}) = \{x_1, \ldots, x_n\}$; dabei können auch mehrfache Nullstellen vorkommen. Ist $f = 1$, so folgt $N(\mathfrak{a}) = \emptyset$; für $\mathfrak{a} = \{0\}$ ist $N(\mathfrak{a}) = \mathbb{C}$.

Ist $A = \{x_1, \ldots, x_n\}$ mit paarweise verschiedenen x_i, so hat $f := (X - x_i) \cdot \ldots \cdot (X - x_n)$ nur einfache Nullstellen. Ist $g|A = 0$, so ist f ein Teiler von g, also folgt $I(A) = (f)$.

Ist $\mathfrak{a} = (f)$ und $\mathfrak{b} = (g)$, so ist $\mathfrak{a} \cdot \mathfrak{b} = (f \cdot g)$. Erzeugende Polynome von $\mathfrak{a} + \mathfrak{b}$ und $\mathfrak{a} \cap \mathfrak{b}$ sind etwas subtiler. Wir definieren

$$h^* := (X - y_1)^{k_1} \cdot \ldots \cdot (X - y_m)^{k_m} \, ,$$

wobei $\{y_1, \ldots, y_m\} = N(f) \cap N(g)$ und die Exponenten k_i die minimalen in f und g auftretenden Ordnungen sind. Analog ist

$$h_* := (X - z_1)^{l_1} \cdot \ldots \cdot (X - z_r)^{l_r} \, ,$$

wobei $\{z_1,\ldots,z_r\} = N(f) \cup N(g)$ und die Exponenten l_j die maximalen in f und g auftretenden Ordnungen sind. In Terminologie von Teilbarkeit ist (vgl. 2.3.6)

$$h^* = \mathrm{ggT}(f,g) \quad \text{und} \quad h_* = \mathrm{kgV}(f,g)\,.$$

Nun ist einfach zu sehen, dass

$$\mathfrak{a} \cdot \mathfrak{b} = (f \cdot g) \subset \mathfrak{a} \cap \mathfrak{b} = (h_*) \subset \mathfrak{a} + \mathfrak{b} = (h^*)\,.$$

Damit kann man die Übersetzungsregeln ganz explizit nachprüfen. Bemerkenswert ist die Regel $\mathfrak{a} \subset I(N(\mathfrak{a}))$, bei der im Allgemeinen keine Gleichheit gilt. Ist $\mathfrak{a} = (f)$ mit

$$f = (X - x_1)^{k_1} \cdot \ldots \cdot (X - x_m)^{k_m}$$

mit paarweise verschiedenen x_i, so ist $N(\mathfrak{a}) = \{x_1,\ldots,x_m\}$ und $I(N(\mathfrak{a})) = (f_*)$ mit

$$f_* := (X - x_1) \cdot \ldots \cdot (X - x_m)\,.$$

Zur zweiten Beziehung in 5) bemerken wir

$$\mathfrak{a} \cdot \mathfrak{b} = \mathfrak{a} \cap \mathfrak{b} \;\Leftrightarrow\; f \cdot g = h_* \;\Leftrightarrow\; N(f) \cap N(g) = \emptyset\,,$$

denn nur in diesem Fall kumuliert h_* alle Nullstellen von f und g.

Am drastischsten sieht man den Unterschied zwischen Idealen und Mengen im Fall $A = \{0\}$: Für jedes $n \in \mathbb{N} \setminus \{0\}$ ist $N(X^n) = \{0\}$.

Was im Ring $\mathbb{C}[X]$ nur nach Spielerei aussieht, ist in Polynomringen von mehreren Veränderlichen Startpunkt der algebraischen Geometrie.

2.2.13 Primideale und maximale Ideale

Nach den Ausflügen in die etwas allgemeinere Ringtheorie kommen wir in diesem Abschnitt wieder zurück zu unserem zentralen Thema, nämlich der Frage, wie man einem Polynom $f \in K[X]$ zu den eventuell schon vorhandenen Nullstellen im Körper K weitere Nullstellen in einem größeren Körper $K' \supset K$ verschaffen kann. Kandidaten für K' sind Restklassenringe $K[X]/\mathfrak{a}$, wobei $\mathfrak{a} \subset K[X]$ ein geeignetes Ideal bezeichnet. Daher ist es geboten, zunächst einmal zu untersuchen, unter welchen Voraussetzungen an ein Ideal $\mathfrak{a}$ in einem Ring R der Restklassenring $R/\mathfrak{a}$ gute Eigenschaften hat. Schon beim Restklassenring $\mathbb{Z}/m\mathbb{Z}$ hatte sich dabei in 1.1.8 die besondere Bedeutung der Primzahlen gezeigt: $\mathbb{Z}/m\mathbb{Z}$ wird genau dann ein Körper, wenn m eine Primzahl ist. Das ist der Ausgangspunkt für die folgenden Überlegungen.

Zunächst sei an eine Eigenschaft von Primzahlen erinnert, die in 2.3.4 näher erläutert wird: Ist $p \in \mathbb{N}$ Primzahl und teilt p ein Produkt $m \cdot n$, wobei $m, n \in \mathbb{Z}$, so teilt p mindestens eine der Zahlen m oder n. In der Sprache der Ideale in $\mathbb{Z}$ bedeutet das

$$m \cdot n \in (p) \;\Rightarrow\; m \in (p) \text{ oder } n \in (p)\,.$$

Das stellt den Hintergrund für die folgende Definition dar.

Definition 1   *Ist R ein Ring, so heißt ein Ideal $\mathfrak{p} \subset R$ **Primideal**, wenn*

a) $\mathfrak{p} \neq R$

b) $a, b \in R$ und $a \cdot b \in \mathfrak{p} \Rightarrow a \in \mathfrak{p}$ oder $b \in \mathfrak{p}$.

Bedingung $a)$ ist eine nützliche Konvention; Bedingung $b)$ bedeutet, dass $R \smallsetminus \mathfrak{p}$ multiplikativ abgeschlossen ist. Denn sind $a, b \notin \mathfrak{p}$, so ist auch $a \cdot b \notin \mathfrak{p}$ nach $b)$. Das Nullideal $\{0\}$ ist genau dann ein Primideal, wenn R nullteilerfrei ist. Allgemeiner hat man

Lemma 1   *Ist der Ring R kommutativ mit $1 \neq 0$ und $\mathfrak{p} \subset R$ ein Ideal, so gilt:*

$$\mathfrak{p} \; Primideal \;\; \Leftrightarrow \;\; R/\mathfrak{p} \; Integritätsring \,.$$

Beweis Da R kommutativ mit 1 ist, gilt das auch für $R/\mathfrak{p}$. Also ist $R/\mathfrak{p}$ genau dann Integritätsring, wenn es keine Nullteiler gibt. Das bedeutet für $a, b \in R$

$$(a + \mathfrak{p})(b + \mathfrak{p}) = 0 + \mathfrak{p} \;\; \Rightarrow \;\; a + \mathfrak{p} = 0 + \mathfrak{p} \text{ oder } b + \mathfrak{p} = 0 + \mathfrak{p}.$$

Da $(a + \mathfrak{p})(b + \mathfrak{p}) = a \cdot b + \mathfrak{p}$ ist das gleichbedeutend mit $a \cdot b \in \mathfrak{p} \Rightarrow a \in \mathfrak{p}$ oder $b \in \mathfrak{p}$.   ■

Eine zunächst ganz anders aussehende Bedingung ist die folgende:

Definition 2   *Ist R ein Ring, so heißt ein Ideal $\mathfrak{m} \subset R$ **maximal**, wenn*

a) $\mathfrak{m} \neq R$

b) Es gibt kein Ideal $\mathfrak{a} \subset R$ mit $\mathfrak{m} \subsetneqq \mathfrak{a} \subsetneqq R$.

Vorsicht! Man beachte, dass Bedingung $b)$ nicht bedeutet, dass jedes echte Ideal von R in $\mathfrak{m}$ enthalten sein muss (Beispiel 1 in 2.2.14).

Die Beziehung zu Primidealen wird sofort klarer durch

Lemma 2   *Ist der Ring R kommutativ mit $1 \neq 0$ und $\mathfrak{m} \subset R$ ein Ideal, so gilt:*

$$\mathfrak{m} \; maximal \;\; \Leftrightarrow R/\mathfrak{m} \; Körper \,.$$

Beweis Da der Ring $R/\mathfrak{m}$ kommutativ mit 1 ist, ist er genau dann ein Körper, wenn jedes Element $a + \mathfrak{m} \in R/\mathfrak{m}$ mit $a \in R \smallsetminus \mathfrak{m}$ eine Einheit ist, d.h. wenn es zu a ein $b \in R$ gibt, so dass

$$(a + \mathfrak{m})(b + \mathfrak{m}) = 1 + \mathfrak{m}, \;\; \text{d. h. } \; ab - 1 \in \mathfrak{m}.$$

Andererseits ist $\mathfrak{m} \subset R$ genau dann maximal, wenn zu jedem $a \in R \smallsetminus \mathfrak{m}$ das Ideal $\mathfrak{m} + Ra = R$ ist, d. h. es gibt $b \in R$ und $c \in \mathfrak{m}$ mit

$$c + ba = 1, \;\; \text{d.h. } ab - 1 \in \mathfrak{m}.$$

Damit sind die beiden Bedingungen offensichtlich äquivalent.   ■

Korollar *Ist R kommutativ mit $1 \neq 0$, so ist jedes maximale Ideal Primideal.* ■

In 2.3.2 werden wir sehen, dass in einem Hauptidealring auch die Umkehrung gilt.

2.2.14 Beispiele

Beispiel 1 Im Ring $\mathbb{Z}$ ist jedes Ideal von der Form $m\mathbb{Z}$ und

$$m\mathbb{Z} \subset n\mathbb{Z} \Leftrightarrow m = nk \text{ mit } k \in \mathbb{Z} \Leftrightarrow n \text{ teilt } m .$$

Für $m \neq 0$ ist der Ring $Z_m = \mathbb{Z}/m\mathbb{Z}$ endlich; nach dem Lemma aus 2.1.2 ist Z_m genau dann Körper, wenn er Integritätsring ist. Also gilt

$$m\mathbb{Z} \text{ maximal } \Leftrightarrow m\mathbb{Z} \text{ Primideal } \Leftrightarrow |m| \text{ Primzahl} .$$

Ist p ein Primteiler von m, so ist $m\mathbb{Z}$ enthalten im maximalen Ideal $p\mathbb{Z}$. Ein Ideal aus $\mathbb{Z}$ ist also stets in einem maximalen Ideal enthalten, im Allgemeinen in mehreren verschiedenen.

Beispiel 2 Wir betrachten den Polynomring $K[X]$ über einem Körper K, der nach 2.2.7 ein Hauptidealring ist. Für jedes $a \in K$ ist die *Auswertung*

$$\sigma : K[X] \to K , \ f \mapsto f(a) ,$$

ein surjektiver Ringhomomorphismus. Aus dem Ersten Isomorphiesatz in 2.2.4 folgt, dass

$$\mathrm{Ker}\,\sigma = (X - a) \cdot K[X] \subset K[X]$$

ein maximales Ideal ist.

Ob es weitere maximale Ideale gibt, hängt ganz vom Körper ab. Für $K = \mathbb{R}$ betrachten wir den Homomorphismus

$$\sigma : \mathbb{R}[X] \to \mathbb{C} , \ f \mapsto f(\mathbf{i}) .$$

Da es kein $f \in \mathbb{R}[X]$ mit $\deg f = 1$ und $f(\mathbf{i}) = 0$ gibt, sieht man wieder durch Division mit Rest durch $X^2 + 1$, dass

$$\mathrm{Ker}\,\sigma = (X^2 + 1) \cdot \mathbb{R}[X] \subset \mathbb{R}[X] ,$$

(vgl. Beispiel 3 in 2.2.5). Auch dieser Kern ist ein maximales Ideal.

Im Fall $K = \mathbb{C}$ ist die Situation besonders übersichtlich, denn nach dem Fundamentalsatz der Algebra (3.1.8) zerfällt jedes Polynom $f \in \mathbb{C}[X]$ mit $\deg f \geq 1$ in Linearfaktoren. Wir geben verschiedene Punkte $a_1, \dots, a_n \in \mathbb{C}$ vor und betrachten die Auswertungsabbildung

$$\mathbb{C}[X] \xrightarrow{\ \sigma\ } \mathbb{C} \times \dots \times \mathbb{C} , \ f \mapsto (f(a_1), \dots, f(a_n)) .$$

Sie ist ein Homomorphismus, und surjektiv nach der Interpolationsformel 2.1.8. Durch wiederholte Division stellt man fest, dass $\mathrm{Ker}\,\sigma$ das von

$$f := (X - a_1) \cdot (X - a_2) \cdot \dots \cdot (X - a_n)$$

erzeugte Hauptideal in $\mathbb{C}[X]$ ist. Nach dem Ersten Isomorphiesatz hat man einen Isomorphismus

$$\mathbb{C}[X]/(f) \to \mathbb{C} \times \ldots \times \mathbb{C}.$$

Der Produktring $\mathbb{C}^n = \mathbb{C} \times \ldots \times \mathbb{C}$ hat für $n \geq 2$ Nullteiler, für $n = 1$ ist er ein Körper. Also gilt

$$(f) \text{ maximal} \iff (f) \text{ Primideal} \iff n = 1 \,.$$

Man kann die Auswertung eines Polynoms an einer Stelle auch steigern. Sei

$$\sigma : K[X] \to K \times K \,,\ f = a_0 + a_1 X + \ldots \mapsto (a_0, a_1) \,.$$

Dann ist $\mathrm{Ker}\,\sigma = (X^2)$; da $K \times K$ Nullteiler hat, ist (X^2) weder prim noch maximal (was man auch ganz direkt nachprüfen kann).

Ist schließlich

$$f = (X - a_1)^{r_1} \cdot \ldots \cdot (X - a_n)^{r_n}$$

mit paarweise verschiedenen a_i, so ist das Ideal (f) in den maximalen Idealen

$$(X - a_1), \ldots, (X - a_n)$$

und keinem anderen maximalen Ideal enthalten.

Beispiel 3   Ein ganz einfaches Beispiel für ein nicht maximales Primideal ist

$$(X) \subset \mathbb{Z}[X], \quad \text{denn } \mathbb{Z}[X]/(X) \cong \mathbb{Z}.$$

Andere Beispiele erhält man im Polynomring $K[X,Y]$ von zwei Veränderlichen X,Y über einem Körper K (vgl. 2.1.10). In $K[X,Y]$ betrachten wir die drei Ideale

$$(X,Y) \supset (Y) \supset (X \cdot Y) \,.$$

Zur Beschreibung der Restklassenringe benutzen wir zunächst den Homomorphismus

$$\varphi_0 : K[X,Y] \to K \,,\ f \mapsto f(0,0) = a_{00} \,.$$

Er ist surjektiv mit $\mathrm{Ker}\,\varphi_0 = (X,Y)$, also ist dieses Ideal maximal; denn K ist Körper. Nun sei

$$\varphi_1 : K[X,Y] \to K[X] \,,\ f \mapsto f(X,0) = a_{00} + a_{10}X + \ldots + a_{n0}X^n \,.$$

Auch φ_1 ist surjektiv mit $\mathrm{Ker}\,\varphi_1 = (Y)$; also ist (Y) ein Primideal, da $K[X]$ nullteilerfrei ist, aber nicht maximal, denn

$$(Y) \subsetneq (X,Y) \subsetneq K[X,Y] \,.$$

Schließlich betrachten wir den Homomorphismus

$$\varphi_2 : K[X,Y] \to K[X] \times K[Y] \,,\ f \mapsto (f(X,0), f(0,Y)) \,.$$

Er ist nicht ganz surjektiv, aber fast:

$$\mathrm{Im}\,\varphi_2 = \{(g(X), h(Y)) \in K[X] \times K[Y] : g(0) = h(0)\} \,.$$

Dieses Bild $\operatorname{Im}\varphi_2$ hat Nullteiler, zum Beispiel ist

$$(X,0)\cdot(0,Y)=(0,0)\,.$$

Da $K[X,Y]/(X\cdot Y)\cong\operatorname{Im}\varphi_2$, ist $(X\cdot Y)$ kein Primideal.

Zu den drei betrachteten Idealen gehören Nullstellenmengen in K^2, die man im Fall $K=\mathbb{R}$ ganz einfach zeichnen kann:

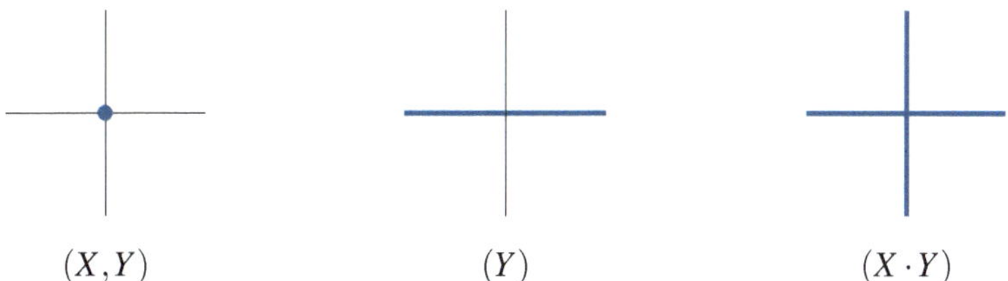

Zum maximalen Ideal (X,Y) gehört die Nullstellenmenge

$$\{(x,y)\in\mathbb{R}^2:x=y=0\}\,,$$

das ist der Ursprung. Er ist eine minimale nicht leere Teilmenge von $\mathbb{R}^2$. Zum Primideal (Y) gehört

$$\{(x,y)\in\mathbb{R}^2:y=0\}\,,$$

das ist eine Gerade. Zum nicht-primen Ideal $(X\cdot Y)$ gehört

$$\{(x,y)\in\mathbb{R}^2:x\cdot y=0\}\,,$$

das ist ein Achsenkreuz. Es ist in zwei Geraden zerlegbar.

Dass das geometrische Bild die algebraischen Eigenschaften nur unvollständig beschreibt, sieht man schon in $\mathbb{C}$ an Beispiel 2 aus 2.2.12.

Beispiel 4* Im Ring $K[[X]]$ der formalen Potenzreihen über einem Körper K gibt es nach Lemma 2 in Beispiel 3 aus 2.2.8 nur das eine maximale Ideal

$$\mathfrak{m}=(X)=\{f\in K[[X]]:f\text{ ist keine Einheit}\}.$$

Jedes andere Ideal (X^n) ist in $\mathfrak{m}$ enthalten.

2.2.15 Existenz maximaler Ideale und das Lemma von ZORN*

In diesem Abschnitt wollen wir zeigen, dass jedes Ideal $\mathfrak{a}\subsetneqq R$ in mindestens einem maximalen Ideal enthalten ist. Der Beweis wird sehr abstrakt und nicht konstruktiv sein, daher vorweg einige einfache Spezialfälle.

1. Im Ring $\mathbb{Z}$ ist jedes Ideal von der Form $m\mathbb{Z}$, die maximalen Ideale sind $p\mathbb{Z}$ mit einer Primzahl p. Also ist

$$m\mathbb{Z}\subset p\mathbb{Z}\subset\mathbb{Z}$$

für alle Primteiler p von m, falls $\mid m\mid\neq 1$.

2. Ist K ein Körper, so ist jedes Ideal im Polynomring $K[X]$ von der Form (f) mit $f \in K[X]$. Im Fall $K = \mathbb{C}$ sind die maximalen Ideale von $\mathbb{C}[X]$ von der Form $(X - a)$ mit $a \in \mathbb{C}$ (Beispiel 2 aus 2.2.14). Für die echten Ideale $(f) \subsetneqq \mathbb{C}[X]$ ist deg $f \geq 1$, für jede Nullstelle a von f gilt

$$(f) \subset (X - a) \subset \mathbb{C}[X]\,.$$

Für einen beliebigen Körper K kann man die in 2.3.5 bewiesene Aussage verwenden, dass jedes $f \in K[X]$ einen irreduziblen Faktor g besitzt. Dann ist (g) maximal und

$$(f) \subset (g) \subset K[X]\,.$$

3. Als Verallgemeinerung von **2.** betrachten wir für einen Körper K den Polynomring $K[X_1,\ldots,X_n]$ und für eine beliebige Teilmenge $\emptyset \neq A \subset K^n$ das Ideal

$$I(A) := \{f \in K[X_1,\ldots,X_n] : f|A = 0\} \subset K[X_1,\ldots,X_n]\,.$$

Für jeden Punkt $a \in K^n$ ist $I(a)$ maximal, denn dieses Ideal ist Kern des surjektiven Auswertungshomomorphismus

$$K[X_1,\ldots,X_n] \to K\,,\ f \mapsto f(a)\,.$$

Also gilt $I(A) \subset I(a)$ für jedes $a \in A$.

Aus dem ***Hilbertschen Nullstellensatz*** folgt, dass es für einen algebraisch abgeschlossenen Körper K (etwa $K = \mathbb{C}$, vgl. 3.1.8) zu jedem maximalen Ideal $\mathfrak{m} \subset K[X_1,\ldots,X_n]$ genau einen Punkt $a \in K^n$ gibt, so dass

$$\mathfrak{m} = I(a)\,.$$

Dieses Ergebnis gehört zu den Grundlagen der algebraischen Geometrie (vgl. etwa [Hu, I 1])

4. Im Ring $K[[X]]$ der formalen Potenzreihen ist $\mathfrak{m} := (X)$ das einzige maximale Ideal, jedes andere echte Ideal ist von der Form $\mathfrak{m}^n$ mit $n \geq 1$ und

$$\mathfrak{m}^n \subset \mathfrak{m} \subset K[[X]]$$

(Beispiel 3 in 2.2.8).

5. Ist R ein noetherscher Ring (vgl. 2.2.6) und $\mathfrak{a} \subset R$ ein Ideal, so besitzt die Menge

$$I = \{\mathfrak{b} \subsetneqq R : \mathfrak{b} \text{ Ideal und } \mathfrak{a} \subset \mathfrak{b}\}$$

ein maximales Element $\mathfrak{m}$. Das ist ein maximales Ideal und

$$\mathfrak{a} \subset \mathfrak{m} \subset R\,.$$

6. Im Nullring $R = \{0\}$ gibt es kein echtes Ideal, also auch kein maximales Ideal.

Nun kommen wir zu dem angekündigten allgemeinen Ergebnis:

Theorem   *Sei R ein kommutativer Ring mit Einselement $1 \neq 0$ und $\mathfrak{a} \subsetneq R$ ein Ideal. Dann gibt es dazu mindestens ein maximales Ideal $\mathfrak{m} \subset R$ mit*

$$\mathfrak{a} \subset \mathfrak{m} \subset R\,.$$

Es ist klar, dass man zum Beweis die Menge aller echten Ideale betrachten muss, die $\mathfrak{a}$ enthalten. Dabei benötigt man einige grundlegende Begriffe der Mengenlehre.

Sei M eine beliebige Menge mit einer Relation $\leq$ (d.h. genau genommen einer Teilmenge $R \subset M \times M$). Die Relation $\leq$ heißt *Halbordnung* auf M, falls für alle $a, b, c \in M$ folgendes gilt:

H1 $a \leq a$.

H2 $a \leq b$ und $b \leq a \Rightarrow a = b$.

H3 $a \leq b$ und $b \leq c \Rightarrow a \leq c$.

Eine Halbordnung heißt *Ordnung*, falls

H4 $a \leq b$ oder $b \leq a$ für alle $a, b \in M$.

Zwei typische Beispiele: Auf $M = \mathbb{Z}$ mit der üblichen $\leq$ Relation ist eine Ordnung gegeben. Ist X eine beliebige Menge und $M := \mathfrak{P}(X)$ die Potenzmenge, so ist durch

$$A \leq B \Leftrightarrow A \subset B \subset X$$

eine Halbordnung gegeben, die im Allgemeinen keine Ordnung ist.

Ist auf M eine Halbordnung $\leq$ gegeben, so heißt eine nicht leere Teilmenge $K \subset M$ eine *Kette* in M, falls durch $\leq$ eine Ordnung auf K gegeben ist, d.h.

$$a, b \in K \Rightarrow a \leq b \quad \text{oder} \quad b \leq a\,.$$

Ein Element $s \in M$ heißt *obere Schranke* der Kette $K \subset M$, wenn

$$a \leq s \quad \text{für alle} \quad a \in K\,.$$

Ein Element $m \in M$ heißt *maximal*, wenn für jedes $a \in M$ gilt:

$$m \leq a \Rightarrow m = a\,.$$

Schließlich heißt eine Menge mit einer Halbordnung *induktiv geordnet*, wenn jede Kette eine obere Schranke besitzt.

Mit Hilfe all dieser Begriffe kann man nun ein Ergebnis der Mengenlehre formulieren, das äquivalent ist zum *Auswahlaxiom*, d.h. der Aussage, dass das Produkt jeder nichtleeren Familie von nichtleeren Mengen nicht leer ist.

Lemma von ZORN   *Jede induktiv geordnete Menge besitzt mindestens ein maximales Element.*

Damit wird der *Beweis des Theorems* ganz einfach: Wir betrachten die Menge

$$M := \{\mathfrak{b} \subsetneqq R : \mathfrak{b} \text{ Ideal und } \mathfrak{a} \subset \mathfrak{b}\}$$

mit der Halbordnung $\subset$. Ist $K \subset M$ eine Kette, so behaupten wir, dass

$$\mathfrak{c} := \bigcup_{\mathfrak{b} \in K} \mathfrak{b} \subset R$$

eine obere Schranke von K ist. Da $\mathfrak{b} \subset \mathfrak{c}$ für alle $\mathfrak{b} \in K$, genügt es, $\mathfrak{c} \in M$ zu zeigen.

$\mathfrak{c}$ ist Ideal: Da $K \neq \emptyset$, ist $\mathfrak{c} \neq \emptyset$. Für $b, b' \in \mathfrak{c}$ gibt es $\mathfrak{b}, \mathfrak{b}' \in K$ mit $b \in \mathfrak{b}$ und $b' \in \mathfrak{b}'$. Wir können $\mathfrak{b} \subset \mathfrak{b}'$ annehmen, also ist $b' - b \in \mathfrak{b}' \subset \mathfrak{c}$. Für $x \in R$ ist $xb \in \mathfrak{b} \subset \mathfrak{c}$.

$\mathfrak{a} \subset \mathfrak{c} \neq R$: $\mathfrak{a} \subset \mathfrak{c}$ ist klar, da $\mathfrak{a} \subset \mathfrak{b}$ für alle $\mathfrak{b} \in K$. Wäre $\mathfrak{c} = R$, so wäre $1 \in \mathfrak{c}$, also gäbe es ein $\mathfrak{b} \in K$ mit $1 \in \mathfrak{b}$, also wäre $\mathfrak{b} = R$.

Damit ist gezeigt, dass die Halbordnung $\subset$ auf M induktiv ist, nach dem Lemma von ZORN folgt die Existenz eines maximalen Elementes $\mathfrak{m} \in M$, das ist offenbar ein maximales Ideal mit

$$\mathfrak{a} \subset \mathfrak{m} \subsetneqq R \,.$$

Aus dem Korollar in 2.2.2 folgt sofort das

Korollar   *In jedem kommutativen Ring R mit Eins ist die Menge $R \smallsetminus R^{\times}$ der Nichteinheiten die Vereinigung aller maximalen Ideale.*

2.3 Teilbarkeit in Integritätsringen

In 1.1.8 und 2.2.5 haben wir gesehen, dass der Restklassenring $\mathbb{Z}/m\mathbb{Z}$ genau dann ein Körper ist, wenn $m \in \mathbb{N}$ eine Primzahl ist. Weiter wurde in Beispiel 3 aus 2.2.5 erklärt, wie man den Körper $\mathbb{C}$ als Restklassenring $\mathbb{R}[X]/(X^2 + 1)$ erhalten kann. In $\mathbb{C} \cong \mathbb{R}[X]/(X^2 + 1)$ hat das Polynom $X^2 + 1$ die Nullstellen $\pm\mathbf{i}$.

Ist nun für einen beliebigen Körper K ein Polynom $f \in K[X]$ ohne Nullstelle in K gegeben, so entsteht die Frage: Unter welchen Voraussetzungen ist der Restklassenring $K[X]/(f)$ ein Körper, in dem f eine Nullstelle hat? Aufgrund der Erfahrung mit $\mathbb{Z}/m\mathbb{Z}$ ist es angebracht, zur Klärung dieser Frage erst einmal die Teilbarkeitseigenschaften im Polynomring, oder allgemeiner in einem Integritätsring zu untersuchen.

2.3.1 Teiler und assoziierte Elemente

Sei nun R stets ein Integritätsring (d.h. mit 1, kommutativ und nullteilerfrei). Sind $a, b \in R$, so heißt a *Teiler* von b (in Zeichen $a \mid b$), wenn es ein $c \in R$ gibt mit $b = c \cdot a$. Gleichbedeutend ist, dass b *Vielfaches* von a ist.

In der Sprache der Hauptideale von R gilt

$$a \mid b \Leftrightarrow (b) \subset (a) \,.$$

Weiter heißt a *echter Teiler* von b, wenn $0 \neq a \notin R^\times$ und $b = c \cdot a$ mit $c \notin R^\times$, d.h.

$$(b) \subsetneqq (a) \subsetneqq R.$$

Für die Teilbarkeit notieren wir einige offensichtliche

Rechenregeln   a)   *Für jedes $a \in R$ gilt $a \mid 0$, $1 \mid a$, $a \mid a$ und $0 \mid a \Leftrightarrow a = 0$.*

b) $a \mid b$ *und* $b \mid c \Rightarrow a \mid c$.

c) $a \mid b$ *und* $c \mid d \Rightarrow ac \mid bd$.

d) $a \mid b_1, \ldots, a \mid b_n \Rightarrow a \mid (x_1 b_1 + \ldots + x_n b_n)$ *für alle* $x_1, \ldots, x_n \in R$.

e) $a \mid 1 \Leftrightarrow a \in R^\times$.

f) $a \mid b \Rightarrow (ax) \mid b$ *für jedes* $x \in R^\times$.

Definition   *Zwei Elemente $a, b \in R$ heißen* **assoziiert**, *in Zeichen $a \sim b$, wenn*

$$a \mid b \quad \text{und} \quad b \mid a \,.$$

Mit Hilfe der Rechenregeln für die Teilbarkeit sieht man leicht, dass durch die Assoziiertheit in R eine Äquivalenzrelation erklärt ist.

Bemerkung   *Es gilt*

$$a \sim b \Leftrightarrow \text{es gibt ein } x \in R^{\times} \text{ mit } b = x \cdot a \,.$$

Kurz ausgedrückt: *Assoziiert bedeutet, bis auf eine Einheit gleich.*

Beweis „$\Leftarrow$" Ist $x \cdot y = 1$, so ist $a = y \cdot b$.
„$\Rightarrow$" Aus $b = ca$ und $a = db$ folgt $a = db = (dc)a$, also wegen der Kürzungsregel $d, c \in R^{\times}$.   ∎

In der Sprache der Hauptideale ist offensichtlich

$$a \sim b \Leftrightarrow (a) = (b) \,.$$

Beispiele   Der Ring $\mathbb{Z}$ hat nur die Einheiten ± 1, also gilt für $m, n \in \mathbb{Z}$

$$m \sim n \quad \Leftrightarrow \quad n = \pm m.$$

Weiter ist m genau dann echter Teiler von m, wenn

$$m | n \quad \text{und} \quad 1 < |m| < |n|.$$

Ist K ein Körper, so ist $f \in K[X]$ nach 2.1.6 genau dann Einheit, wenn $\deg f = 0$, also gilt für $f, g \in K[X]$

$$f \sim g \quad \Leftrightarrow \quad g = a \cdot f \text{ mit } 0 \neq a \in K.$$

Weiter ist f genau dann echter Teiler von g, wenn

$$f | g \quad \text{und} \quad 0 < \deg f < \deg g.$$

2.3.2   Irreduzible Elemente und Primelemente

Eine Zahl $p \in \mathbb{N}$ mit $p \geq 2$ ist Primzahl, wenn 1 und p die einzigen positiven Teiler sind. In Analogie zur Physik kann man die Primzahlen als Atome im Bereich der natürlichen Zahlen sehen: Jedes $n \in \mathbb{N}$ ist in Primfaktoren zerlegbar. Allgemeiner hat man die

Definition 1   *Ein Element $q \in R$ heißt **irreduzibel**, wenn gilt:*

a) $q \neq 0$ und $q \notin R^{\times}$.

b) Ist $q = a \cdot b$ mit $a, b \in R$, so folgt $a \in R^{\times}$ oder $b \in R^{\times}$.

*q heißt **reduzibel**, wenn es nicht irreduzibel ist.*

Vorsicht! Man beachte, dass im Sinne dieser Definition die Null und Einheiten reduzibel sind!

Es gibt wesentlich kompliziertere Integritätsringe als den Ring $\mathbb{Z}$, daher benötigt man für ein sorgfältiges Studium der Teilbarkeit noch einen etwas einschränkenderen Begriff.

Definition 2 *Ein Element $p \in R$ heißt **Primelement** (oder einfach **prim**), wenn gilt:*

a) $p \neq 0$ und $p \notin R^{\times}$.

b) Aus $p \,|\, (a \cdot b)$ für $a, b \in R$ folgt $p \,|\, a$ oder $p \,|\, b$.

Im Polynomring $R = K[X]$ über einem Körper K kann demnach ein $f \in R$ höchstens dann irreduzibel oder prim sein, wenn $\deg f \geq 1$.

Beispiel 1 Im Ring $R = \mathbb{Z}$ ist ein $p \in \mathbb{Z}$ genau dann irreduzibel, wenn $|p| \in \mathbb{N}$ eine Primzahl ist. So sind Primzahlen definiert. Wie schon EUKLID bewiesen hat (vgl. 2.3.4), sind Primzahlen auch Primelemente in $\mathbb{Z}$ im Sinne der Definition 2.

Allgemein gilt:

Bemerkung *Ein Primelement ist irreduzibel.*

Beweis Ist $p = ab$, so folgt $p \,|\, (ab)$, also $p \,|\, a$ oder $p \,|\, b$. Es genügt den Fall $p \,|\, a$ zu behandeln. Dann ist

$$a = cp, \quad \text{also} \quad p = ab = (cp)b = (cb)p, \quad \text{somit ist} \quad b \in R^{\times}.$$

■

Dass die Umkehrung der Bemerkung nicht gilt, d.h. dass ein irreduzibles Element nicht prim sein muss, kann man erst verstehen, wenn man einen Integritätsring mit ausgefallenen Teilbarkeitseigenschaften gesehen hat:

Beispiel 2 Wir betrachten die Menge

$$\mathbb{Z}[\sqrt{-5}] := \{m + n \cdot \mathbf{i} \cdot \sqrt{5} : m, n \in \mathbb{Z}\} \subset \mathbb{C},$$

sprich „$\mathbb{Z}$ adjungiert $\sqrt{-5}$". Wie man sehr leicht nachprüft, ist $\mathbb{Z}[\sqrt{-5}]$ mit der Addition und Multiplikation komplexer Zahlen ein Integritätsring. Die überraschenden Teilbarkeitseigenschaften wurden in der zweiten Hälfte des 19. Jahrhunderts zur Zeit von R. DEDEKIND und E. KUMMER untersucht. Daher wird $\mathbb{Z}[\sqrt{-5}]$ manchmal auch als **Kummerring** bezeichnet. Wie in Beispiel 3 aus 2.2.5 sieht man, dass es einen Isomorphismus

$$\mathbb{Z}[X]/(X^2 + 5) \to \mathbb{Z}[\sqrt{-5}]$$

gibt.

Um die Teilbarkeit in $\mathbb{Z}[\sqrt{-5}]$ auf die Teilbarkeit in $\mathbb{N}$ zurückführen zu können, betrachtet man die **Norm**

$$\mathrm{N} : \mathbb{Z}[\sqrt{-5}] \to \mathbb{N}, \quad \alpha = m + n\sqrt{-5} \mapsto \mathrm{N}(\alpha) := \alpha \cdot \overline{\alpha} = m^2 + 5n^2.$$

Entscheidend dabei ist die bekannte Regel

$$\mathrm{N}(\alpha \cdot \beta) = \mathrm{N}(\alpha) \cdot \mathrm{N}(\beta) \quad \text{für} \quad \alpha, \beta \in \mathbb{C}.$$

Zunächst können die Einheiten in $\mathbb{Z}[\sqrt{-5}]$ bestimmt werden. Es ist

$$R^{\times} := (\mathbb{Z}[\sqrt{-5}])^{\times} = \{1, -1\},$$

denn aus $\alpha \cdot \beta = 1$ folgt $N(\alpha) \cdot N(\beta) = 1$ und $N(\alpha), N(\beta) \in \{1, -1\}$.

Nun zeigen wir, dass die Zahlen $2,\ 3, 1 + \sqrt{-5}$ und $1 - \sqrt{-5}$ irreduzibel sind. Aus

$$2 = \alpha \cdot \beta \ \text{ folgt } \ 4 = N(2) = N(\alpha) \cdot N(\beta).$$

Da $N(\alpha) = 2$ unmöglich ist, gibt es nur die Lösungen $\alpha \in R^{\times}$ oder $\beta \in R^{\times}$. Analog wird die 3 behandelt. Aus

$$1 \pm \sqrt{-5} = \alpha \cdot \beta \ \text{ folgt } \ 6 = N(\alpha) \cdot N(\beta).$$

Da $N(\alpha) = 2$ oder 3 unmöglich ist folgt auch hier $\alpha \in R^{\times}$ oder $\beta \in R^{\times}$.

In $\mathbb{Z}[\sqrt{-5}]$ hat man also die beiden Darstellungen

$$6 = 2 \cdot 3 = (1 + \sqrt{-5}) \cdot (1 - \sqrt{-5})$$

als Produkt irreduzibler Element. Für die Normen gilt

$$36 = 4 \cdot 9 = 6 \cdot 6.$$

Daran erkennt man, dass die Faktoren in den beiden Darstellungen nicht assoziiert sind. Weiterhin ist etwa das irreduzible Element 2 kein Primelement in $\mathbb{Z}[\sqrt{-5}]$, denn

$$2 \text{ teilt } 6 = (1 + \sqrt{-5}) \cdot (1 - \sqrt{-5}),$$

aber 2 teilt keinen der beiden Faktoren, denn

$$N(2) = 4 \ \text{ und } N(1 \pm \sqrt{-5}) = 6.$$

Analog sieht man, dass auch 3 kein Primelement ist.

Der Unterschied zwischen irreduziblen Elementen und Primelementen wird auch deutlich durch die Übersetzung in die Sprache der Ideale:

Lemma   *Sei R ein Integritätsring und $p \in R$ mit $p \neq 0$ und $p \notin R^{\times}$. Dann gilt:*

1) p irreduzibel $\Leftrightarrow$ $(p) \subset R$ maximales Hauptideal.

2) p Primelement $\Leftrightarrow$ $(p) \subset R$ Primideal.

Beweis 1) $(p) \subset R$ maximales Hauptideal bedeutet, dass es kein $a \in R$ gibt mit $(p) \subsetneq (a) \subsetneq R$. „$\Rightarrow$" Ist $(p) \subset (a) \subsetneq R$, so gibt es ein $c \in R$ mit $p = ca$. Da $a \notin R^{\times}$, ist $c \in R^{\times}$, also $(p) = (a)$. „$\Leftarrow$" Ist $p = ab$, so ist $(p) \subset (a)$, also $(p) = (a)$ oder $(a) = R$. Im Fall $(a) = R$ ist $a \in R^{\times}$; im Fall $(p) = (a)$ ist $a = cp$ für ein $c \in R$, also

$$p = ab = (cp)b = (cb)p\,, \ \text{ also } \ 1 = cb \ \text{ und } \ b \in R^{\times}\,.$$

2) „$\Rightarrow$" Wegen $p \notin R^{\times}$ folgt $(p) \subsetneq R$. Ist $ab \in (p)$, so folgt $p \mid ab$, also $p \mid a$ oder $p \mid b$, d.h. $a \in (p)$ oder $b \in (p)$.
„$\Leftarrow$" $p \mid ab$ bedeutet $ab \in (p)$, also $a \in (p)$ oder $b \in (p)$, d.h. $p \mid a$ oder $p \mid b$.   ∎

Korollar 1   *In einem Hauptidealring stimmen die Begriffe Primelement und irreduzibles Element, sowie Primideal und maximales Ideal überein.*

Beweis Nach der obigen Bemerkung sind Primelemente irreduzibel, und nach dem Korollar aus 2.2.13 ist in einem Hauptidealring jedes maximale Ideal auch Primideal.

Ist umgekehrt $p \in R$ irreduzibel, so ist (p) nach Teil *1)* des obigen Lemmas ein maximales Hauptideal, also auch maximal.

Ist $\mathfrak{p} \subset R$ ein Primideal, so gibt es ein $p \in R$ mit $\mathfrak{p} = (p)$. Nach Teil *2)* des Lemmas ist p Primelement, also auch irreduzibel, und nach Teil *1)* des Lemmas ist $\mathfrak{p}$ maximal. ∎

Mit Hilfe dieses Korollars sieht man sofort, dass die Ringe $\mathbb{Z}[X]$ und $K[X,Y]$ für einen Körper K keine Hauptidealringe sind:

$$(X) \subset \mathbb{Z}[X] \quad \text{und} \quad (Y) \subset K[X,Y]$$

sind nicht maximale Primideale. Etwa die Ideale

$$(2,X) \subset \mathbb{Z}[X] \quad \text{und} \quad (X,Y) \subset K[X,Y]$$

sind keine Hauptideale, was schon in Beispiel 1 aus 2.2.8 gezeigt wurde.

Für die Konstruktion von Körpererweiterungen in Kapitel 3 benutzt man die Hauptidealringe $K[X]$ und die Restklassenringe $K[X]/(f)$; dass sie für irreduzible Polynome f Körper sind, folgt aus

Korollar 2   *Ist R Hauptidealring und $a \in R$ irreduzibel, so ist $R/(a)$ ein Körper.*

Da diese Folgerung so wichtig ist, geben wir als Extrakt aus den vorhergehenden Überlegungen noch einen ganz direkten

Beweis Für $b + (a) \in R/(a)$ mit $b + (a) \neq 0 + (a)$, d.h. $b \notin (a)$, muss ein $x \in R$ gefunden werden, so dass

$$(x + (a))(b + (a)) = 1 + (a) \,, \quad \text{d.h.} \ \ xb - 1 \in (a) \,.$$

Da R Hauptidealring ist, gibt es ein $c \in R$ mit

$$(a) \subsetneqq (a,b) = (c) \subset R, \ \text{ also } \ a = d \cdot c \ \text{ für ein } d \in R \,.$$

Da $(a) \neq (c)$, ist $d \notin R^{\times}$, also muss $c \in R^{\times}$ sein. Somit ist $(a,b) = R$ und es gibt $x,y \in R$, so dass

$$1 = ya + xb \,, \quad \text{d.h.} \ \ xb - 1 \in (a) \,.$$

∎

Beispiel 3[*]   Extrem einfach ist die Teilbarkeitstheorie im Ring $R = K[[X]]$ der formalen Potenzreihen mit Koeffizienten in einem Körper K. Entscheidend dabei ist die in Beispiel 3 aus 2.2.8 eingeführte Ordnung

$$\text{ord}\,(a_0 + a_1 X + \ldots) := \min\{k : a_k \neq 0\}$$

einer Potenzreihe, wobei $\mathrm{ord}(f \cdot g) = \mathrm{ord}\, f + \mathrm{ord}\, g$ gilt. Wie schon in 2.2.8 gezeigt, ist $K[[X]]$ ein Hauptidealring und für $f \in K[[X]]$ gilt

$$f \text{ ist Einheit } \Leftrightarrow \mathrm{ord}\, f = 0.$$

Weiter gilt für $f, g \in K[[X]]$

$$f \sim g \ \Leftrightarrow \ \mathrm{ord}\, f = \mathrm{ord}\, g \quad \text{und} \quad f|g \ \Leftrightarrow \ \mathrm{ord}\, f \leq \mathrm{ord}\, g.$$

Dazu genügt es zu zeigen, dass $f \sim X^{\mathrm{ord}\, f}$ für alle f. Ist nämlich $k = \mathrm{ord}\, f$ und

$$f = a_k X^k + a_{k+1} X^{k+1} + ..., \quad \text{so gilt} \quad f = (a_k + a_{k+1} X + ...) \cdot X^k.$$

Daraus folgt schließlich in $K[[X]]$

$$f \text{ irreduzibel} \ \Leftrightarrow \ \mathrm{ord}\, f = 1 \ \Leftrightarrow \ f \text{ Primelement}.$$

Im Polynomring $K[X]$ ist die Teilbarkeitstheorie unvergleichlich komplizierter. Der wesentliche Grund dafür ist, dass lediglich die Polynome vom Grad Null Einheiten sind. Im Beweis von Lemma 1 aus 2.2.8 kann man dagegen die Schwierigkeiten nach unendlich abschieben.

2.3.3 Teilerketten

Das wichtigste Ziel der Teilbarkeitslehre ist es, beliebige Elemente eines Ringes möglichst eindeutig als Produkt von irreduziblen Elementen darzustellen. So wie man in der Physik ein Molekül in Atome zerlegt. Die nächstliegende Methode dafür ist, ein Element schrittweise in kleinere Teile zu zerlegen, und zu hoffen, dass der Vorgang nach endlich vielen Schritten zum Ziel führt.

Definition   *Eine **Teilerkette** in einem Integritätsring R ist eine Folge $(a_n)_{n \in \mathbb{N}}$ von Elementen $a_n \in R$, so dass stets $a_{n+1} | a_n$.*

Man sagt, dass in R der ***Teilerkettensatz*** gilt, wenn jede Teilerkette $(a_n)_{n \in \mathbb{N}}$ ***stationär*** wird, d.h. es gibt $n_0 \in \mathbb{N}$, so dass $a_{n+1} \sim a_n$ für alle $n \geq n_0$.

Ein Ring, in dem der Teilerkettensatz nicht gilt, wird in Beispiel 4 aus 2.2.8 beschrieben.

Um festzustellen, ob eine Teilerkette stationär wird, hilft eine „Kontrollfunktion", deren Wert bei echten Teilern abnimmt. Bei ganzen Zahlen ist das der Betrag, bei Polynomen der Grad. Damit erhält man das

Lemma   *1) Der Teilerkettensatz gilt im Ring $\mathbb{Z}$.*

2) Gilt der Teilerkettensatz in R, so gilt er auch im Polynomring $R[X]$.

Beweis 1) Ist (a_n) eine Teilerkette in $\mathbb{Z}$, so ist

$$a_n = b_n a_{n+1}\,, \quad \text{also } |a_n| \geq |a_{n+1}| \text{ und } |a_n| = |a_{n+1}| \Leftrightarrow b_n = \pm 1\,.$$

2) Ist (f_n) eine Teilerkette in $R[X]$, so ist

$$f_n = g_n f_{n+1}\,,\quad \text{also}\ \ \deg f_n \geq \deg f_{n+1}\,.$$

Nach der Gradformel aus 2.1.6 gibt es ein n_1, so dass $\deg f_{n+1} = \deg f_n =: d$ für $n \geq n_1$. Für $n \geq n_1$ sei $a_n \in R$ der Leitkoeffizient von f_n, also

$$f_n = a_n X^d + \ldots\,,\quad f_{n+1} = a_{n+1} X^d + \ldots\,.$$

Da $f_{n+1} \mid f_n$ folgt $a_{n+1} \mid a_n$, wir erhalten also eine Teilerkette $(a_n)_{n \geq n_1}$ in R. Nach Voraussetzung gibt es ein $n_0 \geq n_1$ mit $a_{n+1} \sim a_n$ für $n \geq n_0$, also ist insgesamt $f_{n+1} \sim f_n$ für $n \geq n_0$. ∎

Mit Hilfe von Teilerketten hat schon EUKLID gezeigt, dass jede ganze Zahl einen irreduziblen Teiler besitzt [Eu, VII § 31]. Allgemeiner ergibt diese Methode den

Satz *Gilt im Integritätsring R der Teilerkettensatz, so gibt es zu jedem $a \in R$ mit $0 \neq a \notin R^\times$ ein $r \geq 1$ und irreduzible Elemente $q_1, \ldots, q_r \in R$, so dass*

$$a = q_1 \cdot \ldots \cdot q_r\,.$$

Man beachte, dass unter diesen Voraussetzungen keine Aussage über die Eindeutigkeit der Darstellung gemacht werden kann!

Beweis Die Idee ist klar: Ist a schon irreduzibel, ist man fertig. Wenn nicht, gibt es echte Teiler, die man, wenn sie reduzibel sind, weiter zerlegt. Dass dieses Verfahren nach endlich vielen Schritten zum Abschluss kommen muss, folgt aus dem Teilerkettensatz.

Um das formal möglichst präzise aufschreiben zu können, zeigen wir zunächst folgendes: Ist

$$\emptyset \neq M \subset R \smallsetminus (R^\times \cup \{0\})$$

eine beliebige Teilmenge, so gibt es ein $a \in M$, das keine Zerlegung $a = b \cdot c$ mit $b, c \in M$ gestattet. Anders ausgedrückt: a hat in M keine echten Teiler.

Angenommen, jedes Element aus M hätte einen echten Teiler in M. Ausgehend von einem beliebigen $a_0 \subset M$ gäbe es dann in M eine nicht abbrechende echte Teilerkette

$$a_1 \mid a_0,\ a_2 \mid a_1, \ldots, a_{n+1} \mid a_n, \ldots,$$

im Widerspruch zur Voraussetzung.

Nun betrachten wir die spezielle Menge

$$M := \{a \in R : 0 \neq a \notin R^\times \ \text{und}\ a \text{ hat keine Darstellung } a = q_1 \cdot \ldots \cdot q_r \text{ mit irreduziblen } q_i \in R\}.$$

Zu zeigen ist $M = \emptyset$. Wäre $M \neq \emptyset$, so könnte man, wie eben gezeigt, ein Element $a \in M$ ohne echten Teiler in M wählen. Nach Definition von M kann a nicht in R irreduzibel sein, also gibt es eine Zerlegung

$$a = b \cdot c \quad \text{mit } b, c \in R \smallsetminus (M \cup R^\times)\,.$$

Da aber b und c nach Definiton von M eine Darstellung als Produkt von irreduziblen Elementen haben, trifft das auch für a zu, ein Widerspruch zu $a \in M$. ∎

Aus dem obigen Lemma folgt insbesondere, dass in einem Polynomring über einem Körper der Teilerkettensatz gilt. Das ergibt sich auch aus dem allgemeineren

Satz   *In einem Hauptidealring gilt der Teilerkettensatz.*

Beweis Ist $(a_n)_{n \in \mathbb{N}}$ eine Teilerkette in R, so erhält man daraus eine aufsteigende Kette

$$(a_0) \subset (a_1) \subset \ldots \subset (a_n) \subset \ldots \subset R$$

von Hauptidealen. Offensichtlich ist

$$\mathfrak{a} := \bigcup_{n=0}^{\infty} (a_n) \subset R$$

wieder ein Ideal und es gibt ein $a \in R$ mit $\mathfrak{a} = (a)$. Da $\mathfrak{a}$ die Vereinigung ist, gibt es ein n_0 mit $a \in (a_{n_0})$. Daraus folgt $(a_n) = (a_{n_0})$ und $a_n \sim a_{n_0}$ für $n \geq n_0$.   ∎

Etwas allgemeiner kann man mit der gleichen Methode sehen, dass auch in einem noetherschen Ring der Teilerkettensatz gilt.

Wir fassen noch einmal zusammen:

Teilbarkeit in Hauptidealringen   *Ist R ein Hauptidealring, so gilt:*

1) Jedes Element $a \in R$ mit $a \neq 0$ und $a \notin R^{\times}$ ist endliches Produkt von irreduziblen Elementen.

2) Jedes irreduzible Element von R ist auch Primelement.   ∎

In 2.3.5 werden wir einen Ring mit diesen Eigenschaften „faktoriell" nennen.

2.3.4   Primzahlen

Der Ring $\mathbb{Z}$ der ganzen Zahlen war immer wieder aufgeführt worden als Beispiel, etwa für einen euklidischen Ring und einen Hauptidealring; daraus folgen gute Eigenschaften für die Teilbarkeit ganzer Zahlen. In diesem Abschnitt wollen wir hierfür direktere elementare Beweise geben.

Eine Zahl $p \in \mathbb{N}$ heißt *Primzahl*, wenn sie als Teiler in $\mathbb{N}$ nur 1 und p hat; außerdem hat man sich geeinigt, $p \geq 2$ vorauszusetzen. In der Terminologie von 2.3.2 bedeutet das, dass p in $\mathbb{Z}$ irreduzibel ist; dann ist natürlich auch $-p$ irreduzibel.

Wie wir im vorhergehenden Abschnitt 2.3.3 unter Verwendung des Absolutbetrages gesehen haben, gilt in $\mathbb{Z}$ der Teilerkettensatz. Daraus ergibt sich als

Korollar 1   *Jede natürliche Zahl $n \geq 2$ ist Produkt von Primzahlen.*

Ohne die Benutzung des Ergebnisses aus 2.3.2, wonach in einem Hauptidealring ein irreduzibles Element auch Primelement ist, kann nach diesem Korollar noch keine Aussage über die Eindeutigkeit der Zerlegung einer natürlichen Zahl in Primfaktoren gemacht werden. Daher geben wir als Alternative einen mehr elementaren Beweis für diese Tatsache. Grundlage dafür ist ein Ergebnis von EUKLID, [Eu, VII § 30], das in der deutschen Übersetzung so lautet:

„Wenn zwei Zahlen, indem sie einander vervielfältigen, irgend eine Zahl bilden und irgend eine Primzahl dabei das Produkt misst, dann muss diese auch eine der ursprünglichen Zahlen messen."

Übersetzt in die heutige Terminologie:

Teilbarkeitssatz von EUKLID   *Im Ring $\mathbb{Z}$ ist jedes irreduzible Element auch Primelement.*

Oder direkter: Ist $p \in \mathbb{N}$ eine Primzahl und gilt

$$p \mid (m \cdot n) \text{ für } m, n \in \mathbb{N} \smallsetminus \{0\}, \quad \text{so folgt} \quad p \mid m \text{ oder } p \mid n.$$

Das erscheint intuitiv klar, denn wenn p das Produkt $m \cdot n$ teilt, so kann nicht ein Teil von p Teiler von m und einer anderer Teil Teiler von n sein. Hinter diesem Argument ist aber die noch nicht bewiesene Eindeutigkeit der Zerlegung von m und n in Primfaktoren versteckt!

Beweis des Teilbarkeitssatzes nach GAUSS [Ga$_3$, Nr. 13, 14] in der Darstellung von [R-U, 1.1.4]. Der Kniff besteht darin, für festes p und m eine Menge

$$T := \{x \in \mathbb{N} \smallsetminus \{0\} : p \mid mx\}$$

zu betrachten. Da $n, p \in T$ ist $T \neq \emptyset$, also gibt es nach dem Prinzip vom kleinsten Element ein kleinstes $k \in T$. Insbesondere ist $1 \le k \le n$ und $k \le p$. Entscheidend ist nun der Nachweis von

$$k \mid x \quad \text{für alle } x \in T.$$

Dazu teilen wir ein $x \in T$ mit Rest durch k, also $x = qk + r$ mit $q, r \in \mathbb{N}$ und $0 \le r < k$. Aus $p \mid mx$ und $p \mid mk$ folgt

$$p \mid mr, \quad \text{denn } mr = mx - qmk.$$

Da $k \in T$ minimal ist, folgt $r = 0$ wegen $r \ge 0$ und $k \ge 1$, also $k \mid x$ für alle $x \in T$. Insbesondere gilt $k \mid p$ und $k \mid n$. Da p irreduzibel ist, folgt aus $k \mid p$, dass $k = 1$ oder $k = p$ sein muss. Aus $k = 1$ folgt $p \mid m$, und aus $k - p$ folgt $p \mid n$, denn $k \mid n$.   ∎

Die wesentlichen Eigenschaften von $\mathbb{Z}$, die wir benutzt haben, sind die Teilung mit Rest und der Teilerkettensatz. Wir fassen das Ergebnis noch einmal zusammen.

Korollar 2   *Für eine Zahl $q \in \mathbb{Z}$ sind folgende Bedingungen äquivalent:*

i) $q \in \mathbb{Z}$ ist irreduzibel.

ii) $q \in \mathbb{Z}$ ist Primelement.

iii) $|q| \in \mathbb{N}$ ist Primzahl.   ∎

Aus dem obigen Korollar 1 (das auf dem schon von EUKLID beschriebenen Verfahren der Teilerketten beruht) und dem Teilbarkeitssatz ergibt sich nun ganz einfach ein zentrales Ergebnis, das bei EUKLID noch nicht zu finden ist.

Haupsatz der elementaren Zahlentheorie   *Zu jeder natürlichen Zahl $n \geq 2$ gibt es paarweise verschiedene Primzahlen $p_1, \ldots, p_r$ und $k_1, \ldots, k_r \in \mathbb{N} \smallsetminus \{0\}$, so dass*

$$n = p_1^{k_1} \cdot \ldots \cdot p_r^{k_r} \, .$$

Die Zahlen r, sowie $p_1, \ldots, p_r$ und $k_1, \ldots, k_r$ sind durch n eindeutig bestimmt.

Beweis Nach Korollar 1 ist nur noch die Eindeutigkeit zu beweisen. Sei also

$$n = p_1^{k_1} \cdot \ldots \cdot p_r^{k_r} = q_1^{l_1} \cdot \ldots \cdot q_s^{l_s}$$

mit Primzahlen $q_1, \ldots, q_s$. Wir gehen nun schrittweise vor, der erste Schritt zeigt die Methode:

$$p_1 \mid n \Rightarrow p_1 \mid (q_1^{l_1} \cdot \ldots \cdot q_s^{l_s}) \Rightarrow p_1 \mid q_i^{l_i} \text{ für ein } i \Rightarrow p_1 = q_i \, .$$

Damit kann man $p_1 = q_i$ aus dem Produkt kürzen und mit dem verbleibenden Produkt analog fortfahren, bis auf einer Seite das leere Produkt 1 verbleibt. Dann ist auch die andere Seite abgebaut. ∎

Eines der berühmtesten Ergebnisse von EUKLID findet man in Buch IX, § 20:

„Es gibt mehr Primzahlen als jede vorgelegte Anzahl von Primzahlen.“ Anders ausgedrückt:

Unendlichkeitssatz von EUKLID   *Es gibt unendlich viele Primzahlen.*

Beweis Seien Primzahlen $p_1, \ldots, p_n$ „vorgelegt“; es ist zu zeigen, dass es mindestens eine weitere Primzahl p gibt. Man betrachte nun

$$q := p_1 \cdot \ldots \cdot p_n + 1$$

und einen Primfaktor p von q. Angenommen $p = p_i$ für ein $i \in \{1, \ldots, n\}$. Dann gilt

$$p \mid q \text{ und } p \mid (p_1 \cdot \ldots \cdot p_n) \Rightarrow p \mid (q - p_1 \cdot \ldots \cdot p_n) \text{ d.h. } p \mid 1 \, ,$$

das ist unmöglich. Also gibt es eine weitere Primzahl p. ∎

Diesen wunderschönen klassischen Beweis sollten Mathematiker im Traum wiederholen können!

Man beachte, dass nicht behauptet wird, $p_1 \cdot \ldots \cdot p_n + 1$ sei eine Primzahl. Sind $p_1, \ldots, p_n$ die ersten n Primzahlen, so erhält man zunächst die Primzahlen

$$
\begin{aligned}
2 + 1 &= 3 \\
2 \cdot 3 + 1 &= 7 \\
2 \cdot 3 \cdot 5 \cdot 7 + 1 &= 211 \\
2 \cdot 3 \cdot 5 \cdot 7 \cdot 11 + 1 &= 2311
\end{aligned}
$$

Dann aber ist

$$2 \cdot 3 \cdot 5 \cdot 7 \cdot 11 \cdot 13 + 1 = 30031 = 59 \cdot 509 \, ,$$

wobei 59 und 509 Primzahlen sind.

Will man für eine Zahl $n \in \mathbb{N}$ entscheiden, ob sie Primzahl ist, so muss man zeigen, dass sie keinen kleineren Teiler m hat; dabei genügt es, n durch alle Zahlen $m \leq \sqrt{n}$ zu teilen. Um für eine Zahl n alle Primzahlen $p \leq n$ zu bestimmen, ist das klassische etwa 250 v. Chr. gefundene *Sieb des* ERATOSTHENES höchst effizient. Man schreibt alle Zahlen von 2 bis n auf und streicht bei 2 beginnend alle Vielfachen weg. Ist man beim größten $m \leq \sqrt{n}$ angekommen, sind die nicht gestrichenen Zahlen Primzahlen. Für $n = 100$ muss man nur die Vielfachen von $2, 3, 5$ und 7 streichen. Zur Abkürzung haben wir die geraden Zahlen bis auf 2 („the oddest of all primes") schon weggelassen; statt zu streichen, haben wir unterstrichen, die verbleibenden 25 Primzahlen sind fett gedruckt:

$$
\begin{array}{ccccc}
\mathbf{2} & \mathbf{3} & \mathbf{5} & \mathbf{7} & \underline{9} \\
\mathbf{11} & \mathbf{13} & \underline{\underline{15}} & \mathbf{17} & \mathbf{19} \\
\underline{\underline{21}} & \mathbf{23} & \underline{25} & \underline{27} & \mathbf{29} \\
\mathbf{31} & \underline{33} & \underline{\underline{35}} & \mathbf{37} & \underline{39} \\
\mathbf{41} & \mathbf{43} & \underline{\underline{45}} & \mathbf{47} & \underline{49} \\
\underline{51} & \mathbf{53} & \underline{55} & \underline{57} & \mathbf{59} \\
\mathbf{61} & \underline{\underline{63}} & \underline{65} & \mathbf{67} & \underline{69} \\
\mathbf{71} & \mathbf{73} & \underline{\underline{75}} & \underline{77} & \mathbf{79} \\
\underline{81} & \mathbf{83} & \underline{85} & \underline{87} & \mathbf{89} \\
\underline{91} & \underline{93} & \underline{95} & \mathbf{97} & \underline{99}
\end{array}
$$

Beispiel In $\mathbb{Z}$ sind $2, 3, 5, 7$ Primzahlen. Im GAUSSschen Ring $\mathbb{Z}[\mathbf{i}]$ mit $N(\alpha) = |\alpha|^2$ ist

$$2 = (1+\mathbf{i})(1-\mathbf{i}) \quad \text{und} \quad 5 = (2+\mathbf{i})(2-\mathbf{i}).$$

Da $N(1+\mathbf{i}) = N(1-\mathbf{i}) = 2$ und $N(2+\mathbf{i}) = N(2-\mathbf{i}) = 5$, sind diese Faktoren Primelemente in $\mathbb{Z}[\mathbf{i}]$. Dagegen sind 2 und 5 keine Primelemente mehr in $\mathbb{Z}[\mathbf{i}]$.

Die Zahlen 3 und 7 bleiben auch in $\mathbb{Z}[\mathbf{i}]$ Primelemente, denn die Bedingungen

$$9 = N(3) = N(\alpha) \cdot N(\beta) \quad \text{und} \quad 49 = N(\alpha) \cdot N(\beta)$$

sind in $\mathbb{Z}[\mathbf{i}]$ nur mit $N(\alpha) = 1$ oder $N(\beta) = 1$ lösbar. Der wesentliche Unterschied ist, dass 2 und 5 sich im Gegensatz zu 3 und 7 als Summen von Quadraten darstellen lassen. Mehr dazu in 2.4.5.

2.3.5 Faktorielle Ringe

Wie wir in 2.2.7 gesehen haben, gibt es bei Ringen die folgende Hierarchie:

$$\text{Körper} \Rightarrow \text{euklidischer Ring} \Rightarrow \text{Hauptidealring} \Rightarrow \text{Integritätsring}$$

Der Polynomring $\mathbb{Z}[X]$ und der Kummerring $\mathbb{Z}[\sqrt{-5}]$ sind Beispiele für Integritätsringe, die keine Hauptidealringe sind. Es wird sich aber zeigen, dass die Teilbarkeitseigenschaften in $\mathbb{Z}[X]$ weit besser sind als in $\mathbb{Z}[\sqrt{-5}]$. Daher ist es angebracht, zwischen Hauptidealringen und Integritätsringen noch ein weiteres Qualitätsmerkmal, nämlich „faktoriell" einzuschieben. Die so verfeinerte Hierarchie wird am Ende von 2.3.7 beschrieben.

Faktorisierungssatz   *Sei R ein Integritätsring. Dann ist es gleichwertig zu fordern, dass für jedes Element $a \in R$ mit $a \neq 0$ und $a \notin R^\times$ folgendes gilt:*

F *Es gibt Primelemente $p_1, \ldots, p_r \in R$ mit $a = p_1 \cdot \ldots \cdot p_r$.*

F′ *Es gibt irreduzible Elemente $q_1, \ldots, q_r \in R$ mit $a = q_1 \cdot \ldots \cdot q_r$ und eine solche Zerlegung ist bis auf Reihenfolge und Einheiten eindeutig.*

Definition   *Ein Integritätsring R heißt* **faktoriell**, *wenn er eine dieser beiden äquivalenten Bedingungen erfüllt.*

Der Faktorisierungssatz ist eine unmittelbare Konsequenz aus den folgenden Lemmata:

Lemma 1   *Jede Zerlegung $a = p_1 \cdot \ldots \cdot p_r$ in Primelemente p_i ist bis auf Reihenfolge und Einheiten eindeutig.*

Lemma 2   *Gilt* **F′**, *so ist jedes irreduzible Element auch Primelement.*

In der Bemerkung aus 2.3.2 hatten wir gesehen, dass Primelemente immer irreduzibel sind. Aus Lemma 2 folgt damit das

Korollar   *Ist R faktoriell und $a \in R$, so gilt:*

$$a \text{ Primelement} \quad \Longleftrightarrow \quad a \text{ irreduzibel.}$$

Beweis von Lemma 1   Sei

$$a = p_1 \cdot \ldots \cdot p_r = p'_1 \cdot \ldots \cdot p'_s$$

mit Primelementen p_i und $p'_j \in R$. Aus $p_1 | p'_1 \cdot \ldots \cdot p'_s$ folgt $p_1 | p'_j$ für ein j; da die Reihenfolge der Faktoren irrelevant ist, können wir $j = 1$ annehmen. Aus $p_1 | p'_1$ und p'_1 prim, also irreduzibel folgt $p_1 \sim p'_1$ und $p_2 \cdot \ldots \cdot p_r \sim p'_2 \cdot \ldots \cdot p'_s$. Durch Fortsetzung des Verfahrens folgt bei passender Nummerierung $p_i \sim p'_i$ und $r = s$.   ■

Beweis von Lemma 2   Sei $q \in R$ irreduzibel und $q | ab$; dann gibt es ein $c \in R$ mit $qc = ab$. Weiter gibt es nach **F′** irreduzible Zerlegungen

$$a = q_1 \cdot \ldots \cdot q_r \, , \ b = q'_1 \cdot \ldots \cdot q'_s \ \text{ und } \ c = q''_1 \cdot \ldots \cdot q''_t \, ,$$

also ist

$$q \cdot q''_1 \cdot \ldots \cdot q''_t = q_1 \cdot \ldots \cdot q_r \cdot q'_1 \cdot \ldots \cdot q'_s \, .$$

Aus der Eindeutigkeit folgt $q \sim q_i$ für ein i oder $q \sim q'_j$ für ein j, also gilt $q | a$ oder $q | b$.   ■

Auf die naheliegende Frage, welche Ringe faktoriell sind, kann man aus den bisher bewiesenen Aussagen eine erste Antwort geben.

Satz   *Jeder Hauptidealring ist faktoriell.*

Beweis Ist R Hauptidealring, so ist er nach Definition auch Integritätsring. Nach 2.3.3 gilt der Teilerkettensatz, also ist jedes Element von R in irreduzible Elemente zerlegbar. Nach Korollar 1 aus 2.3.2 ist jedes irreduzible Element in einem Hauptidealring auch Primelement.   ■

Die wichtigsten Beispiele für faktorielle Ringe sind die ganzen Zahlen $\mathbb{Z}$ und der Polynomring $K[X]$ über einem Körper K. Die Ringe $\mathbb{Z}[X]$ und $K[X,Y]$ sind keine Hauptidealringe. In 2.3.7 werden wir sehen, dass sie faktoriell sind.

2.3.6 Gemeinsame Teiler und Vielfache

In 1.3.8 hatten wir den größten gemeinsamen Teiler und das kleinste gemeinsame Vielfache ganzer Zahlen als erzeugende Elemente von Untergruppen von $\mathbb{Z}$ erklärt. Eine ganz analoge Konstruktion kann man in Hauptidealringen durchführen. Im allgemeineren Fall von faktoriellen Ringen lassen sich gemeinsame Teiler und Vielfache an den Zerlegungen in Primfaktoren erkennen.

Die Zerlegung in Primfaktoren ist nur bis auf Einheiten eindeutig. Im Ring $\mathbb{Z}$ ist das ganz harmlos, da $\mathbb{Z}^{\times} = \{+1, -1\}$; aber im Allgemeinen können faktorielle Ringe viele Einheiten besitzen. Daher ist es hilfreich, die Menge aller Primelemente eines faktoriellen Rings R in Klassen assoziierter (d.h. bis auf Einheiten gleicher) Primelemente aufzuteilen und aus jeder Klasse einen Vertreter $p \in R$ auszuwählen. Die Menge $P \subset R$ all dieser ausgewählten Primelemente nennt man ein **_Vertretersystem_**. In $R = \mathbb{Z}$ wählt man üblicherweise die (nach Definition positiven) Primzahlen aus, in $K[X]$ die normierten irreduziblen Polynome.

Ist $a \in R \smallsetminus \{0\}$ und $p \in P$, so ist der **_Exponent_** $v_p(a) \in \mathbb{N}$ **_von_** p **_bezüglich_** a erklärt durch

$$a = p^{v_p(a)} \cdot b \quad \text{mit} \quad p \nmid b \, .$$

Anders ausgedrückt: $p^{v_p(a)}$ ist die höchste in a enthaltene Potenz von p. Die bis auf Einheiten eindeutige Zerlegung in Primfaktoren kann man dann in der Form

$$a = \varepsilon(a) \prod_{p \in P} p^{v_p(a)} \quad \text{mit} \quad \varepsilon(a) \in R^{\times}$$

schreiben, wobei natürlich nur endlich viele Faktoren $p^{v_p(a)} \neq 1$ (d.h. $v_p(a) > 0$) sind.

Sind $a, b \in R$, so gilt offensichtlich für alle $p \in P$

- $v_p(a \cdot b) = v_p(a) + v_p(b)$, also

- $b \mid a \Leftrightarrow v_p(b) \leq v_p(a)$ für alle $p \in P$ und

- $a \in R^{\times} \Leftrightarrow v_p(a) = 0$ für alle $p \in P$.

Seien nun ein faktorieller Ring R und $a_1, \ldots, a_n \in R \smallsetminus \{0\}$ gegeben.

Definition *Ein $d \in R$ heißt **größter gemeinsamer Teiler** von $a_1, \ldots, a_n$, wenn folgendes gilt:*

1) d ist gemeinsamer Teiler von $a_1, \ldots, a_n$, d.h. $d \mid a_1, \ldots, d \mid a_n$.

2) Ist $b \in R$ gemeinsamer Teiler von $a_1, \ldots, a_n$, so folgt $b \mid d$.

Definition *Ein $c \in R$ heißt **kleinstes gemeinsames Vielfaches** von $a_1, \ldots, a_n$, wenn folgendes gilt:*

1) c ist gemeinsames Vielfaches von $a_1, \ldots, a_n$, d.h. $a_1 \mid c, \ldots, a_n \mid c$.

2) Ist $b \in R$ gemeinsames Vielfaches von $a_1, \ldots, a_n$, so folgt $c \mid b$.

Da sich die Teilbarkeit in R in die Größe der Exponenten in $\mathbb{N}$ übersetzen lässt, erhält man sofort den

Satz *Gegeben sei ein faktorieller Ring R mit einem Vertretersystem $P \subset R$ der Primelemente. Sind $a_1, \ldots, a_n \in R \smallsetminus \{0\}$ gegeben, so ist*

$$\mathrm{ggT}(a_1, \ldots, a_n) := \prod_{p \in P} p^{\min\{v_p(a_1), \ldots, v_p(a_n)\}}$$

ein größter gemeinsamer Teiler und

$$\mathrm{kgV}(a_1, \ldots, a_n) := \prod_{p \in P} p^{\max\{v_p(a_1), \ldots, v_p(a_n)\}}$$

ein kleinstes gemeinsames Vielfaches von $a_1, \ldots, a_n$.
Beide sind bis auf Einheiten in R eindeutig bestimmt. ∎

Als Verallgemeinerung einer bekannten Eigenschaft rationaler Zahlen erhält man das

Korollar *Ist R ein faktorieller Ring und $Q(R)$ sein Quotientenkörper, so gestattet jedes $\alpha \in Q(R)$ eine Darstellung*

$$\alpha = \frac{a}{b} \quad \text{mit teilerfremden} \quad a, b \in R.$$

Beweis Ist $\alpha = \frac{a_0}{b_0}$ mit $a_0, b_0 \in R$ und $b_0 \neq 0$, so kann man den Bruch mit $\mathrm{ggT}(a_0, b_0)$ kürzen; dadurch werden Zähler und Nenner teilerfremd. ∎

Ist der Ring R nicht nur faktoriell, sondern sogar Hauptidealring, so kann man wie in 1.3.8 für $R = \mathbb{Z}$ eine ***Relation von*** BÉZOUT beweisen: Zu $a_1, \ldots, a_n \in R \smallsetminus \{0\}$ gibt es $x_1, \ldots, x_n \in R$, so dass

$$\mathrm{ggT}(a_1, \ldots, a_n) = x_1 a_1 + \ldots + x_n a_n \, .$$

Ist R euklidisch, so kann man einen größten gemeinsamen Teiler und die Koeffizienten der Relation von BÉZOUT wie in Beispiel 1 aus 1.3.10 für $R = \mathbb{Z}$ durch den ***Euklidischen Algorithmus*** bestimmen.

Noch ein kleiner Nachtrag zu 2.3.4, der Darstellung natürlicher Zahlen als Produkt von Primzahlen: In der obigen Notation schreibt man die Darstellung von $m \in \mathbb{N}$ in der Form

$$m = \prod_{p \in P} p^{v_p(m)},$$

wobei P die Menge der Primzahlen bezeichnet. Für $m, n \in \mathbb{N}$ folgt

$$\mathrm{ggT}(m,n) = \prod_{p \in P} p^{\min\{v_p(m), v_p(n)\}} \quad \text{und} \quad \mathrm{kgV}(m,n) = \prod_{p \in P} p^{\max\{v_p(m), v_p(n)\}}.$$

Weiterhin gilt für jede Primzahl p

$$\min\{v_p(m), v_p(n)\} + \max\{v_p(m), v_p(n)\} = v_p(m) + v_p(n) \tag{$*$}$$

Das sieht man leicht, denn man kann für diese Primzahlen $v_p(m) \leq v_p(n)$ annehmen. Daraus ergibt sich schließlich die

Bemerkung *Für natürliche Zahlen m, n gilt*

$$\mathrm{ggT}(m,n) \cdot \mathrm{kgV}(m,n) = m \cdot n.$$

Als Anwendung kann man das kleinste gemeinsame Vielfache mit Hilfe des euklidischen Algorithmus berechnen (vgl. 1.3.10).

Beweis Unter Benutzung von $(*)$ und $v_p(m \cdot n) = v_p(m) + v_p(n)$ ergibt sich

$$\mathrm{ggT}(m,n) \cdot \mathrm{kgV}(m,n) = \prod_{p \in P} p^{\min\{v_p(m), v_p(n)\} + \max\{v_p(m), v_p(n)\}} = \prod_{p \in P} p^{v_p(m) + v_p(n)} = m \cdot n.$$

$\blacksquare$

2.3.7 Polynomringe über faktoriellen Ringen

Ist K ein Körper und $f \in K[X]$ ein Polynom ohne Nullstellen in K, so ist $K[X]/(f)$ ein Kandidat für einen Körper, in dem f eine Nullstelle besitzt. Nach Korollar 2 aus 2.3.2 ist $K[X]/(f)$ ein Körper, wenn f irreduzibel ist. Daher ist es geboten, nach Kriterien zu suchen, wann ein Polynom irreduzibel ist.

Eine Tücke dabei ist, dass die Irreduzibilität von $f \in R[X]$ bei Vergrößerung des Rings R verlorgen gehen kann. Wir geben dafür zwei einfache Beispiele. Seien

$$f := X^2 - 2, \quad g := X^2 + 1, \qquad f, g \in \mathbb{Z}[X] \subset \mathbb{Q}[X] \subset \mathbb{R}[X] \subset \mathbb{C}[X].$$

Als normierte quadratische Polynome sind f und g im entsprechenden Polynomring $R[X]$ genau dann reduzibel, wenn sie in $R[X]$ in Linearfaktoren zerlegbar sind, d.h. wenn sie in R Nullstellen haben (mehr dazu in 2.3.8). Die Nullstellen sind bestimmt durch die Zerlegungen

$$f = (X - \sqrt{2})(X + \sqrt{2}) \quad \text{und} \quad g = (X - \mathbf{i})(X + \mathbf{i}).$$

Da $\sqrt{2}$ irrational und $\mathbf{i}$ nicht reell ist, folgt daher:

f ist irreduzibel in $\mathbb{Z}[X]$ und $\mathbb{Q}[X]$, reduzibel in $\mathbb{R}[X]$ und $\mathbb{C}[X]$.

g ist irreduzibel in $\mathbb{Z}[X]$, $\mathbb{Q}[X]$ und $\mathbb{R}[X]$, reduzibel in $\mathbb{C}[X]$.

Für den Übergang von $\mathbb{Z}[X]$ nach $\mathbb{Q}[X]$ und die Eigenschaften von $\mathbb{Z}[X]$ hat GAUSS in seinen „Disquisitiones" [Ga$_3$] mit etwas anderen Worten ganz allgemein folgendes bewiesen:

1) Ist $f \in \mathbb{Z}[X]$ mit $\deg f \geq 1$ in $\mathbb{Z}[X]$ irreduzibel, so bleibt es in $\mathbb{Q}[X]$ irreduzibel.

2) Der Ring $\mathbb{Z}[X]$ ist faktoriell.

Dieses Ergebnis ist außerordentlich nützlich: Aus *1)* folgt, dass man die Irreduzibilität in $\mathbb{Q}[X]$ mit Hilfe der Teilbarkeitseigenschaften in $\mathbb{Z}$ prüfen kann, und aus *2)* folgt, dass auch für Polynome in $\mathbb{Z}[X]$ gute Teilbarkeitseigenschaften gelten. Beispiele dafür werden in 2.3.8 folgen.

Es wird sich zeigen, dass bei diesen Ergebnissen der Ring $\mathbb{Z}$ durch einen beliebigen faktoriellen Ring R und $\mathbb{Q}$ durch den Quotientenkörper $Q(R)$ ersetzt werden kann.

Zunächst beschreiben wir ein wichtiges Hilfsmittel zur Vereinfachung der Rechnungen:

Methode der Reduktion nach einem Primideal.

Ist R ein Integritätsring, so ist nach 2.1.6 auch der Polynomring $R[X]$ ein Integritätsring. Ist weiter $\mathfrak{p} \subset R$ ein Primideal, so ist nach 2.2.14 auch $\overline{R} := R/\mathfrak{p}$ ein Integritätsring. Der kanonische Homomorphismus

$$\rho : R \to \overline{R}, \ a \mapsto \overline{a} = a + \mathfrak{p},$$

hat nach 2.1.5 eine Fortsetzung zu einem Homomorphismus

$$\widehat{\rho} : R[X] \to \overline{R}[X], \ f = \sum_{i=0}^{m} a_i X^i \mapsto \overline{f} = \sum_{i=0}^{m} \overline{a}_i X^i.$$

Nach der Bemerkung aus 2.1.6 sind $R[X]$ und $\overline{R}[X]$ wieder Integritätsringe. Für $f, g \in R[X]$ gilt somit

$$\overline{f \cdot g} = \overline{f} \cdot \overline{g} \quad \textit{für alle } f, g \in R[X] \qquad \textit{und}$$

$$\overline{f \cdot g} = 0 \quad \Rightarrow \quad \overline{f} = 0 \ \textit{oder} \ \overline{g} = 0.$$

Das kann im Folgenden benutzt werden, um ohne viel Rechnung Beziehungen zwischen der Teilbarkeit von Polynomen und deren Koeffizienten nachzuweisen.

Zunächst führen wir zwei hilfreiche Begriffe ein:

Definition *Ist R faktoriell und*

$$f = a_0 + a_1 X + ... + a_m X^m \in R[X] \smallsetminus \{0\},$$

*so erklären wir den **Inhalt** von f als*

$$\mathrm{inh}(f) := \mathrm{ggT}(a_0, ..., a_m) \in R.$$

*f heißt **primitiv**, falls $\mathrm{inh}(f) = 1$, d.h. wenn die Koeffzienten von f teilerfremd sind.*

Offensichtlich ist jedes irreduzible $f \in R[X]$ mit deg $f \geq 1$ primitiv, denn wenn inh(f) keine Einheit ist, so ist f reduzibel. Die Umkehrung gilt nicht: $f = X^2$ ist primitiv, aber reduzibel.

Grundlegend ist das

Lemma von GAUSS *Ist R ein faktorieller Ring, und sind $f, g \in R[X]$ primitiv, so ist auch $f \cdot g \in R[X]$ primitiv.*

Beweis Ist $f \cdot g$ nicht primitiv, so gibt es ein Primelement $p \in R$, das $f \cdot g$ teilt. Im Integritätsring $(R/(p))[X]$ gilt daher $\overline{f \cdot g} = 0$, woraus $\overline{f} = 0$ oder $\overline{g} = 0$ folgt. Damit muss p ein Teiler von f oder g sein, also ist f oder g nicht primitiv. ∎

Im nächsten Schritt betrachten wir ein $f \in K[X] \smallsetminus \{0\}$, wobei $K = Q(R)$, also

$$f = \frac{a_0}{b_0} + \frac{a_1}{b_1}X + \dots + \frac{a_m}{b_m}X^m \quad \text{mit } a_i, b_i \in R, \ b_i \neq 0 \text{ und } b_i = 1 \text{ falls } a_i = 0.$$

Setzt man $b := \mathrm{kgV}(b_0, \dots, b_m)$, so ist $bf \in R[X]$ und man kann den ***Inhalt*** von f als

$$\mathrm{inh}(f) := \frac{\mathrm{inh}(bf)}{b} \in K$$

erklären. Anstelle von b kann auch ein beliebiges Vielfaches $b' = c \cdot b$ mit $0 \neq c \in R$, etwa $b' = b_0 \cdot \dots \cdot b_m$ verwenden, denn

$$\frac{\mathrm{inh}(b'f)}{b'} = \frac{c \cdot \mathrm{inh}(bf)}{cb} = \mathrm{inh}(f).$$

Nach der Definition von inh(f) für $f \in K[X]$ ist

$$f^* := \frac{f}{\mathrm{inh}(f)} = \frac{bf}{\mathrm{inh}(bf)} \in R[X]$$

primitiv, und daraus erhält man für jedes $f \in K[X] \smallsetminus \{0\}$ eine Darstellung

$$f = \mathrm{inh}(f) \cdot f^* \quad \text{mit } \mathrm{inh}(f) \in K \text{ und } f^* \in R[X] \text{ primitiv.}$$

Beispiele

1) Für $f = \frac{5}{4}X + \frac{35}{6}$ ist $b = \mathrm{kgV}(4, 6) = 12$, also

$$bf = 15X + 70, \ \mathrm{inh}(bf) = 5, \ \mathrm{inh}(f) = \frac{5}{12} \text{ und } f^* = 3X + 14.$$

2) Für $f = X^3 + \frac{2}{9}X^2 + \frac{4}{3}X + \frac{1}{5}$ ist $b = 45$, also

$$bf = 45X^3 + 10X^2 + 60X + 9, \ \mathrm{inh}(bf) = 1, \ \mathrm{inh}(f) = \frac{1}{45} \text{ und } f^* = bf.$$

Wir notieren einige elementare Eigenschaften des Inhalts.

Hilfssatz   *Sei $K = Q(R)$ und $f \in K[X] \smallsetminus \{0\}$.*

a) Der Inhalt $\mathrm{inh}(f) \in K$ und das primitive Polynom $f^* \in R[X]$ sind durch die Eigenschaft $f = \mathrm{inh}(f) \cdot f^*$ bis auf Einheiten in R eindeutig bestimmt.

b) $f \in R[X] \Leftrightarrow \mathrm{inh}(f) \in R$

c) Ist f normiert, so ist $\mathrm{inh}(f) = \frac{1}{b}$ mit $b \in R \smallsetminus \{0\}$.

Beweis a) Wir zeigen dazu: Ist $\alpha f = \beta g$ mit $\alpha, \beta \in K$ und primitiven $f, g \in R[X]$, so folgt $\alpha = \beta$ und $f = g$ bis auf Einheiten in R.

Nach Multiplikation mit einem gemeinsamen Nenner aus R von α und β können wir $\alpha, \beta \in R$ annehmen. Für $i = 0, \ldots, n = \deg f = \deg g$ seien a_i bzw. b_i die Koeffizienten von f bzw. g. Dann gilt

$$\alpha a_i = \beta b_i \,.$$

Da f und g primitiv sind, ist

$$\alpha = \mathrm{ggT}\,(\alpha a_0, \ldots, \alpha a_n) \sim \mathrm{ggT}\,(\beta b_0, \ldots, \beta b_n) = \beta \,,$$

also $\alpha \sim \beta$ und $f \sim g$.

b) Ist $f = a_n X^n + \ldots + a_0$ mit $a_i \in R$, so ist $\mathrm{inh}(f) = \mathrm{ggT}\,(a_0, \ldots, a_n) \in R$. Die umgekehrte Richtung folgt aus $f = \mathrm{inh}(f) \cdot f^*$ mit $f^* \in R[X]$.

c) Sei $f = X^n + \frac{a_{n-1}}{b_{n-1}} X^{n-1} + \ldots + \frac{a_0}{b_0}$ mit $a_i, b_i \in R$, $\mathrm{ggT}(a_i, b_i) = 1$ und $b := \mathrm{kgV}(b_0, \ldots, b_{n-1})$. Dann genügt es wegen *a)* zu zeigen, dass bf primitiv ist. Sei also p ein Primfaktor von b und $k := v_p(b) \geq 1$. Nach Definition des kgV gibt es mindestens ein $i \in \{0, \ldots, m-1\}$ mit

$$v_p(b) = v_p(b_i) = k\,, \quad \text{also } b = p^k b' \text{ und } b_i = p^k b_i' \text{ mit } p \nmid b'\,, \ p \nmid b_i'\,.$$

Weiter gilt $p \nmid a_i$, da $\mathrm{ggT}(a_i, b_i) = 1$ und $p \mid b_i$. Der i-te Koeffizient von bf ist

$$\frac{ba_i}{b_i} = \frac{p^k b' a_i}{p^k b_i'} = \frac{b'}{b_i'} a_i \,,$$

er hat p nicht als Teiler. Also ist bf primitiv.   ■

Aus dem Lemma von GAUSS ergibt sich das

Korollar   *Für $f, g \in K[X] \smallsetminus \{0\}$ ist bis auf Einheiten in R*

$$\mathrm{inh}(f \cdot g) = \mathrm{inh}(f) \cdot \mathrm{inh}(g) \,.$$

Beweis Wegen $f = \mathrm{inh}(f) \cdot f^*$ und $g = \mathrm{inh}(g) \cdot g^*$ ist

$$f \cdot g = \mathrm{inh}(f) \cdot \mathrm{inh}(g) \cdot f^* \cdot g^* \,.$$

Da $f^* \cdot g^*$ wieder primitiv ist, folgt die Behauptung aus Teil *a)* des obigen Hilfssatzes.   ■

Nun stehen alle Hilfsmittel bereit, um die Teilbarkeit in $R[X]$ und $K[X]$ zu vergleichen. Dabei gibt es triviale Probleme: Ist etwa $R = \mathbb{Z}$, so ist

$$f = 2X \text{ irreduzibel in } \mathbb{Q}[X], \text{ aber reduzibel in } \mathbb{Z}[X].$$

$$f = 2 \text{ irreduzibel in } \mathbb{Z}[X], \text{ aber Einheit und damit reduzibel in } \mathbb{Q}[X].$$

Solche Fälle können vermieden werden durch die Beschränkung auf primitive Polynome in $R[X]$. Nun zum entscheidenden Ergebnis:

Irreduzibilitäts-Satz   *Sei R ein faktorieller Ring, $K = Q(R)$ sein Quotientenkörper und $f \in R[X]$ primitiv. Dann gilt*

$$f \text{ irreduzibel in } R[X] \Leftrightarrow f \text{ irreduzibel in } K[X].$$

Beweis Wir zeigen zunächst die einfachere Implikation „$\Leftarrow$": Ist $f = g \cdot h$ mit $g, h \in R[X] \subset K[X]$, so muss g oder h Einheit in $K[X]$ sein. Ist etwa $g = b \in K^\times$, so ist $b \in R$, denn $g \in R[X]$. Nun folgt nach obigem Korollar

$$1 = \mathrm{inh}(f) = \mathrm{inh}(g) \cdot \mathrm{inh}(h) = b \cdot \mathrm{inh}(h)$$

und wegen $\mathrm{inh}(h) \in R$ ist $b \in R^\times$.

Für Anwendungen wichtiger ist die Implikation „$\Rightarrow$": Ist $f = g \cdot h$ mit $g, h \in K[X]$, so benutzen wir die Zerlegungen

$$g = \mathrm{inh}(g) \cdot g^*, \quad h = \mathrm{inh}(h) \cdot h^* \quad \text{mit } \mathrm{inh}(g),\ \mathrm{inh}(h) \in K \quad \text{und} \quad g^*, h^* \in R[X] \text{ primitiv.}$$

Wieder nach obigem Korollar gilt $1 = \mathrm{inh}(f) = \mathrm{inh}(g) \cdot \mathrm{inh}(h)$, also folgt

$$f = \mathrm{inh}(g) \cdot \mathrm{inh}(h) \cdot g^* \cdot h^* = g^* \cdot h^*.$$

Da f in $R[X]$ irreduzibel ist, kann man $g^* \in R^\times$, also $\deg g^* = 0$ annehmen. Da $\deg g = \deg g^*$, folgt $g \in K^\times$. ∎

Mit diesem Satz ist die Teilbarkeit im faktoriellen Ring $K[X]$ auf die Teilbarkeit in $R[X]$ zurückgeführt. Um das erfolgreich anwenden zu können, muss noch gezeigt werden, dass mit R auch $R[X]$ faktoriell ist. Zunächst notieren wir zwei weitere später benötigte Aussagen über die Teilbarkeit in $R[X]$ und $K[X]$.

Zusatz 1   *Sei $f \in R[X]$ primitiv und $g \in R[X] \setminus \{0\}$. Dann gilt:*

$$f \mid g \text{ in } K[X] \Rightarrow f \mid g \text{ in } R[X].$$

Beweis Sei $g = h \cdot f$ mit $h \in K[X]$. Dann ist nach dem Korollar zum Lemma von GAUSS wegen $\mathrm{inh}(f) \in R^\times$

$$\mathrm{inh}(h) \sim \mathrm{inh}(g) \in R, \text{ also } h \in R[X]$$

nach Teil *b)* des obigen Hilfssatzes. ∎

Bei GAUSS [Ga$_3$, Nr. 42] findet man im Fall $R = \mathbb{Z}$ den für die Kreisteilungstheorie wichtigen

Zusatz 2   *Sei $f \in R[X]$ normiert und $f = g \cdot h$ mit $g, h \in K[X]$. Ist g normiert, so folgt $g, h \in R[X]$.*

Beweis Da f und g normiert sind, ist auch h normiert. Wir benutzen Teil b) und c) des obigen Hilfssatzes. Es gilt

$$1 = \operatorname{inh}(f) = \operatorname{inh}(g) \cdot \operatorname{inh}(h) = \frac{1}{c} \cdot \frac{1}{d} \quad \text{mit} \quad c, d \in R \smallsetminus \{0\}.$$

Also folgt $c, d \in R^{\times}$ und $\operatorname{inh}(g), \operatorname{inh}(h) \in R$, also $g, h \in R[X]$. ∎

Schließlich kommen wir zum

Satz von GAUSS über faktorielle Ringe   *Ist der Ring R faktoriell, so ist auch der Polynomring $R[X]$ faktoriell.*

Korollar   *Die Ringe $\mathbb{Z}[X]$ und $K[X_1, ..., X_n]$ für $n \geq 1$ und einen Körper K sind faktoriell.*

Beweis Im ersten Schritt zeigen wir, dass es zu jedem $f \in R[X]$ mit $0 \neq f \notin R[X]^{\times} = R^{\times}$ eine Darstellung

$$f = a_1 \cdot ... \cdot a_k \cdot f_1 \cdot ... \cdot f_r$$

gibt mit Primelementen $a_1, ..., a_k \in R$ und irreduziblen $f_1, ..., f_r \in R[X]$ vom Grad ≥ 1.

Dazu benutzen wir eine Darstellung $f = \operatorname{inh}(f) \cdot f^*$ mit $\operatorname{inh}(f) \in R \smallsetminus \{0\}$ und primitivem $f^* \in R[X]$. Ist $\operatorname{inh}(f) \in R^{\times}$, so kann man $k = 0$ wählen. Andernfalls gibt es eine Darstellung

$$\operatorname{inh}(f) = a_1 \cdot ... \cdot a_k$$

mit $k \geq 1$ und Primelementen $a_1, .., a_k$, denn R ist nach Voraussetzung faktoriell. Der primitive Teil f^* hat über dem Quotientenkörper $K = Q(R)$ eine Zerlegung

$$f^* = f_1 \cdot ... \cdot f_r$$

mit irreduziblen $f_1, ..., f_r \in K[X]$, denn $K[X]$ ist als Hauptidealring faktoriell. Nach dem obigen Korollar ist $f^* = f_1^* \cdot ... \cdot f_r^*$ bis auf Einheiten in R. Daher kann man die $f_1, ..., f_r$ als primitiv in $R[X]$ wählen. Nach der obigen Bemerkung sind $f_1, .., f_r$ dann auch in $R[X]$ irreduzibel, und der erste Schritt ist abgeschlossen.

Im zweiten Schritt vergleichen wir zwei mögliche Darstellungen

$$f = a_1 \cdot ... \cdot a_k \cdot f_1 \cdot ... \cdot f_r = b_1 \cdot ... \cdot b_l \cdot g_1 \cdot ... \cdot g_s$$

mit Primelementen $a_1, ..., a_k, b_1, ..., b_l \in R$ und irreduziblen $f_1, ..., f_r, g_1, ..., g_s \in R[X]$ vom Grad ≥ 1. Da irreduzible Polynome auch primitiv sind, folgt dass $f_1, ..., f_r$ und $g_1, ..., g_s$ primitiv sind. Nach Teil a) des obigen Hilfssatzes folgt

$$a_1 \cdot ... \cdot a_k \sim b_1 \cdot ... \cdot b_l \quad \text{und} \quad f_1 \cdot ... \cdot f_r \sim g_1 \cdot ... \cdot g_s.$$

Da R faktoriell ist, folgt $k = l$ und bis auf Reihenfolge $a_i \sim b_i$. Nach dem obigen Irreduzibilitäts-Satz sind die Polynome f_i und g_i auch in $K[X]$ irreduzibel. Da $K[X]$ faktoriell ist, folgt $r = s$ und bis auf Reihenfolge $f_i \sim g_i$ in $K[X]$. Da die f_i und g_i primitiv sind, folgt nach obigem Zusatz 1 auch $f_i \sim g_i$ in $R[X]$. Somit ist die Eindeutigkeit der Darstellungen bis auf Einheiten bewiesen. ∎

Als Ergebnis der vorhergehenden Abschnitte notieren wir eine verfeinerte und strikte Hierarchie von Ringen mit Gegenbeispielen:

$$\textit{Körper} \;\Rightarrow\; \textit{euklidischer Ring} \;\Rightarrow\; \textit{Hauptidealring} \;\Rightarrow\; \textit{faktorieller Ring} \;\Rightarrow\; \textit{Integritätsring}$$
$$\Leftarrow \qquad\qquad \Leftarrow \qquad\qquad \Leftarrow \qquad\qquad \Leftarrow$$
$$\mathbb{Z}, K[X] \qquad\qquad \mathcal{O}_{-19} \qquad\qquad \mathbb{Z}[X], K[X,Y] \qquad\qquad \mathbb{Z}[\sqrt{-5}]$$

Das komplizierteste Gegenbeispiel ist der quadratische Zahlring

$$\mathcal{O}_{-19} := \mathbb{Z} + \mathbb{Z}\omega \quad \text{mit} \quad \omega := \frac{1}{2}\left(1 + \sqrt{-19}\right) = \frac{1}{2}\left(1 + \mathbf{i}\sqrt{19}\right) \in \mathbb{C}.$$

Diese Beispiele werden in 2.4.2 näher beschrieben, und in 2.4.4 wird gezeigt, dass $\mathcal{O}_{-19}$ mit der naheliegenden Norm $\mathrm{N}(\alpha) = \alpha \cdot \overline{\alpha}$ nicht euklidisch ist. Dazu genügt es nachzurechnen, dass $\mathrm{N}(\xi) > 1$ für den Mittelpunkt ξ des Kreises durch 0, ω und $-1 + \omega$. Der etwas mühsamere Beweis, dass $\mathcal{O}_{-19}$ ein Hauptidealring ist, wird z. B. in [Str, §1] ausgeführt.

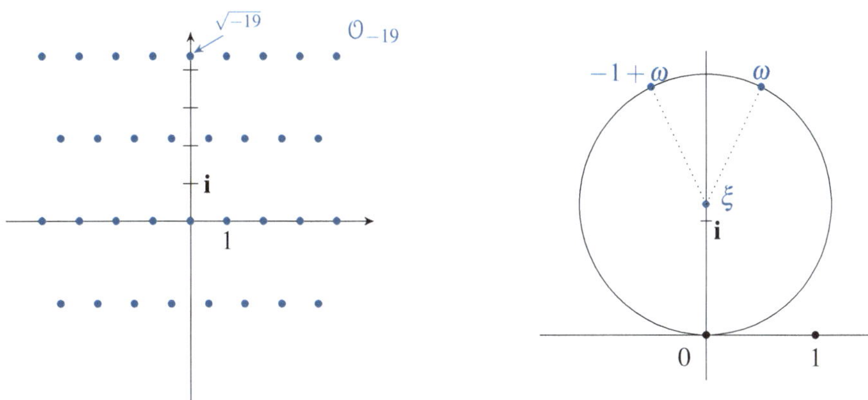

2.3.8 Irreduzibilitätskriterien für Polynome

Nun kommen wir zu den Anwendungen der Ergebnisse des vorhergehenden Abschnitts 2.3.7. Wir betrachten zunächst den wichtigen Spezialfall eines Polynoms $f \in \mathbb{Q}[X]$ mit $\deg f \geq 1$ für das entschieden werden soll, ob es in $\mathbb{Q}[X]$ irreduzibel ist. Entsprechend 2.3.7 gibt es eine bis auf Vorzeichen eindeutige Zerlegung

$$f = \mathrm{inh}(f) \cdot f^* \quad \text{mit } \mathrm{inh}(f) \in \mathbb{Q}^\times \text{ und } f^* \in \mathbb{Z}[X] \text{ primitiv.}$$

Angenommen, man kann zeigen, dass $f^* \in \mathbb{Z}[X]$ irreduzibel ist. Dann ist f^* nach dem Irreduzibilitätssatz aus 2.3.7 auch in $\mathbb{Q}[X]$ irreduzibel. Da $\mathrm{inh}(f) \in \mathbb{Q}^\times$ ist auch f in $\mathbb{Q}[X]$ irreduzibel.

Damit ist das Problem der Irreduzibilität von Polynomen aus $\mathbb{Q}[X]$ zurückgeführt auf das Problem der Irreduzibilität von primitiven Polynomen in $\mathbb{Z}[X]$.

Beispiel 1 $f = \frac{5}{2}X^3 - \frac{5}{3}X^2 - 5X + \frac{10}{3} \in \mathbb{Q}[X]$ hat die Zerlegung

$$f = \mathrm{inh}(f) \cdot f^* = \frac{5}{6} \cdot \left(3X^3 - 2X^2 - 6X + 4\right).$$

Es bleibt also zu entscheiden, ob f^* in $\mathbb{Z}[X]$ irreduzibel ist (vgl. Beispiel 1 in 2.3.9).

Nun wollen wir einige Werkzeuge angeben, mit deren Hilfe es gelingen kann (aber leider nicht muss), die Irreduzibilität eines primitiven Polynoms nachzuweisen.

a)   **Suche nach Linearfaktoren**

Sei R ein faktorieller Ring und $f = a_0 + ... + a_n X^n \in R[X]$ primitiv mit $n \geq 2$ und $a_n \neq 0$. Dass f einen Linearfaktor in $R[X]$ hat, bedeutet, dass es eine Zerlegung

$$f = (b_0 + b_1 X)(c_0 + ... + c_{n-1}X^{n-1}) \quad \text{mit } b_i, c_j \in R,\ b_1, c_{n-1} \neq 0 \qquad (*)$$

gibt. Das ist gleichbedeutend damit, dass f eine Nullstelle $\alpha \in K = Q(R)$, nämlich $\alpha = -\frac{b_0}{b_1}$ hat. Offensichtlich gilt Folgendes:

- *Hat f einen Linearfaktor in $R[X]$, so ist f reduzibel.*

- *Für $\deg f = 2$ oder 3 gilt:*

$$f \text{ irreduzibel} \quad \Leftrightarrow \quad f \text{ hat keinen Linearfaktor in } R[X].$$

Für $\deg f \geq 4$ genügt es nicht mehr nach Linearfaktoren zu suchen. Hier hilft das unter Teil *d)* beschriebene Verfahren von KRONECKER.

Für die Suche nach Linearfaktoren gibt es ein konstruktives Verfahren. Aus der Gleichung $(*)$ folgt für die gesuchten Koeffizienten b_0 und b_1

$$b_0 c_0 = a_0 \quad \text{und} \quad b_1 c_{n-1} = a_n, \quad \text{also } b_0 | a_0 \text{ und } b_1 | a_n.$$

Da R faktoriell ist, besitzen a_0 und a_n nur endlich viele Teiler. Daher genügt es, für alle möglichen Paare b_0, b_1 von Teilern den Wert $f\left(-\frac{b_0}{b_1}\right)$ zu berechnen und es folgt:

f hat einen Linearfaktor in $R[X]$
$\Leftrightarrow$ es gibt Teiler b_0 von a_0 und b_1 von a_n derart, dass $f\left(-\frac{b_0}{b_1}\right) = 0$.

Ist insbesondere $R = \mathbb{Z}$ und $a_n = 1$, so genügt es die Werte $f(b_0)$ für alle Teiler $b_0 \in \mathbb{Z}$ von a_0 zu berechnen.

Die Anzahl der zu prüfenden Kandidaten für eine Nullstelle α hängt stark von der immerhin endlichen Zahl der Teiler von a_0 und a_n ab. Für Polynome von Grad 2 oder 3 kann man auf diese Weise die Irreduzibilität prüfen.

b) Die Bedingung von EISENSTEIN

Eine leider nur manchmal erfüllte hinreichende Bedingung für die Irreduzibilität wurde um 1850 von GOTTHOLD EISENSTEIN gefunden:

EISENSTEIN-Kriterium   *Sei R ein faktorieller Ring und*

$$f = a_0 + a_1 X + \ldots + a_n X^n \in R[X]$$

ein primitives Polynom vom Grad $n \geq 1$. Wenn es ein Primelement $p \in R$ gibt, so dass

$$p \mid a_0, \ldots, p \mid a_{n-1}, \quad \text{aber} \quad p \nmid a_n \quad \text{und} \quad p^2 \nmid a_0,$$

so ist f irreduzibel in $R[X]$ und in $Q(R)[X]$.

Man beachte, dass $p \mid a$ auch für $a = 0$ gilt. Aus $p \nmid a_n$ und $p^2 \nmid a_0$ folgt aber $a_n \neq 0$ und $a_0 \neq 0$.

Beweis Der Fall $n = 1$ ist klar, sei also $n \geq 2$. Angenommen $f = g \cdot h$ mit $g, h \in R[X]$ wobei

$$g = b_0 + b_1 X + \ldots + b_k X^k \quad \text{und} \quad h = c_0 + \ldots + c_l X^l, \quad k, l \geq 1, \; b_k \neq 0 \; \text{und} \; c_l \neq 0.$$

Dann ist $a_0 = b_0 c_0$ und $a_n X^n = b_k c_l X^{k+l}$. Nun verwenden wir die Methode der Reduktion modulo p aus 2.3.7:

Ist $\overline{R} = R/(p)$, so gilt in $\overline{R}[X]$

$$\overline{f} = \overline{a}_n X^n = \overline{g} \cdot \overline{h}, \quad \text{also} \quad \overline{g} = \overline{b}_k X^k \quad \text{und} \quad \overline{h} = \overline{c}_l X^l,$$

denn $\overline{R}$ ist ein Integritätsring. Insbesondere ist $\overline{b}_0 = \overline{c}_0 = 0$, d.h. $p \mid b_0$ und $p \mid c_0$. Da $a_0 = b_0 \cdot c_0$ wäre p^2 ein Teiler von a_0, im Widerspruch zur Voraussetzung.

Somit ist f irreduzibel in $R[X]$ und nach dem Irreduzibilitäts-Satz aus 2.3.7 auch in $Q(R)[X]$. ∎

c) Reduktion modulo p

Die Bedingungen an das Primelement p im Kriterium von EISENSTEIN sind ziemlich einschränkend, sie sind selten erfüllt. Als Alternative kann man jedes Primelement p verwenden, das den höchsten Koeffizienten a_n von f nicht teilt und versuchen, die Irreduziblität von $\overline{f}$ zu beweisen. Dann greift das

Reduktions-Kriterium   *Sei R ein faktorieller Ring,*

$$f := a_n X^n + \ldots + a_1 X + a_0 \in R[X]$$

ein primitives Polynom vom Grad $n \geq 1$ und $\mathfrak{p} \subset R$ ein Primideal derart, dass $a_n \notin \mathfrak{p}$. Ist

$$\overline{R} := R/\mathfrak{p} \quad \text{und} \quad \rho : R[X] \to \overline{R}[X], \; f \mapsto \overline{f},$$

der kanonische Homomorphismus, so gilt

$$\overline{f} \quad \text{irreduzibel in} \quad \overline{R}[X] \; \Rightarrow \; f \quad \text{irreduzibel in} \quad R[X] \quad \text{und in} \quad Q(R)[X].$$

Der wichtigste Fall ist $R = \mathbb{Z}$, dann ist $\overline{\mathbb{Z}} = \mathbb{Z}/p\mathbb{Z}$ ein endlicher Körper und in $\overline{\mathbb{Z}}[X]$ gibt es zu jedem Grad nur endlich viele Polynome, also auch nur endlich viele Kandidaten für Faktoren von $\overline{f}$. Beispiele folgen in 2.3.9.

Beweis Ist das gegebene primitive f reduzibel in $R[X]$, so gibt es eine Zerlegung

$$f = g \cdot h \quad \text{mit} \quad g, h \in R[X] \quad \text{und} \quad \deg g, \deg h \geq 1 \,.$$

Da ρ ein Homomorphismus ist, erhält man durch Reduktion aller Koeffizienten modulo p die Zerlegung

$$\overline{f} = \overline{g} \cdot \overline{h} \quad \text{in} \quad \overline{R}[X] \,. \tag{$*$}$$

Sind b, c die Leitkoeffizienten von g, h, so ist

$$a_n = b \cdot c \quad \text{und} \quad 0 \neq \overline{a}_n = \overline{b} \cdot \overline{c} \,, \quad \text{also} \quad \overline{b}, \overline{c} \neq 0 \,.$$

Daraus folgt $\deg \overline{g} = \deg g \geq 1$ und $\deg \overline{h} = \deg h \geq 1$, nach $(*)$ ist also $\overline{f}$ reduzibel in $\overline{R}[X]$. Die Irreduzibilität von f in $Q(R)[X]$ folgt aus 2.3.7.   ∎

Man beachte, dass die Umkehrung des Reduktionskriteriums ganz und gar falsch ist. So ist etwa

$$f = X^2 - 2 \in \mathbb{Z}[X] \quad \text{irreduzibel, aber} \quad \overline{f} = X^2 \in (\mathbb{Z}/2\mathbb{Z})[X] \quad \text{reduzibel.}$$

d) Das Verfahren von KRONECKER

Im faktoriellen Ring $\mathbb{Z}[X]$ ist jedes Polynom in ein endliches Produkt von irreduziblen Polynomen zerlegbar. KRONECKER hat ein Verfahren angegeben, diese Zerlegung in endlich vielen Rechenschritten auszuführen (vgl. etwa [W_1, §32]). Das ist eine Verallgemeinerung der Methode aus Teil *a)*, bei der Linearfaktoren ausfinding gemacht wurden. Dabei ist Folgendes zu benutzen:

1) Ist $f \in \mathbb{Z}[X]$ primitiv und $\deg f = n$, so genügt es alle Teiler $g \in \mathbb{Z}[X]$ mit $1 \leq \deg g \leq \frac{n}{2}$ zu bestimmen. Die restlichen Teiler von f erhält man durch Division.

2) Ist $g \in \mathbb{Z}[X]$ ein Teiler von f und $a \in \mathbb{Z}$, so ist $g(a)$ ein Teiler von $f(a)$.

3) Ist $k \in \mathbb{N}$ und sind $a_0, ..., a_k \in \mathbb{Z}$ paarweise verschieden, so gibt es zu beliebigen Werten $d_0, ..., d_k \in \mathbb{Z}$ genau ein $g \in \mathbb{Q}[X]$ vom Grad $\leq k$ mit $g(a_i) = d_i$ für $i = 0, ..., k$. Dazu kann man die Interpolationformel von LAGRANGE aus 2.1.8, oder besser das iterative Verfahren von NEWTON verwenden.

Um einen Teiler g von f mit $1 \leq k = \deg g < \deg f$ zu finden, verfährt man nun wie folgt:

- Man wählt $k + 1$ verschiedene Stellen $a_0, ..., a_k \in \mathbb{Z}$, an denen die Werte $b_i = f(a_i)$ möglichst wenige Primfaktoren haben.

- Zu jedem möglichen $(k+1)$-Tupel $(d_0, ..., d_k) \in \mathbb{Z}^k$ mit $d_i | b_i$ bestimmt man nach *3)* das Interpolationspolynom g mit $g(a_i) = d_i$.

- All diese Polynome g sind nach *2)* Kandidaten für Teiler von f. Zunächst scheiden alle $g \in \mathbb{Q}[X]$ aus, die nicht in $\mathbb{Z}[X]$ liegen, oder deren Grad kleiner als k ist. Dann wird f mit Rest durch die verbleibenden g dividiert. Genau dann ist g ein Teiler von f in $\mathbb{Z}[X]$ vom Grad k, wenn der Rest verschwindet.

Im allgemeinen gibt es sehr viele Kandidaten g, deren Anzahl aber in speziellen Fällen weiter reduziert werden kann. Computeralgebra-Systeme haben passende Programme, welche die lästige Rechenarbeit übernehmen können (vgl. Beispiel 9 in 2.3.9).

2.3.9 Beispiele

Wir geben einige Fälle an, bei denen es gelingt, über die Irreduzibilität eines vorgelegten Polynoms zu entscheiden.

Beispiel 1 $f = 3X^2 + 6X + 2 \in \mathbb{Z}[X]$.

Für einen Linearfaktor $b_1 X + b_0$ kommen nur die Werte $b_0 = \pm 1, \pm 2$ und $b_1 = \pm 1, \pm 3$ in Frage. Für alle möglichen $\alpha = -\frac{b_0}{b_1}$ ist $f(\alpha) \neq 0$, also ist f irreduzibel in $\mathbb{Z}[X]$ und damit auch in $\mathbb{Q}[X]$. Das folgt auch das der „Mitternachtsformel", denn $\sqrt{6^2 - 4 \cdot 3 \cdot 2} = \sqrt{12} = 2\sqrt{3}$ ist nicht rational.

Ist f normiert, also etwa

$$f = X^3 - 5X^2 + 3X + 2 \in \mathbb{Z}[X],$$

so kommen für einen Linearfaktor $X + b_0$ nur die Werte $b_0 = \pm 1$ oder $b_0 = \pm 2$ in Frage, und für diese ist $f(b_0) \neq 0$. Also ist f in $\mathbb{Z}[X]$ und $\mathbb{Q}[X]$ irreduzibel.

Dieses Ergebnis kann auch folgendermaßen gesehen werden: Die in den folgenden Graphen sichtbaren reellen Nullstellen der beiden Polynome sind nicht rational.

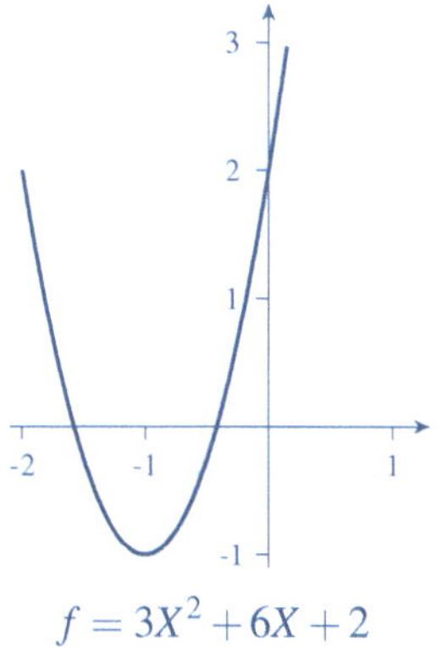

$$f = 3X^2 + 6X + 2$$

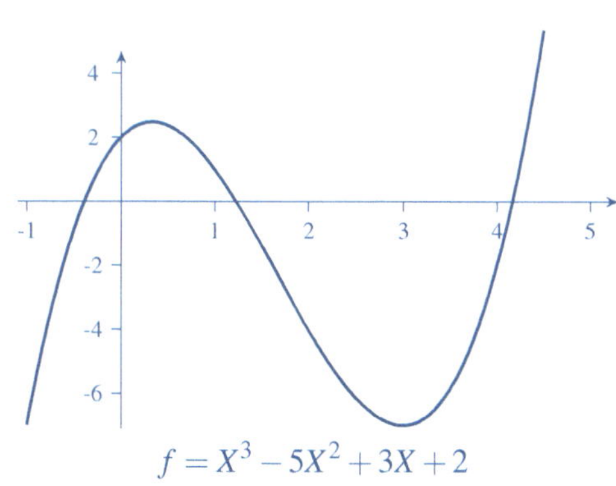

$$f = X^3 - 5X^2 + 3X + 2$$

Ist dagegen

$$f = 3X^3 - 2X^2 - 6X + 4 \in \mathbb{Z}[X],$$

so findet man eine Nullstelle bei $\alpha = \frac{2}{3}$
und eine Zerlegung

$$f = (3X - 2)(X^2 - 2).$$

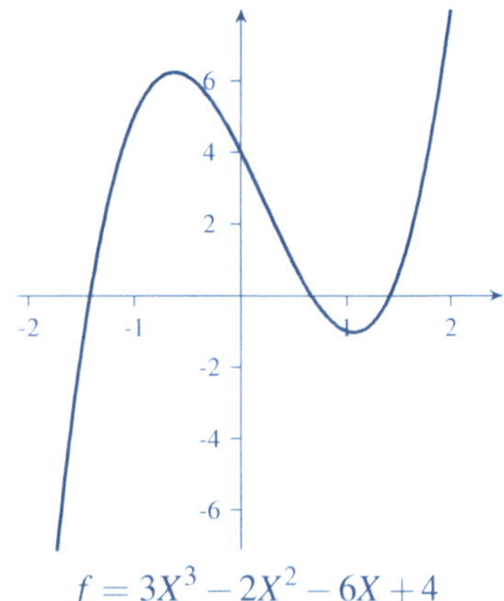

$$f = 3X^3 - 2X^2 - 6X + 4$$

Beispiel 2 $f = X^n - p \in \mathbb{Z}[X]$ und p prim.

Hier kann man sofort das EISENSTEIN-Kriterium anwenden, also ist f in $\mathbb{Z}[X]$ und auch in $\mathbb{Q}[X]$ irreduzibel. Daraus folgt insbesondere, dass für $n \geq 2$ jede Wurzel $\sqrt[n]{p} \in \mathbb{C}$ irrational ist. Analog kann man die Irreduzibilität von $X^n - pk$ mit $k \in \mathbb{N}$ und $p \nmid k$ beweisen. Daraus folgt, dass die reellen Wurzeln $\sqrt[n]{pk}$ für jedes $n \geq 2$ irrational sind, etwa $\sqrt[7]{90}$. Das direkt zu zeigen, wäre etwas mühsamer!

Beispiel 3 $f = 2X^4 + 10X^3 + 25X + 30 \in \mathbb{Z}[X]$ ist nach EISENSTEIN mit $p = 5$ irreduzibel.

Beispiel 4 $f = X^n + Y^n - 1 \in \mathbb{Z}[X,Y] = (\mathbb{Z}[X])[Y]$ mit $n \geq 1$.

Als Polynom in Y ist $f = Y^n + (X^n - 1)$, also $a_n = 1$ und

$$a_0 = X^n - 1 = (X - 1) \cdot (X^{n-1} + \ldots + X + 1).$$

Da $X - 1 \in \mathbb{Z}[X]$ irreduzibel und somit Primelement im faktoriellen Ring $\mathbb{Z}[X]$ ist, und $(X - 1)^2 \nmid a_0$, ist f nach EISENSTEIN irreduzibel.

Die Nullstellenmenge von f in $\mathbb{C}^2$ nennt man **_Fermatkurve_** (vgl. etwa [Fi₃]).

Beispiel 5 $f = X^{p-1} + X^{p-2} + \ldots + X + 1 \in \mathbb{Z}[X]$ mit p prim.

Dies ist ein spezielles „Kreisteilungspolynom"(vgl. 3.5.6), es gilt

$$X^p - 1 = (X - 1) \cdot f . \qquad\qquad (*)$$

In diesem Fall kann man nach der Substitution $X \mapsto X + 1$ das EISENSTEIN-Kriterium anwenden. Am besten rechnet man nicht $f(X + 1)$ direkt aus, sondern man substituiert in $(*)$:

$$(X + 1)^p - 1 = X \cdot f(X + 1) , \quad \text{also}$$

$$g(X) := f(X + 1) = \frac{(X + 1)^p - 1}{X} = X^{p-1} + \binom{p}{1}X^{p-2} + \ldots + \binom{p}{p-1} .$$

Für $1 \leq i \leq p - 1$ gilt $p \mid \binom{p}{i}$, denn $p \mid p!$, aber $p \nmid i!$ und $p \nmid (p - i)$. Weiter ist und $\binom{p}{p-1} = p$, also ist g nach EISENSTEIN in $\mathbb{Z}[X]$ irreduzibel. Nach dem Lemma in 2.1.6 ist damit auch f irreduzibel.

Beispiel 6 Sei $f = X^4 + 1 \in \mathbb{Z}[X]$.

Dass f in $\mathbb{Z}[X]$ irreduzibel ist, kann man wie in Beispiel 5 mit Hilfe der Substitution $X \mapsto X + 1$ und EISENSTEIN beweisen, denn

$$g(X) := f(X+1) = (X+1)^4 + 1 = X^4 + 4X^3 + 6X^2 + 4X + 2.$$

In $\mathbb{C}[X]$ hat f mit $\zeta := \zeta_8 = \exp\left(\frac{2\pi i}{8}\right) = \frac{1}{2}\sqrt{2}(1+i)$ die Zerlegung

$$f = (X - \zeta)(X - \zeta^3)(X - \zeta^5)(X - \zeta^7).$$

In $\mathbb{R}[X]$ zerfällt f in zwei irreduzible quadratische Faktoren:

$$f = (X - \zeta)(X - \zeta^7) \cdot (X - \zeta^3)(X - \zeta^5) = (X^2 - \sqrt{2}X + 1) \cdot (X^2 + \sqrt{2}X + 1).$$

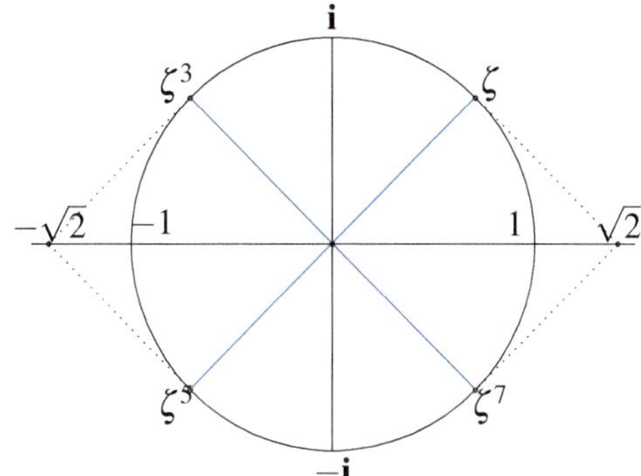

Beispiel 7 Ist $f \in \mathbb{Z}[X]$ und $2 \nmid a_n$, so kann man die Koeffizienten modulo 2 reduzieren. Um festzustellen, ob $\overline{f} \in \mathbb{F}_2[X]$ irreduzibel ist, kann man vielerlei Kniffe benutzen. Die sicherste Methode ist, sich die endlich vielen Polynome von festem Grad aufzuschreiben und analog zur Siebmethode des ERATOSTHENES all die zu streichen, die als Produkte von Polynomen kleineren Grades entstehen. Für $n \le 4$ wollen wir das ausführen. Die irreduziblen Polynome sind fett gedruckt:

$$n = 1: \quad \mathbf{X} \qquad\qquad n = 3: \quad X^3$$
$$\mathbf{X+1} \qquad\qquad X^3 + 1 = (X+1)(X^2 + X + 1)$$
$$X^3 + X = X(X^2 + 1)$$
$$n = 2: \quad X^2 \qquad\qquad X^3 + X^2 = X^2(X+1)$$
$$X^2 + 1 = (X+1)^2 \qquad\qquad \mathbf{X^3 + X + 1}$$
$$X^2 + X = X(X+1) \qquad\qquad \mathbf{X^3 + X^2 + 1}$$
$$\mathbf{X^2 + X + 1} \qquad\qquad X^3 + X^2 + X = X(X^2 + X + 1)$$
$$X^3 + X^2 + X + 1 = (X+1)^3$$

$$n = 4: \quad \text{Wir notieren nur noch das Ergebnis.} \quad \mathbf{X^4 + X + 1}$$
$$\mathbf{X^4 + X^3 + 1}$$
$$\mathbf{X^4 + X^3 + X^2 + X + 1}$$

Gestrichen sind alle Polynome mit mindestens einer Nullstelle und

$$(X^2 + X + 1)^2 = X^4 + X^2 + 1 \,.$$

Mit Hilfe dieser Liste kann man nun sofort Polynome vom Grad ≤ 4 angeben, die in $\mathbb{Z}[X]$ und damit in $\mathbb{Q}[X]$ irreduzibel sind:

$$3X^2 - 5X + 17$$
$$9X^3 + 2X^2 - 7X + 5$$
$$X^3 + 3X^2 - 4X + 11$$
$$7X^4 + 6X^3 - X + 9$$
$$X^4 + 3X^3 - 2X + 1$$
$$3X^4 + 5X^3 + 7X^2 + 9X + 11$$

Beispiel 8 $f = X^4 + 6X^3 + 7X^2 - 5X - 2 \in \mathbb{Z}[X]$

ergibt bei Reduktion modulo 2 das reduzible Polynom

$$X^4 + X^2 + X \in \mathbb{F}_2[X] \,.$$

Der nächstliegende weitere Versuch ist eine Reduktion modulo 3. Dazu benutzt man den Körper $\mathbb{F}_3 = \{\bar{0}, \bar{1}, \bar{2}\}$, oder einfacher $\mathbb{F}_3 = \{0, 1, -1\}$ mit den Rechenregeln

$+$	0	1	-1
0	0	1	-1
1	1	-1	0
-1	-1	0	1

$\cdot$	0	1	-1
0	0	0	0
1	0	1	-1
-1	0	-1	1

Bei der Bestimmung der irreduziblen Polynome in jedem Körper K genügt es, die normierten irreduziblen Polynome zu betrachten, da die Multiplikation mit einem Faktor aus K^* nichts an der Irreduzibilität ändert. Wir verwenden für $p = 3$ die Siebmethode wie für $p = 2$ in Beispiel 7. Das ergibt die folgenden irreduziblen Polynome:

$n = 1:$ $\mathbf{X}$ $n = 3:$ $\mathbf{X^3 - X + 1}$

              $\mathbf{X + 1}$ $\mathbf{X^3 - X - 1}$

              $\mathbf{X - 1}$ $\mathbf{X^3 + X^2 - 1}$

                                                 $\mathbf{X^3 + X^2 + X - 1}$

$n = 2:$ $\mathbf{X^2 + 1}$ $\mathbf{X^3 + X^2 - X + 1}$

              $\mathbf{X^2 + X - 1}$ $\mathbf{X^3 - X^2 + 1}$

              $\mathbf{X^2 - X - 1}$ $\mathbf{X^3 - X^2 + X + 1}$

                                                 $\mathbf{X^3 - X^2 - X - 1}$

Für $n = 2, 3$ kann man das auch noch einmal daran sehen, dass sie in $\mathbb{F}_3$ keine Nullstelle haben. So ist etwa für

$$g := X^3 - X + 1 \qquad g(0) = g(1) = 1 \quad \text{und} \quad g(-1) = -1.$$

Für das oben gegebene Polynom f ist

$$\overline{f} = X^4 + X^2 + X + 1 \in \mathbb{F}_3[X]\,.$$

Da $\overline{f}(0) = 1$, $\overline{f}(1) = 1$ und $\overline{f}(-1) = -1$, hat $\overline{f}$ keine Nullstelle und damit keinen Linearfaktor. $\overline{f}$ ist auch nicht Produkt von zwei der oben angegebenen quadratischen irreduziblen Polynome, also ist $\overline{f}$ irreduzibel in $\mathbb{F}_3[X]$ und somit f irreduzibel in $\mathbb{Q}[X]$.

Bemerkung *Nach einer klassischen Formel von* DEDEKIND *kann man die Zahl $D_{n,p}$ der irreduziblen normierten Polynome $f \in \mathbb{F}_p[X]$ mit* deg $f = n$ *berechnen. Ist n eine Primzahl, so ist die Formel besonders einfach:*

$$D_{n,p} = \frac{p^n - p}{n}\,.$$

Also etwa $D_{2,2} = 1, D_{3,2} = 2$, $D_{2,3} = 3$ und $D_{3,3} = 8$, was mit den obigen Beispielen übereinstimmt. Mehr dazu findet man zum Beispiel in [J, 1.3]. Eine Liste aller solchen Polynome für $p = 2$ und $n \leq 100$ ist in [L-N] zusammengestellt.

Beispiel 9   Sei $f = X^5 + X^4 + X^2 + X + 2$ (vgl. [W$_1$, §32]).
Mit MAPLE geht die Primfaktorzerlegung auf Knopfdruck. Was nach dem Knopfdruck vorgeht, gehört zu den Kniffen von MAPLE.

$$\boxed{\begin{array}{l} factor(x^5 + x^4 + x^2 + x + 2); \\[2em] \qquad\qquad (x^2 + x + 1)(x^3 - x + 2) \end{array}}$$

„Händisch" ist etwas Arbeit erforderlich. Zunächst einige Werte von f:

$$f(-2) = -12,\quad f(-1) = 2,\quad f(0) = 2,\quad f(1) = 6,\quad f(2) = 56.$$

Im ersten Schritt zeigen wir, dass f keinen Linearfaktor besitzt, das geht ganz einfach mit der Methode *a)* aus 2.3.8. Für eine Nullstelle $\alpha = -\frac{b_0}{b_1}$ muss $b_0|2$ und $b_1|1$ sein, also $\alpha = \pm 2$ gelten. Dann ist aber $f(\alpha) \neq 0$.
Auf der Suche nach einem quadratischen Faktor benutzen wir

$$a_0 = -1,\ b_0 = 2;\quad a_1 = 0,\ b_1 = 2;\quad a_2 = 1,\ b_2 = 6.$$

Nun kann man zu jedem Tripel (d_0, d_1, d_2) von Teilern von $(2, 2, 6)$ das Interpolationspolynom $g = c_0 + c_1 X + c_2 X^2 \in \mathbb{Q}[X]$ mit

$$g(-1) = d_0,\quad g(0) = d_1,\quad \text{und } g(1) = d_2$$

berechnen. Damit ein solcher Kandidat g ein Teiler von f in $\mathbb{Z}[X]$ ist, muss er zunächst folgende Eigenschaften haben:

$$\deg g = 2,\quad g \in \mathbb{Z}[X],\quad c_2 = \pm 1.$$

Ist das der Fall, so muss f durch g teilbar sein. Wenn man Glück hat, genügt es dabei, nur einige der vielen möglichen Tripel von Teilern untersuchen zu müssen:

(d_0, d_1, d_2)	g	Ergebnis	
$(1,1,1)$	1	$\deg g = 0 < 2$	$-$
$(2,1,1)$	$\frac{1}{2}X^2 - \frac{1}{2}X + 1$	$g \notin \mathbb{Z}[X]$	$-$
$(1,2,1)$	$-X^2 + 2$	$g \nmid f$	$-$
$(1,-1,3)$	$3X^2 + X - 1$	$c_2 = 3$	$-$
$(1,1,3)$	$X^2 + X + 1$	$g \mid f$	$+$

Das Ergebnis der letzten Polynomdivision ist

$$f = (X^2 + X + 1)(X^3 - X + 2) = g \cdot h.$$

Da f keinen Linearfaktor hat, können auch g und h keinen Linearfaktor haben, sie sind also irreduzibel und $f = g \cdot h$ ist die gesuchte Zerlegung.

2.3.10 Ringe holomorpher Funktionen[*]

Wie wir in Beispiel 3 aus 2.2.8 gesehen haben, ist der Ring $\mathbb{C}[[X]]$ der formalen Potenzreihen mit komplexen Koeffizienten ein Hauptidealring, damit ist er nach 2.3.5 auch faktoriell. Der Ring $\mathcal{O}(\mathbb{C})$ der auf $\mathbb{C}$ holomorphen Funktionen ist ein Unterring von $\mathbb{C}[[X]]$; wir zeigen, dass $\mathcal{O}(\mathbb{C})$ *nicht faktoriell* ist. Dabei benutzen wir einige bekannte Tatsachen aus der komplexen Funktionentheorie.

Einheiten in $\mathcal{O}(\mathbb{C})$ sind die Funktionen f ohne Nullstelle, denn dann ist $\frac{1}{f}$ holomorph.

$f \in \mathcal{O}(\mathbb{C})$ ist genau dann irreduzibel, wenn f genau eine Nullstelle $a \in \mathbb{C}$ der Ordnung 1 hat. Denn hat f eine mehrfache Nullstelle in a oder eine weitere Nullstelle in $b \in \mathbb{C}$, dann ist $z - a$ oder $z - b$ ein echter Teiler von f. Umgekehrt muss jeder echte Teiler mindestens eine Nullstelle besitzen.

Ein irreduzibles Element f ist auch prim: Ist f ein Teiler von $g \cdot h$, und hat f genau eine einfache Nullstelle $a \in \mathbb{C}$, so muss $g(a) = 0$ oder $h(a) = 0$ sein. Also ist f Teiler von g oder von h.

In $\mathcal{O}(\mathbb{C})$ gilt der Teilerkettensatz nicht. Die Funktion

$$\sin z = \sum_{n=0}^{\infty} (-1)^n \frac{z^{2n+1}}{(2n+1)!}$$

hat unendlich viele Nullstellen, genauer einfache Nullstellen in πn für $n \in \mathbb{Z}$. Also kann sie nicht endliches Produkt von irreduziblen Elementen sein.

Ist $D_R := \{z \in \mathbb{C} : |z| < R\}$ eine offene Kreisscheibe vom Radius $R > 0$ und $\mathcal{O}(D_R)$ der Ring der auf D_R holomorphen Funktionen, so ist

$$\mathcal{O}(\mathbb{C}) \subset \mathcal{O}(D_R) \subset \mathbb{C}[[X]]\,.$$

Mit Hilfe des Weierstraßschen Produktsatzes [F-L, Kap. VIII] erhält man eine in D_R holomorphe Funktion mit abzählbar unendlich vielen einfachen Nullstellen. Wie oben folgt daraus, dass $\mathcal{O}(D_R)$ nicht faktoriell ist.

Betrachtet man dagegen den Ring

$$\mathbb{C}\langle X \rangle := \bigcup_{R>0} \mathcal{O}(D_R) \subset \mathbb{C}[[X]]$$

aller Potenzreihen mit positivem Konvergenzradius, so kann man wie in Beispiel 3 aus 2.2.8 mit einer zusätzlichen Konvergenzüberlegung zeigen, dass $\mathbb{C}\langle X \rangle$ Hauptidealring und damit faktoriell ist. Mehr dazu findet man etwa in [Fi$_3$, Chap. 6].

Die Primfaktorzerlegung in $\mathbb{C}[[X]]$ ist ganz einfach. Jedes Primelement ist assoziiert zu X. Ist $f \in \mathbb{C}[[X]]$ und ord $f = n$, so ist

$$f = g \cdot X^n$$

mit einer Einheit g, d. h. ord $g = 0$ (Lemma 1 in Beispiel 3 aus 2.2.8). Das ist die gesuchte Zerlegung!

2.4 Quadratische Zahlkörper und Zahlringe*

Im Beispiel 4 aus 2.1.14 hatten wir schon den Ring $\mathbb{Z}[\mathbf{i}] = \mathbb{Z} + \mathbb{Z}[\mathbf{i}]$ der ganzen GAUSSschen Zahlen als Erweiterung des Ringes $\mathbb{Z}$ der ganzrationalen Zahlen und seinen Quotientenkörper $\mathbb{Q}[\mathbf{i}] = \mathbb{Q} + \mathbb{Q}\mathbf{i}$ betrachtet. In Beispiel 2 aus 2.2.8 hatten wir gesehen, dass $\mathbb{Z}[\mathbf{i}]$ euklidisch ist, in Beispiel 2 aus 2.3.2 dagegen, dass der Kummerring $\mathbb{Z}[\sqrt{-5}]$ nicht faktoriell ist, da er unangenehme Teilbarkeitseigenschaften hat. In diesem letzten Teil der Ringtheorie sollen allgemeiner derartige Erweiterungen des Rings $\mathbb{Z}$ untersucht werden, was das Tor zur algebraischen Zahlentheorie öffnet. Zunächst beginnen wir mit speziellen Erweiterungen des Körpers $\mathbb{Q}$ der rationalen Zahlen.

2.4.1 Quadratische Zahlkörper

Allgemein heißt ein Körper K *Zahlkörper*, wenn $\mathbb{Q} \subset K \subset \mathbb{C}$, und er heißt *algebraisch*, wenn jedes $a \in K$ Nullstelle eines Polynoms aus $\mathbb{Q}[X]$ ist (mehr dazu in 3.1.7 und Beispiel 7 aus 3.1.8). Ein Spezialfall davon sind Körper der Form

$$K = \mathbb{Q} + \mathbb{Q}\sqrt{d} = \{a + b\sqrt{d} : a, b \in \mathbb{Q}\}.$$

Dabei ist es angebracht vorauszusetzen, dass $d \in \mathbb{Z}$ *quadratfrei* ist, d. h.

$d \notin \{0, 1\}$ und $|d|$ enthält für $|d| \geqslant 2$ keinen quadratischen Teiler n^2 mit $n \in \mathbb{N}$ und $n \geq 2$.

Im Sinne dieser Definition sind folgende Zahlen $d \in \mathbb{Z}$ quadratfrei:

$$-1, \pm 2, \pm 3, \pm 5, \pm 6, \pm 7, \pm 10, \pm 11, \pm 13, \ldots$$

Lemma *Ist $d \in \mathbb{Z}$ quadratfrei, so ist*

$$\mathbb{Q}(\sqrt{d}) := \mathbb{Q} + \mathbb{Q}\sqrt{d} \subset \mathbb{C}$$

ein Unterkörper und algebraisch über $\mathbb{Q}$.

Weiter ist $(1, \sqrt{d})$ eine Basis des $\mathbb{Q}$-Vektorraums $\mathbb{Q}(\sqrt{d})$.

Jeder derartige Körper $\mathbb{Q}(\sqrt{d}) \subset \mathbb{C}$ heißt *quadratischer Zahlkörper*. Im Fall $d > 0$ heißt er *reell-quadratisch*, dann ist $\mathbb{Q}(\sqrt{d}) \subset \mathbb{R}$, für $d < 0$ heißt er *imaginär-quadratisch*.

Quadratische Zahlkörper wurden als Grundlage zur Fortsetzung der Untersuchungen von GAUSS [Ga₃] zu quadratischen Formen eingehend studiert. Entscheidend für die Zahlentheorie sind dabei die in 2.4.2 erklärten Ganzheitsringe $\mathcal{O}_d \subset \mathbb{Q}(\sqrt{d})$ als Erweiterungen des Rings $\mathbb{Z}$.

Bevor wir das Lemma beweisen einige Vorbemerkungen:

Die geometrische Beschreibung im Fall $d < 0$ ist klar: $\mathbb{Q}(\sqrt{d}) \subset \mathbb{C}$ ist ein Teil der komplexen Zahlenebene. Jedes $\alpha \in \mathbb{Q}(\sqrt{d})$ hat eine eindeutige Darstellung

$$\alpha = a + \mathbf{i}b\sqrt{|d|},$$

$a = \operatorname{re}\alpha$ ist der *Realteil* und $b\sqrt{|d|} = \operatorname{im}\alpha$ ist der *Imaginärteil* von α.

Im Fall $d > 0$ ist eine analoge geometrische Beschreibung zunächst ungewohnt, aber nützlich. Man stellt jede Zahl $\alpha = a + b\sqrt{d}$ als Punkt $(a, b\sqrt{d}) \in \mathbb{R}^2$ dar und nennt

$$\operatorname{ra}\alpha := a \text{ den } \textbf{\textit{Rationalteil}}, \quad \operatorname{ir}\alpha := b\sqrt{d} \text{ den } \textbf{\textit{Irrationalteil}} \text{ von } \alpha.$$

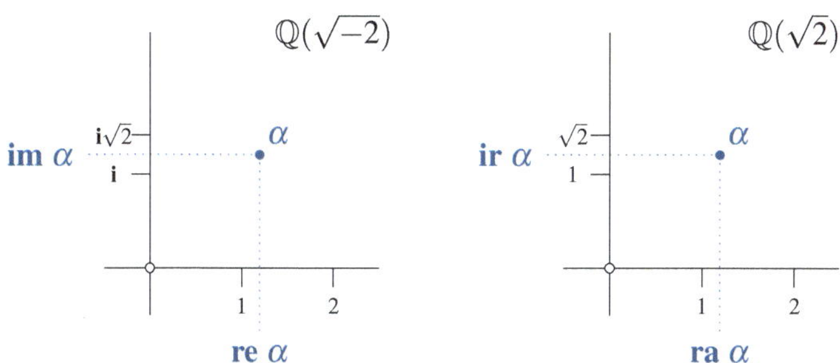

Höchst bemerkenswert dabei ist, dass die in $\mathbb{R}$ gegebenen Abstände der Zahlen aus $\mathbb{Q}(\sqrt{d}) \subset \mathbb{R}$ durch die Darstellung in der Ebene völlig verändert werden. Von Vorteil ist dagegen die gemeinsame geometrische Beschreibung des Körperautomorphismus

$$\mathbb{Q}(\sqrt{d}) \to \mathbb{Q}(\sqrt{d}), \; \alpha = a + b\sqrt{d} \mapsto \bar{\alpha} = a - b\sqrt{d},$$

der im Fall $d < 0$ die komplexe Konjugation ist. Auch im Fall $d > 0$ nennen wir diese Abbildung *Konjugation*. Offensichtlich ist

$$\alpha + \bar{\alpha} = 2\operatorname{ra}\alpha \quad \text{und} \quad \alpha - \bar{\alpha} = 2\operatorname{ir}\alpha \quad \text{für } d > 0,$$

$$\alpha + \bar{\alpha} = 2\operatorname{re}\alpha \quad \text{und} \quad \alpha - \bar{\alpha} = 2\mathbf{i}(\operatorname{im}\alpha) \quad \text{für } d < 0.$$

Weiter hat man für $\alpha = a + b\sqrt{d}$ eine *Norm*

$$\operatorname{N}(\alpha) := \alpha \cdot \bar{\alpha} = (a + b\sqrt{d}) \cdot (a - b\sqrt{d}) = a^2 - db^2 \in \mathbb{Q}$$

und eine *Spur*

$$\operatorname{S}(\alpha) := \alpha + \bar{\alpha} = (a + b\sqrt{d}) + (a - b\sqrt{d}) = 2a \in \mathbb{Q}.$$

Bemerkung *Für Norm und Spur gilt für alle $\alpha, \beta \in \mathbb{Q}(\sqrt{d})$:*

a) $\operatorname{S}(\alpha + \beta) = \operatorname{S}(\alpha) + \operatorname{S}(\beta)$.

b) $\operatorname{N}(\alpha \cdot \beta) = \operatorname{N}(\alpha) \cdot \operatorname{N}(\beta)$.

c) $\operatorname{N}(\alpha) = 0 \Leftrightarrow \alpha = 0$.

Beweis a) und b) sind klar. Zum Beweis von c) unterscheiden wir zwei Fälle.

Für $d \leq -1$ ist $\operatorname{N}(\alpha) = a^2 + |d|\, b^2 \geq 0$, also $\operatorname{N}(\alpha) = 0 \Leftrightarrow a = b = 0$.

Sei $d \geq 2$ und $a^2 - db^2 = 0$. Ist $b = 0$, so folgt $a = 0$. Andernfalls wäre $d = \frac{a^2}{b^2}$ mit $a, b \in \mathbb{Q}$. Indem man Zähler und Nenner von a und b in Primfaktoren zerlegt und bedenkt, dass d quadratfrei ist, sieht man, dass $d = \frac{a^2}{b^2}$ nicht möglich ist. ∎

Vorsicht! Im Fall $d > 0$ nimmt die Norm positive und negative Werte an, sie ist eine indefinite quadratische Form. Man kann sich den Verlauf der „Normfunktion" $(x,y) \mapsto (x^2 - y^2)$ geometrisch veranschaulichen:

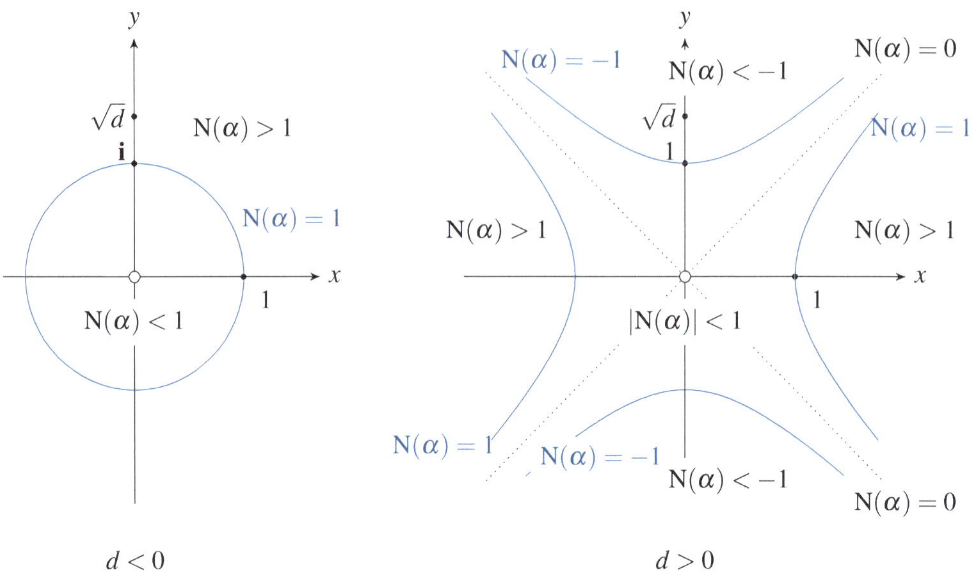

Dabei ist zu bedenken, dass im Fall $d > 0$ die beiden Geraden mit $N(\alpha) = 0$ den Körper $\mathbb{Q}(\sqrt{d})$ nur im Punkt $\alpha = 0$ treffen. Die Punkte α mit $N(\alpha) = +1$ bzw. $N(\alpha) = -1$ liegen jeweils auf den zwei Ästen einer Hyperbel. Schließlich kommen wir zum

Beweis des Lemmas. Dass $\mathbb{Q}(\sqrt{d})$ ein Ring und ein $\mathbb{Q}$-Vektorraum ist, rechnet man direkt nach. Dass $(1, \sqrt{d})$ für quadratfreies d linear unabhängig ist, sieht man so: Sei

$$a + b\sqrt{d} = 0 \quad \text{mit } a, b \in \mathbb{Q}. \tag{$*$}$$

Für $d < 0$ ist $\sqrt{d} \notin \mathbb{R}$, daraus folgt $a = b = 0$.

Für $d \geq 2$ ist $\sqrt{d}$ irrational, denn angenommen

$$\sqrt{d} = \frac{m}{n} \quad \text{mit } m, n \in \mathbb{N} \smallsetminus \{0\},$$

dann ist $m^2 = dn^2$. In den Primfaktorzerlegungen von m^2 und n^2 treten nur gerade Potenzen auf, in der Primfaktorzerlegung von d nur einfache Potenzen. Das passt nicht zu $m^2 = dn^2$. Da $\sqrt{d}$ irrational ist, folgt in $(*)$ wieder $a = b = 0$.

Als Unterring von $\mathbb{C}$ ist $\mathbb{Q}(\sqrt{d})$ ein Integritätsring. Dass er auch Unterkörper ist, folgt aus

$$\frac{1}{a + b\sqrt{d}} = \frac{a - b\sqrt{d}}{(a + b\sqrt{d})(a - b\sqrt{d})} = \frac{a}{a^2 - b^2 d} - \frac{b}{a^2 - b^2 d}\sqrt{d} \in \mathbb{Q} + \mathbb{Q}\sqrt{d},$$

falls $a + b\sqrt{d} \neq 0$, d. h. $(a, b) \neq (0, 0)$.

Dass die Körpererweiterung von $\mathbb{Q} \subset \mathbb{Q}(\sqrt{d})$ algebraisch ist, kann man ohne die Ergebnisse von 3.1.7 ganz direkt beweisen. Für $\alpha = a + b\sqrt{d}$ betrachten wir das normierte quadratische Polynom

$$f_\alpha := (X - \alpha)(X - \overline{\alpha}) = X^2 - (\alpha + \overline{\alpha})X + \alpha\overline{\alpha} = X^2 - \mathrm{S}(\alpha)X + \mathrm{N}(\alpha) \in \mathbb{Q}[X].$$

Da $f_\alpha(\alpha) = 0$, ist jedes $\alpha \in \mathbb{Q}(\sqrt{d})$ algebraisch über $\mathbb{Q}$. In der Terminologie von 3.1.5 ist f_α das Minimalpolynom von α über $\mathbb{Q}$. ■

2.4.2 Quadratische Zahlringe

So wie man im Körper $\mathbb{Q}$ der rationalen Zahlen den Unterring $\mathbb{Z} \subset \mathbb{Q}$ ganzer Zahlen hat, erklärt man nun im quadratischen Zahlkörper $\mathbb{Q}(\sqrt{d})$ einen Unterring von Zahlen, die „ganz" genannt werden. Der nächstliegende Kandidat ist der Unterring

$$\mathbb{Z} + \mathbb{Z}\sqrt{d} = \{m + n\sqrt{d} : m, n \in \mathbb{Z}\} \subset \mathbb{Q} + \mathbb{Q}\sqrt{d} = \mathbb{Q}(\sqrt{d}) \,.$$

Aber allgemein wird die „Ganzheit" so erklärt: Ein $\alpha \in \mathbb{Q}(\sqrt{d})$ heißt *ganz* (über $\mathbb{Q}$), wenn das Minimalpolynom

$$f_\alpha := X^2 - \mathrm{S}(\alpha)X + \mathrm{N}(\alpha)$$

ein Polynom in $\mathbb{Z}[X]$ ist, das heißt wenn Spur und Norm ganzzahlig sind. Mit

$$\mathcal{O}_d := \{\alpha \in \mathbb{Q}(\sqrt{d}) : \mathrm{S}(\alpha) \in \mathbb{Z} \text{ und } \mathrm{N}(\alpha) \in \mathbb{Z}\}$$

bezeichnen wir die Menge aller über $\mathbb{Q}$ ganzen $\alpha \in \mathbb{Q}(\sqrt{d})$. Offensichtlich ist $\mathbb{Z} + \mathbb{Z}\sqrt{d} \subset \mathcal{O}_d$. Ob es noch weitere ganze Elemente $a + b\sqrt{d}$ mit $a, b \in \mathbb{Q}$ gibt, hängt offensichtlich nicht nur von a und b, sondern auch von d ab. Eine Antwort auf die Frage nach der genauen Gestalt gibt der folgende

Satz *Ist $d \in \mathbb{Z}$ quadratfrei, so gilt*

a) $\mathcal{O}_d \subset \mathbb{Q}(\sqrt{d})$ ist Unterring, insbesondere Integritätsring.

b) Für $d \equiv 2, 3 \,(\mathrm{mod}\,4)$. ist $\mathcal{O}_d = \mathbb{Z} + \mathbb{Z}\sqrt{d}$

c) Für $d \equiv 1 \,(\mathrm{mod}\,4)$ ist $\mathcal{O}_d = \mathbb{Z} + \mathbb{Z}\omega$ mit $\omega = \frac{1}{2}(1 + \sqrt{d})$, anders geschrieben

$$\mathcal{O}_d = \left\{\frac{1}{2}(m + n\sqrt{d}) : m, n \in \mathbb{Z}, m - n \in 2\mathbb{Z}.\right\}$$

d) $\mathcal{O}_d \cap \mathbb{Q} = \mathbb{Z}$.

Der Fall $d \equiv 0 \,(\mathrm{mod}\,4)$ kann nicht auftreten, da d quadratfrei vorausgesetzt ist.

Wegen Aussage *a)* ist der Name *quadratischer Zahlring* (oder auch *Ganzheitsring*) für $\mathcal{O}_d$ gerechtfertigt. Entsprechend Aussage *d)* nennt man ein $\alpha \in \mathcal{O}_d$ *ganz* in $\mathbb{Q}(\sqrt{d})$ und ein $d \in \mathbb{Z}$ *ganzrational*.

Beweis Da die Spur nicht multiplikativ und die Norm nicht additiv ist, zeigen wir zunächst *b)* und *c)*. Wie schon bemerkt, gilt $\mathbb{Z} + \mathbb{Z}\sqrt{d} \subset \mathcal{O}_d$ für alle d. Für $d \equiv 1 \,(\mathrm{mod}\,4)$ ist aber auch

$$\omega = \frac{1}{2}(1 + \sqrt{d}) \in \mathcal{O}_d,$$

denn $\mathrm{S}(\omega) = 1 \in \mathbb{Z}$ und $\mathrm{N}(\omega) = \frac{1}{4}(1 - d) \in \mathbb{Z}$, da $1 - d \equiv 0 \,(\mathrm{mod}\,4)$. Um alle $\alpha \in \mathcal{O}_d$ zu finden, machen wir den Ansatz

$$\alpha = \frac{1}{2}(a + b\sqrt{d}) \quad \text{mit } a, b \in \mathbb{Q}.$$

Angenommen $\alpha \in \mathcal{O}_d$. Dann ist

$$\mathrm{S}(\alpha) = a \in \mathbb{Z} \quad \text{und} \quad \mathrm{N}(\alpha) = \frac{1}{4}(a^2 - db^2) \in \mathbb{Z},$$

also $a^2 - db^2 \in 4\mathbb{Z}$ und $db^2 \in \mathbb{Z}$. Daraus folgt auch $b \in \mathbb{Z}$, denn hätte $b \in \mathbb{Q}$ einen echten Nenner, so würden im Nenner von b^2 alle Primfaktoren in gerader Potenz auftreten. Die könnte das quadratfreie d nicht aufheben. Somit erhalten wir für alle d und $\alpha \in \mathcal{O}_d$ das Zwischenergebnis

$$\alpha = \frac{1}{2}(m + n\sqrt{d}) \quad \text{mit } m, n \in \mathbb{Z} \text{ und } m^2 - dn^2 \in 4\mathbb{Z}.$$

Für $d \equiv 2, 3 \,(\mathrm{mod}\,4)$ genügt es daraus zu folgern, dass $m, n \in 2\mathbb{Z}$.

Im Fall $d \equiv 2 \,(\mathrm{mod}\,4)$ folgt für ungerades m, dass $m^2 - dn^2 \equiv 1 \,(\mathrm{mod}\,2)$, also muss $m \in 2\mathbb{Z}$ sein. Damit folgt für ungerades n, dass $m^2 - dn^2 \equiv 2 \,(\mathrm{mod}\,4)$. Also muss auch $n \in 2\mathbb{Z}$ gelten.

Im Fall $d \equiv 3 \,(\mathrm{mod}\,4)$ folgt für ungerades m, dass

$$m^2 - dn^2 \equiv 1 - 3n^2 \,(\mathrm{mod}\,4)$$

also $3n^2 \equiv 1 \,(\mathrm{mod}\,4)$. Das ist aber unmöglich, da

$$3n^2 \equiv \begin{cases} 0 \,(\mathrm{mod}\,4) & \text{für gerades } n, \\ 3 \,(\mathrm{mod}\,4) & \text{für ungerades } n. \end{cases}$$

Also muss m gerade sein, und für ungerades n ist dann $m^2 - dn^2 \equiv 3 \,(\mathrm{mod}\,4)$. Damit ist *b)* bewiesen.

Schließlich folgt für $d \equiv 1 \,(\mathrm{mod}\,4)$ mit Hilfe von $m^2 - n^2 = (m + n)(m - n)$, dass

$$m^2 - dn^2 \in 4\mathbb{Z} \quad \Leftrightarrow \quad m - n \in 2\mathbb{Z}.$$

Also gilt

$$\mathcal{O}_d = \left\{ \frac{1}{2}(m + n\sqrt{d}) : m, n \in \mathbb{Z} \text{ und } m - n \text{ gerade} \right\}.$$

Indem man $k := \frac{1}{2}(m - n)$ und $l := n$ setzt, ergibt sich

$$k + l\omega = \frac{m + n\sqrt{d}}{2} \quad \text{und} \quad \mathcal{O}_d = \mathbb{Z} + \mathbb{Z}\omega.$$

Damit ist auch *c)* bewiesen.

Nun ist *a)* einfach zu zeigen. Dass $\mathcal{O}_d$ unter der Addition abgeschlossen ist, sieht man sofort aus *b)* und *c)*. Für die Multiplikation folgt die Abgeschlossenheit aus

$$(m+n\sqrt{d})(m'+n'\sqrt{d}) = (mm'+nn'd)+(mn'+nm')\sqrt{d} \quad \text{für} \quad d \equiv 2,3\,(\mathrm{mod}\,4)$$

$$\text{und} \quad \omega^2 = \frac{1}{2}\left(\frac{d+1}{2}+\sqrt{d}\right) \quad \text{für} \quad d \equiv 1\,(\mathrm{mod}\,4)\,.$$

Auch *d)* folgt sofort aus *b)* und *c)*: Für $d \equiv 2,3\,(\mathrm{mod}\,4)$ ist

$$\alpha = m+n\sqrt{d} \in \mathbb{Q} \Leftrightarrow n=0 \Leftrightarrow \alpha = m \in \mathbb{Z}$$

und für $d \equiv 1\,(\mathrm{mod}\,4)$ ist

$$\alpha = \frac{m+n\sqrt{d}}{2} \in \mathbb{Q} \Leftrightarrow n=0 \Leftrightarrow \alpha = \frac{m}{2} \quad \text{und } m \text{ gerade}\,.$$

Wie wir in 2.4.1 gesehen haben, kann man den Körper $\mathbb{Q}(\sqrt{d})$ als Teilmenge der Ebene $\mathbb{R}^2$ ansehen. Im Fall $d<0$ ist dabei $\mathbb{R}^2$ die komplexe Ebene $\mathbb{C}$. Die „Gitterpunkte" aus $\mathcal{O}_d$ sind dann entsprechend obigem Satz im Fall $d \equiv 2$ oder $3\,(\mathrm{mod}\,4)$ die Eckpunkte von Rechtecken, für $d \equiv 1\,(\mathrm{mod}\,4)$ die Eckpunkte von Dreiecken. Schematisch kann man das so zeichnen:

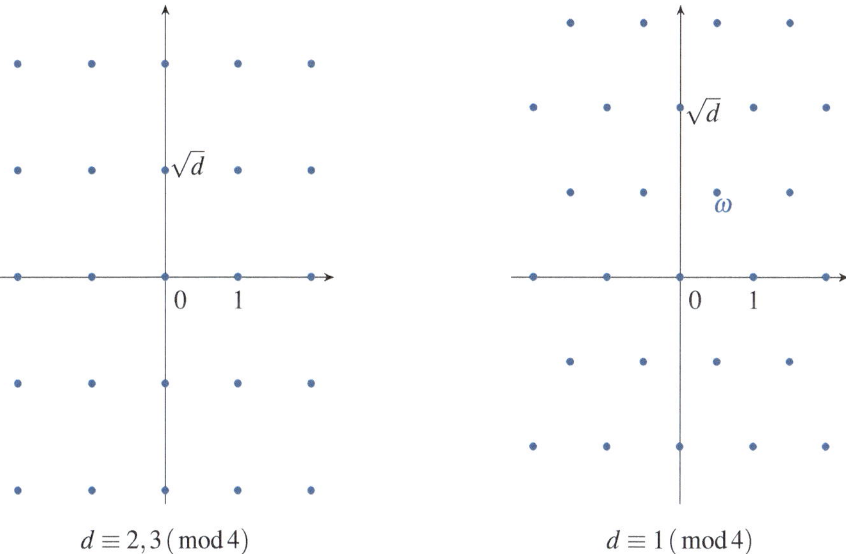

2.4.3 Einheiten in quadratischen Zahlringen

Der wesentliche Unterschied zwischen dem imaginär-quadratischen Fall $d<0$ und dem reell-quadratischen Fall $d>0$ besteht darin, dass die Norm N im ersten Fall eine positiv definite, im zweiten Fall eine indefinite quadratische Form ist. Daher haben die beiden Fälle deutliche Unterschiede, der reell-quadratische wird sich als wesentlich komplizierter erweisen.

Zunächst einmal bezeichnen wir für ein beliebiges quadratfreies $d \in \mathbb{Z}$ mit

$$\mathcal{O}_d^\times := \{\alpha \in \mathcal{O}_d : \text{es gibt ein } \beta \in \mathcal{O}_d \text{ mit } \alpha\beta = 1\}$$

die Menge der Einheiten; nach 2.1.2 ist $\mathcal{O}_d^\times$ mit der Multiplikation eine abelsche Gruppe.

Bemerkung *Für alle quadratfreien d gilt*

$$\alpha \in \mathcal{O}_d^\times \Leftrightarrow \mathrm{N}(\alpha) \in \mathbb{Z}^\times = \{1, -1\}\,.$$

Beweis Entscheidend ist die Multiplikativität der Norm (Bemerkung aus 2.4.1).

„$\Rightarrow$"   Aus $\alpha\beta = 1$ folgt $\mathrm{N}(\alpha\beta) = \mathrm{N}(\alpha)\mathrm{N}(\beta) = 1$, also $\mathrm{N}(\alpha) = \pm 1$.

„$\Leftarrow$ " $\pm 1 = \mathrm{N}(\alpha) = \alpha\bar{\alpha}$, also $\alpha\beta = 1$ mit $\beta = \pm\bar{\alpha}$.   ∎

Die angegebene Bedingung an die Norm kann man übersetzen in ***diophantische Gleichungen***, d.h. im allgemeinen Gleichungen, für die ganzzahlige Lösungen gesucht sind. Der Name soll erinnern an Diophantos aus Alexandria und dessen um 250 n. Chr. verfasstes Buch „Arithmetika", in dem derartige Gleichungen untersucht wurden.

Lemma *Für $d \equiv 2, 3\,(\mathrm{mod}\,4)$ und $m, n \in \mathbb{Z}$ gilt*

$$m + n\sqrt{d} \in \mathcal{O}_d^\times \Leftrightarrow m^2 - dn^2 = \pm 1\,, \qquad (*)$$

für $d \equiv 1\,(\mathrm{mod}\,4)$ und $m, n \in \mathbb{Z}$ gilt

$$\frac{m + n\sqrt{d}}{2} \in \mathcal{O}_d^\times \Leftrightarrow m^2 - dn^2 = \pm 4\,. \qquad (**)$$

Die beiden speziellen Diophantischen Gleichungen $(*)$ und $(**)$ nennt man traditionsgemäß ***Pellsche Gleichungen***.

Beweis Für $d \equiv 2, 3\,(\mathrm{mod}\,4)$ folgt die Behauptung sofort aus obiger Bemerkung.

Für $d \equiv 1\,(\mathrm{mod}\,4)$ folgt ebenso „$\Rightarrow$". Ist umgekehrt $d \equiv 1\,(\mathrm{mod}\,4)$, so gilt

$$m^2 - dn^2 = \pm 4 \Rightarrow m^2 - n^2 \in 4\mathbb{Z} \Rightarrow m - n \in 2\mathbb{Z}\,.$$

Zum Nachweis der letzten Implikation benutzt man

$$m^2 - n^2 = (m+n)(m-n) \quad \text{und} \quad (m+n) - (m-n) = 2n.$$

Also ergibt jede Lösung der Pellschen Gleichung auch ein Element aus $\mathcal{O}_d^\times$.   ∎

Die Suche nach Einheiten in $\mathcal{O}_d$ ist damit zurückgeführt auf die Suche nach ganzzahligen Punkten $(m, n) \in \mathbb{Z}^2 \subset \mathbb{R}^2$, die den Pellschen Gleichungen genügen.

Das kann man genauer so ausdrücken: Ist $L_d \subset \mathbb{Z} \times \mathbb{Z} \subset \mathbb{R}^2$ die Menge der Lösungen der Pellschen Gleichungen für das gegebene quadratfreie $d \in \mathbb{Z}$, so ist die Abbildung

$$L_d \to \mathcal{O}_d^\times, \qquad (m,n) \mapsto \alpha = \begin{cases} m + n\sqrt{d} & \text{für } d \equiv 2,3 \ (\mathrm{mod}\, 4) \\ \frac{1}{2}(m + n\sqrt{d}) & \text{für } d \equiv 1 \ (\mathrm{mod}\, 4) \end{cases}$$

bijektiv.

Wir behandeln zunächst den einfacheren **imaginär-quadratischen Fall $d < 0$**. Dann beschreiben die Pellschen Gleichungen Ellipsen im $\mathbb{R}^2$, und die ganzzahligen Punkte $(m,n) \in \mathbb{Z}^2 \subset \mathbb{R}^2$ auf diesen Ellipsen bestimmen die Einheiten $\alpha \in \mathcal{O}_d^\times$. Für $-5 \leq d \leq -1$ sieht das so aus:

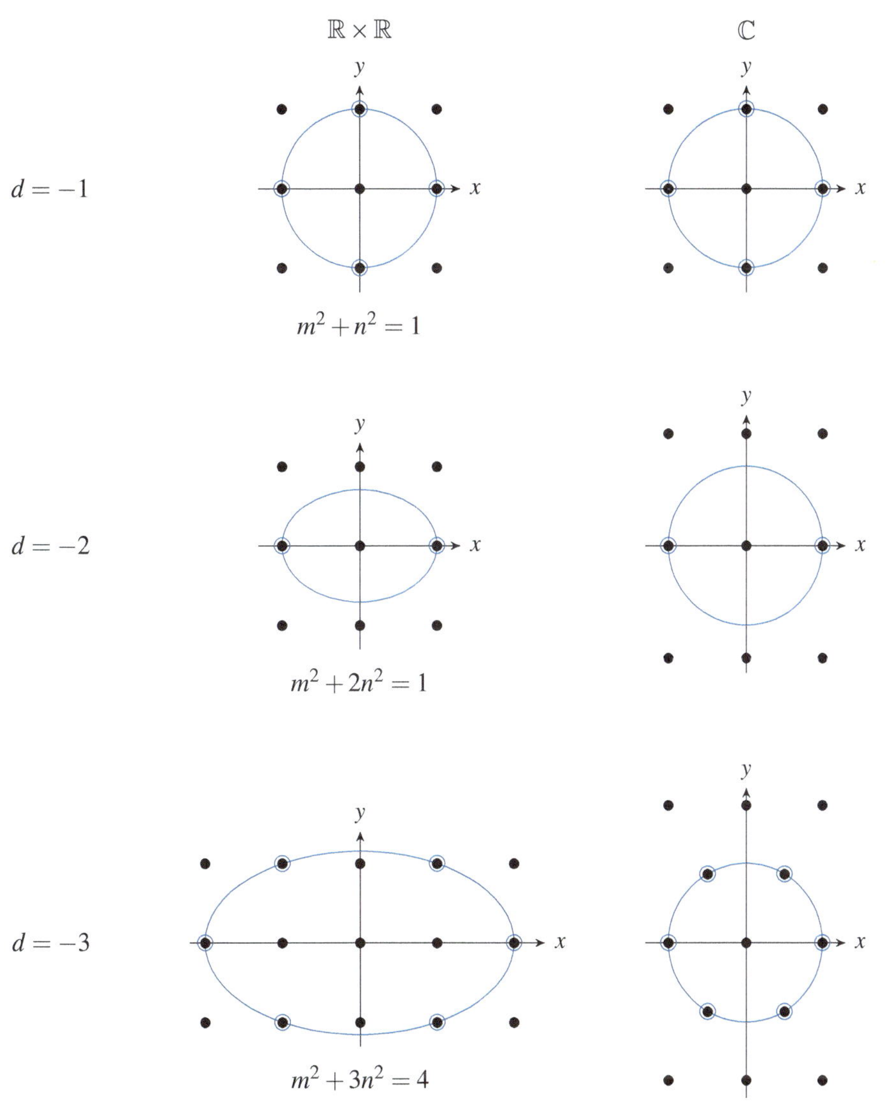

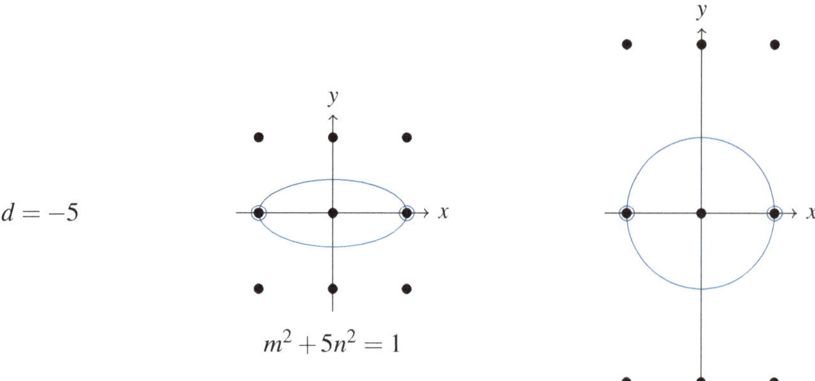

Durch elementare Rechnungen anhand der obigen Bilder erhält man den

Satz *Ist $d < 0$ quadratfrei, so gilt*

$$\mathcal{O}_d^\times = \begin{cases} \{+1,-1\} \cong \mathbb{Z}_2 & \text{für } d = -2 \quad \text{oder} \quad d \le -5\,, \\ \{1,\mathbf{i},-1,-\mathbf{i}\} \cong \mathbb{Z}_4 & \text{für} \quad d = -1\,, \\ \{\zeta_6^n : n = 0,1,\ldots,5\} \cong \mathbb{Z}_6 & \text{für} \quad d = -3\,. \end{cases}$$

Insbesondere sind alle Einheitengruppen $\mathcal{O}_d^\times$ endlich und zyklisch. ∎

Der **reell-quadratische Fall $d > 0$** ist deutlich komplizierter. Zunächst ist

$$\mathbb{Q}(\sqrt{d}) = \mathbb{Q} + \mathbb{Q}\sqrt{d} \subset \mathbb{R},$$

aber dieser Körper wird nach 2.4.1 auch als Teil von $\mathbb{R}^2$ realisiert durch

$$\mathbb{Q}(\sqrt{d}) \to \mathbb{R}^2, \quad \alpha = a + b\sqrt{d} \mapsto (a, b\sqrt{d}).$$

Damit wird auch $\mathcal{O}_d$ eine Teilmenge von $\mathbb{R}^2$ und $\mathcal{O}_d^\times \subset \mathcal{O}_d$ besteht aus all den Punkten

$$\alpha = a + b\sqrt{d} \in \mathcal{O}_d \quad \text{mit } N(\alpha) = a^2 - db^2 = \pm 1.$$

Das bedeutet, dass α auf einer der beiden Hyperbeln in $\mathbb{R}^2$ mit den Gleichungen

$$x^2 - y^2 = 1 \quad \text{und} \quad x^2 - y^2 = -1$$

liegt. Auch die je nach der Kongruenz von d zuständige Pellsche Gleichung bestimmt ein Paar von Hyperbeln mit den Gleichungen

$$x^2 - dy^2 = \pm 1 \quad \text{oder} \quad \pm 4.$$

Das wollen wir genauer ausführen an zwei einfachen, aber doch aussagekräftigen Beispielen.

Beispiel 1   Für $d = 2$ ist

$$L_2 = \{(m,n) \in \mathbb{Z}^2 : m^2 - 2n^2 = \pm 1\} \quad \text{und}$$

$$\mathcal{O}_2^\times = \{m + n\sqrt{2} : m,n \in \mathbb{Z} \text{ und } m^2 - 2n^2 = \pm 1\}.$$

Im Gegensatz zu den Fällen mit $d < 0$ gibt es hier unendlich viele Lösungen: Neben $\pm 1 \in \mathcal{O}_d^\times$ findet man wegen $(1,1) \in L_2$ sofort

$$\varepsilon := 1 + \sqrt{2} \in \mathcal{O}_2^\times.$$

Weiter sind mit $(m,n) \in L_2$ auch $(-m,-n), (-m,n), (m,-n) \in L_2$, also sind auch

$$-\varepsilon = -1 - \sqrt{2}, \ \varepsilon^{-1} = -1 + \sqrt{2}, \ -\varepsilon^{-1} = 1 - \sqrt{2} \in \mathcal{O}_2^\times.$$

Wegen $N(\varepsilon) = -1$ ist $N(\varepsilon^k) = \pm 1$ für alle $k \in \mathbb{Z}$, also $\varepsilon^k \in \mathcal{O}_2^\times$. So sind etwa $\varepsilon^2 = 3 + 2\sqrt{2}$ und $\varepsilon^{-2} = 3 - 2\sqrt{2}$ Einheiten.

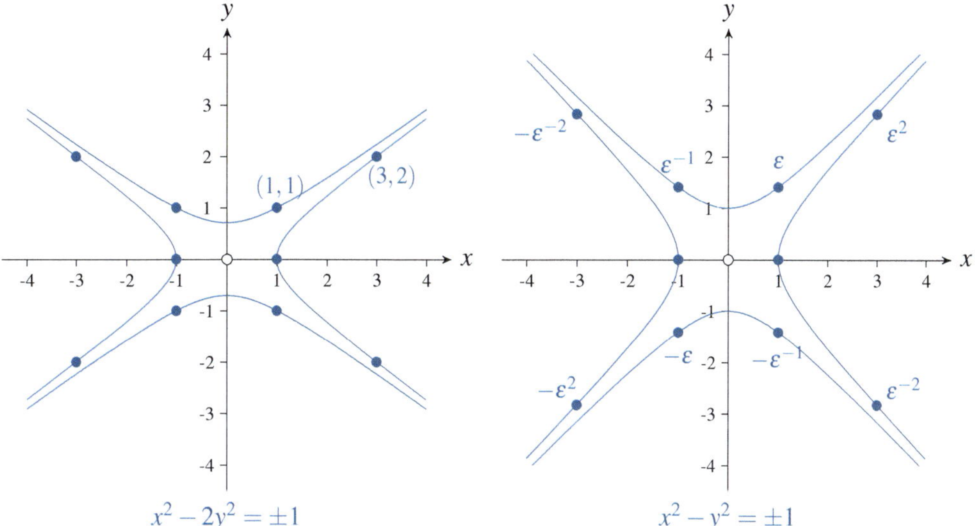

Nun ist es einfach zu sehen, dass

$$\mathrm{Erz}(\varepsilon) = \{\varepsilon^k : k \in \mathbb{Z}\} < \mathcal{O}_2^\times$$

eine unendliche zyklische Untergruppe ist. Dazu ist zu zeigen, dass $\varepsilon^k \neq \varepsilon^l$ für $k,l \in \mathbb{Z}$ und $k \neq l$. Da $\varepsilon = 1 + \sqrt{2}$ auch eine reelle Zahl mit $\varepsilon > 1$ ist, folgt mit der Anordnung in $\mathbb{R}$, dass $\varepsilon^k < \varepsilon^l$ für $k < l$. Eine weitere zyklische Untergruppe der Ordnung 2 ist $Z_2 = \{-1, +1\}$. Nun kann man zeigen, dass damit ganz $\mathcal{O}_2^\times$ ausgeschöpft ist, d.h. es gibt einen Isomorphismus

$$\mathcal{O}_2^\times \to \mathbb{Z} \times Z_2.$$

Beispiel 2   Für $d = 5$ ist

$$L_5 = \{m, n \in \mathbb{Z}^2 : m^2 - 5n^2 = \pm 4\}.$$

Zu $(2,0) \in L_5$ gehören die Einheiten $\pm 1 \in \mathcal{O}_5^{\times}$. Weiter ist $(1,1) \in L_5$, also

$$\varepsilon := \frac{1}{2}(1 + \sqrt{5}) \in \mathcal{O}_5^{\times}.$$

Wie in Beispiel 1 erhält man daraus auch die Einheit $\varepsilon^2 = \frac{1}{2}(3 + \sqrt{5})$ zu $(3,1) \in L_5$ und allgemeiner die unendlich vielen verschiedenen Einheiten $\pm \varepsilon^k$ für $k \in \mathbb{Z}$.

Für allgemeines $d > 0$ ist es nicht einfach, die Lösungen der Pellschen Gleichung zu finden, das führt ein Stück in die Zahlentheorie. Man kann zum Beispiel beweisen, dass $\mathcal{O}_d^{\times}$ für alle $d > 0$ unendlich ist (vgl. dazu etwa [ArM, 11.11], [Ha, §16] oder [Wü, 11.3]).

2.4.4   Euklidische quadratische Zahlringe

Wir wollen nun untersuchen, für welche quadratfreien $d \in \mathbb{Z}$ der Ganzheitsring $\mathcal{O}_d$ euklidisch und damit auch Hauptidealring und faktoriell ist. Dazu benötigt man nach 2.2.7 eine Funktion

$$\delta : \mathcal{O}_d \smallsetminus \{0\} \to \mathbb{N}$$

derart, dass für $\alpha, \beta \in \mathcal{O}_d \smallsetminus \{0\}$ Werte $q, r \in \mathcal{O}_d$ existieren mit

$$\frac{\alpha}{\beta} = q + \frac{r}{\beta} \quad \text{und} \quad \frac{\delta(r)}{\delta(\beta)} < 1. \tag{$*$}$$

Ein solches δ kann man aus der in 2.4.1 eingeführten Norm

$$\mathrm{N} : \mathbb{Q} + \mathbb{Q}\sqrt{d} \to \mathbb{Q}, \quad \alpha = a + b\sqrt{d} \mapsto a^2 - db^2$$

erhalten. Nach Definition von $\mathcal{O}_d$ ist $N(\alpha) \in \mathbb{Z}$ für $\alpha \in \mathcal{O}_d$. Naheliegende Kandidaten für δ sind also

$$\delta = \mathrm{N} \text{ für } d < 0 \quad \text{und} \quad \delta = |\mathrm{N}| \text{ für } d > 0.$$

Da die Norm multiplikativ ist, wird Bedingung $(*)$ zu

$$\delta\left(\frac{\alpha}{\beta} - q\right) = \delta\left(\frac{r}{\beta}\right) < 1.$$

Diese Bedingung lässt sich nun übersetzen in eine Frage zur „Geometrie der Zahlen". $\mathbb{Q}(\sqrt{d})$ ist Quotientenkörper von $\mathcal{O}_d$, also kann jedes Element von $\mathbb{Q}(\sqrt{d})$ als Quotient $\frac{\alpha}{\beta}$ mit $\alpha, \beta \in \mathcal{O}_d$ auftreten. Weiter ist $\mathbb{Q}(\sqrt{d})$ als Teilmenge von $\mathbb{C}$ bzw. $\mathbb{R}^2$ dicht. Daher muss es zu jedem $\xi \in \mathbb{C}$ bzw. $\mathbb{R}^2$ ein $q \in \mathcal{O}_d$ geben, das von ξ den durch δ gemessenen Abstand kleiner als 1 hat. Um das in Abhängigkeit von d zu klären, müssen die Fälle $d < 0$ und $d > 0$ getrennt behandelt werden.

1) **Imaginär-quadratische Zahlringe**   Im Fall $d < 0$ ist $\delta = \mathrm{N}$, also

$$\delta(a + b\sqrt{d}) = a^2 - db^2 \geq 0 \quad \text{für } a, b \in \mathbb{Q}.$$

Für $q \in \mathcal{O}_d$ ist $K_q := \{\xi \in \mathbb{C} : \delta(\xi - q) < 1\}$ eine offene Einheitskreisscheibe um q. Nach der Vorbemerkung ist dann $\mathcal{O}_d$ mit δ genau dann euklidisch, wenn die komplexe Ebene von den Kreisscheiben K_q überdeckt wird, d. h.

$$\mathbb{C} = \bigcup_{q \in \mathcal{O}_d} K_q.$$

Oder anders ausgedrückt: Wenn für jedes $\xi \in \mathbb{Q}(\sqrt{d})$ die offene Kreisscheibe vom Radius 1 um ξ mindestens ein $q \in \mathcal{O}_d$ enthält.

Für $\boldsymbol{d \equiv 2, 3 \ (\mathbf{mod}\ 4)}$ ist $\mathcal{O}_d = \mathbb{Z} + \mathbb{Z}\sqrt{d}$. Der kritische Punkt ist $\xi = \frac{1}{2}(1 + \sqrt{d})$ und $\mathcal{O}_d$ ist genau dann euklidisch, wenn $\delta(\xi) < 1$, d. h.

$$\frac{1}{4}(1 + |d|) < 1, \quad \text{d.h. } |d| < 3, \quad \text{also } d = -1 \text{ oder } d = -2.$$

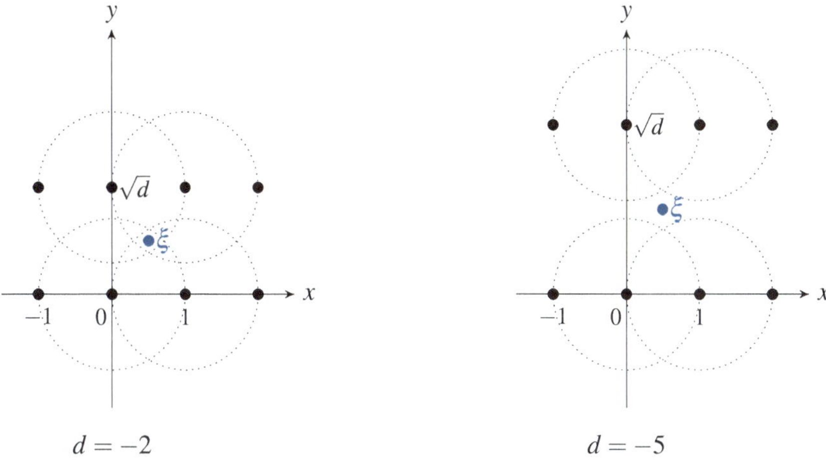

Ein Beispiel für die Division mit Rest in $\mathcal{O}_{-1}$ findet sich in 2.2.8.

Für $\boldsymbol{d \equiv 1 \ (\mathbf{mod}\ 4)}$ ist $\mathcal{O}_d = \mathbb{Z} + \mathbb{Z}\omega$ mit $\omega = \frac{1}{2}(1 + \sqrt{d})$. Ein Punkt $\xi \in \mathbb{C}$ mit maximalen Abstand von den Gitterpunkten ist

$$\xi := y \cdot \mathbf{i} \quad \text{mit} \quad 0 < y < \frac{1}{2}\sqrt{|d|} \text{ und } \mathrm{N}(\xi) = \mathrm{N}(\omega - \xi).$$

Durch einfache Rechnung folgt aus der Abstandsbedingung

$$y = \frac{1}{4}\left(\sqrt{|d|} + \frac{1}{\sqrt{|d|}}\right),$$

also die Bedingung $y < 1$, d. h. $\rho(d) := \sqrt{|d|} + \dfrac{1}{\sqrt{|d|}} < 4$.

Nun ist $\rho(-3) \approx 2.3$, $\rho(-7) \approx 3.0$, $\rho(-11) \approx 3.6$, $\rho(-15) \approx 4.1$ und $\rho(-19) \approx 4.6$.

Also verbleibt $d = -3, -7, -11$.

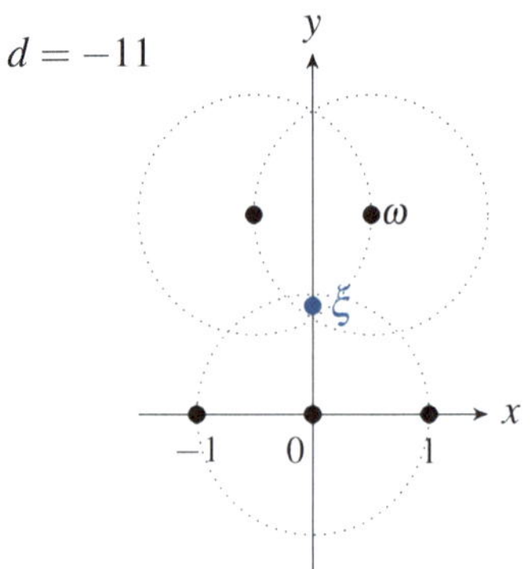
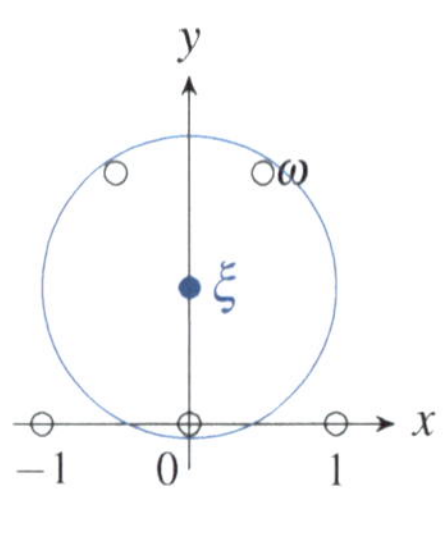

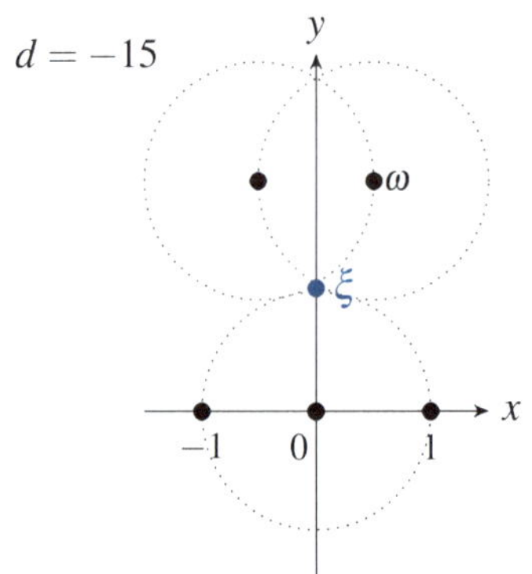
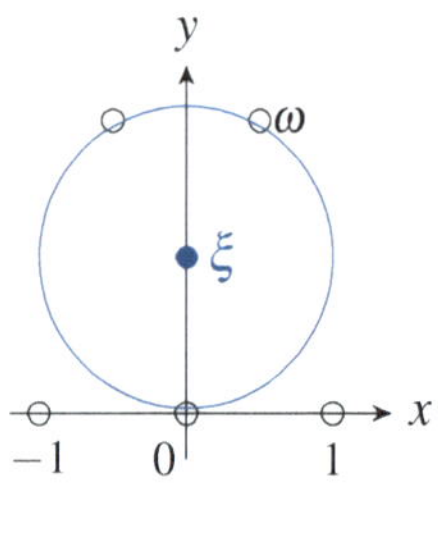

Wir notieren noch einmal das Ergebnis:

Satz 1 *Für $d < 0$ ist der Ring $\mathcal{O}_d$ zusammen mit der Norm N genau dann euklidisch, wenn*

$$d = -1, -2, -3, -7, -11.$$

2) Reell-quadratische Zahlringe Im Fall $d > 0$ verwendet man $\delta = |\mathrm{N}|$, also

$$\delta(a + b\sqrt{d}) = |a^2 - db^2| \geq 0 \quad \text{für } a, b \in \mathbb{Q}.$$

In diesem Fall ist $K_q := \{\xi \in \mathbb{R}^2 : \delta(\xi - q) < 1\}$ für $q \in \mathcal{O}_d$ nicht mehr wie im Fall $d < 0$ eine Kreisscheibe, sondern der unbeschränkte Bereich zwischen vier Hyperbelästen, zentriert um q. Analog zum Fall $d < 0$ sieht man, dass $\mathcal{O}_d$ zusammen mit $\delta = |\mathrm{N}|$ genau dann euklidisch ist, wenn

$$\mathbb{R}^2 = \bigcup_{q \in \mathcal{O}_d} K_q.$$

Aber diese Bedingung ist nur mit großer Mühe zu überprüfen. Um wenigstens ein einfaches aber nur hinreichendes Kriterium dafür zu erhalten, dass $\mathcal{O}_d$ euklidisch ist, ersetzen wir den Hyperbelbereich K_q durch einen darin enthaltenen maximalen quadratischen Bereich $K_q' \subset K_q$. Für $q = 0$ ist

$$K_0 = \{(x,y) \in \mathbb{R}^2 : |x^2 - y^2| < 1\} \quad \text{und} \quad K_0' = \{(x,y) \in \mathbb{R}^2 : |x| < 1, |y| < 1\}.$$

Für $q = (x_0, y_0)$ ist dann $K_q' = \{(x,y) \in \mathbb{R}^2 : |x - x_0| < 1, |y - y_0| < 1\}$. Nun ist klar, dass $\mathcal{O}_d$ mit $\delta = |N|$ sicher dann euklidisch ist, wenn

$$\mathbb{R}^2 = \bigcup_{q \in \mathcal{O}_d} K_q'.$$

Das ist in Abhängigkeit von d leicht zu prüfen:

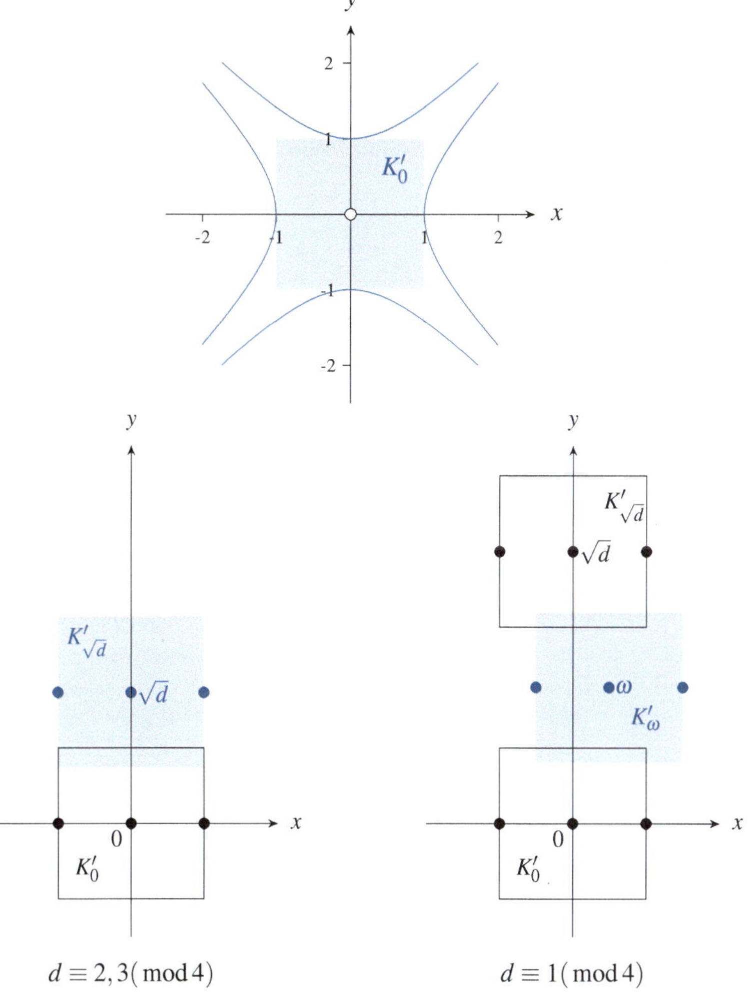

Für $d \equiv 2, 3 \,(\mathbf{mod}\,4)$ ist $\mathcal{O}_d = \mathbb{Z} + \mathbb{Z}\sqrt{d}$, also muss $\sqrt{d} < 2$, d. h. $d < 4$ sein. Damit verbleiben $d = 2, 3$.

Für $d \equiv 1 \pmod 4$ ist $\mathcal{O}_d = \mathbb{Z} + \mathbb{Z}\omega$ mit $\omega = \frac{1}{2}(1 + \sqrt{d})$ muss $\frac{1}{2}\sqrt{d} < 2$, also $d < 16$ sein. Damit verbleiben $d = 5, 13$.

Wir halten das hinreichende Kriterium noch einmal fest:

Satz 2   *Für $d > 0$ ist der Ring $\mathcal{O}_d$ zusammen mit $\delta = |\mathrm{N}|$ euklidisch für die Werte*

$$d = 2, 3, 5, 13.$$

In der Literatur (etwa bei [Ha, §16.6]) findet man weitere Werte von d und einen Hinweis darauf, dass die Gesamtzahl endlich ist.

2.4.5   Faktorzerlegung in quadratischen Zahlringen

In 2.3.5 haben wir gesehen, dass es in euklidischen und damit faktoriellen Ringen eine Primfaktorzerlegung gibt. Daher ist es naheliegend, nach Kriterien für Primelemente in den euklidischen Ringen $\mathcal{O}_d$ zu suchen, und zu prüfen, ob eine Primzahl $p \in \mathbb{N}$ in $\mathcal{O}_d$ ein Primelement bleibt. Dass dies nicht der Fall sein muss, sieht man am einfachsten mit $p = 2$:

$$2 = (1 + \mathbf{i})(1 - \mathbf{i}) \ \text{in} \ \mathcal{O}_{-1}\,, \ 2 = \sqrt{2} \cdot \sqrt{2} \ \text{in} \ \mathcal{O}_2\,.$$

Andererseits liefern die nicht euklidischen Ringe $\mathcal{O}_d$, in erster Linie der Ring $\mathcal{O}_{-5}$, Beispiele für pathologische Teilbarkeitseigenschaften.

Grundlegend ist das folgende technische

Lemma   *Sei d so gewählt, dass in $\mathcal{O}_d$ jedes irreduzible Element auch Primelement ist (das ist sicher der Fall, wenn $\mathcal{O}_d$ euklidisch oder faktoriell ist). Dann gilt:*

1) $\pi \in \mathcal{O}_d$ Primelement $\Leftrightarrow \bar{\pi} \in \mathcal{O}_d$ Primelement

2) Ist $\pi \in \mathcal{O}_d$ Primelement, so gibt es eine eindeutig bestimmte Primzahl $p \in \mathbb{N}$ mit $\pi | p$ und $|\mathrm{N}(\pi)| = p$ oder p^2.

3) Ist $\pi \in \mathcal{O}_d$ derart, dass $|\mathrm{N}(\pi)| = p$ Primzahl ist, so ist π Primelement in $\mathcal{O}_d$.

4) Ist $\pi \in \mathcal{O}_d$ derart, dass $|\mathrm{N}(\pi)| = p^2$ Primzahlquadrat ist, so ist π genau dann Primelement, wenn $\pi \sim p$ und p auch in $\mathcal{O}_d$ Primelement bleibt.

5) Für eine Primzahl $p \in \mathbb{N}$ gilt:

$$p \ \text{nicht Primelement in} \ \mathcal{O}_d \Leftrightarrow \ \text{es gibt ein} \ \alpha \in \mathcal{O}_d \ \text{mit} \ |\mathrm{N}(\alpha)| = p\,.$$

Ist dies der Fall, so ist α Primelement und $p = |\alpha\bar{\alpha}|$.

Beweis 1)   ist klar, denn eine Zerlegung $\pi = \alpha\beta$ ist äquivalent zu einer Zerlegung $\bar{\pi} = \bar{\alpha}\bar{\beta}$.

2) $\pi\bar{\pi} = \mathrm{N}(\pi) \in \mathbb{Z}$ bedeutet $\pi | \mathrm{N}(\pi)$, also $\pi | p$ für mindestens einen Primfaktor p von $\mathrm{N}(\pi)$. Angenommen $\pi | p'$ für eine Primzahl $p' \neq p$. Nach 1.3.8 gibt es $k, l \in \mathbb{Z}$ mit

$$kp + lp' = 1\,, \quad \text{also} \quad \pi | 1 \quad \text{und} \quad \pi \in \mathcal{O}_d^{\times}\,,$$

das kann für ein Primelement nicht sein. Also ist p eindeutig bestimmt. Aus $\pi|p$ folgt $p = \alpha\pi$ mit $\alpha \in \mathcal{O}_d$, daher ist

$$p^2 = \mathrm{N}(p) = \mathrm{N}(\alpha) \cdot \mathrm{N}(\pi) \Rightarrow \mathrm{N}(\pi)|p^2 \Rightarrow |\mathrm{N}(\pi)| = p \text{ oder } p^2 \,.$$

3) Ist $\pi \in \mathcal{O}_d$ kein Primelement, so ist es reduzibel, also

$$\pi = \alpha \cdot \beta \quad \text{mit} \quad \alpha, \beta \in \mathcal{O}_d \smallsetminus \mathcal{O}_d^{\times} \Rightarrow \mathrm{N}(\pi) = \mathrm{N}(\alpha) \cdot \mathrm{N}(\beta) \,.$$

Da $\mathrm{N}(\alpha), \mathrm{N}(\beta) \notin \mathbb{Z}^{\times}$, ist $\mathrm{N}(\pi)$ reduzibel, also $|\mathrm{N}(\pi)|$ keine Primzahl.

4) $|\mathrm{N}(\pi)| = |\pi\bar{\pi}| = p^2$, also $\pi|p^2$. Ist π Primelement, so folgt $\pi|p$, also

$$p = \alpha\pi \quad \text{und} \quad p^2 = \mathrm{N}(p) = \mathrm{N}(\alpha) \cdot \mathrm{N}(\pi) = |\mathrm{N}(\alpha)| \, p^2 \,.$$

Daher ist $\mathrm{N}(\alpha) = \pm 1$ und $\alpha \in \mathcal{O}_d^{\times}$. Die Umkehrung ist klar.

5) „$\Rightarrow$" Ist $p = \alpha \cdot \beta$ mit $\alpha, \beta \in \mathcal{O}_d \smallsetminus \mathcal{O}_d^{\times}$, so folgt

$$p^2 = \mathrm{N}(p) = \mathrm{N}(\alpha) \cdot \mathrm{N}(\beta) \Rightarrow |\mathrm{N}(\alpha)| = |\mathrm{N}(\beta)| = p \,.$$

„$\Leftarrow$" $\pm p = \mathrm{N}(\alpha) = \alpha\bar{\alpha} = \mathrm{N}(\bar{\alpha})$, also ist p in $\mathcal{O}_d$ reduzibel. Ist $\alpha \in \mathcal{O}_d$ mit $|\mathrm{N}(\alpha)| = p$, so folgt nach *2)*, dass α Primelement in $\mathcal{O}_d$ ist mit $p = \alpha\bar{\alpha}$. ∎

Dieses Lemma gibt nun ein Rezept zur Lösung der oben gestellten Aufgabe, alle Primelemente in $\mathcal{O}_d$ zu finden, insbesondere für eine Primzahl $p \in \mathbb{N}$ zu entscheiden, ob sie in $\mathcal{O}_d$ Primelement bleibt.

Um die Primelemente von $\mathcal{O}_d$ zu finden, wählt man zunächst diejenigen $\alpha \in \mathcal{O}_d$ als Kandidaten aus, deren Norm $|\mathrm{N}(\alpha)|$ gleich einer Primzahl p oder p^2 ist. Für $|\mathrm{N}(\alpha)| = p$ hat man nach der hinreichenden Bedingung *2)* ein Primelement α gefunden; im Fall $|\mathrm{N}(\alpha)| = p^2$ muss man zunächst die notwendige Bedingung aus *4)* prüfen, ob $\alpha \sim p$ und dann kontrollieren, was mit der Primzahl $p \in \mathbb{N}$ in $\mathcal{O}_d$ passiert. Dafür gibt es zwei Möglichkeiten:

1) p bleibt in $\mathcal{O}_d$ Primelement. In diesem Fall nennt man p *träge* in $\mathcal{O}_d$.

2) p wird in $\mathcal{O}_d$ reduzibel. In diesem Fall gibt es ein Primelement $\pi \in \mathcal{O}_d$, so dass $p \sim \pi\bar{\pi}$. Nun gibt es wieder zwei Möglichkeiten:

    a) $\pi \nsim \bar{\pi}$ und $p \sim \pi\bar{\pi}$. In diesem Fall nennt man p *unverzweigt* in $\mathcal{O}_d$.

    b) $\pi \sim \bar{\pi}$ und $p \sim \pi^2$. In diesem Fall nennt man p *verzweigt* in $\mathcal{O}_d$.

Welcher Fall eintritt, hängt natürlich von p und d ab. In der algebraischen Zahlentheorie hat man ein schönes Kriterium an p und d, um das zu entscheiden (vgl. etwa [Ha, § 16.6]).

Will man entscheiden, ob zwei Primelemente $\pi, \pi' \in \mathcal{O}_d$ assoziiert sind, so müssen zwei Bedingungen geprüft werden:

1) Es muss $\mathrm{N}(\pi) = \pm\mathrm{N}(\pi')$ sein, dann ist $\mathrm{N}\left(\frac{\pi}{\pi'}\right) = \pm 1$ für den im Körper $\mathbb{Q}(\sqrt{d})$ gebildeten Quotienten.

2) Der Quotient $\frac{\pi}{\pi'} \in \mathbb{Q}\left(\sqrt{d}\right)$ muss ganz, also in $\mathcal{O}_d$ enthalten sein.

Das Kriterium *5)* aus obigem Lemma führt zu einer diophantischen Gleichung. Wie man damit umgehen kann, zeigen wir in den folgenden Beispielen.

Beispiel 1   Für $d = -1$ ist $\mathcal{O}_{-1} = \mathbb{Z}[\mathbf{i}] = \{\alpha = m + n\mathbf{i} : m, n \in \mathbb{Z}\}$ mit

$$\mathcal{O}_{-1}^{\times} = \{\pm 1, \pm\mathbf{i}\} \quad \text{und} \quad N(\alpha) = m^2 + n^2.$$

Die Suche nach Elementen $\alpha \in \mathcal{O}_{-1}$ mit $N(\alpha) = p$ oder p^2 für kleine m und n ergibt bis auf Einheiten folgende Primelemente:

m	n	$N(\alpha) = \alpha \cdot \bar{\alpha}$	Primelemente
1	1	$2 = (1+\mathbf{i})(1-\mathbf{i})$	$(1+\mathbf{i}),\, (1-\mathbf{i});\ (1+\mathbf{i}) \sim (1-\mathbf{i})$
1	2	$5 = (1+2\mathbf{i})(1-2\mathbf{i})$	$(1+2\mathbf{i}),\, (1-2\mathbf{i});\ (1+2\mathbf{i}) \nsim (1-2\mathbf{i})$
2	1	$5 = (2+\mathbf{i})(2-\mathbf{i})$	$(2+\mathbf{i}),\, (2-\mathbf{i});\ (2+\mathbf{i}) \nsim (2-\mathbf{i}),\ (2\pm\mathbf{i}) \sim (1\mp 2\mathbf{i})$
3	0	$9 = 3 \cdot 3$	3
3	2	$13 = (3+2\mathbf{i})(3-2\mathbf{i})$	$(3+2\mathbf{i}),\, (3-2\mathbf{i});\ (3+2\mathbf{i}) \nsim (3-2\mathbf{i})$
4	1	$17 = (4+\mathbf{i})(4-\mathbf{i})$	$(4+\mathbf{i}),\, (4-\mathbf{i});\ (4+\mathbf{i}) \nsim (4-\mathbf{i})$

Bis zu diesen Werten von $m, n > 0$ sind alle $N(\alpha)$ Primzahlen.

Für $\alpha = 4 + 3\mathbf{i}$ ist $N(\alpha) = (4+3\mathbf{i})(4-3\mathbf{i}) = 25$. Da $(4\pm 3\mathbf{i}) \nsim 5$, sind α und $\bar{\alpha}$ nicht prim in $\mathcal{O}_{-1}$. Das folgt auch aus $(4+3\mathbf{i}) = \mathbf{i}(2-\mathbf{i})^2$ und $(4-3\mathbf{i}) = -\mathbf{i}(2+\mathbf{i})^2$. Weiter sieht man, dass die Primzahl 3 träge ist, die Primzahlen $2, 5, 13, 17$ zerfallen; bis auf 2 sind sie unverzweigt.

Allgemein ist eine Primzahl p nach Teil *5)* des Lemmas genau dann keine Primzahl in $\mathcal{O}_{-1}$, also nicht träge, wenn es ein $\alpha = m + n\mathbf{i}$ gibt mit

$$p = N(\alpha) = m^2 + n^2.$$

Für welche Primzahlen das zutrifft, kann man leicht entscheiden mit Hilfe des folgenden klassischen Ergebnisses:

Satz von Euler   *Für eine Primzahl $p \neq 2$ gilt: Genau dann ist p Summe von zwei Quadraten, also $p = m^2 + n^2$ mit $m, n \in \mathbb{N}$, wenn $p \equiv 1 \,(\mathrm{mod}\, 4)$.*

Wir empfehlen dem Leser, diese Aussagen erst einmal experimentell für kleine Primzahlen zu überprüfen. Danach zum

Beweis   Offensichtlich ist für jedes $m \in \mathbb{N}$, dass

$$m^2 \equiv 0\,(\mathrm{mod}\, 4) \text{ für } m \text{ gerade} \quad \text{und} \quad m^2 \equiv 1\,(\mathrm{mod}\, 4) \text{ für } m \text{ ungerade.}$$

Für eine Primzahl $p \neq 2$ mit $p = m^2 + n^2$ muss, bis auf die Reihenfolge, m gerade und n ungerade, also $p \equiv 1\,(\mathrm{mod}\, 4)$ sein.

Die umgekehrte Richtung erfordert stärkere Hilfsmittel. Wir verwenden hier das Ergebnis aus 2.1.11, wonach die Einheitengruppe $\mathbb{F}_p^{\times} = \{\overline{1}, \ldots, \overline{p-1}\}$ zyklisch ist. Ist $\alpha \in \mathbb{F}_p^{\times}$ ein erzeugendes Element, so ist ord $(a) = p - 1$. Wegen $p \equiv 1 \,(\mathrm{mod}\, 4)$ ist 4 ein Teiler von $p - 1$, wir betrachten in $\mathbb{F}_p^{\times}$

$$b := a^{\frac{1}{4}(p-1)} \quad \text{und} \quad c := a^{\frac{1}{2}(p-1)} = b^2 \quad \text{mit } c^2 = \overline{1}$$

und behaupten, dass $c = -\overline{1}$. Das ist klar, denn c ist Nullstelle des Polynoms

$$X^2 - \overline{1} = (X + \overline{1})(X - \overline{1}) \in \mathbb{F}_p[X],$$

aber $c \neq 1$. Wegen $c = b^2$ ist $-\overline{1}$ in $\mathbb{F}_p$ ein Quadrat, also $b^2 + \overline{1} = \overline{0}$. Ist $b = \overline{k}$ mit $k \in \mathbb{N}$, so bedeutet das, dass

$$p \text{ Teiler von } k^2 + 1, \text{ also Teiler von } (k + \mathbf{i})(k - \mathbf{i}) \text{ in } \mathbb{Z}[\mathbf{i}] \text{ ist.}$$

Wäre p Teiler von $k \pm \mathbf{i}$ in $\mathbb{Z}[\mathbf{i}]$, so müsste mit $r, s \in \mathbb{Z}$

$$k + \mathbf{i} = p(r + \mathbf{i}s) = pr + ps\mathbf{i}, \text{ also } ps = 1$$

sein, was unmöglich ist. Demnach ist p kein Primelement in $\mathbb{Z}[\mathbf{i}]$, also

$$p = \mathrm{N}(\alpha) = m^2 + n^2 \quad \text{für ein} \alpha = m + n\mathbf{i} \in \mathbb{Z}[\mathbf{i}]$$

nach Teil *5)* des obigen Lemmas.   ∎

Korollar *Jede Primzahl $p \in \mathbb{N}$ mit $p \equiv 3\,(\mathrm{mod}\,4)$ ist träge in $\mathcal{O}_{-1}$.*

Mit Hilfe der obigen Ergebnisse kann man nun bis auf die vier Einheiten in $\mathcal{O}_{-1}$ alle Primelemente π angeben:

1) $\pi = 1 + \mathbf{i}$,

2) $\pi = p$ *für jede Primzahl $p \in \mathbb{N}$ mit $p \equiv 3\,(\mathrm{mod}\,4)$,*

3) $\pi = m + n\mathbf{i}$ *für alle $m, n \in \mathbb{Z}$ mit $m^2 + n^2 = p$, wobei p eine Primzahl ungleich 2 ist.*

Dabei entspricht $\pi = 1 + \mathbf{i}$ dem Ausnahmefall $\mathrm{N}(\pi) = 2$. Die Primzahlen unter *2)* sind träge in $\mathcal{O}_{-1}$ und die Faktoren π von p in *3)* sind nach Teil *5)* des obigen Lemmas Primelemente. Besonders produktiv sind die Primzahlen mit $p \equiv 1 \,(\mathrm{mod}\,4)$. Ist etwa $p = 5 = 1^2 + 2^2$, so entstehen daraus in $\mathcal{O}_{-1}$ die acht Primelemente

$$(1 + 2\mathbf{i}), \; \mathbf{i}(1 + 2\mathbf{i}) = (-2 + \mathbf{i}), \; -(1 + 2\mathbf{i}) = (-1 - 2\mathbf{i}), \; -\mathbf{i}(1 + 2\mathbf{i}) = (\;\; 2 - \mathbf{i}) \quad \text{und}$$
$$(1 - 2\mathbf{i}), \; \mathbf{i}(1 - 2\mathbf{i}) = (\;\; 2 + \mathbf{i}), \; -(1 - 2\mathbf{i}) = (-1 + 2\mathbf{i}), \; -\mathbf{i}(1 - 2\mathbf{i}) = (-2 - \mathbf{i}).$$

Nimmt man noch die zu 2 und 3 gehörenden Primelemente $\circ$ dazu, so ergibt sich folgendes Bild:

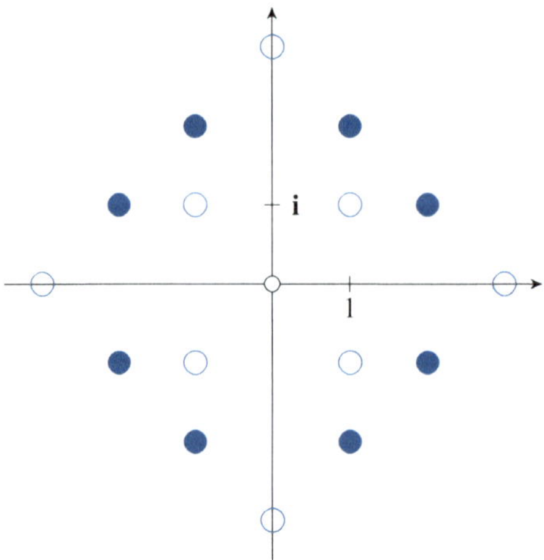

Für $N(\pi) \leq 2000$ erhält man das eindrucksvolle Bild von Primelementen in $\mathcal{O}_{-1} = \mathbb{Z}[\mathbf{i}]$:

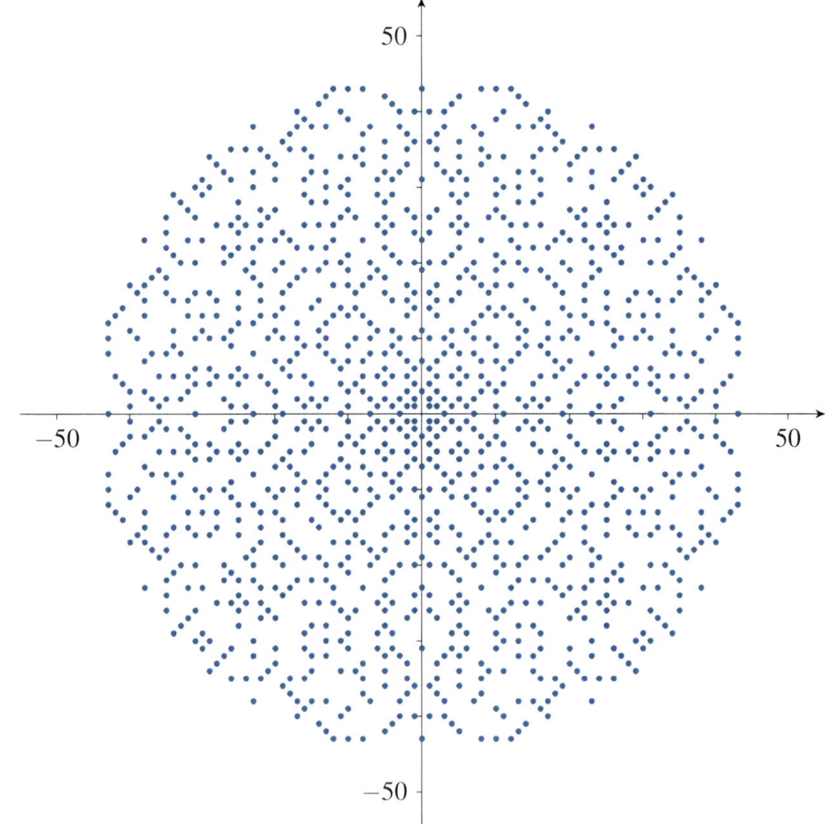

A. A. pinxit

Beispiel 2   Für $d = -3 \equiv 1\,(\bmod\,4)$ ist

$$\mathcal{O}_{-3} = \left\{\alpha = \frac{1}{2}(m + \mathbf{i}n\sqrt{3}) : m - n \in 2\mathbb{Z}\right\} \quad \text{mit}$$

$$\mathcal{O}_{-3}^{\times} = \{\zeta_6^k : 0 \le k \le 5\} \quad \text{mit} \quad \zeta_6 = \frac{1}{2}(1 + \mathbf{i}\sqrt{3}) \ \text{und}\ \mathrm{N}(\alpha) = \frac{1}{4}(m^2 + 3n^2).$$

Für $0 \le m, n \le 4$ hat man folgende Treffer α, d.h. $\mathrm{N}(\alpha) = p$ oder p^2:

m	n	$\mathrm{N}(\alpha) = \alpha \cdot \bar{\alpha}$	Primelemente
0	2	$3 = (\mathbf{i}\sqrt{3})(-\mathbf{i}\sqrt{3})$	$(\mathbf{i}\sqrt{3}) \sim (-\mathbf{i}\sqrt{3})$ prim, $\mathbf{i}\sqrt{3} \sim \frac{1}{2}(3 + \mathbf{i}\sqrt{3})$
2	2	$4 = (1 + \mathbf{i}\sqrt{3})(1 - \mathbf{i}\sqrt{3})$	$(1 + \mathbf{i}\sqrt{3}) \sim (1 - \mathbf{i}\sqrt{3}) \sim 2$ prim
3	1	$3 = \frac{1}{4}(3 + \mathbf{i}\sqrt{3})(3 - \mathbf{i}\sqrt{3})$	$\frac{1}{2}(3 \pm \mathbf{i}\sqrt{3})$ prim, $\frac{1}{2}(3 + \mathbf{i}\sqrt{3}) \sim \frac{1}{2}(3 - \mathbf{i}\sqrt{3})$
3	3	$9 = \frac{1}{4}(3 + 3\mathbf{i}\sqrt{3}) \cdot (3 - 3\mathbf{i}\sqrt{3})$	$\alpha = \zeta_6 \cdot 3$, also $\alpha \sim 3$ nicht prim
4	0	$4 = 2 \cdot 2$	2 bleibt prim
4	2	$7 = (2 + \mathbf{i}\sqrt{3})(2 - \mathbf{i}\sqrt{3})$	$(2 \pm \mathbf{i}\sqrt{3})$ prim, $(2 + \mathbf{i}\sqrt{3}) \not\sim (2 - \mathbf{i}\sqrt{3})$

In $\mathcal{O}_{-3}$ sind die Primzahlen 3 und 5 träge, denn die Gleichungen

$$\frac{1}{4}(m^2 + 3n^2) = 2, \quad \text{d.h. } m^2 + 3n^2 = 8 \quad \text{und} \quad \frac{1}{4}(m^2 + 3n^2) = 5 \ \text{d.h. } m^2 + 3n^2 = 20$$

haben keine ganzzahligen Lösungen. Die Primzahlen 3 und 7 zerfallen, 3 ist verzweigt und 7 ist unverzweigt.

Beispiel 3   Für $d = 2$ ist

$$\mathcal{O}_2 = \mathbb{Z} + \mathbb{Z}\sqrt{2} = \{\alpha = m + n\sqrt{2} : m, n \in \mathbb{Z}\} \quad \text{mit}$$

$$\mathcal{O}_2^{\times} = \{\pm(1 + \sqrt{2})^k : k \in \mathbb{Z}\} \ \text{und}\ \mathrm{N}(\alpha) = m^2 - 2n^2.$$

Für kleine m, n erhalten wir die folgenden Treffer $\alpha \in \mathcal{O}_2$, d.h. $|\mathrm{N}(\alpha)| = p$ oder p^2.

m	n	$\mathrm{N}(\alpha) = \alpha \cdot \bar{\alpha}$	Primelemente
0	1	$-2 = (\sqrt{2})(-\sqrt{2})$	$\sqrt{2},\ -\sqrt{2}$ prim, $-\sqrt{2} \sim \sqrt{2}$
2	0	$4 = 2 \cdot 2$	$2 = (\sqrt{2})^2$ nicht prim
2	1	$2 = (2 + 2\sqrt{2})(2 - 2\sqrt{2})$	$(2 + \sqrt{2})$, $(2 - \sqrt{2})$ prim, $(2 + \sqrt{2}) \sim (2 - \sqrt{2})$
1	2	$-7 = (1 + 2\sqrt{2})(1 - 2\sqrt{2})$	$(1 + 2\sqrt{2})$, $(1 - 2\sqrt{2})$ prim, $(1 + 2\sqrt{2}) \not\sim (1 - 2\sqrt{2})$
3	0	$9 = 3 \cdot 3$	3 bleibt prim

Um zu zeigen, dass 3 in $\mathcal{O}_2$ träge ist, muss man nachweisen, dass die Gleichung

$$m^2 - 2n^2 = 3 \qquad\qquad (*)$$

keine ganzzahlige Lösung hat. Dazu geht man am besten nach $\mathbb{F}_3 = \{\bar{0}, \bar{1}, \bar{2}\}$. Dort wird $(*)$ wegen $-\bar{2} = \bar{1}$ zu

$$\bar{m}^2 + \bar{n}^2 = \bar{0}. \qquad\qquad (*)$$

Wie man leicht nachprüft, ist $m^2 + n^2 \equiv 0 \ (\mathrm{mod}\,3)$ für $0 \leq m \leq n \leq 2$ nur dann, wenn $m = n = 0$ ist. Also muss in $(*)$ 3 Teiler von m und n und somit

$$9 \text{ Teiler von } m^2 - 2n^2 = 3$$

sein, was unmöglich ist.

Eine allgemeine ohne Tricks anwendbare Methode, die Lösbarkeit einer diophantischen Gleichung der Form

$$m^2 - dn^2 = k$$

mit $d > 0$ auf ein endliches Problem zurückzuführen, findet man bei [Ha, § 16.6]. Dabei wird die unendliche Einheitengruppe $\mathcal{O}_d^{\times}$ verwendet.

Die bisher betrachteten Ringe $\mathcal{O}_{-1}, \mathcal{O}_{-3}$ und $\mathcal{O}_2$ sind euklidisch. Ist das nicht vorausgesetzt, so liefert immerhin die Gleichung $\mathrm{N}(\alpha) = \alpha \cdot \bar{\alpha}$ einige interessante Zerlegungen von ganzen Zahlen in $\mathcal{O}_d$. Wir wählen $\boldsymbol{d = -5}$ und den „Kummerring"

$$\mathcal{O}_{-5} = \mathbb{Z} + \mathbb{Z}\sqrt{-5} = \{\alpha = m + \mathbf{i}n\sqrt{5} : m,n \in \mathbb{Z}\} \quad \text{mit}$$
$$\mathcal{O}_{-5}^{\times} = \{+1, -1\} \quad \text{und} \quad \mathrm{N}(\alpha) = m^2 + 5n^2.$$

m	n	$\mathrm{N}(\alpha) = \alpha\bar{\alpha}$
0	1	$5 = (\mathbf{i}\sqrt{5})(-\mathbf{i}\sqrt{5})$
1	1	$6 = (1 + \mathbf{i}\sqrt{5})(1 - \mathbf{i}\sqrt{5})$
2	1	$9 = (2 + \mathbf{i}\sqrt{5})(2 - \mathbf{i}\sqrt{5})$
3	0	$9 = 3 \cdot 3$

Was sofort auffällt, sind die verschiedenen Zerlegungen

$$6 = 2 \cdot 3 = (1 + \mathbf{i}\sqrt{5})(1 - \mathbf{i}\sqrt{5}) \, , \, 9 = 3 \cdot 3 = (2 + \mathbf{i}\sqrt{5})(2 - \mathbf{i}\sqrt{5}) \, . \qquad (*)$$

Zunächst zeigen wir, dass die Zahlen

$$2, 3, 1 \pm \mathbf{i}\sqrt{5}, 2 \pm \mathbf{i}\sqrt{5}$$

in $\mathcal{O}_{-5}$ irreduzibel sind. Sie haben die Normen 4, 6, 9 mit den Primfaktoren 2 und 3. Wie man sofort sieht, können 2 und 3 aber nicht als Normen in $\mathcal{O}_{-5}$ auftreten. Also hat man in $(*)$ wesentlich verschiedene Zerlegungen in irreduzible Faktoren.

Die Primzahlen $2, 3 \in \mathbb{N}$ sind in $\mathcal{O}_{-5}$ nicht mehr prim:

$$2 \,|\, 6 \quad \Rightarrow \quad 2 \,|\, (1 + i\sqrt{5}) \cdot (1 - i\sqrt{5}) \, .$$

Angenommen $2 \mid (1 \pm i\sqrt{5})$. Dann wäre

$$1 \pm i\sqrt{5} = 2 \cdot \alpha, \ \text{ also } \ 6 = 4 \cdot \mathrm{N}(\alpha),$$

das ist wegen $\mathrm{N}(\alpha) \in \mathbb{Z}$ unmöglich. Analog führt man $3 \mid (2 \pm i\sqrt{5})$ zum Widerspruch.

Aus dem Satz über euklidische Ringe in 2.2.7 folgt, dass $\mathcal{O}_{-5}$ mit keinem δ euklidisch sein kann. In diesem Abschnitt war das nur für $\delta = \mathrm{N}$ gezeigt worden.

2.4.6 Ideale als ideale Zahlen

Die Ringe $\mathcal{O}_d$ sind nur für wenige d faktoriell, noch seltener euklidisch. Genauere Aussagen dazu findet man etwa bei [ArM, 11.7]. Das einfachste Beispiel für einen nicht faktoriellen quadratischen Zahlring ist der Kummerring

$$\mathcal{O}_{-5} = \mathbb{Z} + \mathbb{Z}\sqrt{-5} \ \text{ mit } \ 6 = 2 \cdot 3 = (1 + \sqrt{-5}) \cdot (1 - \sqrt{-5})$$

als Beispiel für verschiedene Zerlegungen in irreduzible Elemente. An diesem Beispiel kann man die bahnbrechende Idee von DEDEKIND und KUMMER erklären, wie sich die Teilbarkeitstheorie retten lässt, wenn man von Zahlen zu Idealen als „idealen Zahlen" übergeht.

Zur Vereinfachung der Bezeichnungen setzen wir in diesem ganzen Abschnitt

$$\xi := \sqrt{-5} \ \text{ und } \ R := \mathcal{O}_{-5} = \mathbb{Z} + \xi\mathbb{Z} \subset \mathbb{C}.$$

Zunächst einmal betrachten wir in R die Hauptideale

$$(2) = 2R, \ (3) = 3R \ \text{ und } \ (1+\xi) = (1+\xi)R.$$

Als abelsche Gruppen haben sie jeweils zwei Erzeugende, es ist

$$(2) = 2\mathbb{Z} + 2\xi\mathbb{Z}, \ (3) = 3\mathbb{Z} + 3\xi\mathbb{Z}, \ (1+\xi) = (1+\xi)\mathbb{Z} + (-5+\xi)\mathbb{Z}.$$

Wie in den Bildern zu sehen ist, sind diese Ideale die Ecken von Rechtecken, die durch Multiplikation des Gitters $\mathbb{Z} + \xi\mathbb{Z}$ mit dem erzeugenden Element des Ideals entstehen. Weiter betrachten wir in R die Untergruppen

$$\mathfrak{p} := 2\mathbb{Z} + (1+\xi)\mathbb{Z} \ \text{ und } \ \mathfrak{q} := 3\mathbb{Z} + (1+\xi)\mathbb{Z}.$$

Offensichtlich hat man die handlicheren Darstellungen

$$\mathfrak{p} = \{k + l\xi : k, l \in \mathbb{Z} \text{ und } k \equiv l \,(\mathrm{mod}\,2)\} \ \text{ und}$$
$$\mathfrak{q} = \{k + l\xi : k, l \in \mathbb{Z} \text{ und } k \equiv l \,(\mathrm{mod}\,3)\}.$$

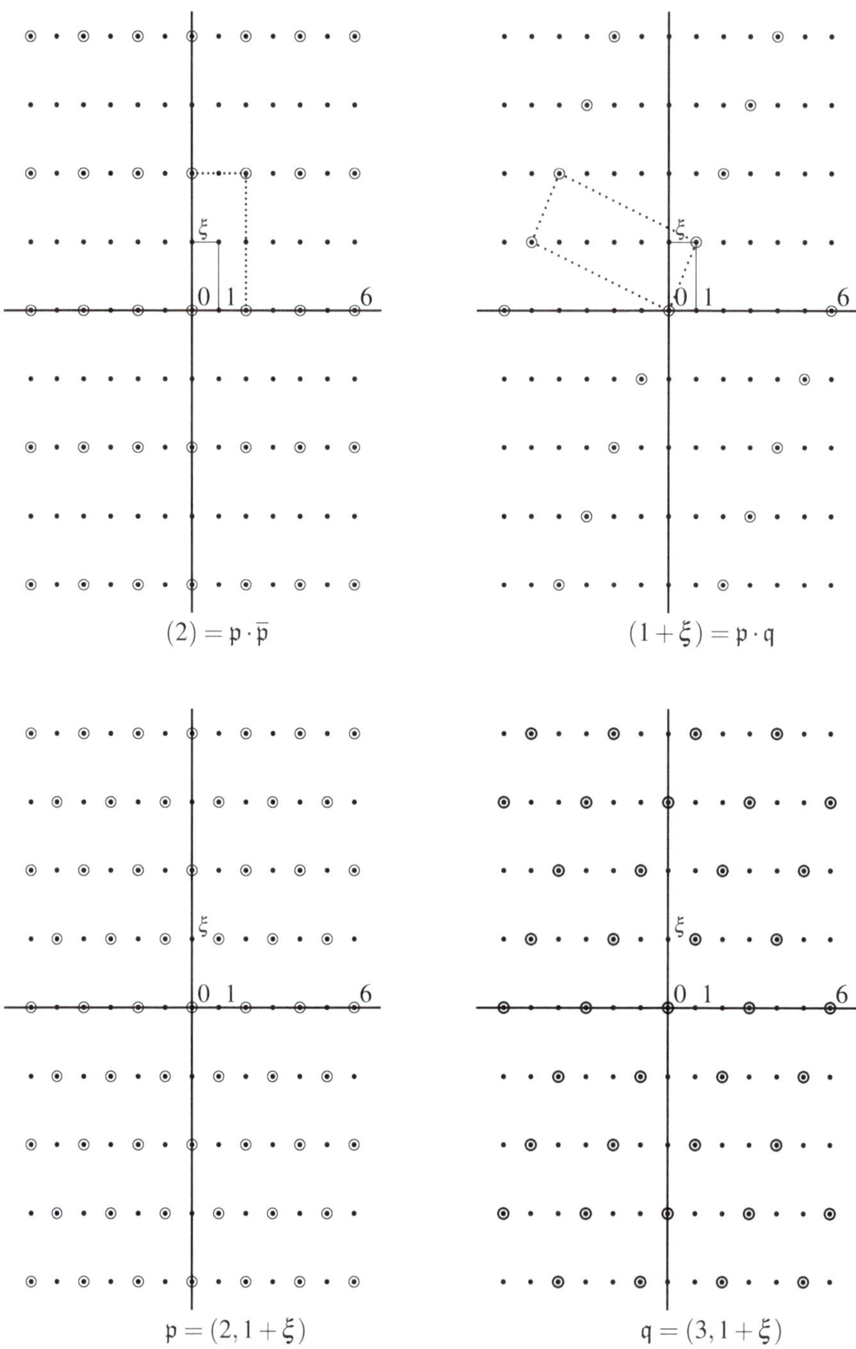
ξ
0 1
6
(2) = p · p̄
ξ
0 1
6
(1 + ξ) = p · q
ξ
0 1
6
p = (2, 1 + ξ)
ξ
0 1
6
q = (3, 1 + ξ)

Daran kann man sofort sehen, dass $\mathfrak{p}$ und $\mathfrak{q}$ Ideale in R sind (hier ist $\xi^2 = -5$ entscheidend!):

$$(1+\xi)(m+n\xi) = (m-5n)+(m+n)\xi \in \mathfrak{p} \cap \mathfrak{q} \,, \quad \text{denn}$$

$$(m-5n)-(m+n) = -6n \text{ ist durch } 2 \text{ und } 3 \text{ teilbar} \,.$$

An den Bildern sieht man, dass $\mathfrak{p}$ und $\mathfrak{q}$ keine Hauptideale sein können, denn die Gitter bestehen nicht aus Rechtecken.

Nun zu den Teilbarkeitseigenschaften der betrachteten Ideale. Da

$$2 \cdot 3 = 6 = (1+\xi)(1-\xi) \in (1+\xi)R \,, \quad \text{aber } 2,3 \notin (1+\xi)R \,,$$

ist $(1+\xi)R$ kein Primideal.

Bezeichnet $\rho' : \mathbb{Z} \to R/\mathfrak{p}$ die Beschränkung der kanonischen Abbildung $\rho : R \to R/\mathfrak{p}$, so sieht man sofort, dass ρ' surjektiv ist und

$$\mathrm{Ker}\,\rho' = \mathfrak{p} \cap \mathbb{Z} = 2\mathbb{Z} \,, \quad \text{also } R/\mathfrak{p} \cong \mathbb{Z}/2\mathbb{Z} \,.$$

Daher ist $\mathfrak{p} \subset R$ nach 2.2.13 Primideal. Analog sieht man, dass $\mathfrak{q} \subset R$ Primideal ist, denn $R/\mathfrak{q} \cong \mathbb{Z}/3\mathbb{Z}$.

Nun benötigen wir noch die konjugierten Ideale

$$\overline{(1+\xi)} := (1-\xi) \,, \quad \overline{\mathfrak{p}} := (2, 1-\xi) \quad \text{und} \quad \overline{\mathfrak{q}} = (3, 1-\xi) \,;$$

wie oben sieht man, dass $\overline{\mathfrak{p}}$ und $\overline{\mathfrak{q}}$ Primideale sind. Nun betrachten wir die Produkte von Idealen, die nach 2.2.10 von den Produkten der Erzeugenden erzeugt werden, also

$$\begin{aligned}
\mathfrak{p} \cdot \overline{\mathfrak{p}} &= (2, 1+\xi) \cdot (2, 1-\xi) &= (4, 2+2\xi, 2-2\xi, 6) \\
\mathfrak{q} \cdot \overline{\mathfrak{q}} &= (3, 1+\xi) \cdot (3, 1-\xi) &= (9, 3+3\xi, 3-3\xi, 6) \\
\mathfrak{p} \cdot \mathfrak{q} &= (2, 1+\xi) \cdot (3, 1+\xi) &= (6, 2+2\xi, 3+3\xi, -4+2\xi) \,.
\end{aligned}$$

Wie man ganz leicht nachprüft, ist

$$\mathfrak{p} \cdot \overline{\mathfrak{p}} = (2) \,, \quad \mathfrak{q} \cdot \overline{\mathfrak{q}} = (3) \quad \text{und} \quad \mathfrak{p} \cdot \mathfrak{q} = (1+\xi) \,.$$

Daraus erhält man das denkwürdige Ergebnis in $R = \mathcal{O}_{-5}$:

$$\begin{aligned}
(6) &= \mathfrak{p} \cdot \overline{\mathfrak{p}} \cdot \mathfrak{q} \cdot \overline{\mathfrak{q}} = (2) \cdot (3) \\
&= \mathfrak{p} \cdot \mathfrak{q} \cdot \overline{\mathfrak{p}} \cdot \overline{\mathfrak{q}} = (1+\xi) \cdot (1-\xi) \,.
\end{aligned} \qquad (***)$$

Aus der Sicht der Ideale, d.h. der idealen Zahlen, sind die beiden verschiedenartigen Zerlegungen der Zahl 6 in zwei Faktoren also nur Zwischenschritte auf dem Weg zur Zerlegung des Ideals (6) in ein Produkt von vier Primidealen. Man kann leicht sehen, dass diese Zerlegung in Primideale bis auf Reihenfolge eindeutig ist.

Die eben durchgeführte elementare Überlegung ist der Startpunkt zu spannenden Untersuchungen der algebraischen Zahlentheorie. Wer darüber mehr wissen will, kann mit Abschnitt 10 von Kapitel 11 aus [ArM] beginnen, und etwa bei [M-P] und [Ne] einen Überblick zu weiteren Entwicklungen finden.

Kapitel 3

Körpererweiterungen

3.1 Grundbegriffe

Ein grundlegendes Problem der Algebra betrifft die Nullstellen von Polynomen: ob es sie gibt und, wenn ja, wie man sie berechnen kann. Genauer gesagt: Ist K ein Körper und $f \in K[X]$, dann sind die $x \in K$ gesucht, für die $f(x) = 0$ gilt. Ist etwa $K = \mathbb{Q}$ und $f = X^2 - 2$, so gibt es in $\mathbb{Q}$ keine Nullstelle, denn $\sqrt{2}$ ist irrational. Erweitert man aber $\mathbb{Q}$ zu $\mathbb{R}$, so hat f die Nullstellen $\pm\sqrt{2}$. Betrachtet man $\mathbb{Q}$ und $\mathbb{R}$ als Unterkörper von $\mathbb{C}$, so zerfällt sogar jedes Polynom $f \in \mathbb{C}[X]$ nach dem „Fundamentalsatz der Algebra" in Linearfaktoren. Dies ist eine sehr wichtige Aussage über die Existenz der Nullstellen in der komplexen Ebene, hilft aber nicht viel bei der Frage, wie man sie berechnen kann.

Approximativ lassen sich die komplexen Nullstellen mit Methoden der numerischen Mathematik berechnen. Die „klassischen Algebraiker" haben sich bemüht, Approximationen auf die Bestimmung von Wurzeln zu beschränken. So wurde versucht, als Verallgemeinerung der „Mitternachtsformel" für quadratische Polynome auch für Polynome höheren Grades Formeln zu finden, die nur Wurzelausdrücke enthalten. Um 1500 gelang das für die Grade 3 und 4. Für höhere Grade blieben alle Versuche vergeblich. Erst um 1830 konnten ABEL und GALOIS beweisen, dass solch allgemein gültige Formeln ab Grad 5 unmöglich sind.

Um das verstehen zu können, muss man für ein $f \in \mathbb{Q}[X]$ einen möglichst kleinen Oberkörper $K' \supset \mathbb{Q}$ konstruieren, über dem f in Linearfaktoren zerfällt. K' heißt dann entsprechend „Zerfällungskörper" von f. Im einfachsten Fall

$$f = X^2 - 2 \in \mathbb{Q}[X] \quad \text{ist} \quad K' := \{a + b\sqrt{2} \in \mathbb{R} : a, b \in \mathbb{Q}\} \subset \mathbb{R}.$$

Man sieht leicht, dass K' ein Körper ist. Die Inversen sind gegeben durch

$$\frac{1}{a + b\sqrt{2}} = \frac{a - b\sqrt{2}}{(a + b\sqrt{2})(a - b\sqrt{2})} = \frac{a - b\sqrt{2}}{a^2 - 2b^2} \in K'.$$

Dieses K' entsteht durch „Adjunktion" der Nullstelle $\sqrt{2}$ zu $\mathbb{Q}$. Für ein allgemeineres $f \in \mathbb{Q}[X]$ müssen all die nicht rationalen komplexen Nullstellen von f adjungiert werden.

Es ist gelungen, die Hindernisse gegen eine Existenz von Lösungsformeln mit Wurzelausdrücken in der „Struktur" des Zerfällungskörper zu finden. Das auszuführen fordert einigen technischen Aufwand und ist das wichtigste Ziel dieses Kapitels. Außerdem erlauben diese Methoden eine elegante Lösung der klassischen geometrischen Probleme von Konstruktionen mit Zirkel und Lineal. Diese klassischen Probleme haben heute an Bedeutung verloren. Aber sie sind ein starker Antrieb zur Entwicklung der Algebra hin zu einer abstrakten, nicht nur schönen, sondern auch nützlichen Strukturtheorie gewesen. Sie ist zum Beispiel die Grundlage für die „algebraische Geometrie" mit deren hochkomplizierten Methoden schließlich kurz vor der Jahrtausendwende das etwa 450 Jahre alte Problem von FERMAT gelöst werden konnte. Aber diese Entwicklungen gehen weit über den Rahmen unserer Einführung hinaus.

3.1.1 Charakteristik und Primkörper

Bevor wir über die Vergrößerung von Körpern sprechen, soll zunächst geklärt werden, was die kleinstmöglichen Körper sind. Dazu eine Vorbereitung:

Für jeden Ring R mit Einselement $\mathbf{1}$ hat man einen Ringhomomorphismus

$$\chi : \mathbb{Z} \to R \,,\ n \mapsto n \cdot \mathbf{1} \,,$$

wobei $n \cdot \mathbf{1} := \mathbf{1} + \ldots + \mathbf{1}$ (n-mal) für $n \in \mathbb{N}$ und $(-n) \cdot \mathbf{1} := n \cdot (-\mathbf{1})$. Nach 1.1.8 gibt es genau ein $m \in \mathbb{N}$ mit $\operatorname{Ker} \chi = m\mathbb{Z}$. Dieses m heißt *Charakteristik* von R, in Zeichen $m = \operatorname{char}(R)$. Offensichtlich ist $\operatorname{char}(R) = 0$ genau dann, wenn χ injektiv ist und es gilt

$$\operatorname{char}(R) = \min\{n \in \mathbb{N} \smallsetminus \{0\} : n \cdot \mathbf{1} = 0\} \,, \quad \textit{falls } \operatorname{char}(R) > 0.$$

Bemerkung 1 *Ist R ein Integritätsring, so ist $\operatorname{char}(R) = 0$ oder eine Primzahl.*

Beweis Sei $m = \operatorname{char}(R) > 0$. Dann ist $m \geq 2$, denn $1 \cdot \mathbf{1} = \mathbf{1} \neq 0$. Angenommen m wäre keine Primzahl. Dann gäbe es eine Zerlegung $m = r \cdot s$ mit $r, s \in \mathbb{N}$ und $1 < r, s < m$. Daraus folgt

$$0 = m \cdot \mathbf{1} = (rs) \cdot \mathbf{1} = (r \cdot \mathbf{1})(s \cdot \mathbf{1}),$$

also $r \cdot \mathbf{1} = 0$ oder $s \cdot \mathbf{1} = 0$, im Widerspruch zur Minimalität von m. ∎

Für einen Körper $R = K$ bedeutet das Folgendes:

Ist $\operatorname{char}(K) = 0$, so ist χ injektiv, man kann also $\mathbb{Z}$ mit $\chi(\mathbb{Z}) \subset K$ identifizieren; damit ist auch der Quotientenkörper $\mathbb{Q} = Q(\mathbb{Z}) \subset K$. Als Quotientenkörper ist das der kleinste Unterkörper von K, und $\mathbb{Q}$ heißt *Primkörper* von K.

Ist $\operatorname{char}(K) = p > 0$, so hat man einen Isomorphismus

$$\chi(\mathbb{Z}) \cong \mathbb{Z}/p\mathbb{Z} = \mathbb{F}_p \,.$$

In diesem Fall ist $\mathbb{F}_p \subset K$ als kleinster Unterkörper der *Primkörper* von K.

Für spätere Verwendung notieren wir noch die

Bemerkung 2 *Der einzige Automorphismus eines Primkörpers ist die Identität.*

Beweis Für jeden Automorphismus φ eines Körpers K gilt $\varphi(0) = 0$ und auch $\varphi(\mathbf{1}) = \mathbf{1}$, denn $K \smallsetminus \{0\}$ ist eine multiplikative Gruppe. Daraus folgt

$$\varphi(r \cdot \mathbf{1}) = \varphi(\mathbf{1} + \ldots + \mathbf{1}) = r \cdot \mathbf{1} \quad \text{für alle } r \in \mathbb{N}.$$

Da $\mathbb{F}_p = \{0, \mathbf{1}, \ldots, (p-1) \cdot \mathbf{1}\}$ folgt die Behauptung für $K = \mathbb{F}_p$.
Im Fall $\mathbb{Z} \subset \mathbb{Q} = K$ folgt $\varphi(r) = r$ für alle $r \in \mathbb{Z}$, also

$$\varphi\left(\frac{r}{s}\right) = \frac{r}{s} \quad \text{für } r, s \in \mathbb{Z} \text{ und } s \neq 0.$$

$\blacksquare$

Wie sich zeigen wird, bestehen in der Körpertheorie zwischen Charakteristik 0 und p grundlegende Unterschiede. Offensichtlich ist jeder Körper der Charakteristik Null unendlich. Dass es in Charakteristik p auch echte Oberkörper von $\mathbb{F}_p$ (sogar unendliche) gibt, ist klar: etwa den Körper $\mathbb{F}_p(X)$ der rationalen Funktionen. Andere Beispiele geben wir in 3.3.4.

3.1.2 Grad einer Körpererweiterung

Ist $k \subset K$ ein Unterkörper, so spricht man aus der Sicht von k von einer ***Körpererweiterung***, wir schreiben dafür meist

$$K \supset k \,.$$

Ein ***Zwischenkörper*** L hat die Eigenschaften

$$k \subset L \subset K \,,$$

d.h. $k \subset K$ und $L \subset K$ sind Unterkörper. Ein Standardbeispiel dafür ist

$$\mathbb{Q} \subset \mathbb{R} \subset \mathbb{C} \,.$$

Ziel dieses ganzen Kapitels ist es, solche Körpererweiterungen mit ihren Zwischenkörpern zu konstruieren und ihre Eigenschaften zu studieren.

Zunächst einmal ist ein Maß für die „Größe" einer Körpererweiterung $K \supset k$ nötig. Dazu benutzen wir die Tatsache, dass K als Vektorraum über k angesehen werden kann, wobei die Multiplikation mit Skalaren

$$k \times K \to K$$

die gewöhnliche Multiplikation in K ist, in der ersten Komponente eingeschränkt auf k.

Dann ist der ***Körpergrad*** von $K \supset k$

$$[K : k] := \dim_k(K)$$

erklärt als die Vektorraum-Dimension. Die einfachsten Beispiele sind

$$[\mathbb{R} : \mathbb{Q}] = \infty \quad \text{und} \quad [\mathbb{C} : \mathbb{R}] = 2 \,.$$

Man kann dabei benutzen, dass $\mathbb{R}$ überabzählbar ist. Denn aus $[K : k] < \infty$ und k abzählbar folgt die Abzählbarkeit von K. Eine mehr algebraische Begründung folgt in Beispiel 1 aus 3.1.6.

*Eine Körpererweiterung wird **endlich** genannt, wenn $[K : k] < \infty$.*

Eine entscheidende Eigenschaft für den Körpergrad ist die

Gradformel   *Ist $k \subset L \subset K$ ein Zwischenkörper, so gilt*

$$[K : k] = [K : L] \cdot [L : k] \,.$$

Beweis Ist einer der beiden Faktoren rechts gleich ∞, so ist auch $[K : k] = \infty$, also ist die Formel in diesem Fall richtig.

Andernfalls sei $[L : k] = m < \infty$ und $[K : L] = n < \infty$. Wir wählen Basen

$$(x_1, \ldots, x_m) \text{ von } L \text{ über } k \quad \text{und} \quad (y_1, \ldots, y_n) \text{ von } K \text{ über } L \,;$$

dann genügt es zu zeigen, dass die Familie

$$(x_i \cdot y_j)_{i=1,\ldots,m,\; j=1,\ldots n}$$

der Produkte $x_i y_j \in K$ eine Basis von K über k ist.
Zunächst hat jedes $y \in K$ eine eindeutige Darstellung

$$y = b_1 y_1 + \ldots + b_n y_n \quad \text{mit} \quad b_1, \ldots, b_n \in L$$

und jedes $b_j \in L$ eine eindeutige Darstellung

$$b_j = a_{1j} x_1 + \ldots + a_{mj} x_m \quad \text{mit} \quad a_{ij} \in k \,.$$

Daraus folgt, dass K über k von $(x_i y_j)$ erzeugt wird, denn

$$y = \sum_{i,j} a_{ij} x_i y_j \,.$$

Die Familie $(x_i y_j)$ ist auch linear unabhängig, denn aus

$$\sum_{i,j} a_{ij} x_i y_j = 0 \quad \text{folgt} \quad \sum_j \Big(\sum_i a_{ij} x_i \Big) y_j = 0 \,, \text{ also}$$

$$\sum_i a_{ij} x_i = 0 \quad \text{für jedes } j \text{ und damit} \quad a_{ij} = 0$$

für alle i, j.   ∎

Als unmittelbare Folgerung aus der Gradformel erhält man das

Korollar *Ist $k \subset L \subset K$ ein Zwischenkörper und $[K:k] < \infty$, so gilt*

a) Aus $[K:L] = [K:k]$ folgt $k = L$.

b) Ist $[K:k]$ eine Primzahl, so folgt $k = L$ oder $L = K$.

Insbesondere gibt es keinen echten Zwischenkörper von $\mathbb{C} \supset \mathbb{R}$.

3.1.3 Adjunktion von Elementen

Ist $K \supset k$ eine Körpererweiterung, so kann man einen kleinsten Zwischenkörper finden, der eine gegebene Teilmenge $A \subset K$ enthält, nämlich

$$k(A) := \bigcap_{k \cup A \subset L \subset K} L, \quad \text{wobei } L \subset K \text{ Unterkörper ist.}$$

Man nennt $k(A)$ den von A über k *erzeugten Unterkörper* von K. Analog kann man

$$k[A] := \bigcap_{k \cup A \subset R \subset K} R, \quad \text{wobei } R \subset K \text{ Unterring ist,}$$

als den von A über k *erzeugten Unterring* von K erklären.

Man sagt auch, dass $k(A)$ bzw. $k[A]$ durch *Adjunktion* von A an k entstehen. Dabei ist entscheidend, dass die Menge A in einem gegebenen Oberkörper K enthalten ist. Falls $A = \{a_1, \ldots, a_n\}$ endlich ist, schreibt man

$$k[a_1, \ldots, a_n] \quad \text{und} \quad k(a_1, \ldots, a_n),$$

im Fall $A = \{a\}$ hat man $k[a]$ und $k(a)$.

Zur expliziten Beschreibung der Körper $k(A)$ und der Ringe $k[A]$ sind einige Hilfsmittel erforderlich.

Da jeder Unterkörper von K auch Unterring ist, folgt $k[A] \subset k(A)$, und die Eigenschaft des Quotientenkörpers minimal zu sein (vgl. 2.1.13) ergibt

Bemerkung 1 *Für $A \subset K \supset k$ ist $k(A) = Q(k[A])$.*

Für eine Beschreibung der Ringe $k[a]$ mit $a \in K$ benutzen wir den Einsetzungshomomorphismus

$$\sigma_a : k[X] \to K, \quad f \mapsto f(a).$$

$S := \sigma_a(k[X]) \subset K$ ist ein Unterring und für jeden Unterring $R \subset K$ mit $k \cup \{a\} \subset R$ gilt $S \subset R$.

Daraus folgt

Bemerkung 2   *Für $a \in K \supset k$ ist $k[a] = \sigma_a(k[X])$.*

Dadurch ist auch die Bezeichnung $k[a]$ gerechtfertigt: Die Unbestimmte X wird durch a ersetzt. Eine Fortsetzung von σ_a auf den Körper $k(X)$ der rationalen Funktionen ist im Allgemeinen nicht möglich. Genauer gilt:

Bemerkung 3   *Für $a \in K \supset k$ existiert eine Fortsetzung*

$$\hat{\sigma}_a : k(X) \to k(a) \quad von \quad \sigma_a : k[X] \to k[a]$$

genau dann, wenn σ_a injektiv ist. Das bedeutet, dass a nur Nullstelle des Nullpolynoms ist. Ist das der Fall, so ist $\hat{\sigma}_a$ ein Isomorphismus.

Beweis Ist $f = \frac{g}{h} \in k(X)$ mit $g, h \in k[X]$ und $h \neq 0$, so muss

$$\hat{\sigma}_a(f) = \frac{g(a)}{h(a)}$$

sein, und das ist genau dann möglich, wenn $h(a) \neq 0$ für alle $h \neq 0$. Da $k(a) = Q(k[a])$ folgt, dass $\hat{\sigma}_a$ surjektiv ist. Als Homomorphismus von Körpern ist $\hat{\sigma}_a$ dann auch injektiv (Lemma 2 in 2.1.3). ∎

Korollar   *Ist σ_a injektiv, so folgt $[k(a) : k] = \infty$.*

Beweis Es genügt zu zeigen, dass $[k(X) : k] = \infty$. Das folgt aus der linearen Unabhängigkeit der Monome $1, X, ..., X^n, ...$. ∎

Für endliches $A = \{a_1, ..., a_n\} \subset K$ kann $k[A]$ rekursiv erklärt werden durch

$$k[a_1, ..., a_n] := (k[a_1, ..., a_{n-1}])[a_n].$$

Unter Benutzung des Polynomrings $k[X_1, ..., X_n]$ kann man $k[A]$ auch direkter beschreiben: Für $a := (a_1, ..., a_n) \in K^n$ gibt es den Einsetzungshomomorphismus

$$\sigma_a : k[X_1, ..., X_n] \to K, \quad f \mapsto f(a_1, ..., a_n),$$

und wie im Fall $n = 1$ sieht man, dass $k[a_1, ..., a_n] = \sigma_a(k[X_1, ..., X_n])$.
Durch Übergang zu den Quotientenkörpern erhält man $k(a) = Q(k[a])$ und

$$k(a_1, ..., a_n) = Q(k[a_1, ..., a_n]).$$

Besonders „einfach" sind Körpererweiterungen, die von einem einzigen Element erzeugt werden. Dem entsprechend nennt man eine Körpererweiterung $K \supset k$ ***einfach***, wenn es ein $a \in K$ gibt mit

$$K = k(a) \, .$$

In diesem Fall heißt $a \in K$ ein ***primitives Element***.

In 3.3.4 und 3.3.7 werden wir die erstaunlichen Ergebnisse beweisen, dass es sehr oft primitive Elemente gibt (vgl. dazu auch Beispiel 4 in 3.1.6).

3.1.4 Algebraische und transzendente Elemente

Wir kommen nun zu einer wichtigen Unterscheidung von Elementen aus einer Körpererweiterung $K \supset k$. Ein Körperelement $a \in K$ heißt *algebraisch über* k, wenn es ein Polynom $f \in k[X] \smallsetminus \{0\}$ gibt, so dass $f(a) = 0$.

Dagegen heißt $a \in K$ *transzendent über* k, wenn es nicht algebraisch über k ist, d.h. wenn es nicht Nullstelle eines Polynoms vom Grad ≥ 0 mit Koeffizienten in k ist.

Als Nullstelle von $X - a \in k[X]$ ist demnach jedes $a \in k$ algebraisch über k. Interessantere Beispiele folgen in 3.1.6.

Der Prototyp eines transzendenten Elements ist die Unbestimmte X im Körper der rationalen Funktionen

$$K = k(X) \supset k$$

über einem beliebigen Körper k. In der Tat ist $X \in k(X)$ transzendent über k: Für jedes Polynom $f \in k[X] \smallsetminus \{0\}$ ist $f(X) = f$, denn wenn man X für X einsetzt, ändert sich f nicht. Also ist $f(X) \neq 0$. Das ist eine reine Formalität.

Ein viel komplizierteres Beispiel erhält man mit $\mathbf{e}, \pi \in \mathbb{R} \supset \mathbb{Q}$: Nach klassischen Sätzen, von HERMITE [Her] für $\mathbf{e}$ und LINDEMANN [Li] für π, sind $\mathbf{e}$ und π transzendent über $\mathbb{Q}$. Mit der Brille der Algebra, von $\mathbb{Q}$ aus gesehen, sind also $\mathbf{e}$ und π „gleichwertig" mit einer Unbestimmten X. Diese gewöhnungsbedürftige Tatsache wird gleich anschließend näher ausgeführt.

Einen etwas abstrakteren Blick auf den Unterschied zwischen algebraischen und transzendenten Elementen erhält man durch Benutzung des Einsetzungshomomorphismus

$$\sigma_a : k[X] \to K, \quad f \mapsto f(a), \quad \text{für } a \in K.$$

Offensichtlich gilt

$$a \text{ transzendent über } k \quad \Leftrightarrow \quad \operatorname{Ker} \sigma_a = \{0\} \quad \Leftrightarrow \quad \sigma_a \text{ injektiv},$$
$$a \text{ algebraisch über } k \quad \Leftrightarrow \quad \operatorname{Ker} \sigma_a \neq \{0\} \quad \Leftrightarrow \quad \sigma_a \text{ nicht injektiv}.$$

In der Sprache der linearen Algebra bedeutet das folgendes:

Bemerkung 1 *Ist $a \in K \supset k$, so gilt:*

$$a \text{ transzendent über } k \quad \Leftrightarrow \quad 1, a, a^2, ..., a^n, ... \text{ linear unabhängig über } k,$$
$$a \text{ algebraisch über } k \quad \Leftrightarrow \quad 1, a, a^2, ..., a^n, ... \text{ linear abhängig über } k.$$

Beweis Die lineare Abhängigkeit der Folge $(a^i)_{i \in \mathbb{N}}$ bedeutet, dass es ein $n \in \mathbb{N}$ und

$$(0, ..., 0) \neq (\lambda_0, ..., \lambda_n) \in k^{n+1}$$

gibt, so dass

$$\lambda_0 + \lambda_1 a + ... + \lambda_n a^n = 0.$$

Das bedeutet $f(a) = 0$, wobei $f := \lambda_0 + \lambda_1 X + ... + \lambda_n X^n \in k[X]$. $\blacksquare$

Zunächst zum formal einfacheren Fall eines transzendenten Elementes.
Zusammen mit Bemerkung 3 aus 3.1.3 folgt sofort das

Korollar 1   *Sei $a \in K \supset k$.*

a) Ist a transzendent über k, so folgt

$$k(a) \cong k(X) \quad und \quad [k(a) : k] = \infty.$$

b) Ist $[k(a) : k] < \infty$, so ist a algebraisch über k.

In 3.1.5 werden wir sehen, dass auch die Umkehrung von *b)* gilt. Wir vermerken noch eine
besondere Eigenschaft des Körpers rationaler Funktionen.

Satz   *Ist k ein Körper und $x \in k(X) \smallsetminus k$, so ist x transzendent über k.*

Beweis In der Darstellung $x = \frac{g}{h}$ mit $g, h \in k[X] \smallsetminus \{0\}$ können wir annehmen, dass $\mathrm{ggT}(g, h) = 1$
(Korollar aus 2.3.6). Angenommen x wäre algebraisch über k. Dann gäbe es ein

$$f = a_0 + a_1 X + \ldots + a_n X^n \in k[X] \quad \text{mit} \quad n \geq 2;\ a_0 \neq 0 \quad \text{und} \quad a_n \neq 0, \quad \text{so dass}$$

$$f(x) = a_0 + a_1 \frac{g}{h} + \ldots + a_n \left(\frac{g}{h}\right)^n = 0. \tag{$*$}$$

Der Fall $\deg g = \deg h = 0$ ist ausgeschlossen, denn $x \notin k$. Ist $\deg g \geq 1$ so folgt aus $(*)$, dass

$$g\left(a_n g^{n-1} + \ldots + a_1 h^{n-1}\right) = -a_0 h^n.$$

Also wäre g Teiler von $-a_0 h^n$ und damit von h.

Ist dagegen $\deg g = 0$, aber $\deg h \geq 1$, so können wir $g = 1$ annehmen. Aus $(*)$ folgt dann

$$a_0 h^n + a_1 h^{n-1} + \ldots + a_n = 0 \quad \text{in } k[X],$$

was wegen $\deg h \geq 1$ unmöglich ist. ∎

Korollar 2   *Ist $a \in K \supset k$ transzendent über k, so ist jedes $b \in k(a) \smallsetminus k$ transzendent über k.* ∎

Wir erwähnen noch eine weitere interessante Eigenschaft transzendenter Erweiterungen:

Bemerkung 2   *Sei $a \in K \supset k$ transzendent über k. Dann gilt:*

a) $k(a^2) \subsetneq k(a)$

b) Man hat eine unendliche echt absteigende Kette

$$k(a) \supsetneq k(a^2) \supsetneq k(a^4) \supsetneq \ldots \supsetneq k$$

von Zwischenkörpern.

Beweis a)   Wäre $a \in k(a^2)$, so gäbe es nach Bemerkung 1 aus 3.1.3 Polynome $f, g \in k[X] \smallsetminus \{0\}$
derart, dass

$$a = \frac{f(a^2)}{g(a^2)}.$$

Dann wäre a Nullstelle des Polynoms $h := X \cdot g(X^2) - f(X^2) \in k[X]$. Da $f(X^2)$ und $X \cdot g(X^2)$ hat, ist $h \neq 0$. Also wäre a alebraisch über k.

b) Mit a ist auch a^2 transzendent über k. Das foilgt aus Bemerkung 1, denn auch die Folge $(a^{2i})_{i \in \mathbb{N}}$ ist linear unabhängig. Also folgt *b)* durch wiederholte Anwendung von *a)*. ∎

3.1.5 Das Minimalpolynom

Ist $a \in K \supset k$ und $[k(a) : k] < \infty$, so muss a nach Korollar 1 aus 3.1.4 algebraisch über k sein. Dieser Fall ist subtiler als der transzendente Fall; insbesondere braucht man ein effizientes Hilfsmittel, um den Körpergrad zu berechnen.

Der Polynomring $k[X]$ ist nach 2.2.7 ein Hauptidealring. Falls a algebraisch über k ist, ist daher

$$\operatorname{Ker} \sigma_a = \{f \in k[X] : f(a) = 0\} \subset k[X]$$

von einem eindeutig bestimmten normierten Polynom $f_a \in k[X]$ mit $\deg f_a \geq 1$ erzeugt, in Zeichen

$$(f_a) = \operatorname{Ker} \sigma_a .$$

Man nennt $f_a \in k[X]$ das ***Minimalpolynom von a über k***. Im einfachsten Fall $a \in k$ ist $f_a = X - a$.

Weitere charakteristische Eigenschaften des Minimalpolynoms, insbesondere die Irreduzibilität, ergeben sich aus der

Bemerkung *Sei $K \supset k$ eine Körpererweiterung, $a \in K$ und $f \in k[X]$ normiert mit $f(a) = 0$. Dann sind folgende Aussagen äquivalent:*

i) $f = f_a$, d.h. f ist das Minimalpolynom von a über k.

ii) Für alle $g \in k[X] \smallsetminus \{0\}$ mit $g(a) = 0$ gilt $\deg f \leq \deg g$.

iii) f ist irreduzibel in $k[X]$.

Bedingung *ii)* erklärt den Namen „*Minimal*polynom". Bedingung *iii)* kann oft helfen nachzuweisen, dass ein Polynom das Minimalpolynom ist.

Beweis i) $\Rightarrow$ ii) Zu g gibt es ein $h \in k[X] \smallsetminus \{0\}$ mit $g = h \cdot f_a$. Also ist $\deg g \geq \deg f_a$.
ii) $\Rightarrow$ iii) Aus $f = g \cdot h$ mit $g, h \in k[X]$ folgt

$$0 = f(a) = g(a) \cdot h(a) ,$$

also $g(a) = 0$ oder $h(a) = 0$. Wegen *ii)* folgt $h \in k^\times$ oder $g \in k^\times$.
iii) $\Rightarrow$ i) Zu f gibt es ein $h \in k[X] \smallsetminus \{0\}$ mit $f = h \cdot f_a$, nach *iii)* ist $h \in k^\times$. Da f_a und f normiert sind, folgt $h = 1$. ∎

Nun kommen wir zu den entscheidenden Eigenschaften des Minimalpolynoms.

Satz　*Sei $K \supset k$ eine Körpererweiterung, $a \in K$ algebraisch über k und $f_a \in k[X]$ das Minimalpolynom von a über k. Dann gilt:*

a) $k[a] = k(a) \cong k[X]/(f_a)$.

b) $[k(a) : k] = \deg f_a$.

c) Ist $n := \deg f_a$, so ist $(1, a, a^2, \ldots, a^{n-1})$ eine Basis des k-Vektorraums $k(a)$.

Beweis a) Für den Einsetzungs-Homomorphismus σ_a gilt

$$\operatorname{Im} \sigma_a = k[a] \quad \text{und} \quad \operatorname{Ker} \sigma_a = (f_a) , \quad \text{also} \quad k[a] \cong k[X]/(f_a)$$

nach dem Isomorphiesatz in 2.2.4. Nach der obigen Bemerkung ist das Minimalpolynom f_a irreduzibel; nach 2.3.2 ist daher $k[a]$ ein Körper, also $k[a] = k(a)$.

b) und *c)* Wir zeigen zunächst, dass

$$k[a] = \{h(a) \in K : h \in k[X] , \deg h < \deg f_a\} . \tag{$*$}$$

Zu $b \in k[a]$ gibt es ein $g \in k[X]$ mit $b = g(a)$. Wir teilen g mit Rest durch f_a. Dann ist

$$g = q f_a + h \quad \text{mit} \quad \deg h < \deg f_a \quad \text{und} \quad g(a) = q(a) f_a(a) + h(a) .$$

Da $f_a(a) = 0$, folgt $g(a) = h(a)$.

Aus $(*)$ folgt, dass $1, a, \ldots, a^{n-1}$ den k-Vektorraum $k[a]$ erzeugen. Wären $1, a, \ldots, a^{n-1}$ linear abhängig, so gäbe es $\lambda_0, \ldots, \lambda_{n-1} \in k$, nicht alle gleich Null, so dass

$$\lambda_0 + \lambda_1 a + \ldots + \lambda_{n-1} a^{n-1} = 0 .$$

Dann wäre $h := \lambda_0 + \lambda_1 X + \ldots + \lambda_{n-1} X^{n-1} \neq 0$ und $h(a) = 0$, was wegen der Minimalität des Grades n von f_a nicht möglich ist.　∎

Aus Korollar 1 in 3.1.4 und Aussage *b)* des obigen Satzes ergibt sich eine weitere Art der Unterscheidung zwischen algebraischen und transzendenten Elementen:

Korollar　*Für $a \in K \supset k$ gilt:*

$$a \text{ algebraisch über } k \quad \Leftrightarrow \quad [k(a) : k] < \infty,$$
$$a \text{ transzendent über } k \quad \Leftrightarrow \quad [k(a) : k] = \infty.$$

Die eben bewiesene erstaunliche Tatsache, dass der Ring $k[a]$ gleich seinem Quotientenkörper $k(a)$ ist, folgt im Grunde aus der Irreduzibilität des Minimalpolynoms. Es ist sicher hilfreich, das noch etwas direkter zu beleuchten. Entscheidend ist, für jedes

$$0 \neq b = \beta_0 + \beta_1 a + \ldots + \beta_{m-1} a^{m-1} \in k[a]$$

mit $m \leq n$ ein Inverses $b^{-1} \in k[a]$ zu finden.

Da $\dim_k k[a] = n$, gibt es eine Relation

$$\lambda_0 + \lambda_1 b + \ldots + \lambda_n b^n = 0$$

mit $\lambda_0, \ldots, \lambda_n \in k$, nicht alle gleich Null. Also ist b algebraisch über k,

$$f_b := c_0 + c_1 X + \ldots + X^m$$

mit $m \geq 1$ sei das Minimalpolynom von b. Wegen der Minimalität von m ist $c_0 \neq 0$. Aus $f_b(b) = 0$ folgt

$$\frac{1}{b} = -\frac{1}{c_0}(c_1 + c_2 b + \ldots + b^{m-1}) \in k[a] \,.$$

Diese Formel für die *Berechnung des Inversen* setzt voraus, dass man das Minimalpolynom von b kennt. Eine einfachere Methode benutzt den euklidischen Algorithmus und die Relation von BÉZOUT (vgl. 1.3.8 und 1.3.10).

Gegeben sei $b = g(a) \in k[a]$ mit $\deg g < \deg f_a$. Gesucht ist ein $h \in k[X]$ mit

$$h(a) \cdot g(a) = 1, \quad \text{also} \quad b^{-1} = h(a) \,.$$

Da f_a irreduzibel ist, folgt $\mathrm{ggT}(g, f_a) = 1$. Nach BÉZOUT findet man $h, \tilde{h} \in k[X]$ mit

$$1 = h \cdot g + \tilde{h} \cdot f_a \,, \quad \text{also} \quad 1 = h(a) \cdot g(a) + \tilde{h}(a) \cdot f_a(a) = h(a) \cdot g(a) \,,$$

denn $f_a(a) = 0$ (vgl. Beispiel 3 in 3.1.6).

3.1.6 Beispiele

Beispiel 1   Das wichtigste Beispiel für eine einfache Körpererweiterung ist

$$\mathbb{C} = \mathbb{R}(\mathbf{i}) \supset \mathbb{R} \,.$$

Da $\mathbf{i}^2 = -1$, ist $X^2 + 1$ das Minimalpolynom von $\mathbf{i}$ über $\mathbb{R}$, also ist

$$[\mathbb{C} : \mathbb{R}] = \dim_{\mathbb{R}} \mathbb{C} = 2 \,.$$

Das ist die Grundlage für die Darstellung komplexer Zahlen durch die ***Zahlenebene*** $\mathbb{R}^2$ von GAUSS [Ga$_4$, Nr. 30 – 32], denn nach dem Satz aus 3.1.5 ist

$$\mathbb{C} = \{a \cdot 1 + b \cdot \mathbf{i} : a, b \in \mathbb{R}\} \,.$$

In Beispiel 1 aus 3.2.4 werden wir sehen, wie diese Erweiterung in allgemeinerem Rahmen beschrieben werden kann.

Schon in 3.1.2 hatten wir mit Abzählbarkeitsargumenten gezeigt, dass $[\mathbb{R} : \mathbb{Q}] = \infty$. Mit den nun zur Verfügung stehenden Hilfsmitteln geht das auch direkter: Benutzt man, dass $\mathbf{e} \in \mathbb{R}$ transzendent über $\mathbb{Q}$ ist, so folgt aus $[\mathbb{Q}(\mathbf{e}) : \mathbb{Q}] = \infty$ und aus $\mathbb{Q}(\mathbf{e}) \subset \mathbb{R}$, dass auch $[\mathbb{R} : \mathbb{Q}] = \infty$ sein muss. Es geht aber auch ohne transzendente Elemente: Das Polynom $X^n - 2$ ist nach EISENSTEIN für jedes $n \geq 1$ irreduzibel, also Minimalpolynom über $\mathbb{Q}$ von $\sqrt[n]{2} \in \mathbb{R}$. Da $[\mathbb{Q}(\sqrt[n]{2}) : \mathbb{Q}] = n$, ist $[\mathbb{R} : \mathbb{Q}] \geq n$ für alle $n \in \mathbb{N}$.

Beispiel 2 Wir adjungieren eine Quadratwurzel an $\mathbb{Q}$, d.h. wir wählen ein $a \in \mathbb{C}$, so dass $b := a^2 \in \mathbb{Q}$ und das Polynom

$$X^2 - b \in \mathbb{Q}[X] \quad \text{irreduzibel ist, d.h.} \quad a \notin \mathbb{Q}.$$

Dann ist $f_a := X^2 - b$ das Minimalpolynom von a über $\mathbb{Q}$, $\deg[\mathbb{Q}(a) : \mathbb{Q}] = 2$ und

$$\mathbb{Q}(a) = \{\alpha + \beta a : \alpha, \beta \in \mathbb{Q}\}.$$

Die Addition in $\mathbb{Q}(a)$ geschieht im Vektorraum, für die Multiplikation hat man

$$(\alpha + \beta a)(\alpha' + \beta' a) = \alpha\alpha' + (\alpha\beta' + \beta\alpha')a + \beta\beta' a^2 = (\alpha\alpha' + \beta\beta' b) + (\alpha\beta' + \beta\alpha')a.$$

Zur Berechnung des Inversen muss man die Wurzel $a = \sqrt{b}$ aus dem Nenner entfernen:

$$\frac{1}{\alpha + \beta a} = \frac{\alpha - \beta a}{(\alpha + \beta a)(\alpha - \beta a)} = \frac{\alpha - \beta a}{\alpha^2 - \beta^2 b} = \frac{\alpha}{\alpha^2 - \beta^2 b} + \frac{-\beta}{\alpha^2 - \beta^2 b}a.$$

Beispiel 3 Wir betrachten die primitive dritte Einheitswurzel

$$\zeta := \exp\left(\frac{2\pi \mathbf{i}}{3}\right) \in \mathbb{C} \quad \text{und die Erweiterung} \quad \mathbb{Q}(\zeta) \supset \mathbb{Q}.$$

Das Minimalpolynom von ζ über $\mathbb{Q}$ ist (vgl. Beispiel 5 aus 2.3.9)

$$f = X^2 + X + 1 = (X - \zeta)(X - \zeta^2) \in \mathbb{Q}[X],$$

also ist $[\mathbb{Q}(\zeta) : \mathbb{Q}] = 2$ und $\mathbb{Q}(\zeta) = \{\alpha + \beta\zeta : \alpha, \beta \in \mathbb{Q}\}$. Die Addition in $\mathbb{Q}(\zeta)$ erfolgt im Vektorraum. Zur Multiplikation berechnet man

$$\begin{aligned}(\alpha + \beta\zeta)(\alpha' + \beta'\zeta) &= \alpha\alpha' + (\alpha\beta' + \beta\alpha')\zeta + \beta\beta'\zeta^2 \\ &= (\alpha\alpha' - \beta\beta') + (\alpha\beta' + \beta\alpha' - \beta\beta')\zeta,\end{aligned}$$

denn $\zeta^2 = -1 - \zeta$. Ein kleines Problem ist die Berechnung des Inversen. Aus

$$\zeta^2 + \zeta + 1 = 0 \quad \text{folgt} \quad \frac{1}{\zeta} = -1 - \zeta.$$

Allgemein kann man Inverse durch geeignete Erweiterung des Bruches berechnen. Für $\beta \neq 0$ ist

$$\frac{1}{\alpha + \beta\zeta} = \frac{x + y\zeta}{(\alpha + \beta\zeta)(x + y\zeta)} = \frac{x + y\zeta}{\zeta^2 + \zeta + \gamma} = \frac{x + y\zeta}{\gamma - 1},$$

$$\text{wobei} \quad x = \frac{\beta - \alpha}{\beta^2}, \, y = \beta^{-1} \quad \text{und} \quad \gamma = \frac{\alpha(\beta - \alpha)}{\beta^2}.$$

Die Buchstaben x und y weisen darauf hin, dass man die Werte durch Lösen eines Gleichungssystems erhalten kann.

So ist zum Beispiel

$$\frac{1}{1-\zeta} = \frac{-2-\zeta}{(1-\zeta)(-2-\zeta)} = \frac{-2-\zeta}{\zeta^2+\zeta-2} = \frac{1}{3}\,(2+\zeta)\,.$$

Man kann diese Berechnung auch nach dem allgemeinen Rezept mit Hilfe der Koeffizienten der Relation von BÉZOUT ausführen. Dazu verwendet man den euklidischen Algorithmus mit

$$f_0 = X^2 + X + 1 \quad \text{und} \quad f_1 = -X + 1\,.$$

$$f_0 = q_1 f_1 + f_2 \qquad X^2 + X + 1 \;= (-X-2)(-X+1)+3$$
$$f_1 = q_2 f_2 + f_3 \qquad\quad -X+1 \;= -\tfrac{1}{3}X\cdot 3 + 1$$

Da $f_4 = 0$, folgt $1 = \mathrm{ggT}(f_0, f_1)$, was wegen der Irreduzibilität von f_0 klar ist, und

$$f_3 = f_1 - q_2 f_2 = f_1 - q_2(f_0 - q_1 f_1) = -q_2 f_0 + (1 + q_1 q_2)f_1\,.$$

Das Inverse von $1 - \zeta$ ist nach 3.1.5 bestimmt durch

$$1 + q_1 q_2 = \frac{1}{3}(X^2 + 2X + 3) \equiv \frac{1}{3}(X + 2) \ \bmod\ (X^2 + X + 1)\,,$$

also ist $(1 - \zeta)^{-1} = \tfrac{1}{3}\,(2 + \zeta)$.

Beispiel 4   Wir betrachten die Körperkette

$$\mathbb{Q} \subset \mathbb{Q}(\sqrt{2}) \subset \mathbb{Q}(\sqrt{2}, \sqrt{3}) \subset \mathbb{R}\,.$$

Zunächst zeigen wir, dass

$$[\mathbb{Q}(\sqrt{2}) : \mathbb{Q}] = 2 \quad \text{und} \quad [\mathbb{Q}(\sqrt{2}, \sqrt{3}) : \mathbb{Q}(\sqrt{2})] = 2\,.$$

Offensichtlich ist $f = X^2 - 2 \in \mathbb{Q}[X]$ Minimalpolynom von $\sqrt{2}$ über $\mathbb{Q}$, wegen $\deg f = 2$ gilt die erste Gleichung. Weiter ist

$$g := X^2 - 3 \in \mathbb{Q}[X] \subset \mathbb{Q}(\sqrt{2})[X]$$

nicht nur in $\mathbb{Q}[X]$, sondern auch in $\mathbb{Q}(\sqrt{2})[X]$ irreduzibel, denn $\sqrt{3} \notin \mathbb{Q}(\sqrt{2})$. Das kann man so sehen: Angenommen

$$\sqrt{3} = a + b\sqrt{2} \in \mathbb{Q}(\sqrt{2}) \quad \text{mit} \quad a, b \in \mathbb{Q}\,.$$

Für $a, b \neq 0$ wäre $3 = a^2 + 2ab\sqrt{2} + 2b^2$, also $\sqrt{2} \in \mathbb{Q}$. Für $b = 0$ wäre $\sqrt{3} \in \mathbb{Q}$ und schließlich folgt mit $a = 0$ und $b \neq 0$

$$\sqrt{3} = b\sqrt{2}, \quad \text{also } 3 = b\sqrt{6} \quad \text{und } \sqrt{6} \in \mathbb{Q}\,.$$

Das ist nicht möglich, denn $X^2 - 6$ ist nach EISENSTEIN über $\mathbb{Q}$ irreduzibel.

Aus der Gradformel in 3.1.2 ergibt sich schließlich

$$[\mathbb{Q}(\sqrt{2}, \sqrt{3}) : \mathbb{Q}] = 4\,.$$

Wir behaupten nun, dass $\sqrt{2}+\sqrt{3}$ ein primitives Element dieser Erweiterung ist, d.h.

$$\mathbb{Q}(\sqrt{2},\sqrt{3}) = \mathbb{Q}(\sqrt{2}+\sqrt{3})\,.$$

Dazu genügt es zu zeigen, dass $\mathbb{Q}(\sqrt{2},\sqrt{3}) \subset \mathbb{Q}(\sqrt{2}+\sqrt{3})$. Da

$$\frac{1}{\sqrt{2}+\sqrt{3}} = \frac{\sqrt{2}-\sqrt{3}}{(\sqrt{2}+\sqrt{3})(\sqrt{2}-\sqrt{3})} = \sqrt{3}-\sqrt{2} \in \mathbb{Q}(\sqrt{2}+\sqrt{3}),$$

ist $\sqrt{3} = \frac{1}{2}(\sqrt{2}+\sqrt{3}+\sqrt{3}-\sqrt{2}) \in \mathbb{Q}(\sqrt{2}+\sqrt{3})$ und $\sqrt{2} = (\sqrt{2}+\sqrt{3})-\sqrt{3} \in \mathbb{Q}(\sqrt{2}+\sqrt{3})$. Das Minimalpolynom f_x von $x := \sqrt{2}+\sqrt{3}$ hat wegen $[\mathbb{Q}(x):\mathbb{Q}] = 4$ den Grad 4. Um es zu bestimmen, muss eine Relation

$$x^4 + \lambda_3 x^3 + \lambda_2 x^2 + \lambda_1 x + \lambda_0 \quad \text{mit } \lambda_i \in \mathbb{Q}$$

gesucht werden. Am sichersten ist es, zunächst alle betroffenen Potenzen von x zu berechnen:

$$x = \sqrt{2}+\sqrt{3}, \quad x^2 = 5+2\sqrt{6}, \quad x^3 = 11\sqrt{2}+9\sqrt{3}, \quad x^4 = 49+20\sqrt{6}.$$

Daran sieht man sofort, dass $x^4 = 10x^2 - 1$, also ist

$$f_x := X^4 - 10X^2 + 1$$

das Minimalpolynom von $x = \sqrt{2}+\sqrt{3}$ über $\mathbb{Q}$.

Beispiel 5   Ist p eine Primzahl, so ist nach Beispiel 5 aus 2.3.9 das Kreisteilungspolynom

$$f := X^{p-1} + X^{p-2} + \ldots + X + 1 \in \mathbb{Q}[X]$$

irreduzibel und es gilt $X^p - 1 = (X-1) \cdot f$. Die primitive p-te Einheitswurzel

$$\zeta_p := \exp\left(\frac{2\pi\mathrm{i}}{p}\right) \in \mathbb{C}$$

ist Nullstelle von f, also ist f das Minimalpolynom von ζ_p über $\mathbb{Q}$ und

$$[\mathbb{Q}(\zeta_p):\mathbb{Q}] = p - 1\,.$$

Die Elemente der zu Z_p isomorphen zyklischen Gruppe

$$C_p = \{1, \zeta_p, \zeta_p^2, \ldots, \zeta_p^{p-1}\} < \mathbb{C}^*$$

(vgl. 2.1.9) sind Nullstellen von $X^p - 1$, also ist

$$X^p - 1 = (X-1) \cdot (X - \zeta_p) \cdot \ldots \cdot (X - \zeta_p^{p-1})\,.$$

Daraus folgt, dass f auch Minimalpolynom über $\mathbb{Q}$ von $\zeta_p^2, \ldots, \zeta_p^{p-1}$ ist.

Ist p keine Primzahl, dann sind die Minimalpolynome der p-ten Einheitswurzeln schwieriger zu berechnen. Damit beschäftigt sich die Kreisteilungstheorie in 3.5.6.

Beispiel 6 Manchmal lässt sich das Minimalpolynom durch die Lösung eines linearen Gleichungssystems bestimmen. Für

$$\zeta := \exp\left(\frac{2\pi \mathbf{i}}{5}\right) \quad \text{ist} \quad X^4 + X^3 + X^2 + 1 \in \mathbb{Q}[X]$$

das Minimalpolynom und $\mathcal{B} = (1, \zeta, \zeta^2, \zeta^3)$ ist Vektorraumbasis von $\mathbb{Q}(\zeta)$ über $\mathbb{Q}$. Auf der Suche nach dem Minimalpolynom von $b := 1 + \zeta$ über $\mathbb{Q}$ bestimmen wir zunächst ein Polynom

$$f = X^4 + a_3 X^3 + a_2 X^2 + a_1 X + a_0 \in \mathbb{Q}[X] \quad \text{mit} \quad f(b) = 0. \tag{$*$}$$

Dazu werden die Potenzen von b in der Basis $\mathcal{B}$ dargestellt:

$$\begin{aligned}
b^0 &= 1 \\
b^1 &= 1 + \zeta \\
b^2 &= 1 + 2\zeta + \zeta^2 \\
b^3 &= 1 + 3\zeta + 3\zeta^2 + \zeta^3 \\
b^4 &= 3\zeta + 5\zeta^2 + 3\zeta^3
\end{aligned}$$

Die Bedingung $(*)$ führt zum Gleichungssystem

$$\begin{aligned}
a_0 + a_1 + a_2 + a_3 &= 0 \\
a_1 + 2a_2 + 3a_3 + 3 &= 0 \\
a_2 + 3a_3 + 5 &= 0 \\
a_3 + 3 &= 0
\end{aligned}$$

mit der eindeutigen Lösung

$$f = X^4 - 3X^3 + 4X^2 - 2X + 1 \, .$$

Modulo 2 ist $\overline{f} = X^4 + X^3 + 1$, also ist f in $\mathbb{Q}[X]$ irreduzibel (Beispiel 7 in 2.3.9) und somit Minimalpolynom von $b = 1 + \zeta$.

Für andere Elemente $c \in \mathbb{Q}(\zeta)$ kann das entsprechend berechnete Polynom f vom Grad 4 reduzibel werden. Als Beispiel betrachten wir $c := \zeta + \zeta^4$. Zur Berechnung des Minimalpolynoms benutzen wir

$$\begin{aligned}
c^0 &= 1 \\
c^1 &= -1 - \zeta^2 - \zeta^3 \\
c^2 &= 2 + \zeta^2 + \zeta^3
\end{aligned}$$

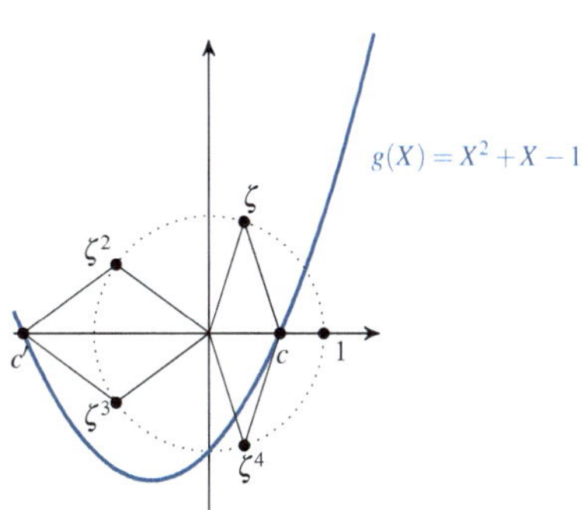

Also ist $c^2 + c - 1 = 0$, und da $g := X^2 + X - 1 \in \mathbb{Q}[X]$ irreduzibel ist, ist g das Minimalpolynom von c. Die zweite Nullstelle von g ist $c' := \zeta^2 + \zeta^3$.

Der Zusammenhang dieses Beispiels mit der Galois-Theorie wird im Beispiel aus 3.5.6 erläutert.

Beispiel 7 *Ist $K \supset \mathbb{Q}$ und $[K : \mathbb{Q}] = 2$, so ist K ein quadratischer Zahlkörper, d. h. es gibt ein quadratfreies $d \in \mathbb{Z}$ derart, dass $K = \mathbb{Q}(\sqrt{d})$ (vgl. 2.4.1)*

Beweis Da $[K : \mathbb{Q}] = 2$, gibt es ein $x \in K$ mit $K = \mathbb{Q} + \mathbb{Q}x$ und $1, x, x^2$ sind über $\mathbb{Q}$ linear abhängig, d. h. es gibt $a, b, c \in \mathbb{Q}$ und damit auch $a, b, c \in \mathbb{Z}$, $a \neq 0$, mit

$$ax^2 + bx + c = 0.$$

Mit $\delta := b^2 - 4ac \in \mathbb{Z}$ ist $x = \frac{1}{2a}(-b \pm \sqrt{\delta})$, wobei $\sqrt{\delta} \notin \mathbb{Q}$. Also ist $K = \mathbb{Q}(\sqrt{\delta})$. Indem man aus δ alle quadratischen Anteile herauszieht, ergibt sich die Zerlegung $\delta = k^2 \cdot d$ mit $k \in \mathbb{N}$ und quadratfreiem $d \in \mathbb{Z}$. Somit ist

$$K = \mathbb{Q}(\sqrt{\delta}) = \mathbb{Q}(\sqrt{d}), \quad \text{denn} \quad \sqrt{\delta} = k\sqrt{d}.$$

$\blacksquare$

3.1.7 Algebraische Körpererweiterungen

In einer Körpererweiterung $K \supset k$ haben wir bisher nur einzelne Elemente $a \in K$ und den Zwischenkörper $k \subset k(a) \subset K$ untersucht. Nun betrachten wir die gesamte Erweiterung $K \supset k$.

Definition *Eine Körpererweiterung $K \supset k$ heißt* **algebraisch**, *wenn jedes Element $x \in K$ über k algebraisch ist.*

Sie heißt **transzendent**, *wenn sie nicht algebraisch ist, d. h. wenn mindestens ein $x \in K$ über k transzendent ist.*

Beispiel 1

a) Die Erweiterung $\mathbb{C} \supset \mathbb{R}$ ist algebraisch, denn jedes $z = a + b\mathbf{i} \in \mathbb{C}$ ist Nullstelle von

$$f := (X - z)(X - \bar{z}) = X^2 - 2aX + a^2 + b^2 \in \mathbb{R}[X].$$

b) Die Erweiterung $\mathbb{R} \supset \mathbb{Q}$ ist transzendent. Hier gibt es sowohl Elemente aus $\mathbb{R} \setminus \mathbb{Q}$, die algebraisch über $\mathbb{Q}$ sind, als auch solche, die transzendent sind, etwa $\mathbf{e}$ und π.
Da die rationalen Zahlen abzählbar sind, kann man leicht beweisen, dass auch die Polynome aus $\mathbb{Q}[X]$ und somit die über $\mathbb{Q}$ algebraischen Zahlen abzählbar sind. Da $\mathbb{R}$ überabzählbar ist, gibt es weit mehr transzendente als algebraische Elemente. Nur sind sie weit schwieriger zu finden.

c) Jede Körpererweiterung $k(X) \supset k$ ist transzendent. Nach dem Satz aus 3.1.4 ist jedes $x \in k(X) \setminus k$ transzendent über k.

Wir wollen nun Kriterien dafür angeben, dass eine Körpererweiterung algebraisch ist. Der einfachste Fall ist $a \in K \supset k$, wobei a über k algebraisch ist. Um zu zeigen, dass $k(a) \supset k$ algebraisch ist, muss man für jedes $x \in k(a)$ ein Polynom $0 \neq f \in k[X]$ mit $f(x) = 0$ finden. Im Fall $\mathbb{C} = \mathbb{R}(\mathbf{i}) \supset \mathbb{R}$ war das in obigem Beispiel *a)* ganz einfach gewesen, im allgemeinen kann man f jedoch nur mit Mühe angeben. Um die bloße Existenz von f nachzuweisen, hilft die lineare Algebra:

Lemma 1 *Eine endliche Körpererweiterung $K \supset k$ ist algebraisch und es gibt $a_1, \ldots, a_n \in K$ mit $K = k(a_1, \ldots, a_n)$.*

Beweis Es ist zu zeigen, dass für jedes $x \in K$ ein $0 \neq f \in k[X]$ mit $f(x) = 0$ existiert. Ist $[K : k] = n$, so müssen die $n + 1$ Vektoren $1, x, \ldots, x^n \in K$ über k linear abhängig sein, also gibt es eine nicht triviale Linearkombination

$$\lambda_0 + \lambda_1 x + \ldots + \lambda_n x^n = 0 \quad \text{mit } \lambda_0, \ldots, \lambda_n \in k.$$

Daraus ergibt sich das gesuchte Polynom

$$f := \lambda_0 + \lambda_1 X + \ldots + \lambda_n X^n \neq 0.$$

Um die $a_1, \ldots, a_n$ zu finden, kann man es sich ganz einfach machen, und eine Basis $(a_1, \ldots, a_n)$ des k-Vektorraums K verwenden. Dann ist jedes $x \in K$ sogar Linearkombination der $a_1, \ldots, a_n$. Im Allgemeinen geht es jedoch mit weit weniger als n Elementen, denn $k(a_1, \ldots, a_n)$ besteht nach 3.1.5 aus den Werten aller Polynome aus $k[X_1, \ldots X_n]$ mit $X_i = a_i$, wenn die a_i algebraisch über k sind (vgl. 3.1.3). Oft reicht sogar $n = 1$ (vgl. 3.3.7). ∎

Vorsicht! Die Umkehrung gilt nicht, denn eine algebraische Körpererweiterung $K \supset k$ muss nicht endlich sein:

Beispiel 2 Sei $k = \mathbb{Q}$ und

$$K := \{a \in \mathbb{C} : a \text{ algebraisch über } \mathbb{Q}\}.$$

Dass K ein Körper ist, wird im Satz am Ende des Abschnitts bewiesen. Da $X^n - 2$ in $\mathbb{Q}[X]$ für jedes $n \geq 1$ irreduzibel ist, folgt für die reelle in K gelegene $\sqrt[n]{2}$, dass

$$[\mathbb{Q}(\sqrt[n]{2}) : \mathbb{Q}] = n, \quad \text{also} \quad [K : \mathbb{Q}] \geq n \text{ für alle } n.$$

Aus Lemma 1 folgt das wichtige

Lemma 2 *Ist $K \supset k$ eine Körpererweiterung und sind $a_1, \ldots, a_n \in K$ algebraisch über k, so ist*

$$k(a_1, \ldots, a_n) \supset k$$

eine endliche und damit algebraische Erweiterung.

Beweis durch Induktion über n. Für $n = 1$ gibt es zu $a = a_1$ ein Minimalpolynom f_a und $[k(a) : k] = \deg f_a < \infty$. Um zu zeigen, dass es auch für jedes $x \in k(a)$ ein $g \in k[X]$ mit $g(x) = 0$ gibt, genügt es, Lemma 1 anzuwenden.

Für $n \geq 2$ ist das Element $a_n \in K$ nach Voraussetzung algebraisch über k, also auch algebraisch über $k(a_1, \ldots, a_{n-1})$. Da nach der Gradformel aus 3.1.2

$$[k(a_1, \ldots, a_n) : k] = [k(a_1, \ldots, a_{n-1})(a_n) : k(a_1, \ldots, a_{n-1})] \cdot [k(a_1, \ldots, a_{n-1}) : k],$$

folgt die Behauptung aus dem Fall $n = 1$ und der Induktionsannahme. ∎

Man hüte sich davor zu glauben, Lemma 2 sei selbstverständlich. Das sieht man schon im Fall $n = 2$. Ist $K = k(a,b)$, wobei $a, b \in K$ algebraisch über k sind, so gibt es Polynome $f, g \in k[X]$ mit $f(a) = g(b) = 0$. Da $a + b$ und $a \cdot b$ in K liegen, sind sie nach Lemma 2 ebenfalls algebraisch über k. Es gibt also Polynome $h_1, h_2 \in k[X]$ mit

$$h_1(a + b) = h_2(a \cdot b) = 0.$$

h_1 und h_2 mit Hilfe von f und g explizit zu berechnen, kann aber recht kompliziert sein. Für h_1 wird das in einem Spezialfall in Beispiel 4 aus 3.1.6 und allgemeinen im Beispiel 2 aus 3.3.11 gezeigt.

Wichtig für den Bau von Körpertürmen ist

Lemma 3 *Ist $k \subset L \subset K$ ein Zwischenkörper, so gilt:*

$$K \supset k \quad algebraisch \quad \Leftrightarrow \quad K \supset L \;\; und \;\; L \supset k \quad algebraisch\,.$$

Beweis „$\Rightarrow$" ist offensichtlich.
Zum Nachweis von „$\Leftarrow$" ist zu beachten, dass die Erweiterungen $K \supset L$ und $L \supset k$ unendlich sein können. Ein Element $a \in K$ ist aber über eine „endliche Leiter" $k \subset L' \subset L'(a)$ von k aus erreichbar: Da a algebraisch über L ist, gibt es $b_0, \ldots, b_{n-1} \in L$ mit

$$a^n + b_{n-1}a^{n-1} + \ldots + b_1 a + b_0 = 0\,.$$

Da $L \supset k$ algebraisch ist, sind $b_0, \ldots b_{n-1} \in L$ algebraisch über k. Für

$$L' := k(b_0, \ldots, b_{n-1}) \subset L \;\; gilt \;\; [L' : k] < \infty$$

nach Lemma 2. Weiter ist $a \in L'(a)$ algebraisch über L', also

$$[L'(a) : L'] < \infty \;\; und \;\; [L'(a) : k] = [L'(a) : L'] \cdot [L' : k] < \infty\,.$$

Nach Lemma 1 ist a algebraisch über k.   ∎

Nach diesen Vorbereitungn beweisen wir ein grundlegendes Ergebnis über die Gesamtheit der algebraischen Elemente in einer gegebenen Körpererweiterung.

Satz *Sei $K \supset k$ eine Körpererweiterung und*

$$L := \{a \in K : a \;\; algebraisch \;\; über \;\; k\}\,.$$

Dann gilt:

a) $k \subset L \subset K$ ist ein Zwischenkörper.

b) Die Erweiterung $L \supset k$ ist algebraisch.

c) Ist $a \in K$ algebraisch über L, so folgt $a \in L$.

Die so erhaltene Erweiterung $L \supset k$ ist ein ***relativer algebraischer Abschluss*** von k in K.

Beweis a) Um zu zeigen, dass $L \subset K$ ein Unterkörper ist, könnte man versuchen, zu $a, b \in L$ Polynome aus $k[X]$ zu finden, die $a - b$ und ab^{-1} als Nullstellen haben. Viel einfacher ist es, die schon in Lemma 1 bewiesene Tatsache zu verwenden, dass eine endliche Erweiterung algebraisch ist. Wir betrachten also zu $a, b \in L$ den Zwischenkörper

$$L \supset k(a, b) \supset k \, ;$$

nach Lemma 2 ist die Erweiterung $k(a, b) \supset k$ algebraisch, also sind $a - b$ und $ab^{-1} \in k(a, b) \subset L$.

b) ist klar nach Definition von L.

c) Wir betrachten die Erweiterungen

$$L(a) \supset L \supset k.$$

Nach Teil *b)* ist $L \supset k$ algebraisch. Also folgt nach Lemma 3, dass $L(a) \supset k$ algebraisch ist. Somit ist a algebraisch über k und $a \in L$. ∎

3.1.8 Algebraisch abgeschlossene Körper

Auf der Suche nach Nullstellen von Polynomen kann man von einem Körper K nicht mehr erwarten, als dass jedes Polynom $f \in K[X]$ mit $\deg f \geq 1$ in K mindestens eine Nullstelle hat. Ein solcher Körper K heißt *algebraisch abgeschlossen*.

Jede Nullstelle $x \in K$ von $f \in K[X]$ ergibt einen Linearfaktor $X - x$ von f (vgl. 2.1.8), d.h.

$$f = (X - x) \cdot g \quad \text{mit} \quad g \in K[X] \, .$$

Ist $\deg g \geq 1$, so kann man auch eine Nullstelle von g finden, schließlich erhält man eine Zerlegung

$$f = a \cdot (X - x_1) \cdot \ldots \cdot (X - x_n) \text{ mit } a \in K^{\times}, \ x_1, \ldots, x_n \in K \text{ und } n = \deg f \, ,$$

falls K algebraisch abgeschlossen ist.

Offensichtlich kann man die algebraische Abgeschlossenheit eines Körpers K auch durch jede der folgenden Eigenschaften charakterisieren:

- *Jedes irreduzible Polynom $f \in K[X]$ ist linear.*

- *Ist $K' \supset K$ irgendeine Körpererweiterung, und $a \in K'$ algebraisch über K, so folgt $a \in K$.*

Zunächst eine einfache

Bemerkung *Ein algebraisch abgeschlossener Körper ist unendlich.*

Beweis Ist $K = \{a_0, a_1, \ldots, a_n\}$ endlich, so hat

$$f := (X - a_0) \cdot (X - a_1) \cdot \ldots \cdot (X - a_n) + 1$$

keine Nullstelle in K. ∎

Das wichtigste Ergebnis in diesem Zusammenhang ist der

Fundamentalsatz der Algebra   *Der Körper $\mathbb{C}$ der komplexen Zahlen ist algebraisch abgeschlossen.*

Da der Körper $\mathbb{C}$ als Erweiterung von $\mathbb{R}$ konstruiert wird, und $\mathbb{R}$ mit Hilfsmitteln der Analysis definiert wird (etwa CAUCHY-Folgen), kann es keinen rein algebraischen

Beweis dieses Satzes geben. Besonders schnell geht es mit elementaren Hilfsmitteln aus der Theorie der holomorphen Funktionen:

Sei also

$$f := X^n + a_{n-1}X^{n-1} + \ldots + a_1 X + a_0 \in \mathbb{C}[X] \quad \text{mit} \quad n \geq 1 .$$

Angenommen $f(z) \neq 0$ für alle $z \in \mathbb{C}$; dann ist die Funktion $\frac{1}{f}$ in ganz $\mathbb{C}$ holomorph. Wir verwenden eine wichtige Eigenschaft des Leitterms X^n:

Hilfssatz   *Es gibt ein $R \in \mathbb{R}$ mit $R > 0$, so dass*

$$\frac{1}{2}|z|^n \leq |f(z)| \leq \frac{3}{2}|z|^n \quad \text{für} \quad |z| \geq R .$$

Ist R so gewählt, so folgt

$$\left|\frac{1}{f}\right| \leq \frac{2}{R^n} \quad \text{in} \quad f \in \{z \in \mathbb{C} : |z| \geq R\} .$$

Wegen der Stetigkeit von $\frac{1}{f}$ ist $|\frac{1}{f}|$ beschränkt in der kompakten Menge $\{z \in \mathbb{C} : |z| \leq R\}$, also ist insgesamt

$$\frac{1}{f} \quad \text{holomorph und} \quad \left|\frac{1}{f}\right| \quad \text{beschränkt in} \quad \mathbb{C} .$$

Nach dem Satz von LIOUVILLE aus der komplexen Funktionentheorie ist dann $\frac{1}{f}$ und somit auch f konstant, im Widerspruch zur Annahme $\deg f \geq 1$.

Beweis des Hilfssatzes   Für $z \neq 0$ ist

$$f(z) = z^n \left(1 + \frac{a_{n-1}}{z} + \ldots + \frac{a_0}{z^n}\right) .$$

Also genügt es, $\rho := |a_{n-1}| + \ldots + |a_0|$ und $R := \max\{1, 2\rho\}$ zu setzen.   ∎

In seiner Dissertation aus dem Jahr 1799 [Ga$_{1,2}$] bewies GAUSS ohne Benutzung komplexer Zahlen ein Ergebnis über Polynome mit rationalen Koeffizienten, das leicht verallgemeinert so lautet:

Fundamentalsatz der Algebra in reeller Form   *Jedes Polynom $f \in \mathbb{R}[X]$ mit $n := \deg f \geq 1$ gestattet eine bis auf die Reihenfolge eindeutige Darstellung*

$$f = (X - x_1) \cdot \ldots \cdot (X - x_m) \cdot g_1 \cdot \ldots \cdot g_r, \quad m + 2r = n,$$

wobei $x_1, \ldots, x_m \in \mathbb{R}$ die reellen Nullstellen von f, und $g_1, \ldots, g_r \in \mathbb{R}[X]$ irreduzible quadratische Polynome sind.

Zum *Beweis* nehmen wir an, dass f normiert ist, dann gilt nach dem obigen Fundamentalsatz

$$f = (X - x_1) \cdot \ldots \cdot (X - x_m) \cdot (X - z_1) \cdot \ldots \cdot (X - z_k) \text{ in } \mathbb{C}[X]\,,$$

wobei $z_1, \ldots, z_k \in \mathbb{C}$ die nicht reellen Nullstellen von f sind. Da $f \in \mathbb{R}[X]$, gilt (vgl. 3.2.2)

$$f(z) = 0 \text{ für } z \in \mathbb{C} \Rightarrow f(\bar{z}) = \overline{f(z)} = \bar{0} = 0\,.$$

Daher ist die Zahl k der nicht reellen Nullstellen gerade, also $k = 2r$. Insbesondere kann man die Nummerierung der z_i so wählen, dass

$$z_{r+i} = \bar{z}_i \quad \text{für} \quad i = 1, \ldots, r\,.$$

Jedes solches Paar $z_i, \bar{z}_{r+i}$ ergibt einen quadratischen Faktor

$$g_i := (X - z_i) \cdot (X - \bar{z}_i) = X^2 - (z_i + \bar{z}_i) X + z_i \bar{z}_i \in \mathbb{R}[X]$$

ohne reelle Nullstelle, also sind die g_i in $\mathbb{R}[X]$ irreduzibel. ◼

Andere Beweise des Fundamentalsatzes geben wir in 3.4.7. Bemerkenswert ist das folgende

Korollar 1   *Jedes Polynom $f \in \mathbb{R}[X]$ mit $\deg f \geq 3$ ist reduzibel.* ◼

Für beliebige Körper ist folgender Begriff wichtig:

*Eine Körpererweiterung $\bar{k} \supset k$ heißt **algebraischer Abschluss**, wenn folgendes gilt*

1) Die Erweiterung $\bar{k} \supset k$ ist algebraisch.

2) $\bar{k}$ ist algebraisch abgeschlossen.

Aus *2)* folgt sofort, dass $\bar{k} \supset k$ eine maximale algebraische Erweiterung ist.

In 3.2.5 werden wir die sehr allgemeine Aussage beweisen, dass es zu jedem Körper einen bis auf Isomorphie eindeutig bestimmten algebraischen Abschluss gibt.

Aus dem Fundamentalsatz der Algebra erhalten wir sofort das

Korollar 2   *Ist $k \subset \mathbb{C}$ ein Unterkörper, so ist*

$$\bar{k} := \{a \in \mathbb{C} : a \text{ algebraisch über } k\}$$

ein algebraischer Abschluss von k.

Beweis Nach dem Satz in 3.1.7 ist $\bar{k} \supset k$ eine algebraische Erweiterung. Jedes nicht konstante $f \in \bar{k}[X]$ hat in $\mathbb{C}$ mindestens eine Nullstelle a. Da a algebraisch über $\bar{k}$ ist, folgt mit Aussage *c)* des Satzes in 3.1.7, dass $a \in \bar{k}$. ◼

Insbesondere ist

$$\overline{\mathbb{Q}} = \{a \in \mathbb{C} : a \text{ algebraisch über } \mathbb{Q}\} \supset \mathbb{Q}$$

ein algebraischer Abschluss. Da es in $\mathbb{Q}[X]$ irreduzible Polynome beliebigen Grades gibt (etwa $X^n - 2$ nach EISENSTEIN), folgt $[\overline{\mathbb{Q}} : \mathbb{Q}] = \infty$.

Man beachte aber, dass $\overline{\mathbb{Q}} \subsetneq \mathbb{C}$ ein echter Unterkörper ist, denn $\mathbb{C}$ enthält über $\mathbb{Q}$ transzendente Elemente, etwa $\mathbf{e}$ und π. Außerdem folgt mit Hilfe der beiden Diagonalverfahren von CANTOR, dass $\overline{\mathbb{Q}}$ abzählbar ist, $\mathbb{C}$ aber nicht.

Nun können wir auch die in Beispiel 3 aus 2.1.4 aufgeworfene Frage beantworten, warum die Körpererweiterung $\mathbb{R} \subset \mathbb{C} = \mathbb{R}^2$ nicht auf höherdimensionale Vektorräume $\mathbb{R}^n$ mit $n > 2$ fortgesetzt werden kann. Angenommen, es gäbe eine Körpererweiterung

$$\mathbb{R}^2 = \mathbb{C} \subset K = \mathbb{R}^n \,.$$

Dann ist K ein $\mathbb{C}$-Vektorraum und $[K : \mathbb{C}] < \infty$, also $K \supset \mathbb{C}$ algebraisch. Aus dem Fundamentalsatz folgt $K = \mathbb{C}$, also $n = 2$.

Es erscheint verwunderlich, wie einfach dieser Beweis ist. Vor allem dann, wenn man bedenkt, dass HAMILTON lange und intensiv, aber letztlich vergeblich versucht hat, die Multiplikation aus $\mathbb{C} = \mathbb{R}^2$ in „geregelter" Weise auf $\mathbb{R}^3$ auszudehnen, bis er schließlich als Ausweg im $\mathbb{R}^4$ eine noch assoziative, aber nicht mehr kommutative Multiplikation in seinen Quaternionen erfand (vgl. 2.1.4). HAMILTON kannte selbstverständlich den tiefliegenden Fundamentalsatz der Algebra, aber der elementare Werkzeugkasten mit Begriffen wie Körpern und ihren Erweiterungen, sowie Vektorräumen und ihren Dimensionen war zu seiner Zeit noch nicht verfügbar gewesen (siehe Anhang 2). Benutzt man diese abstrakteren Werkzeuge, so ist das Problem, wie oben gezeigt, unter Benutzung des Fundamentalsatzes zu einer einfachen Übungsaufgabe geworden. Dennoch: HAMILTONs Erfindung der Quaternionen hat in vielen Teilen der Mathematik und Physik wichtige Anwendungen gefunden (vgl. dazu etwa [Eb, Kapitel 7]).

3.2 Konstruktion von Körpererweiterungen

Im vorhergehenden Paragraphen haben wir uns mit den Eigenschaften von vorgegebenen Körpererweiterungen beschäftigt. Interessante Beispiele dafür liefern die Zwischenkörper $\mathbb{Q} \subset L \subset \mathbb{C}$ im Fall der Charakteristik Null. Von den endlichen Körpern der Charakteristik p haben wir bisher nur die Primkörper $\mathbb{F}_p$ beschrieben; hier gibt es - wie in allen endlichen Körpern (vgl. Bemerkung in 3.1.8) - Polynome ohne Nullstellen in $\mathbb{F}_p$. In diesem Paragraphen wollen wir ganz allgemein algebraische Körpererweiterungen konstruieren, mit dem Ziel, möglichst vielen Polynomen zu Nullstellen zu verhelfen.

3.2.1 Symbolische Adjunktion von Nullstellen

Hat man einen beliebigen Körper k und ein Polynom $f \in k[X]$ ohne Nullstelle in k, so kann man mit einem klassischen Trick einen Erweiterungskörper $K \supset k$ angeben, in dem f mindestens eine Nullstelle hat: K wird als Restklassenring des Polynomrings $k[X]$ erklärt. Genauer gilt:

Satz über die symbolische Adjunktion von Nullstellen *Sei k ein Körper und $f \in k[X]$ ein irreduzibles Polynom. Dann gilt:*

a) Der Restklassenring $K := k[X]/(f)$ ist ein Körper.

b) Die kanonische Abbildung

$$\iota : k \to K = k[X]/(f)\,,\ a \mapsto a + (f)\,,$$

ist injektiv, man kann also $K \supset k$ als Körpererweiterung ansehen.

c) Das Polynom $f \in k[X] \subset K[X]$ hat in K die Nullstelle $x := X + (f)$, das ist die Restklasse der Unbestimmten X.

d) Ist f normiert, so ist es das Minimalpolynom von x.

e) Die Erweiterung $K \supset k$ ist einfach. Es gilt

$$K = k(x) \quad \text{und} \quad [K : k] = \deg f\,.$$

Beweis a) folgt sofort aus den in 2.3.2 bewiesenen Aussagen: $k[X]$ ist Hauptidealring und das Ideal $(f) \subset k[X]$ ist maximal, denn f ist irreduzibel. In Korollar 2 aus 2.3.2 wird das noch einmal ganz direkt bewiesen. Wie man im Restklassenring die Inversen berechnen kann, wird am Ende von 3.1.5 ausgeführt.

b) Ist $a + (f) = b + (f)$, so folgt $b - a \in (f)$. Da f irreduzibel ist, folgt $\deg f \geq 1$ und $b = a$.

c) Dieser Teil erscheint auf den ersten Blick wie Hokuspokus (daher der Name „symbolische" Adjunktion):

$$f(x) = f(X + (f)) = f(X) + (f) = f + (f) = 0 + (f)\,.$$

Diese Folge von Gleichungen verdient zum besseren Verständnis einige kleine Hinweise:

- In der ersten Gleichung wird nur x eingesetzt.

- In der zweiten Gleichung wird eine Rechenregel für Restklassen verwendet: Ist R ein Ring, $\mathfrak{a} \subset R$ ein Ideal, $f \in R[X]$ und $a \in R$, so ist in $R/\mathfrak{a}$

$$f(a + \mathfrak{a}) = f(a) + \mathfrak{a}.$$

- In der dritten Gleichung wird benutzt, dass $f(X) = f$, denn das Polynom ändert sich nicht, wenn man darin X für X einsetzt.

- Die vierte Gleichung schließlich folgt aus $f \in (f)$.

d)   folgt aus der Bemerkung in 3.1.5.

e) $x \in K$ ist ein primitives Element von $K \supset k$, wenn $K = \{g(x) : g \in k[X]\}$, d.h. wenn der Einsetzungs-Homomorphismus

$$\sigma_x : k[X] \to K, \ \ g \mapsto g(x),$$

surjektiv ist. Das ist aber klar, denn

$$\sigma_x(X) = x = X + (f) \quad \text{und} \quad \sigma_x(g) = g + (f).$$

Da $\mathrm{Ker}(\sigma_x) = (f)$, folgt $[K : k] = \deg f$ aus dem Satz in 3.1.5.   ∎

Bei der symbolischen Adjunktion ist der Fall $\deg\, f = 1$, also $f = X - a$ zwar trivial, aber nicht ausgeschlossen. In diesem Fall ist in $k[X]/(f)$

$$x - \iota(a) = x - a + (f) = (X + (f)) - (a + (f)) = (X - a) + (f) = 0 + (f),$$

also $x = \iota(a)$.

Beispiel   Wir wollen die symbolische Adjunktion einer Nullstelle mit einer konkreten Adjunktion vergleichen. Dazu wählen wir $k = \mathbb{R}$ und $f = X^2 + 1 \in \mathbb{R}[X]$. Bezeichnet

$$\rho : \mathbb{R}[X] \to K = \mathbb{R}[X]/(f), \ \ g \mapsto g + (f),$$

den kanonischen Epimorphismus, so ist $x := \rho(X) = X + (f) \in K$ eine Nullstelle von f in K.

Eine konkrete Adjunktion hatten wir schon in Beispiel 3 aus 2.2.5 ausgeführt. Dazu wird der surjektive Einsetzungshomomorphismus

$$\sigma_{\mathbf{i}} : \mathbb{R}[X] \to \mathbb{C}, \ \ g \mapsto g(\mathbf{i})$$

verwendet. Da f in $\mathbb{R}[X]$ irreduzibel ist, folgt $f = f_{\mathbf{i}}$, d. h. f ist Minimalpolynom von $\mathbf{i}$ über $\mathbb{R}$. Daher gibt es nach dem Isomorphiesatz aus 2.2.4 ein kommutatives Diagramm

mit einem Isomorphismus $\overline{\sigma}_{\mathbf{i}}$, und $\overline{\sigma}_{\mathbf{i}}(x) = \mathbf{i}$. Der symbolischen Nullstelle

$$x = X + (f) \in K = \mathbb{R}[X]/(f)$$

entspricht also die konkrete Nullstelle $\mathbf{i} \in \mathbb{C}$.
Ersetzt man $\overline{\sigma}_{\mathbf{i}}$ durch $\overline{\sigma}_{-\mathbf{i}}$, so erhält man ganz analog einen Isomorphismus

$$\overline{\sigma}_{-\mathbf{i}} : K \to \mathbb{C} \quad \text{mit} \quad \overline{\sigma}_{-\mathbf{i}}(x) = -\mathbf{i}.$$

Die symbolische Nullstelle x kann also gleichberechtigt den konkreten Nullstellen $\mathbf{i}$ oder $-\mathbf{i}$ zugeordnet werden.

Mit Hilfe der symbolischen Adjunktion kann man auch eine Nullstelle eines nicht notwendig irreduziblen Polynoms konstruieren:

Korollar *Ist k ein Körper und $f \in k[X]$ ein Polynom mit* $\deg f \geq 1$, *so gibt es eine Körpererweiterung $K \supset k$ und ein $x \in K$ mit $f(x) = 0$.*

Beweis Man nehme einen irreduziblen Faktor g von f und $K := k[X]/(g)$. In K hat g eine Nullstelle x, also auch f. Anders ausgedrückt gibt es ein maximales Ideal $\mathfrak{m}$, etwa $\mathfrak{m} = (g)$, mit

$$(f) \subset \mathfrak{m} \subset k[X] \quad \text{und} \quad x := X + \mathfrak{m} \in k[X]/\mathfrak{m}$$

ist Nullstelle von f, denn

$$f(x) = f(X + \mathfrak{m}) = f(X) + \mathfrak{m} = f + \mathfrak{m} = 0 + \mathfrak{m} \, ,$$

da $f \in \mathfrak{m}$. ∎

3.2.2 Existenz und Fortsetzung von Körperisomorphismen

Eine durch symbolische Adjunktion einer Nullstelle entstandener Erweiterungskörper ist immer nur bis auf Isomorphie eindeutig bestimmt. Will man alle möglichen Nullstellen eines Polynoms erhalten, muss man das Verfahren der symbolischen Adjunktion iterieren. Um dabei zu einem bis auf Isomorphie eindeutigen Ergebnis zu kommen, muss in jedem Schritt ein Isomorphismus fortgesetzt werden. Wie das geht, wird in diesem Abschnitt ausgeführt. Die dabei erhaltenen Ergebnisse werden in 3.4 auch Grundlage der Galois-Theorie sein.

Wir beginnen mit dem einfachsten Fall. Ist $K \supset k$ eine Körpererweiterung, so sind die Automorphismen $\varphi : K \to K$ gesucht, die k elementweise fest lassen. Nach Bemerkung 2 aus 3.1.1 ist die Bedingung $\varphi|k = \mathrm{id}_k$ immer erfüllt, wenn k ein Primkörper ist.

Ist etwa $k = \mathbb{Q}$ und $K = \mathbb{Q}(\sqrt{2}, \mathbf{i})$, so gibt es sicher keinen Automorphismus $\varphi : K \to K$ mit $\varphi(\sqrt{2}) = \mathbf{i}$, denn $\varphi(2) = 2$, also

$$\varphi(\sqrt{2})^2 = \varphi\left(\sqrt{2}^2\right) = \varphi(2) = 2 \neq -1 = \mathbf{i}^2.$$

Allgemein hat man folgende notwendige Bedingung:

Bemerkung 1   *Sei $K \supset k$ eine Körpererweiterung, $\varphi : K \to K$ ein Automorphismus mit $\varphi|k = \mathrm{id}_k$, $f \in k[X]$ und $x \in K$ mit $f(x) = 0$. Dann muss auch $f(\varphi(x)) = 0$ sein.*

Insbesondere gibt es zu gegebenem $x, y \in K$ höchstens dann einen Automorphismus von K mit $\varphi(x) = y$ und $\varphi|k = \mathrm{id}_k$, wenn die Minimalpolynome von x und y über k gleich sind.

Dies ist eine starke Einschränkung für die Existenz solcher Automorphismen.

Beweis Ist $f = \sum\limits_{i=0}^{n} a_i X^i$ mit $a_i \in k$, so gilt

$$\varphi(f(x)) = \sum_{i=0}^{n} \varphi(a_i x^i) = \sum_{i=0}^{n} \varphi(a_i)\varphi(x^i) = \sum_{i=0}^{n} a_i \varphi(x^i) = f(\varphi(x)),$$

also ist $f(\varphi(x)) = \varphi(f(x)) = \varphi(0) = 0$.

Sind nun $x, y \in K$ und φ mit $\varphi(x) = y$ gegeben, so betrachten wir das Minimalpolynom $f_x \in k[X]$ von x. Wie schon gezeigt, muss auch $f_x(y) = 0$ sein, also ist f_x nach Teil *iii)* der Bemerkung aus 3.1.5 auch Minimalpolynom von y.   ∎

Entscheidend für die Existenz von Körperisomorphismen ist der folgende

Satz 1   *Sei $K \supset k$ eine Körpererweiterung und seinen $x, y \in K$. Für die Existenz eines Isomorphismus*

$$\varphi : k(x) \to k(y) \quad \text{mit} \quad \varphi(x) = y \quad \text{und} \quad \varphi|k = \mathrm{id}_k$$

ist notwendig und hinreichend, dass es ein irreduzibles $f \in k[X]$ gibt derart, dass $f(x) = f(y) = 0$. Das ist gleichbedeutet damit, dass die Minimalpolynome von x und y in $k[X]$ gleich sind.

Ist das der Fall, so ist φ eindeutig bestimmt.

Beweis Die Notwendigkeit der Bedingung folgt aus Bemerkung 1. Es bleibt die Existenz und Eindeutigkeit zu zeigen.

Nach dem Satz aus 3.1.5 gibt es zu jedem $a \in k(x)$ ein $g \in k[X]$ derart, dass $a = g(x)$. Setzt man $\deg g < \deg f$ voraus, so ist g nach 3.1.5 sogar eindeutig bestimmt. Nach den Bedingungen an φ muss

$$\varphi(g(x)) = g(y) \quad \text{für alle } g \in k[X] \tag{$*$}$$

gelten. Es bleibt zu zeigen, dass durch $(*)$ ein Isomorphismus erklärt wird.

Das kann man ohne Rechnung an dem folgenden Diagramm ablesen:

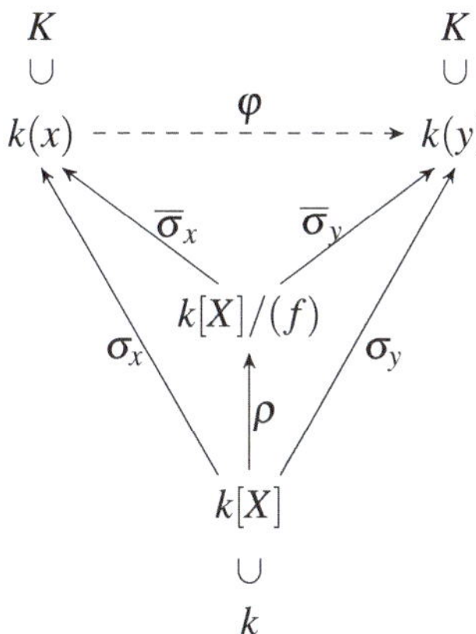

Zunächst sind die beiden Einsetzungshomomorphismen

$$\sigma_x : k[X] \to k(x), \quad g \mapsto g(x) \quad \text{und} \quad \sigma_y : k[X] \to k(y), \quad g \mapsto g(y),$$

surjektiv mit $\operatorname{Ker}\sigma_x = \operatorname{Ker}\sigma_y = (f)$.
Nach dem Ersten Isomorphiesatz entstehen daraus Isomorphismen

$$\overline{\sigma}_x : k[X]/(f) \to k(x), \quad g+(f) \mapsto g(x) \quad \text{und} \quad \overline{\sigma}_y : k[X]/(f) \to k(y), \quad g+(f) \mapsto g(y).$$

Setzt man nun $\varphi := \overline{\sigma}_y \circ \overline{\sigma}_x^{-1}$, so ist φ ein Isomorphismus mit

$$\varphi(x) = \overline{\sigma}_y(\overline{\sigma}_x^{-1}(x)) = \overline{\sigma}_y(X+(f)) = y \quad \text{und somit} \quad \varphi(g(x)) = g(y).$$

Beispiel 1 Sei $k = \mathbb{R}$, $K = \mathbb{C}$, $f = X^2+1$, $x = \mathbf{i}$ und $y = -\mathbf{i}$. Dann ist $\mathbb{R}(\mathbf{i}) = \mathbb{R}(-\mathbf{i}) = \mathbb{C}$ und

$$\varphi : \mathbb{C} \to \mathbb{C}, \quad z = a+b\mathbf{i} \mapsto \overline{z} = a-b\mathbf{i}, \quad a,b \in \mathbb{R}$$

ist die komplexe Konjugation.

Beispiel 2 Sei $k = \mathbb{Q}$, $K = \mathbb{C}$ $f = X^3-2$, $x = \sqrt[3]{2} \in \mathbb{R}$ und $y = \zeta x$ mit $\zeta = \exp\left(\frac{2\pi i}{3}\right) \in \mathbb{C}$. Dann ist $\mathbb{Q}(x) \subset \mathbb{R}$ und $\mathbb{Q}(y) \not\subset \mathbb{R}$. Diese verschiedenen Unterkörper von $\mathbb{C}$ sind aber isomorph via

$$\varphi : \mathbb{Q}(x) \to \mathbb{Q}(y), \quad g(x) \mapsto g(y) \quad \text{für } g \in \mathbb{Q}[X].$$

Als Abbildung zwischen Teilmengen von $\mathbb{C}$ ist φ nicht stetig: Ist etwa (x_n) eine Folge rationaler gegen x konvergenter Zahlen, so ist $\varphi(x_n) = x_n$, aber $\varphi(x) = y \neq x$.

Beispiel 3 Es gibt keinen Homomorphismus

$$\varphi : \mathbb{Q}(\mathbf{i}) \to \mathbb{Q}(\mathbf{i}) \quad \text{mit} \quad \varphi(\mathbf{i}) = 2\mathbf{i}.$$

Nach Bemerkung 2 aus 3.1.1 muss $\varphi|\mathbb{Q} = \mathrm{id}_{\mathbb{Q}}$ sein, und $\mathbf{i}$ bzw. $2\mathbf{i}$ haben über $\mathbb{Q}$ die verschiedenen Minimalpolynome $X^2 + 1$ bzw. $X^2 + 4$.

Das kann man auch direkter sehen: Aus $\varphi(\mathbf{i}) = 2\mathbf{i}$ würde

$$\varphi(-1) = \varphi(\mathbf{i}^2) = (2\mathbf{i})^2 = -4$$

folgen, im Widerspruch zu $\varphi|\mathbb{Q} = \mathrm{id}_{\mathbb{Q}}$.

In einem nächsten Schritt kann man nun versuchen, einen Ismorphismus $\varphi : k(x) \to k(y)$ weiter auf größere Körper fortzusetzen. Wir betrachten gleich die folgende allgemeinere Situation:

Gegeben sei ein Isomorphismus von Körpern $\varphi : L \to \tilde{L}$. Dazu gibt es nach der universellen Eigenschaft des Polynomrings genau einen Isomorphismus

$$\Phi : L[X] \to \tilde{L}[X] \quad \text{mit } \Phi|L = \varphi \quad \text{und} \quad \Phi(X) = X.$$

Ganz explizit ist für $a_0, ..., a_n \in L$

$$\Phi(a_0 + a_1 X + ... + a_n X^n) = \varphi(a_0) + \varphi(a_1)X + ... + \varphi(a_n)X^n \in \tilde{L}[X].$$

Für die allgemeinere Situation muss nun die notwendige Bedingung aus Bemerkung 1 etwas modifiziert werden.

In einem kleinen Diagramm sieht das so aus:

$$
\begin{array}{ccc}
x & \longmapsto & y \\
\cap & & \cap \\
L(x) & \xdashrightarrow{\ \tilde{\varphi}\ } & \tilde{L}(y) \\
\cup & & \cup \\
L & \xrightarrow{\ \varphi\ } & \tilde{L}
\end{array}
$$

Beweis Da $\tilde{\varphi}$ eine Fortsetzung von φ ist, gilt $\tilde{\varphi}(a) = \varphi(a)$ für alle $a \in L$. Also folgt aus einer einfachen Rechnung

$$\tilde{f}(y) = \tilde{f}(\tilde{\varphi}(x)) = \tilde{\varphi}(f(x)) = 0.$$

$\tilde{f}$ ist wie f irreduzibel, denn Φ ist ein Isomorphismus. Somit ist $\tilde{f}$ Minimalpolynom von y. ∎

Nun kommen wir zur entscheidenden Existenzaussage, die Satz 1 verallgemeinert:

Fortsetzungssatz für Körperisomorphismen *Gegeben seien ein Körperisomorphismus* $\varphi : L \to \tilde{L}$, *Körpererweiterungen* $K \supset L$ *und* $\tilde{K} \supset \tilde{L}$, *sowie ein* $x \in K$. *Ist* $f \in L[X]$ *das Minimalpolynom von* x *über* L *und* $y \in \tilde{L}$ *eine Nullstelle von* $\tilde{f} := \Phi(f) \in \tilde{L}[X]$, *so gibt es genau einen Körperismomorphismus*

$$\tilde{\varphi} : L(x) \to \tilde{L}(y) \quad \text{mit } \tilde{\varphi}|L = \varphi \text{ und } \tilde{\varphi}(x) = y.$$

Beweis Wie im Beweis von Satz 1 folgt aus den Bedingungen an $\tilde{\varphi}$, dass

$$\tilde{\varphi}(g(x)) = \tilde{g}(y) \quad \text{für alle } g \in L[X] \text{ und } \tilde{g} := \Phi(g) \tag{$*$}$$

sein muss. Dass das so zu definierende $\tilde{\varphi}$ ein Isomorphismus ist, lässt sich an dem folgendem, passend modifiziertem Diagramm ablesen:

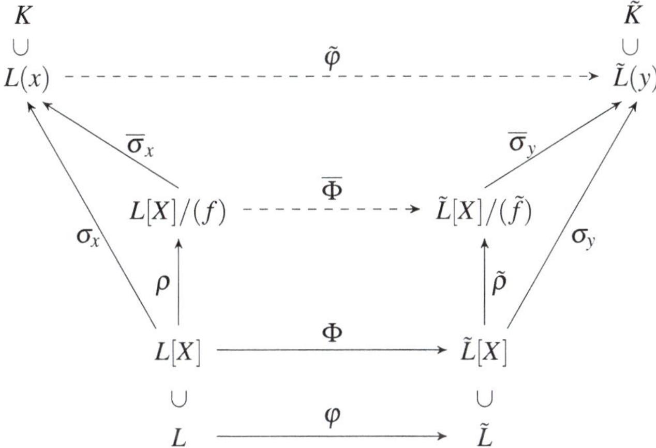

f ist wie f irreduzibel, denn Φ ist ein Isomorphismus. Daher ist $\tilde{f}$ das Minimalpolynom von $y \in \tilde{K}$ über $\tilde{L}$. Das ergibt wie im Beweis von Satz 1 die beiden Isomorphismen $\overline{\sigma}_x$ und $\overline{\sigma}_y$. Da

$$\text{Ker}\,\rho = (f) \quad \text{und} \quad \text{Ker}\,\tilde{\rho} = (\tilde{f}), \quad \text{ist} \quad \Phi(\text{Ker}\,\rho) = \text{Ker}\,\tilde{\rho},$$

und somit ist durch

$$\overline{\Phi} : L[X]/(f) \to \tilde{L}[X]/(\tilde{f}), \quad g + (f) \mapsto \tilde{g} + (\tilde{f})$$

ein Isomorphismus gegeben. Also ist auch

$$\tilde{\varphi} := \overline{\sigma}_y \circ \overline{\Phi} \circ \overline{\sigma}_x^{-1} \quad \text{mit} \quad \tilde{\varphi}(x) = \overline{\sigma}_y\big(\overline{\Phi}\big(\overline{\sigma}_x^{-1}(x)\big)\big) = \overline{\sigma}_y\big(\overline{\Phi}(X + (f))\big) = \overline{\sigma}_y\big(X + (\tilde{f})\big) = y$$

ein Isomorphismus. ∎

3.2.3 Zerfällungskörper eines Polynoms

Nach den Vorbereitungen in den vorhergehenden Abschnitten kommen wir nun zu dem zentralen Ergebnis, dass man einem Polynom durch eine geeignete Körpererweiterung, mit Vielfachheit gezählt, zu so vielen Nullstellen verhelfen kann, wie sein Grad vorgibt.

Definition *Ist k ein Körper und $f \in k[X]$ ein Polynom mit $n := \deg f \geq 1$, so heißt eine Körpererweiterung $K \supset k$ ein* **Zerfällungskörper von f über k**, *wenn Folgendes gilt:*

1) f zerfällt über K in Linearfaktoren, d.h. es gibt $a, x_1, \ldots, x_n \in K$, so dass

$$f = a(X - x_1) \cdot \ldots \cdot (X - x_n) \, .$$

2) K ist minimal bezüglich Eigenschaft 1), d.h. es gibt keinen Zwischenkörper $k \subset \tilde{K} \subsetneqq K$, so dass f über $\tilde{K}$ zerfällt.

   Anders ausgedrückt:
2') Zerfällt f über K, so ist $K = k(x_1, \ldots, x_n)$.

Man beachte, dass nicht von „dem" sondern nur von „einem" Zerfällungskörper die Rede ist.

Im besonders wichtigen Spezialfall $k \subset \mathbb{C}$ kann man für jedes $f \in k[X] \setminus \{0\}$ ganz einfach einen Zerfällungskörper angeben. Man kann f als normiert voraussetzen. Nach dem Fundamentalsatz aus 3.1.8 gibt es $x_1, \ldots x_n \in \mathbb{C}$ derart, dass

$$f = (X - x_1) \cdot \ldots \cdot (X - x_n) \quad \text{in} \quad \mathbb{C}[X].$$

Also ist offensichtlich $K := k(x_1, \ldots, x_n) \subset \mathbb{C}$ ein Zerfällungskörper von f, der als Unterkörper von $\mathbb{C}$ sogar eindeutig bestimmt ist.

Hat man keinen algebraischen abgeschlossenen Oberkörper von k zur Hand, so ist die Konstruktion eines Zerfällungskörpers etwas mühsam. Man muss ihn schrittweise durch symbolische Adjunktion von Nullstellen aufbauen.

Satz über Zerfällungskörper *Sei k ein Körper und $f \in k[X]$ mit $n := \deg f \geq 1$. Dann gilt:*
a) Es gibt einen Zerfällungskörper $K \supset k$ von f über k, dabei ist

$$[K : k] \leq n! \, .$$

b) Sind $K \supset k$ und $L \supset k$ zwei Zerfällungskörper von f über k, so gibt es einen Isomorphismus

$$\psi : K \to L \quad \text{mit} \quad \psi \,|\, k = \mathrm{id}_k \, ,$$

   der die Nullstellen von f in K auf die Nullstellen von f in L abbildet.

Genauer gilt: Ist $g \in k[X]$ ein irreduzibler Faktor von f, und sind $x \in K$ sowie $y \in L$ beliebige Nullstellen von g, so kann man ψ so wählen, dass $\psi(x) = y$.

Kurz gesagt: Es gibt stets einen Zerfällungskörper und er ist bis auf Isomorphie eindeutig bestimmt.

Beweis a) Wir können annehmen, dass f normiert ist. Es wird ein Körperturm nach folgendem Schema gebaut:

$$
\begin{array}{ccccl}
K & & & & f = (X - x_1) \cdot \ldots \cdot (X - x_n). \\
\| & & & & \\
k(x_1,\ldots,x_{n-1}) & = & k_{n-1} & = & k_{n-2}[X]/(g_{n-1}) \quad f = (X - x_1) \cdot \ldots \cdot (X - x_{n-1}) \cdot f_n, \\
& & \cup & & \\
& & \vdots & & \vdots \\
& & \cup & & \\
k(x_1) & = & k_1 & = & k_0[X]/(g_1) \qquad f = (X - x_1) \cdot f_2, \quad f_2 = g_2 \cdot h_2, \\
& & \cup & & \cup \\
& & k_0 & = & k \qquad\qquad\quad f = g_1 \cdot h_1
\end{array}
$$

Die Bauanleitung ist ziemlich klar. Zunächst wählen wir einen normierten irreduziblen Faktor $g_1 \in k[X]$ von f. Nach dem Satz über die symbolische Adjunktion aus 3.2.1 hat g_1 im Körper

$$k_1 := k[X]/(g_1) \ \text{ eine Nullstelle } x_1 := X + (g_1),$$

und x_1 ist auch Nullstelle von f. Also gilt $f = (X - x_1) \cdot f_2$ in $k_1[X]$ mit $\deg f_2 = n - 1$. Da $\deg g_1 \leq \deg f = n$, gilt $[k_1 : k] \leq n$.

Im nächsten Schritt wählt man einen irreduziblen Faktor g_2 von f_2 und erhält im Körper

$$k_2 := k_1[X]/(g_2) \ \text{ eine Nullstelle } x_2 := X + (g_2) \ \text{ von } g_2,$$

also gilt $f = (X - x_1)(X - x_2) \cdot f_3$ mit $\deg f_3 = n - 2$ und $[k_2 : k_1] \leq n - 1$.

Ist man bei k_{n-1} angekommen, so ist

$$f = (X - x_1) \cdot \ldots \cdot (X - x_{n-1}) \cdot f_n \in k_{n-1}[X]$$

mit $\deg f_n = 1$, also $f_n = (X - x_n)$ mit $x_n \in k_{n-1}$ und wir können $K := k_{n-1}$ setzen. Da $k_i = k(x_1,\ldots,x_i)$, ist $K = k(x_1,\ldots,x_n)$ und damit minimal.

Nach der Gradformel in 3.1.2 ist

$$[K : k] = [K : k_{n-2}] \cdot \ldots \cdot [k_2 : k_1] \cdot [k_1 : k] \leq 2 \cdot \ldots \cdot (n - 1) \cdot n = n!$$

Es gibt hier zwei Extremfälle: Sind $x_1,\ldots,x_n \in k$, so sind alle gewählten irreduziblen Faktoren g_i linear und $[k_{i+1} : k_i] = 1$. Es gibt aber auch Beispiele mit $\deg g_i = n - i$, also $[k_{i+1} : k_i] = n - i$ und $[K : k] = n!$ (siehe etwa Beispiel 4 aus 3.2.4).

b) Zum Beweis der Eindeutigkeit bis auf Isomorphie vergleichen wir den in *a)* konstruierten Zerfällungskörper K mit einem beliebigen Zerfällungskörper L.

Sei

$$f = (X - x_1) \cdot \ldots \cdot (X - x_n) \in K[X] \quad \text{und} \quad f = (X - y_1) \cdot \ldots \cdot (X - y_n) \in L[X].$$

Die schrittweise Konstruktion des Isomorphismus ψ kann durch folgendes Diagramm illustriert werden:

$$
\begin{array}{ccccccc}
k(x_1,\ldots,x_n) & = & K & \xrightarrow{\psi} & L & = & k(y_1,\ldots,y_n) \\
 & & \| & & \| & & \\
k(x_1,\ldots,x_{n-1}) & = & k_{n-1} & \xrightarrow{\varphi_{n-1}} & \tilde{k}_{n-1} & = & k(y_1,\ldots,y_{n-1}) \\
 & & \cup & & \cup & & \\
 & & \vdots & & \vdots & & \\
 & & \cup & & \cup & & \\
k(x_1,x_2)=k_1(x_2) & = & k_2 & \xrightarrow{\varphi_2} & \tilde{k}_2 & = & \tilde{k}_1(y_2)=k(y_1,y_2) \\
 & & \cup & & \cup & & \\
k(x_1) & = & k_1 & \xrightarrow{\varphi_1} & \tilde{k}_1 & = & k(y_1) \\
 & & & k & & &
\end{array}
$$

Der Aufbau von unten nach oben verläuft wie folgt. Ist $f = g \cdot h \in k[X]$ mit dem vorgegebenen irreduziblen Faktor g und $x \in K$, $y \in L$ mit $g(x) = g(y) = 0$, so wählen wir $g_1 := g$, $x_1 := x$ und $y_1 := y$. Nach dem Satz 1 aus 3.2.2 gibt es genau einen Isomorphismus

$$\varphi_1 : k(x_1) \to k(y_1) \quad \text{mit} \quad \varphi_1(x_1) = y_1 \quad \text{und} \quad \varphi_1 \mid k = \mathrm{id}_k \,.$$

Zur Vorbereitung des nächsten Schrittes verwenden wir die Fortsetzung

$$\Phi_1 : k_1[X] \to \tilde{k}_1[X]\,, \ h \mapsto \tilde{h}\,, \ \text{von} \ \varphi_1 \,.$$

In $k_1[X]$ ist $f = (X - x_1) \cdot f_2$. Wir wählen einen irreduziblen Faktor $g_2 \in k_1[X]$ von f_2. Dann hat man korrespondierende Zerlegungen

$$f = (X - x_1) \cdot g_2 \cdot h_2 \in k_1[X] \quad \text{und} \quad \tilde{f} = (X - y_1) \cdot \tilde{g}_2 \cdot \tilde{h}_2 \in \tilde{k}_1[X] \,.$$

Da g_2 irreduzibel und Φ_1 ein Isomorphismus ist, ist auch $\tilde{g}_2$ irreduzibel. Nun kann man wieder beliebige Nullstellen $x' \in K$ von g_2 und $y' \in L$ von $\tilde{g}_2$ auswählen. Mit $x_2 := x'$ und $y_2 := y'$ erhält man nach dem Fortsetzungssatz aus 3.2.2 eine Fortsetzung

$$\varphi_2 : k_1(x_2) \to \tilde{k}_1(y_2) \ \text{von} \ \varphi_1 \ \text{mit} \ \varphi_2(x_2) = y_2 \,.$$

Ist man schließlich bei φ_{n-1} angekommen, so ist

$$f = (X - x_1) \cdot \ldots \cdot (X - x_{n-1}) \cdot f_n \in k_{n-1}[X] \ \text{und}$$
$$f = (X - y_1) \cdot \ldots \cdot (X - y_{n-1}) \cdot \tilde{f}_n \in \tilde{k}_{n-1}[X] \,.$$

Da $\deg f_n = \deg \tilde{f}_n = 1$, ist $f_n = (X - x_n)$ und $\tilde{f}_n = (X - y_n)$.

Damit ist der Bau vollendet, man kann $\psi := \varphi_{n-1}$ setzen.

■

Die im Beweis von Teil b) benutzte Konstruktion des Isomorphismus ψ zeigt nicht nur die Eindeutigkeit des Zerfällungskörpers. Sie kann auch im Fall $L = K$ angewandt werden und die möglichen Auswahlen in den einzelnen Schritten können einen Überblick über die verschiedenen

Automorphismen φ von K geben, die auf k die Identität sind. Bei jedem solchen φ werden die Nullstellen von f nach der Bemerkung 1 aus 3.2.2 permutiert. Damit sind wir am Startpunkt der Galois-Theorie angelangt, nämlich der Frage, welche Permutationen der Nullstellen von f in K zu Automorphismen von K fortgesetzt werden können.

Bevor diese Frage in 3.4 allgemein behandelt werden kann, ist eine technische Vorbereitung nötig. Die Nullstellen $x_1, \ldots, x_n$ von f in K müssen nicht alle verschieden sein, das heißt im Allgemeinen können nur weniger als n Nullstellen permutiert werden. In 3.3 wird daher zunächst die Vielfachheit von Nullstellen untersucht.

Der Zerfällungskörper eines Polynoms hat zwei weitere vor allem für die Galois-Theorie wichtige Eigenschaften:

- Eine *Stabilität unter Monomorphismen.*

- Eine *Zerfällungseigenschaft auch für andere Polynome.*

Genauer hat man sogar die folgende

Charakterisierung von Zerfällungskörpern   *Für eine endliche Körpererweiterung $K \supset k$ sind folgende Bedingungen äquivalent:*

i) K ist Zerfällungskörper eines Polynoms $f \in k[X]$.

ii)   Ist $K' \supset K$ eine Körpererweiterung und $\varphi : K \to K'$ ein Monomorphismus mit $\varphi \mid k = \mathrm{id}_k$, so folgt $\varphi(K) \subset K$.

iii)   Ist $g \in k[X]$ ein beliebiges irreduzibles Polynom, das eine Nullstelle $y \in K$ hat, so zerfällt g in $K[X]$ in Linearfaktoren.

Für die überraschende Eigenschaft *iii)* eines Zerfällungskörpers $K \supset k$ ist das nicht sehr passende Adjektiv *normal* üblich.

Beweis i) $\Rightarrow$ *ii)*   Sind $x_1, \ldots, x_n$ die Nullstellen von f in K, so ist

$$K = k(x_1, \ldots, x_n) \, .$$

Da $f(\varphi(x_i)) = \varphi(f(x_i)) = 0$ (Bemerkung 1 aus 3.2.2), ist $\varphi(x_i) \in K$, also $\varphi(K) \subset K$.

ii) $\Rightarrow$ *iii)*   Die Erweiterung $K \supset k$ ist endlich, also gibt es über k algebraische Elemente $z_1, \ldots z_m \in K$, so dass

$$K = k(y, z_1, \ldots, z_m) \, .$$

Ist g normiert, so ist es Minimalpolynom von y; mit $h_1, \ldots, h_m \in k[X]$ bezeichnen wir die Minimalpolynome von $z_1, \ldots, z_m$. Nun betrachten wir

$$f := g \cdot h_1 \cdot \ldots \cdot h_m \quad \text{und seinen Zerfällungskörper } K' \supset k \, ;$$

offensichtlich ist $k \subset K \subset K'$ ein Zwischenkörper. Ist $y' \in K'$ irgendeine Nullstelle von g, so genügt es, $y' \in K$ zu zeigen.

Dazu wenden wir Teil *b)* des Satzes über Zerfällungskörper auf K' an, wir erhalten einen Isomorphismus

$$\psi : K' \to K' \quad \text{mit} \quad \psi \mid k = \mathrm{id}_k \quad \text{und} \quad \psi(y) = y' \, .$$

Ist $\varphi := \psi | K : K \to K'$, so folgt nach *ii)*, dass $\varphi(K) \subset K$, also $y' = \psi(y) = \varphi(y) \in K$.

iii) $\Rightarrow$ *i)*   Da $K \supset k$ endlich ist, gibt es über k algebraische $x_1, \ldots, x_n \in K$ mit

$$K = k(x_1, \ldots, x_n) \, .$$

Sind $f_1, \ldots, f_n \in k[X]$ die Minimalpolynome von $x_1, \ldots, x_n$, so zerfallen sie wegen *iii)* in $K[X]$, also ist $K \supset k$ Zerfällungskörper von

$$f := f_1 \cdot \ldots \cdot f_n \in k[X] \, .$$

$\blacksquare$

3.2.4 Beispiele

Beispiel 1   Das Polynom $f = X^2 + 1 \in \mathbb{Q}[X]$ ist irreduzibel, denn für jedes $x \in \mathbb{Q}$ ist $x^2 \geq 0$. Den schon bekannten Zerfällungskörper

$$\mathbb{Q}(\mathbf{i}) = \{a + b\mathbf{i} \in \mathbb{C} : a, b \in \mathbb{Q}\} \subset \mathbb{C}$$

wollen wir durch symbolische Adjunktion noch einmal auf etwas abstraktere Weise neu konstruieren.

Wir wissen nach 3.2.1, dass

$$x := X + (X^2 + 1) \in \mathbb{Q}[X]/(X^2 + 1) =: K$$

eine Nullstelle von f ist. Das kann man noch einmal direkt nachrechnen:

$$f(x) = x^2 + 1 = (X^2 + (X^2 + 1)) + (1 + (X^2 + 1)) = X^2 + 1 + (X^2 + 1) = 0 + (X^2 + 1).$$

Analog sieht man, dass $f(-x) = 0$ in K. Also hat f in K die beiden Nullstellen x und $-x$.

Der „abstrakte" Zerfällungskörper K ist isomorph zum „konkreten" Zerfällungskörper $\mathbb{Q}(\mathbf{i}) \subset \mathbb{C}$: Es gibt zwei Isomorphismen

$$\varphi_1, \varphi_2 : K \to \mathbb{Q}(\mathbf{i}) \quad \text{mit} \quad \varphi_1(x) = \mathbf{i} \quad \text{und} \quad \varphi_2(x) = -\mathbf{i},$$

denn $x \in K$ sowie $\mathbf{i}$ und $-\mathbf{i}$ haben das gemeinsame Minimalpolynom $X^2 + 1 \in \mathbb{Q}[X]$.

Die schon von CAUCHY benutzte Beschreibung der komplexen Zahlen als Restklassen von Polynomen modulo $X^2 + 1$ hat gegenüber der Beschreibung von GAUSS als Punkte der Zahlenebene den Vorteil, die Verallgemeinerung durch symbolische Adjunktion bei beliebigen irreduziblen Polynomen vorbereitet zu haben.

Beispiel 2   Das Polynom $f = X^2 - 2 \in \mathbb{Q}[X]$ ist irreduzibel, denn $\sqrt{2} \in \mathbb{R}_+$ ist irrational. Man hat wieder den konkreten Zerfällungskörper $\mathbb{Q}(\sqrt{2}) \subset \mathbb{R}$ und einen abstrakten Zerfällungskörper

$$K := \mathbb{Q}[X]/(X^2 - 2) \quad \text{mit} \quad x := X + (X^2 - 2) \quad \text{und} \quad -x$$

als Nullstellen von f. Analog zu Beispiel 1 gibt es Isomorphismen

$$\varphi_1, \varphi_2 : K \to \mathbb{Q}(\sqrt{2}) \quad \text{mit} \quad \varphi_1(x) = \sqrt{2} \quad \text{und} \quad \varphi_2(x) = -\sqrt{2}.$$

In $\mathbb{Q}(\sqrt{2})$ hat man einen Automorphismus

$$\varphi : \mathbb{Q}(\sqrt{2}) \to \mathbb{Q}(\sqrt{2}) \quad \text{mit} \quad \varphi \mid \mathbb{Q} = \mathrm{id}_{\mathbb{Q}} \quad \text{und} \quad \varphi(\sqrt{2}) = -\sqrt{2}.$$

Man beachte, dass dieses φ in $\mathbb{R}$ betrachtet völlig unstetig ist: Beliebig nahe bei $\sqrt{2}$ liegende rationale Zahlen bleiben fest, aber $\sqrt{2} > 0$ geht nach $-\sqrt{2} < 0$.

Beispiel 3 Ein Zerfällungskörper von

$$f := X^4 - 5X^2 + 6 = (X^2 - 2)(X^2 - 3) \in \mathbb{Q}[X] \quad \text{ist} \quad L := \mathbb{Q}(\sqrt{2}, \sqrt{3}) \subset \mathbb{R}.$$

Dabei sind $\sqrt{2}, \sqrt{3} \in \mathbb{R}$ die reellen positiven Wurzeln; L ist als Unterkörper von $\mathbb{R}$ ein „konkreter" Zerfällungskörper. Mit der Konstruktion aus 3.2.3 kann man ohne Benutzung von $\mathbb{R}$ einen „abstrakten" Zerfällungskörper K von f über $\mathbb{Q}$ konstruieren.

Wir starten mit dem irreduziblen Faktor $g_1 = X^2 - 2$ von f, dann ist

$$k_1 = \mathbb{Q}[X]/(X^2 - 2) \quad \text{und} \quad x_1 := X + (X^2 - 2) \in k_1$$

eine Nullstelle von g_1 und damit von f. Es ist

$$f = (X - x_1)(X + x_1)(X^2 - 3), \quad \text{denn} \quad (-x_1)^2 = x_1^2 = 2.$$

Also kann man $g_2 := (X + x_1)$ und $x_2 = -x_1$ wählen, d.h.

$$k_2 = \mathbb{Q}(x_1, x_2) = \mathbb{Q}(x_1) = k_1.$$

Im nächsten Schritt ist $f_3 = X^2 - 3 \in k_1[X]$. Wie wir in Beispiel 4 aus 3.1.6 gesehen haben, ist f_3 wegen $\sqrt{2} \notin \mathbb{Q}$ und $\sqrt{3} \notin \mathbb{Q}$ in $k_1[X]$ irreduzibel. Mit $g_3 = f_3$ erhält man

$$k_3 = k_2[X]/(g_3), \quad \text{und} \quad x_3 := X + (g_3) \in k_3$$

ist Nullstelle von g_3 und damit von f. Schließlich ist

$$f = (X - x_1)(X - x_2)(X - x_3)(X + x_3), \quad \text{also} \quad x_4 = -x_3 \quad \text{und} \quad K := \mathbb{Q}(x_1, x_3)$$

ist ein Zerfällungskörper von f über $\mathbb{Q}$.

Nach dem Satz über Zerfällungskörper aus 3.2.3 ist der gerade konstruierte abstrakte Zerfällungskörper K zu dem konkreten Zerfällungskörper $L \subset \mathbb{R}$ isomorph. Für einen Isomorphismus

$$\psi : K \to L$$

gibt es mehrere Möglichkeiten: Die irreduziblen Faktoren von f sind $X^2 - 2$ und $X^2 - 3$, die Nullstellen sind

$$\pm x_1 \in K \quad \text{und} \quad \pm\sqrt{2} \in L \quad \text{von} \quad X^2 - 2, \quad \text{sowie}$$
$$\pm x_3 \in K \quad \text{und} \quad \pm\sqrt{3} \in L \quad \text{von} \quad X^2 - 3.$$

Da $\psi(x_1) = \pm\sqrt{2}$ und $\psi(x_3) = \pm\sqrt{3}$ sein muss, gibt es für ψ insgesamt 4 Möglichkeiten.

Beispiel 4 Für $f = X^3 - 2 \in \mathbb{Q}[X]$ wollen wir den „konkreten" Zerfällungskörper $K \subset \mathbb{C}$ näher beschreiben.

Mit $a := \sqrt[3]{2} \in \mathbb{R}$ und

$$\zeta := \exp\left(\frac{2\pi\mathbf{i}}{3}\right) = \frac{1}{2}\left(-1 + \mathbf{i}\sqrt{3}\right)$$

ist

$$f = (X - a)(X - \zeta a)(X - \zeta^2 a) \in \mathbb{C}[X],$$

also ist $K := \mathbb{Q}(a, \zeta a, \zeta^2 a) \supset \mathbb{Q}$ ein Zerfällungskörper von f über $\mathbb{Q}$.

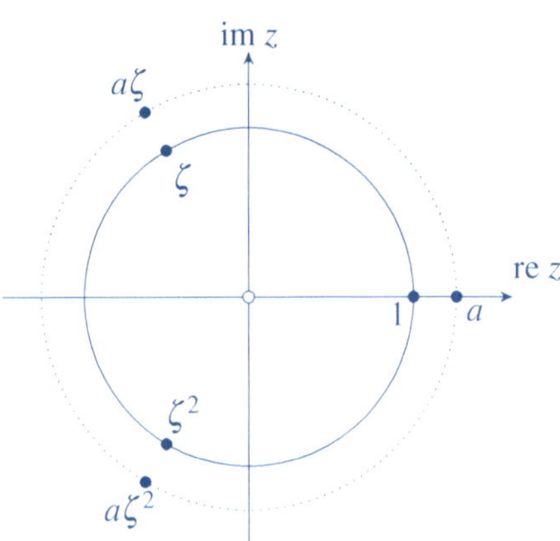

Wir wollen ihn nun schrittweise von $\mathbb{Q}$ ausgehend aufbauen. Im ersten Schritt benutzen wir, dass f das Minimalpolynom von a über $\mathbb{Q}$ ist, und erhalten die Erweiterung

$$\mathbb{Q}(a) \supset \mathbb{Q} \quad \text{mit} \quad [\mathbb{Q}(a) : \mathbb{Q}] = \deg f = 3.$$

In $\mathbb{Q}(a)[X]$ hat man die Zerlegung

$$f = (X - a) \cdot g \quad \text{mit} \quad g = (X - \zeta a)(X - \zeta^2 a) = X^2 + aX + a^2.$$

Da $\mathbb{Q}(a) \subset \mathbb{R}$, ist g in $\mathbb{Q}(a)[X]$ irreduzibel, also Minimalpolynom von ζa über $\mathbb{Q}(a)$.
Im zweiten Schritt erweitern wir $\mathbb{Q}(a)$ zu

$$K := (\mathbb{Q}(a))(\zeta a) = \mathbb{Q}(a, \zeta a) \quad \text{mit} \quad [K : \mathbb{Q}(a)] = \deg g = 2.$$

Da $\zeta = \zeta a \cdot a^{-1}$ ist $K = \mathbb{Q}(a, \zeta)$ und $\zeta^2 a \in K$. Also ist $K \supset \mathbb{Q}$ ein Zerfällungskörper von f über $\mathbb{Q}$, und nach der Gradformel aus 3.1.2 ist

$$[K : \mathbb{Q}] = [K : \mathbb{Q}(a)] \cdot [\mathbb{Q}(a) : \mathbb{Q}] = 2 \cdot 3 = 6.$$

Beispiel 5 Analog zu Beispiel 4 beschreiben wir für $f := X^4 - 2 \in \mathbb{Q}[X]$ den Zerfällungskörper $K \subset \mathbb{C}$. Nach EISENSTEIN ist f in $\mathbb{Q}[X]$ irreduzibel, also ist die Nullstelle $a := \sqrt[4]{2} \in \mathbb{R}_+$ nicht rational.

Im ersten Schritt erweitern wir $\mathbb{Q}$ zu

$$\mathbb{Q}(a) \quad \text{mit} \quad [\mathbb{Q}(a) : \mathbb{Q}] = \deg f = 4.$$

In $\mathbb{Q}(a)$ hat f eine weitere Nullstelle $-a$, und Polynomdivision ergibt

$$f = (X - a)(X + a) \cdot g \quad \text{mit} \quad g = X^2 + a^2.$$

Die Nullstellen von g sind $x_{1,2} = \pm\mathbf{i}a$. Da $\mathbb{Q}(a) \subset \mathbb{R}$ ist g in $\mathbb{Q}(a)[X]$ irreduzibel.

Im zweiten Schritt erweitern wir $\mathbb{Q}(a)$ zu

$$K := \mathbb{Q}(a, \mathbf{i}a) = \mathbb{Q}(a, \mathbf{i}) \quad \text{mit} \quad [K : \mathbb{Q}(a)] = \deg g = 2.$$

Nach der Gradformel ist

$$[K : \mathbb{Q}] = [K : \mathbb{Q}(a)] \cdot [\mathbb{Q}(a) : \mathbb{Q}] = 2 \cdot 4 = 8,$$

und in $K[X]$ zerfällt f in Linearfaktoren:

$$f = (X - a)(X + a)(X - \mathbf{i}a)(X + \mathbf{i}a).$$

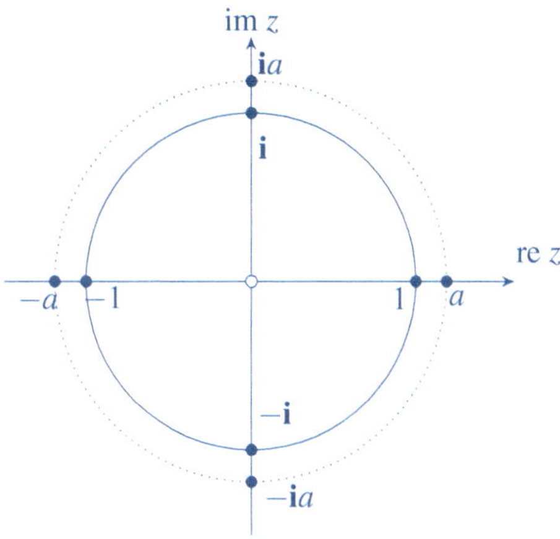

Beispiel 6 Sei p eine Primzahl,

$$f := X^{p-1} + X^{p-2} + \ldots + X + 1 \in \mathbb{Q}[X] \quad \text{und} \quad \zeta := \exp\left(\frac{2\pi\mathbf{i}}{p}\right) \in \mathbb{C}.$$

Nach Beispiel 5 aus 3.1.6 ist f Minimalpolynom von ζ über $\mathbb{Q}$. Da

$$f = (X - \zeta) \cdot (X - \zeta^2) \cdot \ldots \cdot (X - \zeta^{p-1}) \in \mathbb{Q}(\zeta)[X],$$

ist $\mathbb{Q}(\zeta)$ Zerfällungskörper von f über $\mathbb{Q}$, es gilt

$$[\mathbb{Q}(\zeta) : \mathbb{Q}] = \deg f = p - 1.$$

In diesem Fall ist also der Turmbau aus 3.2.3 zur Konstruktion des Zerfällungskörpers schon nach dem ersten Schritt vollendet.

3.2.5 Der algebraische Abschluss[*]

Nach dem Korollar aus 3.1.8 hat jeder Unterkörper $k \subset \mathbb{C}$ einen algebraischen Abschluss $\bar{k} \subset \mathbb{C}$. Für einen endlichen Körper konstruieren wir in 3.3.6 einen (unendlichen) algebraischen Abschluss. Bei manchen theoretische Überlegungen ist es nützlich, oder zumindest bequem, die Existenz eines algebraischen Abschlusses für jeden beliebigen Körper, etwa einen Funktionenkörper $k(X)$, benutzen zu können.

Das Problem beim Beweis ist die Allgemeinheit der Situation, er muss für alle nur denkbaren Körper gültig sein; die Menge aller Körpererweiterungen ist unüberschaubar, und isomorphe Erweiterungen müssen identifiziert werden. Der erste Existenzbeweis für einen algebraischen Abschluss stammt von STEINITZ [St, §21], er benutzt eine „transfinite" Induktion, d.h. den Bau eines Körperturms von unermesslicher Höhe. Wir reproduzieren hier einen formal sehr viel einfacheren Beweis von E. ARTIN.

Theorem *Jeder Körper k besitzt einen bis auf Isomorphie eindeutig bestimmten algebraischen Abschluss $\bar{k} \supset k$.*

Der Trick von ARTIN besteht darin, jedem nicht konstanten Polynom $f \in k[X]$ eine eigene Unbestimmte X_f zuzuordnen. Dazu muss zunächst der in 2.1.10 eingeführte Polynomring in endlich vielen Unbestimmten verallgemeinert werden.

Wir starten mit einem Ring R (kommutativ mit 1), einer beliebigen Indexmenge I und verallgemeinern die in 2.1.10 im Spezialfall $I = \{1, \ldots, n\}$ beschriebene Konstruktion.

Zunächst erklären wir die Menge

$$\mathfrak{X} := \{ \boldsymbol{x} : I \to \mathbb{N} : \boldsymbol{x}(i) = 0 \text{ für fast alle } i \in I \}$$

der *primitiven Monome*. Mit der Addition von Abbildungen wird $\mathfrak{X}$ zu einer abelschen Halbgruppe. Wie üblich stellt man ein Monom multiplikativ dar als

$$\boldsymbol{x} = \prod_{i \in I} X_i^{\boldsymbol{x}(i)} = X_{i_1}^{r_1} \cdot \ldots \cdot X_{i_n}^{r_n} \,, \quad \text{wenn } r_j = \boldsymbol{x}(i_j)$$

die endlich vielen von Null verschiedenen Werte von $\boldsymbol{x}$ sind.

Um die primitiven Monome mit Koeffizienten aus R zu versehen, bildet man den Halbgruppenring

$$R[\mathfrak{X}] := \{ f : \mathfrak{X} \to R : f(\boldsymbol{x}) = 0 \text{ für fast alle } \boldsymbol{x} \in \mathfrak{X} \} \,.$$

Dann heißt $a_{r_1 \ldots r_n} := f(\boldsymbol{x})$ Koeffizient des primitiven Monoms $\boldsymbol{x} = X_{i_1}^{r_1} \cdot \ldots \cdot X_{i_n}^{r_n}$, der Term $f(\boldsymbol{x}) \cdot \boldsymbol{x}$ heißt *Monom*.

Zu jedem $f \in R[\mathfrak{X}]$ gibt es daher eine endliche Teilmenge $\{i_1, \ldots, i_n\} \subset I$ und eine Darstellung

$$f = \sum_{(r_1, \ldots, r_n) \in \mathbb{N}^n} a_{r_1 \ldots r_n} X_{i_1}^{r_1} \cdot \ldots \cdot X_{i_n}^{r_n} \,,$$

wobei nur endlich viele der Koeffizienten $a_{r_1 \ldots r_n} \in R$ von Null verschieden sind.

Für ein weiteres Polynom $g \in R[\mathfrak{X}]$ hat man eine Teilmenge $\{j_1, \ldots, j_m\} \subset I$, für $f + g$ und $f \cdot g$ benötigt man die wieder endliche Teilmenge $\{i_1, \ldots, i_n\} \cup \{j_1, \ldots, j_m\} \subset I$.

Suggestiver ist die Notation

$$R[I] := R[\mathfrak{X}]$$

für den ***Polynomring in I über R***.

Selbstverständlich gehören zu zwei Polynomen f, g im Allgemeinen verschiedene endliche Teilmengen I_1 und I_2 von I. Zur Darstellung von $f + g$ und $f \cdot g$ benutzt man $I_1 \cup I_2$.

Für jedes $i \in I$ ist das primitive Monom $X_i = X_i^1$ in $R[I]$ enthalten, also kann man $I \subset R[I]$ als Teilmenge betrachten. Wie im Fall einer Veränderlichen hat man eine universelle Eigenschaft:

Gegeben seien ein kommutativer Ring S mit 1, ein Homomorphismus $\varphi : R \to S$ und für jedes $i \in I$ ein Element $s_i \in S$. Dann gibt es genau einen Homomorphismus

$$\Phi : R[I] \to S \ \ mit \ \ \Phi \,|\, R = \varphi \ \ und \ \ \Phi(X_i) = s_i \ \ für\ alle \ \ i \in I \,.$$

Nach diesen Vorbereitungen sind wir startbereit zum *Beweis des Theorems*.

Im **ersten Schritt** zeigen wir, dass es einen algebraischen Erweiterungskörper $K \supset k$ gibt, in dem jedes Polynom $f \in k[X]$ eine Nullstelle besitzt.

Nun kann man jedem nicht konstanten Polynom zunächst seine individuelle Unbestimmte und dann durch symbolische Adjunktion seine Nullstelle zu verschaffen. Formal verwendet man die Indexmenge

$$I := \{f \in k[X] : \deg f \geq 1\} \quad \text{der nicht konstanten Polynome}$$

und im Polynomring $k[I]$ betrachtet man die Polynome $f(X_f)$. Man beachte, dass jedes solche $f(X_f)$ nur von der einen Unbestimmten X_f abhängt. Das von allen erzeugte Ideal ist

$$\mathfrak{a} := (f(X_f))_{f \in I} \subset k[I] \,.$$

Ist $\mathfrak{a} \neq k[I]$, was wir anschließend zeigen werden, so gibt es nach 2.2.15 ein maximales Ideal $\mathfrak{m} \subset k[I]$ mit

$$\mathfrak{a} \subset \mathfrak{m} \subset R[I] \quad \text{und} \quad K := k[I]/\mathfrak{m} \quad \text{ist ein Körper.}$$

Da $\mathfrak{m} \cap k = \{0\}$, kann man $k \subset K$ als Unterkörper ansehen. Ist nun $f \in I$, so ist

$$f(X_f) \in \mathfrak{m} \,, \quad \text{also} \ \ f(X_f + \mathfrak{m}) = f(X_f) + \mathfrak{m} = 0 + \mathfrak{m} \,.$$

Also hat f in K die Nullstelle $x_f := X_f + \mathfrak{m}$, wie bei der symbolischen Adjunktion in 3.2.1.

Da K von den über k algebraischen Elementen x_f erzeugt wird, kann man mit Hilfe des Lemmas aus 3.1.7 sehen, dass $K \supset k$ algebraisch ist.

Angenommen, es wäre $\mathfrak{a} = k[I]$. Dann gäbe es eine Darstellung

$$1 = \sum_{j=1}^{m} g_j \cdot f_j(X_{f_j}) \quad \text{mit} \ \ g_1, \ldots, g_m \in k[I] \quad \text{und} \quad f_1, \ldots, f_m \in I \,.$$

Nach 3.2.1 gibt es einen Erweiterungskörper $L \supset k$ in dem jedes f_j eine Nullstelle x_j hat. Wir betrachten den Homomorphismus

$$\Phi : k[I] \to L \quad \text{mit} \quad \begin{cases} \Phi \mid k = \mathrm{id}_k \, , \\ \Phi(X_{f_j}) = x_j \ \text{für} \ j = 1, \ldots, m \, , \\ \Phi(X_f) = 0 \quad \text{für} \ f \notin \{f_1, \ldots, f_m\} \, . \end{cases}$$

Dann wäre aber in L

$$1 = \Phi(1) = \sum_{j=1}^{m} \Phi(g_j) f_j(x_j) = 0 \, . \qquad \text{\textnormal{\textlightning}}$$

Da wir die mit Hilfe des Lemmas von ZORN bewiesene Existenz eines maximalen Ideals benutzt haben, ist hinter diesem ersten und entscheidenden Schritt eine „transfinite" Induktion verborgen.

Im **zweiten Schritt** muss eine Erweiterung $\bar{k} \supset K$ konstruiert werden, derart dass nicht nur jedes $f \in k[X]$, sondern sogar jedes $f \in \bar{k}[X]$ eine Nullstelle hat. Dazu genügt eine abzählbare Körperkette

$$k \subset K_1 \subset K_2 \subset \ldots \subset \bar{k} := \bigcup_{i=1}^{\infty} K_i \, .$$

Dabei ist $K_1 = K$ und als Ergebnis des ersten Schrittes und $K_{i+1} \supset K_i$ nach der Methode des ersten Schrittes so konstruiert, dass jedes $f \in K_i[X]$ in K_{i+1} eine Nullstelle hat. Offensichtlich ist $\bar{k}$ ein Körper; die Erweiterung $\bar{k} \supset k$ ist algebraisch, da $K_i \supset k$ für jedes i algebraisch ist.

Ist nun $f \in \bar{k}[X]$, so gibt es ein i derart, dass die endlich vielen Koeffizienten in K_i liegen, also ist sogar $f \in K_i[X]$. Da f in $K_{i+1} \subset \bar{k}$ eine Nullstelle hat, folgt dass $\bar{k} \supset K$ ein algebraischer Abschluss ist.

Zum Beweis der Eindeutigkeit von $\bar{k}$ bis auf Isomorphie benutzen wir folgenden

Einbettungssatz   *Ist $\bar{k} \supset k$ ein algebraischer Abschluss und $K \supset k$ eine algebraische Erweiterung, so gibt es einen Monomorphismus*

$$\varphi : K \to \bar{k} \quad \textit{mit} \quad \varphi \mid k = \mathrm{id}_k \, .$$

Man kann also jede algebraische Erweiterung als Teil des algebraischen Abschlusses ansehen.

Ist $K \supset k$ ein weiterer algebraischer Abschluss, so gibt es nach dem Einbettungssatz einen Monomorphismus $\varphi : K \to \bar{k}$. Wir betrachten den Zwischenkörper

$$k \subset \varphi(K) \subset \bar{k} \, .$$

Als isomorphes Bild von K ist $\varphi(K)$ algebraisch abgeschlossen, die Erweiterung $\bar{k} \supset \varphi(K)$ ist algebraisch; also muss $\varphi(K) = \bar{k}$ sein. Damit ist das Theorem bewiesen. ∎

Zum *Beweis des Einbettungssatzes* könnte man versuchen, wie in 3.2.3 von k ausgehend, schrittweise den gesuchten Monomorphismus φ aufzubauen. Da aber die Zahl der Schritte nicht abzusehen ist, geht es wieder eleganter mit dem Lemma von ZORN. Es wird sich zeigen, dass damit eine einzige Fortsetzung ausreicht.

Wir verwenden die Menge von Paaren

$$M := \left\{ (L, \varphi) : \begin{array}{ll} k \subset L \subset K & \text{ist Zwischenkörper und} \\ \varphi : L \to \overline{k} & \text{ist Monomorphismus mit } \varphi \mid k = \mathrm{id}_k \end{array} \right\} .$$

In M ist eine Halbordnung gegeben durch

$$(L, \varphi) \le (L', \varphi') \Leftrightarrow L \subset L' \quad \text{und} \quad \varphi' \mid L = \varphi .$$

Um zu zeigen, dass M induktiv geordnet ist, betrachten wir eine Kette $C \subset M$ und wir definieren

$$L^* := \bigcup_{(L, \varphi) \in C} L \subset K .$$

Die Vorschrift $(L, \varphi) \in C$ soll bedeuten, dass es zu L ein φ gibt, derart, dass $(L, \varphi) \in C$. Zunächst ist zu zeigen, dass $L^* \subset K$ ein Unterkörper ist. Sind $x, y \in L^*$, so gibt es (L, φ) und $(L', \varphi') \in C$, so dass $x \in L$ und $y \in L'$. Wegen der Ketteneigenschaft können wir annehmen, dass

$$L \subset L' , \quad \text{also } x, y \in L' \text{ und } x - y, \frac{x}{y} \in L' \subset L^* .$$

Ist $x \in L^*$, so gibt es ein $(L, \varphi) \in C$ mit $x \in L$. Aus der Kettenbedingung folgt wieder, dass die Abbildung

$$\varphi^* : L^* \to \overline{k} , \; x \mapsto \varphi(x) ,$$

unabhängig von der Auswahl von $(L, \varphi) \in C$ erklärt, und ein Monomorphismus mit $\varphi^* \mid k = \mathrm{id}_k$ ist. Also ist

$$(L^*, \varphi^*) \in M \quad \text{obere Schranke von } C .$$

Nach dem Lemma von ZORN gibt es in M ein maximales Element (K', ψ). Es bleibt zu zeigen, dass $K' = K$. Angenommen $K' \subsetneq K$; dann betrachten wir folgendes Diagramm:

$$
\begin{array}{ccc}
K & & \overline{k} \\
\cup & & \cup \\
K'(x) & \xrightarrow{\hat{\psi}} & \tilde{K}'(y) \\
\cup & & \cup \\
K' & \xrightarrow{\psi} & \tilde{K}' = \psi(K') \\
\cup & & \cup \\
k & \xrightarrow{=} & k
\end{array}
$$

Dabei ist $x \in K \smallsetminus K'$. Da $K \supset K'$ algebraisch ist, hat x ein Minimalpolynom $f \in K'[X]$. Nun wenden wir den Fortsetzungssatz aus 3.2.2 an.

Ist $\tilde{f} \in \tilde{K}'[X]$ das aus f durch ψ entstandene Polynom, so hat $\tilde{f}$ eine Nullstelle y in $\overline{k}$ und es gibt eine Fortsetzung $\hat{\psi}$ von ψ mit $\hat{\psi}(x) = y$. Das ist aber ein Widerspruch zur Maximalität von (K', ψ). ∎

3.3   Einfache und mehrfache Nullstellen

Wie wir in 3.2 gesehen haben, permutieren Körperautomorphismen die Nullstellen von Polynomen (Bemerkung 1 in 3.2.2). Nahe liegend ist die Frage, welche Permutationen sich zu einem Automorphismus fortsetzen lassen. Dabei entsteht ein technisches Problem durch „mehrfache" Nullstellen. In den folgenden Abschnitten geben wir Hilfsmittel an, wie man damit umgehen kann. Höhepunkt sind die klassischen Ergebnisse über Resultanten und Diskrimanten.

Als Anwendungen beweisen wir einen Struktursatz über endliche Körper, sowie den Satz vom primitiven Element.

3.3.1   Vielfachheit von Nullstellen und formale Ableitung

Sei $0 \neq f \in k[X]$ und $K \supset k$ ein Zerfällungskörper. Ist $n = \deg f$, so ist

$$f = a(X - x_1) \cdot \ldots \cdot (X - x_n) \in K[X] \,.$$

Die Nullstellen $x_1, \ldots, x_n$ müssen keineswegs verschieden sein, es kann „mehrfache" Nullstellen geben. Allgemein erklärt man für ein beliebiges $x \in K$

$$\mu(f;x) := \max\{r \in \mathbb{N} : (X - x)^r \text{ teilt } f \text{ in } K[X]\}$$

die *Vielfachheit* von x bezüglich f. In $K[X]$ gilt dann

$$f = (X - x)^{\mu(f;x)} \cdot g \quad \text{mit} \quad g(x) \neq 0 \,.$$

In der Terminologie von 2.3.6 ist $\mu(f;x)$ der Exponent von $(X - x)$ in f. Offensichtlich gilt

$$f(x) = 0 \; \Leftrightarrow \; \mu(f;x) \geq 1 \,.$$

Man nennt $x \in K$

- *einfache Nullstelle von f* $\Leftrightarrow \mu(f;x) = 1$ und

- *mehrfache Nullstelle von f* $\Leftrightarrow \mu(f;x) \geq 2$.

Nun stellt sich die Frage, wie man für ein gegebenes $f \in k[X]$ ohne Benutzung des Zerfällungskörpers K innerhalb von $k[X]$ entscheiden kann, ob f in K eine mehrfache Nullstelle hat. Dabei hilft die aus der Analysis kommende bekannte Methode der Charakterisierung mehrfacher Nullstellen durch die Ableitung. In der Algebra wird das auf formale Weise kopiert:

Für ein Polynom $f = a_n X^n + \ldots + a_r X^r + \ldots + a_1 X + a_0 \in k[X]$ ist die *formale Ableitung* erklärt durch

$$f' := n \cdot a_n X^{n-1} + \ldots + r \cdot a_r X^{r-1} + \ldots + a_1 \in k[X] \,.$$

Die Tücke dabei ist die folgende: Der Exponent r von X^r ist eine natürliche Zahl; dagegen ist der Koeffizient $r \cdot a_r := a_r + \ldots + a_r$ (r-mal) von $r a_r X^{r-1}$ ein Element von k, und falls die Charakteristik p von k ein Teiler von r ist, wird $r a_r = 0$ in k.

Zunächst einfache Regeln für den Umgang mit der Ableitung:

Rechenregel *Für die formale Ableitung $k[X] \to k[X]$, $f \mapsto f'$, gilt*

$$(af+bg)' = af' + bg' \quad und \quad (f \cdot g)' = f' \cdot g + f \cdot g'$$

für alle $f,g \in k[X]$ und $a,b \in k$.

Der *Beweis* der ersten Regel ist klar; sie besagt, dass die Ableitung ein Endomorphismus des Vektorraums $k[X]$ ist. Daher genügt es, die zweite Regel für Paare X^m, X^n von Basisvektoren zu beweisen:

$$(X^m \cdot X^n)' = (m+n)X^{m+n-1} = (X^m)'X^n + X^m(X^n)' \,.$$

Man kann die Ableitung r-mal wiederholen, dafür schreibt man wie in der Analysis $f^{(r)}$. Wie dort gilt:

Bemerkung *Ist $\mathrm{char}(k) = 0$, so folgt*

$$\mu(f;x) = \max\{r : f(x) = \ldots = f^{(r-1)}(x) = 0\} \,.$$

Denn ist $f = (X-x)^\mu g$ mit $g(x) \neq 0$, so ist

$$f^{(r)} = \mu(\mu-1) \cdot \ldots \cdot (\mu-r+1)(X-x)^{\mu-r} \cdot g + (X-x) \cdot h_r$$

mit $h_r \in k[X]$. ∎

Zum Glück gilt wenigstens eine Abschwächung davon bei beliebiger Charakteristik:

Lemma *Sei k ein beliebiger Körper, $f \in k[X]$ mit $\deg f \geq 1$ und $f(x) = 0$ für ein $x \in K \supset k$. Dann gilt:*

$$\mu(f;x) = 1 \Leftrightarrow f'(x) \neq 0 \quad und \quad \mu(f;x) \geq 2 \Leftrightarrow f'(x) = 0 \,.$$

Beweis Da $f(x) = 0$, ist $\mu(f;x) \geq 1$ und $f - (X-x) \cdot g$ mit $g \in K[X]$. Differentiation ergibt

$$f' = g + (X-x)g' \,, \quad also \quad f'(x) = g(x) \,.$$

Da $\mu(f;x) \geq 2 \Leftrightarrow g(x) = 0$, folgen die beiden Behauptungen. Man beachte, dass bei der Differentiation von f nur der Exponent 1 von X nach unten kommt, der ist ungefährlich! ∎

In den bisherigen elementaren Überlegungen musste man den Zerfällungskörper kennen, um festzustellen, ob es mehrfache Nullstellen gibt. Mit Hilfe des obigen Lemmas kann man die Existenz einer mehrfachen Nullstelle schon in $k[X]$ prüfen:

Satz *Sei k ein Körper und $f \in k[X]$ mit $\deg f \geq 2$. Dann sind folgende Aussagen äquivalent:*

i) f hat in einem Erweiterungskörper $K \supset k$ mindestens eine mehrfache Nullstelle.

ii) f und f' haben in $k[X]$ einen gemeinsamen Teiler g mit $\deg g \geq 1$.

Ob f und f' in $k[X]$ einen echten gemeinsamen Teiler haben, kann man mit Hilfe des Euklidischen Algorithmus zur Bestimmung des größten gemeinsamen Teilers entscheiden. Eine Alternative dazu ist die Berechnung der Diskriminante (3.3.10).

Beweis des Satzes $i) \Rightarrow ii)$ Ist $x \in K$ mehrfache Nullstelle von f, so ist $f(x) = f'(x) = 0$. Also ist das Minimalpolynom $f_x \in k[X]$ von x als erzeugendes Element von $\mathrm{Ker}\,\sigma_x$ gemeinsamer Teiler von f und f'.

$ii) \Rightarrow i)$ Sei $f = g \cdot h$ und $f' = g \cdot \tilde{h}$ mit $h, \tilde{h} \in k[X]$. Da g in einem Erweiterungskörper $K \supset k$ eine Nullstelle $x \in K$ hat, folgt

$$f(x) = f'(x) = 0 \, ,$$

also ist x nach obigem Lemma eine mehrfache Nullstelle von f. ∎

Beispiel   Ein ganz elementarer Fall ist $f = X^2 + bX + c \in \mathbb{Q}[X]$. Dieses f hat genau dann eine zweifache Nullstelle x, wenn

$$b^2 - 4c = 0 \quad \text{und} \quad x = -\frac{b}{2}.$$

Für $f' = 2X + b$ ist $f'(x) = 0$, und $g := X + \frac{b}{2}$ ist gemeinsamer Teiler von f und f':

$$f = g^2 \quad \text{und} \quad f' = 2g.$$

Für zwei Polynome $f, g \in k[X]$ kann man den normierten größten gemeinsamen Teiler

$$d = \mathrm{ggT}(f,g) \in k[X]$$

mit Hilfe des Euklidischen Algorithmus berechnen (vgl. 1.3.10). Mit Hilfe eines Zerfällungskörpers $K \supset k$ von $f \cdot g$ kann man d auch etwas anders beschreiben. Zunächst setzen wir voraus, dass f und g normiert sind. In $K[X]$ zerfallen f und g in Linearfaktoren. Wir betrachten die paarweise verschiedenen gemeinsamen Nullstellen $x_1, \ldots, x_m$ von f und g und definieren

$$\mu_i := \min\{\mu(f;x_i), \mu(g;x_i)\} \geq 1 \, , \quad \tilde{d} := (X - x_1)^{\mu_1} \cdot \ldots \cdot (X - x_m)^{\mu_m} \in K[X] \, .$$

In $K[X]$ ist dann $f = \tilde{d} \cdot \tilde{f}$ und $g = \tilde{d} \cdot \tilde{g}$, $\tilde{f}$ und $\tilde{g}$ haben keine gemeinsamen Nullstellen mehr. Somit ist $\tilde{d}$ ein normierter größter gemeinsamer Teiler von f und g in $K[X]$. Wir behaupten nun

$$d = \tilde{d} \, , \quad \text{insbesondere} \quad \tilde{d} \in k[X].$$

Diese auf den ersten Blick überraschende Gleichheit folgt aus der allgemeinen

Regel   *Gegeben seien Polynome $f, g \in k[X]$ und eine Körpererweiterung $\tilde{k} \supset k$. Es seien*

$$d = \mathrm{ggT}(f,g) \ \text{in} \ k[X] \ \text{und} \ \tilde{d} = \mathrm{ggT}(f,g) \ \text{in} \ \tilde{k}[X]$$

normierte größte gemeinsame Teiler. Dann gilt $d = \tilde{d}$, insbesondere $\tilde{d} \in k[X]$.

Beweis Da d auch in $\tilde{k}[X]$ gemeinsamer Teiler von f und g ist, folgt $d \mid \tilde{d}$. Andererseits gibt es nach der Relation von BÉZOUT (2.3.6) Polynome $p, q \in k[X]$, so dass $d = pf + qg$. Diese Relation hat man auch in $\tilde{k}[X]$, dort gilt $\tilde{d} \mid f$ und $\tilde{d} \mid g$, also $\tilde{d} \mid d$. Da d und $\tilde{d}$ normiert sind, folgt $d = \tilde{d}$. ∎

Beispiel Wir verwenden diese Regel zur Bestimmung des größten gemeinsamen Teilers $h \in \mathbb{Q}[X]$ von

$$f := X^m - 1 \quad \text{und} \quad g := X^n - 1 \quad \text{aus} \quad \mathbb{Q}[X],$$

wobei $m, n \in \mathbb{N} \smallsetminus \{0\}$. Ist $d := \mathrm{ggT}(m, n) \in \mathbb{N}$, so behaupten wir, dass

$$h := X^d - 1$$

ein größter gemeinsamer Teiler in $\mathbb{C}[X]$ und damit in $\mathbb{Q}[X]$ ist.
Nach 2.1.9 sind für jedes $r \in \mathbb{N} \smallsetminus \{0\}$ die Nullstellen von $X^r - 1$ die Einheitswurzeln

$$C_r = \{1, \zeta_r, ..., \zeta_r^{r-1}\} \quad \text{mit} \quad \zeta_r = \exp\left(\frac{2\pi\mathbf{i}}{r}\right).$$

Also ist $C_m \cap C_n$ die Menge der gemeinsamen Nullstellen von f und g, und die Behauptung folgt aus der in 2.1.9 bewiesenen Beziehung

$$C_m \cap C_n = C_d.$$

3.3.2 Separabilität

Mit den im vorhergehenden Abschnitt bereitgestellten Hilfsmitteln können wir nun die kritische Frage

  „Kann ein irreduzibles Polynom in einem Erweiterungskörper mehrfache Nullstellen haben?"

näher beleuchten. Die Antwort wird sein:

  „Ja, aber selten!"

Zunächst einmal die üblichen Begriffe:

Definition *Sei k ein beliebiger Körper.*

*a) Ein nicht-konstantes Polynom $f \in k[X]$ heißt **separabel**, wenn jeder irreduzible Faktor von f in seinem Zerfällungskörper nur einfache Nullstellen hat.*

*b) Ist $K \supset k$ eine Körpererweiterung, so heißt ein Element $a \in K$ **separabel über k**, wenn es Nullstelle eines separablen Polynoms $f \in k[X]$ ist.*

*c) Eine Körpererweiterung $K \supset k$ heißt **separabel**, wenn jedes $a \in K$ separabel über k ist.*

Die Separabilität eines irreduziblen Polynoms kann man mit Hilfe der Ableitung prüfen:

Lemma *Ist k ein Körper und $f \in k[X]$ irreduzibel, so gilt:*

$$f \quad \text{separabel} \quad \Leftrightarrow \quad f' \neq 0.$$

Die Voraussetzung „irreduzibel" ist wichtig, wie etwa das Beispiel $f = X^2 \in \mathbb{F}_2[X]$ zeigt. Weiter ist zu bedenken, dass $\deg f \geq 1$, wenn f irreduzibel ist, und dass die Separabilität nur für $\deg f \geq 2$ eine echte Bedingung ist.

Beweis Wir benutzen die Ergebnisse des vorhergehenden Abschnitts 3.3.1.

„$\Rightarrow$" Ist $f' = 0$, so ist auch $f'(x) = 0$ für jede Nullstelle x von f, also ist f nicht separabel.

„$\Leftarrow$" Wäre $f' \neq 0$ und f nicht separabel, so gäbe es nach dem Satz aus 3.3.1 einen gemeinsamen Teiler g von f und f' mit $\deg g \geq 1$. Da f irreduzibel ist und $\deg f' < \deg f$, wäre dann $\deg g = \deg f > \deg f'$.

$\blacksquare$

Zum Glück ist der Begriff der Separabilität in Charakteristik Null überflüssig. Das folgt schon aus dem Lemma in 3.3.1 und den Eigenschaften des Minimalpolynoms:

Korollar   *Ist* $\operatorname{char}(k) = 0$, *so ist jedes nicht konstante* $f \in k[X]$ *separabel.*
Insbesondere hat jedes irreduzible $f \in k[X]$ *in seinem Zerfällungskörper nur einfache Nullstellen.*

Beweis Sei g ein irreduzibler und normierter Faktor von f. Aus $\deg g \geq 1$ und $\operatorname{char} k = 0$ folgt $\deg g' = \deg g - 1 \geq 0$. Ist $x \in K \supset k$ eine Nullstelle von g, so ist g das Minimalpolynom von x über k. Wäre x eine mehrfache Nullstelle von g, so müsste nach dem Lemma aus 3.3.1 auch $g'(x) = 0$ sein. Als Minimalpolynom wäre dann g ein Teiler von g', was wegen $\deg g' < \deg g$ nicht möglich ist.

$\blacksquare$

In 3.3.3 werden wir sehen, dass auch für einen endlichen Körper k jedes $f \in k[X]$ separabel ist. Um ein nicht separables Polynom zu finden, benötigt man also einen unendlichen Körper der Charakteristik $p > 0$.

Beispiel   Sei $k = \mathbb{F}_p(X)$ der Körper rationaler Funktionen und

$$f = Y^p - X \in k[Y].$$

Um die Irreduzibilität von f in $k[Y]$ zu zeigen, wenden wir das Kriterium von Eisenstein aus 2.3.8 an: $R := \mathbb{F}_p[X]$ ist faktoriell und $f \in R[Y]$ ist irreduzibel, da $X \in R$ ein Primelement ist. Also ist f auch in $Q(R)[Y] = k[Y]$ irreduzibel. Wegen

$$f' = pY^{p-1} = 0$$

ist f nach dem obigen Lemma nicht separabel.

In 3.3.3 werden wir sehen, dass eine Nullstelle y von f aus dem Zerfällungskörper Vielfachheit p hat.

3.3.3 Der Frobenius-Homomorphismus

In diesem Abschnitt beschäftigen wir uns mit der Frage der Separabilität in Charakteristik $p > 0$. Dazu eine erste

Bemerkung *Ist k ein Körper mit* $\mathrm{char}(k) = p > 0$, *so gilt für jedes $f \in k[X]$:*

$$f' = 0 \Leftrightarrow \text{ es gibt ein } g \in k[X] \text{ mit } f = g(X^p) .$$

Beweis Für $f = \sum\limits_{i=0}^{n} a_i \cdot X^i$ ist $f' = \sum\limits_{i=1}^{n} ia_i \cdot X^{i-1}$. Also gilt:

$$
\begin{aligned}
f' = 0 \quad &\Leftrightarrow \quad p \mid i \text{ falls } a_i \neq 0 \quad \Leftrightarrow \quad a_i = 0 \text{ falls } p \nmid a_i \\
&\Leftrightarrow \quad f = a_0 + a_p X^p + a_{2p} X^{2p} + \ldots + a_{mp} X^{mp} \\
&\Leftrightarrow \quad f = g(X^p) \text{ mit } g := a_0 + a_p Y + \ldots + a_{mp} Y^p \text{ und } Y = X^p .
\end{aligned}
$$

Ein irreduzibles inseparables Polynom muss also von der Form $f(X) = g(X^p)$ sein, wie im Beispiel aus 3.3.2.

Nun betrachten wir die binomische Formel in Charakteristik $p > 0$ mit $x, y \in k$:

$$(x+y)^p = \sum_{i=0}^{p} \binom{p}{i} x^{p-i} y^i = x^p + y^p , \quad \text{denn } p \mid \binom{p}{i} \text{ für } i = 1, \ldots, p-1 .$$

Das ist ganz einfach zu sehen:

$$\binom{p}{i} = \frac{p!}{i!(p-i)!} \quad \text{und } p \mid p!, \text{ aber } p \nmid i! \text{ und } p \nmid (p-i)!, \text{ wenn } 0 < i < p.$$

Dabei ist zu beachten, dass die Binomialkoeffizienten $\binom{p}{i}$ natürliche Zahlen, die Produkte $x^{p-i} y^i$ dagegen Elemente von k sind.

Diese *Regel von* FROBENIUS

$$(x+y)^p = x^p + y^p$$

nennt man auch „freshman's dream", den „Traum eines Anfängers".

Da $(x^p + y^p)^p = (x^p)^p + (y^p)^p = x^{p^2} + y^{p^2}$ erhält man durch wiederholte Anwendung der Regel von FROBENIUS

$$(x+y)^q = x^q + y^q \quad \text{für } q = p^n \text{ und } n \geq 1.$$

Außerdem folgt durch Induktion $(x_1 + \ldots + x_n)^p = x_1^p + \ldots + x_n^p$.

Von einem abstrakteren Standpunkt hat man das

Lemma von FROBENIUS *In einem Körper k der Charakteristik $p > 0$ ist die Abbildung*

$$\varphi : k \to k , \ x \mapsto x^p ,$$

ein Monomorphismus.

Man nennt φ den *Frobenius-Homomorphismus* von k.

Beweis Neben $(x+y)^p = x^p + y^p$ in Charakteristik $p > 0$, gilt $(xy)^p = x^p y^p$ in jedem Körper. Der Homomorphismus ist nicht trivial, da $1^p = 1$, also ist er injektiv (Bemerkung *f*) in 2.1.3).　∎

Korollar　*Ist k ein endlicher oder ein algebraisch abgeschlossener Körper der Charakteristik $p > 0$, so ist der Frobenius-Homomorphismus φ ein Isomorphismus. Insbesondere hat jedes Element von k genau eine p-te Wurzel in k.*

Im Primkörper $\mathbb{F}_p$ ist der Frobenius-Homomorphismus die Identität.

Beweis Die erste Aussage ist für endliches k klar, da in diesem Fall jede injektive Abbildung auch surjektiv ist. Ist k algebraisch abgeschlossen, so hat zu jedem $y \in k$ das Polynom

$$f = X^p - y \in k[X]$$

mindestens eine Nullstelle $x \in k$, also ist $y = x^p = \varphi(x)$.

Die zweite Aussage folgt aus Bemerkung 2 in 3.1.1, denn $\mathbb{F}_p$ ist Primkörper. Sie ergibt sich auch aus dem Korollar in 1.1.5, denn aus $\operatorname{ord} \mathbb{F}_p^\times = p - 1$ folgt für jedes $x \in \mathbb{F}_p$, dass $x^p = x$.　∎

Beispiel　Für $p = 5$ hat man modulo 5 die Kongruenzen

$$1^5 = 1 \equiv 1, \quad 2^5 = 32 \equiv 2, \quad 3^5 = 243 \equiv 3, \quad \text{und} \quad 4^5 = 1024 \equiv 4.$$

Für jedes $x \in \mathbb{F}_5$ ist also $\sqrt[5]{x} = x$.

Insgesamt erhalten wir den

Satz　*Ist k ein endlicher Körper, so ist jedes nicht konstante Polynom aus $k[X]$ separabel.*

Beweis Es ist zu zeigen, dass jedes irreduzible $f \in k[X]$ in seinem Zerfällungskörper $K \supset k$ nur einfache Nullstellen hat. Gäbe es eine mehrfache Nullstelle, so wäre $f' = 0$ nach dem Lemma in 3.3.2, nach der obigen Bemerkung also mit $p := \operatorname{char} k > 0$

$$f(X) = g(X^p) = a_0 + a_p X^p + a_{2p} X^{2p} + \ldots + a_{mp} X^{mp} \, .$$

Nach dem obigen Lemma von Frobenius gibt es zu jedem a_{ip} ein b_i mit $a_{ip} = b_i^p$, also ist

$$f = b_0^p + (b_1 X)^p + \ldots + (b_m X^m)^p = (b_0 + b_1 X + \ldots + b_m X^m)^p$$

im Widerspruch zur Irreduzibilität von f.　∎

Für Liebhaber schöner Worte noch ein weiterer Begriff: Ein Körper k heißt ***vollkommen***, wenn jedes Polynom aus $k[X]$ separabel ist, d.h. wenn jedes irreduzible Polynom aus $k[X]$ in seinem Zerfällungskörper $K \supset k$ nur einfache Nullstellen hat. Damit kann man die Ergebnisse der letzten beiden Abschnitte so zusammenfassen:

Satz über vollkommene Körper　*Endliche Körper und Körper der Charakteristik Null sind vollkommen.*

Im Beispiel aus 3.3.2 hatten wir mit Hilfe der Ableitung gezeigt, dass das irreduzible Polynom

$$f := Y^p - X \in \mathbb{F}(X)[Y]$$

nicht separabel ist. Mit FROBENIUS geht das schneller und genauer: Im Zerfällungskörper $K \supset k$ von f gibt es ein y mit $y^p = X$, also ist

$$f = Y^p - X = Y^p - y^p = (Y - y)^p \,,$$

d.h. y ist eine p-fache Nullstelle von f.

3.3.4 Endliche Körper

Nach den allgemeinen Vorüberlegungen zu mehrfachen Nullstellen kann nun ein ganz konkretes Problem behandelt werden. An mehreren Stellen (vgl. 1.1.8, 2.2.5) hatten wir schon für jede Primzahl p den Körper

$$\mathbb{F}_p = \mathbb{Z}/p\mathbb{Z} = \{\bar{0}, \bar{1}, \dots \overline{p-1}\}$$

betrachtet. Er ist nach 3.1.1 der Primkörper in Charakteristik p. Auf der Suche nach weiteren endlichen Körpern K der Charakteristik p gibt es folgende Vorgaben:

(1) K ist ein Erweiterungskörper von $\mathbb{F}_p$, also ein $\mathbb{F}_p$-Vektorraum mit $[K : \mathbb{F}_p] = n \geq 1$. Daher muss $\#K = p^n =: q$ sein.

(2) $K^\times$ ist nach 2.1.11 eine zyklische Gruppe der Ordnung $q - 1$.

Durch (1) ist in K die Addition und die Multiplikation mit Skalaren aus $\mathbb{F}_p$ festgelegt, durch (2) die Multiplikation. Zwischen Addition und Multiplikation muss aber das Distributivgesetz gelten, und es ist nicht klar, wie man Addition und Multiplikation in dazu passender Weise zusammenfügen kann. Man beachte, dass der Ring $\mathbb{Z}/q\mathbb{Z}$ für $n \geq 2$ nicht in Frage kommt, da er Nullteiler enthält (siehe 1.1.8).

Wir beginnen mit dem einfachsten Fall $p = n = 2$, also $q = 4$. Um nicht mühsam Distributivgesetze kontrollieren zu müssen, benutzen wir die Technik der symbolischen Adjunktion. Nach Beispiel 7 in 2.3.9 ist

$$f := X^2 + X + 1 \in \mathbb{F}_2[X]$$

das einzige irreduzible Polynom vom Grad 2. Dann ist

$$K := \mathbb{F}_2[X]/(f)$$

nach 3.2.1 ein Erweiterungskörper mit $[K : \mathbb{F}_2] = 2$. Bezeichnet $x := X + (f) \in K$ die adjungierte Nullstelle von f, so ist $(1, x)$ eine Basis von K über $\mathbb{F}_2$, also

$$K = \mathbb{F}_2 + \mathbb{F}_2 \cdot x \quad \text{und} \quad K^\times = \{1, x, x^2 = 1 + x\}.$$

Die Übergänge zwischen Addition und Multiplikation kann man durch eine Art von „Lexikon"
zusammenfassen:

additiv	multiplikativ
$(0,0)$	$0 = 0 + 0$
$(1,0)$	$1 = 1 + 0$
$(0,1)$	$x = 0 + x$
$(1,1)$	$x^2 = 1 + x$

Will man im Vektorraum $\mathbb{F}_2^2$ multiplizieren, so kann man damit wie folgt rechnen:

$$(0,1) \cdot (1,1) = x \cdot x^2 = x^3 = 1 = (1,0).$$

Umgekehrt ist etwa

$$x^2 + 1 = (1,1) + (1,0) = (0,1) = x.$$

Insgesamt erhält man für Addition und Multiplikation in $\mathbb{F}_2^2$ die folgenden Tafeln:

$+$	$(0,0)$	$(1,0)$	$(0,1)$	$(1,1)$
$(0,0)$	$(0,0)$	$(1,0)$	$(0,1)$	$(1,1)$
$(1,0)$	$(1,0)$	$(0,0)$	$(1,1)$	$(0,1)$
$(0,1)$	$(0,1)$	$(1,1)$	$(0,0)$	$(1,0)$
$(1,1)$	$(1,1)$	$(0,1)$	$(1,0)$	$(0,0)$

$\cdot$	$(0,0)$	$(1,0)$	$(0,1)$	$(1,1)$
$(0,0)$	$(0,0)$	$(0,0)$	$(0,0)$	$(0,0)$
$(1,0)$	$(0,0)$	$(1,0)$	$(0,1)$	$(1,1)$
$(0,1)$	$(0,0)$	$(0,1)$	$(1,1)$	$(1,0)$
$(1,1)$	$(0,0)$	$(1,1)$	$(1,0)$	$(0,1)$

Der Leser möge zur Übung versuchen, aus $\{0, 1, a, b\}$ ohne allen theoretischen Hintergrund durch
Aufstellen von Tafeln für Addition und Multiplikation einen Körper zu konstruieren. Dabei muss
zwischen den beiden Tafeln auch das Distributivgesetz gelten! Die Lehre davon wird sein: Für
mehr als vier Elemente wird dieses Verfahren hoffnungslos!

Bevor wir den allgemeinen Struktursatz formulieren noch eine Anmerkung zu dem gerade konstruierten Körper K: Da $f(x) = f(x^2) = 0$, sind alle Elemente von $K = \{0, 1, x, x^2\}$ die Nullstellen
von

$$X \cdot (X - 1) \cdot f = X \cdot (X^3 - 1) = X^4 - X \in \mathbb{F}_2[X].$$

Die übliche Bezeichnung ist $K =: \mathbb{F}_4$.

Verallgemeinert liefert die im Beispiel angewandte Methode einen

Struktursatz für endliche Körper   *Sei p eine Primzahl, $\mathbb{F}_p = \mathbb{Z}/p\mathbb{Z}$ der Primkörper der
Charakteristik p, $n \in \mathbb{N} \setminus \{0\}$ und $q := p^n$. Dann gilt:*

*a) Ein Zerfällungskörper $\mathbb{F}_q \supset \mathbb{F}_p$ von $X^q - X \in \mathbb{F}_p[X]$ hat q Elemente, er ist gleich der Menge
der Nullstellen von $X^q - X$ in $\mathbb{F}_q$.*

b) Ist $L \supset \mathbb{F}_p$ eine Körpererweiterung mit q Elementen, so ist L isomorph zu $\mathbb{F}_q$.

*c) Die Körpererweiterung $\mathbb{F}_q \supset \mathbb{F}_p$ ist einfach. Insbesondere gibt es zu jedem $n \geq 1$ in $\mathbb{F}_p[X]$ ein
irreduzibles Polynom vom Grad n.*

*d) Ist $f \in \mathbb{F}_p[X]$ irreduzibel mit $\deg f = n$, so ist $\mathbb{F}_q \cong \mathbb{F}_p[X]/(f)$. Jede Nullstelle x von f in $\mathbb{F}_q$
ist primitives Element der Erweiterung $\mathbb{F}_q \supset \mathbb{F}_p$, d.h. $\mathbb{F}_q = \mathbb{F}_p(x)$.*

e) Sind $m, n \in \mathbb{N} \setminus \{0\}$, so ist $\mathbb{F}_{p^m} \subset \mathbb{F}_{p^n}$ Unterkörper genau dann, wenn m Teiler von n ist.

Man kann also für gegebenes p und n von **dem** Körper $\mathbb{F}_{p^n}$ sprechen.

Beweis von a)   Wir betrachten im Zerfällungskörper $\mathbb{F}_q$ die Teilmenge

$$K := \{x \in \mathbb{F}_q : x^q = x\} \subset \mathbb{F}_q$$

der Nullstellen von $X^q - X = X(X-1)(X^{q-2}+X^{q-3}+\ldots+X+1)$ und zeigen im ersten Schritt, dass $K \subset \mathbb{F}_q$ ein Unterkörper ist. Sind $x, y \in K$, so ist nach den allgemeinen Rechenregeln für Potenzen

$$(x \cdot y)^q = x^q \cdot y^q = x \cdot y \quad \text{und} \quad (x^{-1})^q = (x^q)^{-1} = x^{-1} \,,$$

also $x \cdot y$, $x^{-1} \in K$. Für die Summe folgt wegen $q = p^n$ aus der Regel von FROBENIUS (3.3.3):

$$(x \pm y)^q = x^q \pm y^q = x \pm y \,.$$

Im zweiten Schritt zeigen wir, dass K genau q Elemente enthält; dann folgt wegen der Minimalität des Zerfällungskörpers $K = \mathbb{F}_q$ und die Behauptung. Der Körper K besteht aus den Nullstellen des Polynoms $X^q - X$ in $\mathbb{F}_q$, er enthält also höchstens q Elemente. Da

$$(X^q - X)' = -1 \,,$$

sind nach dem Lemma aus 3.3.1 alle Nullstellen einfach, also enthält K genau q Elemente.

Es sei noch einmal ausdrücklich darauf hingewiesen: Bei unendlichen Körpern ist es unmöglich, dass alle Elemente Nullstellen eines einzigen Polynoms $f \neq 0$ sind (2.1.8).

Beweis von b)   Da $\operatorname{ord} L^\times = q - 1$, folgt nach dem Korollar aus 1.1.5, dass $x^{q-1} = 1$ für alle $x \in L^\times$ und somit $x^q = x$ für alle $x \in L$. Also ist jedes $x \in L$ Nullstelle von $X^q - X \in \mathbb{F}_p[X]$, und somit ist L isomorph zu einem Unterkörper des Zerfällungskörpers $\mathbb{F}_q$ von $X^q - X$. Da $\#L = q = \#\mathbb{F}_q$ folgt die Behauptung.

Beweis von c)   Nach 2.1.11 ist die multiplikative Gruppe $\mathbb{F}_q^\times$ zyklisch. Also ist jedes erzeugende Element $x \in \mathbb{F}_q^\times$ ein primitives Element. Das Minimalpolynom $f_x \in \mathbb{F}_p[X]$ von x hat den Grad $[\mathbb{F}_q : \mathbb{F}_p] = n$.

Beweis von d)   Nach dem Satz aus 3.1.5 gilt

$$[\mathbb{F}_p[X]/(f) : \mathbb{F}_p] = \deg f = n \,,$$

also ist $\operatorname{ord} \mathbb{F}_p[X]/(f) = p^n = q$ und die erste Behauptung folgt aus *b)*.

Für jede Nullstelle x von f in $\mathbb{F}_q$ gilt $\deg[\mathbb{F}_p[X]/(f) : \mathbb{F}_p] = n$, daher ist $\mathbb{F}_p(x) = \mathbb{F}_q$. ∎

Man beachte, dass nicht für jedes irreduzible Polynom die Nullstellen auch die ganze zyklische Gruppe erzeugen (vgl. dazu das folgende Beispiel 5).

Bevor wir Teil *e)* in 3.3.5 beweisen, wollen wir noch zeigen wie man irreduzible Polynome von vorgegebenem Grad in $\mathbb{F}_p[X]$ finden kann.

Bemerkung   *Ist $f \in \mathbb{F}_p[X]$ irreduzibel mit $\deg f = n \geq 2$ und $q := p^n$, so ist f Teiler von*

$$g := X^{q-2} + X^{q-3} + \ldots + X + 1 \in \mathbb{F}_p[X] \,.$$

Insbesondere ist die Anzahl solcher normierter f beschränkt durch $(p^n - 2)/n$.

Beweis Sei $K \supset \mathbb{F}_p$ der Zerfällungskörper von f über $\mathbb{F}_p$ und

$$f = a(X - x_1) \cdot \ldots \cdot (X - x_n) \text{ in } K[X].$$

Für jedes i ist $[\mathbb{F}_p(x_i) : \mathbb{F}_p] = n$, also $\mathbb{F}(x_i) \cong \mathbb{F}_q$ nach Teil *b)* des Struktursatzes; aus Teil *a)* folgt $x_i^q = x_i$. Also sind alle x_i auch Nullstellen von

$$X^q - X = X \cdot (X - 1) \cdot g,$$

und somit Nullstellen von g, denn f ist irreduzibel. Da nach 3.3.3 alle Nullstellen von f einfach sind, ist f ein Teiler von g. ∎

3.3.5 Beispiele

Beispiel 1   Den Körper $\mathbb{F}_4$ hatten wir schon zu Beginn von 3.3.4 konstruiert als einfache Erweiterung $\mathbb{F}_4 = \mathbb{F}_2(x)$, wobei x eine Nullstelle von $X^2 + X + 1 \in \mathbb{F}_2[X]$ ist.

Beispiel 2   Der Körper $\mathbb{F}_8 = \mathbb{F}_{2^3}$ ist der Zerfällungskörper von

$$X^8 - X = X \cdot (X - 1) \cdot (X^6 + X^5 + \ldots + X + 1) = X \cdot (X - 1) \cdot f \cdot g \in \mathbb{F}_2[X] \quad \text{mit}$$

$$f := (X^3 + X + 1) \quad \text{und} \quad g := (X^3 + X^2 + 1).$$

f und g sind die einzigen in $\mathbb{F}_2[X]$ irreduziblen Polynome vom Grad 3. Man beachte, dass

$$X^6 + X^5 + \ldots + X + 1$$

nach Beispiel 4 aus 2.3.9 in $\mathbb{Z}[X]$ irreduzibel ist. In $\mathbb{F}_2[X]$ ist es, wie man sieht, reduzibel. Nun hat man zwei Möglichkeiten zur Beschreibung von $\mathbb{F}_8$:

$$\mathbb{F}_8 = \mathbb{F}_2[X]/(f) = \mathbb{F}_2(x) \qquad\qquad \mathbb{F}_8 = \mathbb{F}_2[X]/(g) = \mathbb{F}_2(y)$$

$$f(x) = 0, \text{ d.h. } x^3 = 1 + x \qquad\qquad g(y) = 0, \ y^3 = 1 + y^2$$

0	$(0,0,0)$	
$1 = 1$	$(1,0,0)$	
$x = x$	$(0,1,0)$	
$x^2 = x^2$	$(0,0,1)$	
$x^3 = 1 + x$	$(1,1,0)$	
$x^4 = x + x^2$	$(0,1,1)$	
$x^5 = 1 + x + x^2$	$(1,1,1)$	
$x^6 = 1 + x^2$	$(1,0,1)$	

0	$(0,0,0)$
$1 = 1$	$(1,0,0)$
$y = y$	$(0,1,0)$
$y^2 = y^2$	$(0,0,1)$
$y^3 = 1 + y^2$	$(1,0,1)$
$y^4 = 1 + y + y^2$	$(1,1,1)$
$y^5 = 1 + y$	$(1,1,0)$
$y^6 = y + y^2$	$(0,1,1)$

Man beachte, dass $\mathbb{F}_4$ kein Unterkörper von $\mathbb{F}_8$ ist, denn

$$\operatorname{ord} \mathbb{F}_4^\times = 3 \quad \text{und} \quad \operatorname{ord} \mathbb{F}_8^\times = 7.$$

Außerdem ist $X^2 + X + 1$ kein Teiler von f oder g.

Beispiel 3 Der Körper $\mathbb{F}_{16} = \mathbb{F}_{2^4}$ ist der Zerfällungskörper von

$$X^{16} - X = X(X-1)(X^2+X+1)f \cdot g \cdot h \quad \text{mit}$$

$$f = X^4 + X^3 + X^2 + X + 1 \,, \; g = X^4 + X^3 + 1 \,, \; h = X^4 + X + 1 \,.$$

Wir wählen die Beschreibung $\mathbb{F}_{16} = \mathbb{F}_2[X]/(h) = \mathbb{F}_2(x)$ mit $x^4 = 1 + x$.

0	$(0,0,0,0)$	$x^7 = 1+x \quad\;\; +x^3$	$(1,1,0,1)$
$1 = 1$	$(1,0,0,0)$	$x^8 = 1 \quad\;\; +x^2$	$(1,0,1,0)$
$x = \quad x$	$(0,1,0,0)$	$x^9 = \quad x \quad\;\; +x^3$	$(0,1,0,1)$
$x^2 = \quad\;\; x^2$	$(0,0,1,0)$	$x^{10} = 1+x+x^2$	$(1,1,1,0)$
$x^3 = \quad\;\;\;\; x^3$	$(0,0,0,1)$	$x^{11} = \quad x+x^2+x^3$	$(0,1,1,1)$
$x^4 = 1+x$	$(1,1,0,0)$	$x^{12} = 1+x+x^2+x^3$	$(1,1,1,1)$
$x^5 = \quad x+x^2$	$(0,1,1,0)$	$x^{13} = 1 \quad\;\; +x^2+x^3$	$(1,0,1,1)$
$x^6 = \quad\;\; x^2+x^3$	$(0,0,1,1)$	$x^{14} = 1 \quad\quad\;\; +x^3$	$(1,0,0,1)$

Wie man sieht, ist

$$\mathbb{F}_4 \cong \{0,1,x^5,x^{10}\} \subset \mathbb{F}_{16} \quad \text{und} \quad \mathbb{Z}_3 \cong \mathbb{F}_4^\times \subset \mathbb{F}_{16}^\times \cong \mathbb{Z}_{15} \,.$$

Beispiel 4 Um den Körper $\mathbb{F}_{256} = \mathbb{F}_{2^8}$ zu konstruieren benötigt man ein irreduzibles $f \in \mathbb{F}_2[X]$ vom Grad 8. Ein Beispiel dafür ist (vgl. [L-N])

$$f = X^8 + X^4 + X^3 + X + 1.$$

Das Rechnen mit den Bytes aus $\mathbb{F}_{256}$ ist für viele Anwendungen wichtig, zum Beispiel in der Codierungstherie. Dort müssen lineare Gleichungssysteme in $\mathbb{F}_{256}$ gelöst werden

Beispiel 5 Über dem Körper $\mathbb{F}_3 = \{0,1,2\} = \{0,1,-1\}$ gibt es nach Beispiel 6 aus 2.3.9 die irreduziblen quadratischen Polynome

$$f := X^2 + 1 \,, \; g := X^2 + X - 1 \quad \text{und} \quad h := X^2 - X - 1 \,.$$

Es ist in $\mathbb{F}_3[X]$

$$f \cdot g \cdot h = X^6 + X^4 + X^2 + 1 \quad \text{und} \quad X^9 - X = X \cdot (X-1) \cdot (X+1) \cdot f \cdot g \cdot h$$

Eine Nullstelle x von f erzeugt eine Untergruppe der Ordnung 4 von $\mathbb{F}_9^\times$, bestehend aus

$$x, \; x^2 = -1, \; x^3 = -x \text{ und } x^4 = 1.$$

Die Nullstellen y von g und z von h erzeugen dagegen ganz $\mathbb{F}_9^\times$.

Für y sieht das Ergebnis so aus:

$$
\begin{array}{l|c}
0 & (0,0) \\
1 = 1 & (1,0) \\
y = \quad y & (0,1) \\
y^2 = 1-y & (1,-1) \\
y^3 = -1-y & (-1,-1) \\
y^4 = -1 & (-1,0) \\
y^5 = \quad -y & (0,-1) \\
y^6 = -1+y & (-1,1) \\
y^7 = 1+y & (1,1)
\end{array}
$$

Die Addition in der multiplikativen Gruppe $\mathbb{F}_9^\times$ und die Multiplikation im Vektorraum $\mathbb{F}_3^2$ kann man wieder nach dem folgenden „Übersetzungsverfahren" durchführen:

$$y^2 + y^3 = (1,-1) + (-1,-1) = (0,1) = y \quad \text{und} \quad (1,-1) \cdot (-1,-1) = y^2 \cdot y^3 = y^5 = (0,-1).$$

Schließlich holen wir noch den *Beweis von Teil e)* des Struktursatzes nach. Wie wir schon an den Beispielen gesehen haben, ist $\mathbb{F}_4$ Unterkörper von $\mathbb{F}_{16}$, aber nicht von $\mathbb{F}_8$.

Wir vergleichen die Körper $\mathbb{F}_{p^m}$ und $\mathbb{F}_{p^n}$. Aus

$$\mathbb{F}_{p^m} \subset \mathbb{F}_{p^n} \quad \text{und} \quad [\mathbb{F}_{p^n} : \mathbb{F}_{p^m}] = d \text{ folgt } p^n = (p^m)^d = p^{m \cdot d}, \text{ also } m|n.$$

Ist umgekehrt $n = m \cdot d$ und $q = p^m$, also $p^n = q^d$, so genügt es nach Teil *a)* nachzuweisen, dass in $\mathbb{F}_p[X]$

$$X^{q-1} - 1 \text{ Teiler von } X^{q^d-1} - 1 \tag{$*$}$$

ist. Aus

$$q^d - 1 = (q-1)(q^{d-1} + q^{d-2} + ... + q + 1)$$

folgt, dass $q - 1$ Teiler von $q^d - 1$ ist. Ist weiter k Teiler von l in $\mathbb{N}$, etwa $l = k \cdot s$, so folgt $(*)$ aus

$$(X^l - 1) = (X^k - 1)(X^{k(s-1)} + X^{k(s-2)} + ... + X^k + 1).$$

■

Wie wir schon in Beispiel 5 gesehen haben, muss nicht jedes primitive Element von $\mathbb{F}_q$ die zyklische Gruppe $\mathbb{F}_q^\times$ erzeugen. Das ist aber der Fall, wenn ord $\mathbb{F}_q^\times$ eine Primzahl ist. Für $p = 2$ muss dann $2^n - 1$ eine Primzahl sein. Das ist eine bekannte Situation:

Bemerkung *Ist $2^n - 1$ Primzahl, so muss n eine Primzahl sein.*

Beweis Ist $n = r \cdot s$ eine nicht triviale Zerlegung, so folgt

$$(2^n - 1) = (2^r - 1)(2^{r(s-1)} + ... + 2^r + 1).$$

Da $1 < 2^r - 1 < 2^n - 1$, ist auch diese Zerlegung nicht trivial.

■

Die angegebene Bedingung ist nicht hinreichend, für eine Primzahl p muss $2^p - 1$ nicht prim sein, etwa

$$2^{11} - 1 = 2047 = 23 \cdot 89 \, .$$

Primzahlen der Form $2^p - 1$ heißen MERSENNE*sche Primzahlen*. Beispiele sind

$$2^2 - 1 = 3 \, , \; 2^3 - 1 = 7 \, , \; 2^5 - 1 = 31 \, , \; 2^7 - 1 = 127 \, , \; 2^{13} - 1 = 8\,191 \, , \dots \, .$$

3.3.6   Algebraischer Abschluss eines endlichen Körpers

Bei der Konstruktion eines allgemeinen algebraischen Abschlusses eines Körpers k muss man unübersehbar viele algebraische Erweiterungen vornehmen. Bei endlichen Körpern ist das viel einfacher.

Satz   *Sei k ein endlicher Körper mit $p := \mathrm{char}\,(k)$ und*

$$\overline{k} := \bigcup_{N=1}^{\infty} \mathbb{F}_{p^{N!}} \, .$$

Dann ist $\overline{k} \supset k$ ein algebraischer Abschluss.

Beweis Zunächst zeigen wir, dass $\overline{k}$ ein algebraischer Abschluss des Primkörpers $\mathbb{F}_p$ ist. Dazu sind folgende Schritte nötig:

1) $\overline{k}$ *ist ein Körper:* Dazu benutzen wir, dass nach Teil *e)* des Struktursatzes

$$\mathbb{F}_p \subset \mathbb{F}_{p^2} \subset \mathbb{F}_{p^6} \subset \dots \subset \mathbb{F}_{p^{N!}} \subset \mathbb{F}_{p^{(N+1)!}} \subset \dots$$

eine aufsteigende Körperkette ist. Für $a, b \in \overline{k}$ gibt es daher ein $N \in \mathbb{N}$, derart, dass $a, b \in \mathbb{F}_{p^{N!}}$. Also folgt

$$a + b, a \cdot b \in \mathbb{F}_{p^{N!}} \subset \overline{k} \, .$$

2)   *Die Erweiterung $\overline{k} \supset \mathbb{F}_p$ ist algebraisch:* Ist $a \in \overline{k}$, so folgt $a \in \mathbb{F}_{p^{N!}}$ für ein $N \in \mathbb{N}$, also ist a Nullstelle von $X^{p^{N!}} - X \in \mathbb{F}_p[X]$.

3) $\overline{k}$ *ist algebraisch abgeschlossen:* Ist $f = a_0 + a_1 X + \dots + a_n X^n \in \overline{k}[X]$, so gibt es dazu wieder ein $N \in \mathbb{N}$ mit $a_0, \dots, a_n \in \mathbb{F}_{p^{N!}}$, also ist $f \in \mathbb{F}_{p^{N!}}[X]$. Sei K der Zerfällungskörper von f und $r := [K : \mathbb{F}_{p^{N!}}]$. Nach den Teilen *a)* und *e)* des Struktursatzes ist

$$K \cong \mathbb{F}_{p^{r \cdot N!}} \, , \quad \text{also} \quad K \subset \mathbb{F}_{p^{(r \cdot N)!}} \subset \overline{k},$$

also hat f seine Nullstellen auch in $\overline{k}$.

Ist nun k ein beliebiger endlicher Körper mit $\mathrm{char}\,k = p$, so gibt es nach Teil *b)* des Struktursatzes ein $N \geq 1$ derart, dass $k \cong \mathbb{F}_{p^N}$ und nach Teil *e)* des Struktursatzes ist $\mathbb{F}_{p^N} \subset \mathbb{F}_{p^{N!}} \subset \overline{k}$. Somit ist $\overline{k}$ auch ein algebraischer Abschluss von k.   ■

3.3.7 Der Satz vom primitiven Element

In 3.1.3 hatten wir ein Element $a \in K \supset k$ primitiv genannt, wenn $K = k(a)$. Diese Bezeichnung stammt von STEINITZ [St], er gab auch einen Beweis für die Existenz primitiver Elemente unter gewissen Voraussetzungen. Wir behandeln hier zwei besonders einfache und wichtige Spezialfälle.

Satz vom primitiven Element *Gegeben sei ein Körper k, der endlich oder von Charakteristik Null ist. Dann gibt es zu jeder endlichen Erweiterung $K \supset k$ ein primitives Element.*

Beweis Ist k endlich, so folgt aus dem Struktursatz in 3.3.4, dass

$$k = \mathbb{F}_q \subset \mathbb{F}_{q^d} = K$$

mit $q = p^n$ für eine Primzahl p. Ist $x \in K$ Nullstelle eines irreduziblen Polynoms $f \in \mathbb{F}_p[X]$ vom Grad $n \cdot d$, so ist $K = \mathbb{F}_p(x)$, also auch $K = k(x)$.

Im Fall char $(k) = 0$ benutzen wir, dass es nach Lemma 1 aus 3.1.7 über k algebraische Elemente $a_1, ..., a_k \in K$ gibt, so dass

$$K = k(a_1, \dots, a_n) \,.$$

Wir behandeln zunächst den Fall $n = 2$ und schreiben $K = k(a,b)$. Gesucht ist ein Element $c \in K$ mit $K = k(c)$.

Wir betrachten die Minimalpolynome f und $g \in k[X]$ von a und b. Über einem Zerfällungskörper $K' \supset k$ von $f \cdot g$ ist

$$f = (X - a)(X - a_2) \cdot \dots \cdot (X - a_r) \in K'[X] \quad \text{und}$$
$$g = (X - b)(X - b_2) \cdot \dots \cdot (X - b_s) \in K'[X] \,.$$

Um ein geeignetes c zu finden, machen wir den Ansatz

$$c_\lambda := a + \lambda b \quad \text{mit} \quad \lambda \in k^\times \,.$$

Damit erhalten wir die Körperkette

$$k \subset L_\lambda := k(c_\lambda) \subset k(a,b) = K \subset K' \,.$$

Wir wollen zeigen, dass $L_\lambda = K$ für fast alle $\lambda \in k^\times$. Das führt zum Ziel, da k wegen der Voraussetzung char $(k) = 0$ unendlich ist.

Es genügt, $b \in L_\lambda$ zu zeigen, dann ist auch $a = c_\lambda - \lambda b \in L_\lambda$. Der klassische Trick dazu ist die Definition des Polynoms

$$h_\lambda(X) := f(c_\lambda - \lambda X) \in L_\lambda[X] \,.$$

h_λ hat mit g die gemeinsame Nullstelle b, denn $h_\lambda(b) = f(a) = 0$. Um zu verhindern, dass h_λ und g eine weitere gemeinsame Nullstelle haben, muss wegen $h_\lambda(b_j) = f(c_\lambda - \lambda b_j)$ die Bedingung

$$c_\lambda - \lambda b_j \neq a_i, \ \text{d.h.} \ \lambda \neq \frac{a_i - a}{b - b_j} \in K' \ \text{für } i = 2, \dots, r \ \text{und} \ j = 2, \dots, s \qquad (*)$$

erfüllt sein. Man beachte, dass $b - b_j \neq 0$, denn g besitzt als irreduzibles Polynom nach 3.3.2 nur einfache Nullstellen (hier haben wir wieder $\operatorname{char}(k) = 0$ verwendet).

Unter der Voraussetzung $(*)$ betrachten wir nun den größten gemeinsamen Teiler von g und h_λ, und zwar zunächst in $K'[X]$. Da b als Nullstelle eines irreduziblen Polynoms einfach ist, folgt

$$\operatorname{ggT}(g, h_\lambda) = (X - b) \in K'[X].$$

Nach der Regel aus 3.3.1 folgt $(X - b) \in L_\lambda[X]$, also $b \in L_\lambda$.

Damit ist der Fall $n = 2$ erledigt, der allgemeine Fall folgt durch Induktion. ∎

Zusatz *Wie der Beweis zeigt, gibt es ein primitives Element $c \in k(a_1, \ldots, a_n)$ von der Form*

$$c = a_1 + \lambda_2 a_2 + \ldots + \lambda_n a_n \quad mit \quad \lambda_2, \ldots, \lambda_n \in k.$$

∎

Von den zahlreichen Konsequenzen notieren wir ein für die Galois-Theorie wichtiges

Korollar *Sei $\operatorname{char}(k) = 0$ und $K \supset k$ Zerfällungskörper eines beliebigen Polynoms $f \in k[X]$. Dann ist $K \supset k$ auch Zerfällungskörper eines irreduziblen Polynoms $g \in k[X]$.*

Beweis Da die Erweiterung $K \supset k$ endlich ist, gibt es ein primitives Element $a \in K$, d.h. $K = k(a)$. Nach der Zerfällungseigenschaft aus 3.2.3 ist K auch Zerfällungskörper des Minimalpolynoms $g \in k[X]$ von a über k. ∎

In der klassischen Form von STEINITZ [St, §14] wird der Satz vom primitiven Element so ausgedrückt:

Satz[*] *Für eine Körpererweiterung $K \supset k$ sind folgende Bedingungen gleichwertig:*

i) $K \supset k$ ist einfach und algebraisch.

ii) In $K \supset k$ gibt es nur endlich viele verschiedene Zwischenkörper.

3.3.8   Beispiele

Beispiel 1   Für die Körpererweiterung

$$\mathbb{Q}(\sqrt{2}, \sqrt{3}) \supset \mathbb{Q}$$

hatten wir schon in Beispiel 4 aus 3.1.6 das primitive Element $c = \sqrt{2} + \sqrt{3}$ mit dem Minimalpolynom

$$X^4 - 10X^2 + 1$$

bestimmt. Andere primitive Elemente erhält man durch

$$c_\lambda = \sqrt{2} + \lambda\sqrt{3} \quad mit \quad \lambda \neq \frac{-\sqrt{2} - \sqrt{2}}{\sqrt{3} + \sqrt{3}} = -\sqrt{\frac{2}{3}} \notin \mathbb{Q}.$$

Also kann $\lambda \in \mathbb{Q}^\times$ beliebig gewählt werden.

Beispiel 2   Wir bestimmen die primitiven Elemente für die Erweiterung

$$K := \mathbb{Q}(a, \zeta) \supset \mathbb{Q} \quad \text{mit} \quad a = \sqrt[3]{2} \in \mathbb{R} \quad \text{und} \quad \zeta = \exp\left(\frac{2\pi i}{3}\right) \in \mathbb{C}.$$

(Beispiel 4 in 3.2.4). Die Minimalpolynome von a und ζ sind

$$f = X^3 - 2 = (X - a)(X - a\zeta)(X - a\zeta^2) \quad \text{und}$$

$$g = X^2 + X + 1 = (X - \zeta)(X - \zeta^2).$$

Im Ansatz $c_\lambda = a + \lambda\zeta$ ergeben sich für λ die Ausnahmen

$$\frac{a\zeta - a}{\zeta - \zeta^2} = -\frac{a}{\zeta} \quad \text{und} \quad \frac{a\zeta^2 - a}{\zeta - \zeta^2} = a \cdot (1 + \zeta).$$

Beide sind nicht reell, also liefert jedes $\lambda \in \mathbb{Q}^\times$ ein primitives Element c_λ.

Für $\lambda = 1$ erhalten wir das primitive Element

$$c := a + \zeta.$$

Um das Minimalpolynom von c zu bestimmen, benutzen wir

$$2 = a^3 = (c - \zeta)^3 \quad \text{und} \quad \zeta^2 + \zeta + 1 = 0.$$

Daraus folgt

$$\zeta = \frac{\alpha}{\beta} \quad \text{mit} \quad \alpha = c^3 - 3(c + 1) \quad \text{und} \quad \beta = 3c(c + 1), \text{also}$$

$$0 = \alpha^2 + \alpha\beta + \beta^2 = c^6 + 3c^5 + 6c^4 + 3c^3 + 9c + 9.$$

Daher ist $f := X^6 + 3X^5 + 6X^4 + 3X^3 + 9X + 9 \in \mathbb{Q}[X]$ das Minimalpolynom über $\mathbb{Q}$ des primitiven Elements $a + \zeta$.

Ein primitives Element etwas anderer Form ist

$$c := (\zeta + 2)a.$$

Um das zu begründen, berechnen wir unter Benutzung von $\zeta^2 + \zeta + 1 = 0$, dass

$$c^3 = (\zeta + 2)^3 \cdot 2 = 6 + 12\zeta.$$

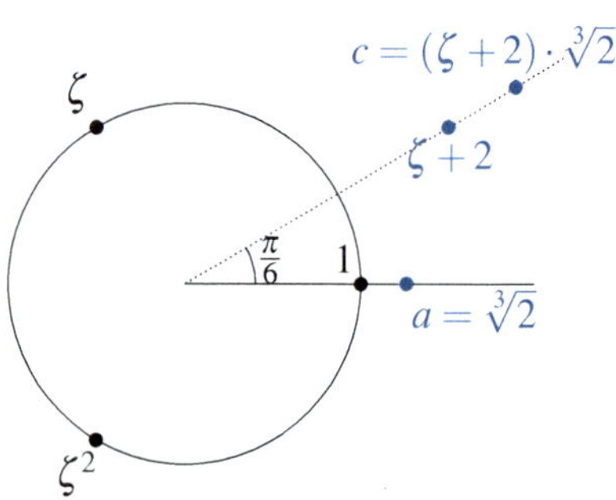

Daraus folgt $\zeta \in \mathbb{Q}(c)$ und $a \in \mathbb{Q}(c)$, denn

$$\zeta = \frac{1}{12}(c^3 - 6) \quad \text{und} \quad a = \frac{c}{\zeta + 2}.$$

Weiter findet man

$$c^6 = 6^2(1 + 2\zeta)^2 = 36 \cdot (-3) = -108.$$

Daher ist wegen $[\mathbb{Q}(c) : \mathbb{Q}] = 6$ das Minimalpolynom von c über $\mathbb{Q}$ gegeben durch

$$f_c := X^6 + 108.$$

3.3.9 Resultanten*

Sind Polynome $f, g \in k[X]$ gegeben, so stellt sich oft die Frage nach einem echten gemeinsamen Teiler in $k[X]$. Wie wir mit der Regel aus 3.3.1 gezeigt haben, ist dies gleichwertig zur Existenz mindestens einer gemeinsamen Nullstelle im Zerfällungskörper von $f \cdot g$. In $k[X]$ kann man die Frage mit dem Euklidischen Algorithmus entscheiden, indem man den größten gemeinsamen Teiler $d = \mathrm{ggT}(f, g) \in k[X]$ berechnet. Es gibt aber noch ein anderes klassisches Verfahren, dies direkt an den Koeffizienten von f und g durch Berechnung einer geeigneten Determinante abzulesen.

Gegeben seien ein Ring R (kommutativ mit 1) und in $R[X]$ Polynome

$$f = a_m X^m + \ldots + a_1 X + a_0 \quad \text{und} \quad g = b_n X^n + \ldots + b_1 X + b_0 \, .$$

Wir definieren im Fall $m \geq 1$ und $n \geq 1$ die **_Resultante von f und g_** durch

$$\mathrm{res}\,(f,g) := \det
\begin{pmatrix}
a_m & \ldots & a_0 & & & \\
 & \ddots & & \ddots & & \\
 & & a_m & \ldots & & a_0 \\
b_n & \ldots & b_0 & & & \\
 & \ddots & & \ddots & & \\
 & & b_n & \ldots & & b_0
\end{pmatrix}
\left.\begin{matrix} \\ \\ \\ \end{matrix}\right\} n \; \left.\begin{matrix} \\ \\ \\ \end{matrix}\right\} m
\;\; \in R$$

In dieser $(m+n) \times (m+n)$-Matrix stehen an den nicht markierten Stellen Nullen. Der Wert der Determinante ist ein Element von R.

Ist $a_0 = b_0 = 0$, so ist $\mathrm{res}\,(f,g) = 0$, und X ist ein gemeinsamer Teiler von f und g. Die Resultante kann aber auch andere gemeinsame Teiler von f und g erkennen. Der wichtigste Fall ist $a_m \neq 0$ und $b_n \neq 0$; es reicht jedoch die Voraussetzung, dass einer der höchsten Koeffizienten, etwa a_m, nicht verschwindet. Nach diesen Vorbemerkungen können wir die entscheidende Eigenschaft der Resultante formulieren:

Satz   *Ist R ein faktorieller Ring, so sind für Polynome*

$$f, g \in R[X] \quad \text{mit} \quad 1 \leq \deg f = m \quad \text{und} \quad 1 \leq \deg g \leq n$$

folgende Aussagen äquivalent:
i) $\mathrm{res}\,(f,g) = 0$.
ii) Es gibt $\varphi, \psi \in R[X]$ mit $0 \leq \deg \varphi < m$, $0 \leq \deg \psi < n$ und

$$\psi f + \varphi g = 0 \, .$$

iii) f und g haben in $R[X]$ einen nicht trivialen gemeinsamen Teiler, d.h. $\deg(\mathrm{ggT}(f,g)) \geq 1$.

Die wichtigste Aussage dabei ist *i)* $\Rightarrow$ *iii)*.

Beweis $i) \Longleftrightarrow ii)$ Wir verwenden den Quotientenkörper $K = Q(R)$ und den Vektorraum

$$V = \{h \in K[X] : \deg h \le m+n-1\}$$

mit der Basis $B = (X^{m+n-1}, \ldots, X^2, X, 1)$. Die Zeilen der Resultantenmatrix sind die Koeffizienten von

$$X^{n-1}f, \ldots, Xf, f, X^{m-1}g, \ldots, Xg, g \qquad (*)$$

in der Darstellung durch B.

Daher ist $\operatorname{res}(f,g) = 0$ gleichwertig mit der linearen Abhängigkeit der $m+n$ Vektoren $(*)$, d.h. der Existenz von

$$\lambda_{n-1}, \ldots, \lambda_0, \mu_{m-1}, \ldots, \mu_0 \in K \text{ , nicht alle gleich Null, mit}$$
$$\lambda_{n-1}X^{n-1}f + \ldots + \lambda_1 Xf + \lambda_0 f + \mu_{m-1}X^{m-1}g + \ldots + \mu_1 Xg + \mu_0 g = 0 \, .$$

Das bedeutet aber

$$\tilde{\psi}f + \tilde{\varphi}g = 0 \text{ mit}$$
$$\tilde{\psi} := \lambda_{n-1}X^{n-1} + \ldots + \lambda_0 \quad \text{und} \quad \tilde{\varphi} := \mu_{m-1}X^{m-1} + \ldots + \mu_0 \in K[X] \, .$$

Indem man mit einem Hauptnenner der Koeffizienten von $\tilde{\psi}$ und $\tilde{\varphi}$ multipliziert, erhält man

$$\psi f + \varphi g = 0 \text{ mit } \psi, \varphi \in R[X] \, , \, 0 \le \deg \psi \le n-1 \, , \, 0 \le \deg \varphi \le m-1 \, .$$

Es sei bemerkt, dass in diesem Teil des Satzes R nur Integritätsring sein muss.

$iii) \Rightarrow ii)$ ist einfach. Ist $f = d\varphi$ und $g = d\psi$ mit $d \in R[X]$ und $\deg d \ge 1$, so ist

$$\psi f = \psi d\varphi \quad \text{und} \quad \varphi g = \varphi d\psi, \quad \text{also} \quad \psi f = \varphi g \, , \, \deg \psi < \deg g \, , \, \deg \varphi < \deg f \, .$$

$ii) \Rightarrow iii)$ Dies ist die entscheidende Aussage; hierfür benötigt man die Voraussetzung, dass R faktoriell ist. Dann ist nach dem Satz von GAUSS aus 2.3.7 auch $R[X]$ faktoriell, wir können also beide Seiten der Gleichung $\psi f = -\varphi g$ in Primfaktoren zerlegen:

$$\psi_1 \cdot \ldots \cdot \psi_k \cdot f_1 \cdot \ldots \cdot f_r = \varphi_1 \cdot \ldots \cdot \varphi_l \cdot g_1 \cdot \ldots \cdot g_s \, .$$

Bis auf Einheiten müssen alle Faktoren $f_1, \ldots, f_r$ auch auf der rechten Seite erscheinen. Da $\deg \varphi < m = \deg f$, gibt es mindestens ein Paar i, j mit $f_i \sim g_j$; das ist ein nicht trivialer gemeinsamer Teiler. ∎

Der Vorteil der Resultante gegenüber dem Euklidischen Algorithmus besteht zunächst darin, dass man den größten gemeinsamen Teiler von f und g nicht ausrechnen muss, wenn man nur wissen will, ob er trivial ist oder nicht. Viel wichtiger ist es, dass dies durch die Resultante als ein Polynom in den Koeffizienten von f und g entschieden werden kann. Ist etwa $R = \mathbb{C}$, so sind f und g durch

$$(a_m, \ldots, a_0, b_n, \ldots, b_0) \in \mathbb{C}^{m+1} \times \mathbb{C}^{n+1} = \mathbb{C}^{m+n+2}$$

bestimmt, und die Paare (f, g) von nicht teilerfremden Polynomen werden in $\mathbb{C}^{m+n+2}$ durch die Nullstellen des Resultanten-Polynoms beschrieben. Insbesondere ist eine Polynomfunktion stetig; also folgt, dass teilerfremde Polynome bei genügend kleinen Veränderungen der Koeffizienten teilerfremd bleiben.

Um das Geheimnis der Resultante von f und g zu lüften, muss man in den Zerfällungskörper $\tilde{K} \supset K = Q(R)$ von $f \cdot g$ gehen. Ist $\deg f = m$ und $\deg g = n$, so folgt für $a, b \in K$, dass

$$\mathrm{res}(af, bg) = a^n b^m \cdot \mathrm{res}(f, g).$$

Also können wir zur Vereinfachung annehmen, dass f und g normiert sind.

Theorem *Im Zerfällungskörper $\tilde{K}$ von $f \cdot g$ sei*

$$f = X^m + a_{m-1}X^{m-1} + \ldots + a_0 = (X - x_1) \cdot \ldots \cdot (X - x_m) \quad \textit{und}$$
$$g = X^n + b_{n-1}X^{n-1} + \ldots + b_0 = (X - y_1) \cdot \ldots \cdot (X - y_n),$$

wobei $m, n \geq 1$. Dann gilt:

$$a) \ \ \mathrm{res}(f, g) = g(x_1) \cdot \ldots \cdot g(x_m)$$
$$b) \ \ \mathrm{res}(f, g) = \prod_{\substack{1 \leq i \leq m \\ 1 \leq j \leq n}} (x_i - y_j).$$

Aus beiden Gleichungen $a)$ und $b)$ wird offensichtlich, wieso die Resultante gemeinsame Nullstellen von f und g in $\tilde{K}$ schon im Ring R erkennen kann.

Beweis Gleichung $b)$ folgt sofort aus $a)$, denn

$$g(x_i) = (x_i - y_1) \cdot \ldots \cdot (x_i - y_n).$$

Den Nachweis von Gleichung $a)$ führen wir entsprechend [Ke, 14]. Dabei werden wie üblich die Nullstellen $x_1, \ldots, x_m$ von f durch Unbestimmte $X_1, \ldots, X_m$ ersetzt. Zu g nimmt man eine Unbestimmte Y hinzu. Insgesamt verwendet man den Körper rationaler Funktionen

$$L = \tilde{K}(X_1, \ldots, X_m, Y).$$

Damit erhält man die neuen Polynome

$$F := (X - X_1) \cdot \ldots \cdot (X - X_m) = X^m + A_{m-1}X^{m-1} + \ldots + A_0 \in L[X] \quad \text{und}$$
$$G := g - Y = X^n + b_{n-1}X^{n-1} + \ldots + (b_0 - Y) \in L[X].$$

Nun betrachtet man die Resultante

$$H := \mathrm{res}(F,G) = \det \begin{pmatrix} 1 & A_{m-1}\dots & A_0 & & & & \\ & \ddots & & & & \ddots & \\ & & 1 & A_{m-1} & \dots & & A_0 \\ 1 & b_{n-1} & \dots & b_0-Y & & & \\ & \ddots & & & & \ddots & \\ & & 1 & b_{n-1} & \dots & b_0-Y & \end{pmatrix} \left.\begin{matrix} \\ \\ \end{matrix}\right\}n \quad \in L. \\ \left.\begin{matrix} \\ \\ \end{matrix}\right\}m$$

Wie man an der Matrix erkennt, ist

$$H \in \tilde{K}(X_1,\dots,X_m)[Y] \subset L$$

ein Polynom in Y vom Grad m mit dem höchsten Koeffzienten $(-1)^m$, denn es gilt

$$(b_0-Y)^m = (-Y)^m + \dots \,.$$

Nun ist X_i für $i = 1,\dots,m$ eine gemeinsame Nullstelle von F und von $g - g(X_i)$, denn

$$(g - g(X_i))(X_i) = g(X_i) - g(X_i).$$

Nach den Eigenschaften der Resultante folgt

$$H(g(X_i)) = 0.$$

Da $\deg H = m \geq 1$, sind die Werte $g(X_1),\dots,g(X_m)$ paarweise verschieden. An dieser Stelle wird entscheidend benutzt, dass die X_i Unbestimmte und damit paarweise verschieden sind; für die x_i und erst recht für die $g(x_i)$ muss das nicht der Fall sein. Daraus ergibt sich, dass

$$H = (-1)^m \prod_{i=1}^{m}(Y - g(X_i)).$$

Schließlich ist

$$H(0) = (-1)^m \prod_{i=1}^{m}(-g(X_i)) = \prod_{i=1}^{m} g(X_i).$$

Beendet man diesen abenteuerliche Höhenflug wieder durch Einsetzten von $x_i \in \tilde{K}$ für $X_i \in L$, so erhält man

$$\prod_{i=1}^{m} g(x_i) = \mathrm{res}(f, g-0) = \mathrm{res}(f,g).$$

3.3.10 Diskriminanten*

In 3.3.1 hatten wir für ein Polynom $f \in k[X]$ zum Nachweis mehrfacher Nullstellen in seinem Zerfällungskörper $K \supset k$ die formale Ableitung benutzt und gezeigt, dass dafür die Existenz eines gemeinsamen Teilers g von f und f' mit $\deg g \geq 1$ notwendig und hinreichend ist. Das kann aber die zuständige Resultante $\mathrm{res}\,(f, f')$ entscheiden:

$$\mathrm{dis}\,(f) := \mathrm{res}\,(f, f') \in k$$

nennt man die *Diskriminante* von f. Aus dem Satz über die Resultante erhält man sofort das

Korollar *Sei k ein Körper, $f \in k[X]$ und $K \supset k$ der Zerfällungskörper von f. Dann gilt*

f hat mindestens eine mehrfache Nullstelle in K $\Leftrightarrow$ $\mathrm{dis}\,(f) = 0$ in k. ∎

Man kann sich also die Berechnung des größten gemeinsamen Teilers von f und f' ersparen, wenn man nur wissen will, ob er den Grad 0 hat oder nicht. Dazu reicht die Berechnung einer Determinante, nämlich $\mathrm{res}\,(f, f')$, die durch die Koeffizienten von f bestimmt ist. Im Fall $\mathrm{dis}\,(f) = 0$ erhält man jedoch keinen Hinweis auf die Werte mehrfacher Nullstellen.

Ebenso wie das Geheimnis der Resultante kann man das der Diskriminante im Zerfällungskörper lüften:

Lemma *Ist $f = (X - x_1) \cdot \ldots \cdot (X - x_n) \in K[X]$ mit $n \geq 1$, so gilt*

$$\mathrm{dis}\,(f) = f'(x_1) \cdot \ldots \cdot f'(x_n) = \prod_{i \neq j}(x_i - x_j) = (-1)^{\binom{n}{2}} \prod_{i < j}(x_i - x_j)^2 \,.$$

Beweis Die erste Gleichung folgt sofort aus dem Theorem in 3.3.9. Zur zweiten Gleichung differenzieren wir nach der Produktregel aus 3.3.1:

$$f' = \sum_{j=1}^{n} (X - x_1) \cdot \ldots \cdot (X - x_{j-1}) \cdot (X - x_{j+1}) \cdot \ldots \cdot (X - x_n) \,, \text{ also}$$

$$f'(x_i) = (x_i - x_1) \cdot \ldots \cdot (x_i - x_{i-1})(x_i - x_{i+1}) \cdot \ldots \cdot (x_i - x_n) \,.$$

Multipliziert man diese n Produkte mit jeweils $n - 1$ Faktoren, so erhält man das in der zweiten Gleichung angegebene Produkt mit $n(n - 1)$ Faktoren. Dabei ist für $i < j$

$$(x_j - x_i)(x_i - x_j) = -(x_i - x_j)^2 \,.$$

Durch $\binom{n}{2} = \frac{n(n-1)}{2}$ Vorzeichenwechsel erhält man die dritte Gleichung. ∎

In manchen Fällen ist auch das Vorzeichen der Diskriminante von Interesse. Dann ist es üblich, statt $\mathrm{dis}\,(f)$ die modifizierte *Diskriminante*

$$\Delta(f) := \prod_{i < j}(x_i - x_j)^2 = (-1)^{\binom{n}{2}}\mathrm{dis}\,(f) \quad \text{mit} \quad n := \deg f$$

zu verwenden.

Zur Bestimmung der Diskriminante muss man eine $(2n-1)$-reihige Determinante ausrechnen. Das ist umso einfacher, je mehr Koeffizienten des gegebenen Polynoms verschwinden. Zu diesem (und nicht nur diesem) Zweck ist es nützlich, eine lineare Transformation anzuwenden (benannt nach Walther Graf von TSCHIRNHAUS, der schon um 1700 versuchte, auch alle anderen Koeffizienten außer a_n und a_0 wegzutransformieren).

Lemma   *Sei k ein Körper mit* $\mathrm{char}(k) = 0$ *und*

$$f := X^n + a_{n-1}X^{n-1} + \ldots + a_0 \in k[X]\,.$$

Setzt man $Y := X + \frac{a_{n-1}}{n}$, so ist

$$g(Y) := f(Y - \frac{a_{n-1}}{n}) = Y^n + b_{n-2}Y^{n-2} + \ldots + b_1 Y + b_0\,.$$

Insbesondere ist g genau dann irreduzibel, wenn f irreduzibel ist.

Die Substitution $X = Y - \frac{a_{n-1}}{n}$ heißt **TSCHIRNHAUS-*Transformation***.

Im Zerfällungskörper von f und damit auch g hat man die Nullstellen $x_1, \ldots, x_n$ von f und $y_1, \ldots, y_n$ von g mit $a_{n-1} = -(x_1 + \ldots + x_n)$ und $b_{n-1} = -(y_1 + \ldots + y_n) = 0$ (vgl. 3.4.1). Durch die TSCHIRNHAUS-Transformation $Y = X + \frac{a_{n-1}}{n}$ wird also der Mittelwert

$$-\frac{a_{n-1}}{n} = \frac{1}{n}(x_1 + \ldots + x_n)$$

der Nullstellen von f in den Nullpunkt verschoben. Will man durch weitere Transformationen noch andere Koeffizienten verschwinden lassen, so muss man dazu Gleichungen von höherem Grad lösen (vgl. etwa [We$_1$, Band I).

Beweis Es genügt die einfache Rechnung

$$g(Y) = \left(Y - \frac{a_{n-1}}{n}\right)^n + a_{n-1}\left(Y - \frac{a_{n-1}}{n}\right)^{n-1} + \ldots$$
$$= Y^n - n\frac{a_{n-1}}{n}Y^{n-1} + \ldots + a_{n-1}Y^{n-1} + \ldots = Y^n + b_{n-2}Y^{n-2} + \ldots\,.$$

Nach dem Lemma aus 2.1.6 ist die Abbildung

$$k[X] \to k[Y]\,,\quad f \mapsto f\left(Y - \frac{a_{n-1}}{n}\right)\,,$$

ein Isomorphismus. Also bleibt die Irreduzibilität unberührt.   ∎

3.3.11   Beispiele*

Beispiel 1   Für $f = X - a$ und $g = b_n X^n + \ldots + b_1 X + b_0$ kann man die Gleichung

$$\operatorname{res}(X - a, g) = g(a).$$

aus dem Theorem in 3.3.9 ganz einfach durch Entwicklung der Determinante nach der letzten Zeile nachrechnen:

$$
\operatorname{res}(X - a, g) =
\begin{vmatrix}
1 & -a & & & \\
 & 1 & -a & & \\
 & & \ddots & \ddots & \\
 & & & 1 & -a \\
b_n & \ldots & & b_1 & b_0
\end{vmatrix}
$$

$$
= (-1)^{n+2} b_n (-a)^n + (-1)^{n+3} b_{n-1}(-a)^{n-1} + \ldots + (-1)^{2n+2} b_0
$$

$$
= b_n a^n + b_{n-1} a^{n-1} + \ldots + b_0 = g(a).
$$

Beispiel 2   In 3.1.7 haben wir gezeigt, dass für zwei Elemente $a, b \in K \supset k$, die über k algebraisch sind, auch $a + b \in K$ algebraisch über K ist, ohne ein Polynom $h \in k[X]$ mit $h(a + b) = 0$ angegeben zu haben. Wir behaupten nun Folgendes:

Sind $f, g \in k[X]$ mit $f(a) = g(b) = 0$, und ist mit einer weiteren Unbestimmten Y

$$h := \operatorname{res}(f(Y), g(X - Y)) \in k[X],$$

so folgt $h(a + b) = 0$.

Man beachte dabei, dass die Resultante im Polynomring $R[Y]$ mit $R = k[X]$ gebildet wird. Wir können im Zerfällungskörper K' von $f \cdot g$ rechnen. Sind f und g normiert, so ist

$$f = (X - a_1) \cdot \ldots \cdot (X - a_m) \quad \text{und} \quad g = (X - b_1) \cdot \ldots \cdot (X - b_n)$$

mit $a = a_1, \ldots, a_m,\ b = b_1, \ldots, b_n \in K'$. Nun ist

$$g(X - Y) - \prod_{j=1}^{n}(X - Y - b_j) = (-1)^n \prod_{j=1}^{n}(Y - (X - b_j)), \text{ also}$$

$$\operatorname{res}(f(Y), g(X - Y)) = (-1)^{m \cdot n} \prod_{i,j}(a_i - (X - b_j)) = \prod_{i,j}(X - (a_i + b_j)).$$

Setzt man $X = a + b$, so folgt $h(a + b) = 0$.

Ist etwa $k = \mathbb{Q}$, $a = \sqrt{2}$, $b = \sqrt{3}$, $f = X^2 - 2$ und $g = X^2 - 3$, so wird

$$g(X - Y) = Y^2 - 2XY + (X^2 - 3), \text{ und}$$

$$
h =
\begin{vmatrix}
1 & 0 & -2 & 0 \\
0 & 1 & 0 & -2 \\
1 & -2X & X^2 - 3 & 0 \\
0 & 1 & -2X & X^2 - 3
\end{vmatrix}
= X^4 - 10X^2 + 1
$$

ist das Minimalpolynom von $\sqrt{2} + \sqrt{3}$ (vgl. Beispiel 4 in 3.1.6).

Beispiel 3   Für das allgemeine quadratische Polynom $f \in \mathbb{R}[X]$ mit

$$f = X^2 + pX + q \quad \text{und} \quad f' = 2X + p \quad \text{ist}$$

$$\operatorname{dis}(f) = \operatorname{res}(f, f') = \begin{vmatrix} 1 & p & q \\ 2 & p & 0 \\ 0 & 2 & p \end{vmatrix} = 4q - p^2\,,$$

also $\Delta(f) = (-1)^1 \operatorname{dis}(f) = p^2 - 4q$. Nach der guten alten „$(p,q)$-Formel"

$$x_{1,2} = \frac{-p \pm \sqrt{p^2 - 4q}}{2}$$

hat f

- *zwei verschiedene reelle Nullstellen* $\Leftrightarrow$ $\Delta(f) > 0$,
- *eine doppelte reelle Nullstelle* $\Leftrightarrow$ $\Delta(f) = 0$,
- *keine reelle Nullstelle* $\Leftrightarrow$ $\Delta(f) < 0$.

Mit der TSCHIRNHAUS-Transformation $Y = X + \frac{p}{2}$ erhält man

$$f(X) = f(Y - \frac{p}{2}) = Y^2 - \frac{p^2}{4} + q\,, \text{ also } y_{1,2} = \pm\frac{1}{2}\sqrt{p^2 - 4q} = \pm\frac{1}{2}\sqrt{\Delta(f)}\,.$$

Betrachtet man die Koeffizienten (p,q) als Punkte der Ebene $\mathbb{R}^2$, so liegen die Nullstellen von f in der Fläche

$$F = \{(p,q,y) \in \mathbb{R}^3 : y^2 - \frac{p^2}{4} + q = 0\}$$

darüber. F ist offensichtlich ein hyperbolisches Paraboloid.

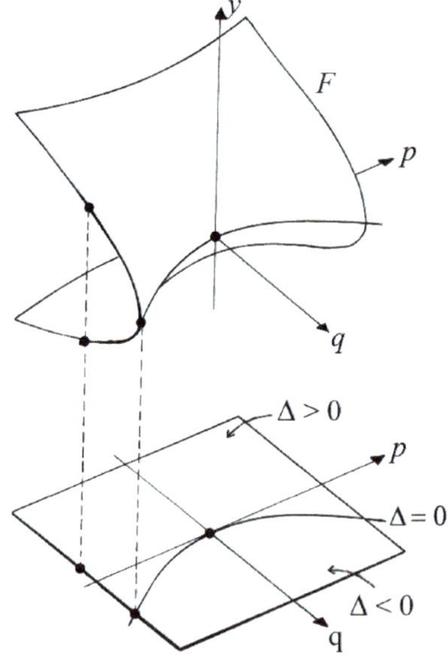

Beispiel 4   Aus dem allgemeinen kubischen Polynom

$$f = X^3 + aX^2 + bX + c \quad \text{und} \quad X = Y - \tfrac{a}{3} \quad \text{wird}$$

$$g = Y^3 + pY + q \quad \text{mit} \quad p = b - \tfrac{a}{3} \quad \text{und} \quad q = \tfrac{2}{27}a^3 - \tfrac{1}{3}ab + c\,,$$

$$g' = 3Y^2 + p\,.$$

Die Berechnung der Diskriminante ergibt

$$\mathrm{dis}\,(g) \;=\; \begin{vmatrix} 1 & 0 & p & q & 0 \\ 0 & 1 & 0 & p & q \\ 3 & 0 & p & 0 & 0 \\ 0 & 3 & 0 & p & 0 \\ 0 & 0 & 3 & 0 & p \end{vmatrix} \;=\; \begin{vmatrix} 1 & 0 & p & q & 0 \\ 0 & 1 & 0 & p & q \\ 0 & 0 & -2p & -3q & 0 \\ 0 & 0 & 0 & -2p & -3q \\ 0 & 0 & 3 & 0 & p \end{vmatrix}$$

$$=\; 4p^3 + 27q^2\,, \quad \text{also} \quad \Delta(g) = -(4p^3 + 27q^2)\,.$$

In 3.5.2 werden wir die Formeln von Cardano zur Berechnung der Nullstellen angeben. Danach hat g

- *drei verschiedene reelle Nullstellen* $\quad\Leftrightarrow\ \Delta(g) > 0\,,$
- *eine einzige reelle Nullstelle* $\quad\Leftrightarrow\ \Delta(g) < 0$
- *eine einfache und eine*
  doppelte reelle Nullstelle $\quad\Leftrightarrow\ \Delta(g) = 0 \text{ und } (p,q) \neq (0,0)$
- *eine dreifache Nullstelle* $\quad\Leftrightarrow\ p = q = 0\,.$

Die entsprechende Fläche

$$F = \{(p,q,y) \in \mathbb{R}^3 : y^3 + py + q = 0\}$$

hat die Gestalt einer Tuchfalte und wird auch **Cayleysche Kubik** genannt. Die durch die Diskriminante beschriebene Kurve

$$\{(p,q) \in \mathbb{R}^2 : 4p^3 + 27q^2 = 0\}$$

heißt **Neilsche Parabel**.

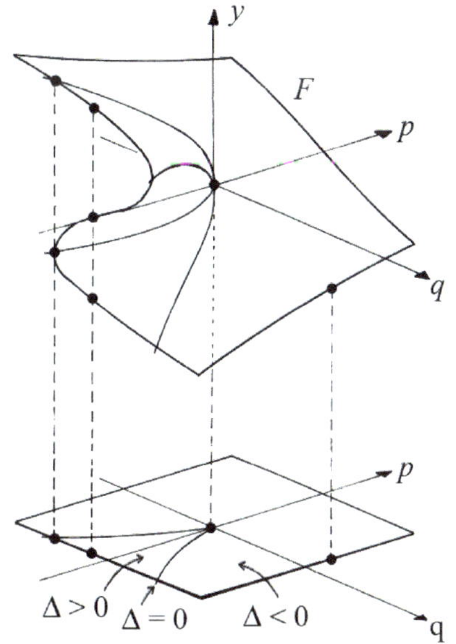

Da die TSCHIRNHAUS-Transformation nur eine Translation der Nullstellen bewirkt, ist

$$\Delta(f) = \Delta(g),$$

also

$$\Delta(g) = -(4p^3 + 27q^2)$$
$$= a^2 b^2 - 4a^3 c - 4b^3 + 18abc - 27c^2 = \Delta(f) \,.$$

Setzt man allgemeiner
$$f = a_0 X^3 + a_1 X^2 + a_2 X + a_3 \,, \quad \text{so wird}$$
$$\Delta(f) = a_1^2 a_2^2 - 4 a_1^3 a_3 - 4 a_0 a_2^3 + 18 a_0 a_1 a_2 a_3 - 27 a_0^2 a_3^2 \,.$$

Daran sieht man, dass $\Delta(f)$ ein homogenes Polynom vom Grad 4 in den Koeffizienten und vom Grad 6 in den Nullstellen von f ist.

Beispiel 5   Für höhere Grade eines Polynoms f wird die Bestimmung der Diskriminante im Allgemeinen mühsam, schon für deg $f = 4$ hat man eine 7-reihige Determinante auszurechnen. Noch recht einfach geht es für das spezielle

$$f = X^4 + qX + r \in k[X] \quad \text{mit} \quad f' = 4X^3 + q \,.$$

$$\mathrm{dis}(f) = \begin{vmatrix} 1 & 0 & 0 & q & r & & \\ & 1 & 0 & 0 & q & r & \\ & & 1 & 0 & 0 & q & r \\ 4 & 0 & 0 & q & & & \\ & 4 & 0 & 0 & q & & \\ & & 4 & 0 & 0 & q & \\ & & & 4 & 0 & 0 & q \end{vmatrix} = 256r^2 - 27q^3$$

und $\Delta(f) = (-1)^6 \mathrm{dis}(f) = \mathrm{dis}(f)$.

Insbesondere sieht man, dass $\Delta(X^4 - 1) = 256 = 2^8$. Daher sind für char$(k) \neq 2$ alle 4-ten Einheitswurzeln verschieden, für char$(k) = 2$ ist

$$X^4 - 1 = X^4 + 1 = (X + 1)^4 \,.$$

In $\mathbb{F}_3[X]$ ist $\Delta(X^4 - 1) = 1$, in $\mathbb{F}_9$ hat $X^4 - 1$ nach Beispiel 5 aus 3.3.5 die vier verschiedenen Nullstellen

$$1 \,, \; -1 \,, \; x \,, \; -x \quad \text{wobei} \quad x^2 + 1 = 0 \,.$$

3.4 Galois-Theorie

Ausgangspunkt der Galois-Theorie ist die Frage der klassischen Algebra nach der Lösbarkeit von Polynomgleichungen durch „Radikale", d.h. Formeln für die Nullstellen von Polynomen mit geschachtelten Wurzeln. Solche Formeln waren für Polynome vom Grad kleiner als 5 schon seit dem 16. Jahrhundert bekannt und wurden z.B. für die Polynome $X^p - 1$ mit einer Primzahl p von GAUSS angegeben (vgl. 3.5.14). Nach vielen vergeblichen Versuchen, solche Formeln für allgemeine Polynome zu finden, veröffentlichte NIELS HENRIK ABEL nach Vorarbeiten von PAOLO RUFFINI im Jahr 1826 den ersten Beweis für die Unmöglichkeit. Wie zuvor RUFFINI untersuchte er dabei „zulässige" Permutationen der Nullstellen. Dabei erkannte er die Bedeutung der Bedingung, dass zwei Permutationen vertauschbar sind, was später zum Begriff „abelsch" für allgemeine Gruppen führte.

Diesen Ansatz hat ÉVARISTE GALOIS konsequent weiter verfolgt, in einer genialen Arbeit, die er 1831 im Alter von 20 Jahren verfasst hat. Wegen ihrer skizzenhaften Form wurde sie aber damals nicht verstanden und auch nicht zur Veröffentlichung angenommenen. GALOIS ordnete in dieser Arbeit jedem Polynom eine Gruppe von Permutationen der Nullstellen zu und zeigte, wie man die Lösbarkeit der Polynomgleichung mit der „Struktur" dieser Gruppe in Verbindung bringen kann. Um das in allen Details verstehen zu können, muss sich der Leser bis zum Abschnitt 3.5.10 durcharbeiten.

Das Problem der Lösbarkeit durch Radikale ist aus heutiger Sicht nicht mehr von großer Bedeutung, man kann die Nullstellen beliebig genau approximativ berechnen. Aber die Methode von GALOIS kann als Keimzelle der „modernen" Algebra, als einer Theorie algebraischer Strukturen angesehen werden. Auch wegen ihrer Eleganz ist die Galois-Theorie noch immer Höhepunkt einer einführenden Vorlesung über Algebra.

An ausführlichen Darstellungen der Galois-Theorie ist lange gefeilt worden. Ein erster Markstein ist die Arbeit von HEINRICH WEBER [We₂] aus dem Jahr 1893. Darin werden insbesondere zu Beginn die Begriffe Gruppe und Körper präzise erklärt. Weiterer hervorzuheben ist das elegant und elementar geschriebene Büchlein von EMIL ARTIN [ArE], das aus einer Vorlesung im Jahr 1948 entstanden ist.

Wir beginnen mit einer weiteren Vorbereitung über Polynomringe, die auf GAUSS zurückgeht.

3.4.1 Symmetrische Polynome

Hat man einen Körper k und ein Polynom

$$f = X^n + a_{n-1}X^{n-1} + \ldots + a_1X + a_0 \in k[X]$$

das in $k[X]$ in Linearfaktoren zerfällt, so ist

$$f = (X - x_1) \cdot \ldots \cdot (X - x_n) \quad \text{mit} \quad x_1, \ldots, x_n \in k \, .$$

Die Koeffizienten $a_0, \ldots, a_{n-1}$ kann man ganz einfach aus den Nullstellen ausrechnen:

$$
\begin{aligned}
a_0 &= (-1)^n x_1 \cdot \ldots \cdot x_n \\
a_1 &= (-1)^{n-1}(x_2 \cdot x_3 \cdot \ldots \cdot x_n + x_1 \cdot x_3 \cdot \ldots \cdot x_n + \ldots + x_1 \cdot \ldots \cdot x_{n-1}) \\
&\ \ \vdots \\
a_{n-1} &= -(x_1 + \ldots + x_n) .
\end{aligned}
$$

Diese schon vor 1600 gefundenen Formeln bezeichnet man in der klassischen Literatur als *Wurzelsatz von* VIETA. An dem umgekehrten Problem, Formeln für die Nullstellen aus den Koeffizienten zu finden, hat man sich die Zähne ausgebissen (vgl. dazu 3.5).

Offensichtlich sind die Koeffizienten nicht von der Reihenfolge der Nullstellen abhängig, d.h. sie bleiben bei einer Permutation der Nullstellen unverändert. Daher nennt man die Polynomfunktionen im Wurzelsatz „symmetrisch".

Anstelle der Polynomfunktionen behandeln wir lieber Polynome, den Körper können wir durch einen kommutativen Ring R mit 1 ersetzen.

Für $r = 0, \ldots, n$ betrachten wir die *elementarsymmetrischen Polynome*

$$
s_r := \sum_{1 \leq i_1 < \ldots < i_r \leq n} X_{i_1} \cdot \ldots \cdot X_{i_r} \in R[X_1, \ldots, X_n] .
$$

Nach Definition ist s_r eine Summe von $\binom{n}{r}$ primitiven Monomen, man setzt $s_0 := 1$. Offensichtlich ist s_r homogen vom Grad r (2.1.10) und der Wurzelsatz von VIETA ergibt sich, indem man die Nullstellen einsetzt:

$$
a_i = (-1)^{n-i} s_{n-i}(x_1, \ldots, x_n) \quad \text{für} \quad i = 0, \ldots, n .
$$

Allgemein nennt man ein Polynom $f \in R[X_1, \ldots, X_n]$ *symmetrisch*, wenn es für jede Permutation $\sigma \in \mathcal{S}_n$ bei der Substitution $X_{\sigma(i)}$ für X_i unverändert bleibt, also

$$
f(X_{\sigma(1)}, \ldots, X_{\sigma(n)}) = f(X_1, \ldots, X_n) .
$$

Dass die elementarsymmetrischen Polynome symmetrisch sind, sieht man im Polynomring $(R[X_1, \ldots, X_n])[X]$, denn

$$
(X - X_1) \cdot \ldots \cdot (X - X_n) = s_0 X^n - s_1 X^{n-1} + \ldots + (-1)^{n-1} s_{n-1} X + (-1)^n s_n .
$$

Von einem etwas abstrakteren Standpunkt aus betrachtet man für jede Permutation $\sigma \in \mathcal{S}_n$ den Endomorphismus

$$
\varphi_\sigma : R[X_1, \ldots, X_n] \to R[X_1, \ldots, X_n] , \ X_i \mapsto X_{\sigma(i)} , \ f \mapsto f^\sigma .
$$

Dann ist $f \in R[X_1, \ldots, X_n]$ genau dann symmetrisch, wenn $f^\sigma = f$ für alle $\sigma \in \mathcal{S}_n$. Daraus folgt sofort, dass

$$
R[X_1, \ldots, X_n]_{\text{sym}} := \{ f \in R[X_1, \ldots, X_n] : f^\sigma = f \text{ für alle } \sigma \in \mathcal{S}_n \} \subset R[X_1, \ldots, X_n]
$$

ein Unterring ist. Wählt man weitere Unbestimmte $S_1, \ldots, S_n$, so hat man nach der universellen Eigenschaft der Polynomringe einen Homomorphismus

$$\Phi : R[S_1, \ldots, S_n] \to R[X_1, \ldots, X_n] \, , \; S_i \mapsto s_i(X_1, \ldots, X_n)$$

und $\operatorname{Im} \Phi \subset R[X_1, \ldots, X_n]_{\mathrm{sym}}$, denn die Polynome $s_1, \ldots s_n$ sind symmetrisch.

Das zentrale Ergebnis ist der erst in 3.5.11 benötigte

Hauptsatz über symmetrische Polynome[*]   *Ist R ein kommutativer Ring mit* 1, *so ist die Abbildung*

$$\Phi : R[S_1, \ldots, S_n] \to R[X_1, \ldots, X_n]_{sym}$$

ein Isomorphismus von Ringen.

Anders ausgedrückt:
Zu jedem symmetrischen $f \in R[X_1, \ldots, X_n]$ gibt es genau ein $g \in R[S_1, \ldots, S_n]$ mit $f = \Phi(g)$, d.h. $f = g(s_1, \ldots, s_n)$.
Oder noch direkter:
Jedes symmetrische Polynom ist in eindeutiger Weise Polynom in den elementarsymmetrischen Polynomen.

Der klassische Beweis von GAUSS verwendet eine „lexikographische Ordnung" von Monomen, das ist sehr nützlich für explizite Berechnungen, (siehe [C-L-O'S, 7.1]). Etwas einfacher geht es, wenn man kontrolliert, wie die Grade der Polynome unter dem Homomorphismus Φ verändert werden. Für ein Polynom f von n Veränderlichen hatten wir in 2.1.10 einen totalen Grad $\deg f$ erkärt. Offensichtlich ist

$$\deg S_i = 1 \text{ in } R[S_1, \ldots, S_n] \, , \text{ aber}$$

$$\deg \Phi(S_i) = \deg(s_i) = i \text{ in } R[X_1, \ldots, X_n] \, .$$

Um diese Sprünge im Grad zu berücksichtigen, kann man für jedes

$$g = \sum b_{r_1 \cdots r_n} S_1^{r_1} \cdot \ldots \cdot S_n^{r_n} \in R[S_1, \ldots, S_n]$$

eincn *gewichteten Grad*

$$\mathrm{wgt}(g) := \max\{1 \cdot r_1 + 2r_2 + \ldots + nr_n : b_{r_1 \cdots r_n} \neq 0\}$$

einführen. Für jedes primitive Monom ist dann

$$\mathrm{wgt}(S_1^{r_1} \cdot \ldots \cdot S_n^{r_n}) = \sum_{i=1}^{n} i r_i \, .$$

Aus $\deg \Phi(S_i) = i = \mathrm{wgt}(S_i)$ folgt sofort

$$\deg \Phi(g) = \mathrm{wgt}(g) \quad \text{für alle} \quad g \in R[S_1, \ldots, S_n] \, .$$

In der Wahl der Gewichte ist man natürlich frei, sie können der jeweiligen Situation angepasst auch anders gewählt werden.

Beweis des Hauptsatzes   Im ersten Schritt zeigen wir, dass Φ surjektiv ist. Das gegebene symmetrische Polynom f hat einen totalen Grad d (vgl. 2.1.10). Um ein g mit $f = \Phi(g)$ und $\mathrm{wgt}(g) = \deg f$ zu finden, führen wir eine doppelte Induktion über (n, d) durch nach folgendem Schema:

$$(1, d) \text{ und } (n, 0), \text{ für alle } n, d \text{ (Induktionsanfang) und}$$

$$(n - 1, d) \text{ sowie } (n, d - 1) \Rightarrow (n, d) \text{ (Induktionsschluss).}$$

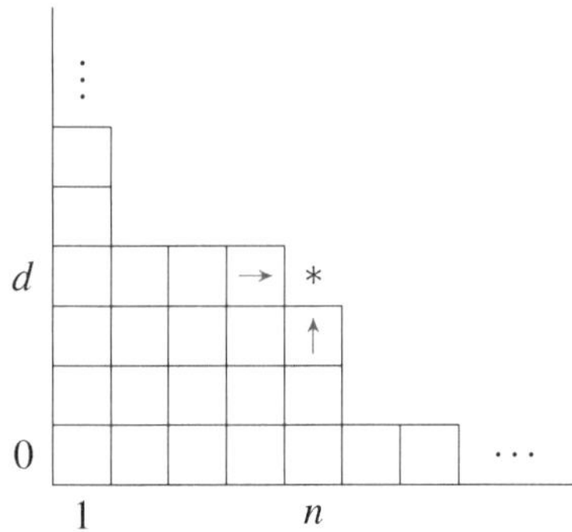

Der Induktionsanfang $(1, d)$ und $(n, 0)$ ist klar. Für den Induktionsschluss stellen wir unser gegebenes $f \in R[X_1, \dots, X_n]$ in der Form

$$f = f_0 + f_1 X_n + \dots + f_N X_n^N \quad \text{mit} \quad f_0, \dots, f_N \in R[X_1, \dots, X_{n-1}]$$

dar. Dann ist offensichtlich

$$f_0 = f(X_1, \dots, X_{n-1}, 0) \, .$$

Analog erhalten wir für $n \geq 2$ aus $s_1, \dots, s_n$ für $i = 1, \dots n - 1$ die elementarsymmetrischen Polynome

$$s_{i,0} = s_i(X_1, \dots, X_{n-1}, 0) \in R[X_1, \dots, X_{n-1}] \quad \text{und} \quad s_{n,0} = 0 \, .$$

Offensichtlich gilt für die totalen Grade $\deg(f_0) \leq \deg(f) = d$. Also gibt es nach der Induktionsannahme $(n - 1, d)$ eine Darstellung

$$f_0 = \overline{g}(s_{1,0}, \dots, s_{n-1,0}) \quad \text{mit} \quad \overline{g} \in R[S_1, \dots, S_{n-1}] \quad \text{und} \quad \mathrm{wgt}(\overline{g}) \leq d \, .$$

Als Differenz von symmetrischen Polynomen ist

$$h := f - \overline{g}(s_1, \dots, s_{n-1}) \in R[X_1, \dots, X_n]$$

wieder symmetrisch. Da

$$\mathrm{wgt}(\overline{g}) \leq d \, , \quad \text{ist} \quad \deg \overline{g}(s_1, \dots, s_{n-1}) \leq d \, , \quad \text{also} \quad \deg(h) \leq d \, .$$

Setzt man $X_n = 0$, so erhält man

$$h_0 = f_0 - \overline{g}(s_{1,0}, \dots, s_{n-1,0}) = 0 \, .$$

Also ist h durch X_n teilbar, wegen der Symmetrie auch durch $X_1, \dots, X_n$, insgesamt durch $X_1 \cdot \ldots \cdot X_n = s_n$.

Daher gibt es ein $\tilde{h} \in R[X_1,\ldots,X_n]$ mit

$$f = \overline{g}(s_1,\ldots,s_{n-1}) + s_n\tilde{h} . \tag{$*$}$$

Da $\deg(\tilde{h}) \leq \deg(h) - 1 \leq d - 1$, gibt es nach der Induktionsannahme $(n, d-1)$ eine Darstellung

$$\tilde{h} = \tilde{g}(s_1,\ldots,s_n) \quad \text{mit} \quad \tilde{g} \in R[S_1,\ldots,S_n] .$$

Setzt man das in $(*)$ ein, so erhält man eine Darstellung von f als Polynom in $s_1,\ldots,s_n$.

Zum Beweis der Injektivität von Φ nehmen wir ein

$$g \in R[S_1,\ldots,S_n] \quad \text{mit} \quad g(s_1,\ldots,s_n) = 0 ,$$

$d := \deg(g)$ sei der totale Grad von g. Wir führen wieder eine Doppelinduktion über (n,d) mit trivialem Induktionsanfang. Es gilt nach Induktionsvoraussetzung $(n-1,d)$

$$g(s_1,\ldots,s_n) = 0 \;\Rightarrow\; g(s_{1,0},\ldots,s_{n-1,0},0) = 0 \;\Rightarrow\; g(S_1,\ldots,S_{n-1},0) = 0 .$$

Also ist S_n Teiler von g, d.h. es gilt

$$g(S_1,\ldots,S_n) = S_n \cdot \tilde{g}(S_1,\ldots,S_n) \quad \text{in} \quad R[S_1,\ldots,S_n] , \tag{$**$}$$

wobei $\deg(\tilde{g}) = \deg(g) - 1 = d - 1$. Aus $(**)$ folgt durch Anwendung von Φ

$$0 = g(s_1,\ldots,s_n) = X_1 \cdot \ldots \cdot X_n \cdot \tilde{g}(s_1,\ldots,s_n) \text{ in } R[X_1,\ldots,X_n] .$$

Da $X_1 \cdot \ldots \cdot X_n \neq 0$, ist $\tilde{g}(s_1,\ldots,s_n) = 0$ und nach Induktionsannahme $(n, d-1)$ folgt $\tilde{g} = 0$. Setzt man das in $(**)$ ein, so erhält man $g = 0$ wie gewünscht. $\blacksquare$

Beispiel Das Polynom $X_1^3 X_2 \in \mathbb{Z}[X_1,X_2,X_3]$ ist nicht symmetrisch, kann aber ergänzt werden zum symmetrischen Polynom

$$f = X_1^3 X_2 + X_1 X_2^3 + X_1^3 X_3 + X_1 X_3^3 + X_2^3 X_3 + X_2 X_3^3 \in \mathbb{Z}[X_1,X_2,X_3] .$$

Gesucht ist ein $g \in \mathbb{Z}[S_1,S_2,S_3]$ derart, dass $f = g(s_1,s_2,s_3)$. Mit $s_{1,0} = X_1 + X_2$ und $s_{2,0} = X_1 X_2$ ist

$$f_0 = X_1^3 X_2 + X_1 X_2^3 = X_1 X_2\big((X_1 + X_2)^2 - 2 X_1 X_2\big) = s_{2,0}(s_{1,0}^2 - 2s_{2,0}) = \overline{g}(s_{1,0}, s_{2,0}).$$

Daraus berechnet man mit $s_1 = X_1 + X_2 + X_3$ und $s_2 = X_1 X_2 + X_1 X_3 + X_2 X_3$

$$h = f - \overline{g}(s_1,s_2) = -X_1 X_2 X_3 (X_1 + X_2 + X_3) = -s_3 s_1 , \quad \text{also}$$

$$f = \overline{g}(s_1,s_2) + h = s_1^2 s_2 - 2s_2^2 - s_1 s_3 .$$

3.4.2   Die Galoisgruppe

Die Galois-Theorie beschäftigt sich mit dem Wechselspiel zwischen Körpererweiterungen und Automorphismengruppen. Dazu müssen zunächst die grundlegenden Begriffe und Bezeichnungen eingeführt werden.

Für jeden Körper K bildet die Menge

$$\operatorname{Aut}(K) := \{\varphi : K \to K : \varphi \text{ Automorphismus}\}$$

zusammen mit der Hintereinanderschaltung von Abbildungen als Verknüpfung eine Gruppe, sie heißt *Automorphismengruppe* von K.

Ist $K \supset k$ eine Körperweiterung, so ist

$$\operatorname{Aut}(K;k) := \{\varphi \in \operatorname{Aut}(K) : \varphi \mid k = \operatorname{id}_k\} < \operatorname{Aut}(K)$$

offensichtlich eine Untergruppe, sie heißt *Gruppe der relativen Automorphismen von $K \supset k$.*

Ist $K \supset k$ Zerfällungskörper von $f \in k[X]$, so nennt man

$$\operatorname{Gal}(f;k) := \operatorname{Aut}(K;k)$$

die *Galoisgruppe von f über k.*

Ein zentrales Problem der Galois-Theorie ist nun, für ein gegebenes Polynom $f \in k[X]$ möglichst viele Informationen über die Struktur der Galoisgruppe $G = \operatorname{Gal}(f;k)$ zu erhalten, denn daran entscheidet sich schließlich, ob die Nullstellen von f durch Wurzelausdrücke berechenbar sind. Ausgangspunkt ist die schon in 3.2.2 bewiesene einfache Tatsache, dass jeder Automorphismus des Zerfällungskörpers K von f, der k festlässt, die Nullstellen von f in K permutiert. Daher kann G als Untergruppe der endlichen Gruppe aller Permutationen der Nullstellen von f in K realisiert werden. Welche Permutationen der Nullstellen durch einen Automorphismus aus G zustande kommen, hängt vom Körper k und vom Polynom f ab. Unter Verwendung der grundlegenden Ergebnisse aus 3.2.2 über die Existenz von Körperautomorphismen erhält man die folgenden wichtigen Informationen über die Ordnungen der Galoisgruppen:

Fundamental-Lemma   *Sei k ein Körper, $f \in k[X]$ mit $n := \deg f \geq 1$, $K \supset k$ Zerfällungskörper von f,*

$$G := \operatorname{Gal}(f;k) = \operatorname{Aut}(K;k) \quad und \quad N = \{x_1, \ldots, x_r\} \subset K \ mit \ r \leq n$$

die Menge der paarweise verschiedenen Nullstellen von f. Dann gilt:

a) Für alle $\varphi \in G$ ist $\varphi(N) = N$, und der dadurch induzierte Homomorphismus

$$\tau : G \to \mathcal{S}_r, \ \varphi \mapsto \varphi \mid N,$$

ist injektiv. Man kann also G als Untergruppe von $\mathcal{S}_r$ ansehen; insbesondere folgt

$$\operatorname{ord} G \quad teilt \quad r!,$$

also ist G endlich.

b) Ist f irreduzibel, so ist die Operation von G auf N transitiv; insbesondere folgt

$$r \quad teilt \quad \operatorname{ord} G,$$

und   n teilt $\operatorname{ord} G$, *falls f separabel ist.*

c) Ist $f = f_x$ *das Minimalpolynom des erzeugenden Elements* $x \in K$ *einer einfachen Erweiterung* $K = k(x) \supset k$, *so ist*

$$\operatorname{ord} G = r.$$

Ist f separabel, so folgt

$$\operatorname{ord} G = \deg f = n.$$

d) Ist k endlich oder $\operatorname{char}(k) = 0$, *so gilt für jedes* $f \in k[X]$ *mit Zerfällungskörper* $K \supset k$, *dass*

$$\operatorname{ord} G = [K : k].$$

Beweis a)   Wie schon in Bemerkung 1 aus 3.2.2 gezeigt, gilt

$$f(\varphi(x)) = \varphi(f(x)) = \varphi(0) = 0 \quad \text{für alle } x \in N.$$

Daraus folgt $\varphi(N) \subset N$ und somit $\varphi(N) = N$, denn φ ist bijektiv. Da $K = k(x_1, ..., x_n)$, folgt $\varphi = \operatorname{id}_K$ aus $\varphi|N = \operatorname{id}_N$; somit ist $\operatorname{Ker} \tau = \{\operatorname{id}_K\}$ und τ ist Monomorphismus.

b)   Wenn f irreduzibel ist, gibt es nach Satz 1 aus 3.2.2 zu zwei Nullstellen x_i, x_j genau einen Isomorphismus

$$\varphi : k(x_i) \to k(x_j), \quad \text{mit} \quad \varphi|k = \operatorname{id}_k \quad \text{und} \quad \varphi(x_i) = x_j.$$

Nach dem Satz über Zerfällungskörper aus 3.2.3 für den Spezialfall $L = K$ lässt er sich zu einem Automorphismus

$$\psi : K \to K \quad \text{mit} \quad \psi|k = \operatorname{id}_k \quad \text{und} \quad \psi(x_i) = x_j \tag{$*$}$$

fortsetzen. Da $\hat{\varphi} \in G$ gilt nach dem Bahnlemma aus 1.4.3

$$\operatorname{ord} G = \# G(x) \cdot \operatorname{ord} \operatorname{Sta}_G(x) \quad \text{für jedes } x \in N.$$

Nach $(*)$ operiert G transitiv auf N, also ist $r = \#N = \# G(x)$ Teiler von $\operatorname{ord} G$. Ist f separabel, so gilt $r = n$.

c)   In diesem Spezialfall von *b)* ist φ schon durch den Wert $\varphi(x)$ eindeutig festgelegt und auf ganz K zu einem $\varphi \in G$ fortgesetzt. Also operiert G auf N einfach transitiv und es folgt nach 1.4.3, dass

$$\operatorname{ord} G = \#N = r.$$

Der Rest der Aussage *c)* ist klar.

d)   Ist k endlich oder $\operatorname{char}(k) = 0$, so gibt es nach 3.3.7 ein primitives Element $x \in K \supset k$ für den Zerfällungskörper von f. Ist $f_x \in k[X]$ das Minimalpolynom von x, so gilt nach 3.1.5

$$[K : k] = \deg f_x.$$

Nach 3.3.2 ist jedes Polynom aus $k[X]$, also auch f_x separabel und es folgt $r = n = \deg f_x$. Mit Hilfe von $c)$ folgt

$$\operatorname{ord} G = n = \deg f_x = [K : k].$$

■

Vorsicht! Aussage $d)$ gilt nur unter der Voraussetzung, dass K Zerfällungskörper eines Polynoms $f \in k[X]$ ist.
Ist etwa $k = \mathbb{Q}$ und $K = \mathbb{Q}(x)$ mit $x = \sqrt[3]{2} \in \mathbb{R}$, so ist

$$[K : k] = 3, \quad \text{aber} \quad \operatorname{Aut}(K; k) = \{\operatorname{id}_K\},$$

denn f_x hat in K nur die einzige Nullstelle x.

Mit Hilfe des Fundamental-Lemmas und der Sätze aus 3.2.2 über die Existenz und Eindeutigkeit von Körperisomorphimen lassen sich nun die Galoisgruppen von einigen Polynomen relativ einfach bestimmen. Wir verwenden dabei die Polynome $f \in \mathbb{Q}[X]$ aus den Beispielen 1 bis 6 in 3.2.4 mit den dort erhaltenen Zerfällungskörpern $K \subset \mathbb{C}$. Dabei ist zu bedenken, dass $G = \operatorname{Gal}(f, \mathbb{Q}) = \operatorname{Aut}(K, \mathbb{Q}) = \operatorname{Aut}(K)$, denn nach 3.1.1 ist jeder Automorphismus des Primkörpers $\mathbb{Q}$ die identische Abbildung.

Beispiel 1 Für $f := X^2 + 1 \in \mathbb{Q}[X]$ ist $K = \mathbb{Q}(\mathbf{i}) \subset \mathbb{C}$. Für ein $\varphi \in G$ muss $\varphi(\mathbf{i}) = \pm\mathbf{i}$ sein, denn das sind die beiden Nullstellen des Minimalpolynoms f von $\mathbf{i}$ über $\mathbb{Q}$. Also ist $\operatorname{ord} G = 2$, und $G \cong \mathcal{S}_2 \cong Z_2$.

Beispiel 2 Für $f := X^2 - 2 \in \mathbb{Q}[X]$ ist $K = \mathbb{Q}(\sqrt{2}) \subset \mathbb{R}$. Auch hier gibt es für ein $\varphi \in G$ nur die Möglichkeiten $\varphi(\sqrt{2}) = \pm\sqrt{2}$, was auch ganz direkt aus

$$\varphi(\sqrt{2})^2 = \varphi(\sqrt{2}^2) = \varphi(2) = 2$$

folgt. Wie in Beispiel 1 ist $G \cong \mathcal{S}_2 \cong Z_2$.

Beispiel 3 Für $f := X^4 - 5X^2 + 6 = (X^2 - 2)(X^2 - 3) \in \mathbb{Q}[X]$ ist $K = \mathbb{Q}(\sqrt{2}, \sqrt{3}) \subset \mathbb{R}$. Da $N = \{\pm\sqrt{2}, \pm\sqrt{3}\}$ ist $r = \#N = 4$, also gilt nach Teil $a)$ das Fundamental-Lemmas

$$\operatorname{ord} G \text{ teilt } 4! = 24,$$

und nach der Bemerkung 1 aus 3.2.2 kann ein Automorphismus von K an der Stelle $\sqrt{2}$ nur die Werte $\pm\sqrt{2}$ und an der Stelle $\sqrt{3}$ nur die Werte $\pm\sqrt{3}$ annehmen. Also ist $\operatorname{ord} G \leq 4$. Wir bestimmen nun G explizit.
Da $K = \mathbb{Q}(\sqrt{2})(\sqrt{3})$, und das Minimalpolynom $X^2 - 3$ von $\sqrt{3}$ über $\mathbb{Q}(\sqrt{2})$ irreduzibel bleibt (Beispiel 4 aus 3.1.6), können wir Satz 1 aus 3.3.2 mit $k = \mathbb{Q}(\sqrt{2})$ anwenden und erhalten damit

$$\varphi : \mathbb{Q}(\sqrt{2})(\sqrt{3}) \to \mathbb{Q}(\sqrt{2})(-\sqrt{3}) \quad \text{mit} \quad \varphi(\sqrt{2}) = \sqrt{2} \quad \text{und} \quad \varphi(\sqrt{3}) = -\sqrt{3}.$$

Ganz analog ergibt sich mit $k := \mathbb{Q}(\sqrt{3})$

$$\psi : K = \mathbb{Q}(\sqrt{3})(\sqrt{2}) \to \mathbb{Q}(\sqrt{3})(-\sqrt{2}) = K \quad \text{mit} \quad \psi(\sqrt{3}) = \sqrt{3} \quad \text{und} \quad \psi(\sqrt{2}) = -\sqrt{2}.$$

Offensichtlich ist $\operatorname{ord}\varphi = \operatorname{ord}\psi = 2$ und $\varphi \circ \psi = \psi \circ \varphi$. Da $\operatorname{ord}G \leq 4$, ist

$$G = \{\operatorname{id}_K, \varphi, \psi, \varphi\psi\},$$

das ist die Kleinsche Vierergruppe. Die Bahn des primitiven Elements $\sqrt{2}+\sqrt{3} \in K$ unter G ist gleich

$$\{\sqrt{2}+\sqrt{3}, \sqrt{2}-\sqrt{3}, -\sqrt{2}+\sqrt{3}, -\sqrt{2}-\sqrt{3}\},$$

das sind die Nullstellen des Minimalpolynoms $X^4 - 10X^2 + 1$ (siehe Beispiel 1 aus 3.4.3)

Beispiel 4 Für $f = X^3 - 2 \in \mathbb{Q}[X]$ ist $K = \mathbb{Q}(a, \zeta) \subset \mathbb{C}$ mit $a := \sqrt[3]{2} \in \mathbb{R}$ und $\zeta = \exp\left(\frac{2\pi i}{3}\right)$. Da $N = \{a, \zeta a, \zeta^2 a\}$ ist $r = \#N = 3$, also gilt nach Teil $a)$ des Fundamental-Lemmas

$$\operatorname{ord}G \text{ teilt } 3! = 6.$$

Nach Teil $d)$ gilt $\operatorname{ord}G = [K : \mathbb{Q}] = 6$. Da G isomorph zu einer Untergruppe von $\mathcal{S}_3$ ist, folgt $G \cong \mathcal{S}_3$.

Mit Hilfe der Sätze aus 3.2.2 konstruieren wir nun die Automorphismen von K ganz explizit. Da a und ζa Nullstellen von f sind, gibt es nach Satz 1 aus 3.2.2 mit $k = \mathbb{Q}$ einen Isomorphismus

$$\varphi' : \mathbb{Q}(a) \to \mathbb{Q}(\zeta a) \quad \text{mit} \quad \varphi'(a) = \zeta a.$$

Da das Minimalpolynom $X^2 + X + 1$ von ζ über $\mathbb{Q}(a) \subset \mathbb{R}$ irreduzibel bleibt, hat φ' eine Fortsetzung zu einem Automorphismus

$$\varphi : K = \mathbb{Q}(a)(\zeta) \to \mathbb{Q}(\zeta a)(\zeta) = K \quad \text{mit} \quad \varphi(a) = \zeta a \quad \text{und} \quad \varphi(\zeta) = \zeta.$$

Wieder nach Satz 1, diesmal mit $k = \mathbb{Q}(a)$, gibt es einen Automorphismus

$$\psi : K = \mathbb{Q}(a)(\zeta) \to \mathbb{Q}(a)(\zeta^2) = K \quad \text{mit} \quad \psi(a) = a \quad \text{und} \quad \psi(\zeta) = \zeta^2.$$

Wie man sofort sieht, ist $\operatorname{ord}\varphi = 3$ und $\operatorname{ord}\psi = 3$. Wir behaupten nun, dass

$$G = \{\operatorname{id}_K, \varphi, \varphi^2, \psi, \varphi\psi, \varphi^2\psi\}.$$

Dazu kann man die Nullstellen von f als Ecken eines gleichseitigen Dreiecks in $\mathbb{C}$ ansehen: Die Automorphismen von K ergeben dann, wie man leicht nachrechnet, die folgenden Permutationen der Ecken:

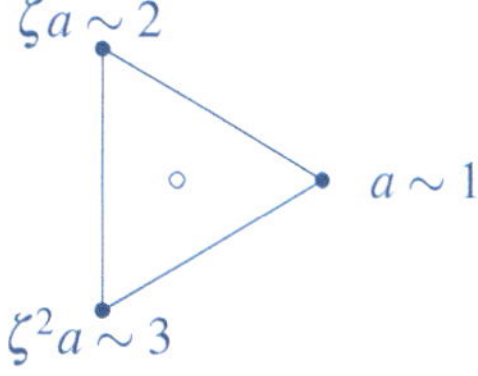

$$\varphi \sim (1,2,3), \quad \varphi^2 \sim (3,2,1), \quad \psi \sim (2,3),$$
$$\varphi\psi \sim (1,2), \quad \varphi^2\psi \sim (1,3).$$

Damit sind die Isomorphismen aus $G \cong \mathcal{S}_3 \cong D_3$, wobei D_3 die Diedergruppe aus Beispiel 6 in 1.3.6 bezeichnet, explizit beschrieben. Daran ist auch abzulesen, dass G nicht einfach transitiv auf N operiert.

Schließlich kann man die Bahn $G(c)$ des primitiven Elements $c = (\zeta + 2)a \in K$ berechnen. Sie besteht aus den folgenden 6 Elementen:

$$c = (\zeta+2)a, \qquad \varphi(c) = (\zeta-1)a, \qquad \varphi^2(c) = -(2\zeta+1)a,$$
$$\psi(c) = (-\zeta+1)a, \quad \varphi(\psi(c)) = (2\zeta+1)a, \quad \varphi^2(\psi(c)) = -(\zeta+2)a.$$

Das sind die Nullstellen des Minimalpolynoms $f_c = X^6 + 108$, darauf operiert G einfach transitiv.

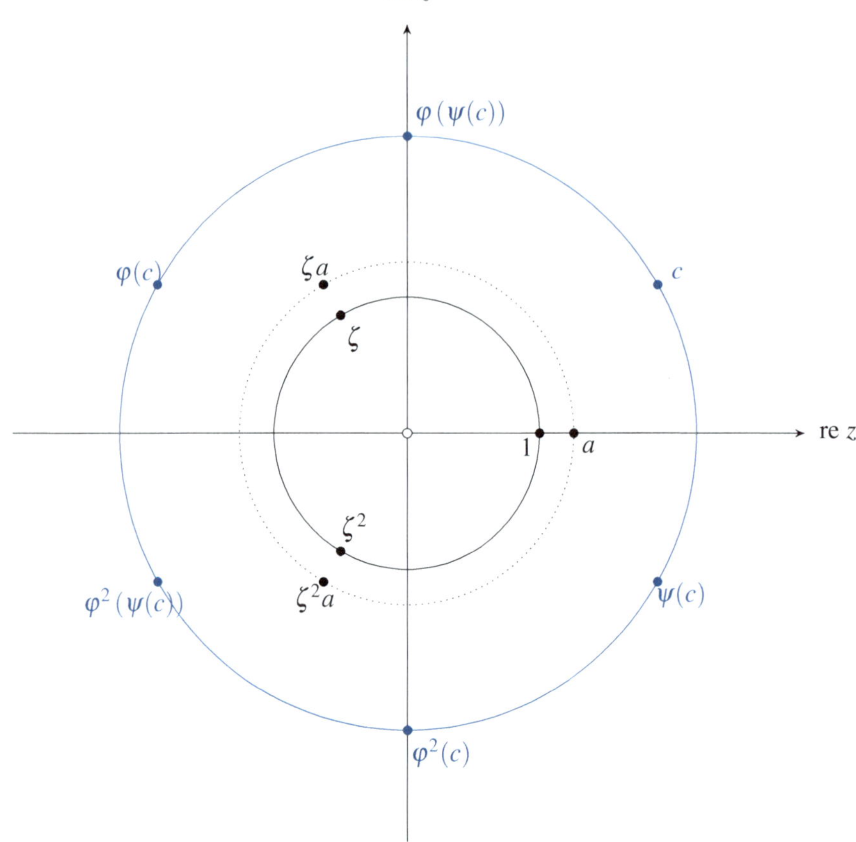

Beispiel 5 Für $f := X^4 - 2 \in \mathbb{Q}[X]$ ist $K = \mathbb{Q}(a, \mathbf{i}) \subset \mathbb{C}$ mit $a = \sqrt[4]{2} \in \mathbb{R}_+$.
Da $N = \{a, -a, \mathbf{i}a, -\mathbf{i}a\}$ ist $r = \#N = 4$, also gilt nach Teil $a)$ des Fundamental-Lemmas

$$\operatorname{ord} G \text{ teilt } 4! = 24.$$

Nach Teil $d)$ gilt $\operatorname{ord} G = [K : \mathbb{Q}] = 8$. Mit Hilfe von Satz 1 aus 3.2.2 könnnen wir die Gruppe G explizit bestimmen.

An der Zerlegung in Linearfaktoren

$$f = (X - a)(X + a)(X - \mathbf{i}a)(X + \mathbf{i}a) \in K[X]$$

erkennt man, dass das Minimalpolynom $f = X^4 - 2$ von a in $\mathbb{Q}(\mathbf{i})[X]$ irreduzibel bleibt: Da a irrational ist, hat es in $\mathbb{Q}(\mathbf{i})$ keine Nullstelle, und ein quadratischer Faktor müsste das Produkt von zwei der Linearfaktoren sein; das ist nicht möglich. Daher gibt es einen Automorphismus

$$\varphi : K = \mathbb{Q}(\mathbf{i})(a) \to \mathbb{Q}(\mathbf{i})(\mathbf{i}a) = K \quad \text{mit} \quad \varphi(\mathbf{i}) = \mathbf{i} \quad \text{und} \quad \varphi(a) = \mathbf{i}a.$$

Das Minimalpolynom $X^2 + 1$ von $\mathbf{i}$ über $\mathbb{Q}$ bleibt in $\mathbb{Q}(a)[X]$ irreduzibel, denn $\mathbb{Q}(a) \subset \mathbb{R}$. Daher gibt es ein

$$\psi : K = \mathbb{Q}(a)(\mathbf{i}) \to \mathbb{Q}(a)(-\mathbf{i}) = K \quad \text{mit} \quad \psi(a) = a \quad \text{und} \quad \psi(\mathbf{i}) = -\mathbf{i}.$$

Wie man leicht prüft, ist ord $\varphi = 4$ und ord $\psi = 2$. Wir zeigen nun, dass

$$G = \{\mathrm{id}_K, \varphi, \varphi^2, \varphi^3, \psi, \varphi\psi, \varphi^2\psi, \varphi^3\psi\},$$

und isomorph zur Diedergruppe D_4 ist. Dazu betrachten wir die Nullstellen von f als Ecken eines gleichseitigen Vierecks in $\mathbb{C}$.

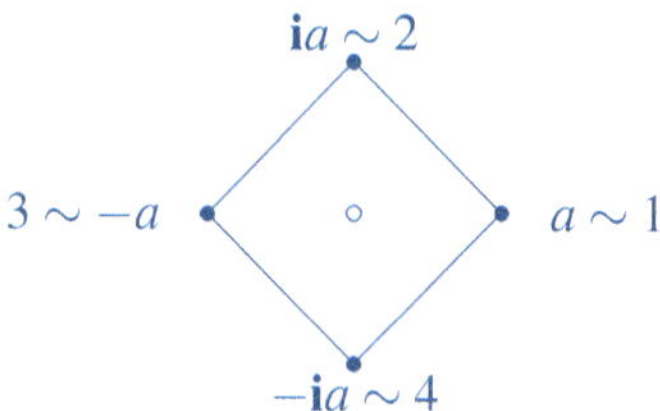

Die beiden Automorphismen φ und ψ von K ergeben die Permutationen

$$\varphi \sim (1,2,3,4) \quad \text{und} \quad \psi \sim (2,4).$$

Das sind entsprechend Beispiel 6 aus 1.3.6 die beiden erzeugenden Elemente von D_4.

Beispiel 6   Sei p eine Primzahl und $f := X^{p-1} + X^{p-2} + ... + X + 1 \in \mathbb{Q}[X]$. Dann ist $K = \mathbb{Q}(\zeta) \subset \mathbb{C}$ mit $\zeta := \exp\left(\frac{2\pi i}{p}\right) \in \mathbb{C}$.

In diesem Fall ist $N = \{\zeta, \zeta^2, ..., \zeta^{p-1}\}$, also $r = \#N = p - 1$. Da $[\mathbb{Q}(\zeta) : \mathbb{Q}] = \deg f = p - 1$, folgt

$$\mathrm{ord}\, G = p - 1.$$

Um zu zeigen, *dass G zyklisch ist*, beschränken wir uns auf den einfachen Fall $p = 5$, also

$$f = X^4 + X^3 + X^2 + X + 1 \quad \text{und} \quad N = \{\zeta, \zeta^2, \zeta^3, \zeta^4\}.$$

Da f irreduzibel ist, gibt es für jedes $n \in \{1,2,3,4\}$ genau einen Automorphismus

$$\varphi_n : K \to K \quad \text{mit} \quad \varphi_n(\zeta) = \zeta^n.$$

Offensichtlich sind diese 4 Automorphismen paarweise verschieden, wegen ord $G = 4$ ist

$$G = \{\varphi_1, \varphi_2, \varphi_3, \varphi_4\}.$$

Nun zur Verknüpfung in G: Für $m, n \in \{1,2,3,4\}$ ist

$$\varphi_m(\varphi_n(\zeta)) = \varphi_m(\zeta^n) = \zeta^{m \cdot n},$$

wobei das Produkt $m \cdot n$ modulo 5 zu reduzieren ist. Daraus folgt

$$\mathrm{ord}\,\varphi_1 = 1, \quad \mathrm{ord}\,\varphi_2 = 4, \quad \mathrm{ord}\,\varphi_3 = 4, \quad \mathrm{ord}\,\varphi_4 = 2.$$

Also wird G erzeugt von φ_2 und φ_3.

Für allgemeines p ist G isomorph zur Primrestklassengruppe $\mathbb{F}_p^\times$ (vgl. 3.5.6).

3.4.3 Fixkörper

Es ist ein zentrales Problem der Galois-Theorie, alle möglichen Zwischenkörper einer Körpererweiterung $K \supset k$ zu bestimmen. Das Ergebnis in 3.4.5 wird sein, dass es dazu unter bestimmten Voraussetzungen genügt, ein einfacheres Problem zu lösen, nämlich alle möglichen Untergruppen einer Gruppe von Automorphismen von K zu bestimmen. Ein erster Schritt dorthin ist, einer Gruppe einer Körper zuzuordnen. Dazu dient die folgende Konstruktion.

Ist K ein Körper und $G < \mathrm{Aut}(K)$ eine Untergruppe, so nennt man

$$\mathrm{Fix}\,(K;G) := \{x \in K : \varphi(x) = x \text{ für alle } \varphi \in G\} \subset K$$

den *Fixkörper von G in K*. Ganz einfach sieht man Folgendes:

Bemerkung *a)* $\mathrm{Fix}(K;G) \subset K$ *ist ein Unterkörper.*

b) Ist $H < G$, so gilt $\mathrm{Fix}(K;H) \supset \mathrm{Fix}(K;G)$.

c) $\mathrm{Fix}(K;\{\mathrm{id}_K\}) = K$ und $k \subset \mathrm{Fix}(K;\mathrm{Aut}(K))$, wobei $k \subset K$ den Primkörper von K bezeichnet.

Die Tendenz ist klar: Je größer die Gruppe G ist, desto kleiner wird der Fixkörper $\mathrm{Fix}(K;G)$. Das soll in diesem Abschnitt quantitativ beschrieben werden. Dazu dient das folgende

Lemma *Sei K ein beliebiger Körper, $G < \mathrm{Aut}\,(K)$ eine endliche Untergruppe, $k = \mathrm{Fix}\,(K;G)$, sowie $x \in K$ und*

$$G(x) = \{x_1, x_2, \ldots, x_n\} \subset K$$

mit paarweise verschiedenen x_i die Bahn von x unter G. Dann ist x algebraisch über k und

$$f := (X - x_1) \cdot \ldots \cdot (X - x_n) \in k[X]\,,$$

ist das Minimalpolynom von x über k. Insbesondere gilt

$$n = [k(x) : k] \quad \text{teilt} \quad \mathrm{ord}\,G\,.$$

Beweis Zunächst ist das angegebene $f = X^n + a_{n-1}X^{n-1} + \ldots + a_1 X + a_0$ in $K[X]$ enthalten.

Für jedes $\varphi \in G$ ist die Linkstranslation $G \to G$, $\psi \mapsto \varphi \circ \psi$, bijektiv. Also verursacht φ eine Permutation in der Bahn $G(x)$. Für das Polynom f bedeutet das, dass die Faktoren $(X - x_j)$ permutiert werden, was nichts an f ändert. Also muss für die Koeffizienten a_i von f gelten, dass $\varphi(a_i) = a_i$, und somit folgt $f \in k[X]$. Das kann man auch mit Hilfe von 3.4.1 begründen, denn

$$a_i = (-1)^n s_{n-i}(x_1, \ldots, x_n).$$

Aus $f \in k[X]$ folgt, dass x algebraisch über k ist. Ist $f_x \in k[X]$ das Minimalpolynom von x über k, so ist

$$f_x(\varphi(x)) = \varphi(f_x(x)) = 0 \quad \text{für alle } \varphi \in G\,,$$

also ist f ein Teiler von f_x; da f_x irreduzibel ist, folgt $f = f_x$. Man beachte dabei, dass f nach seiner Definition nur einfache Nullstellen hat.

Nach dem Bahn-Lemma aus 1.4.3 und den Eigenschaften des Minimalpolynoms ist

$$n = \#G(x) = [k(x) : k] \quad \text{Teiler von } \operatorname{ord} G .$$

∎

Mit Hilfe dieses Lemmas kann man das Minimalpolynom berechnen, wenn man die Bahn einer Nullstelle kennt:

Beispiel 1 Wir berechnen nach dieser Methode noch einmal das Minimalpolynom f des primitiven Elements $\sqrt{2} + \sqrt{3}$ der Erweiterung $K = \mathbb{Q}(\sqrt{2}, \sqrt{3}) \supset \mathbb{Q}$ (vgl. Beispiel 4 aus 3.1.6 und Beispiel 2 aus 3.3.11). Wie in Beispiel 3 aus 3.4.2 ist die Bahn von $\sqrt{2} + \sqrt{3}$ unter $G = \operatorname{Aut}(K; \mathbb{Q})$ gegeben durch

$$G\left(\sqrt{2} + \sqrt{3}\right) = \left\{ \sqrt{2} + \sqrt{3}, \sqrt{2} - \sqrt{3}, -\sqrt{2} + \sqrt{3}, -\sqrt{2} - \sqrt{3} \right\}.$$

Daraus folgt für das Minimalpolynom von f, dass

$$\begin{aligned}
f &= \left(X - \sqrt{2} - \sqrt{3}\right)\left(X - \sqrt{2} + \sqrt{3}\right)\left(X + \sqrt{2} - \sqrt{3}\right)\left(X + \sqrt{2} + \sqrt{3}\right) \\
&= \left(\left(X - \sqrt{2}\right)^2 - 3\right)\left(\left(X + \sqrt{2}\right)^2 - 3\right) = X^4 - 10X^2 + 1.
\end{aligned}$$

Beispiel 2 Ganz analog zu Beispiel 1 kann man das Minimalpolynom f des primitiven Elements $\sqrt{2} + \mathbf{i}$ der Erweiterung $K = \mathbb{Q}(\sqrt{2}, \mathbf{i}) \supset \mathbb{Q}$ berechnen. Da

$$G := \operatorname{Aut}(K, \mathbb{Q}) = \operatorname{Erz}(\varphi, \psi) \quad \text{mit} \quad \varphi(\sqrt{2}) = \sqrt{2}, \ \varphi(\mathbf{i}) = \mathbf{i} \quad \text{und} \quad \psi(\sqrt{2}) = -\sqrt{2}, \ \psi(\mathbf{i}) = \mathbf{i},$$

ist $G(\sqrt{2} + \mathbf{i}) = \{\sqrt{2} + \mathbf{i}, \sqrt{2} - \mathbf{i}, -\sqrt{2} + \mathbf{i}, -\sqrt{2} - \mathbf{i}\}$ und

$$f = \left(\left(X - \sqrt{2}\right)^2 + 1\right)\left(\left(X + \sqrt{2}\right)^2 + 1\right) = X^4 - 2X^2 + 9.$$

Beispiel 3 Für $K := \mathbb{Q}(a, \mathbf{i})$ mit $a = \sqrt[4]{2}$ ist nach Beispiel 5 aus 3.4.2

$$G := \operatorname{Aut}(K; \mathbb{Q}) = \operatorname{Erz}(\varphi, \psi) \quad \text{mit} \quad \varphi(a) = \mathbf{i}a, \ \varphi(\mathbf{i}) = \mathbf{i} \text{ und } \psi(a) = a, \psi(\mathbf{i}) = -\mathbf{i}$$

mit $\operatorname{ord} G = 8$. Die Berechnung der Bahn von $a + \mathbf{i}a$ in K ergibt

$$G(a + \mathbf{i}a) = \{a + \mathbf{i}a, a - \mathbf{i}a, -a + \mathbf{i}a, -a - \mathbf{i}a\}.$$

Das Minimalpolynom f von $a + \mathbf{i}a$ über $\mathbb{Q}$ ist daher gegeben durch

$$\begin{aligned}
f &= (X - a - \mathbf{i}a)(X - a + \mathbf{i}a)(X + a - \mathbf{i}a)(X + a + \mathbf{i}a) \\
&= ((X - a)^2 + a^2)((X + a)^2 + a^2) = X^4 + 4a^4 = X^4 + 8.
\end{aligned}$$

Mit etwas mehr Rechnung erhält man auf analoge Weise das Polynom

$$g := X^8 + 4X^6 + 2X^4 + 28X^2 + 1$$

als Minimalpolynom von $a + \mathbf{i}$ über $\mathbb{Q}$. Daraus folgt auch, dass $a + \mathbf{i}$ primitives Element von $K \supset \mathbb{Q}$ ist.

Entscheidendes Hilfsmittel für die Galois-Theorie ist folgender

Endlichkeits-Satz   *Sei K ein Körper und $G <$ Aut(K) eine endliche Untergruppe; dann ist*

$$[K : \mathrm{Fix}\,(K;G)] = \mathrm{ord}\,G \,.$$

Beweis Wir setzen zur Vereinfachung $\mathbf{char}(K) = \mathbf{0}$ voraus, damit wir die Existenz von primitiven Elementen benutzen können. Der allgemeine Fall wird sehr elegant in [ArE; II H, Satz 14] bewiesen.

Ist $n := \mathrm{ord}\,G$ und $k := \mathrm{Fix}\,(K;G)$, so zeigen wir zunächst $[K : k] \leq n$. Nach dem Lemma ist $K \supset k$ algebraisch, also genügt es zu zeigen, dass

$$[L : k] \leq n \quad \text{für jede endliche Erweiterung} \quad L = k(x_1,\ldots,x_m) \subset K \,.$$

Nach dem Satz vom primitiven Element aus 3.3.7 gibt es ein $y \in L$ mit $L = k(y)$; also ist nach dem Lemma $[k(y) : k] \leq n$.

Da $[K : k] < \infty$ gezeigt ist, kann man wieder den Satz vom primitiven Element anwenden und ein $x \in K$ mit $K = k(x)$ finden. Nun gilt für den Stabilisator

$$\mathrm{Sta}_G(x) = \{\mathrm{id}_K\} \,,$$

denn, wenn φ das primitive Element fest lässt, bleibt ganz K fest. Nach dem Bahn-Lemma aus 1.4.3 folgt

$$\#G(x) = \mathrm{ord}\,G = n, \quad \text{also} \quad [k(x) : k] = n$$

nach dem obigen Lemma.   ∎

Korollar   *Für jede endliche Körpererweiterung $K \supset k$ gilt:*

$$\mathrm{ord}\,\mathrm{Aut}\,(K;k) \quad \textit{teilt} \quad [K : k] \,.$$

Beweis Sei $G := \mathrm{Aut}\,(K;k) \subset \mathrm{Aut}\,(K)$. Um die Problematik ganz deutlich zu machen, benutzen wir wieder ein primitives Element $x \in K$, also $K = k(x)$, und sein Minimalpolynom $f_x \in k[X]$. Für jedes $\varphi \in G$ muss $\varphi(x)$ eine Nullstelle von f_x sein. Daher ist die Ordnung von G beschränkt durch die Anzahl der Nullstellen von f in K, also

$$\mathrm{ord}\,G \leq \deg f_x = [K : k] \,.$$

Insbesondere ist G endlich.

Um zu zeigen, dass $\mathrm{ord}\,G$ sogar Teiler von $[K : k]$ ist, benutzen wir den Fixkörper

$$L := \mathrm{Fix}\,(K;G) \supset k.$$

Nach der Gradformel aus 3.1.2 und dem obigen Endlichkeitssatz ist

$$[K : k] = [K : L] \cdot [L : k] \quad \text{und} \quad [K : L] = \mathrm{ord}\,G \,,$$

das ergibt die Behauptung.   ∎

Beispiel 4 Wir betrachten wie in von Beispiel 4 aus 3.4.2 den Körper

$$K := \mathbb{Q}(a, \zeta a) = \mathbb{Q}(a, \zeta) \quad \text{und Aut}(K) = \text{Aut}(K; \mathbb{Q}) \cong \mathcal{S}_3.$$

1) Sei $\varphi \in \text{Aut}(K)$ gegeben durch $\varphi(a) = \zeta a$ und $\varphi(\zeta) = \zeta$, sowie $G_1 := \text{Erz}(\varphi)$ mit ord $G_1 = 3$. Wir zeigen

$$L_1 := \text{Fix}(K, G_1) = \mathbb{Q}(\zeta).$$

Dazu vergleichen wir die Körpererweiterungen

$$K \supset \mathbb{Q}(\zeta) \supset \mathbb{Q} \quad \text{und} \quad K \supset L_1 \supset \mathbb{Q}.$$

Es gilt $[K : \mathbb{Q}] = 6$ und $[\mathbb{Q}(\zeta) : \mathbb{Q}] = 2$, also $[K : \mathbb{Q}(\zeta)] = 3$. Da $\varphi(\zeta) = \zeta$, folgt $\mathbb{Q}(\zeta) \subset L_1$ und da $[K : L_1] = \text{ord}\, G_1 = 3$ muss $L_1 = \mathbb{Q}(\zeta)$ sein.

2) Sei $\psi \in \text{Aut}(K)$ gegeben durch $\psi(a) = a$ und $\psi(\zeta) = \zeta^2$, sowie $G_2 := \text{Erz}(\psi)$ mit ord $G_2 = 2$. Wir zeigen

$$L_2 := \text{Fix}(K; G_2) = \mathbb{Q}(a).$$

Da $\psi(a) = a$, folgt $\mathbb{Q}(a) \subset L_2$. Da $[K : L_2] = \text{ord}\, G_2 = 2$, folgt

$$[L_2 : \mathbb{Q}] = 3 = [\mathbb{Q}(a) : \mathbb{Q}].$$

Wegen $\mathbb{Q}(a) \subset L_2$ folgt die Behauptung.

3) Sei $G_3 = \text{Aut}(K; \mathbb{Q}) = \text{Aut}(K)$ mit ord $G_3 = 6$ und

$$L_3 := \text{Fix}(K; G_3).$$

Da $\mathbb{Q} \subset L_3$ und $[K : L_3] = \text{ord}\, G_3 = 6$, folgt $L_3 = \mathbb{Q}$.

In Beispiel 4 aus 3.4.6 werden alle möglichen Untergruppen von $\text{Aut}(K)$ und Zwischenkörper von $K \supset \mathbb{Q}$ bestimmt.

3.4.4 Galois-Erweiterungen

Wie wir im Korollar aus 3.4.3 gesehen haben, ist die Ordnung von $\text{Aut}(K; k)$ stets ein Teiler von $[K : k]$, falls $K \supset k$ endlich ist. Nahe liegend ist die Frage, wann diese beiden Zahlen gleich sind. Eine Antwort darauf gibt das

Theorem zur Charakterisierung von Galois-Erweiterungen *Für eine Körpererweiterung $K \supset k$ mit char $(k) = 0$ sind folgende Bedingungen gleichwertig:*

i) $K \supset k$ ist endlich und ord $\text{Aut}(K; k) = [K : k]$.

ii) K ist Zerfällungskörper eines Polynoms $f \in k[X]$.

iii) Es gibt eine endliche Untergruppe $G < \text{Aut}(K)$, so dass $k = \text{Fix}(K; G)$.

Man nennt eine Körpererweiterung $K \supset k$ *Galois-Erweiterung* (oder *galoissch*), wenn sie eine der gleichwertigen obigen Bedingungen erfüllt.

Vorsicht! Die Eigenschaft von Körpererweiterungen, galoissch zu sein, ist nicht transitiv: Ist $K \supset L \supset k$ und sind $L \supset k$ sowie $K \supset L$ galoissch, so muss $K \supset k$ nicht galoissch sein (Beispiel 1 in 3.4.6).

Welche der Bedingungen man vorzieht, ist eine Frage des Geschmacks: Bedingung *ii)* kommt „von unten", d.h. von k aus. Bei Bedingung *iii)* wird die Situation mehr „von oben", d.h. von K aus betrachtet. Bedingung *i)* vergleicht eine Gruppenordnung mit einem Körpergrad. Dieser Zusammenhang ist der Kern der Galois-Theorie, daher steht Bedingung *i)* an erster Stelle.

Die Bedingung **char**$(k) = 0$ ist eine Einschränkung, die etwas Erklärung erfordert. Sie hat zwei wichtige Konsequenzen:

1) Zu jeder endlichen Körpererweiterung $K \supset k$ gibt es ein primitives Element $x \in K$.

2) Jedes Polynom $f \in k[X]$ ist separabel und jede algebraische Körpererweiterung ist separabel.

In der Galois-Theorie ermöglicht Eigenschaft *1)* die Vereinfachung mehrerer Beweise und wegen Eigenschaft *2)* kann man auf die sonst nötigen Zusatzvoraussetzungen an die Separabilität verzichten. Das ermöglicht einen deutlich vereinfachten ersten Durchgang durch die Galois-Theorie, was hoffentlich den Verlust an Allgemeinheit ausgleichen kann.

In **char**$(k) > 0$ ist die Galois-Theorie für endliches k extrem einfach mit Hilfe des FROBENIUS-Automorphismus zu beschreiben, das folgt in 3.4.9. Erst für die in der algebraischen Zahlentheorie wichtigen unendlichen Körper positiver Charakteristik benötigt man die komplizierteren allgemeinen Techniken, die etwas in [ArE], [Ku] oder [K-M] zu finden sind.

Wir wollen wenigstens darauf hinweisen, dass obiges Theorem auch ohne die Voraussetzung char $(k) = 0$ gültig bleibt, wenn man Bedingung *ii)* durch die beiden äquivalenten Bedingungen ersetzt:

ii′) K *ist Zerfällungskörper eines separablen Polynoms* $f \in k[X]$.

ii″) $K \supset k$ *ist endlich, normal und separabel.*

Der *Beweis des Theorems* erfolgt nach dem Schema

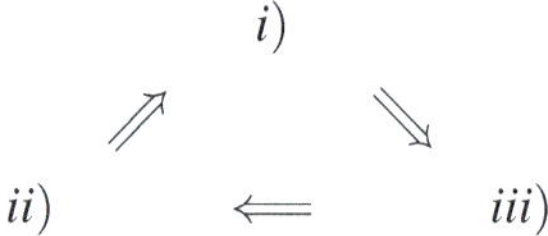

i) $\Rightarrow$ *iii)*   Setzt man $G := \mathrm{Aut}\,(K;k)$, so ist $k \subset \mathrm{Fix}\,(K;G)$. Nach dem Endlichkeitssatz aus 3.4.3 ist

$$[K : \mathrm{Fix}\,(K;G)] = \mathrm{ord}\,G \,,$$

und da nach Voraussetzung ord $G = [K : k]$, folgt $k = \mathrm{Fix}\,(K;G)$.

iii) $\Rightarrow$ *ii)*   Ist G endlich, so ist nach dem Endlichkeits-Satz aus 3.4.3 auch $K \supset k$ endlich. Also gibt es nach 3.3.7 ein primitives Element $x \in K$, und $K = k(x)$. Nun betrachten wir die Bahn

$$G(x) = \{x_1, ..., x_n\} \subset K$$

mit $x = x_1$ und $n \leq \operatorname{ord} G$. Da nach Voraussetzung $k = \operatorname{Fix}(K;G)$, können wir das Lemma aus 3.4.3 anwenden:

$$f_x := (X - x_1) \cdot \ldots \cdot (X - x_n) \in k[X]$$

ist Minimalpolynom von x und $K = k(x_1, \ldots, x_n)$ ist Zerfällungskörper von f_x.

$ii) \Rightarrow i)$ wurde schon in Teil $d)$ des Lemmas aus 3.4.2 gezeigt.   ∎

Wir notieren noch zwei direkte Folgerungen

Korollar   *a) Ist $L \supset k$ eine endliche Körpererweiterung, so gibt es eine Erweiterung $K \supset L \supset k$, so dass $K \supset k$ galoissch ist.*

b) Ist $K \supset L \supset k$ ein Zwischenkörper und $K \supset k$ galoissch, so ist auch $K \supset L$ galoissch.

Beweis a)   Sei $L = k(x_1, \ldots, x_n)$, $f_i \in k[X]$ sei das Minimalpolynom von x_i. Der Zerfällungskörper K von $f_1 \cdot \ldots \cdot f_n$ über k hat die verlangte Eigenschaft.

b) K ist Zerfällungskörper von $f \in k[X] \subset L[X]$ über k, also auch über L.   ∎

Vorsicht! Dagegen muss $L \supset k$ nicht galoissch sein (siehe Beispiel 1).

Beispiel 1   An dem Standardbeispiel

$$k = \mathbb{Q} \subset L = \mathbb{Q}(a) \subset K = \mathbb{Q}(a, \zeta) \quad \text{mit } a = \sqrt[3]{2} \text{ und } \zeta = \exp\left(\frac{2\pi \mathbf{i}}{3}\right)$$

wollen wir die drei äquivalenten Bedingungen an eine galoissche Erweiterung testen. Dabei benutzen wir die Ergebnisse von Beispiel 4 aus 3.4.2.

$K \supset k$ ist galoissch, denn es gilt:
  i) $\operatorname{ord} \operatorname{Aut}(K, k) = 6 = [K : k]$.
  ii) $K \supset k$ ist Zerfällungskörper von $f = X^3 - 2 \in k[X]$.
  iii) $k = \operatorname{Fix}(K; G)$ für $G = \operatorname{Aut}(K; k)$.

$L \supset k$ ist nicht galoissch, denn es gilt:
  i) $\operatorname{ord} \operatorname{Aut}(L, k) = 1 \neq 3 = [L : k]$.
  ii) $L \supset k$ ist kein Zerfällungskörper, denn $f = X^3 - 2 \in k[X]$ hat in L eine Nullstelle a, zerfällt aber nicht (vgl. Beispiel 4 in 3.2.4).
  iii) $G < \operatorname{Aut}(L) \Rightarrow G = \{\operatorname{id}_L\}$, also ist k kein Fixkörper.

$K \supset L$ ist galoissch, denn es gilt:
  i) $\operatorname{ord} \operatorname{Aut}(K, L) = 2 = [K : L]$.
  ii) $K \supset L$ ist Zerfällungskörper von $f = X^3 - 2 \in L[X]$.
  iii) $G := \operatorname{Erz}(\psi)$ mit $\psi(a) = a$ und $\psi(\zeta) = \zeta^2 \Rightarrow L = \operatorname{Fix}(K; G)$.

Beispiel 2   Ist $x_1 = \sqrt{2} \in \mathbb{R}$ und $x_2 = \sqrt[3]{2} \in \mathbb{R}$, so ist $L := \mathbb{Q}(x_1, x_2) \supset \mathbb{Q}$ nicht galoissch, denn

$$[L : \mathbb{Q}] = 6, \quad \text{aber } \operatorname{ord} \operatorname{Aut}(L; \mathbb{Q}) = 2.$$

Ist $f = f_{x_1} \cdot f_{x_2} = (X^2 - 2)(X^3 - 2)$, so ist $K := \mathbb{Q}(x_1, x_2, \zeta)$ der Zerfällungskörper von f und $K \supset \mathbb{Q}$, sowie $K \supset L$ ist galoissch. Es gilt

$$[K : \mathbb{Q}] = 12 = \operatorname{Aut}(K; \mathbb{Q}) \quad \text{und} \quad [K : L] = 2 = \operatorname{Aut}(K; L).$$

Beispiel 3   Ist $K \supset L \supset k$ und sind $K \supset L$ galoissch, so muss $K \supset k$ nicht galoissch sein. Wir wählen

$$k = \mathbb{Q}, \quad L = \mathbb{Q}(\sqrt{2}) \quad \text{und} \quad K = \mathbb{Q}(\sqrt[4]{2}).$$

Dann ist $\mathbb{Q}(\sqrt{2}) \supset \mathbb{Q}$ Zerfällungskörper von $X^2 - 2 \in \mathbb{Q}[X]$ und $\mathbb{Q}(\sqrt[4]{2}) \supset \mathbb{Q}(\sqrt{2})$ Zerfällungskörper von $X^2 - \sqrt{2} \in \mathbb{Q}(\sqrt{2})[X]$. Dagegen ist $[\mathbb{Q}(\sqrt[4]{2}) : \mathbb{Q}] = \deg(X^4 - 2) = 4$, aber

$$\operatorname{ord} \operatorname{Aut}(\mathbb{Q}(\sqrt[4]{2}); \mathbb{Q}) = 2,$$

denn für $\varphi \in \operatorname{Aut}(\mathbb{Q}(\sqrt[4]{2}); \mathbb{Q})$ muss $\varphi(\sqrt[4]{2}) = \pm\sqrt[4]{2}$ sein (vgl. Beispiel 5 in 3.4.2).

3.4.5 Der Hauptsatz der Galois-Theorie

Nachdem wir Galois-Erweiterungen auf verschiedene Arten charakterisiert haben, ist es nicht mehr schwierig, das zentrale Ergebnis zu beweisen. Es geht darum, in einer Galois-Erweiterung $K \supset k$ die Zwischenkörper $K \supset L \supset k$ zu den Untergruppen $G < \operatorname{Aut}(K; k)$ in Beziehung zu setzen. Diese ist optimal, nämlich eineindeutig:

Hauptsatz   *Sei* $\operatorname{char}(k) = 0$ *und* $K \supset k$ *eine Galois-Erweiterung. Wir bezeichnen mit*
$\mathcal{L}$ *die Menge der Zwischenkörper von* $K \supset k$ *und mit*

$\mathcal{G}$ *die Menge der Untergruppen von* $\operatorname{Aut}(K; k)$.
Dann gilt:

1) Die Abbildung

$$\lambda : \mathcal{G} \to \mathcal{L}, \ G \mapsto \operatorname{Fix}(K; G),$$

ist bijektiv und ihre Umkehrabbildung ist gegeben durch

$$\gamma : \mathcal{L} \to \mathcal{G}, \ L \mapsto \operatorname{Aut}(K; L).$$

2) Für jeden Zwischenkörper $L \in \mathcal{L}$ *gilt*

   a) $K \supset L$ ist Galois-Erweiterung, insbesondere gilt

$$[K : L] = \operatorname{ord} \operatorname{Aut}(K; L) \ \textit{und} \ [L : k] = \operatorname{ind}(\operatorname{Aut}(K; k) : \operatorname{Aut}(K; L)).$$

   b) $L \supset k$ ist genau dann eine Galois-Erweiterung, wenn $\operatorname{Aut}(K; L) \lhd \operatorname{Aut}(K; k)$ Normalteiler ist. Ist das der Fall, so hat man einen Homomorphismus

$$\operatorname{Aut}(K; k) \to \operatorname{Aut}(L; k), \ \varphi \mapsto \varphi \,|\, L,$$

   und einen Isomorphismus

$$\operatorname{Aut}(L; k) \cong \operatorname{Aut}(K; k) / \operatorname{Aut}(K; L).$$

Dieses Ergebnis kann man auf verschiedene Arten interpretieren. Wenn die Körpererweiterung $K \supset k$ in mehreren Schritten über Zwischenkörper entsteht, kann man versuchen, daraus die Galoisgruppe $\mathrm{Aut}(K; k)$ zu berechnen. Ist andrerseits die Galoisgruppe und ihre Struktur bekannt, so kann man aus den möglichen Untergruppen alle Zwischenkörper als Fixkörper bestimmen. Diese Richtung ist überraschender, weil Gruppen eine einfachere Struktur haben als Körper. Dennoch ist die Bestimmung aller Zwischenkörper im Allgemeinen nicht ganz einfach: Man muss zunächst die Galoisgruppe berechnen, dann alle Untergruppen bestimmen, und schließlich die zugehörigen Fixkörper ausfindig machen. Einfache Fälle werden in 3.4.6 behandelt, mehr dazu in 3.5.

Die Voraussetzung $\mathrm{char}(k) = 0$ muss hier gemacht werden, weil das Theorem aus 3.4.4 nur in diesem Fall bewiesen wurde. Der Hauptsatz der Galois-Theorie bleibt aber im allgemeinen Fall gültig.

Beweis des Hauptsatzes
Zu *1)* ist zu zeigen:
a) $\gamma \circ \lambda = \mathrm{id}_{\mathcal{G}}$, d.h. $\mathrm{Aut}(K; \mathrm{Fix}(K; G)) = G$ für alle $G \in \mathcal{G}$, dann ist λ injektiv.

b) $\lambda \circ \gamma = \mathrm{id}_{\mathcal{L}}$, d.h. $\mathrm{Fix}(K; \mathrm{Aut}(K; L)) = L$ für alle $L \in \mathcal{L}$, dann ist λ surjektiv.

Zu a) Wir setzen $L := \mathrm{Fix}(K; G)$. Zunächst ist klar, dass $G < \mathrm{Aut}(K; L)$. Denn für $\varphi \in G$ und $x \in L$ ist $\varphi(x) = x$, also $\varphi \in \mathrm{Aut}(K; L)$.

Nach dem Endlichkeitssatz aus 3.4.3 ist $[K : L] = \mathrm{ord}\, G$, und nach dem Korollar aus 3.4.3 ist

$$\mathrm{ord}\,(\mathrm{Aut}(K; L)) \ \text{Teiler von } [K : L] = \mathrm{ord}\, G.$$

Also muss $G = \mathrm{Aut}(K; L)$ sein.

Man beachte zu diesem Teil, also der Injektivität von λ, dass die Voraussetzung $K \supset k$ galoissch nicht benötigt wird.

Zu b) Wir setzen $G := \mathrm{Aut}(K; L)$. Zunächst ist klar, dass $L \subset \mathrm{Fix}(K; G)$. Denn für $x \in L$ und $\varphi \in G$ ist $\varphi(x) = x$, also $x \in \mathrm{Fix}(K; G)$.

Wieder nach dem Endlichkeitssatz aus 3.4.3 ist $[K : \mathrm{Fix}(K; G)] = \mathrm{ord}\, G$. Da $K \supset k$ galoissch ist, folgt aus Teil *b)* des Korollars aus 3.4.4, dass $K \supset L$ galoissch ist. Also gilt

$$[K : L] = \mathrm{ord}\,\mathrm{Aut}(K; L) = \mathrm{ord}\, G,$$

und es folgt $\mathrm{Fix}(K; G) = L$.

Die entscheidende Aussage ist die Surjektiviät von λ, d.h. alle Zwischenkörper können durch Untergruppen erhalten werden. Bei diesem letzten Schritt benötigt man die Voraussetzung, dass $K \supset k$ galoissch ist. Setzt man etwa

$$k := \mathbb{Q} \quad \text{und} \quad K = \mathbb{Q}(\sqrt[3]{2}),$$

so ist $\mathrm{Aut}(K) = \{\mathrm{id}_K\}$ und $\mathbb{Q}$ ist kein Fixkörper einer Untergruppe.

2) a) wurde schon im Korollar aus 3.4.4 gezeigt.

Für *b)* benutzen wir den

Hilfssatz   *Ist $k \subset L \subset K$ Zwischenkörper, so gilt für jedes $\varphi \in \mathrm{Aut}\,(K;k)$*

$$\mathrm{Aut}\,(K;\varphi(L)) = \varphi \cdot \mathrm{Aut}\,(K;L) \cdot \varphi^{-1}\,.$$

Das ist ganz einfach zu sehen:

$$
\begin{aligned}
\psi \in \mathrm{Aut}\,(K;\varphi(L)) \quad &\Leftrightarrow \quad \psi(\varphi(x)) = \varphi(x) \quad \text{für alle} \quad x \in L \\
&\Leftrightarrow \quad \varphi^{-1} \cdot \psi \cdot \varphi \in \mathrm{Aut}\,(K;L) \\
&\Leftrightarrow \quad \psi \in \varphi \cdot \mathrm{Aut}\,(K;L) \cdot \varphi^{-1}\,.
\end{aligned}
$$

Ist nun $L \supset k$ galoissch, so ist es nach 3.4.4 ein Zerfällungskörper; für diesen gilt wegen der Stabilitätsaussage in 3.2.3, dass $\varphi(L) \subset L$. Da $[L : k] = [\varphi(L) : k] < \infty$, folgt $\varphi(L) = L$, also nach dem Hilfssatz

$$\mathrm{Aut}\,(K;L) = \varphi \cdot \mathrm{Aut}\,(K;L) \cdot \varphi^{-1} \quad \text{für alle} \quad \varphi \in \mathrm{Aut}\,(K;k)\,.$$

Ist umgekehrt $\mathrm{Aut}\,(K;L) \triangleleft \mathrm{Aut}\,(K;k)$, so folgt nach dem Hilfssatz

$$\mathrm{Aut}\,(K;\varphi(L)) = \mathrm{Aut}\,(K;L) \quad \text{für alle} \quad \varphi \in \mathrm{Aut}\,(K;k)\,.$$

Nach Teil *a)* des Hauptsatzes folgt $\varphi(L) = L$. Aus dieser Art der Stabilität von L folgern wir nun, dass $L \supset k$ galoissch ist. Da L stabil ist, hat man einen Homomorphismus

$$\chi : \mathrm{Aut}\,(K;k) \to \mathrm{Aut}\,(L;k)\,, \quad \varphi \mapsto \varphi \mid L\,.$$

Offensichtlich ist $\mathrm{Ker}\,\chi = \mathrm{Aut}\,(K;L)$, daher hat man einen Isomorphismus

$$\mathrm{Aut}\,(K;k)/\mathrm{Aut}\,(K;L) \to \mathrm{Im}\,\chi \subset \mathrm{Aut}\,(L;k)\,.$$

Also folgt unter Verwendung von *2) a)*

$$\mathrm{ord}\,\mathrm{Aut}\,(L;k) \geq \mathrm{ord}\,\mathrm{Im}\,\chi = \mathrm{ind}\,(\mathrm{Aut}\,(K;k) : \mathrm{Aut}\,(K;L)) = [L : k]\,.$$

Da $\mathrm{ord}\,\mathrm{Aut}\,(L;k) \leq [L : k]$ nach 3.4.3, folgt

$$\mathrm{ord}\,\mathrm{Aut}\,(L;k) = [L : k] \quad \text{und} \quad \mathrm{Aut}\,(L;k) \cong \mathrm{Aut}\,(K;k)/\mathrm{Aut}\,(K;L)\,.$$

3.4.6 Beispiele

Das Ergebnis des Hauptsatzes über die Korrespondenz der Zwischenkörper von $K \supset k$ und der Untergruppen von $G = \operatorname{Aut}(K;k)$ wollen wir nun ganz explizit ausführen an den schon in 3.2.4 und 3.4.2 behandelten Beispielen 1 bis 6. Dabei beschreibt $K \supset \mathbb{Q}$ stets den Zerfällungskörper des behandelten Polynoms $f \in \mathbb{Q}[X]$.

Beispiel 1 Für $f := X^2 + 1 \in \mathbb{Q}[X]$ ist $K = \mathbb{Q}(\mathbf{i})$ und $G = \operatorname{Aut}(K;\mathbb{Q}) \cong Z_2$. Da es in G keine echten Untergruppen gibt, hat $\mathbb{Q}(\mathbf{i}) \supset \mathbb{Q}$ auch keine echten Zwischenkörper. Das folgt natürlich auch schon aus $[\mathbb{Q}(\mathbf{i}) : \mathbb{Q}] = 2$ und der Gradformel.

Beispiel 2 Für $f := X^2 - 2 \in \mathbb{Q}[X]$ und $K = \mathbb{Q}(\sqrt{2})$ gibt es wie bei Beispiel 1 keine echten Zwischenkörper in $\mathbb{Q}(\sqrt{2}) \supset \mathbb{Q}$.

Beispiel 3 Für $f := (X^2 - 2)(X^2 - 3) \in \mathbb{Q}[X]$ ist $K = \mathbb{Q}(\sqrt{2}, \sqrt{3})$ und $G = \{\operatorname{id}_K, \varphi, \psi, \varphi\psi\}$ mit $\operatorname{ord} \varphi = \operatorname{ord} \psi = \operatorname{ord} \varphi\psi = 2$ ist eine Kleinsche Vierergruppe, wobei φ und ψ in Beispiel 3 aus 3.4.2 erklärt sind. G hat die drei nicht-trivialen Untergruppen

$$H_1 = \operatorname{Erz}\varphi, \quad H_2 = \operatorname{Erz}\psi \quad \text{und} \quad H_3 = \operatorname{Erz}\varphi\psi.$$

Dementsprechend gibt es in $K \supset \mathbb{Q}$ die drei nicht-trivialen Zwischenkörper

$$L_1 = \operatorname{Fix}(K;H_1), \quad L_2 = \operatorname{Fix}(K;H_2) \quad \text{und} \quad L_3 = \operatorname{Fix}(K;H_3).$$

Um sie explizit zu bestimmen, muss man etwas arbeiten.

Aus $\varphi(\sqrt{2}) = \sqrt{2}$, $\varphi(\sqrt{3}) = -\sqrt{3}$, $\psi(\sqrt{2}) = -\sqrt{2}$, $\psi(\sqrt{3}) = \sqrt{3}$ und $(\varphi \circ \psi)(\sqrt{6}) = \sqrt{6}$ folgt

$$\mathbb{Q}(\sqrt{2}) \subset L_1, \quad \mathbb{Q}(\sqrt{3}) \subset L_2 \quad \text{und} \quad \mathbb{Q}(\sqrt{6}) \subset L_3.$$

Nach dem Endlichkeits-Satz aus 3.4.3 ist $[K : L_i] = \operatorname{ord} H_i = 2$ für $i = 1, 2, 3$. Nach der Gradformel folgt

$$[K : \mathbb{Q}(a)] = 2 \quad \text{aus} \quad [\mathbb{Q}(a) : \mathbb{Q}] = 2 \quad \text{für} \quad a = \sqrt{2}, \sqrt{3}, \sqrt{6},$$

also ist $L_1 = \mathbb{Q}(\sqrt{2})$, $L_2 = \mathbb{Q}(\sqrt{3})$ und $L_3 = \mathbb{Q}(\sqrt{6})$.

Beispiel 4 Für $f := X^3 - 2 \in \mathbb{Q}[X]$ ist $K = \mathbb{Q}(a, \zeta)$ mit $a = \sqrt[3]{2} \in \mathbb{R}$ und $\zeta = \exp\left(\frac{2\pi\mathbf{i}}{3}\right) \in \mathbb{C}$. Nach 3.4.2 ist

$$G = \{\operatorname{id}_K, \varphi, \varphi^2, \psi, \varphi\psi, \varphi^2\psi\} = \mathcal{S}_3, \quad \text{wobei}$$

$$\varphi(\zeta) = \zeta \quad \text{und} \quad \varphi(a) = \zeta a, \quad \text{sowie} \quad \psi(a) = a \quad \text{und} \quad \psi(\zeta) = \zeta^2.$$

Einige Fixkörper hatten wir schon in 3.4.3 bestimmt. Nun sollen alle echten Zwischenkörper von $K \supset \mathbb{Q}$ ermittelt werden, dazu benötigt man alle echten Untergruppen $H_i < G$. Da $\operatorname{ord} G = 6$ muss $\operatorname{ord} H_i = 2$ oder 3, also ist H_i zyklisch sein. Der erste Kandidat ist

$$H_1 := \operatorname{Erz}(\varphi) = \operatorname{Erz}(\varphi^2) \quad \text{mit} \operatorname{ord} H_1 = 3.$$

Wie wir schon in 3.4.3 gesehen hatten, ist $L_1 := \operatorname{Fix}(K;H_1) = \mathbb{Q}(\zeta)$.

Es bleiben die drei weiteren zyklischen Untergruppen

$$H_2 = \operatorname{Erz}(\psi), \quad H_3 = \operatorname{Erz}(\varphi\psi) \quad \text{und} \quad H_4 = \operatorname{Erz}(\varphi^2\psi).$$

Für die Operation von ψ, $\varphi\psi$ und $\varphi^2\psi$ gilt:

$$\boldsymbol{\psi(a) = a}, \qquad \psi(\zeta a) = \zeta^2 a, \qquad \psi(\zeta^2 a) = \zeta a,$$

$$(\varphi\psi)(a) = \zeta a, \qquad (\varphi\psi)(\zeta a) = a, \qquad \boldsymbol{(\varphi\psi)(\zeta^2 a) = \zeta^2 a},$$

$$(\varphi^2\psi)(a) = \zeta^2 a, \qquad \boldsymbol{(\varphi^2\psi)(\zeta a) = \zeta a}, \qquad (\varphi^2\psi)(\zeta^2 a) = a.$$

Also ist $\operatorname{ord}\psi = \operatorname{ord}\psi\varphi = \operatorname{ord}\psi\varphi^2 = 2$ und es folgt

$$L_2 := \operatorname{Fix}(K; H_2) = \mathbb{Q}(a), \quad L_3 := \operatorname{Fix}(K; H_3) = \mathbb{Q}(\zeta^2 a) \quad \text{und} \quad L_4 := \operatorname{Fix}(K; H_4) = \mathbb{Q}(\zeta a).$$

Für L_2 hatten wir das schon in 3.4.3 gezeigt. Für L_3 und L_4 geht es analog, denn $X^3 - 2$ ist das gemeinsame Minimalpolynom von a, ζa und $\zeta^2 a$ über $\mathbb{Q}$.

Man beachte, dass die von Transpositionen erzeugten Untergruppen H_2, H_3 und H_4 von $G \cong \mathcal{S}_3$ keine Normalteiler sind. Dem entsprechend sind die Körpererweiterungen $L_i \supset \mathbb{Q}$ für $i = 2, 3, 4$ nicht galoissch. Schematisch ergibt sich folgende Beziehung:

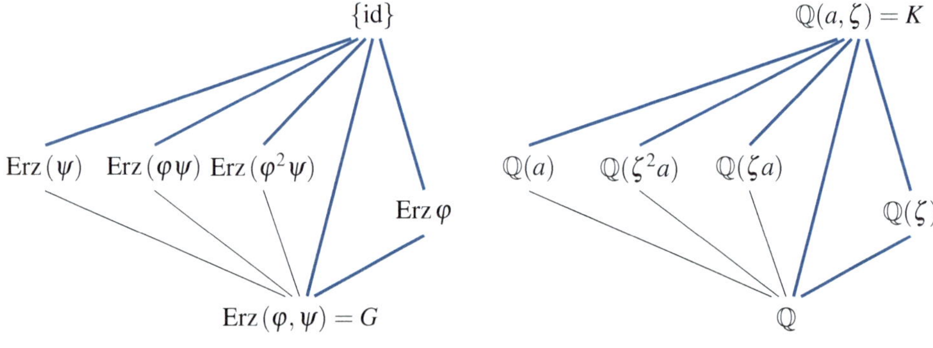

Dabei werden die Untergruppen von oben nach unten größer, die Zwischenkörper kleiner. Blaue Verbindungsstriche bedeuten Normalteiler bzw. Galois-Erweiterungen. Nach dem Hauptsatz gibt es keine weiteren Zwischenkörper, was nicht ganz selbstverständlich ist.

Beispiel 5 Für $f := X^4 - 2$ ist $K = \mathbb{Q}(a, \mathbf{i}) \subset \mathbb{C}$ mit $a := \sqrt[4]{2} \in \mathbb{R}_+$ und die Galoisgruppe ist gegeben durch

$$G = \{\operatorname{id}_K, \varphi, \varphi^2, \varphi^3, \psi, \varphi\psi, \varphi^2\psi, \varphi^3\psi\},$$

wobei

$$\varphi(\mathbf{i}) = \mathbf{i} \quad \text{und} \quad \varphi(a) = \mathbf{i}a, \quad \text{sowie} \quad \psi(a) = a \quad \text{und} \quad \psi(\mathbf{i}) = -\mathbf{i}.$$

Nach dem Hauptsatz der Galois-Theorie kann man die Bestimmung der Zwischenkörper von $K \supset \mathbb{Q}$ zurückführen auf die Bestimmung aller Untergruppen $H < G$. Dieses Beispiel soll vor allem zeigen, dass dafür einige Arbeit erforderlich sein kann.

Im ersten Teil muss man alle Untergruppen $H < G$ bestimmen. Um die Rechnungen einfacher zu machen, nummerieren wir die Nullstellen von f mit

$$\{a, \mathbf{i}a, -a, -\mathbf{i}a\} \sim \{1, 2, 3, 4\};$$

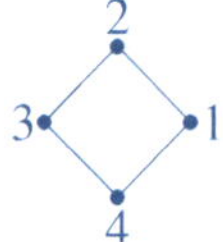

dann kann man G als Untergruppe von $\mathcal{S}_4$ ansehen und es bestehen die Beziehungen

$$\varphi \sim (1,2,3,4), \quad \varphi^2 \sim (1,3)\cdot(2,4), \quad \varphi^3 = \varphi^{-1} \sim (4,3,2,1),$$
$$\psi \sim (2,4), \quad \varphi\psi \sim (1,2)\cdot(3,4), \quad \varphi^2\psi = (1,3), \quad \varphi^3\psi \sim (1,4)\cdot(2,3).$$

Daraus ergeben sich 6 verschiedene echte zyklische Untergruppen von G:

$$H_1 := \mathrm{Erz}\,(\varphi) = \mathrm{Erz}\,(\varphi^3) \quad \text{mit} \quad \mathrm{ord}\,H_1 = 4, \quad \text{sowie}$$

$$H_2 := \mathrm{Erz}\,(\varphi^2), \ H_3 := \mathrm{Erz}\,(\psi), \ H_4 := \mathrm{Erz}\,(\varphi\psi), \ H_5 := \mathrm{Erz}\,(\varphi^2\psi) \ \text{und} \ H_6 := \mathrm{Erz}\,(\varphi^3\psi)$$

$$\text{mit ord}\,H_i = 2 \quad \text{für } i = 2,...,6.$$

Weiter gibt es die zwei Kleinschen Vierergruppen

$$H_7 := \mathrm{Erz}\,(\varphi^2,\psi) = \{\mathrm{id}_K, \varphi^2, \psi, \varphi^2\psi\} \quad \text{und} \quad H_8 := \mathrm{Erz}\,(\varphi^2,\varphi\psi) = \{\mathrm{id}_K, \varphi^2, \varphi\psi, \varphi^3\psi\}.$$

Durch elementare Rechnungen mit Permutationen kann man leicht zeigen, dass es keine weiteren echten Untergruppen von G gibt.

Um die Fixkörper $L_i := \mathrm{Fix}\,(K; H_i)$ zu bestimmen, verwenden wir wieder den Endlichkeitssatz aus 3.4.3 und die Gradformel.

$L_1 := \mathrm{Fix}\,(K; \mathrm{Erz}\,(\varphi))$: Aus $\varphi(\mathbf{i}) = \mathbf{i}$ folgt $\mathbb{Q}(\mathbf{i}) \subset L_1$ und wegen $[K : L_1] = 4$ folgt $[L_1 : \mathbb{Q}] = 2$, also gilt
$L_1 = \mathbb{Q}(\mathbf{i})$.

$L_2 := \mathrm{Fix}\,(K; \mathrm{Erz}\,(\varphi^2))$: Aus $\varphi^2(\mathbf{i}) = \mathbf{i}$ und $\varphi^2(a^2) = a^2$ folgt $\mathbb{Q}(a^2, \mathbf{i}) \subset L_2$. Wegen $[K : L_2] = 2$ folgt $[L_2 : \mathbb{Q}] = 4$, wegen $[\mathbb{Q}(a^2, \mathbf{i}) : \mathbb{Q}] > 2$ gilt
$L_2 = \mathbb{Q}(a^2, \mathbf{i})$.

$L_3 := \mathrm{Fix}\,(K; \mathrm{Erz}\,(\psi)$: Aus $\psi(a) = a$ folgt $\mathbb{Q}(a) \subset L_3$ und wegen $[K : L_3] = 2$ sowie wegen $[\mathbb{Q}(a) : \mathbb{Q}] = 4$ gilt
$L_3 = \mathbb{Q}(a)$.

$L_4 := \mathrm{Fix}\,(K; \mathrm{Erz}\,(\varphi\psi))$: Aus $(\varphi\psi)(a) = \mathbf{i}a$ und $(\varphi\psi)(\mathbf{i}a) = a$ folgt $\mathbb{Q}(a + \mathbf{i}a) \subset L_4$. Da $[K : L_4] = 2$ und da $X^4 + 8$ nach Beispiel 3 in 3.4.3 das Minimalpolynom von $a + \mathbf{i}a$ über $\mathbb{Q}$ ist, gilt
$L_4 = \mathbb{Q}(a + \mathbf{i}a)$.

$L_5 := \mathrm{Fix}\,(K; \mathrm{Erz}\,(\varphi^2\psi))$: Aus $(\varphi^2\psi)(\mathbf{i}a) = \mathbf{i}a$ folgt folgt $\mathbb{Q}(\mathbf{i}a) \subset L_5$. Da $[K : L_5] = 2$ und da $X^4 - 2$ das Minimalpolynom von $\mathbf{i}a$ über $\mathbb{Q}$ ist, gilt
$L_5 = \mathbb{Q}(\mathbf{i}a)$.

$L_6 := \mathrm{Fix}\,(K; \mathrm{Erz}\,(\varphi^3\psi))$: Aus $(\varphi^3\psi)(a) = -\mathbf{i}a$ und $(\varphi^3\psi)(-\mathbf{i}a) = a$ folgt $(\varphi^3\psi)(a - \mathbf{i}a)$ $= a - \mathbf{i}a$, also $\mathbb{Q}(a - \mathbf{i}a) \subset L_6$. Daher folgt wie bei L_4 schließlich
$L_6 = \mathbb{Q}(a - \mathbf{i}a)$.

$L_7 := \mathrm{Fix}\,(K; \mathrm{Erz}\,(\varphi^2, \psi))$: Aus $\varphi^2(a) = -a$, $\psi(a) = a$ und $(\varphi^2\psi)(a) = -a$ folgt $\mathbb{Q}(a^2) \subset L_7$. Da $[K : L_7] = 4$ und da $X^2 - 2$ das Minimalpolynom von $a^2 = \sqrt{2}$ über $\mathbb{Q}$ ist, gilt
$L_7 = \mathbb{Q}(a^2)$.

$L_8 := \mathrm{Fix}\,(K; \mathrm{Erz}\,(\varphi^2, \varphi\psi))$ Aus $\varphi^2(\mathbf{i}a^2) = \mathbf{i}a^2$ folgt $\mathbb{Q}(\mathbf{i}a^2) \subset L_8$. Da $[K : L_8] = 4$ und da $X^2 + 2$ das Minimalpolynom von $\mathbf{i}a^2 = \mathbf{i}\sqrt{2}$ über $\mathbb{Q}$ ist, gilt
$L_8 = \mathbb{Q}(\mathbf{i}a^2)$.

Schematisch lässt sich die Korrespondenz von Untergruppen und Zwischenkörpern mit den folgenden Diagrammen beschreiben:

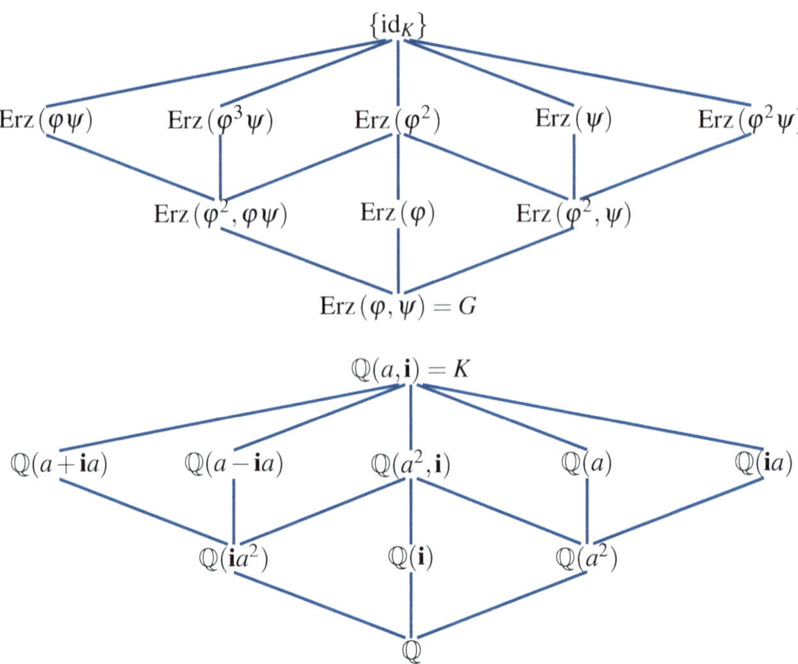

Was die Frage nach Normalteilern und dementsprechend Galois-Erweiterungen angeht, ist die Situation komplizierter als im vorherigen Beispiel 4. Alle durch einen direkten Verbindungsstrich markierten Untergruppen sind auch Normalteiler:

Da $K \supset \mathbb{Q}$ galoissch ist, sind nach dem Korollar aus 3.4.4 die Erweiterungen $K \supset L_i$ für alle i galoissch. Für die Erweiterungen $L_i \supset \mathbb{Q}$ ist die Situation komplizierter.

Für $i = 1, 7, 8$ sind die Erweiterungen $L_i \supset \mathbb{Q}$ mit $[L_i : \mathbb{Q}] = 2$ galoissch, denn die die Untergruppen $H_i < G$ sind vom Index 2, also Normalteiler.

Für $i = 3, 4, 5, 6$ sind die Erweiterungen $L_i \supset \mathbb{Q}$ mit $[L_i : \mathbb{Q}] = 4$ nicht galoissch, denn die Untergruppen $H_i < G$ vom Index 4 sind keine Normalteiler. Das kann man leicht durch Konjugation ihrer erzeugenden Elemente mit φ sehen. Dagegen sind die Erweiterungen

$$L_3 \supset L_7, \quad L_5 \supset L_7 \quad \text{und} \quad L_4 \supset L_8, \quad L_6 \supset L_8$$

vom Grad 2 galoissch, denn die entsprechenden Untergruppen H_i sind ineinander vom Index 2, also Normalteiler (vgl. Beispiel 3 aus 3.4.4).

Für $i = 2$ ist $L_2 = \mathbb{Q}(a^2, \mathbf{i}) \supset \mathbb{Q}$ mit $[L_2 : \mathbb{Q}] = 4$ galoissch, denn $H_2 = \text{Erz}(\varphi^2) \lhd G$ ist Normalteiler. Das folgt sofort aus $\psi\varphi^2\psi = \varphi^2\psi\psi = \varphi^2$. Weiter sieht man, dass L_2 Zerfällungskörper von $X^4 + 1 = (X - \zeta_8)(X - \zeta_8^3)(X - \zeta_8^5)(X - \zeta_8^7)$ ist, das ist das Minimalpolynom von $\zeta_8 = \frac{1}{2}\sqrt{2}(1 + \mathbf{i})$. Mehr dazu in 3.5.6.

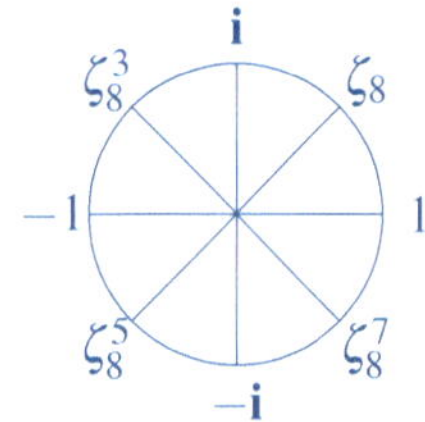

Beispiel 6 Für $f := X^4 + X^3 + X^2 + X + 1 \in \mathbb{Q}[X]$ ist $K = \mathbb{Q}(\zeta) \subset \mathbb{C}$ mit $\zeta = \exp\left(\frac{2\pi i}{5}\right)$ und

$$G = \{\varphi_1, \varphi_2, \varphi_3, \varphi_4\} \quad \text{mit} \quad \varphi_n(\zeta) = \zeta^n.$$

Da $\operatorname{ord}\varphi_1 = 1$, $\operatorname{ord}\varphi_2 = \operatorname{ord}\varphi_3 = 4$, $\operatorname{ord}\varphi_4 = 2$ und $\operatorname{ord}G = 4$ ist G zyklisch und

$$H := \operatorname{Erz}(\varphi_4) = \{\varphi_1, \varphi_4\}$$

ist die einzige nicht triviale Untergruppe von G. Für $L := \operatorname{Fix}(K, H)$ gilt $[L : \mathbb{Q}] = 2$.
Da $\varphi_4(\zeta + \zeta^4) = \zeta^4 + \zeta^{16} = \zeta^4 + \zeta$ und $\varphi_4(\zeta^2 + \zeta^3) = \zeta^8 + \zeta^{12} = \zeta^3 + \zeta^2$, ist

$$L = \mathbb{Q}(\zeta + \zeta^4) = \mathbb{Q}(\zeta^2 + \zeta^3).$$

Dabei sind die beiden primitiven Elemente $c = \zeta + \zeta^4$ und $c' = \zeta^2 + \zeta^3$ von $L \supset \mathbb{Q}$ die Nullstellen von $g := X^2 + X - 1$ (vgl. dazu Beispiel 6 aus 3.1.6). Also ist L Zerfällungskörper von g über $\mathbb{Q}$. Nach dem Hauptsatz aus 3.4.5 ist L der einzige echte Zwischenkörper von $\mathbb{Q}(\zeta) \supset \mathbb{Q}$. Da $c = \frac{1}{2}(-1 + \sqrt{5})$ und $c' = \frac{1}{2}(-1 - \sqrt{5})$ ist $L = \mathbb{Q}(\sqrt{5}) \subset \mathbb{R}$ ein reell-quadratischer Zahlkörper (vgl. 2.4.1).

3.4.7 Der Fundamentalsatz der Algebra*

Dass der Körper $\mathbb{C}$ der komplexen Zahlen algebraisch abgeschlossen ist, hatten wir in 3.1.8 mit Hilfsmitteln der komplexen Funktionentheorie bewiesen. Es gibt unzählige andere Beweise dieses Satzes, allein GAUSS hat beginnend mit seiner Dissertation aus dem Jahr 1799 [Ga$_1$] bis 1849 insgesamt vier verschiedene Beweise gegeben (vgl. [W$_2$, Ch. 5]). Wir reproduzieren hier die ersten beiden Abschnitte aus der Dissertation in der etwas pathetischen deutschen Übersetzung.

Neuer Beweis des Satzes,

dass jede algebraische rationale ganze Function einer Veränderlichen in reelle Factoren des ersten oder zweiten Grades zerlegt werden kann

von

C. F. Gauss.

1.

Jede bestimmte algebraische Gleichung kann auf die Form

$$x^m + A x^{m-1} + B x^{m-2} + \ldots + M = 0$$

gebracht werden, wobei m eine ganze positive Zahl ist. Wenn wir die linke Seite dieser Gleichung mit X bezeichnen und annehmen, dass der Gleichung $X = 0$ durch mehrere von einander verschiedene Werthe von x genüge geleistet werde, etwa indem man $x = \alpha$, $x = \beta$, $x = \gamma$, ... setzt, dann wird die Function X durch das Product der Factoren $x - \alpha$, $x - \beta$, $x - \gamma$, ... theilbar sein. Wenn umgekehrt die Function X durch das Product mehrerer linearer Factoren $x - \alpha$, $x - \beta$, $x - \gamma$, ... theilbar ist, dann wird der Gleichung $X = 0$ genüge geleistet, indem man x einer jeden Grösse α, β, γ, ... gleich setzt. Wenn endlich X dem Producte aus m solchen linearen Factoren gleich ist, (mögen diese nun sämmtlich unter einander verschieden oder mögen einige derselben einander gleich sein), dann kann X ausser diesen Functionen keinen anderen linearen Factor besitzen. Deshalb kann eine Gleichung $m$ten Grades nicht mehr als m Wurzeln haben, zugleich aber wird es klar, dass eine Gleichung $m$ten Grades w e n i g e r Wurzeln haben kann, wenngleich X in m lineare Factoren zerlegbar ist: denn, wenn einige dieser Factoren einander gleich sind, dann ist die Anzahl der verschiedenen Arten, die Gleichung zu befriedigen, nothwendig geringer als m. Dennoch haben es die Mathematiker aus formalen Gründen vorgezogen, zu sagen, dass auch in diesem Falle die Gleichung m Wurzeln habe, und dass nur einige derselben einander gleich werden: diese Ausdrucksweise durften sie sich überall gestatten.

2.

Das bisher Besprochene wird in den Lehrbüchern der Algebra auf ausreichende Art bewiesen; es verstösst auch nirgend gegen die mathematische Strenge. Doch scheint es, als ob die Analytiker etwas zu übereilt und ohne vorausgehenden gründlichen Beweis denjenigen Lehrsatz aufgenommen hätten, auf welchem sich fast die gesammte Lehre von den Gleichungen aufbaut, dass näm lich eine jede solche Function wie X stets in m line are Factoren zerlegt werden könne, oder, was hiermit völlig übereinstimmt, dass jede Gleichung $m$ten Grades wirklich m Wurzeln besitze. Da man bereits bei den Gleichungen zweiten Grades sehr häufig auf solche Fälle stiess, welche diesem Satze widersprachen, so waren die Algebraiker gezwungen, um jene Fälle diesem Theorem unterordnen zu können, eine gewisse imaginäre Grösse zu ersinnen, deren Quadrat -1 ist; dann erkannten sie, dass, wenn Grössen von der Form $a + b\sqrt{-1}$ ebenso wie reelle zugelassen werden, der Lehrsatz nicht allein für Gleichungen zweiten Grades wahr sei, sondern auch für cubische und biquadratische. Es liess sich jedoch hieraus auf keine Weise folgern, dass durch die Zulassung von Grössen der Form $a + b\sqrt{-1}$ jeder Gleichung fünften oder höheren Grades genügt werden könne, oder, wie man sich meistens ausdrückt, (obgleich ich diesen bedenklichen Ausdruck nicht gutheissen kann), dass die Wurzeln jeder Gleichung auf die Form $a + b\sqrt{-1}$ gebracht werden können. Dieser Satz unterscheidet sich dem Wesen der Sache nach in nichts von dem in der Ueberschrift angegebenen: es bildet das Ziel der vorliegenden Abhandlung, einen neuen, strengen Beweis desselben zu geben.

Uebrigens wurden seit jener Zeit, in welcher die Analytiker erkannten, es gäbe unendlich viele Gleichungen, die überhaupt nur Wurzeln besitzen, wenn Grössen der Form $a + b\sqrt{-1}$ zugelassen werden, derartig erdachte Grössen als eine ganz besondere Grössenart, welche man zum Unterschied von den r e e l l e n Grössen i m a g i n ä r e nannte, betrachtet und in die gesammte Analysis eingeführt. Mit welchem Rechte dies geschehen sei, will ich hier nicht erörtern. — Meinen Beweis werde ich ohne jede Benutzung imaginärer Grössen durchführen; obschon auch ich mir dieselbe Freiheit gestatten könnte, deren sich alle neueren Analytiker bedient haben.

In den folgenden Abschnitten der Einleitung zerlegt GAUSS erst einmal die Arbeiten zum Fundamentalsatz von D'ALEMBERT, EULER, FONCENEX und LAGRANGE. Die Einleitung schließt mit dem Absatz:

> Nachdem wir so ordentlich und genau alles bisher Veröffentlichte erwogen haben, hoffe ich, dass ein neuer auf völlig anderen Grundsätzen beruhender Beweis unseres überaus wichtigen Satzes den Kundigen erwünscht sein werde. Ich schreite zur Darlegung desselben.

In 3.1.8 hatten wir den wohl kürzesten Beweis mit Hilfe des Satzes von LIOUVILLE angegeben. Es gibt auch Beweise mit topologischen Argumenten, die zeigen, dass jedes komplexe Polynom eine surjektive Abbildung von $\mathbb{C}$ auf sich ergibt. Jedes Urbild des Ursprungs ist eine Nullstelle. Als Kontrast reproduzieren wir noch zwei Beweise, die mit einem Minimum an Analysis auskommen.

Fundamentalsatz   *Ist $f \in \mathbb{C}[X]$ mit $\deg f \geq 1$, so gibt es ein $z \in \mathbb{C}$ mit $f(z) = 0$.*

Dabei benutzen wir folgende Hilfsaussagen:

1 *Es genügt zu zeigen, dass es für jedes $f \in \mathbb{R}[X]$ ein $z \in \mathbb{C}$ gibt mit $f(z) = 0$.*

2 *Ist $f \in \mathbb{R}[X]$ mit ungeradem Grad, so gibt es ein $x \in \mathbb{R}$ mit $f(x) = 0$.*

3 *Ist $f \in \mathbb{C}[X]$ mit $\deg f = 2$, so gibt es ein $z \in \mathbb{C}$ mit $f(z) = 0$.*

Zunächst *beweisen* wir die Hilfsaussagen.

1   Sei $g \in \mathbb{C}[X]$ mit $\deg g \geq 1$. Um eine Nullstelle von g in $\mathbb{C}$ zu finden, betrachten wir das Polynom $\overline{g} \in \mathbb{C}[X]$, bei dem alle Koeffizienten komplex konjugiert sind. Für

$$f = g \cdot \overline{g} \quad \text{gilt} \quad \overline{f} = \overline{g \cdot \overline{g}} = \overline{g} \cdot g = f\,, \quad \text{also} \quad f \in \mathbb{R}[X]\,.$$

Ist $z \in \mathbb{C}$ mit $f(z) = 0$, so folgt $g(z) \cdot \overline{g}(z) = 0$, also $g(z) = 0$ oder $\overline{g}(z) = 0$. Aus

$$\overline{g}(z) = 0 \quad \text{folgt} \quad 0 = \overline{0} = \overline{\overline{g}(z)} = g(\overline{z})\,.$$

Also ist z oder $\overline{z}$ Nullstelle von g.

2   Das folgt aus dem Zwischenwertsatz der rellen Analysis; denn ist f normiert, so folgt

$$\lim_{x \to +\infty} f(x) = +\infty \quad \text{und} \quad \lim_{x \to -\infty} f(x) = -\infty\,.$$

3   Wir benutzen die Charakterisierung der Anordnung in $\mathbb{R}$ durch

$$a \geq 0 \iff \text{es gibt ein} \quad x \in \mathbb{R} \quad \text{mit} \quad a = x^2\,.$$

Daraus folgt, dass es für jedes $z \in \mathbb{C}$ ein $w \in \mathbb{C}$ gibt mit $z = w^2$:

Ist $z = a + \mathbf{i}b$ mit $a, b \in \mathbb{R}$, so ist $w = x + \mathbf{i}y$ mit $x, y \in \mathbb{R}$ gesucht. Das ergibt die Gleichungen

$$x^2 - y^2 = a \quad \text{und} \quad 2 \cdot xy = b\,, \quad \text{also} \quad x^4 - ax^2 - \frac{b^2}{4} = 0\,.$$

Wir betrachten die Lösungen

$$x^2 = \frac{a}{2} + \frac{1}{2}\sqrt{a^2+b^2} \quad \text{und} \quad y^2 = -\frac{a}{2} + \frac{1}{2}\sqrt{a^2+b^2}\,,$$

bei denen die Wurzeln positiv gewählt, also die rechten Seiten nicht negativ sind. Daher gibt es auch Lösungen $x, y \in \mathbb{R}$, wobei die Vorzeichen von x und y passend zur Bedingung $2xy = b$ gewählt sein müssen.

Ein allgemeines $f = X^2 + \alpha X + \beta \in \mathbb{C}[X]$ hat eine Nullstelle

$$z = -\frac{\alpha}{2} + \frac{1}{2}\sqrt{\alpha^2 - 4\beta}\,,$$

wobei eine komplexe Wurzel aus $\alpha^2 - 4\beta$ wie oben beschrieben berechnet werden kann. ∎

Allgemeiner kann man n-te Wurzeln aus einer komplexen Zahl $z \in \mathbb{C}$ mit Hilfe der Darstellung

$$z = |z| \cdot \exp(\mathbf{i}\varphi) = |z|(\sin\varphi + \mathbf{i}\cos\varphi)$$

berechnen. Man verwendet $\sqrt[n]{|z|} \in \mathbb{R}_+$ und setzt

$$w := \sqrt[n]{|z|} \cdot \exp\left(\frac{\mathbf{i}\varphi}{n}\right).$$

Dann ist $w^n = z$. Weitere Wurzeln findet man durch Multiplikation von w mit Potenzen der primitiven n-ten Einheitswurzel

$$\zeta_n := \exp\left(\frac{2\pi\mathbf{i}}{n}\right).$$

Für $n = 2$ müssen nach der weiter oben beschriebenen Methode nur Quadratwurzeln aus reellen Zahlen gezogen werden. Bei der Rechnung in Polarkoordinaten benötigt man Werte von trigonometrischen Funktionen.

Erster Beweis des Fundamentalsatzes (nach E. ARTIN)   Wir benutzen den Hauptsatz der Galois-Theorie und den ersten Teil der Sätze von SYLOW.
Sei also $f \in \mathbb{R}[X]$ mit $\deg f \geq 1$. Wir werden folgendes Körpergebäude aufstellen:

$$
\begin{array}{ccc}
 & K & \\
\swarrow & & \searrow \\
\mathbb{C} & \subset & L' \\
\cup & & \cup \\
\mathbb{R} & \subset & L
\end{array}
$$

Zunächst sei $K \supset \mathbb{R}$ Zerfällungskörper von $(X^2 + 1) \cdot f$; zu zeigen ist $K = \mathbb{C}$.

Offensichtlich ist $\mathbb{C} \subset K$, und $K \supset \mathbb{R}$ ist galoissch. Für

$$G := \mathrm{Aut}\,(K;\mathbb{R}) \quad \text{ist} \quad \mathrm{ord}\,G = [K : \mathbb{R}]$$

Da $[\mathbb{C} : \mathbb{R}] = 2$, ist $\mathrm{ord}\,G$ gerade. Nun können wir nach 1.6.8 eine 2-Sylowgruppe

$$S < G \quad \text{mit} \quad \mathrm{ord}\,S = 2^r \quad \text{und} \quad r \geq 1$$

finden. Ist $L := \mathrm{Fix}\,(K;S)$, so folgt

$$[L : \mathbb{R}] = \mathrm{ind}\,(G : S) \quad \text{ist ungerade.}$$

Nach dem Satz vom primitiven Element aus 3.3.7 gibt es ein $x \in L$ mit $L = \mathbb{R}(x)$. Das Minimalpolynom $g \in \mathbb{R}[X]$ von x hat ungeraden Grad, also nach Hilfsaussage 1 eine Nullstelle in $\mathbb{R}$. Also muss $\deg g = 1$ und $x \in \mathbb{R}$ sein; es folgt

$$L = \mathbb{R}, \; G = S \quad \text{und} \quad \mathrm{ord}\,G = 2^r \quad \text{mit} \quad r \geq 1.$$

Nun ist auch $K \supset \mathbb{C}$ galoissch, es sei

$$H := \mathrm{Aut}\,(K;\mathbb{C}) < G \quad \text{mit} \quad \mathrm{ord}\,H = 2^{r-1}.$$

Zu zeigen bleibt $r = 1$. Angenommen $r \geq 2$; dann gibt es nach dem Lemma aus 1.6.7 eine Untergruppe

$$H' < H \quad \text{mit} \quad \mathrm{ord}\,H' = 2^{r-2}.$$

Ist $L' := \mathrm{Fix}\,(K;H')$, so folgt $[L' : \mathbb{C}] = 2$ im Widerspruch zu Hilfsaussage 3.   ■

Zweiter Beweis des Fundamentalsatzes (er wird LAGRANGE zugeschrieben) Wir benutzen nur etwas Galois-Theorie.

Ist $f \in \mathbb{R}[X]$ normiert mit $n := \deg f$, so sei $n = 2^r \cdot m$ mit ungeradem m. Wir führen Induktion über r, der Fall $r = 0$ folgt aus Hilfsaussage 2.

Sei also $r > 0$ und $K \supset \mathbb{C} \supset \mathbb{R}$ der Zerfällungskörper von $(X^2 + 1) \cdot f \in \mathbb{R}[X]$. Dann ist $K \supset \mathbb{R}$ galoissch und

$$f = (X - x_1) \cdot \ldots \cdot (X - x_n) \in K[X].$$

Der Kniff besteht darin, einen quadratischen Faktor $g \in \mathbb{C}[X]$ von f aufzuspüren. Dazu setzt man für beliebiges $\lambda \in \mathbb{R}$

$$y_{ij}(\lambda) := x_i + x_j + \lambda x_i x_j \in K \quad \text{und} \quad g_\lambda := \prod_{1 \leq i \leq j \leq n} \left(X - y_{ij}(\lambda) \right).$$

Zunächst ist $g_\lambda \in K[X]$. Die Koeffizienten von g_λ sind invariant unter allen Permutationen der Nullstellen $x_1, \ldots, x_n$, also enthalten in

$$\mathrm{Fix}\,(K; \mathrm{Aut}\,(K;\mathbb{R})) = \mathbb{R}.$$

Somit ist $g_\lambda \in \mathbb{R}[X]$ für alle $\lambda \in \mathbb{R}$. Den Gewinn erkennt man an der Rechnung

$$\deg g_\lambda = \tfrac{1}{2} n(n+1) = 2^{r-1} \cdot m(n+1).$$

Für $r \geq 1$ ist $n + 1$ ungerade, also $m(n+1)$ ungerade. Also hat nach Induktionsannahme g_λ für jedes $\lambda \in \mathbb{R}$ eine komplexe Nullstelle. Da die Nullstellen von g_λ in K vorgegeben sind, bedeutet das Folgendes:

$$\text{Zu } \lambda \in \mathbb{R} \text{ gibt es } i, j \in \{1, \ldots, n\} \text{ mit } y_{ij}(\lambda) \in \mathbb{C}.$$

Da es unendlich viele $\lambda \in \mathbb{R}$, aber nur endlich viele Paare (i,j) gibt, kann man $\lambda,\mu \in \mathbb{R}$ und ein Paar (i,j) finden, so dass $\lambda \neq \mu$ und

$$y_{ij}(\lambda) = x_i + x_j + \lambda x_{ij} \in \mathbb{C} \quad \text{und}$$
$$y_{ij}(\mu) = x_i + x_j + \mu x_{ij} \in \mathbb{C}.$$

Daraus folgt zunächst $x_i x_j \in \mathbb{C}$, somit $x_i + x_j \in \mathbb{C}$. Das quadratische Polynom

$$g := (X - x_i)(X - x_j) = X^2 - (x_i + x_j)X + x_i x_j \in \mathbb{C}[X]$$

hat nach Hilfsaussage 3 komplexe Nullstellen, also ist $x_i, x_j \in \mathbb{C}$ und $f(x_i) = f(x_j) = 0$. ∎

Wir vermerken noch eine direkte Folgerung aus den Hilfsaussagen 1 und 3:

Korollar *Der Fundamentalsatz der Algebra in der komplexen Form folgt aus dem entsprechenden Satz in der reellen Form aus 3.1.8.*

3.4.8 Diskriminante und Galois-Gruppe*

Sei k ein Körper, $f \in k[X]$ mit $\deg f = n \geq 1$ und $K \supset k$ Zerfällungskörper von f. Will man die Galois-Gruppe $\mathrm{Gal}\,(f;k) = \mathrm{Aut}\,(K;k)$ bestimmen, so weiß man nach 3.4.2 zunächst, dass

$$\mathrm{Gal}\,(f;k) < \mathcal{S}_n \,, \quad \text{und } n \text{ teilt } \mathrm{ord}\,\mathrm{Gal}\,(f;k),$$

falls f irreduzibel und separabel ist. Eine weitere wichtige Information erhält man mit Hilfe der Diskriminante

$$\Delta(f) = \delta^2 \in k \quad \text{mit} \quad \delta := \prod_{1 \leq i < j \leq n} (x_i - x_j) \in K \,,$$

wobei $x_1, \ldots, x_n \in K$ die (nicht notwendig verschiedenen) Nullstellen von f sind (vgl. 3.3.10). Ist $\sigma \in \mathrm{Gal}\,(f;k)$ ein Automorphismus von K, so bewirkt er eine Permutation der Nullstellen von f. Es folgt aus der Definition des Signums in Beispiel 6 aus 1.2.2, dass

$$\sigma(\delta) = (\mathrm{sign}\,\sigma) \cdot \delta \,. \tag{$*$}$$

Daraus erhält man den

Satz *Sei* $\mathrm{char}\,(k) = 0$ *und* $f \in k[X]$ *irreduzibel,* $n := \deg f \geq 1$,

$$G := \mathrm{Gal}\,(f;k) < \mathcal{S}_n \,,$$

und $K \supset k$ *der Zerfällungskörper von* f. *Dann gilt:*

a) $\mathrm{Aut}\,(K;k(\delta)) < \mathcal{A}_n$.

b) $G < \mathcal{A}_n \Leftrightarrow \delta \in k$.

Beweis Zunächst folgt aus $\mathrm{char}\,(k) = 0$, dass $\delta \neq 0$ (vgl. 3.3.2).

a) Ist $\sigma \in \mathrm{Aut}\,(K;k(\delta))$, so folgt $\sigma(\delta) = \delta$, also $\mathrm{sign}\,\sigma = +1$ und $\sigma \in \mathcal{A}_n$.

b) Ist $\delta \notin k = \mathrm{Fix}\,(K;G)$ (vgl. 3.4.5), so gibt es ein $\sigma \in G$ mit

$$\sigma(\delta) \neq \delta\,, \quad \text{also}\ \ \sigma(\delta) = -\delta \quad \text{und somit}\quad \sigma \notin \mathcal{A}_n\,.$$

Ist $\delta \in k = \mathrm{Fix}\,(K;G)$, so ist $\sigma(\delta) = \delta$ für alle $\sigma \in G$, also $G < \mathcal{A}_n$. ∎

Diese wichtige Information über die Lage der Galois-Gruppe in $\mathcal{S}_n$ kann man durch Rechnung erhalten: Man prüft, ob $\Delta(f) \in k$ in k ein Quadrat ist. Für $k = \mathbb{R}$ genügt dafür, dass $\Delta(f) > 0$; in $\mathbb{R}[X]$ gibt es aber nach 3.1.8 keine irreduziblen Polynome vom Grad ≥ 3.

Beispiel $f := X^3 - 3X + 1$ ist in $\mathbb{Q}[X]$ irreduzibel (Reduktion mod 2) und

$$\Delta(f) = -(4 \cdot (-3)^3 + 27) = 81 = 9^2$$

(Beispiel 4 aus 3.3.11). Also ist $\mathrm{Gal}\,(f;\mathbb{Q}) \cong \mathcal{A}_3$.

Will man das an den Nullstellen von f und ihren Permutationen ablesen, so muss man etwas rechnen. Wir benutzen

$$\zeta := \exp\left(\frac{2\pi\mathbf{i}}{9}\right)$$

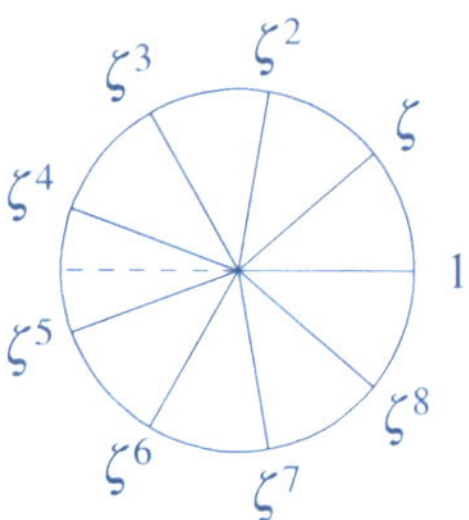

und die anderen 9-ten Einheitswurzeln (vgl. 2.1.9).

Aus den erzeugenden Elementen der zyklischen Gruppe C_9 bilden wir die reellen Summen

$$x_1 := \zeta + \zeta^8 \approx 1.532\,,\quad x_2 := \zeta^2 + \zeta^7 \approx 0.347 \quad \text{und}\quad x_3 := \zeta^4 + \zeta^5 \approx -1.879\,.$$

Eine elementare Rechnung ergibt

$$(X - x_1)(X - x_2)(X - x_3) = X^3 - 3X + 1 = f\,.$$

Dabei wird die Beziehung

$$\zeta + \zeta^2 + \zeta^4 + \zeta^5 + \zeta^7 + \zeta^8 = -(1 + \zeta^3 + \zeta^6) = 0$$

benutzt. Eine weitere elementare Rechnung ergibt

$$x_2 = x_1^2 - 2 \quad \text{und}\quad x_3 = -x_1^2 - x_1 + 2\,.$$

Also ist x_1 ein primitives Element des Zerfällungskörpers $K = \mathbb{Q}(x_1)$ von f. Nach dem Lemma aus 3.4.2 folgt

$$\mathrm{ord}\,\mathrm{Gal}\,(f;\mathbb{Q}) = \deg f = 3\,,\quad \text{also}\ \ \mathrm{Gal}\,(f;\mathbb{Q}) \cong \mathcal{A}_3 \cong Z_3\,.$$

Das Polynom $X^3 - 3X + 1$ wird in 3.6.4 bei der Frage nach der Konstruierbarkeit des regelmäßigen Neunecks und der Dreiteilung des Winkels von $120°$ wieder auftauchen.

3.4.9 Galois-Theorie endlicher Körper*

Die Ergebnisse der Galois-Theorie hatten wir in 3.4.3 bis 3.4.5 unter der Voraussetzung Charakteristik Null bewiesen, weil dieser Spezialfall wesentlich einfacher darzustellen ist. Ist die Charakteristik positiv, so kann man wenigstens im Fall endlicher Körper die gesamte Galois-Theorie recht elementar und sehr direkt beschreiben, denn für einen endlichen Körper K der Charakteristik p gibt es zwei wesentliche Informationen:

- Die Einheitengruppe $K^{\times}$ ist zyklisch.

- Der Frobenius-Homomorphismus $\varphi : K \to K, x \mapsto x^p$, ergibt nicht nur einen Automorphismus der Gruppe $K^{\times}$, er ist auch ein Körper-Automorphismus.

Daher lassen sich zur Bestimmung der Galois-Gruppen für endliche Körper elementare Eigenschaften zyklischer Gruppen verwenden. Als Ergebnis erhält man folgenden

Satz *Sei p eine Primzahl, $m, d \in \mathbb{N} \setminus \{0\}$ und $n := d \cdot m$. Für die Körpererweiterung $\mathbb{F}_{p^n} \supset \mathbb{F}_{p^m}$ gilt:*

a) $\mathbb{F}_{p^n} \supset \mathbb{F}_{p^m}$ ist galoissch.

b) $\mathrm{Aut}(\mathbb{F}_{p^n}; \mathbb{F}_p) = \mathrm{Aut}(\mathbb{F}_{p^n})$ ist zyklisch von der Ordnung n und erzeugt vom Frobenius-Automorphismus φ.

c) $\mathrm{Aut}(\mathbb{F}_{p^n}; \mathbb{F}_{p^m})$ ist zyklisch von der Ordnung d und erzeugt von φ^m.

Beweis a) $\mathbb{F}_{p^n} \supset \mathbb{F}_p$ ist Zerfällungskörper des nach 3.3.4 separablen Polynoms $X^{p^n} - X$, also galoissch. Daher ist auch $\mathbb{F}_{p^n} \supset \mathbb{F}_{p^m}$ galoissch.

b) Sei $q := p^n$ und $x \in \mathbb{F}_q$ ein erzeugendes Element der zyklischen Gruppe

$$\mathbb{F}_q^{\times} = \{x, x^2, ..., x^{q-2}, x^{q-1} = 1\}.$$

Diese $q - 1$ Elemente sind alle verschieden und es gilt

$$\varphi(x) = x^p, \quad \varphi^2(x) = x^{p^2} \quad \text{und} \quad \varphi^r(x) = x^{p^r}, \quad \text{also} \quad \varphi^n(x) = x^{p^n} = x^q = x.$$

Für $r < n$ ist $\varphi^r(x) \neq x$, also folgt $\mathrm{ord}\,\varphi = n$. Nach Teil *d)* des Fundamental-Lemmas aus 3.4.2 gilt

$$\mathrm{ord}\,\mathrm{Aut}(\mathbb{F}_q) = [\mathbb{F}_q : \mathbb{F}_p] = n, \quad \text{also} \quad \mathrm{Aut}(\mathbb{F}_q) = \mathrm{Erz}(\varphi).$$

c) Wieder nach Teil *d)* des Fundamental-Lemmas aus 3.4.2 ist

$$\mathrm{ord}\,\mathrm{Aut}(\mathbb{F}_{p^n}; \mathbb{F}_{p^m}) = [\mathbb{F}_{p^n} : \mathbb{F}_{p^m}] = d.$$

Nach Teil *b)* ist $\varphi^m(x) = x^{p^m} = x$ für $x \in \mathbb{F}_{p^m}$, also $\varphi^m \in \mathrm{Aut}(\mathbb{F}_{p^n}; \mathbb{F}_{p^m})$ und wegen

$$\mathrm{ord}\,\varphi^m = \frac{\mathrm{ord}\,\varphi}{m} = \frac{n}{m} = d \quad \text{folgt} \quad \mathrm{Aut}(\mathbb{F}_{p^n}; \mathbb{F}_{p^m}) = \mathrm{Erz}(\varphi^m).$$

Nach 1.3.12 kennt man die Untergruppen von Z_n, sie sind von der Form $Z_m < Z_n$, wenn $n = m \cdot d$ und nach 3.3.4 sind alle Zwischenkörper von $\mathbb{F}_{p^n} \supset \mathbb{F}_p$ bekannt, das sind

$$\mathbb{F}_p \subset \mathbb{F}_{p^m} \subset \mathbb{F}_{p^n} \,, \quad \text{wenn} \quad n = m \cdot d.$$

Zusammen mit dem obigen Satz ergibt sich der

Hauptsatz der Galois-Theorie für endliche Körper   *Sei p eine Primzahl und $n \in \mathbb{N} \smallsetminus \{0\}$. Es gibt eine eineindeutige Beziehung zwischen*

i)   *Den Teilern m von n.*

ii)   *Den Untergruppen G von Z_n mit $\operatorname{ord} G = m$.*

iii)   *Den Zwischenkörpern $\mathbb{F}_p \subset L \subset \mathbb{F}_{p^n}$; es ist $L = \mathbb{F}_{p^m}$.*

Ist $\varphi \in \operatorname{Aut}(\mathbb{F}_{p^n}; \mathbb{F}_p)$ der Frobenius-Automorphismus, so gilt mit $d = [\mathbb{F}_{p^n} : \mathbb{F}_{p^m}]$

$$\operatorname{Aut}(\mathbb{F}_{p^n}; \mathbb{F}_{p^m}) = \operatorname{Erz}(\varphi^m) \cong Z_d \,.$$

Da die Zwischenkörper nach dem Struktursatz aus 3.3.4 bekannt sind, ist der Hauptsatz in diesem Fall ohne praktischen Nutzen.

Beispiel   Wir betrachten den ganz einfachen Fall $p = m = d = 2$, und bestimmen die Gruppe $\operatorname{Aut}(\mathbb{F}_{16}; \mathbb{F}_4)$. Ist $x \in \mathbb{F}_{16}^{\times}$ ein erzeugendes Element, so ist

$$\mathbb{F}_{16}^{\times} = \{x, x^2, \ldots, x^{10}, \ldots, x^{14}, x^{15} = 1\} \quad \text{und}$$

$$\varphi(x) = x^2, \quad \varphi^2(x) = x^4, \quad \varphi^3(x) = x^8 \quad \text{und} \quad \varphi^4(x) = x^{16} = x.$$

Also ist $\operatorname{ord} \varphi = 4 = \operatorname{ord} \operatorname{Aut}(\mathbb{F}_{16}; \mathbb{F}_2)$, und somit $\operatorname{Aut}(\mathbb{F}_{16}) = \operatorname{Aut}(\mathbb{F}_{16}; \mathbb{F}_2) = \operatorname{Erz}(\varphi)$. Aus $\mathbb{F}_4 \subset \mathbb{F}_{16}$ folgt $\mathbb{F}_4^{\times} \subset \mathbb{F}_{16}^{\times}$, und wegen $\operatorname{ord} \mathbb{F}_4^{\times} = 3$ sowie $\operatorname{ord} \mathbb{F}_{16}^{\times} = 15$ muss mit $y := x^5$

$$\mathbb{F}_4^{\times} = \operatorname{Erz}(y) = \{y, y^2 = x^{10}, y^3 = x^{15} = 1\} \subset \mathbb{F}_{16}^{\times}$$

sein. Für $\varphi^2 \in \operatorname{Aut}(\mathbb{F}_{16})$ ist $\varphi^2 \neq \operatorname{id}_{\mathbb{F}_{16}}$, da $\varphi^2(x) = x^4$, und

$$\varphi^2(y) = \varphi^2(x^5) = x^{20} = x^5 = y,$$

also ist $\varphi^2 \in \operatorname{Aut}(\mathbb{F}_{16}; \mathbb{F}_4)$. Da $\operatorname{ord} \varphi = 4$ ist $\operatorname{ord} \varphi^2 = \frac{4}{2} = 2$. Schließlich folgt aus

$$\operatorname{ord} \operatorname{Aut}(\mathbb{F}_{16}; \mathbb{F}_4) = [\mathbb{F}_{16} : \mathbb{F}_4] = 2, \quad \text{dass} \quad \operatorname{Aut}(\mathbb{F}_{16}; \mathbb{F}_4) = \operatorname{Erz}(\varphi^2).$$

3.5 Lösung von Polynomgleichungen*

Dieser Paragraph ist der Höhepunkt der klassischen Algebra, die Ergebnisse haben eine Geschichte von mehreren Jahrtausenden. Quadratische Gleichungen konnte man schon sehr lange lösen: mit geometrischen Methoden, die auf 1700 v.Chr. datiert werden und beschrieben in den um 800 n.Chr. entstandenen Büchern von al-KHWARIZMI, der beim Kalifen von Bagdad arbeitete. Eine intensive Beschäftigung mit Gleichungen vom Grad 3 und 4 begann zur Zeit der Renaissance in Italien. Höhepunkt war die 1545 erschienene „Ars magna" von CARDANO [Ca]. Alle Lösungsversuche für allgemeine Gleichungen vom Grad 5 schlugen fehl; um nachweisen zu können, dass es nicht gehen kann, benötigt man fortgeschrittene Techniken der Algebra. Das gelang nach Vorarbeiten von RUFFINI erst 1826 dem norwegischen Mathematiker NIELS HENRIK ABEL. Eine genauere Antwort auf die Frage, wann eine Gleichung höheren Grades „durch Radikale lösbar" ist, gab 1832 der französische Mathematiker ÉVARISTE GALOIS. Mehr zu dieser spannenden Geschichte findet man etwa bei [Be] oder [W_2].

In der Praxis haben Formeln für die Berechnung der Nullstellen aus Koeffizienten mit fest vorgegebenen Werten keine Bedeutung mehr; hier gibt es sehr schnelle numerische Verfahren. Aber in der Theorie können sie hilfreich sein: Etwa dann, wenn die Koeffizienten variabel sind, und die Abhängigkeit der Lösung davon untersucht wird. Aber in erster Linie haben die Anstrengungen zur Lösung der klassischen Probleme die Entwicklung algebraischer Methoden beflügelt und neue, ganz andersartige Anwendungen gefunden.

3.5.1 Quadratische Gleichungen

Das ist altbekannt und wird nur der Vollständigkeit halber wiederholt. Gegeben sei

$$f = aX^2 + bX + c \in k[X] \,, \ \text{mit } a \neq 0 \,,$$

wobei es genügt, $\mathrm{char}\,(k) \neq 2$ vorauszusetzen. Um die Nullstellen von f zu finden, macht man *quadratische Ergänzung*:

$$X^2 + \tfrac{b}{a}X + \left(\tfrac{b}{2a}\right)^2 = -\tfrac{c}{a} + \left(\tfrac{b}{2a}\right)^2 \ \text{ also}$$
$$x_{1,2} = -\tfrac{b}{2a} \pm \tfrac{1}{2a}\sqrt{b^2 - 4ac} \,.$$

Dabei ist

$$\Delta(f) = \frac{b^2 - 4ac}{a^2} = (x_1 - x_2)^2$$

die Diskriminante von f (vgl. Beispiel 3 in 3.3.11). Ist $\Delta(f)$ ein Quadrat in k, so liegen die Nullstellen x_1, x_2 in k.

3.5.2 Kubische Gleichungen

Wir wollen hier die klassischen Lösungsformeln beschreiben und anschließend ihre Beziehung zu den Galois-Gruppen untersuchen.

Sei also k ein Körper mit $\operatorname{char} k = 0$ (genau genommen genügt auch $\operatorname{char} k \neq 2,3$) und

$$f = X^3 + pX + q \in k[X]$$

nach Anwendung der Tschirnhaus-Transformation (3.3.10). Für die Diskriminante gilt nach Beispiel 4 aus 3.3.11

$$\Delta(f) = -(4p^3 + 27q^2)\,,$$

sie wird durch die Tschirnhaus-Transformation nicht verändert.

Weiter ist $\Delta(f) \neq 0$, falls f irreduzibel ist. Falls f reduzibel ist, gibt es bereits eine Nullstelle in k. Für das Problem der Berechnung von Nullstellen wird dieser Fall nicht ausgeschlossen.

Der Trick, der wohl auf S. DAL FERRO und N. TARTAGLIA zurückgeht, besteht darin, für die gesuchte Lösung x den Ansatz

$$x = u + v$$

mit ebenfalls unbekannten u, v zu machen. Dadurch erscheint das Problem zunächst schwieriger zu werden, da zwei Größen u und v mit $f(u+v) = 0$ gesucht sind. Aber die binomische Formel

$$(u+v)^3 = u^3 + 3u^2 v + 3uv^2 + v^3 \quad \text{ergibt}$$
$$(u+v)^3 - 3uv(u+v) - (u^3 + v^3) = 0\,, \quad \text{also}$$
$$f(x) = f(u+v) = 0\,, \text{wenn } -3uv = p \text{ und } -(u^3 + v^3) = q\,.$$

Nun wird sich zeigen, dass es hilft, wenn man zunächst u^3 und v^3 berechnet, das sind die Nullstellen von

$$(Y - u^3) \cdot (Y - v^3) = Y^2 - (u^3 + v^3)Y + u^3 v^3 = Y^2 + qY - \left(\frac{p}{3}\right)^3\,.$$

Aus dem ursprünglichen kubischen Polynom f hat sich also ein quadratisches Polynom

$$g := Y^2 + qY - \left(\frac{p}{3}\right)^3 \in k[Y]$$

ergeben. Dieses „Hilfspolynom" wird auch *quadratische Resolvente* genannt. Nach Beispiel 3 aus 3.3.11 ist

$$\Delta(g) = q^2 + 4\left(\frac{p}{3}\right)^3 = -\frac{1}{27}\Delta(f)\,.$$

Man beachte, dass der Faktor $-\frac{1}{27}$ die Eigenschaft ein Quadrat in k zu sein beim Übergang von f zu g heftig verändert. Aber Lösungen von g kann man berechnen als

$$y_{1,2} = -\frac{q}{2} \pm \frac{1}{2}\sqrt{\Delta(g)} = -\frac{q}{2} \pm \sqrt{\left(\frac{q}{2}\right)^2 + \left(\frac{p}{3}\right)^3}\,.$$

Lösungen für u und v erhält man, indem man dritte Wurzeln zieht und bei deren Wahl die Nebenbedingung beachtet:

$$u = \sqrt[3]{y_1}\,, \; v = \sqrt[3]{y_2}\,, \; \text{so dass } 3uv = -p\,.$$

Für $k = \mathbb{R}$ ergibt sich durch das Vorzeichen von $\Delta(f)$ eine Fallunterscheidung.

$\Delta(f) < 0$: Dann ist $\Delta(g) > 0$, $w := \sqrt{\Delta(g)} \in \mathbb{R}_+$ und da jede reelle Zahl genau eine reelle dritte Wurzel hat, gibt es Lösungen

$$u_1 := \sqrt[3]{\frac{1}{2}(-q+w)} \in \mathbb{R} \, , \; v_1 := \sqrt[3]{\frac{1}{2}(-q-w)} \in \mathbb{R} \, .$$

Weitere Lösungen für u und v erhält man durch Multiplikation mit einer dritten Einheitswurzel, d.h. mit Potenzen von

$$\zeta := \zeta_3 = \exp\left(\frac{2\pi\mathbf{i}}{3}\right) = \frac{1}{2}(-1+\mathbf{i}\sqrt{3}) \, .$$

Wegen der Nebenbedingung $\zeta^r u_1 \cdot \zeta^s v_1 = \zeta^{r+s} u_1 v_1 = -\frac{1}{3}p \in \mathbb{R}$ gibt es insgesamt nur die Lösungen

$$x_1 = u_1 + v_1 \, , \; x_2 = \zeta u_1 + \zeta^2 v_1 \, , \; x_3 = \zeta^2 u_1 + \zeta v_1 \, ,$$

wobei $x_1 \in \mathbb{R}$, $x_2, x_3 \in \mathbb{C} \setminus \mathbb{R}$ mit $\overline{x_2} = x_3$ und $x_1 + x_2 + x_3 = 0$.

Explizit aufgeschrieben lautet die *Formel von* Cardano für die reelle Lösung:

$$x_1 = \sqrt[3]{-\frac{q}{2} + \sqrt{\left(\frac{q}{2}\right)^2 + \left(\frac{p}{3}\right)^3}} + \sqrt[3]{-\frac{q}{2} - \sqrt{\left(\frac{q}{2}\right)^2 + \left(\frac{p}{3}\right)^3}}$$

$\Delta(f) = 0$: Als Lösungen der quadratischen Resolvente g erhält man

$$y_1 = y_2 = -\frac{q}{2} \, ; \quad \text{sei} \quad u = \sqrt[3]{-\frac{q}{2}} \in \mathbb{R} \, .$$

Dann ergeben sich als Nullstellen von f

$$x_1 = u + u = 2u \quad \text{und} \quad x_2 = \zeta u + \zeta^2 u = \zeta^2 u + \zeta u = x_3 \, .$$

Ist $q \neq 0$, so ist $x_1 \neq x_2$ und x_1 ist einfache, x_2 doppelte Nullstelle von f. Für $q = 0$ ist auch $p = 0$, also $x_1 = x_2 = x_3 = 0$ eine dreifache Nullstelle.

$\Delta(f) > 0$: Dann ist $\Delta(g) < 0$ und g hat keine reelle Nullstelle. Daher nennt man dies in der klassischen Literatur den *casus irreducibilis*. Sind $\delta_1, \delta_2 \in \mathbb{C}$ mit $\delta_1 = \delta_2$ die Wurzeln von $\Delta(g) \in \mathbb{R}$, die man nach Hilfsaussage 3 aus 3.4.7 berechnen kann, so sind

$$y_1 = \frac{1}{2}(-q+\delta_1) \quad \text{und} \quad y_2 = \frac{1}{2}(-q+\delta_2) \; \text{mit} \; \overline{y_1} = y_2$$

die nicht reellen komplexen Nullstellen von g. Nun stößt man auf das Problem, aus komplexen Zahlen dritte Wurzeln ziehen zu müssen. Das geht nicht mehr wie in 3.4.7 bei Quadratwurzeln komplexer Zahlen mit Hilfe von Quadratwurzeln reeller Zahlen. Am einfachsten benutzt man Polarkoordinaten:

$$y := |y| \cdot \exp(\mathbf{i}\varphi) = |y| \cdot (\cos\varphi + \mathbf{i}\sin\varphi) \quad \text{und}$$

$$w := \sqrt[3]{|y|} \cdot \exp(\tfrac{\mathbf{i}\varphi}{3}) = \sqrt[3]{|y|} \cdot (\cos\tfrac{\varphi}{3} + \mathbf{i}\sin\tfrac{\varphi}{3}) \, , \; \text{so ist}$$

$$y = w^3 = (\zeta w)^3 = (\zeta^2 w)^3 \, .$$

In den klassischen Verfahren hat man dafür Tabellen für die trigonometrischen Funktionen verwendet. Durch geeignete Auswahl der möglichen Werte erhält man

$$u_i, v_i \in \mathbb{C} \ \text{ mit } \ u_i^3 = y_1 \,, \ v_i^3 = y_2 \,, \ \overline{u_i} = v_i \ \text{ und } \ u_i v_i = -\frac{p}{3} \,.$$

Das ergibt schließlich die drei reellen Lösungen

$$x_i = u_i + v_i \in \mathbb{R} \ \text{ der Gleichung } \ f(x) = 0 \,.$$

Zunächst fassen wir das Ergebnis über die Lage der Nullstellen noch einmal zusammen (vgl. Beispiel 4 aus 3.3.11).

Satz *Sei* $f := X^3 + aX^2 + bX + c \in \mathbb{R}[X]$ *und*

$$\Delta(f) = a^2 b^2 - 4a^3 c - 4b^3 + 18abc - 27c^2$$

die Diskriminante. Dann gilt:

Ist $\Delta(f) > 0$, *so hat* f *drei verschiedene reelle Nullstellen.*

Ist $\Delta(f) = 0$, *so hat* f *drei reelle Nullstellen, mindestens eine davon mehrfach.*

Ist $\Delta(f) < 0$, *so hat* f *eine reelle und zwei verschiedene komplex-konjugierte Nullstellen.* ∎

Es mag auf den ersten Blick verwunderlich erscheinen, dass man im Fall $\Delta(f) > 0$ zur Berechnung der drei reellen Nullstellen x_i von f mit komplexen Zahlen rechnen muss. Der Grund dafür ist die Umkehr des Vorzeichens in

$$\Delta(f) = -27 \Delta(g) \,.$$

Zur Betrachtung der Lösungen aus der Sicht der Galois-Theorie ist es interessanter $f \in \mathbb{Q}[X]$ vorauszusetzen; dann liegen die Nullstellen x_1, x_2, x_3 von f im Zerfällungskörper $K \supset \mathbb{Q}$ von f. Hier ist nur der Fall interessant, in dem f irreduzibel ist. Dann ist

$$[K : \mathbb{Q}] = \begin{cases} 6 & \text{oder} \\ 3 & \end{cases} \quad \text{und} \quad \mathrm{Gal}\,(f; \mathbb{Q}) \cong \begin{cases} \mathcal{S}_3 & \text{oder} \\ \mathcal{A}_3 & \end{cases} .$$

Nach 3.4.8 ist $\mathrm{Gal}\,(f; \mathbb{Q}) \cong \mathcal{A}_3$ genau dann, wenn $\Delta(f) \in \mathbb{Q}$ in $\mathbb{Q}$ ein Quadrat ist, d.h. wenn

$$\delta(f) := (x_1 - x_2) \cdot (x_1 - x_3) \cdot (x_2 - x_3) \in \mathbb{Q} \,.$$

Bei der oben durchgeführten Berechnung der Nullstellen x_i haben wir die dritten Einheitswurzeln benötigt, das sind die Nullstellen von $X^3 - 1$, und die brauchen keine Nullstellen von f zu sein. Will man die Formeln von CARDANO aus der Sicht der Galois-Theorie beleuchten, so ist es angemessen den Zerfällungskörper K' von $f \cdot (X^2 + X + 1)$ zu betrachten. Dann hat man folgendes Diagramm:

$$\begin{array}{ccccccc} K(\zeta) & = & K' & \supset & L & = & \mathbb{Q}(\delta(f), \zeta) \\ & & \cup & & \cup & & \\ \mathbb{Q}(x_1, x_2, x_3) & = & K & \supset & \mathbb{Q}. & & \end{array}$$

Für die Körpergrade gilt nach dem Gradsatz aus 3.1.2

$$[K':K] \text{ teilt } 2\,,\ [L:\mathbb{Q}] \text{ teilt } 4 \text{ und } [K':L]=3\,.$$

Zur Berechnung der x_i benutzt man

$$\delta(g) = \sqrt{\Delta(g)} = y_1 - y_2 \quad \text{und} \quad \zeta = \frac{1}{2}(-1+\mathbf{i}\sqrt{3})\,.$$

Da $\zeta \in L$, ist auch $\mathbf{i}\sqrt{3} \in L$, also

$$\delta(g) = -\frac{\mathbf{i}}{9}\sqrt{3}\cdot\delta(f) \in L \quad \text{und} \quad L = \mathbb{Q}(\delta(g),\zeta)\,.$$

Um die Nullstellen x_i mit Hilfe von $\delta(g)$ und ζ zu erhalten, benötigt man noch die Erweiterung $K' \supset L$ vom Grad 3. Da $\mathrm{Aut}(K';L) = Z_3$, folgt aus 3.5.9, dass K' von einer dritten Wurzel eines Elements aus L erzeugt wird. Das ist der theoretische Hintergrund der konkreten Formel von CARDANO.

3.5.3 Beispiele

Beispiel 1 Das Polynom

$$f = X^3 - 8X - 3$$

hat schon CARDANO als Beispiel behandelt. Wie man schnell sieht, ist 3 eine Nullstelle und

$$f = (X-3)(X^2 + 3X + 1)\,.$$

Wir wollen aber, CARDANO folgend, die Nullstellen nach seiner Methode berechnen.

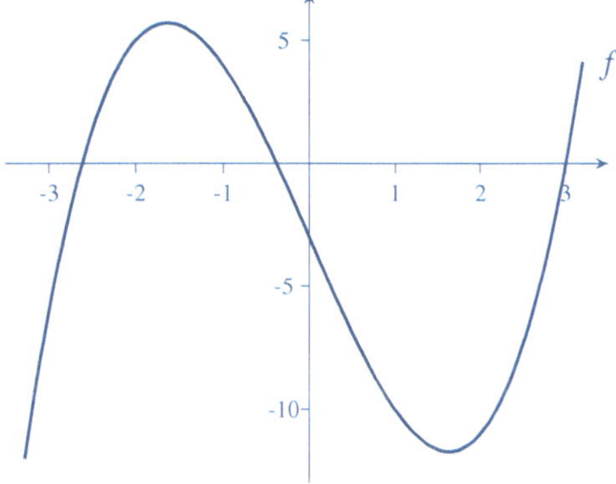

Zunächst ist $\Delta(f) = 1\,805 > 0$, also hat f drei reelle Nullstellen. Die quadratische Resolvente ist

$$g(Y) = Y^2 - 3Y + \left(\tfrac{8}{3}\right)^3 \quad \text{mit } \Delta(g) = -\frac{1\,805}{27} < 0 \text{ und den Nullstellen}$$

$$y_{1,2} = \tfrac{3}{2} \pm \mathbf{i}\cdot\tfrac{19}{6}\sqrt{\tfrac{5}{3}}\,.$$

Das Besondere an diesem Beispiel ist, dass man dritte komplexe Wurzeln leicht angeben kann:

$$u := \frac{1}{2}\left(3 + \mathbf{i}\cdot\sqrt{\tfrac{5}{3}}\right)\,,\ v := \frac{1}{2}\left(3 - \mathbf{i}\cdot\sqrt{\tfrac{5}{3}}\right)\,,\ u\cdot v = \frac{8}{3}\,.$$

Etwa mit Hilfe der binomischen Formel kontrolliert man, dass $u^3 = y_1$ und $v^3 = y_2$. Also ist

$$x = u + v = 3$$

als Nullstelle von f neu berechnet. Die beiden anderen Nullstellen sind $\frac{1}{2}(-3 \pm \sqrt{5})$.

Beispiel 2   Wir wollen die Nullstellen von

$$f = X^3 + X^2 - 2X - 1 \quad \text{mit} \quad \Delta(f) = 49 > 0$$

nach der Methode von CARDANO bestimmen; das Ergebnis ist entscheidend bei der Berechnung der 7-ten Einheitswurzeln (Beispiel 2 in 3.5.14). Zunächst ergibt die Tschirnhaus-Transformation

$$\tilde{f} = \tilde{X}^3 - \frac{7}{3}\tilde{X} - \frac{7}{27} \quad \text{mit} \quad \tilde{X} = X + \frac{1}{3}, \text{ also } p = -\frac{7}{3}, \ q = -\frac{7}{27}.$$

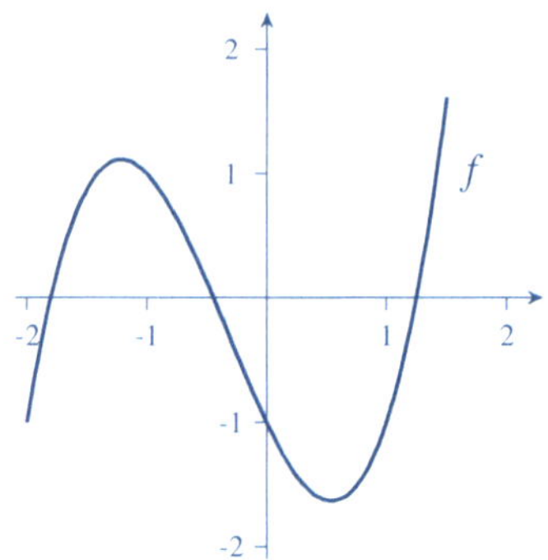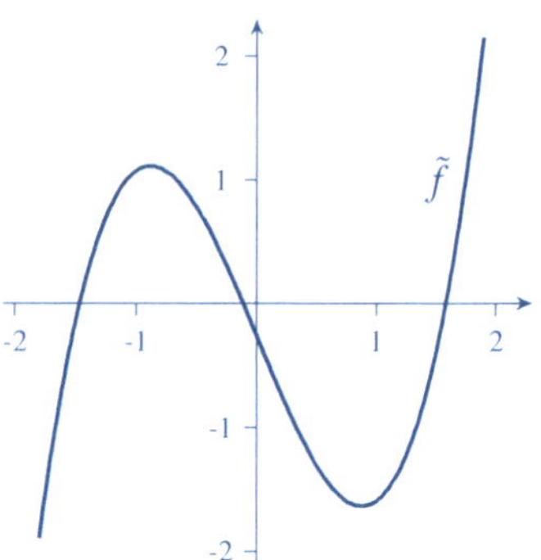

Als quadratische Resolvente erhält man

$$g = Y^2 - \frac{7}{27}Y + \left(\frac{7}{9}\right)^3 \quad \text{und} \quad \Delta(g) = -\frac{49}{27}, \text{ also } y_{1.2} = \frac{7}{54} \pm \mathbf{i} \cdot \frac{7}{18}\sqrt{3}.$$

Aus diesen komplexen Zahlen muss man dritte Wurzeln ziehen, jeweils eine Lösung ist

$$u_1 = \sqrt[3]{y_1} \approx 0.790 + \mathbf{i} \cdot 0.392 \quad \text{und} \quad v_1 = \sqrt[3]{y_2} = 0.790 - \mathbf{i} \cdot 0.392.$$

Daraus erhält man die größte Nullstelle $\tilde{x}_1 = u_1 + v_1 \approx 1.580$ von $\tilde{f}$ und schließlich als größte Nullstelle von f

$$x_1 = \tilde{x}_1 - \frac{1}{3} = \sqrt[3]{\frac{7}{54} + \mathbf{i} \cdot \frac{7}{18}\sqrt{3}} + \sqrt[3]{\frac{7}{54} - \mathbf{i} \cdot \frac{7}{18}\sqrt{3}} - \frac{1}{3} \approx 1.247.$$

Mit Hilfe von ζ_3 erhält man die beiden anderen Nullstellen von f.

Beispiel 3   Um auch ein ganz einfaches Beispiel mit negativer Diskriminante auszuführen, wählen wir

$$f = X^3 - 1 \quad \text{mit} \quad \Delta(f) = -27.$$

Die quadratische Resolvente ergibt

$$g = Y^2 - Y = Y(Y-1), \text{ also } y_1 = 0, \ y_2 = 1.$$

Daher ist $u = \sqrt[3]{y_1} = 0$, für $v = \sqrt[3]{1}$ erhält man die drei Werte

$$v_1 = 1 = x_1, \ v_2 = \zeta_3 = x_2 \text{ und } v_3 = \zeta_3^2 = x_3,$$

das sind in der Tat die Nullstellen von f.

3.5.4 Gleichungen vierten Grades

Gegeben ist ein Polynom

$$f = X^4 + a_3 X^3 + a_2 X^2 + a_1 X + a_0 \in k[X]\,,$$

wobei k ein Körper der Charakteristik Null sei. Gesucht sind Hilfsmittel zur Berechnung der Nullstellen und Aussagen über die Struktur der Galois-Gruppe.

Ist f reduzibel, so unterscheiden wir zwei Fälle:

1. $f = (X - a) \cdot g$ mit $a \in k$ und $g \in k[X]$. Dann ist $\deg g = 3$, das führt zurück zu kubischen Polynomen.

2. $f = g \cdot h$ mit $g, h \in k[X]$, $\deg g = \deg h = 2$. Falls die Zerfällungskörper von g und h gleich sind, führt das zurück zu einem quadratischen Polynom. Andernfalls ist der Zerfällungskörper von f gleich

$$K = k(x,y) \quad \text{mit} \quad g(x) = h(y) = 0\,, \ g(y) \neq 0 \quad \text{und} \quad h(x) \neq 0\,,$$

also $[K : k] = 4$. Eine derartige Erweiterung $K \supset k$ wird oft **biquadratisch** genannt.

Wenn man die Zerlegung $f = g \cdot h$ kennt, kann man nach 3.5.1 die Nullstellen

$$x_1, x_2 \text{ von } g \quad \text{und} \quad y_1, y_2 \text{ von } h$$

berechnen. Ist $\varphi \in \mathrm{Gal}\,(f;k)$, so ist

$$\varphi(x_1) = x_1 \text{ oder } x_2 \quad \text{und} \quad \varphi(y_1) = y_1 \text{ oder } y_2\,.$$

Daraus folgt wie in Beispiel 3 aus 3.2.4 die

Bemerkung *Ist $K \supset k$ eine biquadratische Erweiterung, so ist* $\mathrm{Aut}\,(K;k)$ *eine Kleinsche Vierergruppe.* ∎

Nun setzen wir voraus, dass f irreduzibel ist; nach einer Tschirnhaus-Transformation ist dann

$$f = X^4 + pX^2 + qX + r \in k[X]\,.$$

Wegen $\mathrm{char}\,(k) = 0$ ist $\Delta(f) \neq 0$, aber wir haben noch keine explizite Formel für $\Delta(f)$, falls $\mathrm{char}\,(k) > 0$ (vgl. Beispiel 5 in 3.3.11).

Zur Berechnung der Nullstellen von f hilft nun ein Trick, der auf L. FERRARI, einem Schüler von CARDANO, zurückgeht. Aus

$$X^4 = -pX^2 - qX - r$$

folgt durch Einführung einer neuen Unbestimmten Y und quadratische Ergänzung

$$X^4 + X^2 Y + \tfrac{1}{4}Y^2 = -pX^2 - qX - r + X^2 Y + \tfrac{1}{4}Y^2\,, \quad \text{also}$$

$$(X^2 + \tfrac{1}{2}Y)^2 = (Y - p)X^2 - qX + (\tfrac{1}{4}Y^2 - r) \tag{$*$}$$

Die rechte Seite ist gleich $\left(\sqrt{Y-p}\, X + \sqrt{\frac{1}{4}Y^2 - r} \right)^2$, wenn

$$-q = \sqrt{(Y-p)\cdot(Y^2-4r)}\,,$$

und daraus folgt durch Quadrieren

$$Y^3 - pY^2 - 4rY + (4rp - q^2) = 0\,.$$

Diese Bedingung ist nach den formal nicht ganz begründeten Operationen mit Wurzeln ein kubisches Polynom. Man nennt

$$g := Y^3 - pY^2 - 4rY + (4rp - q^2) \in k[Y]$$

eine *kubische Resolvente* von f. Entscheidend dabei ist, dass der Grad von 4 auf 3 reduziert wurde.

Der weitere Lösungsweg ist ziemlich klar. Ist y eine Nullstelle von g, die man etwa mit der Formel von CARDANO berechnet hat, so folgen aus $(*)$ die Gleichungen

$$X^2 + \tfrac{1}{2}y = \pm \left(\sqrt{y-p}\, X + \sqrt{\tfrac{1}{4}y^2 - r} \right)\,, \quad \text{also}$$
$$X^2 \pm \sqrt{y-p}\, X \pm \sqrt{\tfrac{1}{4}y^2 - r} + \tfrac{1}{2}y = 0\,.$$

Jede hat zwei Lösungen, das ergibt insgesamt vier Lösungen

$$x_{1,2} = -\tfrac{1}{2}\sqrt{y-p} \pm \tfrac{1}{2}\sqrt{-y-p-2\sqrt{y^2-4r}}$$
$$x_{3,4} = \tfrac{1}{2}\sqrt{y-p} \pm \tfrac{1}{2}\sqrt{-y-p+2\sqrt{y^2-4r}}$$

der Gleichung $f(x) = 0$.

Man kann die kubische Resolvente auch etwas anders wählen, dann werden die Formeln einfacher. Die hier getroffene Wahl ist günstig zur Beleuchtung des theoretischen Hintergrundes.

Im Zerfällungskörper K von f hat man die Nullstellen x_1, x_2, x_3, x_4 mit

$$x_1 + x_2 + x_3 + x_4 = 0\,;$$

da f irreduzibel ist, sind sie alle verschieden. Nun betrachtet man in K die Elemente

$$y_1 := x_1 x_2 + x_3 x_4\,, \quad y_2 := x_1 x_3 + x_2 x_4\,, \quad y_3 := x_1 x_4 + x_2 x_3$$

und das Polynom

$$\tilde{g}(Y) := (Y - y_1)\cdot(Y - y_2)\cdot(Y - y_3) \in K[Y]\,.$$

Die Gruppe $\mathcal{S}_4$ der Permutationen von $\{x_1, x_2, x_3, x_4\}$ operiert auch auf $\{y_1, y_2, y_3\}$. Da $\mathcal{S}_4$ von den Transpositionen erzeugt wird, genügt es, das dafür zu prüfen. Nun ist

$$\mathrm{Gal}\,(f; k) < \mathcal{S}_4\,,$$

also hat $\tilde{g}$ Koeffizienten in $\mathrm{Fix}\,(K; \mathrm{Gal}\,(f; k)) = k$ und $\tilde{g} \in k[Y]$. Mehr als erfreulich ist der

Satz 1 $\tilde{g}$ *ist gleich der kubischen Resolvente von g von f, d.h.*

$$(Y - y_1) \cdot (Y - y_2) \cdot (Y - y_3) = Y^3 - pY^2 - 4rY + (4rp - q^2) \,.$$

Beweis Dazu ist nur eine elementare, aber leider etwas mühsame Rechnung nötig, die man am besten einem Computer-Algebra-System überlässt. Man berechnet die Koeffizienten von $\tilde{g}$ und von g als Polynome in den x_i und vergleicht die Ergebnisse. Besonders einfach geht das für den Koeffizienten von Y^2:

$$-(y_1 + y_2 + y_3) = \sum_{1 \le i < j \le 4} x_i x_j = -p \,. \qquad \blacksquare$$

Die nächste angenehme Überraschung kommt von den Diskriminanten. Sei

$$\delta(f) := \prod_{1 \le i < j \le 4} (x_i - x_j) \quad \text{und} \quad \delta(g) := \prod_{1 \le i < j \le 3} (y_i - y_j) \,.$$

Satz 2   *Ist g die kubische Resolvente von f, so gilt*

$$\delta(f) = \delta(g) \,, \quad \textit{insbesondere} \ \ \Delta(f) = \Delta(g) \,.$$

Beweis Hier ist die Rechnung zum Glück ganz kurz:

$$(x_1 - x_2) \cdot (x_3 - x_4) = y_2 - y_3 \,,$$
$$(x_1 - x_3) \cdot (x_2 - x_4) = y_1 - y_3 \,,$$
$$(x_1 - x_4) \cdot (x_2 - x_3) = y_1 - y_2 \,.$$

$$\blacksquare$$

Korollar   *Ist $f = X^4 + pX^2 + qX + r$, so gilt*

$$\Delta(f) = 16p^4 \cdot r - 4p^3 \cdot q^2 - 128p^2 \cdot r^2 + 144p \cdot q^2 \cdot r - 27q^4 + 256r^3 \,.$$

Beweis Man benutzt die Formel für $\Delta(g)$ aus Beispiel 4 in 3.3.11 und setzt die Koeffizienten aus Satz 1 ein. Auch das lässt man besser rechnen. $\qquad \blacksquare$

Die kubische Resolvente ist nicht nur wichtig für die Berechnung der Nullstellen, sie liefert auch wichtige Informationen über die Galoisgruppe

$$G := \mathrm{Gal}\,(f; k) = \mathrm{Aut}\,(K; k) < \mathcal{S}_4 \,.$$

Da f irreduzibel ist, operiert G nach dem Fundamental-Lemma aus 3.4.2 transitiv auf der Menge $\{x_1, x_2, x_3, x_4\}$; also folgt 4 teilt $\operatorname{ord} G$. Daher kommen für G folgende Gruppen in Frage:

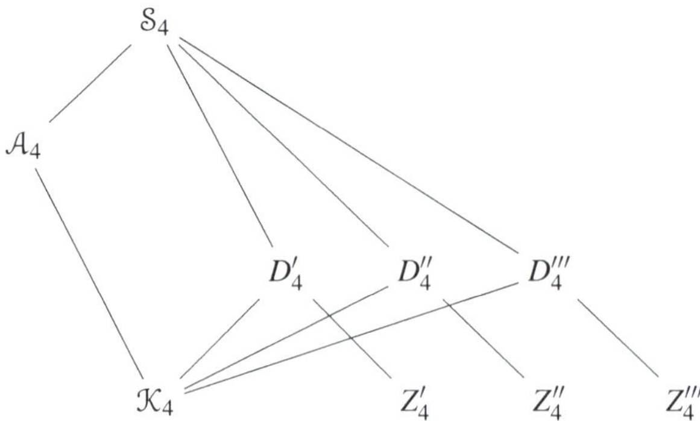

Jede nach oben gerichtete Verbindung zeigt dabei an, dass die weiter unten liegende Gruppe eine Untergruppe ist. Zunächst beschreiben wir die Gruppen genauer.

$\mathcal{A}_4 < \mathcal{S}_4$ ist die alternierende Gruppe,

$\mathcal{K}_4 = \{\operatorname{id}, (1,2)\cdot(3,4), (1,3)\cdot(2,4), (1,4)\cdot(2,3)\}$ ist eine Kleinsche Vierergruppe,

$Z_4' = \operatorname{Erz}(1,2,3,4)$, $Z_4'' = \operatorname{Erz}(1,3,2,4)$, $Z_4''' = \operatorname{Erz}(1,3,4,2)$
        sind konjugierte zyklische Gruppen und

$D_4' = \operatorname{Erz}(Z_4' \cup (1,3))$, $D_4'' = (Z_4'' \cup (1,2))$, $D_4''' = \operatorname{Erz}(Z_4''' \cup (1,4))$
        sind konjugierte Diedergruppen, das sind die drei 2-Sylowgruppen von $\mathcal{S}_4$ (vgl. 1.6.8).

Es sei daran erinnert, dass man $\mathcal{A}_4$ bzw. die Diedergruppen D_4 als Symmetriegruppen eines Tetraeders bzw. eines Quadrates ansehen kann.

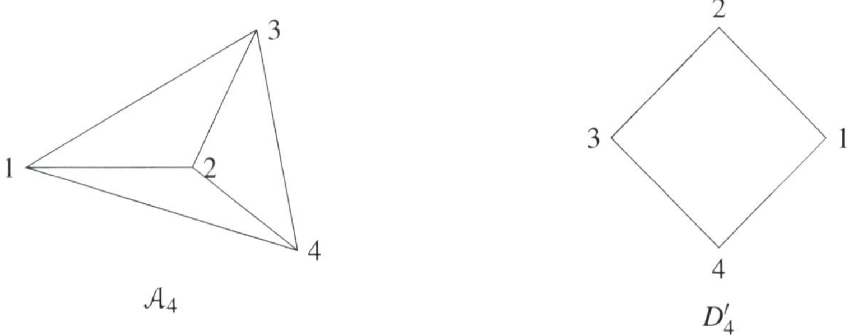

Die anderen zu $\mathcal{K}_4$ isomorphen Untergruppen, etwa $\{\operatorname{id}, (1,2), (3,4), (1,2)\cdot(3,4)\}$, operieren nicht transitiv. Wie man leicht nachprüft, ist

$$\mathcal{K}_4 = D_4' \cap D_4'' \cap D_4''' \,.$$

Wir wollen nun untersuchen, welche Informationen über die Galoisgruppe G in der kubischen Resolvente g zu finden sind. Dazu betrachten wir die Operation von $\mathcal{S}_4$ auf der Menge $\{y_1, y_2, y_3\}$ der Nullstellen von g. Nach dem Bahn-Lemma aus 1.4.3 ist für $i = 1, 2, 3$

$$\operatorname{ord}\mathcal{S}_4 = (\#\mathcal{S}_4(y_i)) \cdot (\operatorname{ord}\operatorname{Sta}_{\mathcal{S}_4}(y_i)) \,.$$

Da die Operation transitiv ist, folgt aus $\operatorname{ord} \mathcal{S}_4 = 24$ und $\# \mathcal{S}_4(y_i) = 3$, dass

$$\operatorname{ord} \operatorname{Sta}_{\mathcal{S}_4}(y_i) = 8 \,.$$

Für $y_1 = x_1 x_2 + x_3 x_4$ ist offensichtlich $D_4'' < \operatorname{Sta}_{\mathcal{S}_4}(y_1)$, also

$$\operatorname{Sta}_{\mathcal{S}_4}(y_1) = D_4'' \,.$$

Das kubische Polynom g ist genau dann reduzibel, wenn eine Nullstelle, etwa y_1, in k liegt. Weiter gilt:

$$y_1 \in k = \operatorname{Fix}(K;G) \iff G < \operatorname{Sta}_{\mathcal{S}_4}(y_1) \,.$$

Also folgt: g reduzibel $\iff G \cong D_4$ oder Z_4 oder $\mathcal{K}_4$.

In 3.4.8 wurde gezeigt: $\delta(f) \in k \iff G < \mathcal{A}_n$.

Diese beiden Ergebnisse kann man in einer Tabelle zusammenfassen:

Satz 3 *Sei k ein Körper mit $\operatorname{char}(k) = 0$, $f \in k[X]$ irreduzibel mit $\deg f = 4$ und Nullstellen x_1, x_2, x_3, x_4 im Zerfällungskörper. Weiter sei*

$$\delta(f) := \prod_{1 \le i < j \le n} (x_i - x_j) \quad und \quad g \in k[Y]$$

die kubische Resolvente von f. Dann gilt für $G := \operatorname{Gal}(f;k)$:

	$\delta(f) \notin k$	$\delta(f) \in k$
g irreduzibel	$G = \mathcal{S}_4$	$G = \mathcal{A}_4$
g reduzibel	$G \cong D_4$ oder Z_4	$G = \mathcal{K}_4$

Ist g reduzibel und $\delta(f) \notin k$, so können beide Fälle auftreten.

3.5.5 Beispiele

Wir bestimmen die Galois-Gruppen einiger Polynome vierten Grades. Die reellen Graphen sind nur deswegen abgebildet, um jede Illusion zu zerstören, man könnte daran genauere Informationen über die Struktur der Galois-Gruppen ablesen.

Beispiel 1

$$f := X^4 + X + 1 \in \mathbb{Q}[X]$$

ist irreduzibel, wie man durch Reduktion modulo 2 sieht (Beispiel 7 in 2.3.9). Die kubische Resolvente von f ist

$$g = Y^3 - 4Y - 1 \,.$$

Auch g ist irreduzibel, wie man durch Reduktion modulo 3 leicht nachweist. Schließlich ist

$$\Delta(f) = \Delta(g) = -(4 \cdot (-4)^3 + 27) = 229 \,.$$

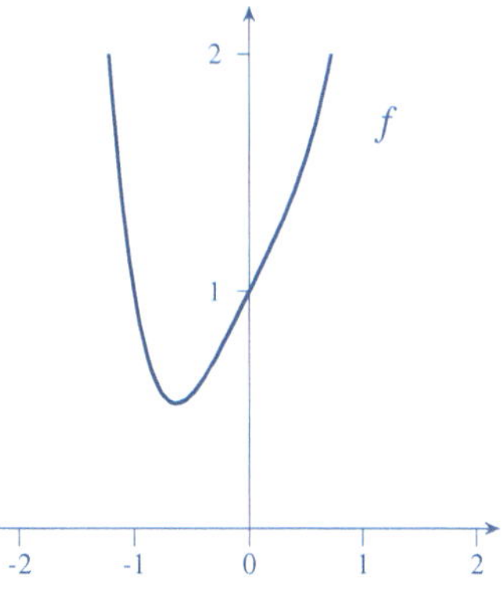

Das ist kein Quadrat in $\mathbb{Q}$, also folgt aus dem Kriterium in 3.5.4

$$\mathrm{Gal}\,(X^4 + X + 1;\mathbb{Q}) \cong \mathcal{S}_4\,.$$

Beispiel 2

$$f := X^4 + 8X + 12 \in \mathbb{Q}[X]$$

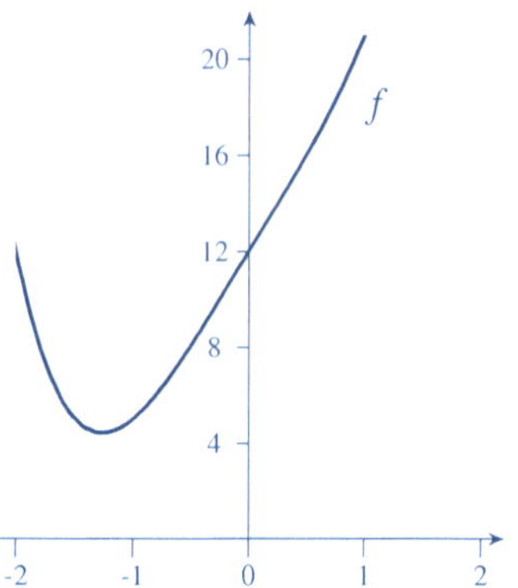

ist irreduzibel, wie man mit etwas Mühe unter Benutzung
von Zusatz 2 aus 2.3.7 zeigen kann.
Die kubische Resolvente ist

$$g = Y^3 - 48Y - 64\,.$$

Wie man durch Reduktion modulo 5 sehen kann, ist g
irreduzibel.
Für die Diskriminante erhält man

$$\Delta(f) = \Delta(g) = -(4\cdot(-48)^3 + 27\cdot 64^2) = 331\,776 = 576^2\,.$$

Nach dem Kriterium in 3.5.4 folgt

$$\mathrm{Gal}\,(X^4 + 8X + 12;\mathbb{Q}) \cong \mathcal{A}_4\,.$$

Beispiel 3

$$f := X^4 - 2$$

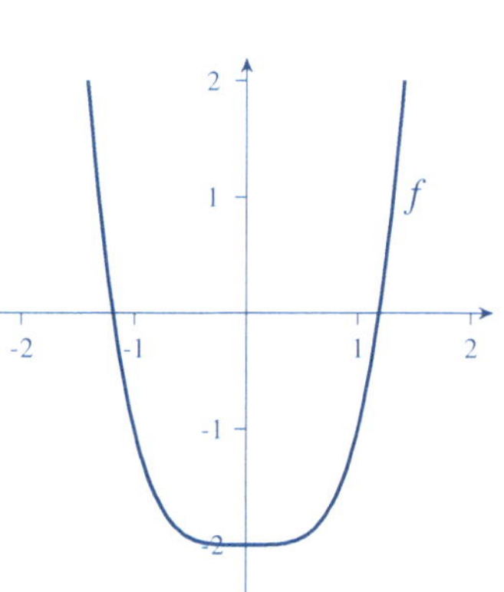

ist irreduzibel nach EISENSTEIN. Die kubische Resolvente ist

$$g := Y^3 + 8Y = Y(Y^2 + 8)\,.$$

Für die Diskriminante gilt

$$\Delta(f) = \Delta(g) = -(4\cdot 8^3) = -2048\,,$$

das ist kein Quadrat. Also ist $\mathrm{Gal}\,(f;\mathbb{Q})$ isomorph zu D_4
oder Z_4. Da

$$X^4 - 2 = (X^2 - \sqrt{2})\cdot(X^2 + \sqrt{2})\,,$$

ist $K := \mathbb{Q}(\sqrt[4]{2},\mathbf{i})$ der Zerfällungkörper von f über $\mathbb{Q}$, also ist (vgl. Beispiel 5 aus 3.4.2)

$$\mathrm{ord}\,(\mathrm{Gal}\,(f);\mathbb{Q}) = [K:\mathbb{Q}] = 8 \quad \text{und es folgt} \quad \mathrm{Gal}\,(X^4 - 2;\mathbb{Q}) \cong D_4\,.$$

Beispiel 4

$$f := X^4 + X^3 + X^2 + X + 1 \in \mathbb{Q}[X]$$

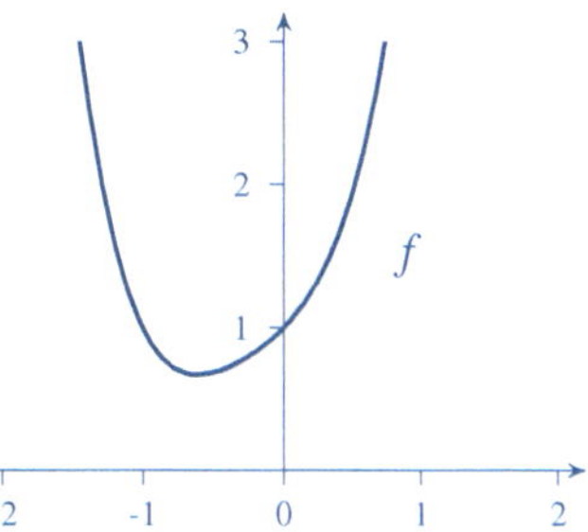

ist irreduzibel nach Beispiel 5 aus 2.3.9, die Nullstellen sind primitive 5-te Einheitswurzeln. Der Zerfällungskörper von f ist

$$K = \mathbb{Q}(\zeta_5) \quad \text{mit} \quad [K : \mathbb{Q}] = \deg f = 4 .$$

Also ist $\text{Gal}\,(f;\mathbb{Q})$ isomorph zu Z_4 oder K_4. Mit Hilfe der Diskriminante könnte man entscheiden, welcher Fall vorliegt, aber das geht einfacher: Man betrachte

$$\sigma \in \text{Aut}\,(\mathbb{Q}(\zeta_5);\mathbb{Q}) \quad \text{mit} \quad \sigma(\zeta_5) = \zeta_5^2 .$$

Da $\sigma^2(\zeta_5) = \zeta_5^4 \neq \zeta_5$, muss $\text{ord}\,\sigma = 4$ sein; also folgt

$$\text{Gal}\,(X^4 + X^3 + X^2 + X + 1; \mathbb{Q}) \cong Z_4 .$$

Ein allgemeineres Ergebnis über Kreisteilungspolynome wird in 3.5.6 bewiesen.

Beispiel 5

$$f := X^4 - 2X^2 + 9 \in \mathbb{Q}[X]$$

ist nach Beispiel 2 aus 3.4.3 Minimalpolynom über $\mathbb{Q}$ von $\sqrt{2} + \mathbf{i}$, also irreduzibel. Die kubische Resolvente von f ist

$$g := Y^3 + 2Y^2 - 36Y - 72 = (Y - 6)(Y + 2)(Y + 6) ,$$

also reduzibel. Für die Diskriminante erhält man

$$\Delta(f) = \Delta(g) = 147\,456 = 384^2 .$$

Also folgt aus dem Kriterium in 3.5.4

$$\text{Gal}\,(X^4 - 2X^2 + 9; \mathbb{Q}) \cong \mathcal{K}_4 \cong Z_2 \times Z_2 .$$

Das kann man natürlich auch direkter sehen. Der Zerfällungskörper von f ist

$$K = \mathbb{Q}(\sqrt{2},i) \quad \text{mit} \quad [K : \mathbb{Q}] = 4 ,$$

und K ist auch Zerfällungskörper von

$$\tilde{f} = (X^2 - 2) \cdot (X^2 + 1) \in \mathbb{Q}[X] .$$

Daher ist $K \supset \mathbb{Q}$ eine biquadratische Erweiterung, und die Behauptung folgt aus der Bemerkung in 3.5.4.

3.5.6   Kreisteilung in Charakteristik Null

Schon bei verschiedenen Gelegenheiten hatten wir für $n \geq 1$ in $\mathbb{C}$ die n-ten Einheitswurzeln benutzt. Sie sind das Bild des Homomorphismus

$$\psi : \mathbb{Z} \to \mathbb{C} \,, \quad r \mapsto \zeta_n^r \,, \quad \text{wobei} \quad \zeta_n := \exp\left(\frac{2\pi\mathbf{i}}{n}\right) \,.$$

Das ergibt einen Isomorphismus

$$\overline{\psi} : \mathbb{Z}/n\mathbb{Z} \to C_n = \{1, \zeta_n, \zeta_n^2, \ldots, \zeta_n^{n-1}\}, \quad r + n\mathbb{Z} \to \zeta_n^r.$$

Man beachte dabei, dass die Gruppe $Z_n = \mathbb{Z}/n\mathbb{Z}$ additiv, C_n dagegen multiplikativ ist. Die Gruppe C_n ist die Menge der komplexen Nullstellen des Polynoms (2.1.9)

$$\begin{aligned}
X^n - 1 &= (X - 1)(X^{n-1} + X^{n-2} + \ldots + X + 1) \quad \text{in } \mathbb{Z}[X] \\
&= (X - 1)(X - \zeta_n) \cdot \ldots \cdot (X - \zeta_n^{n-1}) \quad \text{in } \mathbb{C}[X],
\end{aligned}$$

die Elemente von C_n heißen n-te *Einheitswurzeln* über $\mathbb{Q}$. Da C_n von ζ_n erzeugt wird, ist $\mathbb{Q}(\zeta_n) \supset \mathbb{Q}$ Zerfällungskörper von $X^n - 1$ über $\mathbb{Q}$. Ein wichtiges Problem ist die Berechnung des Körpergrades $[\mathbb{Q}(\zeta_n) : \mathbb{Q}]$, d.h. die Bestimmung des Minimalpolynoms $\Phi_n \in \mathbb{Q}[X]$ von ζ_n. Zunächst ist nur klar, dass Φ_n ein Teiler von $X^n - 1$ sein muss.

Nach dem Lemma in 1.3.14 ist

$$Z_n = \mathrm{Erz}\,(m + n\mathbb{Z}) \;\Leftrightarrow\; \mathrm{ggT}\,(m, n) = 1 \,.$$

Die erzeugenden Elemente von Z_n sind also die Elemente der Primrestklassengruppe $Z_n^\times$ (vgl. 1.3.14), es gilt $\mathrm{ord}\, Z_n^\times = \varphi(n)$. Dem entsprechend ist

$$C_n^\times := \{\zeta_n^m : \mathrm{ggT}\,(m, n) = 1\} = \overline{\psi}(Z_n^\times) \subset C_n$$

die Menge der erzeugenden Elemente von C_n, man nennt sie *primitive Einheitswurzeln*. Die Multiplikation in $Z_n^\times$ ist nach 1.3.14 gegeben durch

$$(r + n\mathbb{Z}) \cdot (s + n\mathbb{Z}) := r \cdot s + n\mathbb{Z}.$$

Erklärt man in $C_n^\times$ eine Verknüpfung durch (vgl. 1.3.7)

$$\zeta_n^r * \zeta_n^s := \zeta_n^{r \cdot s},$$

so wird die Abbildung

$$(Z_n^\times, \cdot) \to (C_n^\times, *), \quad r + n\mathbb{Z} \mapsto \zeta_n^r$$

ein Isomorphismus von abelschen Gruppen. Insbesondere ist

$$\mathrm{ord}\, C_n^\times = \mathrm{ord}\, Z_n^\times = \varphi(n).$$

Ist nun $C_n^\times = \{z_1, \ldots, z_{\varphi(n)}\}$, wobei die primitiven Einheitswurzeln z_i in einer beliebigen Reihenfolge aufgeschrieben sind, so nennt man

$$\Phi_n := (X - z_1) \cdot \ldots \cdot (X - z_{\varphi(n)}) \quad \textit{mit } \deg \Phi_n = \varphi(n)$$

das n-te **Kreisteilungspolynom**. Zunächst weiß man nur, dass die Koeffizienten von Φ_n komplexe Zahlen sind. Für kleine n lässt sich Φ_n durch Multiplikation der Linearfaktoren leicht ausrechnen:

$$\Phi_1 = X - 1, \quad \Phi_2 = X + 1$$
$$\Phi_3 = (X - \zeta_3)(X - \zeta_3^2) = X^2 - (\zeta_3 + \zeta_3^2)X + \zeta_3 \cdot \zeta_3^2 = X^2 + X + 1$$
$$\Phi_4 = (X + \mathbf{i})(X - \mathbf{i}) = X^2 + 1$$

Daran sieht man zwei Dinge: Die Koeffizienten der berechneten Φ_n sind ganzzahlig, und für größere n wird diese Methode zur Berechnung der Koeffizienten höchst mühsam. Besonders einfach ist dagegen die Berechnung für eine Primzahl p. Dann ist

$$C_p^\times = \{\zeta_p, \ldots, \zeta_p^{p-1}\} \quad \text{und}$$
$$X^p - 1 = (X - 1) \cdot (X^{p-1} + X^{p-2} + \ldots + X + 1) =: (X - 1) \cdot F.$$

C_p besteht aus den p Nullstellen von $X^p - 1$, also besteht $C_p^\times$ aus den $\varphi(p) = p - 1$ Nullstellen von F, und es folgt

$$\Phi_p = X^{p-1} + X^{p-2} + \ldots + X + 1 \in \mathbb{Z}[X] \quad \textit{für } p \textit{ prim}$$

Zur Berechnung von Φ_n für beliebiges n hilft die folgende

Bemerkung 1 *Für jedes $n \in \mathbb{N} \setminus \{0\}$ gilt $C_n = \bigcup\limits_{d \mid n} C_d^\times$ und diese Vereinigung ist disjunkt.*

Beweis Zunächst ist $C_d < C_n$ für jeden Teiler d von n die eindeutig bestimmte zyklische Untergruppe der Ordnung d. Zu d betrachten wir wie im Beweis der Teilersummen-Formel in 1.3.14 die Teilmenge

$$M_d(C_n) := \{z \in C_n : \operatorname{ord} z = d\} \subset C_n.$$

Offensichtlich ist $M_d(C_n) = C_d^\times$, und weiter ist die Vereinigung $C_n = \bigcup\limits_{d \mid n} M_d(C_n)$ disjunkt.

Das ergibt die Behauptung. ∎

Beispiel Für $n = 6$ sieht die Zerlegung so aus:

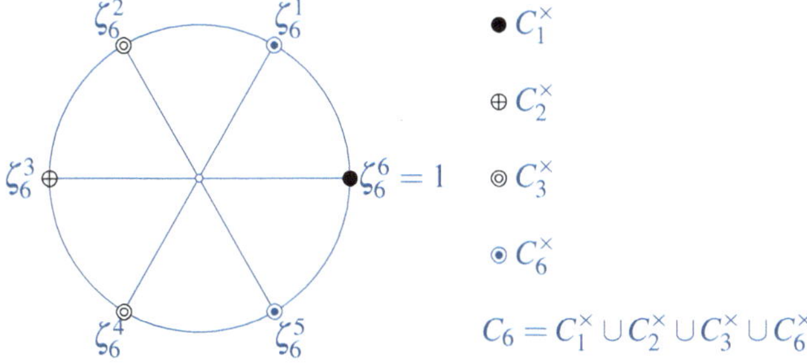

Da $C_d^{\times}$ die Menge der Nullstellen von Φ_d ist, folgt aus Bemerkung 1 die Zerlegung

$$X^n - 1 = \prod_{d \mid n} \Phi_d = \Phi_n \cdot \prod_{\substack{d \mid n \\ d < n}} \Phi_d.$$

Also lässt sich Φ_n rekursiv berechnen, indem man aus $X^n - 1$ der Reihe nach die schon zuvor berechneten Φ_d für alle Teiler d von n herausdividiert. Da $X^n - 1 \in \mathbb{Z}[X]$, folgt mit Hilfe der Regel über die Variante der Division mit Rest über Integritätsringen aus 2.1.7 die

Bemerkung 2   *Für alle $n \in \mathbb{N} \smallsetminus \{0\}$ ist $\Phi_n \in \mathbb{Z}[X]$ und normiert.*   ■

Nach dieser Methode ergibt sich für $n \leq 12$:

n	Φ_n		n	Φ_n
1	$X - 1$		7	$X^6 + X^5 + X^4 + X^3 + X^2 + X + 1$
2	$X + 1$		8	$X^4 + 1$
3	$X^2 + X + 1$		9	$X^6 + X^3 + 1$
4	$X^2 + 1$		10	$X^4 - X^3 + X^2 - X + 1$
5	$X^4 + X^3 + X^2 + X + 1$		11	$X^{10} + X^9 + \ldots + X + 1$
6	$X^2 - X + 1$		12	$X^4 - X^2 + 1$

Bis hierher könnte man vermuten, dass nur die Koeffizienten $0, 1$ und -1 auftreten. Es ist aber (vgl. [Bo, 4.5])

$$\Phi_{105} = X^{48} + \ldots - 2X^7 - \ldots + 1 \,.$$

Zentrales Ergebnis dieses Abschnitts ist das

Irreduzibilitäts-Theorem   *Die Kreisteilungspolynome $\Phi_n \in \mathbb{Z}[X]$ sind für alle n irreduzibel. Insbesondere ist Φ_n Minimalpolynom aller primitiven n-ten Einheitswurzeln und*

$$[\mathbb{Q}(\zeta_n) : \mathbb{Q}] = \varphi(n) \,.$$

Beweis Dieses Ergebnis wurde für Primzahlen erstmals von GAUSS [Ga$_3$, Nr. 341] bewiesen. Wir reproduzieren für den allgemeinen Fall einen Beweis, der auf DEDEKIND [De] zurückgeht. Sei also $n \geq 1$ und

$$X^n - 1 = (X - 1) \cdot F_n \quad \text{mit} \quad F_n := X^{n-1} + X^{n-2} + \ldots + X + 1 \,.$$

Ist $n = p$ eine Primzahl, so ist $\varphi(p) = p - 1$; also sind die Elemente von $C_p^{\times}$ die Nullstellen von F_p und es folgt $\Phi_p = F_p$. Nach dem Kriterium von EISENSTEIN (Beispiel 5 in 2.3.9) ist Φ_p irreduzibel.

Für allgemeines n benutzen wir die folgende Hilfsaussage:

*Ist $f \in \mathbb{Q}[X]$ ein normierter irreduzibler Faktor von Φ_n und $z \in \mathbb{Q}(\zeta_n)$ mit $f(z) = 0$,
so ist auch $f(z^p) = 0$ für jede Primzahl p mit $p \nmid n$.* $\hspace{2em}(*)$

Wir zeigen zunächst dass $\Phi_n = f$ aus $(*)$ folgt, damit ist dann das Theorem bewiesen.

Aus $f(z) = 0$ folgt $z \in C_n^\times$. Wir betrachten die $\varphi(n)$ ganzen Zahlen $r \in \mathbb{N}$ mit $1 \leq r < m$ und
$\mathrm{ggT}(r,n) = 1$. Ist

$$r = p_1 \cdot \ldots \cdot p_s$$

die Primfaktorzerlegung von r, so muss $p_i \nmid n$ für alle p_i gelten. Durch wiederholte Anwendung
von $(*)$ folgt, dass

$$0 = f(z) = f(z^{p_1}) = f(z^{p_1 p_2}) = \ldots = f(z^r) = 0.$$

Die betrachteten Nullstellen z^r von f sind verschieden, denn ist $z = \zeta_n^m$ und

$$z^r = z^{r'}, \quad \text{so folgt} \quad \zeta_n^{mr} = \zeta_n^{mr'}, \quad \text{also} \quad \zeta^r = \zeta^{r'} \text{ und } r = r'.$$

Also folgt $\deg f \geq \varphi(n)$ und somit $f = \Phi_n$.

Es bleibt $(*)$ zu beweisen. Als Minimalpolynom von z ist f ein Teiler von $X^n - 1$, es gibt also
ein $g \in \mathbb{Q}[X]$ mit

$$X^n - 1 = f \cdot g\,.$$

Da $X^n - 1 \in \mathbb{Z}[X]$ und $f \in \mathbb{Q}[X]$ normiert ist, folgt aus dem in 2.3.7 bewiesenen Zusatz 2 die
entscheidende Aussage, dass

$$f, g \in \mathbb{Z}[X]\,, \text{ und } g \text{ ist normiert}\,.$$

Angenommen, $f(z^p) \neq 0$; dann muss $g(z^p) = 0$ sein. also ist z Nullstelle von

$$g_p \in \mathbb{Z}[X] \quad \text{mit} \quad g_p(X) = g(X^p)\,.$$

Als Minimalpolynom von z ist f Teiler von g_p, es gilt also

$$g_p = f \cdot h \quad \text{mit} \quad h \in \mathbb{Z}[X]$$

nach dem oben zitierten Zusatz. Da die auftretenden Polynome ganze Koeffizienten haben, kann
man modulo p reduzieren:

$$\mathbb{Z}[X] \to \mathbb{F}_p[X]\,, \ \overline{g}_p = \overline{f} \cdot \overline{h}\,,$$

wobei der Querstrich anzeigt, dass die Koeffizienten modulo p reduziert sind. Da f, g und h
normiert sind, sind $\overline{f}, \overline{g}$ und $\overline{h}$ nicht Null. Nun benutzen wir den Frobenius-Homomorphismus,
der in $\mathbb{F}_p$ die Identität ist. Nach 3.3.3 ist

$$\overline{g}_p(X) = \overline{g}(X^p) = \overline{g}(X)^p\,, \text{ also } \overline{f} \cdot \overline{h} = \overline{g}^p\,.$$

Das kann nicht sein: Ist $\tilde{f} \in \mathbb{F}_p[X]$ ein irreduzibler Faktor von $\overline{f}$ (das bei der Reduktion nicht
irreduzibel bleiben muss), so ist $\tilde{f}$ auch ein Teiler von $\overline{g}^p$ und damit von $\overline{g}$. Aus

$$X^n - \overline{1} = \overline{f} \cdot \overline{g}$$

folgt dann, dass $\tilde{f}^2$ ein Teiler von $X^n - \bar{1}$ ist. Aber wegen

$$(X^n - \bar{1})' = \bar{n}X^{n-1} \quad \text{und} \quad p \nmid n$$

kann $X^n - \bar{1}$ nach dem Lemma aus 3.3.1 in seinem Zerfällungskörper keine mehrfache Nullstelle haben. Damit ist ein Widerspruch zur Annahme $f(z^p) \neq 0$ erreicht. ∎

Mit Hilfe des Irreduzibilitäts-Theorems kann man die Galoisgruppe von $\mathbb{Q}(\zeta_n) \supset \mathbb{Q}$ berechnen. Etwas allgemeiner gilt folgender

Satz *Ist $k \subset \mathbb{C}$, $n \in \mathbb{N} \setminus \{0\}$ und $\zeta := \zeta_n = \exp\left(\frac{2\pi i}{n}\right)$, so ist die Abbildung*

$$\chi : \mathrm{Aut}\,(k(\zeta);k) \to C_n^\times, \quad \varphi \mapsto \varphi(\zeta),$$

ein Monomorphismus. Insbesondere ist $\mathrm{Aut}(k(\zeta);k)$ abelsch.
Im Falle $k = \mathbb{Q}$ ist χ auch surjektiv, das ergibt Isomorphismen

$$G := \mathrm{Aut}\,(\mathbb{Q}(\zeta);\mathbb{Q}) \cong \mathrm{Aut}(C_n) \cong C_n^\times \quad \text{und} \quad G \cong \mathrm{Aut}\,(Z_n) \cong Z_n^\times.$$

Beweis Da $\Phi_n(\zeta) = 0$, muss nach Bemerkung 1 aus 3.2.2 auch $\Phi_n(\varphi(\zeta)) = 0$ sein, also ist $\varphi(\zeta) \in C_n^\times$. Das ergibt die Abbildung χ. Sie ist ein Homomorphismus: Sind $\varphi, \psi \in \mathrm{Aut}\,(k(\zeta);k)$ und ist

$$\varphi(\zeta) = \zeta^l, \quad \psi(\zeta) = \zeta^m, \quad \text{so folgt} \quad \varphi(\psi(\zeta)) = \varphi(\zeta^m) = \zeta^{l \cdot m} = \zeta^l * \zeta^m.$$

χ ist auch injektiv, denn aus $\varphi(\zeta) = \zeta$ folgt $\varphi = \mathrm{id}_{k(\zeta)}$.

Über $k = Q$ ist Φ_n irreduzibel. Daher gibt es nach Satz 1 aus 3.2.2 zu jedem $\zeta^l \in C_n^\times$ ein $\varphi \in \mathrm{Aut}\,(\mathbb{Q}(\zeta)\mathbb{Q})$ mit $\varphi(\zeta) = \zeta^l$. Somit ist χ auch surjektiv.

Die angegebenen Isomorphismen sehen so aus:

$$\begin{array}{ccccc}
\mathrm{Aut}\,(\mathbb{Q}(\zeta);\mathbb{Q}) & \to & \mathrm{Aut}\,(C_n) & \to & C_n^\times, \\
\varphi & \mapsto & \varphi|C_n & \mapsto & \varphi(\zeta).
\end{array}$$

∎

Dazu ist folgendes zu bemerken: Es muss $\varphi(\zeta) \in C_n^\times$, also $\varphi(\zeta) = \zeta^l$ mit $\mathrm{ggT}\,(l,n) = 1$ sein. Dann ist die Operation von φ auf C_n gegeben durch

$$\varphi(\zeta^r) = (\zeta^l)^r = \zeta^{l \cdot r} \quad \text{für } r = 1,\dots,n-1.$$

Der Isomorphismus $\mathrm{Aut}\,(C_n) \to C_n^\times$ entspricht 1.3.15.

Umgekehrt operiert dann $C_n^\times$ auf $\mathbb{Q}(\zeta)$ durch $\zeta^l(\zeta^r) = \zeta^{l \cdot r}$, also

$$\zeta^l(\zeta^r) = \zeta^l * \zeta^r \quad \text{für } \zeta^l, \zeta^r \in C_n^\times.$$

Der Isomorphismus $Z_n \to C_n$ ergibt die weiteren Isomorphismen.

In der algebraischen Zahlentheorie nennt man die Zerfällungskörper $\mathbb{Q}(\zeta_n)$ der Kreisteilungspolynome Φ_n *Kreisteilungskörper* (vgl. dazu den Satz von KRONECKER und WEBER aus 3.5.15).

Beispiel Für $\zeta := \zeta_7 = \exp\left(\frac{2\pi i}{7}\right)$ bestimmen wir die Zwischenkörper von $\mathbb{Q}(\zeta) \supset \mathbb{Q}$.

Zunächst ist $G := \mathrm{Aut}\left(\mathbb{Q}(\zeta), \mathbb{Q}\right) = \{\varphi_1, \varphi_2, \varphi_3, \varphi_4, \varphi_5, \varphi_6\}$ mit $\varphi_r(\zeta) = \zeta^r$. Mit etwas Rechnung erhält man $\mathrm{ord}\,\varphi_1 = 1$, $\mathrm{ord}\,\varphi_6 = 2$, $\mathrm{ord}\,\varphi_2 = \mathrm{ord}\,\varphi_4 = 3$, $\mathrm{ord}\,\varphi_3 = \mathrm{ord}\,\varphi_5 = 6$.

Die einzigen echten Untergruppen der zyklischen Gruppe G sind

$$H = \mathrm{Erz}\,(\varphi_6) \quad \text{mit} \quad \mathrm{ord}\,H = 2 \quad \text{und} \quad H' = \mathrm{Erz}\,(\varphi_2) = \mathrm{Erz}\,(\varphi_4) \quad \text{mit} \quad \mathrm{ord}\,H' = 3.$$

Dazu gehören die beiden echten Zwischenkörper

$$L = \mathrm{Fix}\,(\mathbb{Q}(\zeta); H) \quad \text{mit} \quad [L : \mathbb{Q}] = 3 \quad \text{und} \quad L' = \mathrm{Fix}\,(\mathbb{Q}(\zeta), H') \quad \text{mit} \quad [L' : \mathbb{Q}] = 2.$$

Um L und L' genauer zu beschreiben zu können, bestimmen wir primitive Elemente über $\mathbb{Q}$. Da $\varphi_6(\zeta) = \zeta^6$, $\varphi_6(\zeta^6) = \zeta$, sowie $\varphi_6(\zeta^2) = \zeta^5$, $\varphi_6(\zeta^5) = \zeta^2$ und $\varphi_6(\zeta^3) = \zeta^4$, $\varphi_6(\zeta^4) = \zeta^3$, folgt

$$c_1 := \zeta + \zeta^6 \in L, \quad c_2 := \zeta^2 + \zeta^5 \in L \quad \text{und} \quad c_3 := \zeta^3 + \zeta^4 \in L.$$

Wieder mit etwas Rechnung folgt $f := (X - c_1)(X - c_2)(X - c_3) = X^3 + X^2 - 2X - 1$. Durch Reduktion modulo 2 sieht man, dass f in $\mathbb{Q}[X]$ irreduzibel ist, also ist es Minimalpolynom von c_1, c_2 und c_3, und aus $\deg f = 3 = [L : \mathbb{Q}]$ folgt

$$L = \mathbb{Q}(c_1) = \mathbb{Q}(c_2) = \mathbb{Q}(c_3).$$

An dem Bild erkennt man schon eine wichtige Konsequenz: Für $c := \frac{1}{2}c_1 = \cos\frac{2\pi}{7}$ ist $L = \mathbb{Q}(c)$, also hat auch das Minimalpolynom von c über $\mathbb{Q}$ den Grad 3. Daraus wird in 3.6.5 das berühmte Ergebnis von GAUSS folgen, dass ein reguläres 7-Eck nicht mit Hilfe von Zirkel und Lineal konstruierbar ist (vgl. dazu auch die allgemeine Methode der „Bahnsummen" von GAUSS in 3.5.13 und 3.5.14).

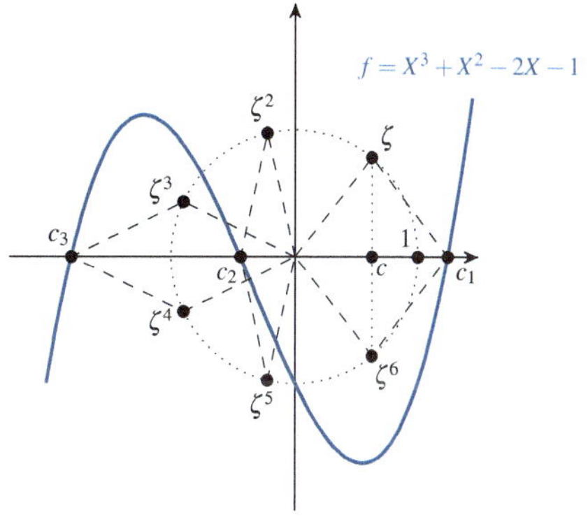

Zu $\mathbb{Q}(\zeta) \supset L$: ζ ist Nullstelle des irreduziblen Polynoms

$$(X - \zeta)(X - \zeta^6) = X^2 - c_1 X + 1 \in L[X].$$

Die Lösung $c + \sqrt{c^2 - 1}$ mit $c_1 = 2c$ dieser Gleichung entspricht der Darstellung

$$\zeta = \cos\frac{2\pi}{7} + i \cdot \sin\frac{2\pi}{7}.$$

Nun zu L':   Da $\varphi_2(\zeta) = \zeta^2$, $\varphi_2(\zeta^2) = \zeta^4$ und $\varphi_2(\zeta^4) = \zeta$, sowie $\varphi_2(\zeta^3) = \zeta^6$, $\varphi_2(\zeta^6) = \zeta^5$ und $\varphi_2(\zeta^5) = \zeta^3$, folgt

$$c_1' := \zeta + \zeta^2 + \zeta^4 \in L' \quad \text{und} \quad c_2' := \zeta^3 + \zeta^5 + \zeta^6 \in L'.$$

Wegen $g := (X - c_1)(X - c_1') = X^2 + X + 2$ ist $c_{1,2}' = \frac{1}{2}(-1 \pm \sqrt{-7})$. Also hat g keine reelle Nullstelle und ist somit über $\mathbb{Q}$ irreduzibel und daher Minimalpolynom über $\mathbb{Q}$ von c_1' und c_2'. Daraus folgt schließlich

$$L' = \mathbb{Q}(c_1') = \mathbb{Q}(c_2') = \mathbb{Q}(\sqrt{-7}).$$

Das ist ein imaginär-quadratischer Zahlkörper (vgl. 2.4.1).

Zu $\mathbb{Q}(\zeta) \supset L'$: ζ ist Nullstelle des irreduziblen Polynoms

$$(X - \zeta)(X - \zeta^2)(X - \zeta^4) = X^3 - c_1' X^2 + c_2' X + 1 \in L'[X].$$

In einem Diagramm von Untergruppen und Zwischenkörpern sieht das Ergebnis so aus:

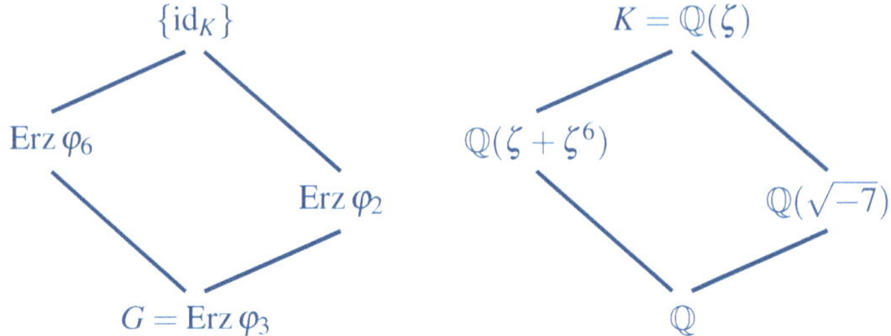

Alle Untergruppen sind Normalteiler und alle Körpererweiterungen sind galoissch, denn G ist abelsch.

Wir haben die Kreisteilungstheorie zunächst nur innerhalb des Körpers $\mathbb{C}$ behandelt, hier sind die Einheitswurzeln geometrisch sichtbar und zu einem Körper $k \subset \mathbb{C}$ kann man $k(\zeta_n)$ durch Adjunktion innerhalb von $\mathbb{C}$ erklären (vgl. 3.1.3). Es gibt jedoch Körper k mit $\mathrm{char}(k) = 0$, die nicht in $\mathbb{C}$ enthalten sind, etwa den Körper $k = \mathbb{Q}(X)$ der rationalen Funktionen. Um auch in diesem Fall ζ_n an k adjungieren zu können, hilft der nach 3.2.5 existierende algebraische Abschluss $\overline{k}$ mit

$$\mathbb{Q} \subset k \subset \overline{k},$$

denn $\mathbb{Q}$ ist der Primkörper von k.
Da ζ_n Nullstelle von $X^n - 1 \in \mathbb{Q}[X] \subset k[X]$ ist, folgt $\zeta_n \in \overline{k}$ und in $\overline{k}$ kann man $k(\zeta_n)$ erklären. $k(\zeta_n)$ ist dann ein Zerfällungskörper von $X^n - 1$ über k und

$$C_n = \{\zeta_n, \zeta_n^2, ..., \zeta_n^n = 1\} \subset k(\zeta_n).$$

Das Kreisteilungspolynom $\Phi_n \in \mathbb{Q}[X] \subset k[X]$ muss in $k[X]$ nicht mehr irreduzibel sein, aber wie in obigem Satz lässt sich folgendes beweisen:

Zusatz   *Ist* $\mathrm{char}(k) = 0$, $n \in \mathbb{N} \setminus \{0\}$ *und* $\zeta \in C_n^\times$, *so gibt es einen Monomorphismus*

$$\mathrm{Aut}\,(k(\zeta); k) \to Z_n^\times.$$

3.5.7 Kreisteilung in Charakteristik $p > 0$

Im vorhergehenden Abschnitt haben wir zur Vereinfachung die Einheitswurzeln nur in Charakteristik Null behandelt. Bei positiver Charakteristik geht einiges analog, aber es gibt deutliche Unterschiede.

Wir starten mit einer Primzahl p, dem Primkörper $\mathbb{F}_p$ und einem $n \in \mathbb{N} \smallsetminus \{0\}$. Ist

$$K \supset \mathbb{F}_p \text{ Zerfällungskörper von } X^n - 1 \in \mathbb{F}_p[X] \,,$$

so heißt jede Nullstelle $x \in K$ von $X^n - 1$ eine n-te **_Einheitswurzel_** über $\mathbb{F}_p$. Mit $C_n \subset K$ bezeichnen wir die Menge der n-ten Einheitswurzeln; als multiplikative Untergruppe $C_n < K^*$ ist C_n nach 2.1.11 zyklisch. Im Gegensatz zur Charakteristik Null kann aber $\operatorname{ord} C_n < n$ sein:

Bemerkung   *Ist $n = p^r m$ mit $p \nmid m$, so gilt*

$$C_n = C_m \quad \text{und} \quad \operatorname{ord} C_n = m \,.$$

Beweis   Da $m \mid n$, ist $C_m < C_n$. Umgekehrt folgt für eine Nullstelle x von $X^n - 1$ aus

$$0 = x^n - 1 = (x^m)^{p^r} - 1 = (x^m - 1)^{p^r} \,, \quad \text{dass} \quad x^m - 1 = 0 \,,$$

also auch $C_n < C_m$. Im Fall $p \nmid m$ ist

$$(X^m - 1)' = mX^{m-1} \quad \text{und} \quad mx^{m-1} \neq 0 \,,$$

also hat $X^m - 1$ in K nach 3.3.1 insgesamt m verschiedene Nullstellen.   ∎

Ist etwa $n = p^r$, so ist $x = 1$ die einzige n-te Einheitswurzel über $\mathbb{F}_p$.

Ganz analog zu 3.5.6 erhält man das

Korollar 1   *Sei $p \nmid n$, $K \supset \mathbb{F}_p$ der Zerfällungskörper von $X^n - 1$ und $C_n \subset K$ die Menge der Nullstellen von $X^n - 1$. Dann gilt*

a) Die Gruppe C_n ist zyklisch der Ordnung n.

b) Es gibt einen kanonischen Monomorphismus von Gruppen

$$\chi : \operatorname{Aut}(K; \mathbb{F}_p) \to Z_n^\times \quad \textit{mit} \quad \chi(\varphi) = r + n\mathbb{Z} \,,$$

wenn $\varphi(\zeta) = \zeta^r$ für ein erzeugendes Element $\zeta \in C_n$.   ∎

Die obige Bemerkung zeigt, dass die Voraussetzung $p \nmid n$ angemessen ist. Dann hat C_n als zyklische Gruppe erzeugende Elemente $z_1, \ldots, z_{\varphi(n)}$, und man kann, wie in Charakteristik Null, das n-te **_Kreisteilungspolynom_**

$$\Phi_n^{(p)} := (X - z_1) \cdot \ldots \cdot (X - z_{\varphi(n)})$$

erklären. Zunächst ist nur $\Phi_n^{(p)} \in K[X]$ klar. Da $\Phi_n^{(p)}$ Teiler von $X^n - 1$ ist, folgt durch Division in $\mathbb{F}_p[X]$, dass

$$\Phi_n^{(p)} \in \mathbb{F}_p[X] \,,$$

und $\Phi_n^{(p)}$ entsteht aus $\Phi_n \in \mathbb{Z}[X]$ durch Reduktion der Koeffizienten modulo p.

Im Gegensatz zu $\Phi_n \in \mathbb{Z}[X]$ kann aber $\Phi_n^{(p)}$ reduzibel sein; das hängt von p und n ab, und darüber hinaus vom Grundkörper $\mathbb{F}_q$ mit $q = p^r$. Genauer gilt:

Satz *Sei $p \nmid n$, $q = p^r$ und*

$$m := \operatorname{ord}(q + n\mathbb{Z}) \quad in \quad Z_n^\times \,,$$

wobei $Z_n^\times$ die multiplikative Primrestklassengruppe mod n bezeichnet. Dann gilt:

$\Phi_n^{(p)}$ zerfällt in $\mathbb{F}_q[X]$ in $\frac{\varphi(n)}{m}$ paarweise nicht assoziierte irreduzible Faktoren vom Grad m.

Der Aufspaltung von $\Phi_n^{(p)}$ entsprechend zerfällt also die Menge der $\boldsymbol{\varphi}(n)$ primitiven n-ten Einheitswurzeln in $\frac{\varphi(n)}{m}$ Teilmengen mit jeweils m Elementen. Im Extremfall $q \equiv 1 \,(\mathrm{mod}\, n)$ ist $m = 1$.

Beweis   Die irreduziblen Faktoren von $\Phi_n^{(p)}$ sind die Minimalpolynome der paarweise verschiedenen primitiven n-ten Einheitswurzeln $z_1, \ldots, z_{\varphi(n)}$ über $\mathbb{F}_p$. Also genügt es zu zeigen, dass für jedes dieser z

$$m' := [\mathbb{F}_q(z) : \mathbb{F}_q] = \operatorname{ord}(q + n\mathbb{Z}) =: m \,.$$

Das ist offensichtlich ein Fall für die Galois-Theorie. Nach 3.3.4 ist $\mathbb{F}_q(z) \cong \mathbb{F}_{q^{m'}}$, nach 3.4.9 ist

$$\mathbb{F}_{q^{m'}} \supset \mathbb{F}_q \quad \text{galoissch und} \quad \operatorname{Aut}(\mathbb{F}_{q^{m'}} ; \mathbb{F}_q) = \operatorname{Erz}(\psi) \,;$$

dabei ist $\psi = \varphi^r$, wobei φ den Frobenius-Homomorphismus mit $\varphi(x) = x^p$ bezeichnet, also

$$\psi(x) = \varphi^r(x) = x^{p^r} = x^q \,.$$

Mit dem Monomorphismus

$$\chi : \operatorname{Aut}(\mathbb{F}_{q^{m'}} ; \mathbb{F}_q) \to Z_n^\times \quad \text{wird} \quad \chi(\psi) = q + n\mathbb{Z} \,.$$

Nach dem Hauptsatz der Galois-Theorie und der Definition von $\operatorname{ord} \psi$ ist

$$m' = \operatorname{ord}\operatorname{Erz}(\psi) = \operatorname{ord}(\psi) = m \,. \qquad \blacksquare$$

Korollar 2   *$\Phi_n^{(p)}$ ist genau dann irreduzibel in $\mathbb{F}_p[X]$, wenn $Z_n^\times$ zyklisch und $p + n\mathbb{Z}$ ein erzeugendes Element von $Z_n^\times$ ist.*

Ob $Z_n^\times$ zyklisch ist, hängt von n ab (vgl. den Struktursatz in 1.3.14).

Beispiel 1   Die 7-ten Einheitswurzeln über $\mathbb{F}_2$ können wir aus der Darstellung von $\mathbb{F}_8$ (Beispiel 2 in 3.3.5) ablesen. Zunächst ist

$$\operatorname{ord}(2 + 7\mathbb{Z}) = 3 \quad \text{in} \quad Z_7^\times \cong Z_6 \,.$$

Dem entsprechend hat man in $\mathbb{F}_2[X]$ die Zerlegung

$$\Phi_7^{(2)} = X^6 + X^5 + X^4 + X^3 + X^2 + X + 1 = (X^3 + X + 1)(X^3 + X^2 + 1) \,.$$

Ist $\zeta \in \mathbb{F}_8$ eine Nullstelle von $X^3 + X + 1$, so hat man unter dem Frobenius-Automorphismus φ von $\mathbb{F}_8$ mit $\varphi(x) = x^2$ die Bahnen

$$\{\zeta, \zeta^2, \zeta^4\} \quad \text{und} \quad \{\zeta^3, \zeta^6, \zeta^5\} \quad \text{in} \quad \mathbb{F}_8 \,.$$

In der zyklischen Gruppe $\mathbb{F}_8^\times$ kann man sich das so vorstellen:

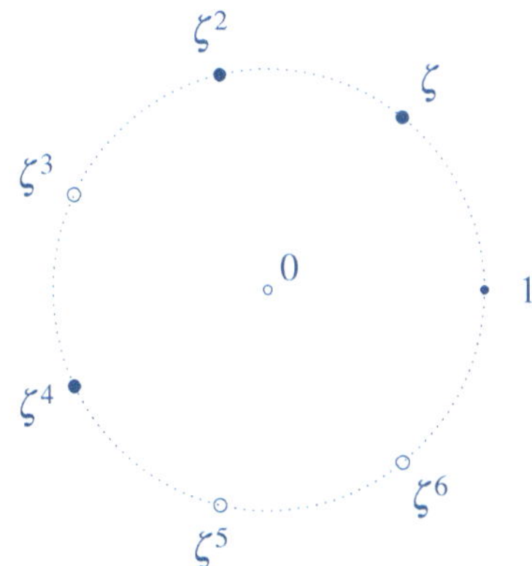

Mit Hilfe der Regeln für Addition und Multiplikation in $\mathbb{F}_8$ berechnet man

$$(X - \zeta)(X - \zeta^2)(X - \zeta^4) = X^3 + X + 1 \quad \text{und}$$
$$(X - \zeta^3)(X - \zeta^6)(X - \zeta^5) = X^3 + X^2 + 1 \,.$$

Das sind die Minimalpolynome der zwei Klassen von primitiven 7-ten Einheitswurzeln über $\mathbb{F}_2$. Man beachte, dass $\mathbb{F}_2(\zeta) = \mathbb{F}_2(\zeta^3)$, denn $(\zeta^3)^5 = \zeta$.

Beispiel 2   Wir bestimmen die 5-ten Einheitswurzeln über $\mathbb{F}_3$. Dazu betrachten wir das Kreisteilungspolynom

$$\Phi_5^{(3)} = X^4 + X^3 + X^2 + X + 1 \in \mathbb{F}_3[X] \,.$$

Wie man leicht nachprüft, ist

$$\operatorname{ord}(3 + 5\mathbb{Z}) = 4 \quad \text{in} \quad \mathbb{Z}_5^\times \cong \mathbb{Z}_4 \,.$$

Daraus folgt, dass $\Phi_5^{(3)}$ in $\mathbb{F}_3[X]$ irreduzibel ist, und

$$\operatorname{Gal}(\Phi_5^{(3)}; \mathbb{F}_3) \cong \mathbb{Z}_4 \,.$$

Wenn wir $\mathbb{F}_3$ zu $\mathbb{F}_9$ erweitern, dann zerfällt $\Phi_5^{(3)}$ in $\mathbb{F}_9[X]$ in zwei irreduzible quadratische Faktoren, denn

$$\operatorname{ord}(9 + 5\mathbb{Z}) = 2 \quad \text{in} \quad \mathbb{Z}_5^\times \,.$$

Um die Faktoren explizit angeben zu können, betrachten wir den Zerfällungskörper $K \supset \mathbb{F}_3$ von $\Phi_5^{(3)}$. Da

$$[K : \mathbb{F}_3] = 4 \,, \quad \text{ist} \quad K \cong \mathbb{F}_{3^4} = \mathbb{F}_{81}$$

nach 3.3.4. Ist $\zeta \in K$ eine primitive 5-te Einheitswurzel, so ist

$$C_5 = \{1, \zeta, \zeta^2, \zeta^3, \zeta^4\} \subset \mathbb{F}_{81} \,.$$

Weiter gilt in $\mathbb{F}_{81}[X]$

$$\begin{aligned}
\Phi_5^{(3)} &= (X - \zeta)(X - \zeta^4)(X - \zeta^2)(X - \zeta^3) = \\
&= (X^2 - (\zeta + \zeta^4)X + 1) \cdot (X^2 - (\zeta^2 + \zeta^3)X + 1) =: f_1 \cdot f_2 \,.
\end{aligned}$$

Sei nun $\psi \in \mathrm{Aut}(\mathbb{F}_{81}; \mathbb{F}_3)$ mit $\psi(\zeta) = \zeta^9$. Dann ist

$$\psi(\zeta + \zeta^4) = (\zeta + \zeta^4)^9 = \zeta^4 + \zeta \quad \text{und} \quad \psi(\zeta^2 + \zeta^3) = (\zeta^2 + \zeta^3)^9 = \zeta^3 + \zeta^2 \,,$$

also liegen die Koeffizienten von f_1 und f_2 wegen $\mathrm{ord}(\psi) = 2$ in

$$\mathrm{Fix}(\mathbb{F}_{81}; \mathrm{Erz}(\psi)) = \mathbb{F}_9$$

und es folgt $f_1, f_2 \in \mathbb{F}_9[X]$. Der Körper $\mathbb{F}_9$ ist in Beispiel 5 aus 3.3.5 aufgelistet, die Koeffizienten $a = \zeta + \zeta^4$ und $b = \zeta^2 + \zeta^3$ aus $\mathbb{F}_9$ kann man bis auf die Reihenfolge (d.h. bis auf einen Körperautomorphismus) ausrechnen. Da

$$(a - 1)^2 = (b - 1)^2 = -1 \,, \quad \text{ist} \quad a, b = \pm\sqrt{-1} + 1 \,.$$

Nun ist die -1 aus $\mathbb{F}_3$ gleich $y^4 = (-1, 0) \in \mathbb{F}_9$, somit

$$\sqrt{-1} = \pm y^2 = \pm(1, -1) \quad \text{und} \quad a = (-1, 1) = y^3 \,, \ b = (0, 1) = y \,.$$

3.5.8 Reine Polynome

Unter den Polynomgleichungen $f(x) = 0$ kann man diejenigen der „reinen Form" $x^n = a$ durch Wurzelziehen, also

$$x = \sqrt[n]{a}$$

lösen. Der Ausdruck $\sqrt[n]{a}$ ist jedoch mehrdeutig; für $a \in \mathbb{C}^\times$ gibt es n verschiedene Wurzeln, ihre Quotienten sind n-te Einheitswurzeln. Um formal präziser zu sein, nennt man

$$f := X^n - a \in k[X]$$

ein ***reines Polynom*** über k. Ist $b \in K \supset k$ und $b^n = a$ für ein $n \in \mathbb{N} \setminus \{0\}$, so heißt b ein ***Radikal*** (oder eine ***Wurzel***) von a.

Auch aus der Sicht der Galois-Theorie sind die reinen Polynome sehr übersichtlich. Wir beschränken uns wieder auf Charakteristik Null. Die Argumente bleiben gültig, wenn $p = \mathrm{char}(k)$ kein Teiler von n ist.

Was wir in Beispiel 4 aus 3.4.2 für das Polynom $X^3 - 2$ überlegt hatten, ist ein charakteristischer Spezialfall des folgenden allgemeinen Ergebnisses:

Satz über reine Polynome   *Sei* $\mathrm{char}(k) = 0$, $a \in k^\times$, $n \geq 1$,

$$K \supset k \quad Zerfällungskörper\ von \quad X^n - a\,, \quad und$$

$$L := k(\zeta) \supset k \quad Zerfällungskörper\ von \quad X^n - 1\,,$$

wobei ζ *eine primitive n-te Einheitswurzel bezeichnet. Dann gilt:*

a) $K \supset L \supset k$ *ist Zwischenkörper.*

b) Ist $b \in K$ *mit* $b^n = a$, *so folgt* $K = L(b)$, *insbesondere*

$$X^n - a = (X - b) \cdot (X - \zeta b) \cdot \ldots \cdot (X - \zeta^{n-1} b) \quad in \quad K[X]\,.$$

c) Es gibt einen kanonischen Monomorphismus

$$\chi : \mathrm{Aut}(K;L) \to C_n\,;$$

er ist Isomorphismus, falls $X^n - a$ *in* $L[X]$ *irreduzibel ist. Insbesondere ist* $\mathrm{Aut}(K;L)$ *zyklisch.*

d) Die Galoisgruppe $\mathrm{Gal}(X^n - a, k) = \mathrm{Aut}(K;k)$ *ist auflösbar,*

$$\{\mathrm{id}\} \vartriangleleft \mathrm{Aut}(K,L) \vartriangleleft \mathrm{Aut}(K,k)$$

ist eine Normalreihe mit abelschen Faktoren.

e) Ist $k = \mathbb{Q}$ *und* $X^n - a$ *irreduzibel in* $\mathbb{Q}(\zeta)[X]$, *so hat man einen Isomorphismus*

$$\mathrm{Gal}(X^n - a; \mathbb{Q}) \to Z_n \rtimes_\Theta Z_n^\times\,,$$

wobei die Operation Θ *von* $Z_n^\times$ *auf* Z_n *für das semidirekte Produkt durch den Isomorphismus* $\mathrm{Aut}(Z_n) \to Z_n^\times$ *gegeben ist (vgl. 1.3.15).*

Man beachte, dass die Erweiterungen $K \supset k$, $L \supset k$ und $K \supset L$ nach den Ergebnissen aus 3.4 galoissch sind; dagegen ist $k(b) \supset k$ im Allgemeinen nicht galoissch. Deswegen ist es geschickter, zunächst ζ und erst danach b zu adjungieren! Aussage *e)* zeigt, dass aus abelschen Galoisgruppen von $L \supset k$ und $K \supset L$ eine nicht abelsche Galoisgruppe von $K \supset k$ werden kann.

Beweis a) Es genügt zu zeigen, dass bei geeigneter Nummerierung der Nullstellen $b_1, \ldots b_n \in K$ von $X^n - a$ mit $a \neq 0$

$$\frac{b_r}{b_1} = \zeta^{r-1} \quad \text{für} \quad r = 1, \ldots, n.$$

Zunächst ist $(X^n - a)' = nX^{n-1}$, also sind nach dem Lemma aus 3.3.1 die Nullstellen b_r paarweise verschieden. Weiter ist

$$\left(\frac{b_r}{b_1}\right)^n = \frac{b_r^n}{b_1^n} = \frac{a}{a} = 1.$$

Also enthält K alle Nullstellen von $X^n - 1$.

b) folgt aus *a)*, denn mit $b := b_1$ ist $b_r = \zeta^{r-1} b$.

c) Für jedes $\varphi \in \mathrm{Aut}\,(K;L)$ ist $\varphi(\zeta) = \zeta$ und $\varphi(b) = \zeta^r b$ für ein $r \in \{0,...,n-1\}$. Daher kann man χ erklären durch

$$\chi : \mathrm{Aut}\,(K;L) \to C_n, \quad \varphi \mapsto \frac{\varphi(b)}{b} = \zeta^r.$$

Diese Abbildung χ ist ein Homomorphismus, denn aus

$$\psi(b) = \zeta^s b \quad \text{folgt} \quad (\varphi \circ \psi)(b) = \zeta^s \cdot \zeta^r b = \zeta^{r+s} b\,.$$

Ist $\varphi(b) = \zeta^0 b = b$, so ist $\varphi = \mathrm{id}_K$, also ist χ injektiv. Nach Satz 1 aus 3.2.2 folgt, dass χ surjektiv ist, falls $X^n - a \in L[X]$ irreduzibel ist.

d) Zunächst hat man die kurze Normalreihe

$$\{\mathrm{id}\} \lhd \mathrm{Aut}\,(K;L) \lhd \mathrm{Aut}\,(K;k),$$

denn da $K \supset k$ galoissch ist, folgt nach Teil *b)* des Korollars in 3.4.4, dass auch $K \supset L$ galoissch ist, und nach Teil *2) b)* des Hauptsatzes in 3.4.5 folgt, dass $\mathrm{Aut}\,(K;L) \lhd \mathrm{Aut}\,(K;k)$ Normalteiler ist. Weiter folgt daraus nach 3.4.5 der Isomorphismus

$$\mathrm{Aut}\,(K;k)/\mathrm{Aut}\,(K;L) \cong \mathrm{Aut}\,(L;k).$$

Nach dem Satz aus 3.5.6 ist $\mathrm{Aut}(L;k)$ isomorph zu $C_n^\times$, also abelsch. Nach dem eben bewiesenen Teil *c)* ist $\mathrm{Aut}(K;L)$ zyklisch, also ebenfalls abelsch.

e) Wir betrachten zwei Automorphismen $\varphi, \psi \in \mathrm{Aut}\,(K,\mathbb{Q})$. Da $K = \mathbb{Q}(\zeta, b)$ müssen beide die Nullstellen von Φ_n und von $X^n - a$ permutieren. Daher gibt es Zahlen $m, l \in \{0,...,n-1\}$ mit $\mathrm{ggT}\,(m,n) = \mathrm{ggT}\,(l,n) = 1$ und beliebige Zahlen $r, s \in \{0,...,n-1\}$ derart, dass φ und ψ festgelegt sind durch

$$\varphi(\zeta) = \zeta^m\,,\ \psi(\zeta) = \zeta^l\,,\ \varphi(b) = \zeta^r b\,,\ \psi(b) = \zeta^s b.$$

Daraus folgt

$$\begin{aligned}
\varphi(\psi(\zeta)) &= \varphi(\zeta^l) = (\zeta^m)^l = \zeta^{ml} = \psi(\varphi(\zeta)) \quad \text{und}\\
\varphi(\psi(b)) &= \varphi(\zeta^s b) = \varphi(\zeta^s) \cdot \varphi(b) = \zeta^{ms} \cdot \zeta^r b = \zeta^{r+ms} \cdot b, \quad \text{aber}\\
\psi(\varphi(b)) &= \psi(\zeta^r b) = \psi(\zeta^r) \cdot \psi(b) = \zeta^{l \cdot r} \cdot \zeta^s b = \zeta^{s+lr} \cdot b.
\end{aligned} \qquad (*)$$

Die Operation von $Z_n^\times$ auf Z_n ist gegeben durch $\Theta_m(s) = m \cdot s$, also wird die Multiplikation in $Z_n \rtimes_\Theta Z_n^\times$ beschrieben durch

$$\begin{aligned}
(r,m) *_\Theta (s,l) &= (r+ms, m \cdot l), \quad \text{aber}\\
(s,l) *_\Theta (r,m) &= (s+lr, l \cdot m).
\end{aligned}$$

Vergleicht man das mit $(*)$, so erhält man sofort den gesuchten Isomorphismus. $\blacksquare$

Beispiel Der Zusammenhang mit dem Standardbeispiel $X^3 - 2$ von Beispiel 4 aus 3.4.2 sieht so aus: Ist $b = \sqrt[3]{2} \in \mathbb{R}$ und $\zeta = \zeta_3$, so ist

$$\varphi(b) = \zeta b, \; \varphi(\zeta) = \zeta, \quad \text{also } r = m = 1 \quad \text{und} \quad \psi(b) = b, \; \psi(\zeta) = \zeta^2, \quad \text{also } s = 0, \, l = 2.$$

Daraus folgt $(\varphi \circ \psi)(\zeta) = \zeta^{m \cdot l} = \zeta^2 = (\psi \circ \varphi)(\zeta)$,

$$(\varphi \circ \psi)(b) = \zeta^{r+ms} b = \zeta b \quad \text{und} \quad (\psi \circ \varphi)(b) = \zeta^{s+lr} b = \zeta^2 b.$$

In $Z_3 \rtimes_\Theta Z_3^\times$ sehen die Verknüpfungen so aus:

$$(1,1) *_\Theta (0,2) = (1,2), \quad \text{aber} \quad (0,2) *_\Theta (1,1) = (2,2).$$

Weiter sieht man sofort, dass $Z_3 \rtimes_\Theta Z_3^\times$ isomorph zu $\mathcal{S}_3$ ist. Dabei entspricht φ einem Dreierzyklus und ψ einer Transposition.

3.5.9 Zyklische Erweiterungen

Mit Hilfe der Galois-Theorie kann man aus Eigenschaften von Gruppen Aussagen über Körpererweiterungen erhalten. In diesem Abschnitt behandeln wir ein wichtiges Werkzeug für diese Methode.

Eine Körpererweiterung $K \supset k$ heißt *zyklisch*, wenn gilt

1) $K \supset k$ ist galoissch,

2) $\mathrm{Aut}\,(K;k)$ ist zyklisch.

Falls genügend viele Einheitswurzeln verfügbar sind, folgt eine Eigenschaft der Körpererweiterung.

Satz über zyklische Erweiterungen *Sei k ein Körper mit $\mathrm{char}\,(k) = 0$ und $K \supset k$ eine Körpererweiterung, $n := [K : k]$. Ist $K \supset k$ zyklisch und enthält k eine primitive n-te Einheitswurzel, so gibt es ein*

$$b \in K \quad \text{mit} \quad b^n \in k \quad \text{und} \quad K = k(b)\,.$$

K ist also Zerfällungskörper des reinen Polynoms $X^n - b^n \subset k[X]$.

Dieses Ergebnis kann man aus dem berühmten „Satz 90" von HILBERT ableiten (vgl. etwa [La, VIII, § 6]). Wir vermeiden hier die Einführung der dazu nötigen Begriffe und gehen einen direkteren Weg. Das wesentliche technische Hilfsmittel ist das Folgende.

Ist K ein Körper und M eine Menge, so wird die Menge

$$\mathrm{Abb}\,(M,K) := \{f : M \to K\}$$

zu einem K-Vektorraum, indem man die Werte der Abbildungen addiert und mit Skalaren multipliziert. $\mathrm{Abb}\,(M,K)$ hat unendliche Dimension, falls M unendlich ist.

Jeder Automorphismus $\varphi \in \mathrm{Aut}\,(K)$ hat eine Beschränkung

$$\varphi | K^\times : K^\times \to K^\times\,,$$

das ist insbesondere ein Homomorphismus der multiplikativen Gruppen, er enthält alle Informationen über φ. Wir bezeichnen die Beschränkung wieder mit φ und betrachten

$$\mathrm{Aut}\,(K) \subset \mathrm{Abb}\,(K^{\times},K)$$

als Teilmenge. Entscheidend ist das

Lemma von Artin   *Sind $\varphi_1,\dots,\varphi_n \in \mathrm{Aut}\,(K)$ für $n \geq 2$ paarweise verschieden, so sind $\varphi_1,\dots,\varphi_n$ in $\mathrm{Abb}\,(K^{\times},K)$ linear unabhängig.*

Beweis   durch Induktion über n (vgl. [ArE, II F]). Ist

$$\lambda\varphi = 0 \quad \text{mit} \quad \lambda \in K , \ \text{so folgt} \ 0 = \lambda\varphi(1) = \lambda .$$

Sei also $n \geq 2$ und seien $\lambda_1,\dots,\lambda_n \in K$, so dass

$$\lambda_1\varphi_1(x) + \lambda_2\varphi_2(x) + \dots + \lambda_n\varphi_n(x) = 0 \qquad (*)$$

für alle $x \in K^{\times}$. Da die $\varphi_1,\dots\varphi_n$ verschieden sind, können wir annehmen, dass es ein

$$a \in K^{\times} \quad \text{gibt mit} \quad \varphi_1(a) \neq \varphi_n(a) .$$

Nun kann man einerseits in $(*)$ ax für x einsetzen, andererseits mit $\varphi_n(a)$ multiplizieren. Das ergibt

$$\lambda_1\varphi_1(a)\varphi_1(x) + \dots + \lambda_{n-1}\varphi_{n-1}(a)\varphi_{n-1}(x) + \lambda_n\varphi_n(a)\varphi_n(x) = 0 \quad \text{und}$$

$$\lambda_1\varphi_n(a)\varphi_1(x) + \dots + \lambda_{n-1}\varphi_n(a)\varphi_{n-1}(x) + \lambda_n\varphi_n(a)\varphi_n(x) = 0 .$$

Durch Subtraktion erhält man

$$\lambda_1(\varphi_1(a) - \varphi_n(a))\varphi_1(x) + \dots + \lambda_{n-1}(\varphi_{n-1}(a) - \varphi_n(a))\varphi_{n-1}(x) = 0$$

für alle $x \in K^{\times}$. Nach Induktionsannahme folgt insbesondere

$$\lambda_1(\varphi_1(a) - \varphi_n(a)) = 0 , \ \text{also} \ \lambda_1 = 0 .$$

Trägt man das in $(*)$ ein, so folgt wieder aus der Induktionsannahme

$$\lambda_2 = \dots = \lambda_n = 0 . \qquad\qquad \blacksquare$$

Ein Blick auf den Beweis zeigt, dass man ihn genauso führen kann, wenn H eine Halbgruppe und

$$\varphi_i : H \to K^{\times}$$

für $i = 1,\dots,n$ Homomorphismen von Halbgruppen sind, d.h. $\varphi(a\cdot b) = \varphi(a)\cdot\varphi(b)$ für $a,b \in H$. Solche Abbildungen von H nach $K^{\times}$ nennt man ***Charaktere***.

Beweis des Satzes über zyklische Erweiterungen   Nach Voraussetzung ist

$$G := \mathrm{Aut}\,(K;k) = \{\mathrm{id}_K, \varphi, \varphi^2, \dots, \varphi^{n-1}\} .$$

Ist $\zeta \in k$ eine primitive n-te Einheitswurzel, so betrachte man die Linearkombination

$$\psi := 1 \cdot \mathrm{id}_K + \zeta\varphi + \zeta^2\varphi^2 + \dots + \zeta^{n-1}\varphi^{n-1} \in \mathrm{Abb}\,(K^{\times},K) .$$

Nach dem Lemma von ARTIN ist $\psi \neq 0$, also gibt es ein $x \in K^\times$, so dass

$$b := \psi(x) = x + \zeta\,\varphi(x) + \ldots + \zeta^{n-1}\varphi^{n-1}(x) \neq 0 \quad \text{in} \quad K \,.$$

Diese Funktion von x nennt man eine *Lagrangesche Resolvente*. Nun ist

$$\varphi(b) = \varphi(x) + \zeta\,\varphi^2(x) + \ldots + \zeta^{n-1}x\,, \ \text{ also } \ \zeta\,\varphi(b) = b \quad \text{und} \quad \varphi(b) = \zeta^{-1}b \,.$$

Daraus folgt $\varphi(b^r) = \varphi(b)^r = \frac{b^r}{\zeta^r}$ für alle $r \in \mathbb{N}$, insbesondere

$$\varphi(b^n) = \frac{b^n}{\zeta^n} = b^n\,, \ \text{ also } \ b^n \in \mathrm{Fix}(K;G) = k.$$

Weiter folgt wegen $\varphi(\zeta) = \zeta$, dass $\varphi^r(b) = \frac{b}{\zeta^r}$ für alle $r \in \mathbb{N}$, daher sind $b,\ \varphi(b),\ldots,\varphi^{n-1}(b) \in K$ paarweise verschieden und somit nicht in $k = \mathrm{Fix}(K;G)$ enthalten. Ist nun $f \in k[X]$ das Minimalpolynom von b über k, so gilt nach Bemerkung 1 aus 3.2.2

$$0 = f(b) = f(\varphi(b)) = \ldots = f(\varphi^{n-1}(b)).$$

Also hat f in K mindestens n verschiedene Nullstellen und $\deg f \geq n$. Aus

$$[k(b) : k] \geq n \ \text{ und } \ k(b) \subset K \ \text{ folgt } \ K = k(b).$$

Insgesamt ist also K Zerfällungskörper von $f = X^n - a \in k[X]$ mit $a = b^n$. ∎

3.5.10 Lösbarkeit von Polynomgleichungen

Das Ziel der klassischen Verfahren zur Lösung von Polynomgleichungen war gewesen, die Nullstellen durch die Operationen in Körpern und Wurzelziehen zu berechnen. Als Ergebnis suchte man nach Formeln mit geschachtelten Wurzelausdrücken, wie sie für Polynome vom Grad ≤ 4 auch gefunden wurden. Von einem etwas abstrakteren Standpunkt führt das zu folgenden Begriffen.

Eine Körpererweiterung $K \supset k$ heißt *Radikalerweiterung*, wenn es eine Kette

$$K = L_r \supset \ldots \supset L_i \supset L_{i-1} \supset \ldots \supset L_0 = k$$

von Zwischenkörpern gibt, so dass es für jedes $i = 1,\ldots,r$ ein $b_i \in L_i$ und ein $n_i \in \mathbb{N}$ gibt, so dass

$$L_i = L_{i-1}(b_i) \quad \text{und} \quad b_i^{n_i} \in L_{i-1} \,.$$

L_i entsteht also aus L_{i-1} durch Adjunktion der Nullstelle b_i eines reinen Polynoms

$$X^{n_i} - a_i \in L_{i-1}[X],$$

oder durch „Ziehen einer n_i-ten Wurzel" aus einem $a_i \in L_{i-1}$.

Ein Polynom $f \in k[X]$ (oder in der klassischen Formulierung eine Polynomgleichung $f(x) = 0$) heißt *durch Radikale lösbar*, wenn es zum Zerfällungskörper $L \supset k$ von f eine Radikalerweiterung $K \supset k$ gibt, so dass

$$K \supset L \supset k \,.$$

Man beachte, dass nach dieser Definition das Polynom $X^n - 1$, also auch die Kreisteilungspolynome, durch Radikale lösbar sind. Damit ist nicht bewiesen, dass sich die n-ten Einheitswurzeln durch „geschachtelte Wurzeln" berechnen lassen. Auf diese Frage kommen wir in 3.5.13 zurück.

Mit Hilfe der Galois-Theorie kann man diese Frage auf eine leichter zu entscheidende Aufgabe der Gruppentheorie zurückführen:

Theorem *Ist k ein Körper mit* $\operatorname{char}(k) = 0$, *so sind für ein Polynom $f \in k[X]$ folgende Bedingungen gleichwertig:*

i) f ist durch Radikale lösbar.

ii) Die Galoisgruppe $\operatorname{Gal}(f;k)$ *ist auflösbar.*

Ein technisches Problem beim Beweis entsteht dadurch, dass bei der Definition einer Radikalerweiterung nichts darüber vorausgesetzt wird, dass die Erweiterungen in der Körperkette galoissch sein sollen. Das ist dem Problem angemessen. In der Praxis hat sich schon bei der Lösung von Polynomgleichungen kleinen Grades gezeigt, dass passende Einheitswurzeln unentbehrlich sind. Um die Galois-Theorie anwenden zu können, benötigt man Galois-Erweiterungen. Daher benutzen wir zwei Hilfsaussagen, die anschließend gezeigt werden.

Lemma 1   *Zu jeder gegebenen Radikalerweiterung*

$$K = L_r \supset \ldots \supset L_i \supset \ldots \supset L_0 = k$$

existiert eine modifizierte Radikalerweiterung

$$K' = L'_s \supset \ldots \supset L'_j \supset \ldots L'_0 = k' \supset k$$

mit folgenden Eigenschaften:

a) $K' \supset K$ und $K' \supset k$ ist eine galoissche Radikalerweiterung.

b) $L'_j \supset L'_{j-1}$ ist für $j = 1, \ldots, s$ zyklisch, insbesondere galoissch.

c) $k' = k(\zeta)$, wobei ζ für geeignetes $N \in \mathbb{N}$ eine primitive N-te Einheitswurzel ist. Insbesondere ist $k' \supset k$ galoissch und $\operatorname{Aut}(k';k)$ abelsch.

Lemma 2   *Sei $L_2 \supset L_1$ eine Galois-Erweiterung und ζ eine primitive n-te Einheitswurzel. Dann ist auch die Erweiterung*

$$L_2(\zeta) \supset L_1(\zeta) \quad \text{galoissch,}$$

und $\operatorname{Aut}(L_2(\zeta);L_1(\zeta)) < \operatorname{Aut}(L_2;L_1)$.

Beweis des Theorems   *i) $\Rightarrow$ ii)* Gegeben ist eine Körperkette $K \supset L \supset k$, wobei $K \supset k$ eine Radikalerweiterung und $L \supset k$ Zerfällungskörper von f ist. Zu der nach Lemma 1 existierenden Körpererweiterung $K' \supset k$ gehört nach dem Hauptsatz der Galois-Theorie aus 3.4.5 eine Normalreihe

$$\{\operatorname{id}_{K'}\} \vartriangleleft \operatorname{Aut}(K';L'_{s-1}) \vartriangleleft \ldots \vartriangleleft \operatorname{Aut}(K';L'_j) \vartriangleleft \ldots \vartriangleleft \operatorname{Aut}(K';k') \vartriangleleft \operatorname{Aut}(K';k) \,.$$

Aus dem Isomorphismus

$$\mathrm{Aut}\,(K';L'_{j-1})/\mathrm{Aut}\,(K';L'_j) \cong \mathrm{Aut}\,(L'_j;L'_{j-1})$$

folgt, dass diese Faktorgruppe zyklisch ist; die Faktorgruppe

$$\mathrm{Aut}\,(K';k)/\mathrm{Aut}\,(K';k') \cong \mathrm{Aut}\,(k';k)$$

ist abelsch. Also ist $\mathrm{Aut}\,(K';k)$ auflösbar. Da $L \supset k$ als Zerfällungskörper galoissch ist, folgt

$$\mathrm{Aut}\,(L;k) \cong \mathrm{Aut}\,(K';k)/\mathrm{Aut}\,(K';L)\,.$$

Nach 1.7.4 ist auch $\mathrm{Gal}\,(f;k) = \mathrm{Aut}\,(L;k)$ auflösbar.

ii) $\Rightarrow$ *i)* Ist $L \supset k$ Zerfällungskörper von $f \in k[X]$, so gibt es nach Voraussetzung eine Normalreihe

$$\{\mathrm{id}_L\} = N_r \lhd N_{r-1} \lhd \ldots \lhd N_i \lhd N_{i-1} \lhd \ldots \lhd N_0 = \mathrm{Aut}\,(L;k) = \mathrm{Gal}\,(f;k)\,. \qquad (*)$$

derart, dass die Faktorgruppen N_{i-1}/N_i zyklisch sind (vgl. 1.7.4). Zu $(*)$ gehört nach dem Hauptsatz der Galois-Theorie (3.4.5) eine Körperkette

$$L = L_r \supset L_{r-1} \supset \ldots \supset L_i \supset L_{i-1} \supset \ldots \supset L_0 = k\,,$$

wobei $L_i := \mathrm{Fix}\,(L;N_i)$, derart dass

$$L_i \supset L_{i-1} \ \text{galoissch ist und} \ \mathrm{Aut}\,(L_i;L_{i-1}) \cong N_{i-1}/N_i\,.$$

N_{i-1}/N_i ist zyklisch, $\mathrm{ord}\,(N_{i-1}/N_i)$ teilt $n := \mathrm{ord}\,\mathrm{Gal}\,(f;k)$. Um den Satz über zyklische Erweiterungen aus 3.5.9 anwenden zu können, adjungieren wir zu k eine primitive n-te Einheitswurzel ζ. Nach Lemma 2 ist

$$L_i(\zeta) \supset L_{i-1}(\zeta) \ \text{galoissch und} \ \mathrm{Aut}\,(L_i(\zeta);L_{i-1}(\zeta)) < \mathrm{Aut}\,(L_i;L_{i-1})\,,$$

also ist die Erweiterung $L_i(\zeta) \supset L_{i-1}(\zeta)$ zyklisch. Nach 3.5.9 gibt es ein $b_i \in L_i(\zeta)$ und einen Teiler n_i von n, so dass $b_i^{n_i} \in L_{i-1}(\zeta)$ und $L_i = L_{i-1}(b_i)$. Insgesamt erhält man ein Diagramm

$$
\begin{array}{ccccccccc}
L(\zeta) & \supset & L_{r-1}(\zeta) & \supset & \ldots & \supset & L_i(\zeta) & \supset & \ldots & \supset & L_0(\zeta) = k(\zeta) \supset k \\
\cup & & & & & & & & & & \\
L & & & & & & & & & &
\end{array}
$$

Da $\zeta^n \in k$, ist $k(\zeta) \supset k$ und somit auch $L(\zeta) \supset k$ eine Radikalerweiterung; damit ist *i)* bewiesen.

$\blacksquare$

Wir haben gerade benutzt, dass die Eigenschaft Radikalerweiterung zu sein, transitiv ist. Für die Eigenschaft galoissch ist das nach Beispiel 3 aus 3.4.4 nicht der Fall. Das hat man zu bedenken beim

Beweis vom Lemma 1 Zunächst betrachten wir die $b_i \in L_i$ und die Exponenten $n_i \in \mathbb{N}$ mit $b_i^{n_i} \in L_{i-1}$; wir setzen $N = n_1 \cdot \ldots \cdot n_r$. Im Fall $k \subset \mathbb{C}$ sei

$$\zeta := \exp\left(\frac{2\pi\mathbf{i}}{N}\right) \ \text{und} \ k' := k(\zeta) \subset \mathbb{C}\,.$$

Im allgemeinen Fall betrachten wir den Zerfällungskörper $k' \supset k$ von $X^N - 1$. Nach 2.1.11 gibt es eine primitive N-te Einheitswurzel $\zeta \in k'$, so dass $k' = k(\zeta)$. Aussage $c)$ folgt daher aus 3.5.6. Die Existenz der Radikalerweiterung $K' \supset k$ zeigen wir nun durch Induktion über r.

Für $r = 0$ ist $K' = k' \supset k$ eine galoissche Radikalerweiterung. Angenommen, wir sind schon bei L_{r-1} angekommen. Zur Vereinfachung der Bezeichnungen setzen wir $L = L_{r-1}$, und wir betrachten das Diagramm

$$
\begin{array}{ccccc}
K' & \supset & L' & \supset & k' \\
\cup & & \cup & & \cup \\
K & \supset & L & \supset & k \, .
\end{array}
$$

Dabei ist die Radikalerweiterung $L' \supset k'$ mit Eigenschaft $b)$ bereits konstruiert, $L' \supset k$ ist galoissch. K' als Erweiterung von K und L' ist noch zu konstruieren.

$L' \supset k$ ist Zerfällungskörper eines Polynoms $f \in k[X]$ und $K = L(b)$ mit $b^n \in L$, wobei $n = n_r$. Der Trick ist nun die Definition von

$$
g := \prod_{\varphi \in G} (X^n - \varphi(b^n)) \in L'[X] \, , \quad \text{wobei } G := \mathrm{Aut}\,(L';k) \, .
$$

Die Koeffizienten von g sind invariant unter der Operation von G, also sind sie in $\mathrm{Fix}\,(L';G) = k$ enthalten, d.h. $g \in k[X]$.

Nun können wir $K' \supset k$ als Zerfällungskörper von $f \cdot g \in k[X]$ erkären. K' enthält nicht nur die n-ten Wurzeln von $a = b^n \in L'$, sondern auch die von den Bildern $\varphi(a)$ für alle $\varphi \in G$. Offensichtlich ist $L' \subset K'$; da $g(b) = 0$, folgt auch $K \subset K'$. Wegen der speziellen Form von g ist $K' \supset L'$, und somit auch $K' \supset k'$ eine Radikalerweiterung. Ist

$$
K' \supset \ldots \supset L'_j \supset L'_{j-1} \supset \ldots \supset L'
$$

einer der neu konstruierten Zwischenschritte, so ist

$$
L'_j = L'_{j-1}(b_j) \quad \text{mit} \quad b_j \in L'_j \quad \text{und} \quad b^m \in L'_{j-1} \, ,
$$

wobei m Teiler von n und damit von N ist. Da dann L'_{j-1} die m-ten Einheitswurzeln enthält, folgt aus 3.5.9, dass $L'_j \supset L'_{j-1}$ eine zyklische Erweiterung ist. ∎

Beweis von Lemma 2 $L_2 \supset L_1$ ist nach 3.4.4 Zerfällungskörper eines Polynoms $f \in L_1[X]$, die Erweiterungen $L_i(\zeta) \supset L_i$ sind für $i = 1, 2$ Zerfällungskörper von $X^n - 1 \in L_i[X]$. Also ist

$$
L_2(\zeta) \supset L_1 \quad \text{Zerfällungskörper von } f \cdot (X^n - 1) \in L_1[X] \, ,
$$

daher ist diese Erweiterung galoissch, somit auch $L_2(\zeta) \supset L_1(\zeta)$.

Offensichtlich ist $\mathrm{Aut}\,(L_2(\zeta); L_1(\zeta)) < \mathrm{Aut}\,(L_2(\zeta); L_1)$. Die Erweiterungen

$$
L_2(\zeta) \supset L_2 \supset L_1
$$

sind galoissch; nach 3.4.5 gilt also $\varphi(L_2) = L_2$ für $\varphi \in \mathrm{Aut}\,(L_2(\zeta); L_1)$. Also folgt

$$
\varphi \in \mathrm{Aut}\,(L_2(\zeta); L_1(\zeta)) \;\Rightarrow\; \varphi \in \mathrm{Aut}\,(L_2; L_1) \, . \qquad \blacksquare
$$

3.5.11 Die allgemeine Polynomgleichung

Von einer Formel zur Berechnung der Nullstellen eines Polynoms aus den Koeffizienten erwartet man, dass sie für beliebige Koeffizienten gültig ist. Formalisiert bedeutet das, dass man die Koeffizienten als Unbestimmte betrachtet. Genauer gesagt, geht man vom Polynomring $k[S_1,\ldots,S_n]$ über zum Quotientenkörper $k(S_1,\ldots,S_n)$ und man nennt

$$f := X^n - S_1 X^{n-1} + \ldots + (-1)^n S_n \in k(S_1,\ldots,S_n)[X]$$

das Polynom n-ten Grades mit *allgemeinen Koeffizienten* über dem Grundkörper k. Der Sinn der alternierenden Vorzeichen und die Wahl der Buchstaben S_i für die Unbestimmten wird gleich klar werden. Über einem Zerfällungskörper $K \supset k(S_1,\ldots,S_n)$ ist

$$f = (X - x_1) \cdot \ldots \cdot (X - x_n) \quad \text{mit} \quad x_1,\ldots,x_n \in K = k(x_1,\ldots,x_n) \,.$$

Dabei wird benutzt, dass die Koeffizienten von f die elementarsymmetrischen Funktionen der Nullstellen sind (vgl. 3.4.1). Dieses allgemeine Polynom hat eine maximale Galoisgruppe:

Satz *Ist $f \in k(S_1,\ldots,S_n)[X]$ das Polynom n-ten Grades mit allgemeinen Koeffizienten, so hat man einen Isomorphismus*
$$\mathrm{Gal}\,(f; k(S_1,\ldots,S_n)) \to \mathcal{S}_n \,.$$

Beweis Als Hilfsmittel benutzen wir das Polynom

$$g := (X - X_1) \cdot \ldots \cdot (X - X_n) \in k(X_1,\ldots,X_n)[X]$$

mit *allgemeinen Nullstellen*. Die Gruppe $\mathcal{S}_n$ operiert auf $k[X_1,\ldots,X_n]$ durch Permutation der Unbestimmten X_i, damit auch auf $k(X_1,\ldots,X_n)$. Aus dem Hauptsatz über symmetrische Polynome aus 3.4.1 folgt

$$\mathrm{Fix}\,(k(X_1,\ldots,X_n); \mathcal{S}_n) = k(s_1,\ldots,s_n) \,.$$

Nach 3.4.4 folgt, dass $k(X_1,\ldots,X_n) \supset k(s_1,\ldots,s_n)$ galoissch ist, und $\mathrm{Gal}\,(g; k(s_1,\ldots,s_n)) \cong \mathcal{S}_n$. Um daraus die Galoisgruppe von f zu erhalten, betrachten wir das Diagramm von Körpererweiterungen:

$$
\begin{array}{ccc}
k(x_1,\ldots,x_n) & \xleftarrow{\;\Psi\;} & k(X_1,\ldots,X_n) \\
\cup & & \cup \\
k(S_1,\ldots,S_n) & \xrightarrow{\;\varphi\;} & k(s_1,\ldots,s_n) \\
\cap & & \cap \\
k(S_1,\ldots,S_n)[X] \ni f & \mapsto & g \in k(s_1,\ldots,s_n)[X]
\end{array}
$$

Dabei sind die Homomorphismen φ und Ψ durch Einsetzen erklärt, also

$$\varphi(S_i) = s_i \quad \text{und} \quad \Psi(X_i) = x_i \,.$$

Zu zeigen ist, dass φ und Ψ Isomorphismen sind, und dass Ψ^{-1} eine Fortsetzung von φ ist. Offensichtlich ist φ surjektiv. Dass φ injektiv ist, wissen wir schon aus dem Hauptsatz in 3.4.1; es folgt jedoch noch einmal neu, denn die Beschränkung von Ψ auf $k(s_1,\ldots,s_n)$ kehrt φ um. Da

φ die Koeffizienten von f auf die Koeffizienten von g abbildet, ist Ψ eine Fortsetzung von φ^{-1} auf die Zerfällungskörper von g und f und somit Isomorphismus; also ist

$$\mathrm{Gal}\,(f;k(S_1,\ldots,S_n)) \cong \mathrm{Gal}\,(g;k(s_1,\ldots,s_n)) \cong \mathcal{S}_n \,. \qquad \blacksquare$$

Da die symmetrische Gruppe $\mathcal{S}_n$ für $n \geq 5$ nach 1.7.4 nicht auflösbar ist, folgt nach 3.5.10 das

Korollar   *Die Gleichung n-ten Grades mit allgemeinen Koeffizienten ist für $n \geq 5$ nicht durch Radikale lösbar.*

Dieses Ergebnis geht zurück auf Arbeiten von RUFFINI (1799), ABEL (1826) und schließlich GALOIS (1831, veröffentlicht 1846, siehe [G]).

3.5.12   Gleichungen fünften Grades und das Ikosaeder

Obwohl die „allgemeine" Gleichung vom Grad 5 nicht durch Radikale lösbar ist, könnte man zunächst noch hoffen, dass die Polynome in verschiedene Klassen zerfallen, für die sich jeweils ein spezielles Lösungsverfahren durch Radikale finden ließe. Dass auch dieser Ausweg verbaut ist, zeigen spezielle Polynome vom Grad 5

$$f \in \mathbb{Z}[X] \quad \text{mit} \quad \mathrm{Gal}\,(f;\mathbb{Q}) \cong \mathcal{S}_5 \,.$$

Satz   *Sei $f \in \mathbb{Q}[X]$ irreduzibel mit $\deg f = 5$. Hat f in seinem Zerfällungskörper genau drei reelle Nullstellen, so ist $\mathrm{Gal}\,(f;\mathbb{Q}) \cong \mathcal{S}_5$.*

Beispiel   Das Polynom

$$g := X(X^2 - 2)(X^2 + 2) = X^5 - 4X \in \mathbb{Z}[X]$$

hat die drei reellen Nullstellen 0, $\pm\sqrt{2}$ und die zwei komplexen Nullstellen $\pm\mathbf{i}\sqrt{2}$.

Die Nullstellen von

$$g' = 5X^4 - 4 \ \text{ sind } \ \pm\sqrt[4]{\frac{4}{5}} \approx \pm 0.946\,,$$

und

$$g(\pm 0,946) \approx \mp 3.026\,.$$

Also hat auch

$$f := g + 2 = X^5 - 4X + 2 \in \mathbb{Z}[X]$$

genau drei reelle Nullstellen; außerdem ist f nach Eisenstein irreduzibel.

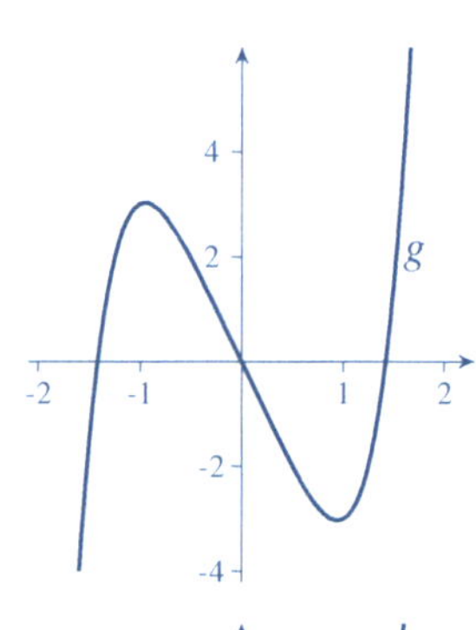

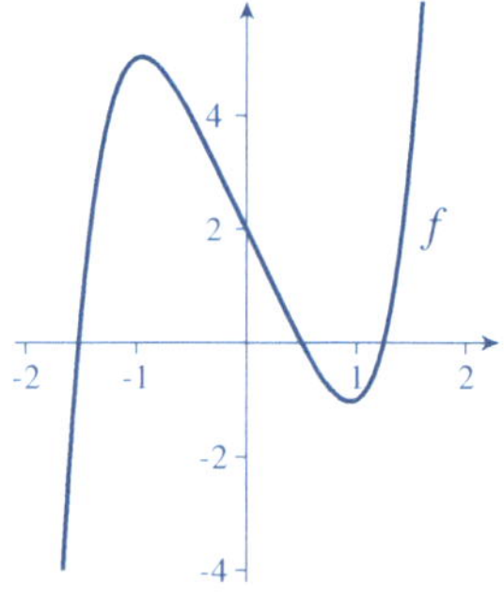

Beweis des Satzes Da f irreduzibel ist, folgt nach Teil *b)* des Lemmas aus 3.4.2, dass $\operatorname{ord}\operatorname{Gal}(f;\mathbb{Q})$ durch 5 teilbar ist. Für den Zerfällungskörper $K \supset \mathbb{Q}$ von f gilt

$$K = \mathbb{Q}(x_1,x_2,x_3,x_4,x_5) \quad \text{mit} \quad x_1,x_2,x_3 \in \mathbb{R}, \ x_4,x_5 \in \mathbb{C}\setminus\mathbb{R},$$

und da $f \in \mathbb{Q}[X]$ ist $\bar{x}_4 = x_5$. Also ist K invariant unter der komplexen Konjugation τ, die x_1,x_2,x_3 fest lässt. In $\mathcal{S}_5$ ist τ eine Transposition. Damit folgt der Satz aus dem

Lemma *Sei p eine Primzahl und $G < \mathcal{S}_p$ eine Untergruppe mit folgenden Eigenschaften:*
1) p teilt $\operatorname{ord} G$.
2) G enthält eine Transposition.
Dann ist $G = \mathcal{S}_p$.

Beweis Nach dem Satz von CAUCHY aus 1.6.7 gibt es ein $\sigma \in G$ mit $\operatorname{ord}\sigma = p$. Betrachtet man die Zyklenzerlegung von σ nach 1.4.5, so folgt, dass σ ein p-Zyklus ist. Daher kann die Nummerierung zunächst so gewählt werden, dass

$$\sigma = (1,...,p) \quad \text{und} \quad \tau = (1,r) \quad \text{mit } 2 \leq r \leq p.$$

Wir zeigen nun, dass man durch Umnummerierung $\tau = (1,2)$ erreicht. Dazu verwenden wir σ^{r-1} mit $\sigma^{r-1}(1) = r$. Mit Hilfe der Rechenregel aus 1.2.4 folgt

$$\operatorname{ord}\sigma^{r-1} = \frac{\operatorname{kgV}(\operatorname{ord}\sigma,\,r-1)}{r-1} = \frac{\operatorname{kgV}(p,\,r-1)}{r-1} = \frac{p(r-1)}{r-1} = p \quad \text{für } r < p.$$

Also ist $\sigma^{r-1} = (1,\sigma^{r-1}(1),...,\sigma^{r-1}(p))$ wieder ein p-Zyklus und in dieser Nummerierung wird $\tau = (1,2)$.

Mit Hilfe von $\sigma = (1,...,p)$ und $\tau = (1,2)$ ergeben sich nun alle Transpositionen aus $\mathcal{S}_p$ nach folgendem Verfahren:

$$(2,3) = (1,\ldots,p)\cdot(1,2)\cdot(1,\ldots,p)^{-1} \in G,$$

$$(3,4) = (1,\ldots,p)\cdot(2,3)\cdot(1,\ldots,p)^{-1} \in G, \ \text{u.s.w.}$$

$$(1,3) = (1,2)\cdot(2,3)\cdot(1,2) \in G$$

$$(1,4) = (1,3)\cdot(3,4)\cdot(1,3) \in G, \ \text{u.s.w. und schließlich}$$

$$(i,j) = (1,i)\cdot(1,j)\cdot(1,i) \in G \ \text{für } i,j \in \{2,\ldots,p\} \ \text{mit } i \neq j.$$

Damit enthält G alle Transpositionen und $G = \mathcal{S}_p$ folgt nach dem Korollar aus 1.4.5. ∎

Beispiel In obigem Lemma ist die Voraussetzung, dass p eine Primzahl sein muss, nicht entbehrlich. Sind etwa

$$\sigma = (1,2,3,4), \tau_1 = (1,3) \in \mathcal{S}_4, \quad \text{so ist } \ \sigma\tau_1\sigma^{-1} = \tau_2 := (2,4),$$

und die von σ und τ_1 erzeugte Untergruppe $G < \mathcal{S}_4$ besteht aus den 8 Elementen

$$\{\sigma,\tau_1,\tau_2,\sigma^2 = \tau_1\tau_2,\sigma^3,\sigma^4 = \operatorname{id},\tau_1\sigma = \sigma\tau_2,\tau_2\sigma = \sigma\tau_1\}.$$

Also wird $\mathcal{S}_4$ nicht von σ und τ_1 erzeugt.

Das Ergebnis, wonach Polynomgleichungen vom Grad fünf und höher nicht durch Radikale lösbar sind, ist zunächst negativ. Es entsteht aber danach die Frage nach anderen Hilfsmitteln zur Lösung. Damit haben sich im 19. Jahrhundert viele Mathematiker beschäftigt, besonders FELIX KLEIN. Zunächst einmal ist nach 3.4.8 klar, dass man für ein $f \in k[X]$ nach Adjunktion von $\delta(f)$ zu k annehmen kann, dass $\mathrm{Gal}\,(f;k) < \mathcal{A}_n$. Für $n = 5$ hat man die Ikosaedergruppe $\mathcal{A}_5$. Mit Hilfe einer Operation von $\mathcal{A}_5$ auf der Riemannschen Zahlenkugel $\mathbb{P} = \mathbb{C} \cup \{\infty\}$ konstruiert KLEIN eine *Ikosaedergleichung*

$$g_a = \left((Y^{20} + 1) - 228(Y^{15} - Y^5) + 494Y^{10}\right)^3$$
$$+ 1728aY^5(Y^{10} + 11Y^5 - 1)^5 \in k[Y]\,.$$

Das ist ein Polynom vom Grad $60 = \mathrm{ord}\,\mathcal{A}_5$ mit einem Parameter $a \in k$. Er beweist dann, dass nach eventuellen quadratischen Erweiterungen die Nullstellen von f mit $\mathrm{Gal}\,(f;k) \cong \mathcal{A}_5$ durch Adjunktion von Nullstellen y von g_a für geeignetes $a \in k$ erhalten werden können. Das Polynom g_a ist eine Art von *Resolvente*, allerdings vom Grad 60, aber von einer sehr speziellen Form und mit nur einem von f abhängigen Parameter a. Und schließlich kann man die Nullstellen y von g_a durch *hypergeometrische Reihen* erhalten, das sind Potenzreihen der Form

$$1 + \sum_{n=1}^{\infty} \frac{a(a+1)\cdot\ldots\cdot(a+n-1)\,b\,(b+1)\cdot\ldots\cdot(b+n-1)}{n!\,c\,(c+1)\cdot\ldots\cdot(c+n-1)} z^n$$

mit Parametern $a, b, c \in \mathbb{C}$, wobei $-c \in \mathbb{N}$.

Diese Untersuchungen von KLEIN sind zusammengefasst in [Kl₁]; eine sehr schöne Einführung findet man in [Sl]. Um die Neugier der Leser zu steigern, reproduzieren wir eine Abbildung aus [Kl₁], die das Bild eines Ikosaeders unter der stereographischen Projektion von der Zahlenkugel auf die komplexe Ebene zeigt.

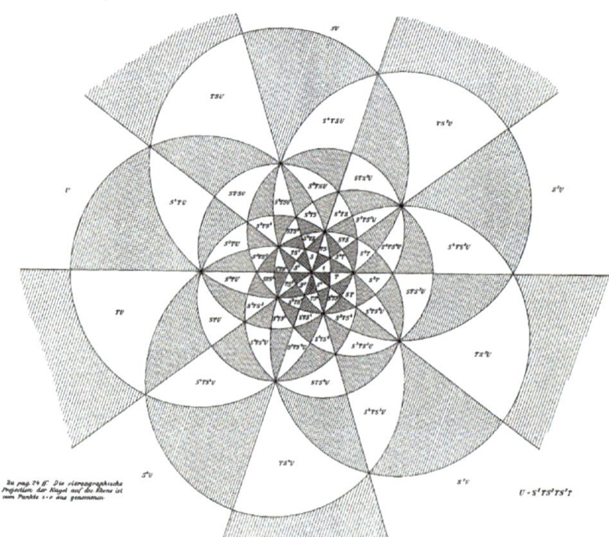

Eine Hälfte der Dreiecke ist schraffiert, damit man die Wirkung der orientierungserhaltenden Symmetrien des Ikosaeders aus $\mathcal{A}_5$ besser verfolgen kann (siehe 1.5.5).

3.5.13 Darstellung von Einheitswurzeln

Das einfachste Beispiel eines reinen Polynoms ist $X^n - 1$, sein Zerfällungskörper ist $\mathbb{Q}(\zeta_n) \supset \mathbb{Q}$. Daher ist nach der in 3.5.6 gegebenen Definition das Kreisteilungspolynom Φ_n durch Radikale lösbar, denn $\zeta_n^n = 1 \in \mathbb{Q}$. Die Darstellung

$$\zeta_n = \sqrt[n]{1}$$

sagt aber nichts aus über die möglichen Werte von ζ_n, denn die n-te Wurzel ist eine mehrdeutige Funktion. Um mit ζ_n zu rechnen, kann man die Darstellung

$$\zeta_n = \exp\left(\frac{2\pi \mathbf{i}}{n}\right) = \cos\left(\frac{2\pi}{n}\right) + \mathbf{i}\sin\left(\frac{2\pi}{n}\right)$$

mit Hilfe von trigonometrischen Funktionen, also von Potenzreihen verwenden.

In der klassischen Literatur gibt es schärfere Definitionen von Radikalerweiterungen (vgl. etwa [W$_1$, §62]) durch die das Wurzelziehen eingeschränkt wird. Aber schon bei der Lösung kubischer Gleichungen mit Hilfe der Formeln von CARDANO muss man im „casus irreducibilis" dritte Wurzeln aus komplexen Zahlen ziehen, was im Allgemeinen nur mit Hilfe von Polarkoordinaten geht. Das Ziehen solcher Wurzeln wird eine ***irrationale Resolvente*** genannt. Vom praktischen Standpunkt ist das auch nicht aufwändiger als das Ziehen der Wurzel aus einer reellen Zahl. Beides erfordert „analytische" Methoden, d.h. in diesem Fall Grenzwerte.

Wir wollen nicht tiefer in diese Fragen des Purismus einsteigen, sondern etwas zu dem speziellen Problem ausführen, ob und wie man ζ_n durch Wurzelausdrücke beschreiben kann. Denn diese Frage steht in engem Zusammenhang mit dem Problem der Konstruierbarkeit des regelmäßigen n-Ecks und wurde von GAUSS in Sektion VII seiner „Disquisitiones Arithmeticae" behandelt. Dass es solche Formeln gibt, weiß man für spezielle Werte von n aus der elementaren Trigonometrie:

$$\begin{aligned}
\zeta_3 &= \cos\frac{2\pi}{3} + \mathbf{i}\cdot\sin\frac{2\pi}{3} &&= \tfrac{1}{2}\left(-1 + \mathbf{i}\sqrt{3}\right), \\
\zeta_4 &= \cos\frac{\pi}{2} + \mathbf{i}\cdot\sin\frac{\pi}{2} &&= \mathbf{i}, \\
\zeta_6 &= \cos\frac{\pi}{3} + \mathbf{i}\cdot\sin\frac{\pi}{3} &&= \tfrac{1}{2}\left(1 + \mathbf{i}\sqrt{3}\right), \\
\zeta_8 &= \cos\frac{\pi}{4} + \mathbf{i}\cdot\sin\frac{\pi}{4} &&= \tfrac{1}{2}\left(\sqrt{2} + \mathbf{i}\sqrt{2}\right), \\
\zeta_{12} &= \cos\frac{\pi}{6} + \mathbf{i}\cdot\sin\frac{\pi}{6} &&= \tfrac{1}{2}\left(\sqrt{3} + \mathbf{i}\right).
\end{aligned}$$

Etwa für $n = 5$ oder $n = 7$ ist die Darstellung schwieriger (vgl. 3.5.14, Beispiele 2 und 3).

Die Existenz von Wurzelausdrücken folgt aus der allgemeinen Theorie:

Korollar   *Für beliebiges $n \in \mathbb{N}$ ist jede primitive n-te Einheitswurzel $\zeta \in \mathbb{C}$ über $\mathbb{Q}$ durch geschachtelte Wurzeln darstellbar.*

Beweis Nach dem Satz aus 3.5.6 ist die Galoisgruppe $\mathrm{Aut}\,(\mathbb{Q}(\zeta); \mathbb{Q})$ abelsch, insbesondere auflösbar. Daher folgt die Behauptung aus dem Theorem in 3.5.10.   ■

Im Spezialfall einer Primzahl p wollen wir die klassische Methode von GAUSS zur expliziten Berechnung der Wurzelausdrücke kurz beschreiben. Ist $\zeta \in \mathbb{C}$ eine primitive p-te Einheitswurzel, so ist nach 3.5.6

$$G := \mathrm{Aut}\,(\mathbb{Q}(\zeta);\mathbb{Q}) = \{\varphi_1, \varphi_2, \ldots, \varphi_{p-1}\} \quad \text{mit} \quad \varphi_i(\zeta) = \zeta^i\,.$$

Da G nach 2.1.11 zyklisch ist, gibt es mindestens ein $l \in \{2, \ldots, p-1\}$, so dass

$$G = \{\mathrm{id}, \psi, \ldots, \psi^{p-2}\} \quad \text{für} \quad \psi = \varphi_l\,.$$

Ein solches l nennt man in der klassischen Literatur eine *Primitivzahl* mod p. Da G nach dem Fundamental-Lemma aus 3.4.2 auf den primitiven Einheitswurzeln einfach transitiv operiert, kann man sie durch ψ in folgende Reihenfolge bringen:

$$z_0 := \zeta\,,\ z_1 := \psi(\zeta) = \zeta^l\,,\ z_2 := \psi^2(\zeta) = \zeta^{l^2}\,,\ldots, z_{p-2} := \psi^{p-2}(\zeta) = \zeta^{l^{p-2}}\,.$$

Durch diese Notation ist die Wirkung von ψ einfach in den Indizes auszudrücken:

$$\psi(z_i) = z_{i+1} \quad \text{und} \quad \psi^r(z_i) = z_{i+r}\,,\ i \in \{0, \ldots, p-2\}\,,$$

wobei in den Exponenten multiplikativ mod p und in den Indizes additiv mod $p-1$ gerechnet wird.

Ist nun $p-1 = d \cdot m$, so ist die zu Z_d isomorphe Untergruppe von G gleich

$$H = \mathrm{Erz}\,(\psi^m) = \{\mathrm{id}, \psi^m, \ldots, \psi^{(d-1)m}\} < G\,.$$

Für $i \in \{0, \ldots, p-2\}$ ist die Bahn von z_i unter H gleich

$$H(z_i) = \{z_i, z_{i+m}, \ldots, z_{i+(d-1)m}\}\,.$$

Für die m disjunkten Bahnen der Länge d bilden wir die *Bahnsummen*

$$\eta_j := z_j + z_{j+m} + \ldots + z_{j+(d-1)m}\,, \quad j \in \{0, \ldots, m-1\}\,.$$

Man nennt $\eta_0, \ldots, \eta_{m-1}$ auch **GAUSS*sche Perioden***. Offensichtlich gilt

$$\eta_0, \ldots, \eta_{m-1} \in K := \mathrm{Fix}\,(\mathbb{Q}(\zeta);H)\,,$$

denn ψ^m bewirkt nur eine Permutation der Summanden. Außerdem folgt aus $\psi(\eta_j) = \eta_{j+1}$, dass $\varphi(\eta_j) \neq \eta_j$ für $\varphi \in G \smallsetminus H$. Also ist für alle j

$$\mathrm{Aut}\,(\mathbb{Q}(\zeta);\mathbb{Q}(\eta_j)) = H \quad \text{und somit} \quad K = \mathbb{Q}(\eta_j)\,.$$

Damit haben wir Folgendes bewiesen:

Satz über die GAUSSschen Perioden   *Sei p eine Primzahl, $\zeta \in \mathbb{C}$ eine primitive p-te Einheitswurzel und $d \in \mathbb{N}$ ein Teiler von $p-1$, also $p-1 = d \cdot m$. Für den eindeutig bestimmten Zwischenkörper K mit*

$$\mathbb{Q}(\zeta) \supset K \supset \mathbb{Q} \quad \textit{mit} \quad [K:\mathbb{Q}] = m \quad \textit{gilt} \quad K = \mathbb{Q}(\eta_j)$$

für jede der GAUSSschen Perioden $\eta_0, \ldots, \eta_{m-1}$ der Länge d.   ∎

Aus diesem Ergebnis kann man nun ein Verfahren zur Berechnung von Wurzelausdrücken für primitive p-te Einheitswurzeln ableiten. Grundlage dafür ist die Zerlegung $p - 1 = p_1 \cdot \ldots \cdot p_r$ in Primfaktoren $p_1, \ldots, p_r$. Wir betrachten zu $p - 1$ die Teiler

$$d_i := p_1 \cdot \ldots \cdot p_i \quad \text{für } i = 1, \ldots, r, \quad d_0 := 1 \quad \text{und} \quad m_i = \frac{p-1}{d_i} = p_{i+1} \cdot \ldots \cdot p_r.$$

Dazu erklären wir $H_i < G = \mathrm{Aut}\,(\mathbb{Q}(\zeta); \mathbb{Q})$ als die eindeutig durch $\mathrm{ord}\,H_i = d_i$ bestimmte Untergruppe der zyklischen Gruppe G. Zur Normalreihe

$$\{\mathrm{id}_{\mathbb{Q}(\zeta)}\} = H_0 \triangleleft \ldots \triangleleft H_{i-1} \triangleleft H_i \triangleleft \ldots \triangleleft H_r = G$$

gehört dann die Kette von galoisschen Erweiterungen

$$\mathbb{Q}(\zeta) = \mathbb{Q}(\eta^{(0)}) \supset \ldots \supset \mathbb{Q}(\eta^{(i-1)}) \supset \mathbb{Q}(\eta^{(i)}) \supset \ldots \supset \mathbb{Q}(\eta^{(r)}) = \mathbb{Q},$$

wobei $\eta^{(i)}$ eine beliebige der m_i GAUSSschen Perioden der Länge d_i ist. Insbesondere ist

$$\eta^{(r)} = \zeta + \zeta^2 + \ldots + \zeta^{p-1} = -1.$$

Weiter ergibt sich etwa mit Hilfe des Hauptsatzes der Galois-Theorie

$$[\mathbb{Q}(\eta^{(i)}) : \mathbb{Q}] = m_i \quad \text{und} \quad [\mathbb{Q}(\eta^{(i-1)}) : \mathbb{Q}(\eta^{(i)})] = p_i.$$

Mit Hilfe dieser Körperkette lässt sich nun ζ schrittweise berechnen: Jedes $\eta^{(i-1)}$ ist Nullstelle eines speziellen Polynoms $f_i \in \mathbb{Q}(\eta^{(i)})[X]$, es wird in Analogie zu 3.5.10 „Resolvente der Kreisteilungsgleichung" genannt. Das wird in der klassischen Literatur, etwa bei [Fr, Kap. 5, §§ 6-10] ausführlich beschrieben. Dort wird auch der Fall ζ_n für allgemeines n behandelt. Wir wollen uns im folgenden Abschnitt mit einigen Beispielen für kleine Primzahlen begnügen.

3.5.14 Beispiele

Beispiel 1 Der Fall $p = 3$ ist extrem einfach. Für $\zeta := \zeta_3 = \exp\left(\frac{2\pi i}{3}\right)$ ist $\zeta + \zeta^2 = -1$, also

$$\mathbb{Q}(\zeta) \supset \mathbb{Q}(\zeta + \zeta^2) = \mathbb{Q} \quad \text{mit } [\mathbb{Q}(\zeta) : \mathbb{Q}] = 2.$$

ζ und ζ^2 sind die Nullstellen von $X^2 + X + 1 \in \mathbb{Q}[X]$, also folgt

$$\zeta_3 = \frac{1}{2}\left(-1 + i\sqrt{3}\right).$$

Beispiel 2 Wir berechnen einen Wurzelausdruck für

$$\zeta := \zeta_5 = \exp\left(\frac{2\pi i}{5}\right).$$

Die Gruppe $G = \mathrm{Aut}\,(\mathbb{Q}(\zeta); \mathbb{Q})$ wird erzeugt von

$$\psi \quad \text{mit} \quad \psi(\zeta) = \zeta^3,$$

denn 3 ist eine Primitivzahl mod 5.

Wir ordnen die vier primitiven Einheitswurzeln nach dem Schema

z_0	z_1	z_2	z_3
ζ	ζ^3	ζ^4	ζ^2

Die einzige Untergruppe vom Index 2 in G ist

$$H := \{\mathrm{id}, \psi^2\}$$

und unter der Operation von H gibt es die zwei Bahnsummen

$$\eta_0 = z_0 + z_2 = \zeta + \zeta^4 \quad \text{und} \quad \eta_1 = z_1 + z_3 = \zeta^3 + \zeta^2 \,.$$

Das ergibt zu den Bahnsummen den Körperturm

$$
\begin{array}{ccll}
\mathbb{Q}(\zeta) & = & K_4 & \qquad z_0, z_1, z_2, z_3 \\
& \cup & & \\
\mathbb{Q}(\eta_0) & = & K_2 & \qquad \eta_0 = z_0 + z_2,\ \eta_1 = z_1 + z_3 \\
& \cup & & \\
\mathbb{Q} & = & K_1 & \qquad -1 = z_0 + z_1 + z_2 + z_3,
\end{array}
$$

wobei $[K_m : \mathbb{Q}] = m$. Zunächst werden die reellen Perioden η_0, η_1 berechnet. Sie sind die Nullstellen des über $\mathbb{Q}$ irreduziblen Polynoms

$$(X - \eta_0)(X - \eta_1) = X^2 + X - 1 \,.$$

Daraus erhält man die Darstellungen

$$\eta_0 = \frac{1}{2}(-1 + \sqrt{5}) \quad \text{und} \quad \eta_1 = \frac{1}{2}(-1 - \sqrt{5}) \,.$$

Schließlich sind ζ und $\zeta^{-1} = \zeta^4$ Nullstellen von

$$(X - \zeta)(X - \zeta^{-1}) = X^2 - \eta_0 X + 1 \,, \quad \text{also}$$

$$\zeta_5 = \frac{1}{4}(-1 + \sqrt{5}) + \mathbf{i} \cdot \frac{1}{2}\sqrt{\frac{1}{2}(5 + \sqrt{5})} \approx 0.309 + \mathbf{i} \cdot 0.951 \,.$$

Den letzten Schritt kann man auch direkter sehen:

$$\eta_0 = 2\,\mathrm{re}\,\zeta \,, \quad \text{also} \quad \mathrm{im}\,\zeta = \sqrt{1 - (\mathrm{re}\,\zeta)^2} \,.$$

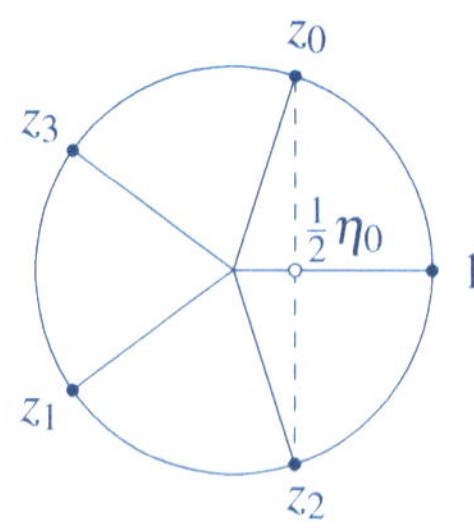

Beispiel 3 Zur Berechnung von $\zeta := \zeta_7$ benutzt man, dass 3 eine Primitivzahl mod 7 ist (Beispiel 1 in 2.2.5).

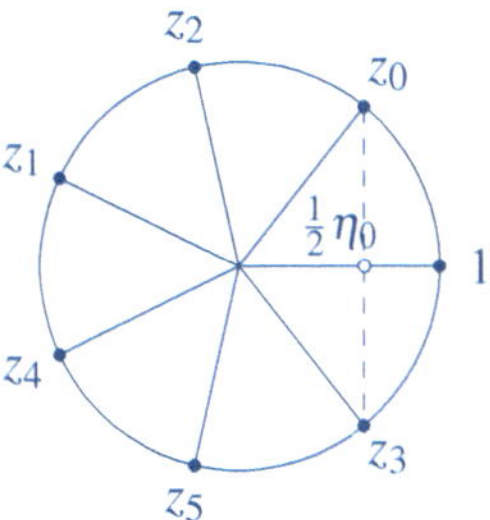

Daher wird $G := \mathrm{Aut}\,(\mathbb{Q}(\zeta);\mathbb{Q})$ erzeugt von

$$\psi \quad \text{mit} \quad \psi(\zeta) = \zeta^3 \,.$$

Dem entsprechend werden die primitiven Einheitswurzeln angeordnet nach folgendem Schema:

z_0	z_1	z_2	z_3	z_4	z_5
ζ	ζ^3	ζ^2	ζ^6	ζ^4	ζ^5

Da $7 - 1 = 6 = 2 \cdot 3$, haben wir zwei Möglichkeiten zur Auswahl einer echten Zwischengruppe H, wir nehmen

$$H := \mathrm{Erz}\,(\psi^3) = \{\mathrm{id}, \psi^3\} \,.$$

Dann erhalten wir drei Bahnen der Länge 2 und daraus die reellen Perioden

$$\eta_0 = z_0 + z_3 = \zeta + \zeta^6 \,, \; \eta_1 = z_1 + z_4 = \zeta^3 + \zeta^4 \,, \; \eta_2 = z_2 + z_5 = \zeta^2 + \zeta^5 \,.$$

Das ergibt zu den Bahnsummen den Körperturm

$$
\begin{array}{rcll}
\mathbb{Q}(\zeta) & = & K_6 & z_0,\ldots,z_5 \\
& & \cup & \\
\mathbb{Q}(\eta_0) & = & K_3 & \eta_0 = z_0 + z_3,\; \eta_1 = z_1 + z_4,\; \eta_2 = z_2 + z_5 \\
& & \cup & \\
\mathbb{Q} & = & K_1 & -1 = z_0 + z_1 + \ldots + z_5,
\end{array}
$$

mit $[K_m : \mathbb{Q}] = m$. Zur Berechnung von η_0, η_1, η_2 verwendet man das schon im Beispiel aus 3.5.6 behandelte Polynom

$$f := (X - \eta_0)(X - \eta_1)(X - \eta_2) = X^3 + X^2 - 2X - 1 \,.$$

Die größte der drei reellen Nullstellen von f, nämlich $x_1 = \eta_0$, hatten wir im Beispiel 2 aus 3.5.3 schon mit der Methode von CARDANO ausgerechnet:

$$\eta_0 = 1.246979\ldots = 2\,\mathrm{re}\,\zeta = 2\cos\frac{2\pi}{7}, \quad \text{also folgt}$$

$$\zeta_7 = \frac{1}{2}\eta_0 + \mathbf{i}\sqrt{1 - \frac{1}{4}\eta_0^2} \approx 0.623 + 0.782 \cdot \mathbf{i}\,.$$

Dieses Ergebnis zeigt zunächst, dass man für ζ_7 einen Wurzelausdruck angeben kann. Besonders interessant daran ist aber, dass man neben Quadratwurzeln auch dritte Wurzeln ziehen muss. Daran erkannte GAUSS, dass man ein reguläres 7-Eck nicht mit Zirkel und Lineal konstruieren kann (vgl. 3.6.5).

Beispiel 4 Zur Berechnung von $\zeta = \zeta_{17}$ als Wurzelausdruck nach der Methode von GAUSS verwenden wir 3 als Primitivzahl mod 17. Dann erhalten die primitiven 17-ten Einheitswurzeln die Reihenfolge:

z_0	z_1	z_2	z_3	z_4	z_5	z_6	z_7	z_8	z_9	z_{10}	z_{11}	z_{12}	z_{13}	z_{14}	z_{15}
ζ	ζ^3	ζ^9	ζ^{10}	ζ^{13}	ζ^5	ζ^{15}	ζ^{11}	ζ^{16}	ζ^{14}	ζ^8	ζ^7	ζ^4	ζ^{12}	ζ^2	ζ^6

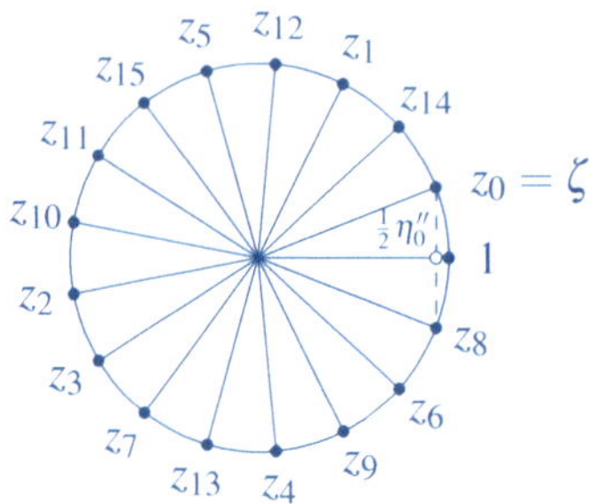

Die Gruppe $G = \mathrm{Aut}\,(\mathbb{Q}(\zeta);\mathbb{Q})$ ist erzeugt von ψ mit

$$\psi(\zeta) = \zeta^3 , \quad \text{also} \quad \psi(z_i) = z_{i+1} ,$$

und in G hat man die Untergruppen

$$H_m := \mathrm{Erz}\,(\psi^m) \quad \text{für} \quad m = 1,2,4,8,16$$

und dementsprechend die Körper

$$K_m := \mathrm{Fix}\,(\mathbb{Q}(\zeta);H_m) \quad \text{mit} \quad [K_m : \mathbb{Q}] = m .$$

Zu den verschiedenen Perioden gehört der folgende Körperturm, bei dem $K_m \subset \mathbb{R}$ für $m = 1,2,4,8$:

$$
\begin{array}{lll}
\mathbb{Q}(\zeta) & = K_{16} & z_0 , z_1,\ldots,z_{15} \\[2pt]
\cup & \cup & \\[6pt]
\mathbb{Q}(\eta_0'') & = K_8 & \eta_0'' = z_0 + z_8, \; \eta_1'' = z_1 + z_9, \; \eta_2'' = z_2 + z_{10}, \; \eta_3'' = z_3 + z_{11} \\[4pt]
& & \eta_4'' = z_4 + z_{12}, \; \eta_5'' = z_5 + z_{13}, \; \eta_6'' = z_6 + z_{14}, \; \eta_7'' = z_7 + z_{15} \\[4pt]
\cup & \cup & \\[6pt]
\mathbb{Q}(\eta_0') & = K_4 & \eta_0' = z_0 + z_4 + z_8 + z_{12}, \; \eta_1' = z_1 + z_5 + z_9 + z_{13} \\[4pt]
& & \eta_2' = z_2 + z_6 + z_{10} + z_{14}, \; \eta_3' = z_3 + z_7 + z_{11} + z_{15} \\[4pt]
\cup & \cup & \\[6pt]
\mathbb{Q}(\eta_0) & = K_2 & \eta_0 = z_0 + z_2 + z_4 + z_6 + z_8 + z_{10} + z_{12} + z_{14} \\[4pt]
& & \eta_1 = z_1 + z_3 + z_5 + z_7 + z_9 + z_{11} + z_{13} + z_{15} \\[4pt]
\cup & \cup & \\[6pt]
\mathbb{Q} & = K_1 & -1 = z_0 + z_1 + \ldots + z_{15}
\end{array}
$$

Damit sind wir gerüstet für die Berechnung von ζ_{17}. Im ersten Schritt betrachten wir die Perioden η_0 und η_1. Sie sind die Nullstellen von

$$(X - \eta_0)(X - \eta_1) = X^2 - (\eta_0 + \eta_1)X + \eta_0\eta_1 = X^2 + X - 4 \,,$$

also ist $\eta_{0,1} = -\frac{1}{2} \pm \frac{1}{2}\sqrt{17}$.

Im nächsten Schritt wählen wir η_0' und η_2', das sind die Nullstellen von

$$(X - \eta_0')(X - \eta_2') = X^2 - (\eta_0' + \eta_2')X + \eta_0'\eta_2' = X^2 - \eta_0 X - 1 \,,$$

also ist $\eta_{0,2}' = \frac{\eta_0}{2} \pm \frac{1}{2}\sqrt{\eta_0^2 + 4}$ und analog $\eta_{1,3}' = \frac{\eta_1}{2} \pm \frac{1}{2}\sqrt{\eta_1^2 + 4}$.

Im vorletzten Schritt wählen wir die Perioden η_0'' und η_4''. Es ist

$$(X - \eta_0'')(X - \eta_4'') = X^2 - (\eta_0'' + \eta_4'')X + \eta_0''\eta_4'' = X^2 - \eta_0'X + \eta_1' \,,$$

also folgt $\eta_{0,4}'' = \frac{\eta_0'}{2} \pm \frac{1}{2}\sqrt{(\eta_0')^2 - 4\eta_1'}$.

Im letzten Schritt ist

$$(X - z_0)(X - z_8) = (X - z)(X - z^{-1}) = X^2 - \eta_0''X + 1 \,,$$

also $z_{0,8} = \frac{\eta_0''}{2} \pm \frac{1}{2}\sqrt{(\eta_0'')^2 - 4}$.

Da $\eta_0'' = 2\cos\frac{2\pi}{17}$, genügt es, diesen Wert auszurechnen. Durch Einsetzen erhält man das Ergebnis von GAUSS [Ga$_3$, Nr. 365]:

$$\begin{aligned}
\cos\frac{2\pi}{17} &= \tfrac{1}{2}\eta_0'' = \tfrac{1}{16}\left(-1 + \sqrt{17} + \sqrt{34 - 2\sqrt{17}}\right) \\
&+ \tfrac{1}{8}\sqrt{17 + 3\sqrt{17} - \sqrt{34 - 2\sqrt{17}} - 2\sqrt{34 + 2\sqrt{17}}} \approx 0.932 \,,
\end{aligned}$$

wobei alle Quadratwurzeln positiv gewählt sind. Wer es nachrechnen möchte, benutze in der letzten großen Wurzel die Beziehung

$$(1 + \sqrt{17})^2(17 - \sqrt{17}) = 16 \cdot (17 + \sqrt{17}) \,.$$

Für $\sin\frac{2\pi}{17}$ erhält man noch eine weitere Quadratwurzel, es folgt

$$\zeta_{17} = \frac{1}{2}\eta_0'' + \mathbf{i}\sqrt{1 - \left(\frac{1}{2}\eta_0''\right)^2} \,.$$

Zu dieser Rechnung und ihrem Ergebnis sind einige Bemerkungen angebracht.

- Die vier Schritte der Rechnung mit der Lösung von quadratischen Gleichungen sind fast identisch. Das ist ein klassisches Beispiel für ein Iterationsverfahren.

- Alle Koeffizienten und alle Lösungen der quadratischen Gleichungen sind reell. Die komplexen Zahlen bleiben im Hintergrund: Sie erklären die Situation und helfen bei der Berechnung der Koeffizienten der quadratischen Gleichungen. Man bedenke dabei, dass es zur Zeit von GAUSS die abstrakten Begriffe von Körper oder Gruppe noch nicht gab.

- Im Ergebnis kommen nur geschachtelte Quadratwurzeln vor. Daher kann man die Berechnungen auch geometrisch realisieren. Dies führt zur Konstruktion des regelmäßigen 17-Ecks mit Zirkel und Lineal (vgl. 3.6.5).

3.5.15 Das Umkehrproblem der Galois-Theorie

Bei der Berechnung von Beispielen für Galoisgruppen hat sich schon gezeigt, dass sehr viele Arten endlicher Gruppen auftreten können. Wenn man beliebige Grundkörper zulässt, ist alles klar:

Bemerkung *Zu jeder endlichen Gruppe G gibt es eine Galoiserweiterung $L \supset K$, so dass*

$$\mathrm{Aut}\,(K;L) \cong G\,.$$

Beweis Nach dem Satz von CAYLEY aus Beispiel 7 in 1.2.2 gibt es ein n, so dass $G < \mathcal{S}_n$. Ist

$$k = \mathbb{Q}(S_1, \ldots, S_n)\,,\; f = X^n - S_1 X^{n-1} + \ldots + (-1)^n S_n \in k[X]$$

das Polynom mit allgemeinen Koeffizienten und $K \supset k$ Zerfällungskörper von f, so ist nach 3.5.11

$$\mathrm{Gal}\,(f;k) = \mathrm{Aut}\,(K;k) = \mathcal{S}_n\,.$$

Ist $L := \mathrm{Fix}\,(K;G)$, so folgt aus 3.4.5

$$\mathrm{Aut}\,(K;L) = G\,.$$

Weit schwieriger ist die Frage, welche endlichen Gruppen als Galoisgruppe eines Polynoms mit Koeffizienten aus einem vorgegebenen Körper k, etwa $k = \mathbb{Q}$, auftreten können. Anschließend werden wir zeigen, dass jede endliche abelsche Gruppe als Galoisgruppe eines Polynoms $f \in \mathbb{Q}[X]$ auftritt. HILBERT bewies 1892 das gleiche Ergebnis für $\mathcal{S}_n$ und $\mathcal{A}_n$ und formulierte die allgemeine Frage. Aus der langen Liste von Arbeiten zu diesem Thema ist die positive Antwort von SHAFAREVIC [Sa] aus dem Jahr 1954 für auflösbare Gruppen hervorzuheben. Zusammen mit dem Theorem von FEIT-THOMPSON aus 1.7.5 ergibt sich daraus, dass jede Gruppe ungerader Ordnung auftritt. Viele Einzelheiten und historische Anmerkungen zu diesem Thema findet man etwa bei [Ma].

Wir begnügen uns hier mit dem relativ einfachen Beweis von folgendem

Satz *Zu jeder endlichen abelschen Gruppe G gibt es eine Galoiserweiterung*

$$K \supset \mathbb{Q}\;\; mit\;\; \mathrm{Aut}\,(K;\mathbb{Q}) \cong G\,,$$

wobei K Unterkörper eines Kreisteilungskörpers $\mathbb{Q}(\zeta_n)$ ist.

Das ist eine einfache Folgerung aus dem gruppentheoretischen

Lemma *Zu jeder endlichen abelschen Gruppe G gibt es ein $n \in \mathbb{N}$ und eine Untergruppe H der Primrestklassengruppe $Z_n^\times$, so dass*

$$G \cong Z_n^\times / H .$$

Beweis des Satzes Sei n wie im Lemma gewählt; nach 3.5.6 ist die Erweiterung

$$\mathbb{Q}(\zeta_n) \supset \mathbb{Q} \quad \text{galoissch mit} \quad \text{Aut}\,(\mathbb{Q}(\zeta_n);\mathbb{Q}) \cong Z_n^\times .$$

Nach dem Hauptsatz der Galois-Theorie aus 3.4.5 ist

$$\text{Aut}\,(K;\mathbb{Q}) \cong Z_n^\times / H \cong G \quad \text{für} \quad K = \text{Fix}\,(\mathbb{Q}(\zeta_n);H) .$$

∎

Zum Beweis des Lemmas kann man ein Ergebnis aus der analytischen Zahlentheorie über Primzahlen in ***arithmetischen Progressionen*** benutzen:

Satz von DIRICHLET *Sei $n \in \mathbb{N}$ und $n \geq 2$. Dann gibt es in der Folge*

$$(kn + 1)_{k \in \mathbb{N}}$$

unendlich viele Primzahlen.

Beweis des Satzes von DIRICHLET Angenommen wir haben in der gegebenen Folge schon Primzahlen $p_1, \ldots, p_r$ mit $r \geq 0$ gefunden. Wir zeigen die Existenz einer weiteren davon verschiedenen Primzahl p.

Dazu betrachten wir $x := n \cdot p_1 \cdot \ldots \cdot p_r \geq 2$ (mit $x = n$ für $r = 0$), das Kreisteilungspolynom $\Phi_n \in \mathbb{Z}[X]$, den Wert

$$\Phi_n(x) \in \mathbb{Z} \smallsetminus \{0, +1, -1\} \quad \text{und einen Primteiler} \quad p \quad \text{von} \quad \Phi_n(x) .$$

Es genügt für dieses p zu zeigen, dass

$$p \nmid x \quad \text{und} \quad n \mid (p - 1) , \quad \text{d.h.} \quad p = kn + 1 \quad \text{für ein } k .$$

Da Φ_n Teiler von $X^n - 1$ ist, folgt $p \mid (x^n - 1)$, also $x^n \equiv 1 \,(\text{mod } p)$. Daher kann p kein Teiler von x sein.

Zum Beweis der zweiten Behauptung betrachten wir die multiplikative Gruppe $Z_p^\times$ der Ordnung $p - 1$ und

$$m := \text{ord}\,(x + p\mathbb{Z}) \quad \text{in} \quad Z_p^\times .$$

Da $x^n \equiv 1 \,(\text{mod } p)$, folgt $m \mid n$; es genügt $m = n$ zu zeigen. Angenommen $n = d \cdot m$ mit $1 \leq m < n$. Dann ist auch $x^m \equiv 1 \,(\text{mod } p)$ und

$$\frac{x^n - 1}{x^m - 1} = (x^m)^{d-1} + \ldots + x^m + 1 \equiv d \,(\text{mod } p) .$$

Da Φ_n nach 3.5.6 ein Teiler von $(X^n - 1)/(X^m - 1)$ ist, folgt

$$\Phi_n(x) \quad \text{teilt} \quad \frac{x^n - 1}{x^m - 1} \,, \quad \text{also} \quad p \text{ teilt } d \,.$$

Das ist ein Widerspruch, denn p ist kein Teiler von x und daher auch kein Teiler von d. ■

Beweis des Lemmas   Wir konstruieren ein Diagramm

$$Z_{p_1 \cdots p_r}^\times \cong Z_{p_1}^\times \times \ldots \times Z_{p_r}^\times \cong Z_{p_1-1} \times \ldots \times Z_{p_r-1} \xrightarrow{\rho} Z_{q_1} \times \ldots \times Z_{q_r} \cong G$$

von Isomorphismen und einen Epimorphismus ρ wie folgt. Zunächst gibt es nach 1.6.2 Primzahl-potenzen $q_1, \ldots, q_r$, so dass $G \cong Z_{q_1} \times \ldots \times Z_{q_r}$. Zu jedem i gibt es nach dem Satz von DIRICHLET unendlich viele Möglichkeiten, eine Primzahl p_i so zu wählen, dass q_i Teiler von $p_i - 1$ ist, also einen Epimorphismus

$$\rho_i : Z_{p_i-1} \to Z_{q_i} \,.$$

Dabei können wir $p_1, \ldots, p_r$ als paarweise verschieden wählen. Nach 1.3.14 ist

$$Z_{p_i}^\times \cong Z_{p_i-1} \quad \text{und} \quad Z_{p_1 \cdots p_r}^\times \cong Z_{p_1}^\times \times \ldots \times Z_{p_r}^\times \,,$$

also kann man $n := p_1 \cdot \ldots \cdot p_r$ und $H < Z_n^\times$ als Kern des durch ρ verursachten Homomorphismus erklären. ■

Dass in obigem Satz K als Unterkörper eines Kreisteilungskörpers konstruiert wurde, ist begrün-det durch den klassischen

Satz von KRONECKER und WEBER [We$_3$]   *Ist $K \supset \mathbb{Q}$ eine Galois-Erweiterung mit abelscher Galoisgruppe, so kann man K zu einem Kreisteilungskörper $\mathbb{Q}(\zeta_n)$ erweitern.*

Einen *Beweis* findet man etwa bei [Ne].

3.6 Geometrische Konstruktionen

Gegenstand dieses letzten Paragraphen sind klassische geometrische Probleme, an denen - wie bei der Frage nach der Lösbarkeit von Polynomgleichungen - seit der Antike gearbeitet wurde. Besonders bekannt sind die folgenden Aufgaben:

1. Delisches Problem der Würfelverdoppelung Aus der Kante eines gegebenen Würfels soll die Kante eines Würfels mit doppeltem Volumen konstruiert werden.

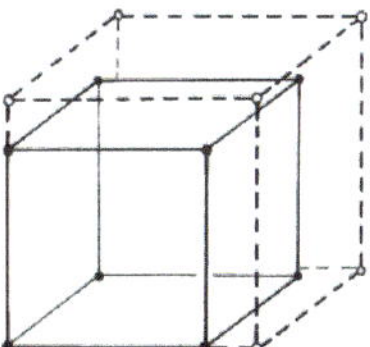

2. Winkeldreiteilung Ein gegebener Winkel ist in drei gleiche Teile zu zerlegen.

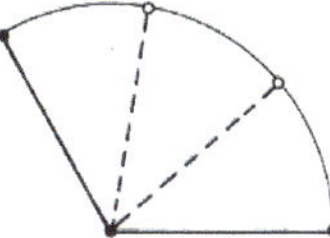

3. Quadratur des Kreises Zu einer gegebenen Kreisscheibe ist ein Quadrat mit gleichem Flächeninhalt zu konstruieren.

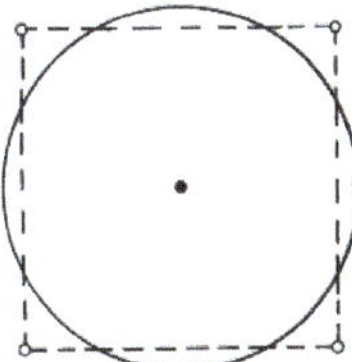

4. Konstruktion regelmäßiger n-Ecke In einen vorgegebenen Kreis soll ein regelmäßiges n-Eck einbeschrieben werden.

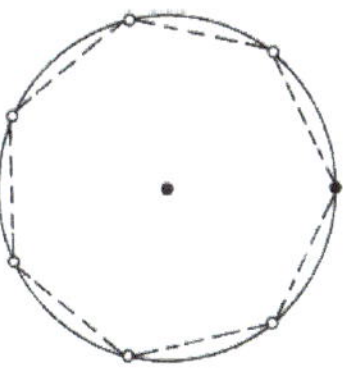

Im Folgenden wird präzisiert, welche Hilfsmittel bei der Konstruktion zugelassen sind. Dann können die Probleme in die Algebra übersetzt und gelöst werden. Für die ersten beiden Probleme reichen ganz elementare Techniken der Körpertheorie; für Problem 4 benötigt man die Kreisteilungstheorie aus 3.5.6.

3.6.1   Konstruktionen mit Zirkel und Lineal

Zunächst müssen die Spielregeln präzise festgelegt werden; dafür gibt es natürlich viele Alternativen. Nach den klassischen Regeln darf man einen Zirkel und ein Lineal (ohne Markierungen) verwenden.

Ausgangspunkt ist die Zeichenebene $\mathbb{R}^2$ mit einer vorgegebenen Teilmenge $M \subset \mathbb{R}^2$ von Konstruktionsdaten. Nun werden drei Arten von *elementaren Konstruktionsschritten* zur Vergrößerung von M erklärt. Dabei bezeichnet $p \vee q$ die mit dem Lineal durch Anlegen gezeichnete Verbindungsgerade von zwei verschiedenen Punkten $p, q \in \mathbb{R}^2$. Weiter bezeichnet $K(p; \rho)$ für $p \in \mathbb{R}^2$ und $\rho \in \mathbb{R}_+$ den mit dem Zirkel gezeichneten Kreis von Radius ρ mit p als Mittelpunkt.

Typ I   Zu $p_1, q_1, p_2, q_2 \in M$ mit $p_1 \neq q_1$, $p_2 \neq q_2$ und $(p_1 \vee q_1) \neq (p_2 \vee q_2)$ nehme man den Schnittpunkt

$$p := (p_1 \vee q_1) \cap (p_2 \vee q_2)$$

(falls er existiert) zu M dazu.

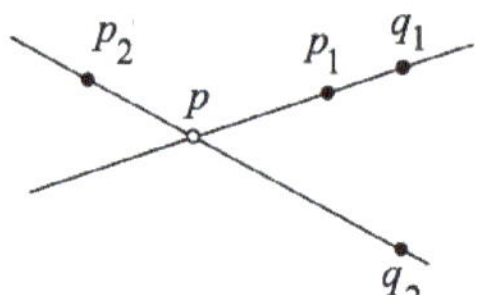

Typ II   Zu $p, p_1, q_1, p_2, q_2 \in M$ mit $p_1 \neq q_1$ und $p_2 \neq q_2$ zeichne man die Gerade $p_1 \vee q_1$ und durch Abtragen des Abstandes den Kreis $K(p; \| p_2 - q_2 \|)$. Falls sie existieren, nehme man die Schnittpunkte

$$(p_1 \vee q_1) \cap K(p; \| p_2 - q_2 \|)$$

zu M dazu.

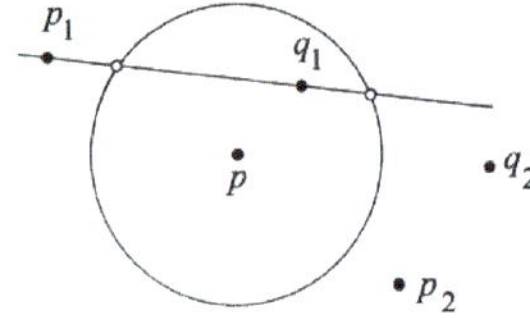

Typ III   Zu p, p_1, p_2, q, q_1, q_2 mit $p \neq q$, $p_1 \neq p_2$ und $q_1 \neq q_2$ zeichne man durch Abtragen der Abstände die Kreise $K(p; \| p_1 - p_2 \|)$ sowie $K(q; \| q_1 - q_2 \|)$, und nehme (falls sie existieren), die Schnittpunkte

$$K(p; \| p_1 - p_2 \|) \cap K(q; \| q_1 - q_2 \|)$$

zu M dazu.

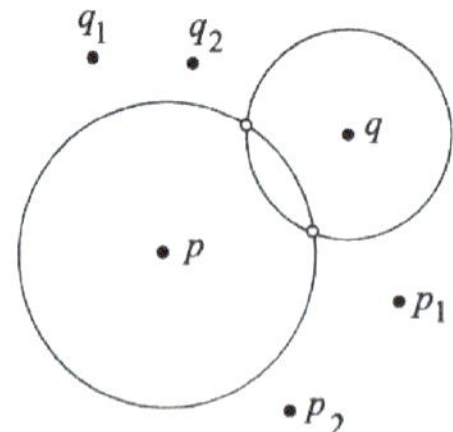

Somit wird M in jedem elementaren Konstruktionsschritt um höchstens zwei Punkte erweitert.

Nun erklären wir für eine beliebige Teilmenge $M \subset \mathbb{R}^2$ die Menge

$$\mathrm{Kon}\,(M) \subset \mathbb{R}^2$$

als die Menge der aus M mit Zirkel und Lineal *konstruierbaren* Punkte. Dabei liegt ein Punkt $p \in \mathbb{R}^2$ genau dann in $\mathrm{Kon}\,(M)$, wenn es ein $n \in \mathbb{N}$ und eine Kette

$$M := M_0 \subset M_1 \subset \ldots \subset M_n \subset \mathbb{R}^2$$

gibt, so dass jedes M_i aus M_{i-1} in einem elementaren Konstruktionsschritt erhalten werden kann, und p in M_n liegt.

3.6.2 Der Körper der konstruierbaren Punkte

Da die meisten der angegebenen geometrischen Probleme unlösbar sind, muss man ein abstraktes Hindernis gegen eine Lösung finden. Da hilft die Algebra: Wir identifizieren die Zeichenebene $\mathbb{R}^2$ mit der Gauss'schen Zahlenebene $\mathbb{C}$ und betrachten die Menge $\mathrm{Kon}\,(M)$ als Teilmenge des Körpers $\mathbb{C}$. Der Schlüssel zum Erfolg ist der

Satz *Sei $M \subset \mathbb{C}$ eine Teilmenge, die 0 und 1 enthält und*

$$\overline{M} := \{z \in \mathbb{C} : \bar{z} \in M\}\,.$$

Dann gilt:

a) $\mathrm{Kon}\,(M) \subset \mathbb{C}$ ist ein Unterkörper.

b) $\mathbb{Q}(M \cup \overline{M}) \subset \mathrm{Kon}\,(M)$ ist Unterkörper und $\overline{\mathrm{Kon}\,(M)} = \mathrm{Kon}\,(M)$.

c) Ist $b \in \mathbb{C}$ und $b^2 \in \mathrm{Kon}\,(M)$, so gilt auch $b \in \mathrm{Kon}\,(M)$.

Anders ausgedrückt: Die Menge der konstruierbaren Punkte ist abgeschlossen unter den Körperoperationen, komplexer Konjugation und dem Ziehen von Quadratwurzeln.

Beweis Zum Nachweis von *a)* sind zunächst geometrische Konstruktionen für die in einem Körper erforderlichen algebraischen Operationen anzugeben.

Summen und Negative Zu $a, b \in \mathrm{Kon}\,(M)$ sind auch $a + b$ und $-a$ in $\mathrm{Kon}\,(M)$. Hierzu genügen die Punkte a, b und $0 \in \mathrm{Kon}\,(M)$.

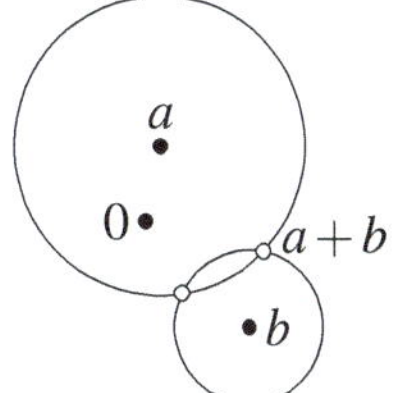

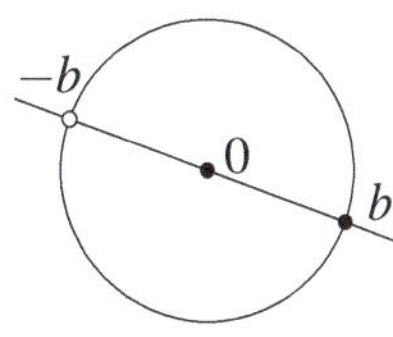

Wie man an der Konstruktion von $a + b$ sieht, sind auch Parallelen zu gegebenen Geraden konstruierbar.

Produkte und Inverse Sind $a, b \in \mathrm{Kon}\,(M)$, so kann man $a \cdot b$ nach dem Strahlensatz konstruieren, indem man auch 1 und einen weiteren nicht reellen konstruierbaren Punkt $p \in \mathrm{Kon}\,(M)$, etwa $p = \exp(5\pi\mathbf{i}/3)$ benutzt.

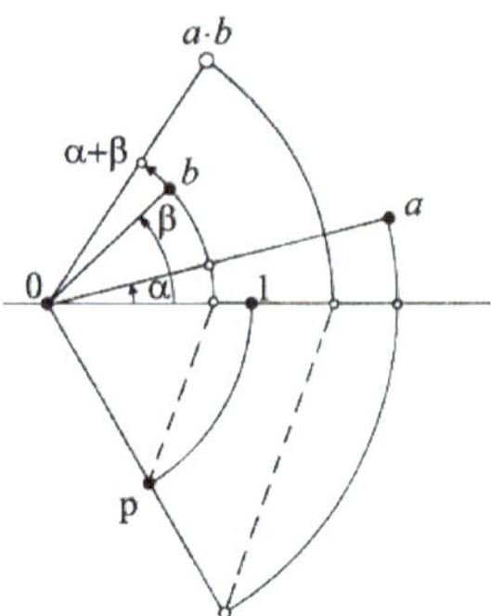

Ganz analog kann man zu $a \in \mathrm{Kon}\,(M) \smallsetminus \{0\}$ das Inverse a^{-1} konstruieren.

Zum Nachweis von $\mathbb{Q}(M \cup \overline{M}) \subset \mathrm{Kon}\,(M)$ bemerken wir zunächst, dass wegen $0, 1 \in M$ auch $\mathbb{Z} \subset \mathrm{Kon}\,(M)$. Da $\mathrm{Kon}\,(M) \subset \mathbb{C}$ Unterkörper ist, folgt $\mathbb{Q}(M) \subset \mathrm{Kon}\,(M)$. Es gibt eine einfache geometrische Konstruktion für die

Komplexe Konjugation Mit $a \in \mathrm{Kon}\,(M)$ ist auch $\overline{a} \in \mathrm{Kon}\,(M)$. Daraus folgt b).

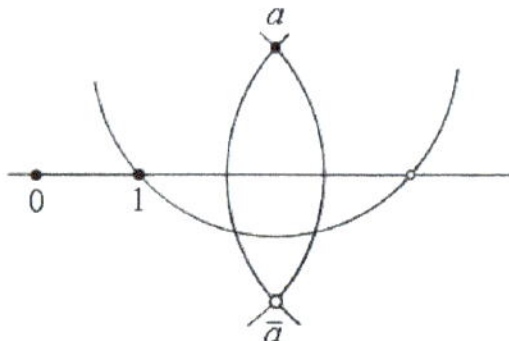

Zum Nachweis von c) muss man zu jedem $a \in \mathrm{Kon}\,(M)$ die komplexen Quadratwurzeln b, b' konstruieren. Dazu benutzt man die Darstellungen

$$a = |a| \cdot \exp(\mathbf{i}\varphi) \quad \text{und} \quad b = \sqrt{|a|} \cdot \exp(\mathbf{i}\tfrac{\varphi}{2}) \,,\ b' = \sqrt{|a|} \cdot \exp(\mathbf{i}(\tfrac{\varphi}{2} + \pi)) \,.$$

Also genügen die folgenden Konstruktionen.

Für $x \in \mathbb{R}_+$ konstruiert man $\sqrt{x} \in \mathbb{R}_+$ nach dem Höhensatz mit Hilfe des Thales-Kreises:

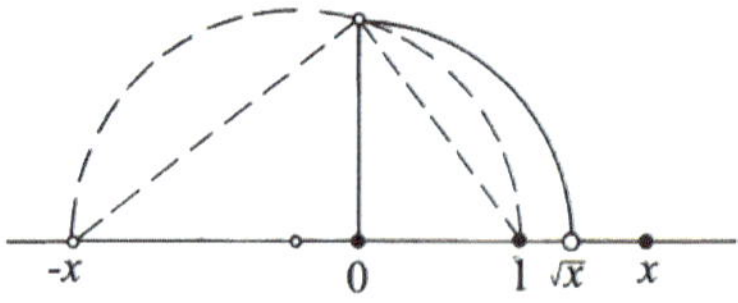

Für $a \in \mathbb{C}$ mit $|a| = 1$ konstruiert man die Quadratwurzeln b, b':

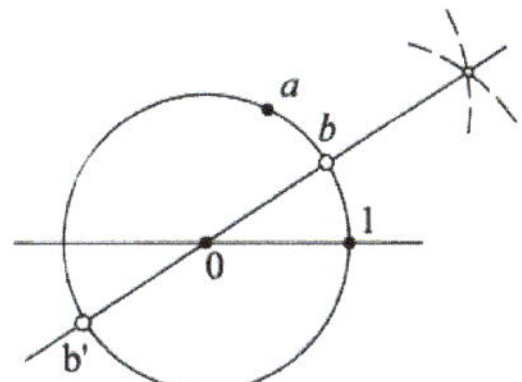

3.6.3   Struktur des Körpers der konstruierbaren Punkte

Im einfachsten Fall $M = \{0, 1\}$ hat man einen Zwischenkörper

$$\mathbb{Q} \subset \mathrm{Kon}\,(0, 1) \subset \mathbb{C}\,.$$

Die entscheidende Frage ist die Struktur der Körpererweiterung $\mathrm{Kon}\,(0, 1) \supset \mathbb{Q}$. Es zeigt sich, dass der Grad zwar unendlich ist, aber sie ist algebraisch von einer sehr speziellen Art. Genauer hat man den folgenden

Struktursatz   *Sei $M \subset \mathbb{C}$ mit $0, 1 \in M$. Dann gilt:*

a)   *Die Körpererweiterung $\mathrm{Kon}\,(M) \supset \mathbb{Q}(M \cup \overline{M})$ ist algebraisch.*

b) $[\mathrm{Kon}\,(0, 1) : \mathbb{Q}] = \infty.$

c)   *Ein Punkt $z \in \mathbb{C}$ liegt genau dann im Unterkörper $\mathrm{Kon}\,(M) \subset \mathbb{C}$, wenn es eine Kette*

$$\mathbb{Q}(M \cup \overline{M}) = L_0 \subset L_1 \subset \ldots \subset L_r \subset \mathbb{C}$$

von Zwischenkörpern gibt, mit $z \in L_r$ und $[L_i : L_{i-1}] \leq 2$ für $i = 1, \ldots, r.$

Dass nirgendwo in der Kette ein höherer Grad als 2 auftreten kann, ist natürlich durch die Regeln für die geometrische Konstruktion bedingt. Das wird präzisiert durch das

Lemma   *Sei $L \subset \mathbb{C}$ ein Unterkörper mit $L = \overline{L}$ und $\mathbf{i} \in L$. Sind dann $z, z' \in \mathbb{C}$ in einem elementaren Schritt aus L konstruierbar, so gibt es ein $w \in \mathbb{R}$ derart, dass $w^2 \in L$ und $z, z' \in L(w)$. Insbesondere ist*

$$\overline{L(w)} = L(w) \quad und \quad [L(w) : L] \leq 2\,.$$

Kürzer ausgedrückt: Die von elementar konstruierbaren Punkten verursachten Körpererweiterungen können durch die Adjunktion von Quadratwurzeln erreicht werden.

Beweis des Lemmas   Obwohl wir die konstruierbaren Punkte als komplexe Zahlen ansehen, müssen die Gleichungen für Geraden und Kreise reell im Vektorraum $\mathbb{R}^2$ beschrieben werden. Nach den Voraussetzungen $L = \overline{L}$ und $\mathbf{i} \in L$ ist mit jedem $p \in L$ auch

$$\mathrm{re}\,(p) = \frac{1}{2}\,(p + \overline{p}) \in L \quad und \quad \mathrm{im}\,(p) = \frac{1}{2\mathbf{i}}\,(p - \overline{p}) \in L\,.$$

Das werden wir gleich benutzen. Wir machen nun eine Fallunterscheidung je nach dem Typ des elementaren Konstruktionsschrittes, durch den z und z' aus L entstehen.

Typ I: Dann gibt es $\lambda, \mu \in \mathbb{R}$, so dass

$$z = p_1 + \lambda\,(q_1 - p_1) = p_2 + \mu\,(q_2 - p_2)\,.$$

Zerlegt man diese Bedingung für λ und μ in Real- und Imaginärteil, so erhält man ein inhomogenes lineares Gleichungssystem für λ und μ mit Koeffizienten in $L \cap \mathbb{R}$. Seine Lösung liegt auch in $L \cap \mathbb{R}$; damit ist sogar $z \in L$ und $[L(z) : L] = 1$.

Typ II: In diesem Fall ist

$$z, z' \in (p_1 \vee q_1) \cap K(p; \rho)\,,$$

wobei $\rho^2 = \|\, p_2 - q_2\, \|^2 \in L \cap \mathbb{R}$. Mit Hilfe der Zerlegungen

$$p = a + \mathbf{i}b\,,\; p_1 = a_1 + \mathbf{i}b_1 \quad \text{und} \quad q_1 = c_1 + \mathbf{i}d_1$$

erhalten wir für $z, z' = p_1 + \lambda\,(q_1 - p_1)$ die quadratische Gleichung

$$(a_1 + \lambda(c_1 - a_1) - a)^2 + (b_1 + \lambda(d_1 - b_1) - b)^2 = \rho^2\,.$$

Ausmultipliziert ist sie von der Form

$$\alpha\lambda^2 + \beta\lambda + \gamma = 0 \quad \text{mit} \quad \alpha, \beta, \gamma \in L \cap \mathbb{R}\,. \tag{$*$}$$

Da $p_1 \neq q_1$, ist $\alpha \neq 0$; also muss $\beta^2 - 4\alpha\gamma \geq 0$ sein, weil es nach Voraussetzung (nicht notwendig verschiedene) Schnittpunkte z, z' und damit reelle Lösungen λ, λ' der Gleichung $(*)$ gibt. Also ist

$$w := \sqrt{\beta^2 - 4\alpha\gamma} \in \mathbb{R}$$

die gesuchte Wurzel (vgl. 3.5.1).

Typ III: Sind z, z' die Schnittpunkte zweier Kreise mit verschiedenen Mittelpunkten und den Gleichungen

$$(x - a_1)^2 + (y - b_1)^2 = \rho_1^2$$

$$(x - a_2)^2 + (y - b_2)^2 = \rho_2^2\,,$$

wobei $a_i, b_i, \rho_i^2 \in L \cap \mathbb{R}$, so erhält man durch Subtraktion eine lineare Gleichung

$$(a_1 - a_2)x + (b_1 - b_2)y = c$$

mit Koeffizienten in $L \cap \mathbb{R}$. Sie beschreibt eine reelle Gerade G in $\mathbb{R}^2 = \mathbb{C}$, und da L ein Körper ist, geht sie auch durch zwei verschiedene Punkte $p, q \in L$. Damit sind wir in der gleichen Situation wir bei Typ II, da der Durchschnitt der beiden Kreise gleich dem Durchschnitt von einem der beiden Kreise mit der Geraden G ist.

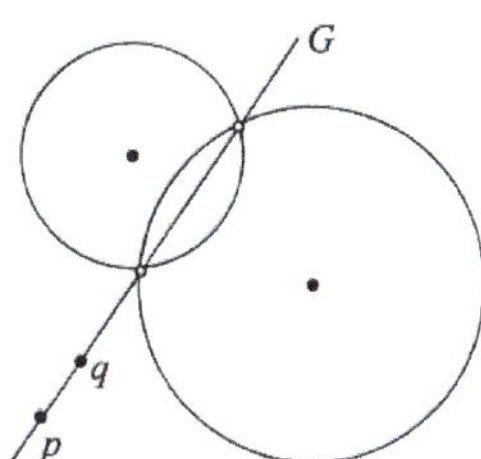

Diese letzte Überlegung ist entscheidend dafür, dass bei den Konstruktionen mit Zirkel und Lineal immer nur quadratische Erweiterungen entstehen: Zwei Kreise schneiden sich in höchstens zwei Punkten. Bei allgemeineren Kegelschnitten (d.h. Kurven vom Grad 2) wie Ellipsen, Parabeln oder Hyperbeln kann man vier Schnittpunkte und damit Körpererweiterungen bis zum Grad 4 erhalten. Allgemeiner haben Kurven vom Grad m und n bis zu $m \cdot n$ Schnittpunkte (vgl. dazu etwa [Fi$_3$]).

Beweis des Satzes Zunächst sei bemerkt, dass *a)* aus *c)* folgt, denn für jedes $z \in \mathrm{Kon}(M)$ gibt es nach *c)* ein L_r mit

$$z \in L_r \quad \text{und} \quad [L_r : \mathbb{Q}(M \cup \overline{M})] \quad \text{teilt } 2^r .$$

Ad b) Aus -1 kann man durch wiederholte Winkelhalbierung iterierte Quadratwurzeln ziehen. Also ist

$$w_n := \exp\left(\frac{\pi \mathbf{i}}{2^n}\right) \in \mathrm{Kon}(0,1) \quad \text{für alle} \quad n \in \mathbb{N} .$$

Minimalpolynom von w_n über $\mathbb{Q}$ ist $X^{2^n} + 1$. Daraus folgt die Behauptung.

Ad c) Angenommen, es gibt die angegebene Körperkette. Die Schritte mit $[L_i : L_{i-1}] = 1$ sind trivial; im Fall $[L_i : L_{i-1}] = 2$ ist $L_i = L_{i-1}(z)$, wobei $z \in \mathbb{C}$ Nullstelle eines irreduziblen Polynoms

$$X^2 + pX + q \in L_{i-1}[X]$$

ist. Dann kann L_i über L_{i-1} auch erzeugt werden von

$$\sqrt{p^2 - 4q} \subset \mathbb{C} .$$

Da Quadratwurzeln konstruierbar sind, ist auch z konstruierbar.

Ist $z \in \mathrm{Kon}(M)$ gegeben, so konstruieren wir die Körperkette durch wiederholte Anwendung des Lemmas. Nach Voraussetzung gibt es eine Kette

$$M = M_0 \subset M_1 \subset \ldots \subset M_n \subset \mathbb{C}$$

von Teilmengen, so dass $z \in M_n$ und jedes M_i aus M_{i-1} durch einen elementaren Konstruktionsschritt entsteht, also

$$M_i = M_{i-1} \cup \{z_i, z_i'\} ,$$

wobei $z_i, z_i' \in \mathbb{C}$ nicht notwendig verschieden sein müssen. Um die Rekursion zum Laufen zu bringen, setzen wir

$$L_0 := \mathbb{Q}(M \cup \overline{M}) \quad \text{und} \quad L_1 := L_0(\mathbf{i}) .$$

Dann ist $\overline{L_0} = L_0$, $\overline{L_1} = L_1$ und $[L_1 : L_0] \leq 2$. Nun betrachten wir die Punkte $z_1, z_1' \in M_1$. Nach dem Lemma gibt es ein $w_1 \in \mathbb{R}$, so dass

$$z_1, z_1' \in L_1(w_1) =: L_2 \quad \text{und} \quad [L_2 : L_1] \leq 2 \,.$$

Durch Fortsetzung dieses Verfahrens erhält man die gesuchte Körperkette. ∎

Das Ergebnis dieses Abschnitts kann man unter Benutzung der Gradformel aus 3.1.2 kurz so zusammenfassen:

Korollar *Sei $M \subset \mathbb{C}$ mit $0, 1 \in M$ und $z \in \mathrm{Kon}\,(M)$. Setzt man $L := \mathbb{Q}(M \cup \overline{M})$, so gilt*

$$[L(z) : L] \quad \text{ist eine Potenz von } 2 \,.$$

Insbesondere ist z algebraisch über L. ∎

Das ist eine sehr starke notwendige Bedingung für die Konstruierbarkeit mit Zirkel und Lineal. In 3.6.5 werden wir zeigen, dass sie mit einer kleinen Modifikation auch hinreichend ist.

3.6.4 Unlösbarkeit klassischer Konstruktionsaufgaben

Mit Hilfe des abschließenden Korollars aus 3.6.3 kann man nun zeigen, dass die ersten drei der zu Beginn dieses Paragraphen beschriebenen Aufgaben nicht lösbar sind. Dazu sind bisher nur ganz elementare Eigenschaften von Körpererweiterungen verwendet worden. Erst bei der Frage nach der Konstruierbarkeit regelmäßiger n-Ecke im folgenden Abschnitt benötigt man stärkere Hilfsmittel.

1. Das Delische Problem ist unlösbar

Es genügt den Fall zu behandeln, dass der gegebene Würfel die Kantenlänge 1 und damit das Volumen 1 hat. Ein Würfel mit doppeltem Volumen hat daher die Kantenlänge $b := \sqrt[3]{2}$. Wir können also $M = \{0, 1\}$ setzen, und es genügt zu zeigen, dass $b \notin \mathrm{Kon}\,(0, 1)$. Das Minimalpolynom von b über $\mathbb{Q}$ ist $X^3 - 2$, also ist

$$[\mathbb{Q}(b) : \mathbb{Q}] = 3 \,,$$

und das ist keine Potenz von 2.

2. Die Winkeldreiteilung ist im Allgemeinen unmöglich

Hier ist die Antwort etwas differenzierter, denn offensichtlich können einige Winkel wie etwa 180 oder 270 dreigeteilt werden. Von einem „allgemeinen" Verfahren würde man erwarten, dass es unabhängig vom Wert des gegebenen Winkels angewandt werden kann, dass man also den Winkel - so wie die Koeffizienten eines allgemeinen Polynoms in 3.5.11 - als Unbestimmte ansehen kann.

Ist der Winkel $\alpha \in [0, 2\pi]$ gegeben, so setzen wir

$$\zeta := \exp(\mathbf{i}\alpha) \in \mathbb{C} \,.$$

Eine Dreiteilung von α ist gleichbedeutend mit der Konstruktion von

$$z := \exp(\mathbf{i}\,\frac{\alpha}{3}) \in \mathbb{C} \quad \text{aus} \quad M = \{0, 1, \zeta\} \;.$$

Wegen $\overline{\zeta} = \zeta^{-1}$ ist $\mathbb{Q}(M \cup \overline{M}) = \mathbb{Q}(\zeta)$; also kann ζ dann nicht dreigeteilt werden, wenn

$$X^3 - \zeta \in \mathbb{Q}(\zeta)[X]$$

irreduzibel und damit Minimalpolynom von z ist.

Zunächst betrachten wir ζ als Unbestimmte, dann ist $\mathbb{Q}(\zeta)$ Quotientenkörper des Polynomrings $\mathbb{Q}[\zeta]$. Da ζ in $\mathbb{Q}[\zeta]$ Primelement ist, folgt aus dem EISENSTEIN-Kriterium in 2.3.8, dass $X^3 - \zeta$ in $\mathbb{Q}(\zeta)[X]$ irreduzibel ist. Daher ist

$$[\mathbb{Q}(\zeta, z) : \mathbb{Q}(\zeta)] = 3 \;,$$

und z nicht allgemein konstruierbar.

Dennoch könnte es sein, dass es je nach dem Wert von ζ unterschiedliche Lösungsverfahren gibt. Um das auszuschließen, muss man einen konkreten Wert von α und damit ζ angeben. Ein Beispiel ist

$$\alpha = 120° = \frac{2\pi}{3} \;,\; \zeta = \exp\left(\frac{2\pi\mathbf{i}}{3}\right) = -\frac{1}{2} + \mathbf{i}\,\frac{\sqrt{3}}{2} \;,\; \text{also}\; z = \exp\left(\frac{2\pi\mathbf{i}}{9}\right) \;;$$

das heißt, *der Winkel von 40° ist nicht konstruierbar.*

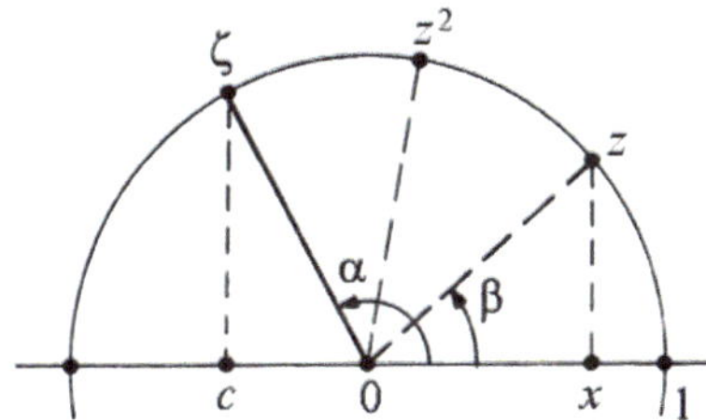

Das kann man sehr schnell sehen, wenn man die Irreduzibilität des Kreisteilungspolynoms $\Phi_9 = X^6 + X^3 + 1$ benutzt. Da $\zeta = z^3$, hat man die Körperkette

$$\mathbb{Q} \subset \mathbb{Q}(\zeta) \subset \mathbb{Q}(\zeta, z) = \mathbb{Q}(z) \;.$$

Wie man an der Darstellung von ζ erkennt, ist $[\mathbb{Q}(\zeta) : \mathbb{Q}] = 2$. Aus

$$[\mathbb{Q}(z) : \mathbb{Q}] = 6 \quad \text{folgt} \quad [\mathbb{Q}(\zeta)(z) : \mathbb{Q}(\zeta)] = 3 \;,$$

das ist keine Potenz von 2.

Einen elementaren Beweis erhält man mit Hilfe der trigonometrischen Formel

$$\cos 3\beta = 4 \cos^3 \beta - 3 \cos \beta \;. \tag{$*$}$$

Wäre $\frac{2\pi}{9}$ aus $\frac{2\pi}{3}$ konstruierbar, so wäre auch

$$x = \cos\left(\frac{2\pi}{9}\right) \quad \text{aus} \quad c = \cos\frac{2\pi}{3} = -\frac{1}{2}$$

konstruierbar. Nach $(*)$ ist x Nullstelle von

$$f := 8X^3 - 6X + 1 \in \mathbb{Z}[X]\,.$$

Substituiert man $Y = 2X$, so erhält man das Polynom

$$g = Y^3 - 3Y + 1 \in \mathbb{Z}[Y]\,.$$

Es bleibt zu zeigen, dass g in $\mathbb{Z}[Y]$ irreduzibel ist. Dann ist g nach den Sätzen von GAUSS aus 2.3.7 auch in $\mathbb{Q}[Y]$ irreduzibel und somit ist f in $\mathbb{Q}[X]$ irreduzibel; also ist

$$[\mathbb{Q}(x):\mathbb{Q}] = 3\,.$$

Die Irreduzibilität von g in $\mathbb{Z}[Y]$ folgt etwa durch Reduktion modulo 2 (Beispiel 7 in 2.3.9) oder nach 2.3.8, da g offensichtlich keine ganzzahlige Nullstelle hat (siehe Bild).

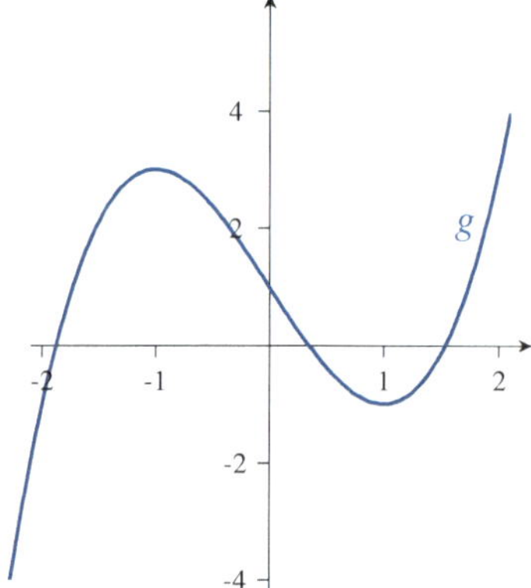

3. Die Quadratur des Kreises ist unmöglich

Es genügt, den Fall eines Kreises vom Radius 1 zu betrachten, die Kreisscheibe hat dann den Flächeninhalt π. Es ist also ein Quadrat von der Seitenlänge $\sqrt{\pi}$ gesucht. Wäre $\sqrt{\pi}$ aus $M = \{0,1\}$ konstruierbar, so auch π. Aber π ist über $\mathbb{Q}$ transzendent, wie LINDEMANN [Li] im Jahr 1882 erstmals zeigte. Inzwischen gibt es relativ elementare Beweise dieses tiefliegenden Ergebnisses (vgl. etwa [Ku, Aufgabe 10 in §10]).

Der Leser möge sich zur Übung klar machen, dass das Problem von ANGELA MERKEL der „Kubatur der Kugel" aus dem gleichen Grund unlösbar ist.

3.6.5   Konstruktion von regelmäßigen n-Ecken[*]

Dieses letzte der hier beschriebenen Konstruktionsprobleme erfordert stärkere Hilfsmittel. Es ist offensichtlich gleichwertig mit der Frage der Konstruierbarkeit der primitiven n-ten Einheitswurzel

$$\zeta_n = \exp\left(\frac{2\pi\mathbf{i}}{n}\right) \quad \text{aus} \quad M = \{0,1\}\,.$$

Für $n = 2, 3, 4, 5, 6$ sind solche Konstruktionen bekannt, für $n = 7$ konnte erstmals GAUSS im Alter von 19 Jahren begründen, dass es keine Lösung gibt. Er fand auch die höchst überraschende Lösbarkeit für $n = 17$.

Da in diesem Abschnitt auch positive Antworten gegeben werden, müssen wir zunächst eine Umkehrung des Korollars aus 3.6.3 bereitstellen.

Lemma *Sei $M \subset \mathbb{C}$ mit $0, 1 \in M$ und $L := \mathbb{Q}(M \cup \overline{M})$. Weiter sei $z \in \mathbb{C}$ algebraisch über L, $f \in L[X]$ das Minimalpolynom von z und $K \supset L$ der Zerfällungskörper von f.*

Ist dann $[K : L]$ eine Potenz von 2, so folgt $z \in \mathrm{Kon}\,(M)$.

Beweis Nach 3.4.4 ist die Erweiterung $K \supset L$ galoissch, also gilt für $G := \mathrm{Aut}\,(K;L)$, dass $\mathrm{ord}\,G = [K : L]$; daher ist $\mathrm{ord}\,G$ eine Potenz von 2 und somit ist G nach 1.7.5 auflösbar. Also gibt es eine Normalreihe

$$G = N_0 \rhd N_1 \rhd \ldots \rhd N_r = \{\mathrm{id}_K\}$$

derart, dass $\mathrm{ord}\,(N_{i-1}/N_i) = 2$ für $i = 1, \ldots, r$. Nach dem Hauptsatz der Galois-Theorie in 3.4.5 gehört dazu eine Körperkette

$$L = L_0 \subset L_1 \subset \ldots \subset L_r = K$$

mit $[L_i : L_{i-1}] = 2$. Nach dem Struktursatz aus 3.6.3 folgt $z \in \mathrm{Kon}\,(M)$. ∎

Da $[\mathbb{Q}(\zeta_n) : \mathbb{Q}] = \varphi(n)$, folgt aus dem Korollar in 3.6.3 und dem obigen Lemma das auf GAUSS [Ga$_3$, § 365] zurückgehende

Theorem *Das regelmäßige n-Eck ist genau dann mit Zirkel und Lineal konstruierbar, wenn die Eulersche Zahl $\varphi(n)$ eine Potenz von 2 ist.* ∎

Da $\varphi(5) = 4$, $\varphi(7) = 6$ und $\varphi(17) = 16$, folgt sofort, dass ein 7-Eck nicht konstruierbar, aber ein 5-Eck und ein 17-Eck konstruierbar ist. Wegen $\varphi(9) = 6$ ist auch das 9-Eck nicht konstruierbar; das hatten wir bei der Dreiteilung des Winkels schon für $40°$ gesehen.

Es erscheint bemerkenswert, dass GAUSS in seinen „Disquisitiones" die schwierigere positive Antwort genau ausführt, aber die mit den elementaren - damals noch nicht verfügbaren - Methoden der Körpertheorie leicht zu beweisenden negativen Antworten nicht näher begründet. Am Ende von Nr. 365 schreibt er („höhere" Gleichungen bedeutet Grad größer als 2):

> und wir können mit aller Strenge beweisen, dass diese höheren Gleichungen durchaus nicht vermieden oder auf Gleichungen von niedrigerem Grade zurückgeführt werden können; obwohl die Grenzen dieses Werkes nicht gestatten, diesen Beweis hier mitzuteilen, glaubten wir doch darauf hinweisen zu müssen, damit nicht einer noch andere Teilungen ausser den von unserer Theorie gelieferten, z. B. die Teilungen in 7, 11, 13, 19, ... Teile auf geometrische Constructionen zurückzuführen hoffe und seine Zeit unnütz vergeude.

Es bleibt die zahlentheoretische Frage zu klären, wann $\varphi(n)$ eine Potenz von 2 ist. Zunächst betrachten wir den Fall, dass $n = p$ eine Primzahl ist, dann folgt $\varphi(p) = p - 1$.

Hilfssatz *Ist p eine Primzahl mit $p > 2$ und $p - 1$ eine Potenz von 2, so ist*

$$p = 2^{2^n} + 1 \quad mit \quad n \in \mathbb{N}.$$

Beweis Ist $p = 2^m + 1$, so haben wir zu zeigen, dass m von der Form 2^n ist. Hätte m einen ungeraden Teiler $k \geq 3$, so wäre $m = k \cdot l$ mit $l \in \mathbb{N}$ und es wäre

$$p = 2^{kl} + 1 = (2^l + 1)(2^{(k-1)l} - 2^{(k-2)l} + \ldots + 2^{2l} - 2^l + 1).$$

Da $1 < 2^l + 1 < 2^{kl} + 1$, wäre p nicht prim. ∎

Die Suche nach Primzahlen in der Folge

$$F_n = 2^{2^n} + 1$$

ist ein klassisches Problem, man nennt sie **FERMAT*sche Primzahlen***. Für $n \leq 5$ hat man

n	F_n
0	3
1	5
2	17
3	257
4	65\,537
5	$4\,294\,967\,297 = 641 \cdot 6\,700\,417$

Den Primfaktor 641 von F_5 hatte schon EULER gefunden.

Für $n \leq 4$ erhält man in der Tat Primzahlen, ab $n \geq 5$ sind bisher keine weiteren bekannt.

Die Konstruierbarkeit des regelmäßigen n-Ecks wird nun weitgehend geklärt durch den

Satz $\varphi(n)$ *ist genau dann eine Potenz von 2, wenn*

$$n = 2^m \cdot p_1 \cdot \ldots \cdot p_r,$$

wobei $m \in \mathbb{N}$ und $p_1, \ldots, p_r$ paarweise verschiedene Fermatsche Primzahlen sind.

Da bisher nur fünf Fermatsche Primzahlen bekannt sind, kann man $r \leq 5$ annehmen. Das ergibt 31 mögliche Produkte solcher Primzahlen.

Beweis Ist $n = p_1^{l_1} \cdot \ldots \cdot p_r^{l_r}$ die Primfaktorzerlegung, so ist nach 1.3.14

$$\varphi(n) = p_1^{l_1 - 1} \cdot \ldots \cdot p_r^{l_r - 1} \cdot (p_1 - 1) \cdot \ldots \cdot (p_r - 1).$$

Also ist $\boldsymbol{\varphi}(n)$ genau dann eine Potenz von 2, wenn für alle $p_j \neq 2$ Folgendes gilt:

$$l_j = 1 \quad \text{und} \quad (p_j - 1) \ \text{ist Potenz von} \ 2 \,.$$

Damit folgt die Behauptung aus dem Hilfssatz. ∎

Nachdem die Existenz von Konstruktionsverfahren für die in obigem Satz angegebenen Werte von n nachgewiesen ist, stellt sich die Frage nach der Ausführung. Dazu betrachtet man zunächst die Fermatschen Primzahlen.

$\boldsymbol{p = 3}$ Die Konstruktion eines gleichseitigen Dreiecks ist aus der Schule bekannt.

$\boldsymbol{p = 5}$ Hier hilft der goldene Schnitt, an den zunächst erinnert werden soll. Gesucht ist ein $\Gamma \in\,]0, 1[$ derart, dass

$$\frac{\Gamma}{1} = \frac{1 - \Gamma}{\Gamma}, \quad \text{d.h. } \Gamma^2 + \Gamma - 1 = 0.$$

Die positive Nullstelle des Polynoms $X^2 + X - 1$ ist $\Gamma = \frac{1}{2}\left(\sqrt{5} - 1\right) \approx 0.618$, das ist der *goldene Schnitt* der Strecke von 0 nach 1. Mit Hilfe des Satzes von PYTHAGORAS ergibt sich eine Konstruktion des Punktes Γ mit Zirkel und Lineal:

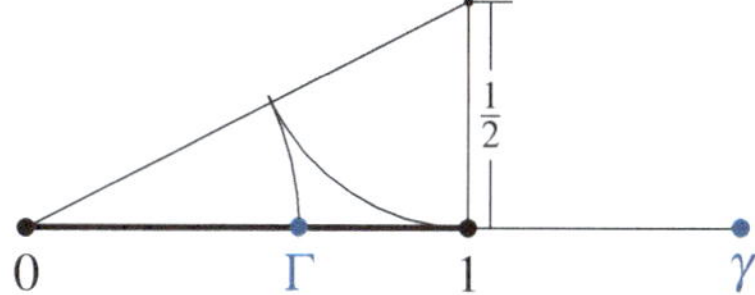

Mit eingezeichnet ist $\gamma := \Gamma + 1 = \frac{1}{\Gamma} = \frac{1}{2}\left(\sqrt{5} - 1\right) \approx 1.618$. Wie man sofort sieht, ist

$$\frac{1}{\gamma} = \frac{\gamma - 1}{1},$$

also ist 1 der goldene Schnitt der Strecke von 0 nach γ.

Nach Beispiel 2 aus 3.5.14 ist $\cos\left(\frac{2\pi}{5}\right) = \frac{\Gamma}{2}$. Daraus ergibt sich ganz einfach eine Konstruktion mit Zirkel und Lineal von ζ_5 durch Konstruktion der Mittelsenkrechten zwischen 0 und γ, und damit des *Pentagons* sowie des Winkels $\alpha = \frac{2\pi}{5} = 72°$:

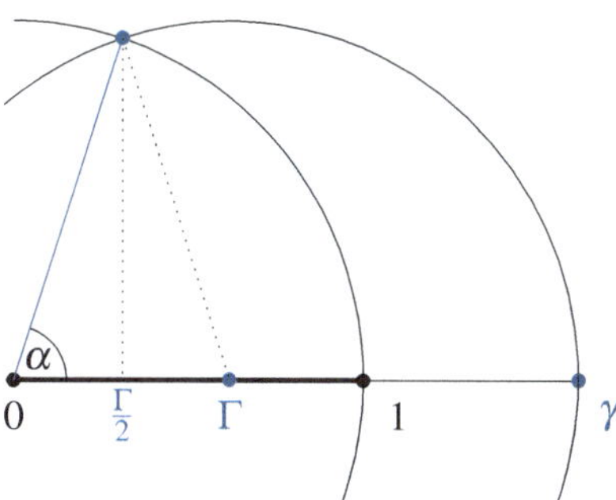

$\boldsymbol{p = 17}$ Hier kann man die von GAUSS gefundene Formel für $\cos\left(\frac{2\pi}{17}\right)$ aus Beispiel 3 in 3.5.14 als Grundlage für eine geometrische Konstruktion verwenden.

Das wird etwa in [Kl$_2$, Teil I, Kapitel 4] ausgeführt.

$p = 257$ Hier gab erstmals RICHELOT [Ri] im Jahre 1832 eine Konstruktion an.

$p = 65\,537$ An dieser Konstruktion arbeitete J. HERMES zehn Jahre lang. Sein 1889 beendetes „Diarium" befindet sich in der mathematischen Sammlung in Göttingen. Eine kurze Note dazu erschien 1894 (siehe [He]).

Aus den fünf angegebenen Konstruktionsverfahren für die Fermatschen Primzahlen kann man alle anderen ableiten. Sind m und n teilerfremd und kann man sowohl m-Eck und n-Eck konstruieren, so nutzt man aus, dass es nach der Relation von BÉZOUT (1.3.8) $r, s \in \mathbb{Z}$ gibt, so dass $1 = rn + sm$. Daraus folgt

$$\frac{2\pi}{m \cdot n} = r\,\frac{2\pi}{m} + s\,\frac{2\pi}{n}\,,$$

und daher ist auch das $m \cdot n$-Eck konstruierbar. Die Potenz von 2 kann man durch wiederholte Winkelhalbierung realisieren.

Ganz am Ende seiner „Disquisitiones" [Ga₃] gibt GAUSS all die Zahlen $N \leq 300$ an, für die das regelmäßige N-Eck konstruierbar ist:

> Hinc colligitur generaliter, ut circulus geometrice in N partes dividi possit, N esse debere *vel* 2 aut altiorem potestatem ipsius 2, *vel* numerum primum formae $2^m + 1$, *vel* productum e pluribus huiusmodi numeris primis, *vel* productum ex uno tali primo aut pluribus in 2 aut potestatem altiorem ipsius 2; sive brevius, requiritur, ut N neque ullum factorem primum imparen qui non est formae $2^m + 1$, implicet, neque etiam ullum factorem primum formae $2^m + 1$ pluries. Huiusmodi valores ipsius N infra 300 reperiuntur hi 38:
> 2, 3, 4, 5, 6, 8, 10, 12, 15, 16, 17, 20, 24, 30, 32, 34, 40, 48, 51, 60, 64, 68, 80, 85, 96, 102, 120, 128, 136, 160, 170, 192, 204, 240, 255, 256, 257, 272.

In der Kuppel der Rotunde der *Pinakothek der Moderne* in München kann man zahlreiche Kreisteilungen beobachten. Wer Spaß daran hat, kann sich überlegen, welche davon mit Zirkel und Lineal ausführbar sind.

3.6.6 Andere Regeln für Konstruktionsverfahren*

Welche geometrischen Konstruktionsaufgaben lösbar sind, hängt ganz entscheidend von den vorgegebenen Spielregeln ab; die in 3.6.1 beschriebenen Regeln sind die Klassiker. Aber es gibt zahlreiche Varianten, etwa:

1) Mit dem Lineal allein

2) Mit dem Zirkel allein

3) Mit dem Lineal und einem fest vorgegebenen Kreis

4) Mit dem Lineal und einer fest vorgegebenen Parabel

5) Mit Zirkel, Lineal und einer fest vorgegebenen Parabel

Es erscheint bemerkenswert, dass mit den Regeln 5) eine Winkeldreiteilung möglich ist. Das liegt daran, dass ein Kreis mit einer Parabel vier Schnittpunkte haben kann.

Noch weit mehr Verfahren findet man in dem Buch von BIEBERBACH [Bi]. Weiter gibt es viele Näherungsverfahren; besonders bekannt geworden ist die sehr genaue Winkeldreiteilung des Schneidermeisters KOPF (siehe [Pe]).

Anhang 1 Platonische Körper

In 1.5 haben wir die Symmetriegruppen der *Platonischen Körper* bestimmt. Besonders interessant ist die Ikosaedergruppe, sie tritt in vielen anderen Zusammenhängen wieder auf, etwa bei der Lösung von Gleichungen vom Grad 5 in 3.5.

Die fünf Platonischen Körper werden auch *reguläre Polyeder* genannt, sie waren schon zur Zeit von PLATON (ca. 430 - 340 v. Chr.) bekannt. Dennoch erscheint es nicht ganz überflüssig, ihnen hier ein paar Seiten zu widmen.

1. Analytische Beschreibung der Platonischen Körper

Für die Bestimmung der Symmetriegruppen ist es entscheidend, dass man die Platonischen Körper so legen kann, dass alle Ecken in einer *Sphäre* (d.h. einer Kugeloberfläche) enthalten sind. Das führen wir ganz explizit aus. Die dazu nötigen Überlegungen der analytischen Geometrie sind ganz elementar, man benötigt nicht viel mehr als den Satz von PYTHAGORAS.

Will man ein *Tetraeder* so legen, dass die 4 Ecken $p_1, \dots, p_4$ auf der Sphäre vom Radius 1 liegen, so kann man das wie folgt erreichen:

$$p_1 = (-\tfrac{1}{3}\sqrt{2}, -\tfrac{1}{3}\sqrt{6}, -\tfrac{1}{3}), \quad p_2 = (\tfrac{2}{3}\sqrt{2}, 0, -\tfrac{1}{3}),$$
$$p_3 = (-\tfrac{1}{3}\sqrt{2}, \tfrac{1}{3}\sqrt{6}, -\tfrac{1}{3}), \quad p_4 = (0, 0, 1).$$

Zum Tetraeder gehören 4 gleichseitige Dreiecke und 6 Kanten.

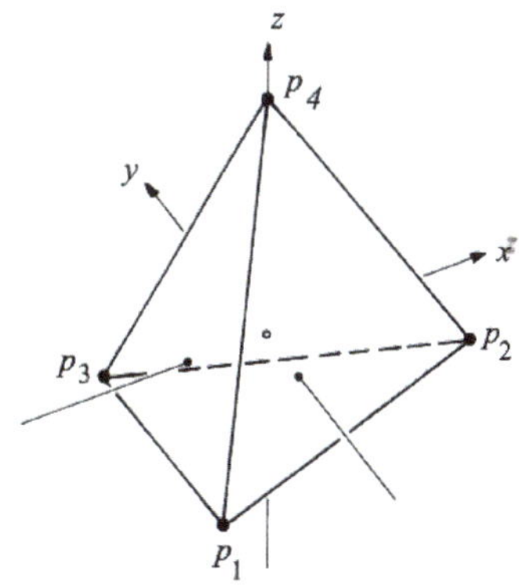

Bei Würfel und Oktaeder muss man gar nicht rechnen. Sind die 8 Ecken eines *Würfels* gegeben durch

$$(\pm 1, \pm 1, \pm 1)\,,$$

wobei die Vorzeichen unabhängig voneinander gewählt werden können, so sind sie enthalten in einer Sphäre vom Radius $\sqrt{3}$. Zum Würfel gehören 6 Quadrate und 12 Kanten.
In der Sphäre vom Radius 1 sind die 6 Ecken

$$(\pm 1, 0, 0)\,,\ (0, \pm 1, 0)\ \text{und}\ (0, 0, \pm 1)$$

des *Oktaeders* enthalten. Dazu gehören 8 gleichseitige Dreiecke und 12 Kanten.

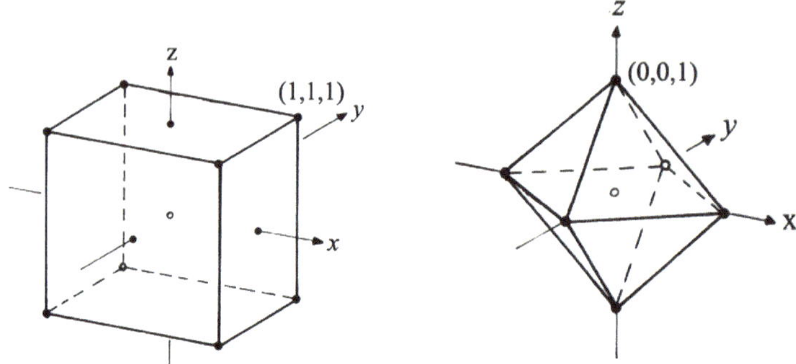

Sehr schön ist die Beschreibung des *Ikosaeders* von L. PACIOLI (etwa 1500 n. Chr.) mit Hilfe des *goldenen Schnitts*. Dabei ist $\gamma \in \mathbb{R}$ festgelegt durch die Bedingung

$$\frac{1}{\gamma} = \frac{\gamma - 1}{1}\,,\ \text{d.h.}\ \gamma^{-1} = \gamma - 1\,.$$

Das ergibt $\gamma^2 - \gamma - 1 = 0$ und $\gamma = \frac{1}{2}(1 \pm \sqrt{5})$. Wir wählen

$$\gamma := \frac{1}{2}(1 + \sqrt{5}) \approx 1.681\,.$$

Nun betrachtet man drei *goldene Rechtecke* im $\mathbb{R}^3$ mit den jeweiligen Ecken

$$(\pm 1, \pm \gamma, 0)\,,\ (\pm \gamma, 0, \pm 1)\ \text{und}\ (\pm 1, \pm \gamma, 0)\,.$$

Sie liegen alle auf einer Sphäre vom Radius $\sqrt{\gamma + 2}$ und sind die 12 Ecken eines Ikosaeders, bestehend aus 20 gleichseitigen Dreiecken und 30 Kanten.

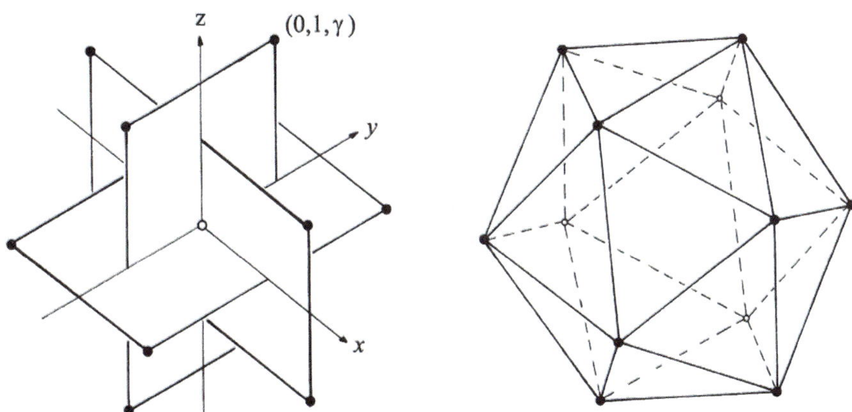

Auch das *Dodekaeder* kann man mit Hilfe des goldenen Schnitts konstruieren. Auf den Würfel mit den 8 Ecken $(\pm 1, \pm 1, \pm 1)$ setzt man 6 „Walmdächer" mit den zusätzlichen 12 Eckpunkten

$$(0, \pm\gamma^{-1}, \pm\gamma) , (\pm\gamma, 0, \pm\gamma^{-1}) \quad \text{und} \quad (\pm\gamma^{-1}, \pm\gamma, 0) .$$

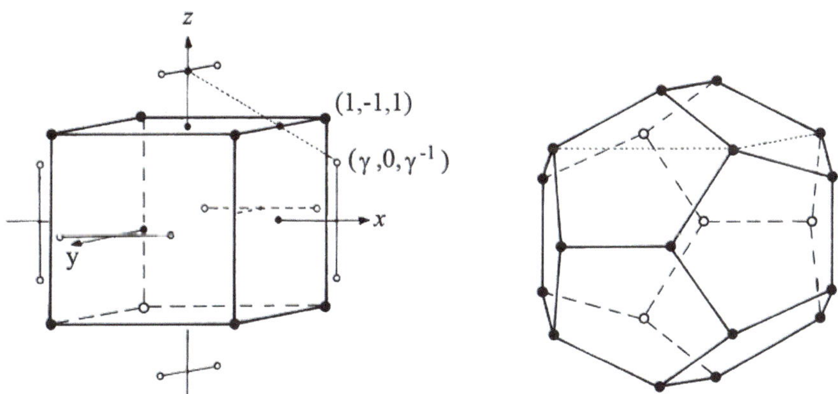

Wie man leicht nachrechnet, liegen die 3 Punkte

$$(0, 0, \gamma) , (1, 0, 1) \quad \text{und} \quad (\gamma, 0, \gamma^{-1})$$

auf einer Geraden; also liegen die Ecken der eingezeichneten Fünfecke jeweis in einer Ebene. Aus den angegebenen 20 Ecken erhält man insgesamt 12 gleichseitige Fünfecke und 30 Kanten.

Die Bilanz von Ecken, Kanten und Flächen fassen wir noch einmal zusammen:

	Ecken	Kanten	Flächen
Tetraeder	4	6	4
Würfel	8	12	6
Oktaeder	6	12	8
Ikosaeder	12	30	20
Dodekaeder	20	30	12

Bezeichnen wir mit

$e :=$ Anzahl der Ecken,

$k :=$ Anzahl der Kanten und

$f :=$ Anzahl der Flächen,

so gilt für alle Platonischen Körper die *Polyederformel* von EULER

$$e - k + f = 2 \, .$$

2. Dualität

An der Tabelle von Ecken, Kanten und Flächen erkennt man deutlich eine schon bei den Konstruktionen bemerkte Beziehung zwischen Würfel und Oktaeder, sowie Ikosaeder und Dodekaeder. Allgemein kann man bei einem Platonischen Körper, dessen Ecken auf einer Kugel liegen, in jeder Ecke die Tangentialebene an die Kugel anlegen. Dadurch entsteht wieder ein Platonischer Körper, dessen Kanten in den Schnittgeraden der Tangentialebenen enthalten sind. Auf diese Weise entsteht etwa aus einem Oktaeder ein Würfel und aus dem Würfel wieder ein Oktaeder. Hierzu reproduzieren wir zwei schöne Zeichnungen aus [H-C]:

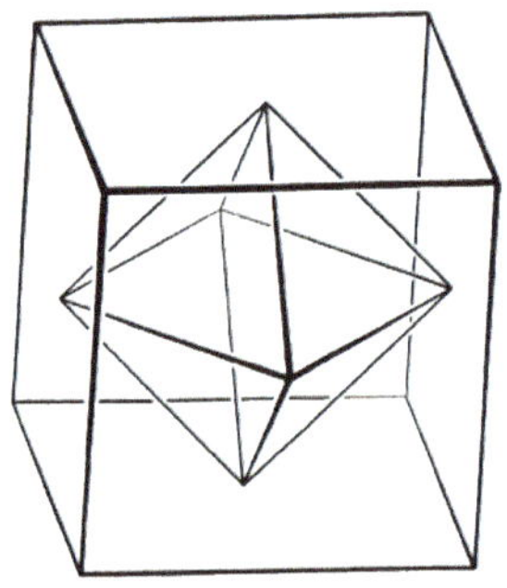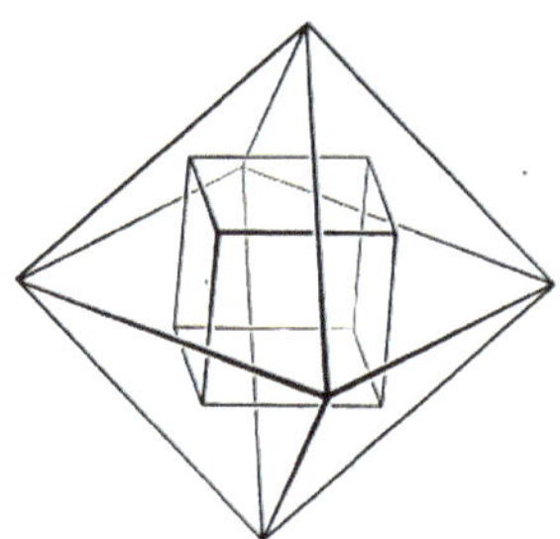

Bei den fünf Platonischen Körpern gibt das die folgenden *Dualitäten*

$$\begin{array}{ccc} \text{Tetraeder} & \longleftrightarrow & \text{Tetraeder} \\ \text{Würfel} & \longleftrightarrow & \text{Oktaeder} \\ \text{Ikosaeder} & \longleftrightarrow & \text{Dodekaeder} \end{array}$$

Dabei bleibt jeweils die Zahl der Kanten erhalten, aus Ecken werden Flächen und umgekehrt. Offensichtlich haben duale Platonische Körper die gleichen Symmetriegruppen.

3. Einzigkeit der Platonischen Körper

Platonische Körper sind zusammengesetzt aus gleich großen gleichseitigen n-Ecken. Dass dafür nur die Zahlen $n = 3, 4, 5$ und die beschriebenen fünf Körper in Frage kommen, hat schon EUKLID am Ende des 13. und letzten Bandes seiner Elemente gezeigt. Wir reproduzieren seinen Beweis aus [Eu]:

(§ 18a).

Weiter behaupte ich, daß sich außer den besprochenen Fünf Körpern kein weiterer Körper errichten läßt, der von einander gleichen gleichseitigen und gleichwinkligen Figuren umfaßt würde.

Aus 2 Dreiecken oder überhaupt ebenen Flächen läßt sich keine Ecke errichten; aus 3 Dreiecken die der Pyramide, aus 4 die des Oktaeders, aus 5 die des Ikosaeders. Eine Ecke aus 6 gleichseitigen und gleichwinkligen Dreiecken, die an einem Punkt zusammengesetzt wären, kann es nicht geben; denn da der Winkel des gleichseitigen Dreiecks $\frac{2}{3}$ R. beträgt, würden die 6 zusammen $= 4$ R.; dies ist unmöglich, denn jede Ecke wird von Winkeln umfaßt, die zusammen < 4 R. (XI, 21). Aus demselben Grunde läßt sich auch aus mehr als 6 (solchen) ebenen Winkeln keine Ecke errichten. Von 3 Quadraten wird die Würfelecke umfaßt; mit 4 ist es unmöglich, denn sie gäben wieder 4 R. Bei gleichseitigen und gleichwinkligen Fünfecken wird von 3 die Dodekaederecke umfaßt. Mit 4 ist es unmöglich; denn da der Winkel des gleichseitigen Fünfecks $1\frac{1}{5}$ R. beträgt, würden die 4 Winkel zusammen > 4 R.; dies ist unmöglich. Wegen desselben Widerspruchs kann auch von anderen Vielecken keine (verwendbare) Ecke umfaßt werden — S.

4. Ausblick

Schon ARCHIMEDES hat um 250 v. Chr. als Verallgemeinerung der Platonischen Körper konvexe Polyeder konstruiert, die von mehreren Arten von n-Ecken begrenzt werden. Ein besonders schönes Beispiel ist das *gestutzte Ikosaeder*. Dabei wird jede der 12 Ecken des Ikosaeders so abgeschliffen, dass daraus ein gleichseitiges Fünfeck entsteht. Aus den 20 Dreiecken werden dabei gleichseitige Sechsecke.

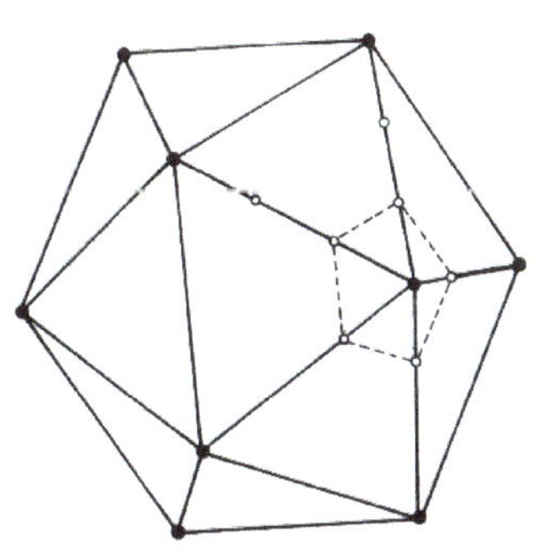
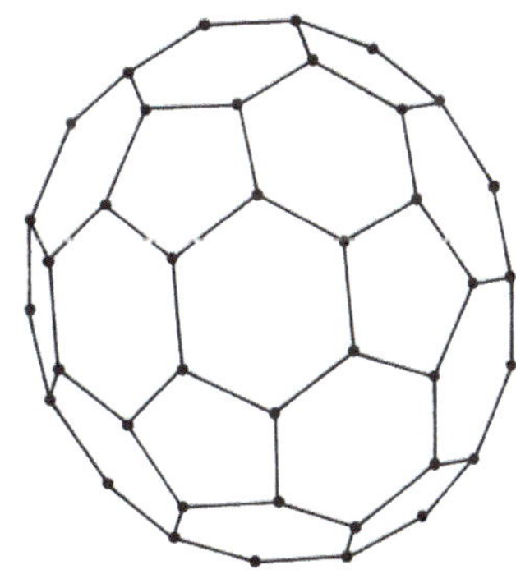

Insgesamt gilt wieder die Eulersche Formel:

$$e - k + f = 60 - 90 + 32 = 2\,.$$

In der Renaissance hat man sich für diese Polyeder wieder interessiert, eine Abwicklung des gestutzten Ikosaeders findet man bei ALBRECHT DÜRER.

Er konnte nicht vorhersehen, dass daraus über 400 Jahre später der Fußball „Telestar" entstehen würde.

Wenn man in Platonischen oder Archimedischen Körpern die Ecken leicht verschiebt und den Körper dadurch etwas deformiert, erhält man ein *konvexes Polyeder* (vgl. etwa [Fi$_2$]). Man kann zeigen, dass auch in diesem allgemeinen Fall die Eulersche Formel gültig bleibt; daraus folgt dann eine Verallgemeinerung des Satzes von EUKLID. All das wird etwa in [H-C, § 44] ausgeführt.

Anhang 2   Begriffe und Axiome

In der Mathematik ist es üblich, wichtige Ergebnisse und Begriffe mit Namen zu versehen, etwa die Sätze von GAUSS oder SYLOW und abelsche Gruppen oder noethersche Ringe. Das sind weit verbreitete Traditionen, aber nicht immer präzise Hinweise auf die Entstehung. Zu genaueren Exkursen in die Geschichte der Mathematik fehlen in Vorlesungen und Büchern Zeit und Raum. In der Tat, man wüsste kaum, wo man anfangen, und noch weniger, wo man aufhören sollte. Wer einen Eindruck davon bekommen möchte, wie alt und weit verzweigt der Baum der Mathematik ist, mit seinen vielen Querverbindungen zwischen den Ästen, sollte einen Blick werfen in die zwei Bände mit über 1200 Seiten von

6000 Jahre Mathematik

von W. WUSSING [Wu_1]. In diesem kurzen Anhang soll nur ein ganz kleiner Teil herausgegriffen werden.

Vorlesungen und Bücher über Mathematik benutzen seit der zweiten Hälfte des 20. Jahrhunderts fast alle eine streng axiomatische Methode. Die grundlegenden Begriffe, wie etwa Gruppen, Körper oder Vektorräume werden durch „implizite Definitionen" mit Hilfe von „Axiomen" eingeführt. Man versucht nicht „explizit" zu erklären, was ein Vektor ist, sondern man gibt vor, welche Verknüpfungen und Regeln in einer Menge gegeben sein müssen, dass daraus ein Vektorraum wird. Man sagt nicht, was eine reelle Zahl ist, sondern man charakterisiert die Gesamtheit der reellen Zahlen als vollständigen arithmetisch angeordneten Körper. Diese Methode ist von höchster Präzision und Ökonomie, aber etwas „über den Wolken" für jemanden, der eine reelle Zahl mit nur endlich vielen Dezimalstellen in den Computer eintippt. Daher ist die axiomatische Methode nicht frei von Gefahren für das Verständnis bei Lernenden.

Gegenstand dieses Anhangs ist nun ein ganz kurzer Streifzug durch die Entwicklung der axiomatischen Methode, angefangen bei EUKLID um 300 v. Chr. bis hhin ins 20. Jahrhundert zur Gruppe BOURBAKI. Dabei ist es bemerkenswert, dass die schon bei EUKLID zu findenden Ideen erst im zweiten Teil des 19. Jahrhunderts wieder systematisch aufgegriffen wurden - der Durchbruch gelang innerhalb von nur etwa 20 Jahren. Um nur drei Namen von Mathematikern aus dieser Periode hervorzuheben: DEDEKIND, PEANO und HILBERT.

Die Mathematik erlebte im 19. Jahrhundert insgesamt einen enormen Aufschwung. Das hing auch damit zusammen, dass sie als Hilfsmittel der Technik in der Zeit der Industrialisierung und, damit leider verbunden, der Kriegführung eingesetzt wurde. Ein Markstein war die Gründung der *École Polytechnique* in Paris im Jahr 1794, unter maßgeblicher Beteiligung des Geometers GASPARD MONGE. Später gab NAPOLEON der Schule einen militärischen Status. In Deutschland und der Schweiz folgten anschließend die *Polytechnischen Schulen*, in Berlin (1821), Karlsruhe (1825), München (1833), sowie weitere, und Zürich (1855). Dort war die Lehre mit der Mathematik als zentralem Teil viel straffer organisiert als an den Universitäten. Das war einer der Gründe dafür, dass verstärkt Wert gelegt wurde auf eine systematische Darstellung des Faches, und damit eine Klärung der grundlegenden Begriffe. Wie FELIX KLEIN in [Kl] bemerkt, ist „die große Mehrzahl der führenden Lehrbücher der höheren Mathematik zu Anfang des 19. Jahrhunderts aus dem Unterrichtsbetrieb der *École Polytechnique* hervorgegangen", darunter befindet sich der 1821 erschienene *Cours d'Analyse* von CAUCHY. Daran gekoppelt erlebte die Forschung einen grandiosen Aufstieg. Das festere Fundament gab dem höher wachsenden Gebäude der Theorie den nötigen Halt. Öfters mussten allerdings nachträglich die Grundmauern verstärkt werden.

In der folgenden kurzen Übersicht geht es in erster Linie um die Entwicklung der Begriffe, die man als strukturelles Gerüst der Mathematik ansehen kann. Um den Rahmen dieses kurzen Streifzugs nicht zu sprengen, beschränken wir uns auf einfache und prägnante Beispiele aus Algebra und Geometrie. Über die inhaltlichen Fortschritte im 19. Jahrhundert hat F. KLEIN in seinen Vorlesungen [Kl] ausführlich berichtet. Die weitere Geschichte im 20. Jahrhundert findet man etwa im Sammelband [DMV] zusammengefasst. Die im vorliegenden Beitrag verwendeten Quellen sind in jeder guten Bibliothek eines mathematischen Instituts zugänglich, denn im 19. Jahrhundert wurden auch zahlreiche mathematische Zeitschriften zur Verbreitung und Dokumentation der Forschungsergebnisse gegründet. Um den Appetit der Leser auf die alten Bände zu wecken, sind Ausschnitte daraus im Faksimile reproduziert.

G. BETSCH, M. IDÀ, R. REMMERT, D. ROWE, sowie den mir unbekannten Referenten danke ich für wertvolle Hinweise.

1. Von Euklid zu Albrecht Dürer

Ein markanter Ausgangspunkt in der überlieferten mathematischen Literatur sind die *Elemente* von EUKLID [Eu] aus dem 4. Jahrhundert v. Chr. In ihnen wurde der Stand der mathematischen Wissenschaft im antiken Griechenland zusammenfassend dargestellt. Von den alten Quellen ging viel verloren; was übrig geblieben ist, war stetigen Veränderungen und Ergänzungen unterworfen. Nach der Erfindung der Druckerkunst mit beweglichen Lettern vollendete GUTENBERG 1455 den ersten Druck der Bibel. In der italienischen Renaissance erschien 1482 in Venedig die erste lateinische Ausgabe der *Elemente* von EUKLID als Buch. Daraus wurde für lange Zeit eine Art von Bibel der Mathematiker.

Bei seiner zweiten Reise nach Italien brachte ALBRECHT DÜRER im Jahre 1507 in Exemplar mit nach Nürnberg. Das hat ihn angeregt zu seiner 1525 erschienenen *Underweysung* [Dü], einem Lehrbuch für „... alle künstbegyrigen jungen ..."

Der aller scharff sinnigst Euclides / hat den grundt
der Geometria zůsamē gesetzt wer den selben woll versteht / der darff diser
hernach geschriebenn ding gar nit / dann sie sind alleyn den
iungen vnd denen so sonst niemandt haben
der sie trewlich vnderweyst geschryben.

Dabei geht es nur noch um Geometrie, und DÜRER ist Praktiker: Definitionen oder gar Beweise wie bei EUKLID kommen nicht mehr vor, dafür aber einzigartige Illustrationen. Ein „Schmankerl" ist die von DÜRER angegebene Quadratur des Kreises:

Vonnöten wer zůwissen quadratura circuli / das ist / die vergleychnus eines cirkels / vnnd eines quadrates / also das eins als vil inhielt als dz ander / aber soliches ist noch nit von den gelerten demonstrirt Mechanice / aber das ist beyleyfig / also das es im werck nit / oder gar ein kleyns felt / mag dise vergleychnüß also gemacht werden. Reyß ein fierung vñ teyl den ortstrich in zehen teyl / vnd vnd reyß darnach ein cirkelriß des Diameter sol achtteyl haben / wie die quadratur zechne hat / wie ich das vnden hab aufgerissen.

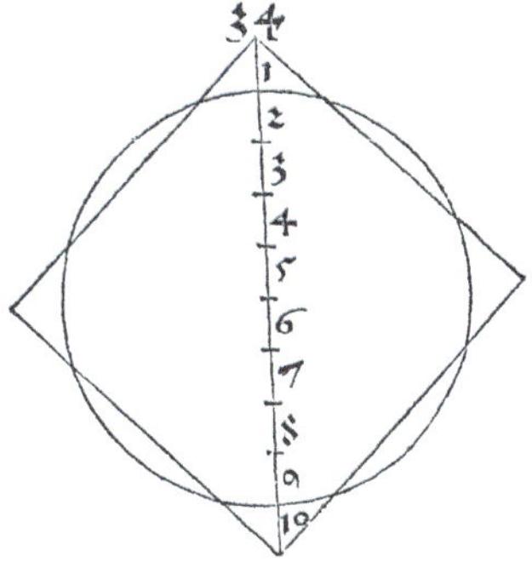

Man verlängert den Durchmesser des Kreises auf beiden Seiten um je 1/8, was leicht zu konstruieren ist. Mit dem verlängerten Durchmesser als Diagonale des Quadrats ergibt sich durch diese Konstruktion eine Quadratur mit dem Näherungswert $25/8 = 3.125$ von π. Im Rahmen der Zeichengenauigkeit ist das schon recht gut. Bemerkenswert ist der lange Zeitraum zwischen EUKLID und DÜRER: In den etwa 1800 Jahren waren die Fortschritte in der Mathematik sehr klein gewesen, verglichen mit der Zeit danach.

Nun zunächst zurück nach etwa 300 v. Chr. zu den *Elementen*, allerdings in der erst 1866 herausgegebenen und bis heute weit verbreiteten deutschen Übersetzung von HEIBERG [Eu]. Diese Ausgabe umfasst 13 so genannte „Bücher": Buch I bis VI handelt von ebener Geometrie, Buch VII bis IX von elementarer Zahlentheorie, Buch X von rationalen und irrationalen Größen, und Buch XI bis XIII von Geometrie im dreidimensionalen Raum. In den meisten Büchern werden zu Beginn die zu untersuchenden Gegenstände durch *Definitionen* erklärt. In Buch I kommen auch noch *Postulate* und *Axiome* dazu. Eine kurze Auswahl davon:

Definitionen
1. *Ein **Punkt** ist, was keine Teile hat.*
2. *Eine **Linie** breitenlose Länge.*
Es folgen 21 weitere.

Postulate Gefordert sein soll:

1. *Dass man von jedem Punkt nach jedem Punkt die Strecke ziehen kann,*
2. *Dass man eine begrenzte Linie zusammenhängend gerade verlängern kann.*

Es folgen 3 weitere, darunter das Parallelenpostulat.

Axiome

1. *Was demselben gleich ist, ist auch einander gleich.*
2. *Wenn Gleichem Gleiches hinzugefügt wird, sind die Ganzen gleich.*

Es folgen 7 weitere.

Vom heutigen Standpunkt sind die „Definitionen" zwar scharfsinnig, aber nicht befriedigend. Die „Postulate" sind Annahmen für die Geometrie, die „Axiome" dagegen allgemeiner für Gleichungen und Ungleichungen. Es hat über 2000 Jahre gedauert, bis HILBERT [Hi$_2$] im Jahr 1899 eine präzise axiomatische Grundlage der Geometrie vorgelegt hat; davon später.

Die Bücher des EUKLID sind eine zusammengefasste Darstellung von Geometrie und Zahlentheorie. Mit *Zahl* wird eine natürliche Zahl größer als 1 bezeichnet. Eine *Größe* dagegen ist ein geometrisches Maß, etwa für eine Strecke, und wird nicht gegenüber irgend einer Einheit gemessen, sondern nur gegenüber anderen Größen. Eine Größe *misst* eine andere, wenn diese ein ganzzahliges Vielfaches von ihr ist. Damit werden die Begriffe *rational* und *irrational* zu Anfang des sehr umfangreichen X. Buches so erklärt:

> **Kommensurabel** *heißen Größen, die von demselben Maß gemessen werden, und* **inkommensurabel** *solche, für die es kein gemeinsames Maß gibt.*

Postulate und Axiome werden im X. Buch nicht formuliert. Ganz am Ende des X. Buches wird steht in §115a:

> *Man soll zeigen, dass in jedem Quadrat die Diagonale der Seite linear inkommensurabel ist.*

Es folgt der schon ARISTOTELES bekannte und noch heute übliche Beweis für die Irrationalität von $\sqrt{2}$. Durch die Unterscheidung von Zahlen und Größen kann man bei EUKLID aber noch nicht explizit von einer Erweiterung der natürlichen zu den rationalen und irrationalen Zahlen sprechen. Die Zusammenhänge zwischen geometrischen Größen und Zahlen wurden erst in der analytischen Geometrie von DESCARTES im 17. Jahrhundert systematisch benutzt. Eine sehr ausführliche kritische Betrachtung des geometrischen Teils der *Elemente* von EUKLID findet man in [Har].

2. Die Zeit vor GAUSS

Nach der Blütezeit der Mathematik in der griechischen Antike folgten vergleichsweise dürre Jahrhunderte. Zur Lösung von Gleichungen wurden im Lauf der Zeit auch die Null und negative Größen als Zahlen benutzt. Größere Fortschritte gab es erst wieder in der Renaissance, zunächst in Italien. L. PACIOLI übersetzte die *Elemente* von EUKLID und knüpfte daran an, G. CARDANO, N. TARTAGLIA und andere fanden Lösungen für Polynomgleichungen dritten und vierten Grades; dabei tauchten in mystischer Form auch schon komplexe Zahlen auf.

Wie schwer es neuartige Zahlen hatten, allgemein anerkannt zu werden, zeigt eine Abhandlung von I. KANT aus dem Jahr 1763 [Ka] mit dem Titel: *Versuch den Begriff der negativen Größen in die Weltweisheit einzuführen.* „Weltweisheit" war die Philosophie, und KANT bemühte sich, seinen Kollegen die negativen Größen schmackhaft zu machen. Aus dieser Arbeit ein paar wesentliche Zitate. Zunächst möchte er das Adjektiv „negativ" nicht als Wertung verstanden wissen:

> Ich habe vorjetzo die Absicht, einen Begriff, der in der Mathematik bekannt genug, allein der Weltweisheit nach[1] sehr fremde ist, in Beziehung auf diese zu betrachten. Es sind diese Betrachtungen nur kleine Anfänge, wie es zu geschehen pflegt, wenn man neue Aussichten eröffnen will, allein sie können vielleicht zu wichtigen Folgen Anlaß geben. Aus der Verabsäumung des Begriffs der negativen Größen sind eine Menge von Fehlern oder auch Mißdeutungen der Meinungen anderer in der Weltweisheit entsprungen.

> Denn es sind die negative Größen nicht Negationen von Größen, wie die Ähnlichkeit des Ausdrucks ihn hat vermuten lassen, sondern etwas an sich selbst wahrhaftig Positives, nur was dem andern entgegengesetzt ist. Und so ist die negative Anziehung nicht die Ruhe, wie er davor hält, sondern die wahre Zurückstoßung.

Dann bringt er zwei Beispiele, das erste aus der Seefahrt:

> Ein Schiff reise von Portugal aus nach Brasilien. Man bezeichne alle die Strecken, die es mit dem Morgenwinde tut, mit $+$ und die, so es durch den Abendwind zurücklegt, mit $-$. Die Zahlen selbst sollen Meilen bedeuten. So ist die Fahrt in sieben Tagen $+\,12+7-3-5+8 = 19$ Meilen, die es nach Westen gekommen ist. Diejenige Größen vor denen $-$ steht haben dieses nur als ein Zeichen der Entgegensetzung, in so ferne sie mit denen, die $+$ vor sich haben, zusammen genommen werden sollen; stehen sie aber mit denen, vor welchen auch $-$ ist, in Verbindung, so findet hier keine Entgegensetzung mehr statt, weil diese ein Gegenverhältnis ist, welches nur zwischen $+$ und $-$ angetroffen wird.

Das zweite Beispiel stammt aus der „Weltweisheit":

> Man bringt einer spartanischen Mutter die Nachricht, daß ihr Sohn im Treffen vor das Vaterland heldenmütig gefochten habe. Das angenehme Gefühl der Lust bemächtigt sich ihrer Seele. Es wird hinzugefügt, er habe hiebei einen rühmlichen Tod erlitten. Dieses vermindert gar sehr jene Lust und setzt sie auf einen geringern Grad. Nennet die Grade der Lust aus dem ersten Grunde allein $4\,a$ und die Unlust sei bloß eine Verneinung $= 0$, so ist nachdem beides zusammen genommen worden der Wert des Vergnügens $4\,a + 0 = 4\,a$ und also wäre die Lust durch die Nachricht des Todes nicht vermindert worden, welches falsch ist. Es sei demnach die Lust aus seiner bewiesenen Tapferkeit $= 4\,a$ und was da übrig bleibt, nachdem aus der andern Ursache die Unlust mitgewirkt hat, $= 3\,a$, so ist die Unlust $= a$ und sie ist die Negative der Lust, nämlich $-\,a$ und daher $4\,a - a = 3\,a$.

Wenn dazu Randbemerkungen gestattet sind: Im ersten Fall ist die Rechnung mit der Segelkunst schwer zu vereinbaren, im zweiten ist die Unlust wohl nur bei einer sehr spartanischen Mutter als nicht negative Wertung zu verstehen. Und was KANT nicht erwähnt, ist das auch heute noch für manchen tückische Problem, warum ein Produkt negativer Zahlen positiv wird.

3. CARL FRIEDRICH GAUSS

Ein neuer Höhenflug der Mathematik begann im 19. Jahrhundert. In Deutschland hat vor allem C. F. GAUSS durch seine mannigfachen Untersuchungen die Türen zu zahlreichen Gebieten aufgestoßen. Sein grundlegendes Werk zur Zahlentheorie sind die nach langer Vorarbeit im Jahr 1801 (da war GAUSS 24 Jahre alt) in Druck gegangenen *Disquisitiones arithmeticae* [Ga$_3$]. Sie beginnen mit der Erklärung des Begriffs der *Kongruenz* als Abschwächung der Gleichheit. Dadurch wurden viele Untersuchungen der Zahlentheorie durchsichtiger gemacht hat:

Congruente Zahlen, Moduln, Reste und Nichtreste.

1.

Wenn die Zahl a in der Differenz der Zahlen b, c aufgeht, so werden b und c nach a **congruent**, im andern Falle **incongruent** genannt. Die Zahl a nennen wir den **Modul**. Jede der beiden Zahlen b, c heisst im ersteren Falle **Rest**, im letzteren aber **Nichtrest** der andern.

Diese Bezeichnungen gelten in Bezug auf alle **ganzen,** positiven sowohl wie negativen*), Zahlen, sie sind aber nicht auf gebrochene Zahlen auszudehnen. So sind z. B. $- 9$ und $+ 16$ nach dem Modul 5 congruent; $- 7$ ist nach dem Modul 11 Rest, nach dem Modul 3 aber Nichtrest von $+ 15$. Da übrigens die Null durch jede beliebige Zahl geteilt wird, so ist jede Zahl als nach jedem beliebigen Modul sich selbst congruent zu betrachten.

Aber ansonsten ging GAUSS mit der Einführung von neuen Begriffen extrem sparsam um. Er hat zwar die komplexen Zahlen als Punkte der reellen Ebene geadelt, aber explizit erst im Jahr 1831. In seinen vier Beweisen des Fundamentalsatzes der Algebra von 1799 bis 1850 werden sie nur im letzten entscheidend benutzt; dieser ist eine überarbeitete Version des ersten Beweises [Ga$_2$], [W$_2$, Chap. 5].

Das Fehlen abstrakterer Konzepte zu dieser Zeit sieht man besonders deutlich in seiner berühmten Kreisteilungstheorie am Ende der *Disquisitiones*. GAUSS beweist durch trickreiche Rechnungen die Konstruierbarkeit der regulären n-Ecke für Primzahlen $n = 2^m + 1$. Etwa für $n = 17$ (vgl. 3.5.14) ergibt sich die Konstruierbarkeit aus der Formel für $\cos(2\pi/17)$:

Ita e. g. pro $n = 17$ ex artt. 354, 361 facile pro cosinu anguli $\frac{1}{17}P$ expressio haec derivatur:

$$-\tfrac{1}{16}+\tfrac{1}{16}\sqrt{17}+\tfrac{1}{16}\sqrt{(34-2\sqrt{17})}+\tfrac{1}{8}\sqrt{(17+3\sqrt{17}-\sqrt{(34-2\sqrt{17})}-2\sqrt{(34+2\sqrt{17})})}$$

Zum Beweis der Nicht-Konstruierbarkeit von regulären n-Ecken, etwa $n = 7$, der mittlerweile mit Hilfe des Begriffs des Grades einer Körpererweiterung ganz elementar geworden ist, schreibt er nur (vgl. 3.6.5):

> So oft aber $n - 1$ andere Primfactoren ausser 2 enthält, gelangen wir
> immer zu höheren Gleichungen, nämlich zu einer oder mehreren kubischen,
> wenn 3 einmal oder mehrere Male unter den Primfactoren von $n - 1$ vor-
> kommt, zu Gleichungen fünften Grades, wenn $n - 1$ durch 5 teilbar ist, u. s. w.,
> und wir können mit aller Strenge beweisen, dass diese höheren
> Gleichungen durchaus nicht vermieden oder auf Gleichungen von nie-
> drigerem Grade zurückgeführt werden können; obwohl die Grenzen dieses
> Werkes nicht gestatten, diesen Beweis hier mitzuteilen, glaubten wir doch
> darauf hinweisen zu müssen, damit nicht einer noch andere Teilungen ausser
> den von unserer Theorie gelieferten, z. B. die Teilungen in 7, 11, 13, 19, ...
> Teile auf geometrische Constructionen zurückzuführen hoffe und seine Zeit
> unnütz vergeude.

Man wird etwas erinnert an FERMAT: Der Rand ist zu schmal!

Angetrieben durch die Bedeutung komplexer Zahlen fand HAMILTON ohne die ähnlichen von
EULER und GAUSS beschriebenen Rechnungen (vgl. [K-R, p. 157]) gekannt zu haben, nach
erfolglosen Versuchen, den Körper der komplexen Zahlen zu erweitern, im Jahr 1843 eine Möglichkeit, den 4-dimensionalen reellen Raum wenigstens zu einem Schiefkörper zu machen, den
Quaternionen. Dabei taucht schon von 1843 an der Begriff *vector* auf, als *„straight line having
length and direction in space"* [Ham]. „Space" ist dabei der dreidimensionale Raum, seine Vektoren sind zunächst nur die nicht reellen Teile der Quaternionen. Zum allgemeinen Begriff des
Vektorraums war es noch ein längerer Weg.

4. ÉVARISTE GALOIS

Ein großer Schritt in Richtung abstrakter Mathematik wurde von É. GALOIS um 1830 getan.
Er führte den Namen *Gruppe* ein, für eine unter der Komposition abgeschlossene Gesamtheit
von Substitutionen oder Permutationen, und bewies durch Untersuchung der Struktur der zu
Gleichungen gehörenden Gruppen, dass die Nullstellen von Polynomen vom Grad größer als
vier im allgemeinen nicht mehr durch Wurzelausdrücke darstellbar sind. Wir reproduzieren zwei
kurze Passagen aus der *Mémoire sur les conditions de résolubilité des équations par radicaux*
von 1831 [G, p. 47, 53].

> Donc, si dans un pareil
> groupe on a les substitutions S et T, on est sûr d'avoir la substi-
> tution ST.

> Nous appellerons *groupe de l'équation* le groupe en question.

In dieser erst 1846 veröffentlichten *Mémoire* hat GALOIS bereits die besondere Bedeutung der
Normalteiler in Gruppen erkannt. Eine Reaktion von GAUSS auf seine Ergebnisse scheint nicht
bekannt zu sein.

In einer Veröffentlichung aus dem Jahr 1830 mit dem Titel *Sur la théorie des nombres* legt er
den Grund für die Konstruktion endlicher Körper, die später auch *Galois-Felder* genannt wurden.
Entscheidend ist der erste Schritt, in dem er die von GAUSS eingeführte Kongruenz von Zahlen
zu einer Gleichheit von Klassen kongruenter Zahlen macht [G, p. 113]:

> Quand on convient de regarder comme nulles toutes les quan-
> tités qui, dans les calculs algébriques, se trouvent multipliées par
> un nombre premier donné p, et qu'on cherche, dans cette con-
> vention, les solutions d'une équation algébrique $Fx = o$, ce que
> M. Gauss désigne par la notation $Fx \equiv o$, on n'a coutume de
> considérer que les solutions entières de ces sortes de questions.

Für diesen etwas schwierigen Text der Versuch einer Übersetzung: „Wenn man übereinkommt, alle Größen, die bei algebraischen Rechnungen Vielfache einer gegebenen Primzahl p wurden, als Null anzusehen, und wenn man mit dieser Konvention die Lösungen einer algebraischen Gleichung $Fx = 0$ sucht, das was Herr Gauss mit der Notation $Fx \equiv 0$ bezeichnet, ist es üblich, nur die ganzzahligen Lösungen derartiger Fragen zu betrachten.“

5. Hermann Grassmann

Der Name *Vektor* war, wie oben bemerkt, schon 1843 von Hamilton benutzt worden, als Bezeichnung für eine gerichtete Strecke. Im Jahr 1844 hatte H. Grassmann, Lehrer an der Friedrich-Wilhelms-Schule zu Stettin, ein Buch mit dem Titel

Die Wissenschaft der extensiven Grösse
– oder – die Ausdehnungslehre, eine neue mathematische Disciplin

veröffentlicht. In der heutigen Terminologie ist das die Lineare Algebra. Aber dieses Buch blieb weitgehend unbeachtet. „Durch wohlmeinende Freunde angefeuert“ [Za, p. 80] verfasste er eine zweite Auflage [Gr] mit dem neuen Titel

Die Ausdehnungslehre. Vollständig und in strenger Form bearbeitet

Sie erschien 1862, es ging ihr aber auch nicht viel besser als der ersten Auflage. Eine Erklärung dafür, dass die Darstellung von Grassmann sehr schwer zugänglich war, kann man schon daran erkennen, wie das Buch auf der ersten Seite ohne weitere Vorbemerkungen beginnt:

Kap. 1. Addition, Subtraktion, Vervielfachung und
Theilung extensiver Grössen.

§. 1. Begriffe und Rechnungsgesetze.

1. Erklärung. Ich sage, eine Grösse a sei aus den Grössen b, c,$\cdots$ durch die Zahlen $\beta, \gamma, \cdots$ abgeleitet, wenn
$$a = \beta b + \gamma c + \cdots$$
ist, wo $\beta, \gamma, \cdots$ reelle Zahlen sind, gleichviel ob rational oder irrational, ob gleich null oder verschieden von null. Auch sage ich, a sei in diesem Falle numerisch abgeleitet aus b, c,$\cdots$

2. Erklärung. Ferner sage ich, dass zwei oder mehrere Grössen a, b, c$\cdots$ in einer Zahlbeziehung zu einander stehen, oder dass der Verein der Grössen a, b, c,$\cdots$ einer Zahlbeziehung unterliege, wenn irgend eine derselben sich aus den übrigen numerisch ableiten lässt, also wenn sich z. B.
$$a = \beta b + \gamma c + \cdots$$
setzen lässt, wo $\beta, \gamma, \cdots$ reelle Zahlen sind. Besteht der Verein nur aus Einer Grösse a, so soll nur in dem Falle gesagt werden, der Verein unterliege einer Zahlbeziehung, wenn a $= o$ ist. Wenn zwei Grössen a und b, von denen keine null ist, in einer Zahlbeziehung zu einander stehen, so bezeichne ich dies durch
$$a \equiv b,$$
und sage a sei kongruent b.

In der heutigen Terminologie sind seine *extensiven Größen*, oder nur *Größen* genannt, die Vektoren, *Zahlen* sind die Skalare und *numerisch abgeleitet* ist linear kombiniert. Wenn man diese kleine Hürde genommen hat, findet man in der Folge zunächst eine präzise und heute noch gut lesbare Einführung in die elementare lineare Algebra, sowie in weiteren Kapiteln wesentlich kompliziertere Grundlagen der multilinearen Algebra. Die Arbeiten von GRASSMANN wurden erst viel später gewürdigt. Einer der Gründe dafür mag sein, dass der völlig abstrakte und von aller geometrischen Anschauung losgelöste Standpunkt den Zugang zu dieser Darstellung versperrt hatte. „Denkmäler" wurden GRASSMANN erst im 20. Jahrhundert gesetzt, etwa in der algebraischen Geometrie durch den Namen GRASSMANN-*Varietäten*. Mehr zu dieser Entwicklung findet man bei [Za], besonders in Kapitel VI.

In [Pe₁] knüpft PEANO im Jahr 1888 an GRASSMANN an, und gibt zu Beginn von Kapitel IX unter dem Namen *sistemi lineari* eine erste Definition von abstrakten Vektorräumen. Da dieser Text schwer zu finden ist, reproduzieren wir den wesentlichen Teil ungekürzt aus einem Exemplar der Historischen Bibliothek der Universität Bologna:

72. Esistono dei sistemi di enti sui quali sono date le seguenti definizioni:

1. È definita l'*eguaglianza* di due enti a e b del sistema, cioè è definita una proposizione, indicata con a = b, la quale esprime una condizione fra due enti del sistema, soddisfatta da certe coppie di enti, e non da altre, e la quale soddisfa alle equazioni logiche:

$$(a = b) = (b = a), \quad (a = b) \cap (b = c) < (a = c).$$

2. È definita la *somma* di due enti a e b, vale a dire è definito un ente, indicato con a + b, che appartiene pure al sistema dato, e che soddisfa alle condizioni:

$$(a = b) < (a + c = b + c), \quad a + b = b + a, \quad a + (b + c) = (a + b) + c,$$

e il valor comune dei due membri dell'ultima eguaglianza si indicherà con a + b + c.

3. Essendo a un ente del sistema, ed *m* un numero intero e positivo, colla scrittura *m*a intenderemo la somma di *m* enti eguali ad a. È facile riconoscere, essendo a, b, ... enti del sistema, *m*, *n*, ... numeri interi e positivi, che

$$(a = b) < (ma = mb); \quad m(a + b) = ma + mb; \quad (m+n)a = ma + na;$$
$$m(na) = (mn)a; \quad 1a = a.$$

Noi supporremo che sia attribuito un significato alla scrittura *m*a, qualunque sia il numero reale *m*, in guisa che siano ancora soddisfatte le equazioni precedenti. L'ente *m*a si dirà *prodotto* del numero (reale) *m* per l'ente a.

4. Infine supporremo che esista un ente del sistema, che diremo *ente nullo*, e che indicheremo con 0, tale che, qualunque sia l'ente **a**, il prodotto del numero 0 per l'ente **a** dia sempre l'ente 0, ossia

$$0\,\mathbf{a} = 0.$$

Se alla scrittura **a** − **b** si attribuisce il significato **a** + (− 1) **b**, si deduce:

$$\mathbf{a} - \mathbf{a} = 0, \quad \mathbf{a} + 0 = \mathbf{a}.$$

DEF. *I sistemi di enti per cui sono date le definizioni 1, 2, 3, 4, in guisa da soddisfare alle condizioni imposte, diconsi* sistemi lineari.

Si deduce che se **a**, **b**, **c**, … sono enti d'uno stesso sistema lineare, *m, n, p,* … numeri reali, ogni funzione lineare omogenea della forma *m* **a** + *n* **b** + *p* **c** + … rappresenta un ente dello stesso sistema.

Costituiscono sistemi lineari i numeri reali, e le formazioni della stessa specie nello spazio.

Costituiscono pure sistemi lineari le formazioni di prima specie su d'una retta, o nel piano, i vettori nel piano o nello spazio, e così via. Ma i punti dello spazio non costituiscono un sistema lineare, perchè le loro somme, secondo le definizioni date, non sono più punti, ma formazioni qualunque di prima specie.

Ein paar Anmerkungen dazu:

- Das Wort *enti* kann man sinngemäß mit *Größen* übersetzen, im Anklang an die *extensiven Größen* von GRASSMANN.

- Die Symbole in den logischen Formeln werden zu Anfang des Buches ausführlich erklärt.

- *Vettori* werden im Sinn von HAMILTON als gerichtete Verbindungen von Punkten schon früher im Buch erklärt und im letzten Absatz als Beispiele für Größen in linearen Systemen angegeben.

6. RICHARD DEDEKIND

In der zweiten Hälfte des 19. Jahrhunderts bahnte sich die Wende zur systematischen Untersuchung mathematischer Strukturen an. R. DEDEKIND berichtet 1888 in [De$_3$] über Ideen, die er schon 1854 in seiner Antrittsvorlesung vorgetragen hatte:

> Im Gegentheil, die größten und fruchtbarsten Fortschritte in der Mathematik und anderen Wissenschaften sind vorzugsweise durch die Schöpfung und Einführung neuer Begriffe gemacht, nachdem die häufige Wiederkehr zusammengesetzter Erscheinungen, welche von den alten Begriffen nur mühselig beherrscht werden, dazu gedrängt hat. Ueber diesen Gegenstand habe ich im Sommer 1854 bei Gelegenheit meiner Habilitation als Privatdocent zu Göttingen einen Vortrag vor der philosophischen Facultät zu halten gehabt, dessen Absicht auch von Gauß gebilligt wurde; doch ist hier nicht der Ort, näher darauf einzugehen.

Die Bemerkung über GAUSS lässt nicht auf eine besondere Begeisterung für die Ideen seines Schülers schließen, obwohl sie eine konsequente Weiterentwicklung der Forderung von GAUSS nach strengen Beweisen waren. DEDEKIND ging 1858 als Professor nach Zürich an die neu gegründete Eidgenössische Polytechnische Schule und hielt dort eine Anfängervorlesung über Analysis [De$_1$]. Diese war vor allem durch die grundlegenden Forschungen von CAUCHY und seinen *Cours d'Analyse* an der École Polytechnique in der ersten Hälfte des 19. Jahrhunderts auf ein ausbaufähiges Fundament gestellt worden. Dabei setzte sich DEDEKIND auch mit der Frage auseinander, wie die Gesamtheit der reellen Zahlen präzise zu erklären sei, so dass man etwa den wichtig gewordenen Begriff der Stetigkeit korrekt behandeln konnte. Nach langem Zögern veröffentlichte er als Ergebnis dieser Untersuchungen 1872 sein grundlegendes Büchlein [De$_2$]

Stetigkeit und irrationale Zahlen.

In einem langen Brief an LIPSCHITZ aus dem Jahr 1876 [Lip, pp. 59 – 69] beschreibt er noch einmal die Notwendigkeit, irrationale Zahlen und die dafür gültigen Rechenregeln präzise zu begründen. Als Beispiel bringt er die selbstverständlich erscheinende Gleichung $\sqrt{2} \cdot \sqrt{3} = \sqrt{6}$, die man „in aller Strenge" beweisen muss. DEDEKIND knüpft an die Bücher V und X von EUKLID an und konstruiert mit Hilfe der so genannten *Dedekindschen Schnitte*, ausgehend von den rationalen Zahlen, die „lückenlose" reelle Zahlengerade. Alternativen dazu wurden zur selben Zeit von CANTOR mit Hilfe von Cauchy-Folgen und von WEIERSTRASS mit Intervallschachtelungen angegeben.

DEDEKIND beschäftigte sich nicht nur mit Grundlagen, er arbeitete auch sehr erfolgreich in der Zahlentheorie, wo er im Anschluss an die Untersuchungen von GAUSS und KUMMER große Fortschritte erzielte. Dabei halfen ihm auch geeignete neue Begriffe wie *Ideale* und *Primideale* in der Teilbarkeits-Theorie. Einer der schärfsten Kritiker dieser Ideen war KRONECKER, der nicht nur CANTOR sondern auch DEDEKIND immer wieder heftig attackierte. Ein relativ moderates Beispiel dafür in einer Fußnote [Kr, p. 336]:

> *) Die obigen Erwägungen stehen, wie mir scheint, der Einführung jener *Dedekind*schen Begriffsbildungen wie „Modul", „Ideal" u. s. w. entgegen; ebenso auch der Einführung der verschiedenen Begriffsbildungen, mit Hülfe deren in neuerer Zeit vielfach (zuerst wohl von *Heine*) versucht worden ist, das „Irrationale" ganz allgemein zu fassen und zu begründen.

7. Auf dem Weg zu den Begriffen Gruppe und Körper

In der Algebra begann man, den von GALOIS eingeführten Begriff der *Gruppe* von Substitutionen oder Permutationen allgemeiner zu fassen. Bemerkenswert ist hier nach einer ersten Untersuchung von CAYLEY aus dem Jahr 1854 [Ca$_1$] eine daran anschließende ganz kurze Arbeit von 1877 [Ca$_2$], aus dem ersten Band des von seinem Kollegen SYLVESTER begründeten neuen *American Journal of Mathematics*. Wir reproduzieren die wesentlichen Teile:

> SUBSTITUTIONS, and (in connexion therewith) groups, have been a good deal studied; but only a little has been done towards the solution of the general problem of groups. I give the theory so far as is necessary for the purpose of pointing out what appears to me to be wanting.

A set of symbols α, β, γ . . . such that the product $\alpha\beta$ of each two of them (in each order, $\alpha\beta$ or $\beta\alpha$,) is a symbol of the set, is a group. It is easily seen that 1 is a symbol of every group, and we may therefore give the definition in the form that a set of symbols, 1, α, β, γ . . satisfying the foregoing condition is a group. When the number of the symbols (or terms) is $= n$, then the group is of the nth order; and each symbol α is such that $\alpha^n = 1$, so that a group of the order n is, in fact, a group of symbolical nth roots of unity.

A group is defined by means of the laws of combination of its symbols:

	1	α	β	γ	δ	ε
1	1	α	β	γ	δ	ε
α	α	1	γ	β	ε	δ
β	β	ε	δ	α	1	γ
γ	γ	δ	ε	1	α	β
δ	δ	γ	1	ε	β	α
ε	ε	β	α	δ	γ	1

The general problem is to find all the groups of a given order n; thus if $n = 2$, the only group is 1, α $(\alpha^2 = 1)$; $n = 3$, the only group is 1, α, α^2 $(\alpha^3 = 1)$; $n = 4$, the groups are 1, α, α^2, α^3 $(\alpha^4 = 1)$, and 1, α, β, $\alpha\beta$ $(\alpha^2 = 1, \beta^2 = 1, \alpha\beta = \beta\alpha)$;* $n = 6$, there are three groups, a group 1, α, α^2, α^3, α^4, α^5 $(\alpha^6 = 1)$; and two groups 1, β, β^2, α, $\alpha\beta$, $\alpha\beta^2$ $(\alpha^2 = 1$ $\beta^3 = 1)$, viz: in the first of these $\alpha\beta = \beta\alpha$; while in the other of them (that mentioned above) we have $\alpha\beta = \beta^2\alpha$, $\alpha\beta^2 = \beta\alpha$.

---

* If $n = 5$, the only group is 1, α, α^2, α^3, α^4 $(\alpha^5 = 1)$. **W. E. S.**

CAYLEY löst sich von den Permutationen und führt wie schon in früheren Arbeiten durch eine Tafel in einer *Menge von Symbolen* eine Verknüpfung ein, zum Beispiel die angegebene. Was CAYLEY nicht explizit verlangt, sind die Regeln, die man heute Gruppenaxiome nennt (das liegt nicht an der Kürzung des Texts). Eine Erklärung mag sein, dass er sie implizit als immer erfüllt ansieht, weil er die Symbole noch immer als Bezeichnungen für Permutationen betrachtet. Dann kommt ein Paukenschlag: Er formuliert das bis heute nicht vollständig gelöste Problem, alle Gruppen von endlicher Ordnung n zu finden (vgl. dazu etwa [Mi]). Für $n \leq 6$ gibt er eine Lösung an (der Fall $n = 5$ wird in einer Fußnote nachgetragen). Der aufmerksame Leser wird bemerken, dass er für $n = 6$ drei Gruppen findet. Die erste ist die zyklische Gruppe Z_6, die dritte ist die Permutationsgruppe S_3, aber die zweite ist das direkte Produkt von Z_2 und Z_3, also isomorph zu Z_6. Damit ist klar, dass zur präzisen Formulierung des Problems der noch nicht genügend geläufige Begriff *Isomorphismus* fehlt.

Es hat noch einige Jahre gedauert, bis der allgemeine Begriff einer Gruppe streng axiomatisch erklärt wurde; viele Einzelheiten dazu findet man bei [Wu]. Einen gewissen Schlusspunkt hat H. WEBER in seiner neuen Darstellung der Theorie von GALOIS über die Zusammenhänge von Körpern und Gruppen aus dem Jahr 1893 [We$_2$] gesetzt. In §1 gibt er zunächst Axiome für Gruppen an:

> Wenn auch der Begriff einer Gruppe schon oft dargelegt worden ist, und die Vorstellungen, die die Mathematiker heutigen Tages mit diesem Worte verbinden, ziemlich übereinstimmend und klar sind, so will ich hier doch mit kurzen Worten noch einmal darauf zurückkommen, um dem Leser keine Ungewissheit über die **Auffassung zu** lassen, die dem Folgenden zu Grunde liegt.
>
> Ein System $\mathfrak{S}$ von Dingen (Elementen) irgend welcher Art in endlicher oder unendlicher Anzahl wird zur *Gruppe,* wenn folgende Voraussetzungen erfüllt sind.
>
>   1) *Es ist eine Vorschrift gegeben, nach der aus einem ersten und einem zweiten Element des Systems ein ganz bestimmtes drittes Element desselben Systems abgeleitet wird,*
>
> Man schreibt symbolisch, wenn A das erste, B das zweite, C das dritte Element ist
>
> $$AB = C, \qquad C = AB,$$
>
> und nennt C aus A und B *componirt.*
>
> Bei dieser Composition wird im Allgemeinen nicht das commutative Gesetz vorausgesetzt, d. h. es kann AB von BA verschieden sein; dagegen wird
>
>   2) *das associative Gesetz vorausgesetzt,*
>
> d. h. wenn A, B, C irgend drei Elemente aus $\mathfrak{S}$ sind, so ist
>
> $$(AB)C = A(BC),$$
>
>   3) *Es wird vorausgesetzt, dass, wenn $AB = AB'$ oder $AB = A'B$ ist, nothwendig $B = B'$ oder $A = A'$ sein muss.*
>
>   4) *Wenn von den drei Elementen A, B, C zwei beliebig aus $\mathfrak{S}$ genommen werden, so kann man das dritte immer und nur auf eine Weise so bestimmen, dass*
>
> $$AB = C$$
>
> *ist.*

In §2 erklärt er unter Benutzung der Gruppenaxiome 1) bis 4) Körper als Verallgemeinerung der von DEDEKIND betrachteten Zahlkörper:

> Eine Gruppe wird zum Körper, wenn in ihr *zwei Arten der Composition* möglich sind, von denen die erste *Addition,* die zweite *Multiplication* genannt wird. Diese allgemeine Bestimmung müssen wir aber noch etwas einschränken.
>
>   1. Wir setzen voraus, dass beide Arten der Composition commutativ seien.
>
>   2. Die Addition soll den Bedingungen 1., 2., 3., 4. allgemein genügen. Das Einheitselement für diese Art der Composition wird Null genannt und mit 0 bezeichnet. Das aus a und b durch Addition zusammengesetzte Element wird mit $a + b$ bezeichnet. Ist a irgend ein Element, so wird das nach der ersten Compositionsart entgegengesetzte Element mit $- a$ bezeichnet, und für $a + (- b)$ wird $a - b$ geschrieben. Die dadurch ausgedrückte Verknüpfung der Elemente a und b heisst *Subtraction.*

3. Die zweite Art der Composition, ist die Multiplication, die durch einfaches Nebeneinandersetzen der Componenten ab, oder auch durch $a \cdot b$ oder $a \times b$ bezeichnet wird. Wir brauchen auch die Ausdrücke Product, Factoren in üblicher Weise.

Die beiden Arten der Composition sollen durch folgende Gesetze mit einander verknüpft sein:

$$\alpha) \qquad\qquad a(-b) = -ab,$$

$$\beta) \qquad\qquad a(b+c) = ac + ac,$$

und aus $\alpha)$ folgt noch (nach dem Satz des vorigen Paragraphen, dass das entgegengesetzte Element des entgegengesetzten wieder das ursprüngliche ist)

$$\gamma) \qquad\qquad (-a)(-b) = ab;$$

ferner folgt aus $\beta)$ wenn man $c = -b$ setzt:

$$\delta) \qquad\qquad a \cdot 0 = 0.$$

Aus $\delta)$ aber ergiebt sich, dass für die zweite Composition die Forderung 3) in § 1 nicht allgemein erfüllt sein kann, da, was auch a sei, immer $0 \cdot a = a$ ist. Wir wollen aber noch die Voraussetzung machen, dass dies die einzige Ausnahme sei, d. h.

aus $ab = ac$ soll $b = c$ folgen, ausser wenn $a = 0$ ist.

Auch die Forderung 4) muss hiernach eine Einschränkung erfahren. Sie wird jetzt durch die folgende ersetzt.

Sind b und c beliebig gegeben, so ist aus

$$ab = c$$

a eindeutig bestimmt, ausser wenn $b = 0$ ist.

Ist in diesem Ausnahmefall c nicht $= 0$, so giebt es kein a; ist aber $c = 0$ so ist a völlig unbestimmt. Daraus folgt noch

dass ein Product nur dann Null sein kann, wenn wenigstens einer seiner Factoren Null ist.

Es ist klar, dass die angegebenen Bedingungen deutlich reduziert werden können, das ist anschließend auch geschehen. Aber entscheidend ist, dass es neben den Zahlkörpern auch Körper von Funktionen und endliche Körper geben kann. Darauf weist WEBER ausdrücklich hin:

Bemerkenswerth ist aber, dass es auch *endliche Körper* **im eigentlichen Sinne giebt, d. h. Körper die nur aus einer endlichen Zahl von Elementen bestehen.**

Einen solchen endlichen Körper erhält man, wenn man eine beliebige Primzahl p **als Modul annimmt, und die durch die Reihe der Zahlen**

$$0, 1, 2, \ldots, p - 1$$

repräsentirten Zahlclassen nach diesem Modul als Elemente betrachtet. Die Gleichungen in diesem Körper bedeuten dann in der gebräuchlichen Bezeichnung Congruenzen nach dem Modul p**.**

Sehr kritisch äußert sich FELIX KLEIN in seinen zu Anfang des 20. Jahrhunderts gehaltenen Vorlesungen zur abstrakten Einführung von Begriffen am Beispiel von Gruppen, deren Elemente für ihn stets Permutationen oder Transformationen sind. Er gibt die Definiton von Gruppen durch vier Regeln für die Elemente einer beliebigen Menge an und bemerkt dann dazu [Kl, VIII]:

> Der Appell an die Phantasie tritt also hier völlig zurück. Dafür
> wird das logische Skelett sorgfältig herauspräpariert, eine Tendenz,
> auf die wir bei der Fortsetzung der Vorlesung noch oft zurückkommen
> werden. Diese abstrakte Formulierung ist für die Ausarbeitung der
> Beweise vortrefflich, sie eignet sich aber durchaus nicht zum Auf-
> finden neuer Ideen und Methoden, sondern sie stellt vielmehr den
> Abschluß einer voraufgegangenen Entwicklung dar. Daher erleichtert
> sie den Unterricht äußerlich insofern, als man mit ihrer Hilfe bekannte
> Sätze lückenlos und einfach beweisen kann; andrerseits wird die Sache
> für den Lernenden dadurch innerlich sehr erschwert, daß er vor etwas
> Abgeschlossenes gestellt wird und nicht weiß, wieso man überhaupt zu
> diesen Definitionen kommt, und daß er sich dabei absolut nichts vor-
> stellen kann. Überhaupt hat die Methode den Nachteil, daß sie nicht
> zum Denken anregt; man hat nur aufzupassen, daß man nicht gegen
> die aufgestellten vier Gebote verstößt.

Wenn man die weitere Entwicklung der Gruppentheorie betrachtet, hat FELIX KLEIN in gewisser Weise recht behalten: Viele interessante neue Gruppen wurden durch Symmetrien in Geometrien entdeckt; aber auch die präzisen Methoden waren dabei unverzichtbar.

8. Mengen und natürliche Zahlen

Nun wieder ein paar Jahre zurück zu DEDEKIND. Nachdem er eine präzise Definition der reellen Zahlen mit Hilfe der rationalen Zahlen vorgeschlagen hatte, ging er einen Schritt weiter zum Fundament der Mathematik, insbesondere zum Begriff der natürlichen Zahlen, die nach Ansicht von KRONECKER vom Lieben Gott geschaffen waren, und daher keiner weiteren Begründung bedurften. In seinem 1888 veröffentlichten Buch [De$_3$]

Was sind und was sollen die Zahlen

betrachtet er zunächst zu einem *System* zusammengefasste Dinge, die *Elemente* genannt werden.

> 2. Es kommt sehr häufig vor, daß verschiedene Dinge $a, b, c \ldots$
> aus irgend einer Veranlassung unter einem gemeinsamen Gesichts-
> puncte aufgefaßt, im Geiste zusammengestellt werden, und man sagt
> dann, daß sie ein System S bilden; man nennt die Dinge
> $a, b, c \ldots$ die Elemente des Systems S, sie sind enthalten
> in S; umgekehrt besteht S aus diesen Elementen. Ein solches
> System S (oder ein Inbegriff, eine Mannigfaltigkeit, eine Gesammt-
> heit) ist als Gegenstand unseres Denkens ebenfalls ein Ding (1);

Die Anmerkung, dass ein solches System auch wieder ein *Ding* sei, ist ein Vorbote der Antinomie von RUSSEL. Die leere Menge wird sehr kritisch beleuchtet:

> Dagegen wollen wir das
> leere System, welches gar kein Element enthält, aus gewissen Gründen
> hier ganz ausschließen, obwohl es für andere Untersuchungen bequem
> sein kann, ein solches zu erdichten.

G. CANTOR hatte engen Kontakt zu DEDEKIND, im Jahr 1895 erschien seine grundlegende Arbeit zur Mengenlehre [Can]. Neben den *Systemen* betrachtet DEDEKIND auch Abbildungen dazwischen. Eine Abbildung nennt er *ähnlich*, wenn sie in der heutigen Terminologie injektiv ist. Anschließend führt er die natürlichen Zahlen N als ein *einfach unendliches System* ein:

71. Erklärung. Ein System N heißt **einfach unendlich**, wenn es eine solche ähnliche Abbildung φ von N in sich selbst giebt, daß N als Kette (44) eines Elementes erscheint, welches nicht in $\varphi(N)$ enthalten ist. Wir nennen dies Element, das wir im Folgenden durch das Symbol 1 bezeichnen wollen, das **Grundelement** von N und sagen zugleich, das einfach unendliche System N sei durch diese Abbildung φ **geordnet.** Behalten wir die früheren bequemen Bezeichnungen für die Bilder und Ketten bei (§. 4), so besteht mithin das Wesen eines einfach unendlichen Systems N in der Existenz einer Abbildung φ von N und eines Elementes 1, die den folgenden Bedingungen α, β, γ, δ genügen:

α. $N' 3 N$.

β. $N = 1_o$.

γ. Das Element 1 ist nicht in N' enthalten.

δ. Die Abbildung φ ist ähnlich.

Dabei ist, in der heutigen Schreibweise, $\varphi: N \to N$ die *Nachfolgerabbildung*, $N' = \varphi(N)$, und Bedingung β ist in abgekürzter Schreibweise das *Axiom der vollständigen Induktion*. Das sind die heute als *Peano-Axiome* bekannten Regeln, die G. PEANO im Jahr 1889 in extrem formalisierter Weise so aufschrieb [Pe$_2$]:

$$Axiomata.$$

$1 \, \epsilon \, N \, .$

$a \, \epsilon \, N \, . \, \supset \, . \, a = a \, .$

$a, b \, \epsilon \, N \, . \, \supset : a = b \, . \, = \, . \, b = a \, .$

$a, b, c \, \epsilon \, N \, . \, \supset \, \therefore \, a = b \, . \, b = c : \supset \, . \, a = c \, .$

$a = b \, . \, b \, \epsilon \, N : \supset \, . \, a \, \epsilon \, N \, .$

$a \, \epsilon \, N \, . \, \supset \, . \, a + 1 \, \epsilon \, N \, .$

$a \, , b \, \epsilon \, N \, . \, \supset : a = b \, . \, = \, . \, a + 1 = b + 1 \, .$

$a \, \epsilon \, N \, . \, \supset \, . \, a + 1 \, \text{-} \, = 1 \, .$

$k \, \epsilon \, K \, \therefore \, 1 \, \epsilon \, k \, \therefore \, x \, \epsilon \, N \, . \, x \, \epsilon \, k : \supset_x \, . \, x + 1 \, \epsilon \, k :: \supset \, . \, N \, \supset \, k \, .$

Die verwendeten logischen Symbole werden zuvor auf vielen Seiten mühsam erklärt. Wenn man diese Darstellung sieht, kann man nachvollziehen, dass die Vorlesungen von PEANO an der Accademia Militare in Turin bei den Offizieren nicht sehr beliebt waren.

9. DAVID HILBERT

Das erste zentrale Arbeitsgebiet von HILBERT war die Algebra, insbesondere die Zahlentheorie. In seinem *Zahlbericht* [Hi$_1$] über den Stand der Theorie und daran anschließende Fragestellungen benutzte er die neuen Begriffsbildungen und fügte weitere, wie etwa *Ringe* hinzu. Anschließend hat sich HILBERT auch mit den Grundlagen der Geometrie beschäftigt. Nach der von BLUMENTHAL verfassten *Lebensgeschichte* [Bl] ging ein starker Anstoß dazu von einem Vortrag aus, den H. WIENER 1891 in Halle gehalten hatte. Bei der abstrakten Definition von Gruppen und Körpern hatte man davon abgesehen, was sich hinter den Elementen verbirgt, allein für die Beziehungen zwischen den Elementen wurden Regeln aufgestellt. Das sollte auch für die Geometrie gelten. Über die Rückreise aus Halle liest man:

In einem Berliner Wartesaal diskutierte er mit zwei Geometern (wenn ich
nicht irre, A. Schoenflies und E. Kötter) über die Axiomatik der Geometrie
und gab seiner Auffassung das ihm eigentümliche scharfe Gepräge durch den
Ausspruch: „Man muß jederzeit an Stelle von „Punkte, Geraden, Ebenen"
„Tische, Stühle, Bierseidel" sagen können". Seine Einstellung, daß das anschauliche Substrat der geometrischen Begriffe mathematisch belanglos sei
und nur ihre Verknüpfung durch die Axiome in Betracht komme, war also
damals bereits fertig.

Nach Vorarbeiten von M. PASCH und Vorlesungen zu diesem Thema erschien 1899 das legendäre
Buch [Hi$_2$]

Grundlagen der Geometrie,

in dem, anders als bei EUKLID, keine Definitionen für Punkte, Geraden, etc. gegeben werden,
sondern in fünf Gruppen von Axiomen lediglich die gegenseitigen Beziehungen geregelt werden.
Wir reproduzieren die erste Seite:

Erstes Kapitel.

Die fünf Axiomgruppen.

§ 1. Die Elemente der Geometrie und die fünf Axiomgruppen.

Erklärung. Wir denken drei verschiedene Systeme von
Dingen: die Dinge des ersten Systems nennen wir *Punkte* und
bezeichnen sie mit $A, B, C, \ldots$; die Dinge des zweiten Systems
nennen wir *Geraden* und bezeichnen sie mit $a, b, c, \ldots$; die Dinge
des dritten Systems nennen wir *Ebenen* und bezeichnen sie mit
$\alpha, \beta, \gamma, \ldots$; die Punkte heißen auch die *Elemente der linearen
Geometrie,* die Punkte und Geraden heißen die *Elemente der
ebenen Geometrie,* und die Punkte, Geraden und Ebenen heißen die
Elemente der räumlichen Geometrie oder *des Raumes.*

Wir denken die Punkte, Geraden, Ebenen in gewissen gegenseitigen Beziehungen und bezeichnen diese Beziehungen durch
Worte wie „liegen", „zwischen", „kongruent"; die genaue
und für mathematische Zwecke vollständige Beschreibung dieser
Beziehungen erfolgt durch die *Axiome der Geometrie.*

Die Axiome der Geometrie können wir in fünf Gruppen teilen;
jede einzelne dieser Gruppen drückt gewisse zusammengehörige
Grundtatsachen unserer Anschauung aus. Wir benennen diese
Gruppen von Axiomen in folgender Weise:

I   1—8. Axiome der *Verknüpfung,*

II   1—4. Axiome der *Anordnung,*

III   1—5. Axiome der *Kongruenz,*

IV   Axiom der *Parallelen,*

V   1—2. Axiome der *Stetigkeit.*

Es gab mehrere neue Auflagen mit Änderungen und Ergänzungen. Damit hatten die Ideen von
EUKLID schließlich einen krönenden Abschluss gefunden.

Auch auf die Bemühungen um den schrittweisen Aufbau des Zahlsystems setzte er mit einem
Blick „von oben" einen Schlusspunkt in einer kurzen Note [Hi$_3$]

Über den Zahlbegriff.

Darin beschreibt er den Körper der reellen Zahlen durch Axiome. Neben den Körperaxiomen
wird folgendes verlangt:

III. *Axiome der Anordnung.*

III 1. Wenn a, b irgend zwei verschiedene Zahlen sind, so ist stets eine bestimmte von ihnen (etwa a) größer ($>$) als die andere; die letztere heißt dann die kleinere, in Zeichen:

$$a > b \quad \text{und} \quad b < a.$$

III 2. Wenn $a > b$ und $b > c$, so ist auch $a > c$.

III 3. Wenn $a > b$ ist, so ist auch stets

$$a + c > b + c \quad \text{und} \quad c + a > c + b.$$

III 4. Wenn $a > b$ und $c > 0$ ist, so ist auch stets

$$ac > bc \quad \text{und} \quad ca > cb.$$

IV. *Axiome der Stetigkeit.*

IV 1. (Archimedisches Axiom.) Wenn $a > 0$ und $b > 0$ zwei beliebige Zahlen sind, so ist es stets möglich, a zu sich selbst so oft zu addiren, daß die entstehende Summe die Eigenschaft hat

$$a + a + \cdots + a > b.$$

IV 2. (Axiom der Vollständigkeit.) Es ist nicht möglich, dem Systeme der Zahlen ein anderes System von Dingen hinzuzufügen, so daß auch in dem durch Zusammensetzung entstehenden Systeme die Axiome I, II, III, IV 1 sämtlich erfüllt sind; oder kurz: die Zahlen bilden ein System von Dingen, welches bei Aufrechterhaltung sämtlicher Axiome keiner Erweiterung mehr fähig ist.

Das ist von höchster Effizienz und Klarheit, so werden noch heute (abgesehen von der Formulierung der Vollständigkeits-Bedingung) in den meisten Anfängervorlesungen die reellen Zahlen eingeführt. Aber HILBERT äußert sich doch kritisch zum Vergleich der beiden Methoden, insbesondere zu ihrem pädagogischen Wert:

> Meine Meinung ist diese: Trotz des hohen pädagogischen und heuristischen Wertes der genetischen Methode verdient doch zur endgültigen Darstellung und völligen logischen Sicherung des Inhaltes unserer Erkenntnis die axiomatische Methode den Vorzug.

Im Jahr 1900 war HILBERT zu einem Vortrag beim Internationalen Mathematiker Kongress nach Paris eingeladen. Dort präsentierte er seine berühmte Liste von 23 Problemen, die man als „Hausaufgabe" für die Mathematiker im 20. Jahrhundert ansehen konnte [Hi$_4$].

Im 2. Problem befasst er sich kritisch mit der Ende des 19. Jahrhunderts aufgeblühten Zusammenstellung von Axiomensystemen, an der er selbst maßgeblich beteiligt war, und fordert Beweise für die Unabhängigkeit und vor allem die Widerspruchslosigkeit, insbesondere bei den Axiomen für die Zahlensysteme:

2. Die Widerspruchslosigkeit der arithmetischen Axiome.

Wenn es sich darum handelt, die Grundlagen einer Wissenschaft zu untersuchen, so hat man ein System von Axiomen aufzustellen, welche eine genaue und vollständige Beschreibung derjenigen Beziehungen enthalten, die zwischen den elementaren Begriffen jener Wissenschaft stattfinden. Die aufgestellten Axiome sind zugleich die Definitionen jener elementaren Begriffe, und jede Aussage innerhalb des Bereiches der Wissenschaft, deren Grundlage wir prüfen, gilt uns nur dann als richtig, falls sie sich mittels einer endlichen Anzahl logischer Schlüsse aus den aufgestellten Axiomen ableiten läßt. Bei näherer Betrachtung entsteht die Frage, *ob etwa gewisse Aussagen einzelner Axiome sich unter einander bedingen und ob nicht somit die Axiome noch gemeinsame Bestandteile enthalten, die man beseitigen muß, wenn man zu einem System von Axiomen gelangen will, die völlig von einander unabhängig sind.*

Vor allem aber möchte ich unter den zahlreichen Fragen, welche hinsichtlich der Axiome gestellt werden können, dies als das wichtigste Problem bezeichnen, *zu beweisen, daß dieselben unter einander widerspruchslos sind, d. h. daß man auf Grund derselben mittels einer endlichen Anzahl von logischen Schlüssen niemals zu Resultaten gelangen kann, die mit einander in Widerspruch stehen.*

Um diese Problem in Angriff zu nehmen, startete HILBERT eine spezielle *Beweistheorie*. In der weiteren Durchführung durch seine Schüler ergaben sich dabei unerwartete Probleme und Ergebnisse (vgl. dazu etwa [Hi$_5$, p. 103 ff]).

Im 6. Problem stellt HILBERT die Aufgabe, die axiomatische Methode auch auf Teile der Physik auszudehnen:

6. Mathematische Behandlung der Axiome der Physik.

Durch die Untersuchungen über die Grundlagen der Geometrie wird uns die Aufgabe nahe gelegt, *nach diesem Vorbilde diejenigen physikalischen Disziplinen axiomatisch zu behandeln, in denen schon heute die Mathematik eine hervorragende Rolle spielt: dies sind in erster Linie die Wahrscheinlichkeitsrechnung und die Mechanik.*

Bemerkenswert ist, dass für HILBERT die Wahrscheinlichkeitsrechnung nicht als Teil der Mathematik, sondern mehr der Physik galt. Spätestens durch die um 1930 aufgestellten Axiome von KOLOMOGOROV wurde sie zum unbestrittenen Teil der Mathematik.

10. Das 20. Jahrhundert

Nach der Jahrhundertwende war der Siegeszug der axiomatischen Methode kaum aufzuhalten, obwohl die von HILBERT geforderten Beweise für die Widerspruchsfreiheiten nur teilweise vorlagen. Eine relativ kleine Gruppe von Mathematikern bestand auf „konstruktiven" Methoden.

In seinem Buch über allgemeine Relativitätstheorie [Wey] gibt H. WEYL im Jahr 1918 Axiome für *Vektoren* an:

1. Vektoren.

Je zwei Vektoren $\mathfrak{a}$ und $\mathfrak{b}$ bestimmen eindeutig einen Vektor $\mathfrak{a} + \mathfrak{b}$ als ihre »Summe«; eine Zahl λ und ein Vektor $\mathfrak{a}$ bestimmen eindeutig einen Vektor $\lambda\,\mathfrak{a}$, das »λ-fache von $\mathfrak{a}$« (Multiplikation). Diese Operationen genügen folgenden Gesetzen.

    α) *Addition.*

    1. $\mathfrak{a} + \mathfrak{b} = \mathfrak{b} + \mathfrak{a}$ *(kommutatives Gesetz).*

    2. $(\mathfrak{a} + \mathfrak{b}) + \mathfrak{c} = \mathfrak{a} + (\mathfrak{b} + \mathfrak{c})$ *(assoziatives Gesetz).*

    3. *Sind $\mathfrak{a}$ und $\mathfrak{c}$ irgend zwei Vektoren, so gibt es einen und nur einen $\mathfrak{x}$, für welchen die Gleichung $\mathfrak{a} + \mathfrak{x} = \mathfrak{c}$ gilt. Er heißt die Differenz $\mathfrak{c} - \mathfrak{a}$ von $\mathfrak{c}$ und $\mathfrak{a}$. (Möglichkeit der Subtraktion.)*

    β) *Multiplikation.*

    1. $(\lambda + \mu)\mathfrak{a} = (\lambda\,\mathfrak{a}) + (\mu\,\mathfrak{a})$ *(erstes distributives Gesetz).*

    2. $\lambda(\mu\,\mathfrak{a}) = (\lambda\mu)\mathfrak{a}$ *(assoziatives Gesetz).*

    3. $1\,\mathfrak{a} = \mathfrak{a}$.

    4. $\lambda(\mathfrak{a} + \mathfrak{b}) = (\lambda\,\mathfrak{a}) + (\lambda\,\mathfrak{b})$ *(zweites distributives Gesetz).*

WEYL betrachtet Vektoren wie HAMILTON und PEANO in erster Linie als Translationen in affinen Räumen. Der allgemeine Begriff eines *Vektorraumes* beliebiger Dimension wurde wohl erst von STEFAN BANACH im Jahr 1932 [Ba] eingeführt, das war ein Startpunkt der Funktionalanalysis.

Espaces vectoriels généraux.

§ 1. *Définition et propriétés élémentaires des espaces vectoriels.*

Etant donné un ensemble non vide E, admettons qu'à tout couple ordonné x, y d'éléments de E vienne correspondre un élément $x + y$ de E (dit *somme* de x et y) et que pour tout nombre t et pour tout $x \subset E$ un élément tx de E (dit *produit* du nombre t par l'élément x) soit défini de façon que ces opérations, à savoir *l'addition des éléments* et la *multiplication des nombres par les éléments* remplissent les conditions suivantes (où x, y et z désignent des éléments arbitraires de E et a, b des nombres):

    1) $x + y = y + x$,

    2) $x + (y + z) = (x + y) + z$,

    3) $x + y = x + z$ *entraîne* $y = z$,

    4) $a(x + y) = ax + ay$,

    5) $(a + b)x = ax + bx$,

    6) $a(bx) = (ab)x$,

    7) $1 \cdot x = x$.

Dans ces hypothèses, nous disons que l'ensemble E constitue un espace *vectoriel* ou *linéaire*.

In Göttingen wurde die axiomatische Methode vor allem in der Algebra durch EMMY NOETHER vorangetrieben, das fand ihren Niederschlag in dem Buch *Moderne Algebra* von VAN DER WAERDEN [W₁]. Auch in der Topologie gab EMMY NOETHER entscheidende Anstöße zur Einführung abstrakter Begriffe, wie Homologie-Gruppen. Nach der Übernahme der Macht durch die Nationalsozialisten verlor die Mathematik in Deutschland ihre herausragende Bedeutung, die Entwicklung wurde vor allem in Frankreich und den USA fortgesetzt. Angeregt durch die Fortschritte der Göttinger Schule der Algebra wurden französische Mathematiker unzufrieden mit der Ausbildung in Analysis. Grundlage dafür war zu Beginn des 20. Jahrhunderts der *Cours d'Analyse* von E. GOURSAT gewesen. Insbesondere die Darstellung des Satzes von Stokes war darin unbefriedigend, weil er durch die neueren Arbeiten von ÉLIE CARTAN mit Hilfe von Differentialformen viel klarer formuliert und bewiesen werden konnte. Daher sollte der Text von GOURSAT nach den Vorstellungen von HENRI CARTAN (einem Sohn von ÉLIE CARTAN) und ANDRÉ WEIL durch ein neues *„Traité d'analyse"* abgelöst werden. Zu diesem Zweck traf sich im Juli 1935 eine Gruppe von jungen französischen Mathematikern in Besse-en-Chandesse in der Auvergne und stellte einen Plan für die Redaktion des neuen Werkes zusammen [Hou]:

Plan du traité d'analyse à l'issue du Congrès de Besse

Titre	Nbre pages	Auteur(s)	Date prévue
Ensembles abstraits	20	Cartan	décembre
Algèbre scolaire	120	Delsarte	fin de l'année
Nombres réels et complexes, séries	15	Dieudonné	décembre
Topologie, théorèmes d'existence	300	Weil, R. de Possel	(fin février)
Topologie des nombres complexes ; formes quadratiques et hermitiennes. Corps convexes, groupe orthogonal	50	Dieudonné	(février)
Intégration	100	Mandelbrojt	fin mai
Multiplication extérieure, déterminants, formes de Pfaff	100	Weil, Cartan	(avant Pâques)
Tenseurs, géométrie	100	Ehresmann	fin de l'année
Produits infinis, inégalités, O et o	80	Chevalley	février
Fonctions analytiques générales	200	R. de Possel	(avant Pâques)
Fonctions analytiques spéciales	100	Mandelbrojt	(avant Pâques)
Représentation approchée	150	Dieudonné	mai
Heaviside et calcul opérationnel	70	Delsarte	(février)
Équations diff. générales	200	Chevalley	moitié à la fin de l'année
Équations diff. spéciales	100	Delsarte	
Élie Cartan	150	Weil	
Équations intégrales	100	Mandelbrojt	(mai)
Potentiel, équations elliptiques	80	Cartan	
Équations hyperboliques et paraboliques	100	Delsarte	
Calcul des variations	120	Cartan	
Fonctions spéciales :			
– Bessel etc.	150	Coulomb	
– algébriques	100	Chevalley	
– elliptiques	50	Dieudonné	
– thêta	50	Weil	
– gamma, zêta	40	Mandelbrojt	
Calcul numérique	100	Coulomb	
Tout le reste	500	Bourbaki	
Fonctions de variable réelle	?	Dieudonné	mai

Remarque : Lorsque la date est entre parenthèses, seul un rapport est promis.

Besonders interessant ist die Spalte *Date prévue*, denn das kam ganz anders: Der erste Band erschien nicht vor 1940, der bisher letzte 1998 (Livre VII, Chap. 10). Insgesamt wurden von einer stetig verjüngten und offiziell geheimen Gruppe unter dem Pseudonym NICOLAS BOURBAKI neun so genannte *Bücher* veröffentlicht, von denen jedes mehrere Bände mit einzelnen Kapiteln umfasst. Der Titel der Serie lautet *Éléments de Mathématique*, das ist ein beabsichtigter Anklang an EUKLID; *mathématique* statt *mathématiques* soll die Einheit der Mathematik betonen.

Die Themen der *Bücher* sind:

I.	Théorie des ensembles
II.	Algèbre
III.	Topologie générale
IV.	Fonctions d'une variable réelle
V.	Espaces vectoriels topologiques
VI.	Intégration
VII.	Algèbre commutative
VIII.	Groupes de Lie
IX.	Théories spectrales

Selbst im Buch Intégration wird der Satz von Stokes nicht erreicht, die so genannte „angewandte Mathematik" kommt gar nicht vor. Trotz dieser begrenzten Auswahl von Themen waren die Bücher von BOURBAKI in der zweiten Hälfte des 20. Jahrhunderts zu einer Bibel für jüngere Mathematiker geworden. Im Gegensatz zum „Legato" fließender Texte in älteren Lehrbüchern wurde ein striktes „Staccato" von *Definition*, *Lemma*, *Satz* und *Korollar* eingeführt, das seither in mathematischen Texten allgemein üblich geworden ist. Auch das Leitmotiv, entgegen der historischen Entwicklung, mit den allgemeinsten Strukturen zu beginnen, und von dort zu spezielleren Strukturen fortzuschreiten übte eine starke Faszination aus, und war weitgehend in die Lehre, besonders die Vorlesungen für Studienanfänger, eingedrungen. Das hat die Anschauung und Motivationen für neue Begriffe, sowie viele klassische Themen verdrängt. Schließlich hat der Schlachtruf von BOURBAKI „*les triangles sur le fumier*" für die Mathematik an den Schulen durch Einführung der so genannten „Neuen Mathematik" für einige Zeit weltweit viel Unheil angerichtet. Ein berühmtes Beispiel für Reaktionen darauf ist das Buch [Kli]

Why Johnny Can't Add: The Failure of the New Math, von M. KLINE.

Neben der Schule BOURBAKI hat sich die angewandte Mathematik zu einem unentbehrlichen Werkzeug der Wissenschaften entwickelt, dabei haben sich auch abstrakte Konzepte bewährt. In der reinen Mathematik wurde nach gewissen Entzugserscheinungen wieder an ältere Fragestellungen angeknüpft, die neuen Methoden haben dabei ungeahnte Fortschritte ermöglicht. Ein besonders spektakuläres Beispiel ist der klassische um 1650 formulierte Satz von FERMAT. Er wurde von A. WILES kurz vor dem Ende des 20. Jahrhunderts bewiesen, unter Benutzung hoch komplizierter abstrakter Methoden, die von der mit BOURBAKI liierten französischen Schule der algebraischen Geometrie entwickelt wurden. Solche Pendelschläge sind nicht nur in der Mathematik sondern auch in anderen Wissenschaften zu beobachten, und können letztlich sehr produktiv sein.

Abschließend kann man feststellen, dass sich das Motto von KANT in der Mathematik bewährt hat, solange die Begriffe nur Werkzeuge bleiben und sich nicht zum Selbstzweck entwickeln.

Literaturverzeichnis

Lehrbücher der Algebra

[ArE]   ARTIN, E.: *Galoissche Theorie*. Harri Deutsch 1965

[ArM]   ARTIN, M.: *Algebra*. Birkhäuser 1993

[Bo]   BOSCH, S.: *Algebra*. Springer 2009^7

[F-S]   FISCHER, G., SACHER, R.: *Einführung in die Algebra*. Teubner 1983^3

[Fr]   FRICKE, R.: *Lehrbuch der Algebra I*. Vieweg 1924

[Ku]   KUNZ, E.: *Algebra*. Vieweg 1994^2

[K-M]   KARPFINGER, C., MEYBERG, K.: *Algebra*. Springer 2013^3

[La]   LANG, S.: *Algebra*. Addison Wesley 1965

[Ro]   ROTMAN, J.J.: *An Introduction to the Theory of Groups*. Springer 1995^4

[W_1] VAN DER WAERDEN, B.L.: *Moderne Algebra*. Springer 1931; neu aufgelegt als *Algebra I*. Springer 1966^7

[We_1] WEBER, H.: *Lehrbuch der Algebra*. 3 Bände. Vieweg 1896 - 1908

[Wü]   WÜSTHOLZ, G.: *Algebra*. Vieweg 2004

Weitere Literatur

[A]   ABEL, N.H.: *Beweis der Unmöglichkeit, algebraische Gleichungen von höheren Graden, als dem vierten, allgemein aufzulösen.* J. Reine Angew. Math. **1**, 65-85 (1826)

[Ab]   ABHYANKAR, S.: *On Macaulay's Example.* In: Springer Lecture Notes in Math. 423 (1974), 1-16

[Ba]   BANACH, S.: *Théorie des opérations linéaires.* Warschau, 1932

[B-R-K]   BARTHOLOMÉ, A., J. RUNG und H. KERN: *Zahlentheorie für Einsteiger.* Vieweg 2006[5]

[B-E-O'B] BESCHKE, H.U., B. EICK, E.A. O'BRIEN: *A millennium project: constructing small groups.* Internat. J. Algebra Comput. **12**, 623-644 (2002)

[Be]   BEWERSDORFF, J.: *Algebra für Einsteiger.* Vieweg 2007[3]

[Bi]   BIEBERBACH, L.: *Theorie der geometrischen Konstruktionen.* Birkhäuser 1952

[Bl]   BLUMENTHAL, O.: *Lebensgeschichte.* In: D. HILBERT, *Gesammelte Abhandlungen*, Band 3, 388-429. SPRINGER, 1935

[B-O]   BRUINIER, J.H., K. ONO: *An algebraic formula for the partition function.* Preprint 2011

[Can]   CANTOR, G.: *Beiträge zur Begründung der tranfiniten Mengenlehre.* Math. Ann. **5**, 123-132, 1872

[C]   CARDANO, G.: *Artis magnae sive de regulis algebraicis liber unus.* Nürnberg 1545

[Ca]   CARMICHAEL, R.D.: *Introduction to the theory of groups of finite order.* Ginn 1937

[Ca$_1$]   CAYLEY, A.: *On the Theory of Groups, as Depending on the Symbolic Equation $\vartheta^n = 1$.* Collected Papers 2, p. 123, 1854

[Ca$_2$]   CAYLEY, A.: *Desiderata and Suggestions.* Am. Journal of Math. **1**, 50 - 52, 1877

[C-L-O'S] COX, D., J. LITTLE, D. O'SHEA: *Ideals, Varieties and Algorithms.* Springer 1991

[De]   DEDEKIND, R.: *Beweis für die Irreduzibilität der Kreisteilungsgleichung.* J. Reine Angew. Math. **54**, 27-30 (1857)

[De$_1$]   DEDEKIND, R.: *Vorlesung über Differential- und Integralrechnung.* Dokumente zur Geschichte der Mathematik, Band 1. Vieweg, 1985

[De$_2$]   DEDEKIND, R.: *Stetigkeit und Irrationalzahlen.* Vieweg, 1872

[De$_3$]   DEDEKIND, R.: *Was sind und was sollen die Zahlen.* Vieweg, 1888

[DMV]   *Ein Jahrhundert Mathematik, 1890-1990. Festschrift zum Jubiläum der DMV.* Vieweg, 1990

[Dü]   DÜRER, A.: *Underweysung der messung mit dem zirckel un richt scheyt in Linien ebnen unnd gantzen corporen.* Nürnberg, 1525

[Eb]   EBBINGHAUS, H.-D. et al.: *Zahlen.* Springer 1992[3]

[Eu]   EUKLID: *Die Elemente.* Hrsg. C. Thaer, Wiss. Buchgesellschaft 1980

[F-T]   FEIT, W., J.G. THOMPSON: *Solvability of groups of odd order.* Pac. J. Math. **13**, 775-1029 (1963)

[Fi$_1$]   FISCHER, G.: *Lineare Algebra.* Vieweg 2014[18]

[Fi$_2$]   FISCHER, G.: *Analytische Geometrie.* Vieweg 2001[7]

[Fi$_3$]   FISCHER, G.: *Plane Algebraic Curves.* AMS 2001

[Fi$_4$]   FISCHER, G.: *Lernbuch Lineare Algebra und Analytische Geometrie.* Springer 2017[3]

[F-L]   FISCHER, W., I. LIEB: *Funktionentheorie.* Vieweg 2005[9]

[G]   GALOIS, É.: *Écrits et mémoires mathématiques.* Gauthier-Villars 1962

[Ga$_1$]   GAUSS, C.F.: *Demonstratio nova theorematis omnem functionem algebraicam rationalem integram unius variabilis in factores reales primi vel secundi gradus resolvi posse*. In: Werke, Band III, 1-30

[Ga$_2$]   GAUSS, C.F.: *Die vier Gauss'schen Beweise für die Zerlegung ganzer algebraischer Funktionen*. Herausgegeben von E. NETTO. Oswald's Klassiker der exakten Wissenschaften Nr. 14. Akademische Verlagsgesellschaft 1913

[Ga$_3$]   GAUSS, C.F.: *Disquisitiones arithmeticae*, 1801. Gesammelte Werke, Band I. Deutsche Übersetzung: *Untersuchungen über höhere Arithmetik*, 1889

[Ga$_4$]   GAUSS, C.F.: *Theoria residorum biquadraticorum, Commentatio secunda* 1831. In: Gesammelte Werke, Band II. Deutsche Übersetzung im Anhang zu: Untersuchungen über höhere Arithmetik, 1889

[Gr]   GRASSMANN, H.: *Die Ausdehnungslehre*. Enslin, 1862

[Ham]   HAMILTON, W.: *Researches Representing Quaternions, First Series*. In: Collected Papers Vol. III, Part II.

[Har]   HARTSHORNE, R.: *Geometry: Euclid und Beyond*. Springer, 2000

[Ha]   HASSE, H.: *Vorlesungen über Zahlentheorie*. Springer 1950

[He]   HERMES, J.: *Über die Teilung des Kreises in 65537 gleiche Teile*. Nachrichten von der Königl. Ges. d. Wiss. zu Göttingen, Math.-phys. Kl. 1894, 170-186

[Her]   HERMITE, C.: *Sur la fonction exponentielle*. C.R.Acad.Sci. Paris **77**, (1873)

[Hi$_1$]   HILBERT, D.: *Die Theorie der algebraischen Zahlkörper*. Jahresber. DMV **4**, 175-546, 1897

[Hi$_2$]   HILBERT, D.: *Grundlagen der Geometrie*. Teubner, 1899

[Hi$_3$]   HILBERT, D.: *Über den Zahlbegriff*. Jahresber. DMV **8**, 180-184, 1900

[Hi$_4$]   HILBERT, D.: *Mathematische Probleme*. Nachr. Kgl. Ges. d. Wiss. Göttingen, math.-phys. Klasse, **3**, 253-297, 1900

[Hi$_5$]   *Die Hilbertschen Probleme*. Akademische Verlagsgesellschaft, 1971

[H-C]   HILBERT, D., S. COHN-VOSSEN: *Anschauliche Geometrie*. Springer 1932

[Hou]   HOUZEL, C.: *Le rôle de Bourbaki dans les mathématiques du vingtième siècle*. Gazette de la SMF, **100**, 53-63, 2004

[Hu]   HULEK, K.: *Elementare Algebraische Geometrie*. Vieweg 2000

[J]   JUNGNICKEL, D.: *Finite Fields*. Bibl. Inst. 1993

[Ka]   KANT, I.: *Versuch den Begriff der negativen Größen in die Weltweisheit einzuführen*. J. Kanter, 1763. Werkausgabe 2, Suhrkamp, 1977

[Ke]   KEMPER, G.: *Algebra*. Vorlesungsskript, TU München 2011

[Kl]   KLEIN, F.: *Vorlesungen über die Entwicklung der Mathematik im 19. Jahrhundert*. Springer, 1926

[Kl$_1$]   KLEIN, F.: *Vorlesungen über das Ikosaeder und die Auflösung von Gleichungen vom fünften Grade*. Teubner 1884. Kommentierte Neuauflage Birkhäuser 1993

[Kl$_2$]   KLEIN, F.: *Vorträge über ausgewählte Fragen der Elementargeometrie*, ausgearbeitet von F. Tägert. Teubner 1895

[Kli]   KLINE, M.: *Why Johnny Can't Add*. Random House, 1973

[Kn]   KNÖRRER, H.: *Geometrie*. Vieweg 2006^2

[K-R]   KOECHER, M. UND R. REMMERT: HAMILTON*sche Quaternionen*. In: *Zahlen*. Springer 1992^3

[Kö]   KÖNIGSBERGER, K.: *Analysis 1*. Springer 2001^5

[Kr]   KRONECKER, L.: *Über einige Anwendungen der Modulsysteme auf elementare algebraische Fragen*. Journ. r. u. a. Math. **99**, 329-371, 1886

[K-S]   KURZWEIL, H. UND B. STELLMACHER: *The Theory of Finite Groups*. Springer, 2004

[Le]   LEAVITT, W. G.: *A Theorem on Repeating Decimals*. Am. Math. Monthly *74*, 669-673, 1967.

[L-N]   LIDL, L., NIEDERREITER, H.: *Introduction to finite fields and their applications*. Cambridge University Press, 1986

[Li]   LINDEMANN, F.: *Über die Zahl π*. Math. Ann. **20**, 213-225

[Lip]   LIPSCHITZ, L.: *Briefwechsel mit Cantor, Dedekind, Helmholtz, Kronecker, Weierstrass und anderen*. Bearbeitet von *W. Scharlau*, Vieweg, 1986

[M]   MACAULAY, F.S.: *Algebraic Theory of Modular Systems*. Cambridge 1916

[Ma]   MATZAT, B.H.: *Konstruktive Galoistheorie*. Lecture Notes in Mathematics 1284. Springer 1987

[Mi]   MICHLER, G.O.: *Vom Hilbertschen Basissatz bis zur Klassifikation der endlichen einfachen Gruppen*. In: Ein Jahrhundert Mathematik, 1890-1990. Vieweg 1990

[M-P]   MÜLLER-STACH, S., J. PIONTKOWSKI: *Elementare und algebraische Zahlentheorie*. Vieweg 2007

[Ne]   NEUKIRCH, J.: *Algebraische Zahlentheorie*. Springer 1992

[N-S-T] NEUMANN, P.M., G.A. STOY, E.C. THOMPSON: *Groups and geometry*. Oxford Univ. Press 1994

[Pe$_1$] PEANO, G.: *Calcolo Geometrico secondo l'Ausdehnungslehre di H. Grassmann, preceduto dalle operazoni della logica detuttiva*. Frat. Bocca, 1888, Englische Übersetzung *Geometric Calculus* von L. C. KANNENBERG. Birkhäuser, 2000

[Pe$_2$] PEANO, G.: *Arithmetices principia nova exposita*. Frat. Bocca, 1889

[Pe]   PERRON, O.: *Eine neue Winkeldreiteilung des Schneidermeisters* KOPF. Sitzungsber. bayr. Akad. d. Wiss., math.-nat. Abt. 1933, 439-445

[R-U]   REMMERT, R. und P. ULLRICH: *Elementare Zahlentheorie*. Birkhäuser 1995

[Ri]   RICHELOT, F.: *De resolutione algebraica aequationis $X^{257} = 1$, sive de divisione circuli per bisectionem anguli septies repetitam in partes 257 inter se aequales commentatio coronata*. J, Reine Angew. Math. **9** (1832)

[S]   SARGES, H.: *Ein Beweis des Hilbertschen Basissatzes*. J. Reine Angew. Math. **283/ 284**, 436-437 (1976)

[Sa]   ŠAFAREVIČ, I.R.: *Construction of fields of algebraic numbers with given solvable Galois group*. Izv. Akad. Nauk. SSSR. Ser. Math. **18**, 525-578 (1954); AMS Translation, Ser. 2, Vol. 4, 185-237 (1956)

[Sl]   SLODOWY, P.: *Das Ikosaeder und die Gleichungen fünften Grades*. In: Mathematische Miniaturen 3. Birkhäuser 1986

[St]   STEINITZ, E.: *Algebraische Theorie der Körper*. J. Reine Angew. Math. **137**, 167-309 (1910)

[Sy]   SYLOW, M.L.: *Théorèmes sur les groupes de substitutions*. Math. Ann. **5**, 584-594 (1872)

[W$_2$] VAN DER WAERDEN, B.L.: *A history of Algebra. From al-Khwarizmi to Emmy Noether*. Springer 1985

[We$_2$] WEBER, H.: *Die allgemeinen Grundlagen der Galois'schen Gleichungstheorie*. Math. Ann. **43**, 521-549, 1893

[We$_3$] WEBER, H.: *Theorie der Abel'schen Zahlkörper*. Acta Math. **8**, 193-263 (1886)

[Wey]   WEYL, H.: *Raum-Zeit-Materie. Vorlesungen über allgemeine Relativitätstheorie.* Springer, 1918

[Wi]   WIELANDT, H.: *Ein Beweis für die Existenz der Sylowgruppen.* Arch. Math. 10, 401-402 (1959).

[Wu]   WUSSING, H.: *Die Genesis des abstrakten Gruppenbegriffs.* Deutscher Verlag der Wissenschaften, 1969

[Wu$_1$] WUSSING, H.: *6000 Jahre Mathematik.* Springer 2008 .

[Za]   ZADDACH, A.: *Grassmanns Algebra in der Geometrie.* Bibiographisches Institut, 1994

Ein „Exponent" an der Jahreszahl gibt die Nummer der Auflage an.

Index

Symbolverzeichnis

$\mathrm{ir}(\alpha)$	Irrationalteil, 267	
$k(A)$	Körperadjunktion, 295	
$K \supset k$	Körpererweiterung, 176, 293	
$\mathrm{Ker}\,\varphi$	Kern von φ, 28, 175	
kgV	kleinstes gemeinsames Vielfaches, 73, 248	
$\mathrm{Kom}(G)$	Kommutatorgruppe, 164	
$\mathrm{Kon}(M)$	konstruierbare Punkte, 439	
$\mathrm{M}(n \times n; K)$	Matrizenring, 182	
$\mu(f;x)$	Vielfachheit einer Nullstelle, 332	
$\mathrm{N}(\alpha)$	Norm, 217, 267	
$\mathrm{Nor}_G(H)$	Normalisator, 60	
$\mathrm{O}(n)$	orthogonale Gruppe, 20	
$\mathrm{ord}(a)$	Ordnung eines Elements a, 38	
$\mathrm{ord}(G)$	Ordnung einer Gruppe G, 38	
$\mathrm{P}(n)$	Anzahl der Partitionen von n, 140	
$\boldsymbol{\varphi}(n)$	Eulersche $\boldsymbol{\varphi}$-Funktion, 87	
$Q(R)$	Quotientenkörper von R, 203	
$R[a]$	Ringadjunktion, 175	
$R[X]$	Polynomring, 183	
$R[[X]]$	Ring der formalen Potenzreihen, 186	
$R[X_1,\ldots,X_n]$	Polynomring in n Veränderlichen, 194	
$Ra, (a)$	von a erzeugtes Hauptideal, 206	
$R/\mathfrak{a}$	Restklassenring, 208	
$\mathrm{ra}(\alpha)$	Rationalteil, 267	
$\mathrm{rang}\,G$	Rang, 100	
$\mathrm{re}(\alpha)$	Realteil, 266	
$\mathrm{res}(f,g)$	Resultante, 349	
$\mathrm{S}(\alpha)$	Spur, 267	
$\mathrm{sign}\,\sigma$	Signum einer Permutation, 32	
$\mathrm{SL}(n;K)$	spezielle lineare Gruppe, 42, 48	
$\mathrm{SO}(n)$	spezielle orthogonale Gruppe, 32	
$\mathrm{Sta}_G(x)$	Standgruppe von x, 104	
$\mathrm{T}(G)$	Torsionsuntergruppe, 143	
$v_p(a)$	Exponent von p bezüglich a, 247	

$Z(G)$	Zentrum, 106	
$\mathbb{Z}[\mathbf{i}]$	ganze Gaußssche Zahlen, 204, 217	
$k + n\mathbb{Z}$	Restklasse modulo n, 15	
$\mathbb{Z}/n\mathbb{Z}$	Menge der Restklassen, 15	
$\mathrm{Zen}_G(x)$	Zentralisator, 106	
(A)	erzeugtes Ideal, 214	
$(a_1,\ldots,a_n)$	erzeugtes Ideal, 214	
$(N_0,\ldots N_k)$	Normalreihe, 166	
$(x_1,\ldots,x_n)$	n-Zyklus, 108	
$[a,b]$	Kommutator, 164	
$[K:k]$	Körpergrad, 294	
$\#M$	Anzahl der Elemente, 38	
$\mathfrak{a}+\mathfrak{b}$	Summe von Idealen, 222	
$\mathfrak{a}\cdot\mathfrak{b}$	Produkt von Idealen, 222	
$a\mid b$	a teilt b, 71, 235	
$a \sim b$	a assoziiert b, 235	
$\leq$	Halbordnung, 233, 331	
$<$	Untergruppe, 11	
$\vartriangleleft$	Normalteiler, 44	
$\equiv$	kongruent, 15, 37, 208	
$\cong$	isomorph, 28	
$\oplus$	direkte Summe, 57	
$\times$	direktes Produkt, 53	
$\times_\Phi$	äußeres semidirektes Produkt, 58	
$\rtimes$	inneres semidirektes Produkt, 61	